普通高等教育农业农村部"十四五"规划教材
普通高等教育农业农村部"十三五"规划教材
全国高等农林院校"十三五"规划教材
"十三五"江苏省高等学校重点教材（编号：2019-1-032）
中国农业教育在线数字课程配套教材

植物组织培养

ZHIWU ZUZHI PEIYANG

（第三版）

陈劲枫　张俊莲　主编

中国农业出版社
北　京

图书在版编目（CIP）数据

植物组织培养/陈劲枫，张俊莲主编．—3版．—北京：中国农业出版社，2019.12（2024.5重印）
普通高等教育农业农村部"十三五"规划教材　全国高等农林院校"十三五"规划教材
ISBN 978-7-109-26191-4

Ⅰ．①植… Ⅱ．①陈…②张… Ⅲ．①植物组织—组织培养—高等职业教育—教材 Ⅳ．①Q943.1

中国版本图书馆CIP数据核字（2019）第284146号

中国农业出版社出版
地址：北京市朝阳区麦子店街18号楼
邮编：100125
责任编辑：宋美仙　刘 梁　　文字编辑：齐向丽
版式设计：王 晨　　责任校对：周丽芳
印刷：中农印务有限公司
版次：2004年6月第1版　2019年12月第3版
印次：2024年5月第3版北京第5次印刷
发行：新华书店北京发行所
开本：889mm×1194mm　1/16
印张：23.5
字数：685千字
定价：69.50元

版权所有·侵权必究
凡购买本社图书，如有印装质量问题，我社负责调换。
服务电话：010-59195115　010-59194918

第三版编写人员

主　编　陈劲枫（南京农业大学）
　　　　　张俊莲（甘肃农业大学）
副主编　赖钟雄（福建农林大学）
　　　　　樊金萍（东北农业大学）
　　　　　李　季（南京农业大学）
参　编（按姓氏笔画排序）
　　　　　王康才（南京农业大学）
　　　　　尹美强（山西农业大学）
　　　　　刘　艳（内蒙古农业大学）
　　　　　刘玉汇（甘肃农业大学）
　　　　　刘永立（浙江大学）
　　　　　刘学春（山东农业大学）
　　　　　张金柱（东北农业大学）
　　　　　林玉玲（福建农林大学）
　　　　　曹　蕾（东北农业大学）
　　　　　温银元（山西农业大学）

第一版编写人员

主　编　王　蒂（甘肃农业大学）
副主编　陈劲枫（南京农业大学）
　　　　朱延明（东北农业大学）
　　　　张俊莲（甘肃农业大学）
编　委（按姓名笔画排序）
　　　　王　蒂（甘肃农业大学）
　　　　王玉国（山西农业大学）
　　　　王康才（南京农业大学）
　　　　朱延明（东北农业大学）
　　　　刘永立（浙江大学）
　　　　刘学春（山东农业大学）
　　　　李　杰（东北农业大学）
　　　　张俊莲（甘肃农业大学）
　　　　陈劲枫（南京农业大学）
　　　　赖钟雄（福建农林大学）
审　稿　李浚明（中国农业大学）

第二版编写人员

主　编　王　蒂（甘肃农业大学）
　　　　　陈劲枫（南京农业大学）
副主编　朱延明（东北农业大学）
　　　　　张俊莲（甘肃农业大学）
编　委（按姓名笔画排序）
　　　　　王　蒂（甘肃农业大学）
　　　　　王康才（南京农业大学）
　　　　　尹美强（山西农业大学）
　　　　　朱延明（东北农业大学）
　　　　　刘　艳（内蒙古农业大学）
　　　　　刘永立（浙江大学）
　　　　　刘学春（山东农业大学）
　　　　　李　勇（东北农业大学）
　　　　　张俊莲（甘肃农业大学）
　　　　　陈劲枫（南京农业大学）
　　　　　赖钟雄（福建农林大学）
审　稿　谢从华（华中农业大学）

第三版前言

《植物组织培养》自2004年第一版出版以来，在教学和科研相关领域中得到了广泛的应用。根据教育部关于深化高等学校教材建设改革的指示精神和《农业部教材办公室关于印发农业部"十三五"规划教材书目的通知》[农科（教育）函〔2017〕第379号]的要求，2018年6月21—23日在南京农业大学召开了本教材第三版编写会，会议交流了教材在使用过程中的经验、问题，讨论了随着科技发展教材需要增加的内容，明确了教材的编写思路和风格，最后确定了教材编写的大纲、编写分工和编写进度。

《植物组织培养》是高等农林院校植物科学类最重要的教学内容之一，是培养拔尖创新人才培养、实现科教强国的重要课程。编写会上一致认为，科技发展日新月异，需要通过修订增加新的内容，以适应新时代发展的新要求。在课程教学中要求学生掌握科学理论和先进技术的同时，也要注重培养学生的"大国三农"情怀，引导学生争做"懂农业、爱农村、爱农民"新时代创新性人才，为将来服务农业农村现代化、服务乡村全面振兴打下坚实的基础。

本次修订各章节没有做大的调整，内容根据需要修订，部分章节增加了一些内容，如第一章增加了"螨类污染"的相关内容，第二章增加了"干细胞"内容，第三章增加了新的应用范例，第七章增加了"原生质体遗传转化及瞬时表达"，第八章增加了"高效离体快繁策略"，第十章增加了"体细胞变异的局限性""植物基因组编辑技术"，第十五章增加了"月季"，等等。修订中，我们检查更换了原教材中不够清晰的图片，更新了文献，根据内容修改情况完善了章节小结和思考题。

本教材分为绪论、总论（第一至十二章）和各论（第十三至十八章）三部分。绪论由陈劲枫、张俊莲修订，第一章实验室及基本操作由刘永立修订，第二章植物组织培养的基本原理由赖钟雄、林玉玲修订，第三章植物器官培养由刘艳修订，第四章植物胚胎培养及离体授粉由尹美强、温银元修订，第五章植物花药和小孢子培养由陈劲枫、李季修订，第六章植物细胞培养由尹美强、温银元修订，第七章植物原生质体培养及细胞融合由樊金萍修订，第八章植物离体快速繁殖由张俊莲、刘玉汇修订，第九章脱病毒苗木培养由刘学春修订，第十章植物体细胞无性系变异由陈劲枫、李季修订，第十一章植物遗传转化由刘玉汇、樊金萍、李季修订，第十二章植物种质资源离体保存由赖钟雄、林玉玲修订，第十三章蔬菜组织培养由陈劲枫、李季修订，第十四章果树组织培养由樊金萍、曹蕾、赖钟雄修订，第十五章观赏植物组织培养由刘学春、张金柱修订，第十六章大田作物组织培养由张俊莲、刘玉汇、赖钟雄修订，第十七章林木组织培养由刘艳、赖钟雄修订，第十八章药用植物组织培养由王康才修订，附录由李季修订。此次修订，各章节采用由编写成员交叉审稿，陈劲枫、张俊莲、李季统稿、定稿。

本次编写人员有较大变化，能够及时修订完稿是全体成员共同努力的结果，在此我深表谢意，感谢大家科学求实的态度和认真负责的精神；同时也感谢中国农业出版社编辑对本教材的支持和帮助。相信通过大家的努力，《植物组织培养》（第三版）一定能够得到大家更多的使用和肯定。

因编者水平有限，书中难免有不足之处，敬请广大读者和专家指正。

陈劲枫
2019 年 8 月

第一版前言

具有百年研究历史的植物组织培养技术，特别是经过近40年的快速发展，已渗透到生物学科的各个领域，成为生物学的重要研究技术和手段，广泛应用于农业、工业、林业和医药业，产生了巨大的经济效益和社会效益，成为当代生物科学中最有生命力的学科之一。

我国目前从事植物组织培养的人数和实验室总面积均居世界第一，但经济效益与发达国家相比还有相当差距。究其原因，一是缺乏人才，二是技术本身以及管理方面存在问题。为此也促使各高校相继设置了植物组织培养课程。该教材即为满足教学需要、方便相关人员的研究和开发工作而编写。

在编写过程中，各位编者查阅了大量的研究论文、专著和相关教材，广泛收集国内外商业化或将要商业化生产的植物种类和具有重要价值的作物种类，力求使读者尽可能全面掌握组织培养的基本原理，了解最新研究成果和未来发展动态，进而开展进一步的研究和商业开发。希望本教材对各高校相关专业本、专科生和研究生的学习有所帮助，为科研人员和生产者提供参考，也恳请读者提出批评和指正。

全书由绪论、总论（1～11章）和各论（12～17章）三部分组成。编写具体分工如下：绪论（王蒂、张俊莲）、第一章实验室及基本操作（刘永立）、第二章植物组织培养的基本原理（赖钟雄）、第三章植物器官和组织培养（张俊莲）、第四章植物胚胎培养及离体授粉（王玉国）、第五章植物花药和花粉培养（陈劲枫）、第六章植物细胞培养（王玉国）、第七章植物原生质体培养及细胞融合（朱延明）、第八章植物体细胞无性系变异（陈劲枫）、第九章植物离体繁殖（张俊莲、王蒂）、第十章无病毒苗木培育（刘学春）、第十一章植物种质资源离体保存（赖钟雄）、第十二章蔬菜组织培养（陈劲枫）、第十三章果树组织培养（李杰）、第十四章观赏植物组织培养（刘学春）、第十五章大田作物组织培养（王蒂、张俊莲、赖钟雄）、第十六章林木组织培养（赖钟雄）和第十七章药用植物组织培养（王康才）。附录中收录了植物组织培养常用名词英汉和汉英对照，部分植物、微生物和昆虫名称拉汉和汉拉对照，组织培养常用药品浓度换算表及植物病毒分类。全书由王蒂和张俊莲统稿、定稿，最后由李浚明教授审稿。

本教材的面世是与很多人的努力分不开的，特别感谢李浚明教授以严谨的治学态度对全书进行系统审阅并提出宝贵修改意见，中国农业出版社对编写工作给予了大力支持和帮助，各编者在整个编写过程中通力合作并在章节取舍时表现了充分的理解。感谢甘肃农业大学常永义、陈伯鸿、金芳三位副教授惠赠照片。感谢南京农业大学罗向东博士、雷春硕士、宋慧硕士和东北农业大学侯爱菊博士给予帮助。

王 蒂

2004年2月

第二版前言

本书自2004年第一版问世以来，已作为高等学校本科生和研究生教材、相关领域科研人员参考书被广泛使用。这次应本学科发展的现实需要，我们对本书又进行了修订。修订过程中，编写组全体成员查阅了本学科最新的研究论文、专著和相关教材，力求使这次修订能更准确地反映研究进展和成绩，及时吐故纳新，为读者尽可能全面地展现植物组织培养的最新研究成果和发展动态。

根据本学科的发展动态，我们在第一版的基础上，增加了《植物遗传转化》一章内容，同时在《大田作物组织培养》一章中，增加了大豆和棉花的组织培养内容，以求使本书能更全面地反映本学科研究内容和发展方向。

本教材分为绪论、总论（第一至十二章）和各论（第十三至十八章）三部分：绪论（王蒂、张俊莲编写）、第一章实验室及基本操作（刘永立编写）、第二章植物组织培养原理（赖钟雄编写）、第三章植物器官和组织培养（刘艳编写）、第四章植物胚胎培养及离体授粉（尹美强编写）、第五章植物花药和花粉培养（陈劲枫编写）、第六章植物细胞培养（尹美强编写）、第七章植物原生质体培养及细胞融合（朱延明编写）、第八章植物离体快速繁殖（张俊莲、王蒂编写）、第九章无病毒苗木培育（刘学春编写）、第十章植物体细胞无性系变异（陈劲枫编写）、第十一章植物遗传转化（张俊莲、王蒂、李勇编写）、第十二章植物种质资源离体保存（赖钟雄编写）、第十三章蔬菜组织培养（陈劲枫编写）、第十四章果树组织培养（朱延明、李勇编写第一、二节，赖钟雄编写第三、四节）、第十五章观赏植物组织培养（刘学春编写）、第十六章大田作物组织培养（王蒂、张俊莲、李勇、赖钟雄编写，其中大豆部分李勇编写，水稻部分赖钟雄编写）、第十七章林木组织培养（刘艳编写第一节，赖钟雄编写第二、三节）和第十八章药用植物组织培养（王康才编写）。附录中收录了常用培养基配方，常用化合物相对分子质量，常用激素浓度单位换算表，植物组织培养常用名词，部分植物、微生物和昆虫学名以及植物病毒的分类。全书由谢从华教授审稿，王蒂教授和张俊莲教授统稿、定稿。

本书的出版与全体编写人员的共同努力是分不开的，在此我深表谢意。我还要特别感谢华中农业大学的谢从华教授对本书提出的宝贵修改意见、中国农业出版社的同志对修订工作给予的支持和帮助。

王 蒂
2013 年 3 月

目 录

第三版前言

第一版前言

第二版前言

绪论 ……………………………………… 1

第一节 植物组织培养概述 …………… 1
  一、植物组织培养的概念 …………… 1
  二、植物组织培养的特点和优越性 … 2
  三、植物组织培养的
    研究内容和任务 ………………… 2
第二节 植物组织培养的形成与发展 … 3
  一、植物组织培养的开创 …………… 3
  二、植物组织培养的奠基 …………… 4
  三、植物组织培养的建立 …………… 6
第三节 植物组织培养的应用及展望 … 9
  一、植物离体快繁 …………………… 9
  二、脱病毒苗木培育 ………………… 10
  三、培育新品种或创制新种质 ……… 10
  四、次生代谢产物的生产 …………… 13
  五、植物种质资源的离体保存 ……… 14
  六、人工种子 ………………………… 14
小结 ……………………………………… 15
主要参考文献 …………………………… 15

总 论

第一章 实验室及基本操作 …………… 19

第一节 实验室及基本设备 …………… 19
  一、实验室 …………………………… 19
  二、基本设备 ………………………… 20
第二节 培养基 ………………………… 23
  一、培养基的构成 …………………… 23
  二、培养基的选择 …………………… 25
  三、培养基的配制 …………………… 27
第三节 基本操作 ……………………… 29
  一、洗涤 ……………………………… 29
  二、灭菌 ……………………………… 29
  三、无菌操作 ………………………… 30
第四节 离体培养体系的建立 ………… 31
  一、供体植物材料 …………………… 31
  二、外植体的选择和处理 …………… 31
  三、培养条件 ………………………… 33
小结 ……………………………………… 34
复习思考题 ……………………………… 35
主要参考文献 …………………………… 35

第二章 植物组织培养的基本原理 ………… 36

第一节 植物细胞全能性和细胞分化 ………… 36
 一、植物细胞全能性 ………… 36
 二、植物细胞分化 ………… 37

第二节 离体条件下植物器官的发生 ………… 38
 一、脱分化和再分化 ………… 38
 二、影响细胞脱分化和再分化的因素 ………… 40
 三、愈伤组织培养 ………… 41

第三节 植物体细胞胚胎发生 ………… 42
 一、植物体细胞胚胎发生过程 ………… 42
 二、植物体细胞胚胎发生途径 ………… 44
 三、植物体细胞胚胎发生的极性和生理隔离 ………… 44
 四、植物体细胞胚胎发生的生理学和生物化学变化 ………… 45
 五、植物体细胞胚胎发生的转录组学研究 ………… 47

第四节 影响植物离体形态发生的因素 ………… 48
 一、植物种类和基因型 ………… 48
 二、培养材料的生理状态 ………… 48
 三、培养基 ………… 49
 四、培养条件 ………… 51

小结 ………… 52
复习思考题 ………… 52
主要参考文献 ………… 52

第三章 植物器官培养 ………… 54

第一节 植物根培养 ………… 54
 一、培养方法 ………… 54
 二、影响离体根培养的因素 ………… 55

第二节 植物茎培养 ………… 56
 一、茎段培养 ………… 56
 二、茎尖培养 ………… 57

第三节 植物叶培养 ………… 58
 一、培养方法 ………… 59
 二、影响离体叶培养的因素 ………… 59

第四节 植物花器官培养 ………… 60
 一、培养方法 ………… 60
 二、影响花器官培养的因素 ………… 61

第五节 植物幼果培养 ………… 61

第六节 植物种子培养 ………… 61

小结 ………… 62
复习思考题 ………… 62
主要参考文献 ………… 62

第四章 植物胚胎培养及离体授粉 ………… 63

第一节 植物胚培养 ………… 63
 一、胚培养的类型 ………… 63
 二、胚培养的应用 ………… 64
 三、幼胚培养 ………… 64
 四、影响胚培养的因素 ………… 67

第二节 植物胚乳培养 ………… 69
 一、胚乳培养 ………… 69
 二、影响胚乳培养的因素 ………… 71

第三节 植物胚珠和子房培养 ………… 72
 一、胚珠培养 ………… 72
 二、子房培养 ………… 74

第四节 植物离体授粉 ………… 75
 一、离体授粉的类型 ………… 75
 二、离体授粉的方法 ………… 76
 三、影响离体授粉受精的因素 ………… 77

小结 …………………………………… 78
复习思考题 ……………………………… 79
主要参考文献 …………………………… 79

第五章 植物花药和小孢子培养 …… 80

第一节 植物花药和小孢子培养的应用 …………………… 80
第二节 花粉小孢子发育途径 ……… 81
一、活体小孢子发育途径 ………… 81
二、离体小孢子发育途径 ………… 81
三、花粉植株形态发生方式 …… 85
第三节 花药和小孢子培养方法 …… 86
一、花药培养 …………………… 86
二、小孢子培养 ………………… 87
三、移栽驯化 …………………… 88
四、白化苗现象 ………………… 88
五、影响花药和小孢子培养的因素 …………………… 90
第四节 单倍体植株鉴定和染色体加倍 …………………… 94
一、花药和小孢子诱导再生植株的倍性鉴定 ……… 94
二、花粉和花药诱导再生植株的染色体加倍 ……… 96
小结 …………………………………… 97
复习思考题 ……………………………… 97
主要参考文献 …………………………… 97

第六章 植物细胞培养 …………… 99

第一节 植物细胞培养的类型及影响因素 …………………… 99
一、单细胞培养 ………………… 99
二、细胞的悬浮培养 …………… 103
三、影响细胞培养的因素 ……… 107

第二节 培养细胞生长和活力的测定 ……………………… 108
一、培养细胞生长的测定 ……… 108
二、培养细胞活力的测定 ……… 110
第三节 植物细胞培养的应用 ……… 111
一、次生代谢产物的生产及生物反应器 ……………… 111
二、人工种子 …………………… 118
三、突变体的选择 ……………… 121
小结 …………………………………… 121
复习思考题 ……………………………… 122
主要参考文献 …………………………… 122

第七章 植物原生质体培养及细胞融合 …………………… 123

第一节 植物原生质体的分离 ……… 123
一、原生质体的分离 …………… 123
二、原生质体的纯化 …………… 126
三、原生质体活力测定 ………… 127
四、影响原生质体数量和活力的因素 ……………… 127
第二节 植物原生质体培养 ………… 128
一、原生质体培养方法 ………… 128
二、影响原生质体培养的因素 … 129
三、原生质体再生 ……………… 130
第三节 植物体细胞融合 …………… 132
一、原生质体融合 ……………… 132
二、体细胞杂种的选择 ………… 136
三、细胞质工程 ………………… 138
小结 …………………………………… 139
复习思考题 ……………………………… 139
主要参考文献 …………………………… 140

第八章 植物离体快速繁殖 ……… 141

第一节 植物离体快繁器官形成

方式及繁殖程序 …………… 141
　一、离体快繁器官形成方式 ……… 141
　二、离体快繁程序 ………………… 144
第二节　影响植物离体快繁的因素 … 149
　一、外植体 ………………………… 149
　二、培养基 ………………………… 150
　三、培养条件 ……………………… 151
　四、继代培养 ……………………… 152
　五、移栽 …………………………… 152
第三节　植物离体快繁的商业化 …… 155
　一、商业化生产规模及工艺流程 … 155
　二、商业化生产及效益分析 ……… 157
　三、降低商业化生产成本的措施 … 159
　四、商业化生产应注意的问题 …… 159
小结 …………………………………… 162
复习思考题 …………………………… 162
主要参考文献 ………………………… 163

第九章　脱病毒苗木培育 ………… 164

第一节　植物病毒危害及
　　　脱病毒机理 …………………… 164
　一、植物病毒的分布与危害 ……… 164
　二、植物病毒的传播方式与
　　　脱病毒机理 …………………… 165
　三、植物脱病毒的意义 …………… 168
第二节　植物脱病毒方法及
　　　茎尖脱毒技术 ………………… 168
　一、植物脱病毒方法 ……………… 168
　二、植物茎尖脱病毒技术 ………… 170
第三节　脱病毒植株的检测和繁殖 … 173
　一、脱病毒植株的检测技术 ……… 174
　二、脱病毒植株的繁殖 …………… 177
小结 …………………………………… 177
复习思考题 …………………………… 177

主要参考文献 ………………………… 178

第十章　植物体细胞
　　　无性系变异 …………………… 179

第一节　植物体细胞无性系的
　　　变异及其应用 ………………… 179
　一、体细胞无性系的变异和筛选 … 179
　二、体细胞无性系变异的应用 …… 182
　三、体细胞无性系变异的
　　　缺点及局限性 ………………… 183
第二节　体细胞无性系变异机理及
　　　影响因素 ……………………… 183
　一、体细胞无性系变异机理 ……… 183
　二、体细胞无性系变异的
　　　影响因素 ……………………… 186
小结 …………………………………… 188
复习思考题 …………………………… 188
主要参考文献 ………………………… 189

第十一章　植物遗传转化 ………… 191

第一节　植物遗传转化的受体及
　　　表达载体 ……………………… 191
　一、植物遗传转化的受体 ………… 191
　二、植物遗传转化的表达载体 …… 193
第二节　植物遗传转化方法 ………… 198
　一、农杆菌载体介导转化法 ……… 198
　二、载体直接转化或无载体
　　　基因导入法 …………………… 199
　三、活体转化方法 ………………… 202
第三节　植物转基因鉴定及
　　　基因组编辑技术 ……………… 204
　一、转基因植株鉴定方法 ………… 204
　二、转基因植物的安全性 ………… 207
　三、植物基因组编辑技术 ………… 207

小结 ………………………………… 209
复习思考题 ……………………… 209
主要参考文献 …………………… 210

第十二章 | 植物种质资源离体保存 212

第一节 植物限制生长离体保存方法 ………………… 212
 一、低温保存法 ……………… 212
 二、高渗透压保存法 ………… 213
 三、生长抑制剂（或延缓剂）保存法 …………………… 214
 四、其他限制生长离体保存法 ……… 216
 五、限制生长条件下的细胞结构变化 …………………… 216

第二节 植物超低温离体保存 ……… 218
 一、超低温离体保存原理 …… 218
 二、超低温离体保存方法 …… 218

第三节 离体保存材料的遗传变异 … 222
 一、遗传完整性变化 ………… 222
 二、影响遗传完整性的主要因素 … 223

小结 ………………………………… 223
复习思考题 ……………………… 223
主要参考文献 …………………… 223

各 论

第十三章 | 蔬菜组织培养 227

第一节 大蒜 …………………………… 227
 一、大蒜脱病毒苗培育 ……… 227
 二、大蒜单倍体育种 ………… 231
 三、大蒜原生质体培养 ……… 231

第二节 胡萝卜 ………………………… 232
 一、胡萝卜体细胞胚胎发生 … 232
 二、胡萝卜原生质体培养及体细胞杂交 …………………… 234
 三、胡萝卜遗传转化 ………… 236

第三节 草莓 …………………………… 237
 一、草莓脱病毒苗培育 ……… 237
 二、草莓无性系变异 ………… 239
 三、草莓种质资源保存 ……… 240

小结 ………………………………… 241
复习思考题 ……………………… 241
主要参考文献 …………………… 241

第十四章 | 果树组织培养 243

第一节 苹果 …………………………… 243
 一、苹果脱病毒与离体快繁 … 243
 二、苹果原生质体培养 ……… 245
 三、苹果遗传转化 …………… 246

第二节 葡萄 …………………………… 247
 一、葡萄离体快繁与脱病毒 … 247
 二、葡萄胚胎及花药培养 …… 249
 三、葡萄原生质体培养 ……… 250
 四、葡萄遗传转化 …………… 251

第三节 柑橘 …………………………… 252
 一、柑橘胚胎及花药培养 …… 252
 二、柑橘原生质体培养与融合 … 254
 三、柑橘微芽嫁接与脱病毒 … 256

第四节 香蕉 …………………………… 256
 一、香蕉离体繁殖及工厂化生产 …………………… 257
 二、香蕉悬浮细胞及原生质体培养与融合 ……………… 259

小结 ·· 262
复习思考题 ·· 262
主要参考文献 ···································· 262

第十五章 观赏植物组织培养 ········ 264

第一节 兰花 ···································· 264
一、兰花离体快繁及
　　脱病毒植株检测 ···················· 264
二、兰花合子胚培养及转基因 ······ 266

第二节 香石竹 ································ 266
一、香石竹离体快繁 ······················ 267
二、香石竹脱病毒苗培育 ·············· 268

第三节 菊花 ···································· 268
一、菊花离体快繁 ·························· 269
二、菊花脱病毒苗培育 ·················· 270

第四节 百合 ···································· 270
一、百合离体快繁 ·························· 270
二、百合破除休眠 ·························· 271

第五节 月季 ···································· 272
一、月季离体快繁 ·························· 272
二、月季脱病毒苗培育 ·················· 274

小结 ·· 275
复习思考题 ·· 275
主要参考文献 ···································· 275

第十六章 大田作物组织培养 ········ 276

第一节 马铃薯 ································ 276
一、马铃薯组织和器官培养 ·········· 276
二、马铃薯细胞培养 ······················ 278
三、马铃薯原生质体培养与融合 ····· 279
四、马铃薯遗传转化 ······················ 281

第二节 油菜 ···································· 282
一、油菜组织和器官培养 ·············· 282
二、油菜原生质体培养与融合 ······ 285

三、油菜遗传转化 ·························· 286

第三节 大豆 ···································· 287
一、大豆组织和器官培养 ·············· 287
二、大豆细胞及原生质体培养 ······ 288
三、大豆遗传转化 ·························· 289

第四节 棉花 ···································· 289
一、棉花组织和器官培养 ·············· 289
二、棉花原生质体培养与融合 ······ 290
三、棉花遗传转化 ·························· 291

第五节 禾本科作物 ························ 293
一、玉米、小麦和水稻的
　　组织和器官培养 ···················· 293
二、玉米、小麦和水稻的
　　原生质体培养 ························ 297
三、玉米、小麦和水稻的
　　遗传转化 ································ 298

小结 ·· 300
复习思考题 ·· 301
主要参考文献 ···································· 301

第十七章 林木组织培养 ················ 303

第一节 杨树 ···································· 303
一、杨树组织和器官培养 ·············· 303
二、杨树原生质体培养 ·················· 305
三、杨树遗传转化 ·························· 305

第二节 针叶树 ································ 307
一、针叶树离体植株再生 ·············· 307
二、针叶树原生质体培养及
　　遗传转化 ································ 309

第三节 相思树 ································ 310
一、相思树外植体及其培养 ·········· 310
二、相思树不定根诱导及移栽 ······ 312

小结 ·· 313
复习思考题 ·· 313

主要参考文献 ……………………… 313

第十八章　药用植物组织培养 ……… 315

第一节　红豆杉 …………………… 315
一、红豆杉组织和器官培养 ………… 315
二、红豆杉悬浮细胞培养 …………… 317

第二节　人参 ……………………… 319
一、人参组织和器官培养 …………… 319
二、人参悬浮细胞培养 ……………… 321
三、人参原生质体培养 ……………… 322
四、人参毛状根培养 ………………… 322

第三节　石斛 ……………………… 323
一、石斛组织和器官培养 …………… 323
二、石斛人工种子 …………………… 326

第四节　紫草 ……………………… 326
一、紫草细胞培养 …………………… 327
二、影响紫草细胞生长和
　　化学物质累积的因素 …………… 328

小结 …………………………………… 330
复习思考题 …………………………… 330
主要参考文献 ………………………… 330

附录 ………………………………………………………………………………… 332

附录Ⅰ　植物组织培养中常用培养基配方 ………………………………………… 332
附录Ⅱ　植物组织培养基常用化合物相对分子质量 ……………………………… 346
附录Ⅲ　常用植物生长调节剂浓度单位换算表 …………………………………… 347
附录Ⅳ　植物组织培养常用词英汉对照 …………………………………………… 348

绪　　论

植物组织培养（plant tissue culture）技术经历了 100 多年的发展，植物细胞全能性（totipotency）理论是其核心基础，指导着植物离体（in vitro）材料的培养（cultivation）和繁殖（propagation）。植物生长调节剂（growth regulator）的发现和应用，有效地调控着离体培养材料的生长和发育方向；植物离体培养环境和容器的研究及开发，使离体培养材料的生长和繁殖更为经济、有效和快捷。经过众多研究者长期不懈的努力和创新，植物组织培养技术发展快速，已成为生物学科研究的重要技术手段，并广泛应用于农业、林业、工业、医药业等行业，产生了巨大的经济效益和社会效益。

第一节　植物组织培养概述

一、植物组织培养的概念

植物组织培养简称组培，是指在无菌（asepsis）和人工控制（manual control）的环境条件下，利用适当的培养基（medium），对离体的植物器官（organ）、组织（tissue）、细胞（cell）及原生质体（protoplast）进行培养，使其再生细胞或完整植株（complete plantlet）的技术。由于培养的植物材料已脱离了母体，故又称为植物离体培养（plant culture in vitro）。

植物组织培养概念中所提到的无菌是指使培养器皿、器械、培养基和培养材料等处于无真菌（fungus）、细菌（bacterium）、病毒（virus）等微生物状态，以保证培养材料在培养器皿中正常生长和发育。近年来有学者提出利用开放式有菌环境进行离体材料的培养，即开放式植物组织培养（open plant tissue culture）（图绪论-1）。它是指在使用抑生素（plantiotics）的条件下，在自然开放的有菌环境中进行植物离体组织的接种和培养，且无须高压灭菌和超净工作台。其优点是脱离了严格的无菌操作要求，简化组培环节，降低组培成本。该技术的关键是改造培养基，即在培养基中添加一种或几种具广谱性的抗生素（antibiotics），解决培养基污染（contamination）

图绪论-1　开放式植物组织培养

问题。人工控制的环境条件是指对光照、温度、湿度、气体等条件的人工控制，满足植物培养材料在离体条件下正常生长和发育。对离体培养环境条件控制的研究称为离体生态学（in vitro ecology），其构成是培养基、植物材料和人工环境条件。植物组织培养中使用的各种器官、组织和细胞统称为外植体（explant）。愈伤组织是指外植体因受伤或在离体培养时，其未分化的细胞和已分化的细胞进行活跃的分裂增殖而形成的一种无特定结构和功能的组织。

二、植物组织培养的特点和优越性

1. 植物组织培养的特点 植物组织培养的主要特点是采用微生物学的实验手段来操作植物离体的器官、组织和细胞。这一特点具体表现为：①组织培养的主要过程都是在无菌条件下（尽管目前有一些有菌条件下的研究）进行的，外植体、培养基、接种环境都须经过无菌处理。②组织培养多数情况下是利用成分完全确定的人工培养基进行的，除少数特殊情况（如营养缺陷型突变细胞的筛选）外，培养基中包含了植物生长所需的水分、无机成分 [inorganic compound，包括大量元素（macronutrient）和微量元素（micronutrient）]、有机成分（organic compound）和植物生长调节剂（plant growth regulator）。培养基的 pH 和渗透压（osmotic pressure）也是人为设定的。因此，组织培养中的植物材料不需依靠自身的光合作用制造养分，而是处于完全的异养（heterotrophic）状态。③组织培养的起始材料可以是植物的器官、组织，也可以是单个细胞，它们都处于离体状态下。细胞的全能性不仅表现在二倍体（diploid）细胞水平上，也表现在单倍体（monoploid, haploid）细胞 [如小孢子（microspore）] 和三倍体（triploid）细胞 [如胚乳（endosperm）] 水平上，即使是去掉了细胞壁的细胞 [原生质体（protoplast）]，在组织培养条件下也能再生完整植株。④组织培养物通过连续继代培养可以不断增殖，形成无性繁殖系（clone，也称克隆），或通过改变培养基成分，特别是其中的植物激素种类和配比，可达到不同的试验目的，如茎芽增殖或生根。⑤组织培养是在封闭的容器中进行的。容器内气体和环境气体通过封口材料可以进行交换。容器内的相对湿度通常情况下几乎是 100%。因此，组培苗（plantlet）叶片表面一般都缺乏角质层（stratum corneum）或蜡质层（wax coat），且气孔（stomata）的保卫细胞（guard cell）不具正常功能，始终都是张开的。⑥组织培养的环境温度、光照度和时间等都是人为设定的，找出这些物理因素的最适参数对于组织培养的成功也很重要。

2. 植物组织培养的优越性 由于是利用可控制环境对离体植物外植体进行培养和繁殖，植物组织培养的优越性表现为：①外植体遗传背景一致性高。再生植株的外植体可以来自细胞、组织、器官等，个体微小，可来源同一植物体，遗传性状一致性高，试验精度被提高。②培养材料生长条件可控制。培养材料生长所需要条件，即培养基和环境条件均可处于人工控制下，植株生长发育所需条件一致性高，试验误差低，可诱导分化成需要的器官，如根和芽。③经济方便。外植体培养和繁殖为微型化和精密化，来源广泛，易管理，成本低。④生长周期短。外植体生长处于优化条件下，其生长和繁殖速度快，可在短时间内大量繁殖，用于拯救濒危植物，解决有些植物产种子少或无的难题。⑤周年且规模化生产。不受生长季节限制，可周年进行工厂化大规模生产，保障了产品的质量和数量。⑥可脱除病毒。植物病毒可通过输导组织感染植株的各个部位，取茎尖进行组织培养，快速增殖的幼嫩细胞尚未分化出维管束，通常不会存在病毒，因此可以得到无毒苗。

三、植物组织培养的研究内容和任务

（一）植物组织培养的研究内容

根据外植体来源和培养对象的不同，植物组织培养的研究类型可以分为：

1. 组织培养 组织培养（tissue culture）是对植物体的各部分组织进行离体培养的方法。有效并常用的植物组织有分生组织、形成层（cambium）组织、薄壁组织、韧皮部（phloem）等。

2. 器官培养 器官培养（organ culture）是对植物体的各种器官及器官原基（organ rudiment）进行离体培养的方法。常用的植物器官有根、茎、叶、花、果实、种子。

3. 胚胎培养 胚胎培养（embryo culture）是对植物体的成熟和未成熟胚以及具胚器官进行离体培养的方法。所用的材料有幼胚（immature embryo）、成熟胚（mature embryo）、胚乳、胚珠（ovule）、子房（ovary）等。

4. 细胞培养 细胞培养（cell culture）是对植物的单个细胞或较小细胞团进行离体培养的方法。常用的细胞有性细胞、叶肉细胞、根尖细胞、韧皮部细胞等。

5. 原生质体培养 原生质体培养（protoplast culture）是对植物的原生质体进行离体培养的方法。

随着研究工作的深入及扩展，上述五方面的研究理论和技术体系逐渐完善，促使植物组织培养的应用范围日益广阔，延伸出多种应用领域的研究工作，如植物离体快速繁殖、脱病毒苗木培育、远缘杂种植物培养、细胞次生代谢产物的生产、植物遗传转化、人工种子生产、植物种质资源离体保存等。由此可见，植物组织培养领域的研究内容十分丰富，涉及许多其他相关学科的理论知识，如植物学、细胞学、细胞生理学、遗传育种学、病理学、分子生物学等，在各学科的发展中相互依赖、相互促进、相互渗透，不断地发展和壮大。所以，植物组织培养是一门综合了多学科知识发展起来的理论应用性科学。

（二）植物组织培养的研究任务

植物组织培养的研究任务在于：研究离体培养条件下，细胞、组织或器官所需营养条件、环境条件和培养技术；细胞、组织或器官的形态发生和代谢规律，再生个体的遗传和变异；植物特别是一些难繁植物的大量快速繁殖方法；细胞融合方法和机理；植物脱毒方法和机理；植物遗传转化方法和机理；种质资源的离体保存方法和机理等。从而改良植物品种，创造新的植物种类，为人类造福。

第二节　植物组织培养的形成与发展

植物组织培养的研究历史可以追溯到 19 世纪中期，其开拓和发展的理论基础是植物细胞的全能性，即植物每个有核细胞具有母体全部基因（gene），在离体培养下，都有分化、发育成完整植株的潜在能力。该技术的发展历史可分为开创、奠基和建立三个阶段。

一、植物组织培养的开创

植物组织培养的理论基础源于 1838—1839 年德国的植物学家 T. Schleidon 和动物学家 T. Schwann 提出的细胞学说（cell theory）。该学说的基本内容是：一切生物都是由细胞构成的；细胞是生物体的基本功能单位；细胞只能由细胞分裂而来。

植物组织培养的第一篇论文是 1902 年德国植物生理学家 G. Haberlandt 发表的。他根据细胞学说提出：高等植物的器官和组织可以不断分割，直至单个细胞。这种单个细胞是具有潜在的全能性功能单位，即植物细胞具有全能性。为了证实这一观点，他将分离的野芝麻（*Lamium barbatum*）、鸭跖草（*Commelina communis*）、凤眼蓝（*Eichhornia crassipes*）、虎眼万年青（*Ornithogalum caudatum*）等植物叶片的栅栏组织（palisade tissue）、表皮细胞、表皮毛等加入含有蔗糖的 Knop 培养液中，进行单个离体细胞的培养。虽然在栅栏组织中他看到了细胞生长、细胞壁加厚和淀粉形成等，但没有观察到细胞分裂。他在论文中写道：虽然经常观察到细胞的明显生长，但从未观察到细胞分裂。这位先驱者失败的主要原因是：①试验材料高度分化；

②培养基过于简单，特别是培养基中没有包含诱导成熟细胞分裂所必需的植物生长激素。因为生长激素那时还未被发现。

植物离体组织在体外生长的最早研究结果是德国学者 Kotte（Haberlandt 的学生）和美国学者 Robbins 在 1922 年报道的。他们在含有无机盐、葡萄糖或果糖、多种氨基酸、琼脂的培养基上，进行了豌豆（*Pisum sativum*）、玉米（*Zea mays*）、棉花（*Gossypium hirsutum*）的 1.45～3.75 cm 茎尖和根尖离体培养，形成了缺绿的叶和根，并发现离体培养的组织只能进行有限的生长，未发现培养细胞有形态发生（morphogenesis）能力。

植物胚离体培养的第一个成功例子是 1904 年 E. Hanning 报道的。Hanning 在含无机盐和蔗糖溶液的培养基中对萝卜（*Raphanus sativus*）和辣根菜（*Cochlearia officinalis*）的胚进行培养，结果发现离体胚可以充分发育成熟，并提早萌发形成小苗。1922 年，美国学者 Knudson 采用胚培养法获得了大量的兰花（*Cymbidium sp.*）幼苗，克服了兰花种子发芽困难的问题。1925 年和 1929 年，Laibach 培养亚麻（*Linum usitatissimum*）种间不能成活的杂交幼胚获得成功，证明了胚培养对植物远缘杂交利用的可能性。可见，在影响离体培养材料生长和分化的因素尚未研究清楚时，培养材料的种类选择就显得十分重要。

在植物组织培养研究领域的开创时期，由于影响植物组织和细胞增殖及形态发生能力的因素尚不清楚，致使植物组织培养的研究在 30 多年的探索性试验中几乎没有大的进展。但由 Haberlandt 开创的这一研究领域却引导着众多学者努力开拓，孜孜以求。最终，不仅证实了 Haberlandt 的科学预言，还将其发展成为生物学科中应用最为广泛的领域之一。

二、植物组织培养的奠基

20 世纪 30～50 年代，影响离体培养材料生长和发育的一些重要物质，如天然提取物（natural extractive）、B 族维生素（vitamin B）、生长素（auxin）、细胞分裂素（cytokinin）等的发现，促使植物组织培养的研究发展迅速，特别是细胞分裂素和生长素的比例控制器官分化（differentiation）的激素模式的建立，使植物组织培养的技术与理论体系得以形成。

1. 天然提取物的应用 1933 年，中国学者李继侗和沈同首次报道了利用天然提取物进行植物组织培养的研究。他们利用加有银杏（*Ginkgo biloba*）胚乳提取物的培养基，成功地培养了银杏的胚。1934 年，美国植物生理学家 P. R. White 利用无机盐、酵母提取液（yeast extract，YE）和蔗糖组成的培养基，进行了番茄（*Lycopersicum esculentum*）根离体培养，建立了第一个活跃生长并能继代增殖的无性繁殖系，使培养物生存达 30 年之久，从而使非胚器官组织的培养首次获得成功。同年，法国学者 R. J. Gautheret 在 Knop 培养液、葡萄糖、YE 和水解酪蛋白（casein hydrolysate，CH）组成的固体培养基上，将山毛柳（*Salix permollis*）和欧洲黑杨（*Populus nigra*）的形成层培养物连续增殖了几个月。1941 年，van Overbeek 等将椰乳（coconut milk，CM）加入培养基中，将曼陀罗（*Datura stramonium*）的心形期胚离体培养至成熟，并推测 CM 中含有促进细胞分裂和生长的生理活性物质。

但是，天然提取物的成分复杂，含有氨基酸、激素、酶等一些复杂化合物，其成分大多不清楚，试验的重复性较低，应尽量避免使用，特别是生长调节剂的不断产生，更应缩小它的使用范围。

2. B 族维生素和生长激素的应用 1926 年，植物生理学家 F. W. Went 首先发现了可以促进子叶鞘（cotyledonary sheath）生长的物质，1930 年 Kogl 等鉴定这种物质是生长素——吲哚乙酸（indole-3-acetic acid，IAA）。1937 年，美国学者 White 又发现了 B 族维生素和 IAA 对植物根离体生长的作用，并用 3 种 B 族维生素，即吡哆醇（维生素 B_6）、维生素 B_1（硫胺素）及烟酸（维生素 B_5），取代 YE 获得成功，建立了第一个由已知化合物组成的培养基——White 培养基。1937—1939 年，法国学者 Gautheret 和 Nobecourt 也获得同样结果。Gautheret 在山毛柳形成层的培养中发现，虽然在含有葡萄糖和盐酸半胱氨酸的 Knop 培养液中，这些组织可以不断增殖几个月，但只有在培养基中加入 B 族维生素和 IAA 后，形成层组织的生长才能显著增加；Nobecourt 利用类似方法培养了胡萝卜（*Daucus carota*）根和马铃薯（*Solanum tuberosum*）块茎（tuber）的薄壁组织，也建立了类似的连续生长培养物；White 和 Gautheret 分别由烟草（*Nicotiana tabacum*）种间杂种和胡萝卜形成层组织建立了连续生长的培养物。1943 年，White 编写了第一本植物组织培养专著——《植物组织培养手册》。因此，White、Gautheret 和 Nobecourt 三位学者一起被誉为植物组织培养的奠基人。

虽然上述研究所用的组织都包含着分生细胞，在适当的营养条件下即可进行不断增殖，但仍未观察到培养物具有形态发生能力。诱导培养物进行形态发生，特别是诱导成熟和已高度分化细胞发生分裂及分化的研究直到后来发现了细胞分裂素才成为可能。

1948 年，美国学者 F. Skoog 和中国学者崔澂在烟草茎段（stem）培养中发现，腺嘌呤（adenine，Ade）可以促进愈伤组织生长，解除培养基中 IAA 对芽产生的抑制作用，诱导茎段形成芽，确定了腺嘌呤和生长素的比例是控制芽形成的重要因素。1955 年，Miller 首次由鲱（*Clupea pallasi*）精子中分离出一种为人们所知的细胞分裂素——激动素（kinetin，KT，带有呋喃环的腺嘌呤），其活性比腺嘌呤高 3 万倍。现在，具有和激动素类似活性的合成或天然的化合物已有多种，它们总称为细胞分裂素。1957 年，Skoog 和 Miller 提出植物激素控制器官形成的概念，指出通过改变培养基中生长素和细胞分裂素的比例，可以控制器官的分化，即生长素和细胞分裂素比例高时促进生根，低时促进茎芽分化，相等时倾向于无结构方式生长。这种器官发生（organogenesis）的激素调控模式的建立为植物组织培养中完整植株的再生（regeneration）奠定了理论基础。

3. 细胞全能性的实现　1953 年，W. H. Muir 利用往复式摇床的振荡，在液体培养基中进行了万寿菊（*Tagetes erecta*）和烟草愈伤组织的培养，获得了单细胞或密集细胞的悬浮液，并可继代增殖。这既是培养方法上的突破，也是 Haberlandt 培养单细胞设想的实现。1958 年，英国学者 F. C. Steward 和 J. Reinert 几乎同时在胡萝卜根组织的韧皮部单细胞悬浮培养（single cell suspension culture）中发现，体细胞（somatic cell）在形态上可转变为与合子胚（zygotic embryo）相似的结构，其发育过程也与合子胚类似。由于它是从体细胞分化而来，因而称为体细胞胚（somatic embryo）或胚状体（embryoid）。在这个试验中，他们分别成功地从胡萝卜根愈伤组织的单细胞悬浮培养液中诱导出胚状体，并长成完整植株（图绪论-2），首次证实了 Haberlandt 的细胞全能性理论，并成为植物组织培养研究的里程碑工作。1965 年，Vasil 和 Hilde-

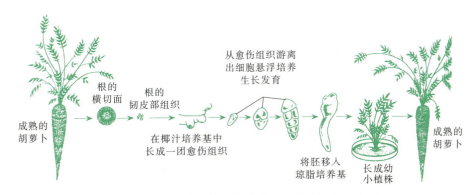

图绪论-2　胡萝卜单细胞发育成植株示意图
(引自韩贻仁，2002)

brandt 用化学成分确定的培养基，由分隔培养的烟草单细胞获得了完整的再生植株，再一次证实了植物细胞的全能性。

4. 植株脱病毒的实现　用热处理脱除马铃薯卷叶病毒（potato leaf roll virus，PLRV）是世界上脱除已知病毒最早的例子。早在 1889 年，人们就把繁殖用的甘蔗（*Saccharum officinarum*）切段放在 50 ℃左右的热水中浸泡 30 min 来防止枯萎病发生。Bake（1972）发现，在热水处理中，植物组织经过淋洗，在水中长期浸泡常会窒息死亡，并且这种处理也会打破或延长植物休眠期。现在更为常用的方法是将感病植株在 35~38 ℃热空气中处理 2~4 周或更长时间进行脱毒。此法尤其适合处理生理干旱材料和处于休眠状态的果树。

1943 年，White 发现植物生长点附近的病毒浓度很低，甚至无病毒。1952 年，Moral 和 Martin 首次证实，通过茎尖分生组织的离体培养，可以从受病毒侵染的大丽花（*Dahlia pinnata*）中获得无病毒（virus-free）植株。后来人们发现，抗病毒药剂的使用也可以达到植株脱毒目的，其作用原理是抗病毒药剂在三磷酸状态下会阻止病毒 RNA 帽子结构形成。Schuser 和 Hu Ber 认为，抗病毒抑制剂在早期破坏了 RNA 聚合酶形成，后期破坏了病毒外壳蛋白的形成。常用的抗病毒化学药物有三氮唑核苷（病毒唑）、5-二氢尿嘧啶和双乙酰-二氢-5-氮尿嘧啶。这些药物常常通过直接注射到带病毒植株上或加到培养基中以达到植株脱毒目的。

由此可见，通过培养基和培养条件的不断完善，人们实现了离体培养外植体的生长以及离体细胞的生长和分化，奠定了植物组织培养的技术体系，为该学科的建立和快速发展奠定了坚实的理论和物质基础。

三、植物组织培养的建立

从植物细胞全能性理论的提出到其被试验科学地证实，植物组织培养研究领域走过了近 60 年的发展历程。众多学者的睿智性的试验构思和卓有成效的启发性研究，激励着一代又一代学者执着地进行着植物生长发育奥秘的探知。当影响植物细胞分裂和器官形成的机理被揭示后，学者们对该领域进行了全面研究，获得的成果枝繁叶茂，发表的文章浩如烟海，形成了一套成熟的植物组织培养的理论体系和技术方法，拥有着极其广泛的应用领域，从而在生物科学中建成了这门具有理论、技术和应用的科学。

（一）植物离体快速繁殖

1958 年，M. Wickson 和 K. V. Thimann 发现，应用外源细胞分裂素可以打破顶端优势（apical dominance），促使休眠的侧芽（lateral bud）启动生长，从而使培养的含有顶芽（apical bud）的茎段形成微型的多枝多芽小灌木丛状结构（图绪论-3），每个小枝条又可取出重复上述过程，于是在短时间内可形成大量小枝条。1960 年，G. Morel 提出了利用茎尖离体快速无性繁殖（rapid clone propagation）或快速繁殖（rapid propagation，简称快繁）兰花属（*Cymbidium*）植物的方法，该方法繁殖系数极高，并能脱除植物病毒，利用此技术国际上建立了兰花工业（orchid industry）。在兰花工业高效益的刺激下，植物离体快繁技术和脱毒技术得到迅速发展，实现了马铃薯、香蕉（*Musa nana*）、草莓（*Fragaria ananassa*）等多种植物的试管苗产业，取得了巨大的经济效益和社会效益。后来 Murashinge 进一步发展了这一方法，制定了一系列标准程序，广泛应用于蕨类、花卉、果树等多种植物的快速无性繁殖上，并于 1962 年与 Skoog 一起在烟草培

图绪论-3　海棠（*Malus spectabilis*）茎段产生的丛生芽

养中筛选出至今仍被广泛使用的 MS 培养基。

（二）原生质体培养和细胞融合

1960 年，英国学者 E. C. Cocking 等用真菌纤维素酶（cellulase）酶解分离番茄根和烟草叶片，获得了原生质体，开创了植物原生质体培养的研究。1971 年，日本学者 Nagata 和 I. Takebe 首次将烟草叶肉原生质体培养出再生植株，证明了除体细胞和生殖细胞外，无壁的原生质体同样具有全能性。1985 年，Fujimura 获得了第一例禾谷类作物——水稻（*Oryza sativa*）原生质体培养的再生植株。1986 年，Spangenberg 获得了甘蓝型油菜（*Brassica napus*）单个原生质体培养的再生植株。1989 年和 1990 年，Harris 等和 Ren 等获得了小麦（*Triticum aestivum*）原生质体再生植株。目前，许多种植物都获得了原生质体培养再生植株，并发现原生质体还是引入外源遗传物质的极好材料，成为基因工程（genetic engineering）良好的受体体系。

1972 年，P. S. Carlson 利用硝酸钠进行了粉蓝烟草（*Nicotiana glauca*）和郎氏烟草（*Nicotiana langsdorffii*）种间原生质体的融合试验，获得了第一株体细胞种间杂种植株。1974 年，Kao、Michayluk、Wallin 等人建立了利用高 Ca^{2+}、高 pH 的聚乙二醇（polyethylene glycol，PEG）融合法。例如，Kao 进行了大豆（*Glycine max*）和烟草科间原生质体的融合，成功地获得了 3% 的异核体（heterokaryon）。同年，Bonne 和 Eriksson 成功地进行了细胞器（叶绿体）的摄取，利用 PEG 诱导具有叶绿体的海藻（*Sargassum*）和不具有叶绿体的胡萝卜根原生质体融合获得成功，观察到 16% 的活胡萝卜原生质体中，含一至多个叶绿体。至此，PEG 被公认为是一种比较理想的细胞融合剂，广泛应用于亲缘关系很远，甚至没有亲缘关系的种间细胞融合。例如，1975 年，Cocking 成功地诱导母鸡红细胞（hen erythrocyte）与酵母原生质体（yeast protoplast）的融合；1976 年，Smith 诱导了人（*Homo sapiens*）的 HeLa 细胞（指 1953 年，从一美国妇女 Helen Lane 的子宫颈上取出培养的癌细胞系）与烟草细胞的融合；Power 等实现了矮牵牛种间（*Petunia hybrida* × *Petunia paradii*）原生质体的融合；1978 年，Melchers 进行了马铃薯和番茄的融合试验，获得了第一个属间杂种植株——马铃薯番茄（pomato）；1981 年，Zimmerman 利用改变电场的方法诱导原生质体进行融合，这是原生质体融合技术的新方法。目前，已在多个物种中诱导了不同种间、属间，甚至科间及界间的细胞对称和不对称融合，获得了一些具有优良特性或抗性的种间或属间杂种。

（三）花粉和小孢子培养

1953 年，Tulecke 首先培养银杏成熟花粉（pollen）获得了愈伤组织，又在 1957—1963 年间将红豆杉（*Taxus cuspidata*，紫杉）、榧（*Torreya grandis*）、松（*Pinus*）等裸子植物的花粉培养成愈伤组织；1964—1966 年，印度科学家 S. Guha 和 S. C. Maheshwari 在毛曼陀罗（*Datura innoxia*）花药培养（anther culture）中，首次由花粉诱导得到了单倍体植株，开创了花粉培育单倍体植物的新途径。1970 年，Kameyah 和 Hinate 采用悬滴法培养甘蓝（*Brassica oleracea*）×芥蓝（*Brassica aloglabra*）的杂种一代成熟的花粉，获得单倍体再生植株。1973 年，Nitsch 采用花药（anther）预培养方法，获得了烟草花粉植株。1974 年和 1979 年，Sunderland 利用花药漂浮在液体培养基上能自行开裂、散落出花粉的特性，建立了散落花粉系列培养法，此法对禾谷类作物的花粉培养最有效。1982 年，Ghandimathi 和 Imamura 几乎同时报道从烟草花蕾直接分离花粉进行培养获得成功，此法完全排除了花药壁（anther wall）等体细胞组织的干扰，建立了一个适于深入研究雄核发育（androgenesis）的试验体系。近年来，利用花药培养产生单倍体植株的技术，已在 300 多种高等植物的花药培养中获得成功，其中包括大麦、玉米、大豆、梨（*Pyrus serotina*）、橡胶（*Hevea brasiliensis*）、桃（*Amygdalus persica*）、苹果（*Malus pumila*）、荔枝（*Litchi chinensis*）、龙眼（*Dimocarpus longan*）、茄（*Solanum melongena*）、百合（*Lilium brownii* var. *viridulum*）、羽衣甘蓝（*Brassica oleracea* var. *acephala* f. *tricolor*）、矮牵牛、毛刺槐（*Robinia hispida*）、红豆草（*Onobrychis viciifolia*）等，培育出一大批具有研究和应用价值的新材料。

（四）次生代谢产物生产

1967 年，Kaul 和 Staba 采用发酵罐（fermentator）对阿米芹（*Ammi visnaga*）进行细胞培养，首次得到了药用物质呋喃色酮（furanchromone）。1969 年，Kaul 发现三角叶薯蓣（*Dioscorea deltoidea*）悬浮培养物可以生产薯蓣皂苷配基（diosgenin），其量为干重的 1.5%。薯蓣皂苷配基是生产避孕药的一种主要原料。1973 年，Furuya 和 Ishii 发现人参（*Panax ginseng*）培养细胞可以产生人参皂苷（ginsenoside）。在小鼠身上的药学试验表明，愈伤组织提取物的作用与人参根提取物的作用基本相等，开创了植物体内有效成分生产的新途径。1977 年，Noguchi 等在 20 000 L 生物反应器（bioreactor）中培养烟草细胞。1978 年，Tabata 首次利用培养的紫草（*Lithospermum erythrorhizon*）生产紫草素（shikonin）。目前，利用组织培养途径生产的次生产物有皂苷类（saponin）、甾醇类（sterol）、生物碱（alkaloid）、醌类（quinone）、氨基酸和蛋白质等。例如，烟草细胞培养生产烟碱（nicotine，尼古丁），黄连（*Coptis chinensis*）细胞培养生产小檗碱（berberine），洋地黄（*Digitalis purpurea*）细胞培养生产地高辛（digoxin），红豆杉细胞培养生产紫杉醇（taxol）等。

（五）遗传转化体系建立

1983 年，Zambryski 等利用成熟的烟草再生体系，采用根癌农杆菌（*Agrobacterium tumefaciens*）介导法进行烟草的遗传转化（genetic transformation），首次获得了转基因植株。1984 年，Paszkowski 等利用质粒（plasmid）DNA 转化烟草原生质体，获得了转化植株。1987 年，Sanford 等发明了基因枪（gene gun）遗传转化技术。1992 年，Bindey 等首次采用基因枪法进行烟草叶片和向日葵（*Helianthus annuus*）顶端分生组织的遗传转化，获得了两种受体植物的转基因植株。1993 年，Chan 等利用农杆菌介导法转化水稻的未成熟胚获得转基因植株。1994—1997 年，Hiei 等、Ishida 等、Cheng 等、Tingay 等利用农杆菌介导法相继在水稻、玉米、小麦和大麦（*Hordeum vulgare*）等单子叶植物中获得了转基因植株。目前，已有 200 多种植物获得了转基因植株，且大部分都是通过农杆菌介导获得的。

（六）培养条件多样化

1. 无糖组培技术 常规组培使用的是含糖培养基，为防止杂菌侵入，需将培养容器密闭，易造成培养植物生长缓慢。为了解决这些问题，20 世纪 80 年代末，日本千叶大学古在丰树教授发明了一种全新的植物组培技术——无糖组培技术，其特点在于将大田温室环境控制的原理引入常规组织培养应用中，用 CO_2 气体代替培养基中的糖作为组培苗生长碳源，采用人工环境控制手段，提供适宜不同种类组培苗生长的条件，促进植株光合作用，从而促进植物生长发育，达到快速繁殖优质种苗的目的。1986 年，Mousseau 首次对番茄组培苗进行了 CO_2 富集处理，发现进行光合兼养的组培苗（基质中含糖）的干物质积累增加了 31%，而进行光合自养的组培苗（基质中不含糖）的干重积累却增加了 100%。1999 年，Heo 等开发了体积为 12.8 L 的容器进行马铃薯苗的光合自养微繁。2000 年，肖玉兰等开发了体积为 125 L 的特大容器，进行彩色马蹄莲（*Zantedeschia aethiopica*）和非洲菊（*Gerbera jamesonii*）的工厂化生产。2004 年，崔瑾等运用 CO_2 监控系统对甘薯（*Ipomoea batatas*）组培苗进行培养。2006 年，刘文科等设计了一种新型密闭式组培室，并研制出一套用于该组培室的综合环境控制系统，标志着这一技术体系已基本成熟并进入应用阶段。

2. 新型光源 发光二极管（light-emitting diode，LED）是有效地把电能转变成电磁辐射的装置。世界上最早将 LED 用于植物栽培的是日本三菱公司，早在 1982 年就有关于波长为 650 nm 的红光 LED 光源用于温室番茄补光的试验报告，后来 LED 被应用于植物组织培养中的环境调控。目前 LED 在植物组织培养中的应用研究主要集中在日本、美国和中国，日本的研究处于国际领先地位。1998 年，Tanaka 等利用 LED 作为兰花组培苗光源，发现利用新型 LED 光源比传统光源能明显促进组培苗生根和生长。2004 年，Le Van 等研究表明，在红蓝光比例为 3∶1 时，愈伤组织的生长效果最佳，但 100% 的红光对愈伤组织的诱导率最高。2006 年，蒋要卫采用 LED 光源，发现以红蓝光比例为 4∶1 的 LED 光源作大花蕙兰（*Cymbidium hybrida*）试管苗光源，并结合 CO_2 营养，可以显著改善大花蕙兰试管苗的生长状况和提高其品质。2007 年，Anzelika 等在对葡萄（*Vitis vinifera*）的组织培养中发现，光谱中的蓝光成分阻止试管苗的伸长，但能促进叶的形成和各种光合色素的合成。2008 年，张婕等研究表明，红蓝光比例为 7∶3 的条件下，菊花（*Dendranthema morifolium*）组培苗的生长状况最好。2008 年，岳岚研究表明，在红蓝光比例为 3∶1 时牡丹（*Paeonia suffruticosa*）品种'乌龙捧盛'和'洛阳红'试管苗的各生长指标均较好，而'胡红'试管苗在红蓝光比例为 1∶1 时生长良好，但在全红光和全蓝光时试管苗较矮，长势较差。除 LED 光源外，冷阴极荧光灯（cold cathode fluorescent lamp，CCFL）目前也在植物组织培养中作为光源展开了应用研究。

第三节　植物组织培养的应用及展望

植物组织培养技术的形成，不仅丰富了生物学科的基础理论，还在实际应用中表现出巨大的价值，显示出植物组织培养的无穷魅力。

一、植物离体快繁

植物离体快繁是植物组织培养在生产上应用最广泛、产生经济效益较大的一项技术。离体快

图绪论-4　日本石楠高效繁殖体系

A. 母株　B、C. 接种的外植体产生新的顶芽及经过 2 周芽诱导培养产生多个侧芽
D. 图 C 中再生芽在新培养基中培养 3 周　E. 生根培养 4 周　F～H. 移栽后在温室生长　I. 再生苗在室外生长

（引自李毅丹等，2009）

繁的特点是繁殖系数大、周年生产、繁殖速度快、苗木整齐一致等，所以，利用这项技术可以使一个单株一年繁殖几万到几百万个植株。例如，一株葡萄，一年可以繁殖 3 万多株；一株马铃薯，一年可以繁殖 500 万株；一株兰花，一年可以繁殖 400 万株；日本石楠 [Photinia glabra (Thunb.) Maxim] 继代 1 周即可形成大量腋芽 (axillary bud)，培养 4 周后其繁殖系数可达 3.22 ± 0.13（图绪论-4）；草莓的一个顶芽外植体，一年可繁殖 10^8 个芽。对一些繁殖系数低、不能用种子繁殖的"名、优、特、新、奇"作物品种，离体快繁更为重要。脱毒苗、新育成、新引进、稀缺品种、优良单株、濒危植物和基因工程植株等可通过离体快繁，以比常规方法快数万倍到数百万倍的速度进行扩大增殖，及时提供大量优质种苗。

目前，观赏植物、园艺作物、经济林木、无性繁殖作物等部分或大部分都用离体快繁提供苗木，组培苗在国内外市场上已形成产业化。如美国的 Wyford 国际公司，年产组培苗 3 000 万株，包括观赏花卉、蔬菜、果树及林木；以色列的 Benzur 苗圃，年产组培苗 800 万株，主要为观赏植物；国内生产各类组培苗的企业更是众多。目前，进入工厂化生产的主要有香蕉、甘蔗、桉树 (Eucalyptus)、葡萄、苹果、脱毒马铃薯、脱毒草莓、非洲菊、芦荟等 400 多种植物。

二、脱病毒苗木培育

很多农作物都带有病毒，特别是无性繁殖植物，如马铃薯、甘薯、草莓、大蒜 (Allium sativum) 等，病毒在体内积累，影响其生长和产量，对生产造成极大损失。如草莓中，分布广、造成严重经济损失的病毒病主要有 4 种，即草莓斑驳病毒 (strawberry mottle virus, SMV)、草莓皱缩病毒 (strawberry crinkle virus, SCV)、草莓镶脉病毒 (strawberry veinbanding virus, SVBV) 和草莓轻型黄边病毒 (strawberry mild yellow edge virus, SMYEV)；百合最常见的病毒有百合无症病毒 (lily symptomless virus, LSLV)、郁金香碎色病毒 (tulip breaking virus, TBV) 和黄瓜花叶病毒 (cucumber mosaic virus, CMV)。侵染大蒜和马铃薯的病毒则在 10 种以上。但是，感病植株并非每个部位都带有病毒，其植物生长点附近的病毒浓度就很低甚至无病毒。因此，利用组织培养方法，取一定大小的茎尖进行培养，直接培养或结合高温和使用抗病毒药剂，再生植株就可脱除病毒。用脱毒小苗种植的作物就不会或极少发生病毒病，并且植株生长势明显增强，整齐一致，产量增加，如脱毒草莓的产量比对照提高 21.0%～44.9%，脱毒马铃薯可增产 30% 以上。目前，利用组织培养脱除植物病毒的方法已在水果 [甘蔗、菠萝 (Ananas comosus)、香蕉、草莓、葡萄等]、蔬菜 [马铃薯、大蒜、洋葱 (Allium cepa) 等]、花卉 [兰花、百合、菊花、香石竹 (Dianthus caryophyllus) 等] 等植物上获得成功，并建立了脱病毒苗木的繁育技术体系。

然而，由于木本植物分生组织在离体条件下难于控制其生长发育或者形成的苗不易生根，所以脱毒时采用微嫁接 (micrografting) 的方法，即将分生组织嫁接到试管中繁殖的砧木上，得到完整植株。最早成功进行微嫁接的是 Murashige 等 (1972)，他们用这种方法脱除了柑橘 (Citrus reticulata) 的 2 种病毒；Englebrecht 等 (1979) 将葡萄茎尖 (0.1～0.5 mm) 嫁接到去顶的葡萄苗维管束 (vascular bundle) 环上，或者扦插到无毒砧木顶端的凹形切口中，嫁接 3 周后长出苗，获得无毒植株。目前微嫁接成功的植物有杏 (Armeniaca vulgaris)、酿酒葡萄、桉树、山茶 (Camellia japonica)、桃、苹果和柑橘等。

三、培育新品种或创制新种质

应用植物组织培养的理论和技术，可以加速育种进程，培育新品种或创制自然界中的新物种。

（一）培育远缘杂种

由于受精后障碍，导致远缘杂交植物不孕，使得植物的种间和远缘杂交常难以成功。采用胚的早期离体培养可以使杂种胚正常发育，产生远缘杂交后代，从而育成新物种。胚培养已在50多个科属中获得成功，胚挽救技术（embryo rescue technology）被广泛运用于水稻、小麦、玉米等作物的远缘杂交育种工作中。如通过胚挽救技术获得的重要的小麦远缘杂种有小麦×冰草（*Agropyron cristatum*）、小麦×大麦、小麦×玉米、小麦×披碱草（*Elymus dahuricus*）、小麦×窄颖赖草（*Leymus angustus*）、小麦×节节麦（*Aegilops tauschii*）等；十字花科蔬菜的远缘杂交育种也得到了广泛发展，获得了大量杂交种。此外，利用子房培养结合胚珠培养还获得了四倍体（tetraploid）大白菜（*Brassica rapa* subsp. *pekinensis*）与二倍体结球甘蓝（*Brassica oleracea* L. var. *capitata*）的异源三倍体种间杂交种；利用胚挽救技术获得了真葡萄亚属（Subgen. *Euvitis* Planch）与圆叶葡萄亚属（Subgen. *Muscadinia* Planch）杂种苗，克服了由于两个亚属种染色体数目不同而导致的胚败育。目前，世界各国培育的亚洲百合（*Lilium asiatic*）和东方百合（*Lilium oriental*）杂种系，大多数是不同的种群和杂种间杂交育成的，通过胚培养获得了许多杂交种，如鹿子百合（*Lilium longiflorum*）×日本百合（*Lilium japonicum*）、大卫百合（*Lilium davidii* var. *willmottiae*）×王百合（*Lilium regale*）、鹿子百合×天香百合（*Lilium auratum*）等100多种。

通过原生质体的对称融合（symmetrical fusion）或不对称融合（asymmetrical fusion），可以克服有性杂交不亲和性，从而获得体细胞杂种，创制出新物种或新类型，这是组织培养应用很诱人的一个方面。姚星伟等（2005）获得了花椰菜（*Brassica oleracea* var. *botrytis*）与野生种 *Brassica spinescens* 的种间非对称杂种植株（图绪论-5）。另外，通过对称和不对称融合，实现细胞质不育转移的例子目前也比较多，特别是细胞质雄性不育（cytoplasmic male sterility, CMS）基因导入方法应用于烟草、油菜（*Brassica campestris*）、矮牵牛、胡萝卜、水稻、甜菜（*Beta vulgaris*）等植物种内或种间融合都已有报道。如Sigareva和Earle（1995）通过甘蓝原生

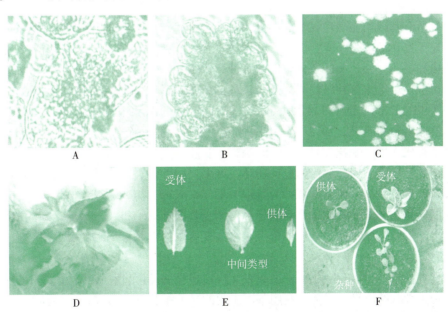

图绪论-5　原生质体融合和植株再生

A. 融合细胞第1次分裂（200×）　B. 培养14 d后形成的小细胞团（200×）　C. 1～5 mm愈伤组织团
D. 受体类型杂种植株　E. 植株叶片形态比较　F. 供体、受体和杂种植株

（引自姚星伟等，2005）

质体与抗冷的细胞质不育花椰菜品系的融合，培育了抗冷的细胞质不育甘蓝；侯喜林（1998）报道了利用不对称融合技术获得了不结球白菜细胞质雄性不育新种质材料。目前已有 40 多个种间、属间甚至科间的体细胞获得了杂种植株或愈伤组织，例如已获得了番茄和马铃薯，烟草和龙葵（*Solanum nigrum*）、芥菜（*Brassica juncea*）等属间杂种，但这些杂种尚无实际应用价值。随着原生质体融合、选择、培养技术的不断成熟和发展，今后可望获得更多有一定应用价值的经济作物的体细胞杂种及新品种。

（二）离体选择突变体

培养的细胞，无论是愈伤组织还是悬浮细胞，由于处在分裂状态，易受培养条件和诱变因素（如射线、化学物质等）的影响产生变异。1969 年，Heinz 等观察到甘蔗细胞培养中染色体数目、形态和酶发生了变化，再生植株形态也发生了变异；Ahloowalia 在黑麦草（*Lolium perenne*）愈伤组织培养中也发现了再生植株的形态变异和染色体变化；1981 年，Larkin 等正式提出了植物体细胞无性系变异（somaclonal variation）的术语。体细胞无性系变异几乎可以在所有的植物类型中发生，人们可从中筛选出对人类有用的突变体，从而育成新品种。如王良群等（2006）对 9 个高粱（*Sorghum bicolor*）品系的 166 个 R2 代株系进行了观察分析，筛选到多个高粱骨干恢复系的无性系变异材料，并以优良变异系 R111 为父本育成了优良杂交种'晋杂 18'。另外，对原来诱发突变较为困难、突变率较低的一些性状，用细胞培养进行诱发、筛选和鉴定时，由于处理细胞数远远多于处理个体数，一些突变率极低的性状有可能从中选择出来，如植物抗病虫、抗寒、耐盐、抗除草剂毒性、生理生化变异等的诱发，为进一步选育提供了丰富的变异材料。如高东迎等（2002）利用植物体细胞无性系变异已培育出抗白叶枯病、抗稻瘟病株系等多种优良水稻新品种；Oono（1978）和 Lutts 等（1999）分别获得了可以稳定遗传的耐盐性水稻再生植株；Bertin 和 Bouharmont（1997）以 4 ℃低温为选择压，从 4 个水稻品种中获得了耐寒突变体。目前，在植物抗性育种与生理研究中应用体细胞无性系变异最为成功的是抗病性育种，其次是抗旱、抗盐和抗除草剂等方面的育种。

（三）单倍体育种

由于具有所有基因均能表现、基因型可快速纯合等优点，单倍体育种始终是人们关注的一种育种手段，并已经在烟草、小麦、大麦、油菜、水稻、玉米等作物中得到了广泛的应用。目前，许多研究机构和商业育种公司已经把单倍体育种当成很多作物育种的首选方法。例如在利马格兰和孟山都公司中，单倍体育种已经成为玉米育种的常规方法，而杜邦先锋宣称仅在 2011 年利用单倍体育种产生的玉米自交系的数量就超过了过去 80 年的总和。我国自 20 世纪 70 年代以来，就开展了单倍体育种的研究。1974 年，中国育成了世界上第一个作物新品种'单育 1 号'烟草品种，之后又育成水稻'中花 8 号'、玉米'桂三 1 号'、小麦'京花 1 号'、辣椒'海花 1 号'等，已大面积推广应用。当然单倍体育种还存在许多局限性，如大多数重要的作物仍然不能按照需要高频率地获得单倍体；单倍体育种的过程中不仅仅只得到想要的双单倍体，有时候可能得到不同倍性的混倍体和嵌合体；离体培养诱导单倍体受基因型影响很大。因此，新的单倍体诱导方法、单倍体启动机制、单倍体的二倍体化等是突破现有单倍体技术局限的重要研究方向。

（四）转基因育种

基因工程育种是 20 世纪 80 年代发展起来并快速成长的基因育种技术。该技术是利用目的基因进行植物相关性状的改良。目前，利用基因工程改良的植物性状很多，主要涉及抗逆性、抗病性、品质、产量、花色等。中国科学家开展了水稻、棉花、大豆等多种农作物的转基因研究，培育出了高抗鳞翅目害虫的转 *Cry1Ab/1Ac* 融合基因的抗虫水稻'华恢 1 号'及杂交种'Bt 汕优 63'，转植酸酶 *PhyA2* 基因的 BVLA430101 玉米自交系，转 β 胡萝卜素基因的水稻，抗虫、抗除草剂和优质高蛋白转基因大豆。利用拟南芥液泡膜钠氢逆向转运蛋白基因和菠菜甜菜碱醛脱氢酶基因进行了马铃薯抗旱耐盐性的改良。贾芝琪等（2009）利用马铃薯抗晚疫病基因 *R3a*、*R1* 和 *RB* 改良了番茄抗病性（图绪论-6）等。

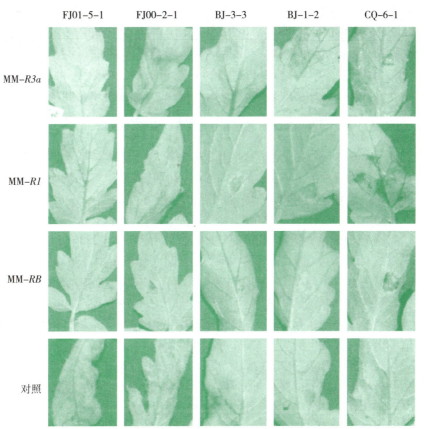

图绪论-6 *R3a*、*R1* 和 *RB* 转基因植株接种番茄晚疫病菌株
（对照：未转基因番茄接种5个番茄晚疫病菌株均为感病；MM-*R3a*：*R3a* 转基因植株对菌株CQ-6-1为抗病，其余为感病；MM-*R1*：*R1* 转基因植株对菌株BJ-3-3和BJ-1-2为抗病，其余为感病；MM-*RB*：*RB* 转基因植株对5个菌株均为抗病）
（引自贾芝琪等，2009）

基因组编辑技术可以在植物中同时引入多个可遗传的人工编辑位点，近年在转基因育种领域得到广泛应用，如Wang等（2014）在小麦中编辑 *MLO* 基因，获得具有抗白粉病的遗传广谱抗性的小麦；Sun等（2017）靶向编辑了水稻淀粉分支酶相关基因 *SBE* Ⅰ 和 *SBE* Ⅱ，从而改变了淀粉的精细结构和营养特性；Shi等（2017）改造了乙烯反应的负调控因子 *ARGOS8* 基因的启动子区域，获得了新的抗旱玉米品种。

四、次生代谢产物的生产

利用组织或细胞的大规模培养，可以生产人类需要的一些天然有机化合物，如蛋白质、脂肪、糖类、药物、香料、生物碱及其他活性化合物，因此，这一领域也引起人们的极大兴趣。目前，已从200多种植物的培养组织或细胞中获得了600多种有效次生代谢产物，包括一些重要药物。有40余种化合物在培养细胞中的含量超过原植物，例如粗人参皂苷含量在愈伤组织中为21.4%，冠瘿组织中为19.3%，再分化根中为27.4%，都高于天然人参根中的含量（4.1%）。培养技术也影响其含量，例如在新鲜的固定化培养的紫草（*Lithospermum erythrorhizon*）细胞中色素产量达20 mg/g，高于悬浮细胞17 mg/g，M9培养基中固定化紫草细胞能在长达80 d的时间内不断形成色素，而悬浮细胞在40 d时基本解体，不再产生色素；在孔雀草（*Tagetes patula*）毛状根（hairy root）培养体系中利用两相培养技术（加入正十六烷）可促使30%～70%的噻吩分泌出来，而对照组只有1%左右分泌到培养基中；通过对白英（*Solanum lyratum*）毛状根的离体培养，使组织中薯蓣皂苷元的平均浓度达到了4.62 mg/g，是白英叶片中薯蓣皂苷元浓度的2.652倍。目前，通过毛状根培养可以生产的次生代谢产物有生物碱类（如吲哚生物碱、喹啉生物碱、莨菪烷生物碱、喹嗪烷生物碱等）、苷类（如人参皂苷、甜菜苷等）、黄酮类、醌类（如紫草素等）、多糖类、蛋白质（如天花粉蛋白等）和一些重要的生物酶（如超氧化物歧化酶）。可见，利用组织培养进行次生代谢物的大规模生产，具有巨大的经济效益和社会效益。

五、植物种质资源的离体保存

种质资源（germplasm resource）是农业生产的基础，而自然灾害、生物间竞争及人类活动等已造成相当数量的植物物种消失或正在消失，特别是具有独特遗传性状的生物物种的绝迹更是一种不可挽回的损失。但常规的植物种质资源保存方法耗费人力、物力和土地，种质资源流失的情况时有发生。1975年，Henshaw和Morel首次提出了离体保存（*in vitro* conservation）植物种质的策略。1980年，国际植物遗传资源委员会增加了对无性繁殖材料收集、保存研究的支持，1982年专门成立了离体保存咨询委员会，随后，许多国家和相关国际组织相继建立了植物种质离体基因库。目前，已有许多种植物在离体条件下，通过抑制生长或超低温贮存的方法，使培养材料能长期保存，并保持其生活力，既节约了人力、物力和土地，还防止了有害病虫的人为传播，更便于种质资源的交换和转移，给保存和抢救有用基因带来了希望。例如草莓茎尖在4 ℃黑暗条件下，茎培养物可以保持生活力达6年，其间只需每3个月加入一些新鲜培养液；马铃薯植株在添加多效唑（paclobutrazol，PP_{333}）的培养条件下，可以生长4个月左右而无须换培养基；大蒜在低温和抑制生长培养基上可保存24个月且不需继代；胡萝卜和烟草等植物的细胞悬浮物在-196～-20 ℃低温下贮藏数月能恢复生长，并再生成植株；百合试管苗在1～5 ℃低温、生长抑制剂培养基上可保存18个月。近年，我国特有的中药材、茶树、杜鹃以及草莓等种质资源都成功建立了离体保存体系。

六、人工种子

人工种子（artificial seed）的概念是1978年美国生物学家Murashige首先提出的，它是指植物离体培养中产生的胚状体或不定芽，被包裹在含有养分和保护功能的人工胚乳和人工种皮中，从而形成能发芽出苗的颗粒体。人工种子的意义在于：①人工种子结构完整，体积小，便于贮藏与运输，可直接播种和机械化操作；②不受季节和环境限制，胚状体数量多、繁殖快、利于工厂化生产；③利于繁殖生育周期长、自交不亲和、珍贵稀有的一些植物，也可大量繁殖无病毒材料；④可在人工种子中加入抗生素、菌肥、农药等成分，提高种子活力和品质；⑤体细胞胚由无性繁殖体系产生，可以固定杂种优势。

虽然人工种子的研究已有30多年，但一些难题仍然未能很好解决，如人工种皮、防腐、贮藏运输、在体外条件及类似土壤的底物中转化率较低、制作成本高、主要靠手工操作等。而这些难题的解决又涉及细胞工程学、植物胚胎学、植物生理学、生物化学、高分子化学、机械加工等技术领域，要求的技术水平较高，所以，目前人工种子的研究仍处于探索阶段。

由于人工种子具有许多优点，如繁殖速度快、固定杂种优势、节约粮食等，人工种子的研究仍然方兴未艾。特别是近年来，人工种子技术的研究已逐渐由体细胞胚人工种子转向非体细胞胚人工种子。因为只有少数植物能建立起高质量的体细胞胚胎发生系统，而这些植物中有些并不需要人工种子作为繁殖手段，如胡萝卜、紫苜蓿（*Medicago sativa*）和旱芹（*Apium graveolens*）等，仅是作为模式植物进行研究。人工种子的应用潜力应体现在无性繁殖植物或多年生植物上，而这类植物却一般难以得到高质量的体细胞胚，这使得大多数重要经济植物和珍稀濒危植物的人工种子技术应用受到限制。因此，当非体细胞胚人工种子在20世纪80年代末期制作成功后，迅速成为研究的热点。目前全世界已有近100种植物的人工种子技术被科学家所报道，一些国家（如美国、法国和日本）实现了大田化人工种子生产，如美国已有大面积的人工种子芹菜上市。可以相信，无论是体细胞胚人工种子，还是非体细胞胚人工种子，随着研究的深入，限制其在商业应用中的问题将逐步得到解决，从而实现其诱人的应用前景，必将对作物遗传育种、良种繁育和栽培等起到巨大的推进作用，掀起种子产业的革命。

小结

在植物细胞全能性理论的指导下，研究者经过大量的试验研究，使植物组织培养研究领域得以诞生。该领域的研究已走过了百年，其研究成果广泛应用于农业、林业、工业、医药业等行业，产生了巨大的经济效益和社会效益。

植体组织培养是指在无菌和人工控制的环境条件下，利用适当的培养基，对离体的植物器官、组织及原生质体进行培养，使其再生细胞或完整植株的技术。由于培养的植物材料已脱离了母体，又称为植物离体培养。植物组织培养的主要特点是采用微生物学的实验手段来培养植物离体的器官、组织和细胞。植物组织培养的研究类型主要有组织培养、器官培养、胚胎培养、细胞培养及原生质体培养，目前，由这5方面的研究内容又延伸出多种应用领域的研究工作。

植物组织培养的发展历史可以分为三个阶段，即开创、奠基和建立时期，目前，该领域的研究成果主要应用于植物离体快繁、脱病毒苗木培育、培育新品种或创制新种质、次生代谢产物生产、种质资源保存及制作人工种子。

主要参考文献

曹孜义，刘国民，1999. 实用植物组织培养技术教程. 兰州：甘肃科学技术出版社.

陈宇，董瑜，张楷燕，等，2016. 白英毛状根的培养与薯蓣皂苷元的测定. 中草药，47（7）：1199-1203.

陈志南，2005. 细胞工程. 北京：科学出版社.

崔刚，单文修，秦旭，等，2004. 植物开放式组织培养研究初探. 山东农业大学学报（自然科学版），35（4）：529-533.

崔凯荣，戴若兰，2000. 植物体细胞胚发生的分子生物学. 北京：科学出版社.

巩振辉，申书兴，2009. 植物组织培养. 北京：化学工业出版社.

顾爱侠，冯大领，轩淑欣，等，2010. 胚挽救技术在植物育种中的应用. 河北林果研究，25（1）：30-33.

韩贻仁，2002. 分子细胞生物学. 2版. 北京：科学出版社.

贾芝琪，崔艳红，李颖，等，2009. 马铃薯抗晚疫病基因 $R3a$、$R1$ 和 RB 在番茄中的表达. 园艺学报，36（8）：1153-1160.

黎裕，王建康，邱丽娟，等，2010. 中国作物分子育种现状与发展前景. 作物学报，36（9）：1425-1430.

李浚明，朱登云，2005. 植物组织培养教程. 3版. 北京：中国农业大学出版社.

李守岭，庄南生，2006. 植物花药培养及其影响因素研究进展. 亚热带植物科学，35（3）：76-80.

李晓玲，丛娟，于晓明，等，2008. 植物体细胞无性系变异研究进展. 植物学通报，25（1）：121-128.

李毅丹，谭化，单晓辉，等，2009. 日本石楠工厂化快繁体系的建立及再生苗遗传稳定性的分子鉴定. 园艺学报，36（7）：1071-1076.

梁任繁，何龙飞，2007. 细胞融合创新雄性不育材料的研究进展. 中国农学通报，23（11）：95-99.

刘晓青，苏家乐，李畅，等，2018. 杜鹃花种质资源的收集保存、鉴定评价及创新利用综述. 江苏农业科学，46（20）：21-24.

苏代发，童江云，杨俊誉，等，2018. 中国草莓属植物种质资源的研究、开发与利用进展. 云南大学学报（自然科学版），40（6）：1261-1276.

孙立影，于志晶，李海云，等，2009. 植物次生代谢物研究进展. 吉林农业科学，34（4）：4-10.

孙琦，张春庆，2003. 植物脱毒与检测研究进展. 山东农业大学学报（自然科学版），34（2）：307-310.

王蒂，2011. 细胞工程. 2版. 北京：中国农业出版社.

王海平，李锡香，沈镝，2010. 离体保存技术在无性繁殖蔬菜种质资源保存中的应用. 植物遗传资源学，11（1）：52-56.

徐刚标，2000. 植物种质资源离体保存研究进展. 中南林学院学报，20（4）：81-87.

徐忠东，2001. 植物组织培养生产药物研究进展. 生物学杂志，18（6）：13-14.

闫新房，丁林波，丁义，等，2009. LED光源在植物组织培养中的应用. 中国农学通报，25（12）：42-45.

杨梅，刘维，吴清华，等，2015. 我国药用植物种质资源保存现状探讨. 中药与临床，6（1）：4-7.

杨淑慎，2009. 细胞工程. 北京：科学出版社.

姚星伟，刘凡，云兴福，等，2005. 非对称体细胞融合获得花椰菜与 *Brassica spinescens* 的种间杂种. 园艺学报，32（6）：1039-1044.

岳翠男，王治会，江新凤，等，2018. 茶树组培技术研究进展. 蚕桑茶叶通讯（3）：27-31.

岳岚，张玉芳，何松林，等，2008. 植物组织培养新技术的应用现状与发展趋势. 农业科技与信息（现代园林）（3）：48-51.

Desjardins Y，1995. Photosynthesis *in vitro* on the factors regulating CO_2 assimilation in micropropagation systems. Acta Horticulturae，393：45-61.

Lynch1 P，Souch G，Trigwell S，et al，2011. Plant cryopreservation：from laboratory to genebank. J. Mol. Biol. Biotechnol.，18（1）：239-242.

Shi J，Gao H，Wang H，et al，2017. ARGOS8 variants generated by CRISPR-Cas9 improve maize grain yield under field drought stress conditions，Plant Biotechnol. J.，15（2）：207-216.

Sun Y，Jiao G，Liu Z，et al，2017. Generation of high-amylose rice through CRISPR/Cas9-mediated targeted mutagenesis of starch branching enzymes. Front. Plant Sci.，8：298.

Wang X，Xia H，Qing G，et al，2009. Somatic hybrids obtained by asymmetric protoplast fusion between *Musa silk* cv. Guoshanxiang（AAB）and *Musa acuminata* cv. Mas（AA）. Plant Cell Tissue Organ Culture，97：313-321.

Wang Y，Cheng X，Shan Q，et al，2014. Simultaneous editing of three homoeoalleles in hexaploid bread wheat confers heritable resistance to powdery mildew. Nat. Biotechnol.，32（9）：947-951.

总论

植物组织培养

- 第一章　实验室及基本操作 / 19
- 第二章　植物组织培养的基本原理 / 36
- 第三章　植物器官培养 / 54
- 第四章　植物胚胎培养及离体授粉 / 63
- 第五章　植物花药和小孢子培养 / 80
- 第六章　植物细胞培养 / 99
- 第七章　植物原生质体培养及细胞融合 / 123
- 第八章　植物离体快速繁殖 / 141
- 第九章　脱病毒苗木培育 / 164
- 第十章　植物体细胞无性系变异 / 179
- 第十一章　植物遗传转化 / 191
- 第十二章　植物种质资源离体保存 / 212

第一章
实验室及基本操作

植物组织培养是在无菌条件下对植物器官、组织或细胞进行培养，使其生长分化形成完整植株，故其技术性要求很高。为了确保组织培养工作的成功，必须有基本的实验仪器和设备。组织培养实验室的面积大小和装备程度取决于实验的性质和经费的多少，一般包括准备室、无菌操作室、培养室和温室，并配有无菌操作设备、培养设备、药品贮存柜、试剂配制设备及观察分析设备等。

熟练掌握无菌操作技术是植物组织培养试验成功的前提条件。植物组织培养的基本操作通常包括各种玻璃器皿的洗涤和灭菌、培养基的配制和灭菌、无菌室的消毒和接种操作、培养室的消毒等。此外，温度、光照和湿度等物理环境条件，培养基组成、pH 和渗透压等化学环境条件，外植体种类、大小、接种密度等生物环境条件都会影响外植体的生长和分化。植物组织培养要获得成功，除了熟练掌握无菌操作技术外，还要考虑这些环境条件的影响，摸索出最适宜的培养条件。

第一节 实验室及基本设备

一、实验室

植物组织培养实验室通常包括准备室、无菌操作室、培养室和温室。

1. 准备室 准备室是用于基本实验操作的场所，包括器具的清洗、干燥和保存，培养基的配制和灭菌，蒸馏水的生产，常规的生理生化分析等；放置常用的化学试剂、玻璃器皿、仪器设备（普通天平和分析天平、冰箱、水浴锅、高压蒸汽灭菌锅、蒸馏水制造装置、干燥箱、酸度计、微波炉和电磁炉），还应配备放置药品和玻璃器皿的橱柜。准备室还要求有两个较大的水槽，用于玻璃器皿的浸泡和清洗。在没有细胞学实验室作为配套实验室的情况下，植物石蜡切片和组织染色的设备也应放在这里，例如石蜡切片机、恒温箱、烘片箱和染色缸等。显微镜等可以放在无菌操作室内，还应配备光学相机或数码相机，便于照片拍摄，这样才能满足对培养材料生长状况记录的要求。可见，准备室要有足够的空间和一个较大的工作台或多个工作台，满足植物组织培养中培养基的配制、材料处理和试验观察研究等工作。

2. 无菌操作室 无菌操作室是进行植物材料的消毒、接种以及培养物的继代转移操作的场所。无菌操作室要定期用甲醛和高锰酸钾产生的蒸气熏蒸灭菌，还应安装紫外灯，每次接种前开灯 20 min 左右进行灭菌。室内应保持无尘、清洁状态。进入无菌操作室前，应在更衣室内更换工作服、鞋和帽等，避免将杂菌带入无菌操作室内。

超净工作台的使用给接种带来很大的方便。超净工作台根据风幕形成的方式，可分为垂直式和水平式两种。超净工作台是将空气过滤后形成无菌的风，操作方便，效果显著，同时对无菌操作室的要求也不严格。

3. 培养室 接种后的材料通常放在培养室中进行培养，使其生长分化。培养室的温度和湿度是可以控制的。温度一般设在25 ℃，也因培养的植物种类而异，其范围一般为20～30 ℃，由空调控制。培养室的光源一般使用白色日光灯，光周期采用自动定时器控制，光照度一般在1 000～6 000 lx，每天光照时间在10～16 h。需要大量暗培养时，应增设暗培养室，或使用暗箱培养。培养室的相对湿度保持在70%～80%。梅雨季节相对湿度增加，会使污染率上升，可采用除湿机进行人工除湿。寒冷的冬季，室内的相对湿度低，可以使用加湿器来增加湿度，也可以用放置水盆的办法加以解决。

4. 温室　温室为植物提供了良好的生长环境。试管苗生长25 d左右，需要移到温室。温室是试管苗良好的炼苗场所，同时能确保试管苗正常生长发育，完成其生命周期或者进行多年生的循环生长。

二、基本设备

（一）器皿和器械

1. 玻璃器皿

（1）培养器皿。用于植物组织培养的玻璃器皿主要包括试管、三角瓶、培养皿、果酱瓶等，一般根据培养目的、方式及价格进行选择。试管常用规格有20 mm×150 mm和30 mm×200 mm，用试管架固定。每支试管内通常只栽植一个植物材料，所以在试验培养基配方和初代培养（污染发生率较高）时被选用。三角瓶常用规格有50、100、250、500 mL等。三角瓶的培养面积和受光面积比试管大，有利于植物培养物的生长。一个三角瓶内可以培养多个外植体，是非常便于使用的培养容器，其缺点是价格较贵。培养皿常用规格的直径有40、60、90、120 mm，适于细胞培养、原生质体培养、胚和花药培养以及无菌发芽等，滤纸的灭菌和在植物材料接种时也被使用；近年来，在植物的遗传转化上也使用较多。果酱瓶常用规格有200～500 mL，用于试管苗的大量繁殖；其操作方便、价格低廉，但瓶口较大，水分蒸发较快，易污染。培养容器的封口材料，常用的有带有透气孔的塑料封口膜、纱布包被棉花塞＋牛皮纸、铝箔、塑料瓶盖等，可根据培养时间长短、成本和操作是否方便等进行选择。

（2）分注器。使用分注器的目的是将培养基定量地注入培养器皿中。分注器有注射器式分注器、漏斗式分注器、量筒式分注器等类型。生产上常用培养基自动分注器进行分装（图1-1）。

（3）其他玻璃器皿。培养基的配制和材料的消毒过程中，还需要其他玻璃器皿，包括各种烧杯、量筒、移液管、容量瓶、试剂瓶等，这些都应在试验过程中根据实际需要进行购置。

2. 器械类

（1）镊子类。植物组织培养中所使用的镊子主要是医疗上经常使用的镊子，其中枪式镊子在接种、转移时使用比较方便。在分离茎尖时，因为植物材料较小，采用尖头镊子较好。

（2）解剖刀。解剖刀是植物组织培养中常用的工

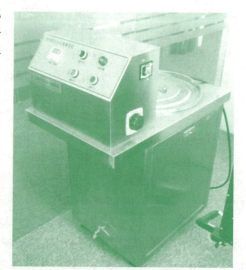

图1-1　培养基分注器

具。市场上销售的解剖刀有固定式和活动式两种，后者由于可以经常更新刀片，保持刀片锋利，能尽量避免切割时对周围组织的挤压损伤，对形成愈伤组织比较有利。

（3）剪刀类。可以根据实际需要，在医疗器械中选用各种剪刀，如大剪刀、小剪刀和弯头剪刀。

（4）接种针。接种针在较长手柄的先端，安有白金丝或镍丝，可以用来转移细胞或愈伤组织。在农杆菌接种培养上也经常使用。

（5）细菌过滤器。当培养基中含有高温易破坏的物质时，可以使用细菌过滤器过滤除菌。细菌过滤器有漏斗型、注射器型两种。常用的漏斗型细菌过滤器中，5号砂芯玻璃漏斗可以除去大部分细菌，6号砂芯玻璃漏斗可以除去全部细菌。对于较大量的溶液进行过滤除菌时，可以在漏斗下安装流水泵或真空泵进行抽气，提高过滤速度。注射器型细菌过滤器是在注射器先端安装一个过滤装置，通过加压进行过滤。漏斗型细菌过滤器可用于大量除菌，注射器型细菌过滤器可用于少量的溶液除菌（如植物生长调节剂的除菌）。

此外，洗涤各类器皿时还需盆、刷子等，瓶子放置还需筐等用具。

(二) 仪器设备

植物组织培养中常用的仪器设备主要有以下几类：

1. 无菌操作设备 无菌操作设备包括超净工作台、高压蒸汽灭菌锅和烘箱等。

（1）超净工作台。超净工作台主要由鼓风机、过滤板、操作台、紫外灯和照明灯等部分组成（图1-2）。在一般的植物组织培养中，可以采用水平式或垂直式超净工作台，但进行植物遗传转化操作和农杆菌、大肠杆菌的接种时，最好采用垂直式的超净工作台，这样可以避免细菌在空气中的扩散。

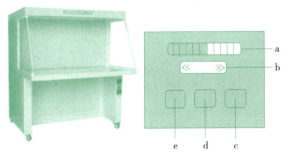

图1-2 超净工作台
a. 风量显示　b. 风量控制按钮　c. 电源总开关
d. 紫外灯开关　e. 照明灯开关

（2）高压蒸汽灭菌锅。高压蒸汽灭菌锅主要用于培养基、蒸馏水和各种器械的灭菌消毒，有大型、中型和小型3种。实验室中最常用的是中型立式全自动高压蒸汽灭菌锅和小型便携式灭菌锅，大型卧式高压蒸汽灭菌锅在大型工厂化植物组织培养上使用（图1-3）。

A　　　　　　　　　　　B

图1-3 高压灭菌锅
A. 中型立式全自动高压蒸汽灭菌锅　B. 大型卧式高压蒸汽灭菌锅

（3）烘箱。玻璃器皿洗净后，必要时可用烘箱进行干热灭菌（150 ℃下烘1～3 h）。如只进行洗净后烘干，可设置在 80 ℃ 左右。

2. 培养设备　培养设备是为培养物创造适宜的光、温、水、气等条件的设备。培养设备包括以下 6 种：

（1）空调机。用于培养室内温度的控制。

（2）加湿器和去湿机。用于改善培养室内湿度状况。

（3）定时器。控制光照时间。

（4）培养架。用木材或三角铁制成，每层可用铁丝网或玻璃板分隔，在培养架上放置培养瓶。用铁丝网分隔时，光照效果虽然不如玻璃板，但热量扩散效果好。而用玻璃作为隔板时，光照效果好，但有时会造成局部温度过高。培养架的长度根据所采用日光灯长度来确定，高度以 4～5 层为宜，每层高 40 cm 左右，宽度约 40 cm。

（5）摇床和旋转床。进行液体培养时，常用摇床或旋转床来改善氧气的供应状况。摇床做水平往复式振荡，其振荡速度可以调节，一般以每分钟 100～120 次为宜。旋转床作 360°旋转，通常以 1 r/min 为宜。

（6）恒温恒湿光照培养箱。它可以自动控制温度、湿度和光照条件，可在植物组织培养苗驯化时使用。

3. 药品贮存和配制设备

（1）冰箱。用于某些培养基母液的贮藏，植物材料和植物切片材料的保存。可采用实验室专用冰箱或家用冰箱。

（2）天平。较常用的有普通天平（1/100 g、1/10 g），在微量元素、植物激素等微量称量时可用分析天平（1/10 000 g）。

（3）酸度计。在植物组织培养中，培养基 pH 的调整是非常重要的。进行 pH 调整时，使用 pH 试纸往往不够准确，因此，最好使用酸度计进行调整。酸度计在使用前，应先进行校正，使用后，酸度计的电极应进行冲洗，并将电极保持在保护液中。

4. 观察分析仪器设备　在植物组织培养中，经常要观察、记录培养物的形态和解剖学变化，确定器官分化与形态建成过程。为此，需要进行显微观察、显微摄影以及组织切片等工作。常用的仪器设备主要包括以下 5 种：

（1）体视显微镜。用于植物组织形态分化的实体观察，不定芽、不定胚的早期识别，植物茎尖的切取等工作。体视显微镜的放大倍数一般在 5～80 倍。

（2）普通光学显微镜。用于植物组织切片的观察，以此来确定植物发育的进程，如不定芽、不定胚的分化过程以及其他组织和器官的分化等。

（3）倒置显微镜。用于细胞和原生质体的观察、细胞分裂与细胞团形成过程的确定。

（4）荧光显微镜。用于花粉发芽和原生质体的活力测定。

（5）电子显微镜。在植物组织培养中用得较少，用于细胞内各种细胞器变化过程观察和脱毒苗中病毒的检查等。

上述显微镜要求安装照相装置，以便随时根据需要进行摄影记录，取得翔实的图片资料。照相设备包括相机、近摄镜和接圈、翻拍架等。组织切片设备包括切片机、染色缸、烘片箱等，主要用于植物组织切片的制作。

5. 其他设备

（1）离心机。原生质体分离时需要用到离心机。分子生物学实验时则需要高速冷冻离心机。

（2）蒸馏水制备装置。有蒸馏型和离子交换型两种。需要时还可进行重蒸馏来获得纯度更高的蒸馏水。

除此之外，电磁炉、水浴锅、药品柜和晾干架等也都是植物组织培养中常用的。

第二节　培养基

培养基是决定植物组织培养成败的关键因素之一。因此，了解培养基的构成并筛选合适的培养基是极其重要的。

一、培养基的构成

培养基可分为固体培养基和液体培养基，二者的区别在于是否加入凝固剂。培养基的构成要素通常包括：①水分；②无机成分；③有机成分；④植物生长调节剂；⑤天然有机添加物；⑥pH；⑦凝固剂等。

（一）水分

水分是一切生物生命活动的物质基础。细胞内的生化反应都是以水为介质进行的，水分又是很多生物化学反应的原料或代谢产物。总之，生物的生命活动离不开水分。构成培养基的绝大部分为水分。在研究上，常用蒸馏水来配制培养基，而最为理想的水应该是纯水。纯水的制造过程至少要经过两个步骤：首先要经过蒸馏装置除去大部分金属离子成分，然后再经过离子交换树脂除去那些与水分一起蒸馏的杂质。高纯水是将纯水经过再蒸馏而得到的水，它在植物组织培养中用得较少。在生产上，为了降低成本，也可以用高质量的自来水来代替蒸馏水。由于自来水中除了含有大量的钙、镁、氯和其他金属离子外，还含有有机物质，因此最好将自来水煮沸，经过冷却沉淀后再使用。

（二）无机成分

无机成分中根据植物的需要量可以分为大量元素和微量元素。植物从培养基中吸收的大量元素有氮（N）、磷（P）、钾（K）、钙（Ca）、镁（Mg）、硫（S）。它们是构成植物细胞中核酸、蛋白质以及生物膜系统等必不可少的营养元素。

在培养基中添加的氮元素可以有两种形态，即硝态氮和铵态氮。硝态氮通常以硝酸铵（NH_4NO_3）或硝酸钾（KNO_3）的形式添加。在一般情况下，NH_4^+ 浓度过高对培养物有毒害作用，如烟草在 NH_4NO_3 的用量达到 23 mmol/L 时就会发生毒害作用。马铃薯和豌豆的原生质体培养，需要用谷氨酸和丝氨酸等有机氮来代替硝酸铵，以此来消除铵态氮的毒害作用。磷是植物所必需的大量元素之一，它不仅在能量的贮存、转化中起作用，而且也是核酸和蛋白质以及细胞膜的主要成分，在许多生理代谢中起着无法替代的作用。在植物组织培养的培养基中，磷以 PO_4^{3-} 形式添加。钾、钙、镁、硫等其他大量元素，也是植物生长和分化所必需的。钾不仅在细胞渗透压调节方面起重要作用，还对胡萝卜不定胚的分化起促进作用。因此，钾在培养基中的大量添加是非常必要的。同样，其他大量元素的缺乏，也会影响酶的活性和新陈代谢，从而对组织的生长和分化产生不利的影响。钙、镁、硫等在培养基中的用量不如氮、磷、钾多，添加浓度在 1～3 mmol/L 范围内。

培养基中添加的微量元素包括铁（Fe）、锰（Mn）、锌（Zn）、硼（B）、钴（Co）、钼（Mo）、铜（Cu）、钠（Na）和氯（Cl）。它们在培养基中的添加量虽然很少（一般为 10^{-7}～10^{-5} mol/L），但也是不可缺少的。这些元素是很多酶和辅酶的重要成分，直接影响着蛋白质的活性。铁又是叶绿素的重要成分，在没有铁的培养基上生长，组织会产生黄化或死亡现象。铁通常以硫酸亚铁与乙二胺四乙酸二钠（disodium ethylene diamine tetraacetic acid，Na_2-EDTA）螯合物的形式添加，否则容易出现沉淀现象。

（三）有机成分

1. 糖类物质　糖是非常重要的有机营养成分。对于植物组织培养中幼小的外植体而言，由于其光合作用的能力较弱，培养基中的糖类物质就成了其生命活动中必不可少的碳源和能源。除此之外，糖类还有调节培养基渗透压的作用。常添加的糖类有蔗糖、葡萄糖、果糖和麦芽糖等，其中蔗糖用得最多。蔗糖的使用浓度范围一般为 10～50 g/L（渗透压调节范围在 152～415 kPa），其中以 30 g/L 使用较多。有时，培养基中有两种糖类共存比单独使用效果好。蔗糖在高温高压灭菌时，会有一小部分分解成葡萄糖和果糖。

2. 维生素类　在植物组织培养中，由于外植体较小而生长较弱，维生素类物质的添加对于组织的生长和分化有良好的促进作用。在培养基中常用的维生素有维生素 B_1（盐酸硫胺素）、维生素 B_6（盐酸吡哆醇）、维生素 B_{12}、维生素 C、烟酸和生物素等，其使用浓度一般为 0.1～1 mg/L，这些维生素物质的添加对愈伤组织和器官形成有促进效果，维生素 C 还有防止组织褐变的作用。除此之外，肌醇（环己六醇）也是常用的有机营养成分之一，它有助于增强维生素 B_1 的效果，促进愈伤组织形成和不定芽、不定胚的分化；其用量一般为 50～100 mg/L。

3. 氨基酸类　在培养基中常用的氨基酸有甘氨酸、酪氨酸、丝氨酸、谷氨酰胺、天冬酰胺等。这些氨基酸物质不仅为培养物提供有机氮源，同时也对外植体的生长以及不定芽、不定胚的分化起促进作用。其用量一般为 1～3 mg/L。此外，水解酪蛋白和水解乳蛋白（lactalbumin hydrolysate，LH）对胚状体的形成也有良好的促进效果。

（四）植物生长调节剂

植物生长调节剂在培养基中的用量虽然微小，但是作用很大。它不仅可以促进植物组织的脱分化和形成愈伤组织，还可以诱导不定芽、不定胚的形成。可以说植物生长调节剂在植物组织培养中起着极其关键的作用，最常用的有生长素和细胞分裂素，有时也会用到赤霉素和脱落酸。

1. 生长素　早在 1926 年，荷兰学者 Went 发现了可以促进子叶鞘生长的物质，1930 年证实了这种物质是 IAA。生长素由茎尖合成，沿植物体向下运输，有促进细胞生长和生根的作用。在 IAA 被发现之后，有类似作用的物质，如萘乙酸（naphthalene acetic acid，NAA）、2,4-二氯苯氧乙酸（2,4-dichlorophenoxyacetic acid，2,4-D）和吲哚丁酸（indole-3-butyric acid，IBA）等也被广泛地利用。在植物组织培养中，生长素在诱导愈伤组织形成和生根方面起着重要的作用。2,4-D 在某些植物的组织培养中，还会诱导不定胚的形成。生长素与细胞分裂素的配合使用，对于器官形成和植物体再生可以起到调控作用。但 IAA 在高温高压灭菌时，会受到破坏，最好采用过滤除菌方法。生长素在培养基中的使用浓度为 10^{-7}～10^{-5} mol/L。高浓度的生长素对芽的形成往往有抑制作用。

2. 细胞分裂素　细胞分裂素由 Skoog（1948）等发现，它是由根尖合成而向上运输，主要作用是促进细胞分裂和器官分化，促进侧芽分化和生长，抑制顶端优势，延缓组织衰老等。在植物组织培养中，除激动素（kinetin，KT）和玉米素（zeatin，ZT）外，具有同样作用的 6-苄基腺嘌呤（6-benzyl aminopurine，6-BA）、噻苯隆（thidiazuron，TDZ）以及异戊烯腺嘌呤（N^6-2-isopentenyl adenine，2ip）等都是经常被使用的细胞分裂素。其中以 TDZ 诱导不定芽的作用较强，但是它很容易引起培养物的玻璃化（vitrification）。细胞分裂素的使用浓度为 10^{-7}～10^{-5} mol/L。在培养基中添加细胞分裂素，其目的在于促进细胞分裂，诱导愈伤组织、不定芽和不定胚的产生。高浓度的细胞分裂素会抑制根的产生。在细胞分裂素中，ZT 的价格较贵，在高温高压灭菌时容易被破坏，而 6-BA 和 KT 则性能稳定，价格相对便宜。但是，ZT 在某些植物中诱导不定胚的效果较好。

赤霉素（gibberellin，GA，常使用的是 GA_3）和脱落酸（abscisic acid，ABA）等有时也被用于植物组织培养中。如在菠菜（*Spinacia oleracea*）组织培养时，GA_3 对器官形成表现了良好的促进作用。ABA 有抑制生长、促进休眠的作用，在植物资源超低温冷冻保存时，可以用来促使植物停止生长，增强抗寒性，从而保证冷冻保存的顺利进行。

(五）天然有机添加物

椰子汁（添加量 100～150 mL/L）、酵母提取液（添加量 0.01%～0.5%）、番茄汁（添加量 5%～10%）、黄瓜汁（添加量 5%～10%）、香蕉泥（添加量 100～200 mg/L）等天然有机添加物的添加，有时对植物组织培养有良好的效果。在这些天然有机添加物中，通常富含有机营养成分或生理活性物质（如激素等）。但是，这些天然有机添加物成分复杂，常因品种、产地和成熟度等因素而变化，因此，试验的重复性比较差。另外，有些天然有机添加物还会因高温高压灭菌而变性，失去效果，这时应该采取过滤的方法进行除菌。

（六）pH

培养基的 pH 也是左右植物组织培养成功的因素之一。在灭菌前，培养基的 pH 一般调节到 5.0～6.0，最常用的 pH 为 5.7～5.8。pH 应该根据所培养的植物种类来确定。pH 过高时，固体培养基会变硬，pH 过低时会影响培养基的凝固。在调整 pH 时，常用 NaOH 或 HCl（浓度为 1 mol/L 或 0.1 mol/L）来进行。

（七）凝固剂

在配制固体培养基时，需要使用凝固剂。最常用的凝固剂是琼脂，其用量一般为 3～10 g/L。当培养基 pH 偏低或琼脂纯度不高时，应适当增加其用量。在灭菌时间过长或湿度过高时，也会影响琼脂的凝固。除琼脂外，结冷胶也是较好的凝固剂，其用量为 2.0～2.5 g/L，其特点是比琼脂的透明性好，易于进行根的观察与拍照。

（八）其他添加物

有时为了减少外植体的褐变，需要向培养基中加入一些防止褐化的物质，如活性炭、维生素 C 等。此外，在培养灭菌比较困难的植物材料时，也可以添加一些抗生素物质，以此来抑制杂菌生长。

二、培养基的选择

（一）培养基的基本类型

迄今为止，世界上报道的基本培养基配方有很多种（表 1-1，附录Ⅰ）。根据这些基本培养基的成分和浓度，可以把它们分为 4 个基本类型。

表 1-1　几种常用基本培养基的配方

单位：mg/L

组成		基本培养基				
		MS (1962)	LS (1965)	B_5 (1968)	R_2 (1973)	N_6 (1975)
无机成分	大量元素					
	NH_4NO_3	1 650	1 650	—	—	—
	KNO_3	1 900	1 900	2 500	4 040	2 830
	$(NH_4)_2SO_4$	—	—	134	330	463
	$CaCl_2 \cdot 2H_2O$	440	440	150	110	166
	$MgSO_4 \cdot 7H_2O$	370	370	500	245	185
	KH_2PO_4	170	170	—	—	400
	$NaH_2PO_4 \cdot 2H_2O$	—	—	150	312	—
	微量元素					
	$FeSO_4 \cdot 7H_2O$	27.8	27.8	27.8	—	27.8
	Na_2-EDTA	37.3	37.3	37.3	—	37.3
	Fe-EDTA	—	—	—	19	—
	$MnSO_4 \cdot 4H_2O$	22.3	22.3	10	1.6	4.4
	$ZnSO_4 \cdot 7H_2O$	8.6	8.6	2.0	2.2	1.5

(续)

组成		基本培养基				
		MS (1962)	LS (1965)	B₅ (1968)	R₂ (1973)	N₆ (1975)
无机成分	微量元素 CuSO₄·5H₂O	0.025	0.025	0.025	0.20	
	Na₂MoO₄·2H₂O	0.25	0.25	0.25	0.13	
	CoCl₂·6H₂O	0.025	0.025	0.025	—	
	KI	0.83	0.83	0.75	—	0.8
	H₃BO₃	6.2	6.2	3.0	2.8	1.6
有机成分	维生素 烟酸	0.5	—	1.0		0.5
	盐酸硫胺素	0.1	0.4	10.0	1.0	1.0
	盐酸吡哆醇	0.5	—	1.0		0.5
	甘氨酸	2				2
	肌醇	100	100	100		—

1. 含盐量较高的基本培养基 含盐量较高的基本培养基的代表是 MS 培养基（Murashige 和 Skoog，1962），主要特点是无机盐浓度高，特别是硝酸盐、钾离子和铵离子含量丰富；元素平衡较好，缓冲性能好；微量元素和有机成分含量齐全且较丰富，是目前使用最广的基本培养基。与 MS 培养基类似的还有 LS 培养基（Linsmaier 和 Skoog，1965）、BL 培养基（Brown 和 Lawrence，1968）、ER 培养基（Eriksson，1965）等。

2. 硝酸钾含量较高的基本培养基 硝酸钾含量较高的基本培养基有 B₅ 培养基（Gamborg 等，1968）、N₆ 培养基（朱至清等，1975）、SH 培养基（Schenk 和 Hidebrandt，1972）等。其特点是培养基的盐类浓度较高，铵态氮含量较低，但盐酸硫胺素和硝酸钾含量较高。

3. 中等无机盐含量的基本培养基 中等无机盐含量的基本培养基有 Nitsch（1969）培养基、Miller（1963）培养基和 H 培养基（Bourgin 和 Nitsch，1967）等。这类基本培养基的特点是大量元素含量约为 MS 培养基的一半，微量元素种类少但含量较高，维生素种类较多。

4. 低无机盐含量的基本培养基 低无机盐含量的基本培养基包括 White 培养基（White，1963）、WS 培养基（Wolter 和 Skoog，1966）、HE 培养基（Heller，1953）等。此类基本培养基的共同特点是无机盐含量非常低，为 MS 培养基的 1/4 左右，有机成分含量也很低。

（二）基本培养基的选择

MS 培养基是 Murashige 和 Skoog 在进行烟草组织培养时设计的。其无机盐类浓度较高，尤其是铵盐和硝酸盐含量高，能够满足快速增长的组织对营养元素的要求，是一种应用广泛的基本培养基。但它不适合生长缓慢、对无机盐类浓度要求比较低的植物，尤其是不适合铵盐过高易发生毒害的植物。B₅ 培养基是 Gamborg 等为大豆组织培养而设计的，铵的含量比较低，在豆科（Leguminosae）植物上用得较多，也适用于木本植物。N₆ 培养基是我国学者朱至清等为水稻的花药培养而设计的，在水稻、小麦（*Triticum aestivum*）以及其他植物的小孢子和花药培养中广泛使用，其特点是 KNO₃ 和（NH₄）₂SO₄ 含量较高，但不含元素钼。

改良的 White 培养基是 1981 年提出的。White 在原有设计的基础上进行改良，它是一种无机盐类浓度较低的培养基（表 1-2）。White 培养基在一般植物组织培养中用途也比较广泛，同时，它还非常适合于生根培养和幼胚的培养。此外，在进行木本植物组织培养时，WPM 培养基也是一个比较合适的选择。WPM 培养基中氮的含量较低，有利于木本植物组织的生长和分化。

表 1-2　改良 White 培养基配方

(引自 White，1981)

单位：mg/L

成分	含量	成分	含量	成分	含量
KNO_3	80	$MnSO_4·4H_2O$	6.65	盐酸吡哆醇	0.1
$Ca(NO_3)_2·4H_2O$	288	$ZnSO_4·7H_2O$	2.67	盐酸硫胺素	0.1
$MgSO_4·7H_2O$	737	H_3BO_3	1.5	烟酸	0.3
Na_2SO_4	200	$CuSO_4·5H_2O$	0.001	肌醇	100
KCl	65	MoO_3	0.0001	蔗糖	20 000
$NaH_2PO_4·H_2O$	19	KI	0.75	琼脂	10 000
$Fe_2(SO_4)_3$	2.5	甘氨酸	3		

注：pH 为 5.6。

培养基是否适合所培养的植物，可以通过试验进行筛选。在有必要时应该对培养基的成分进行调整，以此来获得良好的培养效果。

三、培养基的配制

在配制培养基时，如果每次都分别称量各种无机成分、有机成分和植物生长调节剂会很麻烦，并且用量少时会出现很大的误差。为了减少工作量和误差的出现，最方便的方法是预先配制好不同组分的培养基母液。

(一) 培养基母液的配制

1. 基本培养基母液　通常母液的浓度是培养基浓度的 10 倍、100 倍或更高。无机成分的母液可以在 2~4 ℃冰箱中保存。维生素等有机成分的母液要在冷冻箱内保存，在使用前取出，温水中溶解后取用。

在配制母液时，应该把 Ca^{2+} 与 SO_4^{2-}、Ca^{2+} 与 PO_4^{3-} 放在不同的母液中，以免发生沉淀。配制母液的量可以根据实际情况而定，如 MS 培养基通常可以配制三液式、四液式或五液式等。一般而论，有机成分、大量元素、微量元素可以分别配成一个母液，铁盐和钙盐各为单独母液。表 1-3 是 MS 培养基母液的配制方法，可以参照使用。

表 1-3　MS 培养基母液的配制

母液种类		成分	规定量/mg	扩大倍数	称取量/mg	母液体积/mL	配 1 L 培养基吸取量/mL
编号	种类						
1	大量元素	KNO_3	1 900	10	19 000	1 000	100
		NH_4NO_3	1 650		16 500		
		$MgSO_4·7H_2O$	370		3 700		
		KH_2PO_4	170		1 700		
2	钙盐	$CaCl_2·2H_2O$	440	10	4 400	1 000	100
3	微量元素	$MnSO_4·4H_2O$	22.3	100	2 230	1 000	10
		$ZnSO_4·7H_2O$	8.60		860		
		H_3BO_3	6.20		620		
		KI	0.83		83		
		$Na_2MoO_4·2H_2O$	0.25		25		

(续)

母液种类		药品成分	规定量/mg	扩大倍数	称取量/mg	母液体积/mL	配1 L培养基吸取量/mL
编号	种类						
3	微量元素	$CuSO_4 \cdot 5H_2O$	0.025	100	2.5	1 000	10
		$CoCl_2 \cdot 6H_2O$	0.025		2.5		
4	铁盐	Na_2-EDTA	37.30	100	3 730	1 000	10
		$FeSO_4 \cdot 4H_2O$	27.80		2 780		
5	有机成分	甘氨酸	2.00	50	100	500	10
		盐酸硫胺素	0.10		5		
		盐酸吡哆醇	0.50		25		
		烟酸	0.50		25		
		肌醇	100		5 000		

配制好的母液，在瓶上应注明母液号、配制倍数、日期。在发现母液有霉菌或沉淀变质时，应该重新配制。

2. 植物生长调节剂母液 在配制植物生长调节剂母液时，有 mg/L 和 mol/L 两种浓度单位可供选择。植物生长调节剂母液浓度通常用 1~10 mmol/L，这样的浓度既便于计算也可避免冷藏时形成结晶。由于多数植物生长调节剂难溶于水，因此配法各不相同。一般 2,4-D、IAA、IBA、GA_3 和 ZT 可先用少量 95% 酒精溶解，再用水定容，摇匀后贮于试剂瓶中，贴上标签；NAA 可溶于热水或少量 95% 酒精中，再加水定容至一定体积；KT 和 6-BA 应先溶于少量 1 mol/L 的 HCl 中，再加水定容。植物生长调节剂母液可以在 2~4 ℃ 冰箱中保存。

例如，预先配制好的 IAA 母液浓度为 1 mmol/L，若要配制浓度为 0.5 μmol/L 的培养基 1 L，应取该母液的体积为 0.5 mL。植物生长调节剂母液的保存与灭菌方法见表 1-4。

表 1-4 植物生长调节剂母液的配制与保存

种类	名称	相对分子质量	试剂保存	母液保存	灭菌方式
生长素	IAA	175.19	冷冻	冷冻避光	×
	IBA	203.23	冷藏	冷冻避光	○、△
	NAA	186.21	室温	冷藏	○
	2,4-D	221.04	室温	冷藏	○
细胞分裂素	KT	215.21	冷冻	冷冻	○
	ZT	219.20	冷冻	冷冻避光	×
	BA	225.25	室温	冷藏	○
其他	GA_3	346.38	室温	冷藏	×、△
	ABA	264.32	冷冻	冷冻避光	○、△

注：○表示可以高温高压灭菌；△表示高温高压灭菌时有部分分解；×表示需过滤除菌。

(二) 培养基的配制

培养基配制的具体步骤如下：①取出母液并按顺序放好，将有机成分母液溶解待用。将洁净的各种玻璃器皿如量筒、烧杯、移液管和玻璃棒等放在指定位置。②取一个烧杯，放入配制培养基总量 1/3 左右的纯水，将母液按顺序加入，并不断搅拌。③加入植物生长调节剂和蔗糖，待糖溶解后定容。④将定容的培养基倒入容器中，加入琼脂（3~10 g/L），并加热使其完全溶解。⑤用预先配好的氢氧化钠或稀盐酸调整 pH。⑥将培养基分装到培养器皿中，封好瓶口。⑦用高压蒸汽灭菌锅灭菌（121 ℃，15～20 min）或过滤除菌。⑧灭菌后待高压蒸汽灭菌锅温度下降到50 ℃以下、气压表归零后，便可以取出，冷却凝固后待用。

第三节　基本操作

植物组织培养是一项技术性很强的工作，而熟练掌握植物组织培养的无菌操作技术是植物组织培养成功的关键。

一、洗　　涤

在植物组织培养中，清洗各种玻璃器皿所用的洗涤剂，主要有肥皂粉、洗衣粉、洗洁精和重铬酸钾洗液。

1. 重铬酸钾洗涤法　重铬酸钾洗液是一种氧化、腐蚀作用极强，洗净力极好的洗涤剂。一般的玻璃器皿在用重铬酸钾洗液浸泡之前，应先用水洗净，晾干后再放入重铬酸钾洗液中浸泡一夜，取出后用自来水冲洗，然后再用蒸馏水洗2次（用蒸馏水洗器皿时，一定要坚持少量多次的原则），干燥后备用。对于比较小的玻璃制品，可以放在一个较大的烧杯中用重铬酸钾洗液浸泡，然后用自来水和蒸馏水冲洗。吸管是植物组织培养中比较常用的玻璃器皿，它的洗涤是首先用自来水冲洗，然后放在特制的防腐不锈钢网筒内，在重铬酸钾洗液中浸泡一夜，再将网筒放在虹吸式自动冲洗装置中，用自来水冲洗数十次，最后用蒸馏水冲洗，干燥后备用。

饱和重铬酸钾洗液的配制方法是：将43 g重铬酸钾溶于1 000 mL蒸馏水中（在20 ℃时可以达到饱和状态），制成重铬酸钾饱和水溶液。然后将浓硫酸缓慢加入重铬酸钾饱和水溶液中，最终使重铬酸钾饱和水溶液与浓硫酸的比例达到1∶1。在重铬酸钾洗液的配制过程中，只能把浓硫酸缓慢加入重铬酸钾饱和水溶液中，绝不能将重铬酸钾饱和水溶液倒入浓硫酸溶液中，因会产生大量热量而来不及扩散，引起浓硫酸的溅出。重铬酸钾洗液的最大缺点是铬离子会造成环境污染。因此，在一般情况下应尽量避免使用重铬酸钾洗液。

2. 洗涤剂洗涤法　普通无磷中性洗涤剂是一种理想的洗涤剂。新购置的玻璃器皿由于或多或少带有游离的碱性物质，应先用1%稀盐酸溶液浸泡一夜，然后用肥皂水洗净，清水冲洗，最后再用蒸馏水冲洗，烘干备用。对于已经用过的培养器皿，先将用过的培养基除去，然后用洗涤剂溶液浸泡，再用刷子刷洗，自来水冲洗，最后用蒸馏水冲洗。对较脏的玻璃器皿可先用洗衣粉或洗洁精刷洗并冲净后，再浸入洗涤剂溶液中按上述方法洗净，在洗涤剂溶液中浸泡的时间一般视器皿的脏污程度而定。对于被霉菌等杂菌污染的玻璃器皿，必须经121 ℃高压蒸汽灭菌后，用蘸有洗涤剂的刷子刷去污染物，再浸入洗涤剂溶液中按上述方法洗净。切忌被杂菌污染的玻璃器皿直接用水清洗，会造成培养环境的污染。用过的吸管和滴管等应放洗涤剂溶液中浸泡2 h以上，取出用自来水冲洗干净，再用蒸馏水冲洗，置烘箱中烘干或晾干。总之，洗净的玻璃器皿应透明发亮，内外壁水膜均匀，不挂水珠。

3. 超声波洗涤法　这是一种物理洗涤方法，对环境没有任何污染。而且，对于比较顽固的污垢也十分有效。但是，超声波发生器的容量有限，因此常用来清洗较小的玻璃器皿。超声波洗涤的具体方法是：将需要清洗的玻璃制品放在超声波发生器内，注入自来水，设定时间，然后进行超声波处理。超声波处理后的玻璃制品还要用蒸馏水冲洗。

二、灭　　菌

（一）器具的灭菌

1. 干热灭菌法　干热灭菌法是：将器具长时间放在高温下消除杂菌的一种方法。其具体做法是：将需要灭菌的器具（玻璃器皿或器械）先用铝箔包好或放在铅盒中，放入温度设定为150 ℃的恒温干燥箱内，保温2 h，取出冷却后便可以使用。

2. 高压蒸汽灭菌法 高压蒸汽灭菌法是将需灭菌物品放在高压蒸汽灭菌锅内，通过高温高压进行灭菌的一种方法。其具体做法是：将需要灭菌的器具用铝箔或牛皮纸包好，放在高压蒸汽灭菌锅专用的网筐内，打开高压蒸汽灭菌锅并按要求添加水，再将网筐放在高压蒸汽灭菌锅中，加盖后拧紧螺旋。预定灭菌温度和灭菌时间，通电后加温到预定温度（增压前先排净锅内冷空气，以便使蒸汽能到达各个灭菌部位，保证彻底灭菌）。一般在121 ℃下保持15~20 min，就可达到灭菌效果。在达到灭菌温度和灭菌时间后，高压蒸汽灭菌锅会自动断电和降温。在温度降至50 ℃以下、气压表归零后，将灭菌物品取出，放冷后待用。不同厂家的高压蒸汽灭菌锅均有各自的使用要求，可以参照使用说明书进行操作。

（二）培养基的灭菌

1. 高压蒸汽灭菌法 配制好的培养基带有各种杂菌，可以在分装后或直接盛装在较大容器内进行灭菌，灭菌方法与器具的高压蒸汽灭菌基本相同，但灭菌时间与需要灭菌的培养基量密切相关（表1-5）。已分装好的培养基灭菌结束后，将其取出平放至凝固即可。未分装的培养基灭菌后，应在无菌条件下再分装到无菌培养器皿内。

表1-5 培养基高压蒸汽灭菌所需的最短时间

（引自Biondi和Thorpe，1981）

培养基体积/mL	121 ℃下所需保持的最短时间/min
20~50	15
75	20
250~500	25
1 000	30
1 500	35
2 000	40

在使用高压蒸汽灭菌锅时，应注意以下几点：①使用前应添加足够的水量；②锅内气压太高（超过$1.52×10^2$ kPa）会引起部分有机物质的分解；③灭菌后在气压表归零之前不要打开锅盖，以免发生危险和培养基外溅现象；④橡胶等有机物品会因高温高压而变性；⑤高压蒸汽灭菌锅内有一个自动排气的小孔，不要使其堵塞，否则会因气压升高而引起危险。

2. 过滤除菌法 当培养基中含有高温下易分解或变性的物质时，如生长调节剂、酶等，可以采用过滤方法进行除菌。首先将砂芯玻璃漏斗等器具用干热灭菌法或高压蒸汽灭菌法灭菌，然后在无菌条件下进行培养基的除菌操作，除菌后的培养基需要在超净工作台内分装。与高压蒸汽灭菌法相比，过滤除菌法操作烦琐，有时效果不如高压蒸汽灭菌法，但是可以确保有机添加物不被破坏。为了兼顾灭菌效果和有机物成分不被破坏，也可采用部分除菌法，即将高温下易破坏的有机成分配成水溶液，过滤除菌后放在超净工作台上待用。培养基中的其他成分按正常方法配制并进行高压蒸汽灭菌，再将二者在超净工作台内混合后分装。当然，操作过程中所需器具都是无菌的。

三、无菌操作

无菌操作室除定期熏蒸灭菌外，还要经常通过紫外灯灭菌。在具体的实验操作时，灭菌需要用酒精棉或酒精喷壶（酒精浓度为70%）。具体的无菌操作步骤如下：①在实验之前30 min将超净工作台的紫外灯打开，进行灭菌。人员要避免被紫外线照射，做实验时将紫外灯关闭。②用酒精喷壶或酒精棉将超净工作台消毒，实验操作者的手和小臂也要用70%酒精消毒。实验器具用酒精喷壶消毒之后，放在超净工作台面上待用。③点燃超净工作台上的酒精灯，在植入培养材料的前后，培养瓶的瓶口须在酒精灯火焰上灼烧灭菌。使用的镊子、解剖刀等，用90%酒精浸泡，之后放在酒精灯上灼烧灭菌，放在灭菌支架上冷却后使用。

第四节 离体培养体系的建立

植物组织培养是生物工程技术的重要组成部分，而离体培养体系的建立是组织培养的基础，它是生产中扩繁优良品种和获得脱毒苗的有效途径之一。因此，建立高效稳定的离体培养体系是非常必要的。

一、供体植物材料

控制杂菌污染是初代培养的关键所在。植物材料来源、取材部位和时期不同，污染情况也不同。为了获取良好的材料，对植物材料进行合理的栽培管理是十分必要的。

1. 田间材料 田间种植植物材料供组织培养取材之用，是一种极为普通的形式。在田间栽培植物材料时，首先应对植物品种进行选择，即选择性状优良、抗逆性强、品色俱佳的优良品种，并根据取材要求适时栽培。在管理上力争精耕细作，加强水肥调控，及时防治病虫害，以此来获取良好的外植体材料。

2. 温室材料 在具备温室条件的地方，应在温室栽培材料供组织培养取材。在温室栽培材料不仅不受气候条件的限制，还可以根据实际需要随时栽植。温室为植物提供良好的生长环境，不受风吹雨淋，植物受伤较少，病虫害易控制。因此，利用温室可以获得健康的植物材料，初代污染也可以得到有效的控制。

3. 无菌发芽材料 利用种子繁殖的植物，可以在培养室进行无菌发芽，然后获取植物组织培养所需的材料。具体做法：准备无菌培养皿、无菌滤纸和无菌水。将种子进行消毒，消毒后的种子放到培养皿中进行无菌培养，待种子发芽并长成小苗后，便可以作为供试材料使用。对于正处在休眠状态的种子，可以用1 000～2 500 mg/L的赤霉素浸泡24～48 h，打破休眠，再进行消毒和培养。

二、外植体的选择和处理

（一）外植体的选择原则

1. 再生能力强 按细胞全能性而论，植物任何体细胞都具有再生成完整植株的潜在能力。然而，已分化的体细胞的再生过程必须经历脱分化与再分化过程。由于不同的体细胞的分化程度不同，它的脱分化难易程度会因其分化程度而异，如形成层和薄壁细胞比厚壁细胞脱分化容易。一般而言，分化程度越高的细胞，脱分化越难。因此，在外植体的选择上，应尽量选择未分化或分化程度较轻的组织作为外植体使用。一般情况下，幼嫩的组织比衰老的组织好，故茎尖和嫩梢是很好的外植体材料。在取材季节上，尽量选择在材料旺盛生长时取材。因为旺盛生长时期的材料，内源激素的含量较高，再分化比较容易。

2. 遗传稳定性好 无论是大量繁殖，还是遗传转化，保持原物种的优良性状是植物组织培养的基本要求。因此，在选择外植体时，应选取变异较少的材料作为外植体使用。同时，在进行组织培养过程中，也应减少组织的变异。

3. 外植体来源丰富 为了建立一个高效而稳定的植物组织离体培养体系，往往需要反复地试验，并要求试验结果具有可重复性。因此，就需要外植体材料丰富并容易得到。

4. 外植体灭菌容易 选择外植体时,应尽量选择带杂菌少的组织,减少培养中的杂菌污染。一般地上部组织比地下部组织灭菌容易,一年生组织比多年生组织灭菌容易,幼嫩的组织比衰老和受伤的组织灭菌容易。

(二) 常用的外植体

1. 茎尖 茎尖是植物组织培养中最常用的供试材料之一。这是因为茎尖不仅生长速度快,繁殖率高,不容易产生遗传变异,而且茎尖培养是获得脱病毒苗木的有效途径。在以繁殖为目的的茎尖培养中,茎尖大小可以自由选择。在以脱病毒为目的时,在体视显微镜下切取小于 0.4 mm 的茎尖进行培养,脱病毒效果较好。

2. 茎段 大部分果树和花卉等植物,新梢的节间部是组织培养的较好材料。新梢节间部不仅灭菌容易,而且脱分化和再分化能力较强。因此,茎段是常用的组织培养材料。

3. 叶和叶柄 叶片和叶柄取材容易,新出的叶片杂菌较少,实验操作方便,也是植物组织培养中常用的材料。尤其是近年在植物的遗传转化中,以叶片为供试材料的报道很多。

4. 鳞片 水仙(*Narcissus tazetta*)、百合、葱(*Allium fistulosum*)、蒜、风信子(*Hyacinthus orientalis*)等鳞茎类植物常以鳞片为材料。

5. 其他 种子、根、块茎、块根、花粉等也可以作为植物组织培养的材料。

(三) 外植体的灭菌

植物组织培养中,获得无菌外植体是组织培养成功的必要前提。取自于田间或温室的材料,常常带有大量的细菌和霉菌。因此,通过化学药剂消除植物材料上的杂菌是植物组织培养的一个重要环节。

1. 常用的灭菌药剂 对灭菌药剂的要求是灭菌效果好,易从植物组织上清除,对人体无害,无环境污染。常用的灭菌剂(表 1-6)中,70%~75%的酒精是最常见的表面灭菌剂。酒精具有较强的穿透力和灭菌作用,对植物材料的杀伤作用也很大。进行植物材料灭菌时,可将其在70%酒精中浸泡 10~30 s,进行表面灭菌。然后,再将植物材料放到其他灭菌剂中进行彻底灭菌。如果在酒精中浸泡时间过长,植物材料的生长将会受到影响,甚至被酒精杀死。

表 1-6 植物组织培养中常用的灭菌剂及使用浓度

名称	使用浓度	清除难易	消毒时间/min	灭菌效果
次氯酸钠	2%	易	5~30	很好
漂白粉	饱和溶液	易	5~30	很好
过氧化氢	10%~12%	最易	5~15	好
溴水	1%~2%	易	2~10	很好
氯化汞	0.1%~0.2%	较难	2~10	最好
酒精	70%~75%	易	0.2~0.5	好
抗生素	4~50 mg/L	中	30~60	较好
硝酸银	1%	较难	5~30	好

次氯酸钠是一种较好的灭菌剂,可以释放出活性氯离子,杀死细菌。次氯酸钠在作为植物材料的灭菌剂时,常用浓度是 2%,浸泡时间 5~30 min,灭菌时间可根据预备试验来确定。次氯酸钠的灭菌力很强,不易残留,对环境无害。但次氯酸钠溶液碱性很强,对植物材料也有一定的破坏作用。因此,用次氯酸钠处理的时间也不宜过长。漂白粉有效成分是次氯酸钙 $[Ca(ClO)_2]$,使用浓度一般为 5%~10% 或饱和溶液,灭菌效果很好,对环境无害,是一种常用的灭菌剂。氯化汞灭菌原理是 Hg^{2+} 可以与带负电荷的蛋白质结合,使蛋白质变性,从而杀死

菌体。常用浓度为 0.1%～0.2%，浸泡时间为 2～10 min。氯化汞的灭菌效果极佳，其缺点是易在植物材料上残留，灭菌后应多次冲洗（至少冲洗 5 次）。氯化汞对环境危害大，对人畜的毒性极强，应尽量避免使用，使用后做好回收工作。

2. 植物材料灭菌的一般过程

（1）材料前处理。从田间取回的材料，用自来水冲洗 10 min，洗去泥土等污垢，剪去残伤部分，再用自来水冲洗数次。然后剪成小段放入烧杯中。

（2）灭菌剂配制。开启超净工作台，用 70% 酒精彻底消毒。将次氯酸钠等灭菌剂从冰箱内取出，在超净工作台上配制成所需浓度（烧杯等器具和水均预先经过高压灭菌）。为了使灭菌剂充分湿润整个组织，还需要在药液中加入数滴（浓度小于 0.1%）表面活性剂——吐温（Tween）20 或吐温 80。如果需要用 70% 酒精灭菌材料，还需要准备好消毒用酒精。

（3）材料灭菌。把经过前处理的材料放入 70% 酒精中，进行表面消毒。取出后立即放入次氯酸钠（或其他灭菌剂）中灭菌。数分钟后取出，用无菌水中冲洗 3～5 次。然后将材料放到无菌的培养皿中进行适当切割分离，接入装有培养基的培养瓶中。如果材料所带杂菌较少，酒精消毒的步骤可以省略。操作中所用的镊子、解剖刀、培养皿和培养皿中的滤纸，均需经过高温高压灭菌。镊子等器具在使用时，还要随时用酒精灯消毒。

3. 污染源及其表现特征 组织培养中污染是经常发生的，造成污染的原因很多，如外植体带菌、培养基及器皿灭菌不彻底、操作人员操作不规范等都会造成污染。污染的病原主要分为细菌和真菌两大类。细菌污染的特点是菌斑呈黏液状，而且在接种 1～3 d 即可发现。除材料带菌或培养基灭菌不彻底会造成接种材料被细菌污染外，操作人员的不慎操作也是造成细菌污染的重要原因。真菌污染的特点是污染部分长有不同颜色的霉菌，在接种 3 d 甚至半个月后才出现。造成真菌污染的原因多为外植体本身带菌、周围环境不清洁、超净工作台过滤装置失效、培养器皿口径过大等。因此，为了减少损失，提高工作效率，必须在每个操作环节上都要注意防止污染的发生。

此外，组织培养中螨类也是造成污染的原因之一。螨类污染通常是不均衡分布，一般存在一个明显的高污染中心区，由该区逐渐向四周扩散。螨类污染通常具有暴发性，这是由于螨类爬行与真菌扩散的相互促进作用造成的。螨类污染范围也较广。组织培养中预防螨类污染要做好个人和环境卫生的控制，尤其是接种室和培养室的环境卫生。培养室一旦发生螨类污染，首先要彻底做好环境卫生清洁工作，包括培养室的墙壁、培养架、灯、地板等；其次要用采取药物杀螨，通常可用阿维菌素（1 200 倍液）或尼克螨乳油（1 500～2 000 倍液）等，进行彻底杀螨。

三、培养条件

培养条件是调控外植体生长和分化的外界条件。在植物组织培养中，大的环境条件如温度、光照、湿度等是被严格控制的，但是培养基成分和 pH 等的变化是通过培养基的更新来实现的。

1. 温度 温度是影响外植体生长和分化的重要条件。大多数情况下，由于一个培养室内培养着许多种植物，培养室内的温度一般被设定在 (25±2)℃。然而，由于植物在自然界中长期进化，不同的植物对环境温度的要求不同。生长在高寒地区的植物，其最适生长温度较低，而生长在热带地区的植物，则对环境温度相对要求较高。例如，马铃薯在 20 ℃ 情况下培养效果较好，菠萝在 28～30 ℃ 情况下培养效果较好。因此，在条件允许的情况下，可以根据不同植物对环境温度的要求来设定培养室温度。一般培养室的温度，最高不高于 35 ℃，最低不低于 15 ℃。

2. 光照 在植物组织培养中，使用的光照度范围为 1 000～6 000 lx，常用的光照度为 3 000～4 000 lx。大多数植物，在有光的情况下生长和分化较好，如在天竺葵（*Pelargonium hortorum*）愈伤组织诱导不定芽时，以每天 15～16 h 光照效果较好。而另一些植物，如在荷兰芹的组织培养中，器官形成则不需要光。有些植物，光的存在会抑制根的形成，这时可以在培养基中加入活性炭，提高根的形成率。另外，原生质体培养初期往往需要在黑暗中培养。

光质对细胞分裂和器官分化也有很大影响。在烟草髓部组织的培养中，白光和蓝光对不定芽的分化有促进作用，而绿光、红光和近红外光等有阻碍作用；在杨树（*Populus* sp.）的组织培养中，红光有促进愈伤组织生长的作用，而蓝光则有阻碍作用。光质对植物组织分化的影响，目前尚无一定规律可循，这可能是不同植物对光信号反应不同所致。

光周期也是影响外植体分化的条件之一。在进行葡萄茎段培养时，对日照敏感的品种，只有在短日照条件下才可能形成根，而对日照长度不敏感的品种，在任何条件下培养均可以形成根。钻天杨（*Populus nigra*）在每天 16 h 光照下最有利于不定芽的形成。在一般情况下，培养室的光周期可设定为 16 h 光照、8 h 黑暗。

3. 湿度　培养容器内的相对湿度在培养初期接近 100%，之后随着培养时间的推移，水分会逐渐逸失，相对湿度也会有所下降。因此，在培养容器封口材料选择上应十分注意，所选择的封口材料至少要保证在一个月内培养容器里有充足水分来满足外植体的需要。如果培养容器内水分散失过多，培养基渗透压升高，会阻碍培养物的生长和分化。当然，封口材料过于密闭，影响气体交流，导致有害气体难于散去，也会影响培养物的生长和分化。植物组织培养室内的相对湿度常年保持在 70%～80%。

4. 培养基的营养物质和 pH 变化　随着培养物的生长和分化，培养基内所含的营养物质（如糖、维生素和无机营养成分）以及植物生长调节剂等均会被逐渐吸收而减少，培养物的生长速度也因之逐渐降低，乃至停止生长和分化。与此同时，培养基的 pH 也会有所变化，尤其当大量的金属离子被吸收后，pH 会随之降低，甚至会影响培养物的生长发育。为解决这一问题，最好每月更新一次培养基，也可以在培养容器容量允许的情况下，增加培养基的量，并尽量选用营养元素能被平衡吸收的培养基。

5. 培养物的气体环境　氧气是植物组织呼吸活动所必需的。在用固体培养基培养时，接种时不要把培养物全部埋入培养基中，以避免氧气不足，并注意瓶内与外界保持通气状态。在使用液体培养基进行培养时，最好采用振荡等方法，以确保氧气的供应。刚刚切割后的外植体，会产生乙烯，造成材料的老化，从而影响生长和分化。另外，培养物产生的二氧化碳浓度过高时，也会阻碍培养物的生长和分化。因此，培养时应注意瓶内的通气状况，如使用棉塞或通气好的封口膜封口。

小结

植物组织培养中温度、光照和湿度等各种物理环境条件，培养基的组成、pH 和渗透压等各种化学环境条件及培养的外植体部位、大小、接种密度等各种生物环境条件都会影响外植体的生长和分化。植物组织培养成功与否，很大程度上取决于培养基选择的是否正确。培养基的种类、植物生长调节剂成分等直接影响培养材料的生长发育，故应根据不同的植物材料和培养目的，选择适宜的培养基。不同培养基特点不同，了解和分析它们的特点，既便于选择合适的培养基，又可以在组织培养中开发新的培养基。植物生长调节剂是培养基中不可缺少的关键物质，虽然用量极少但对外植体愈伤组织的诱导和器官分化起着重要和明显的调节作用。因此，选择合适的植物生长调节剂种类和浓度，对植物组织培养获得成功至关重要。

除培养基成分外，决定组织培养成败的另一个重要因素是外植体的来源。虽然从理论上讲，植物细胞都具有全能性，能够再生新植株，但实际上不同品种、不同器官之间的分化能力有很大差别，因此选择再生能力强、遗传稳定性好和灭菌容易的外植体也是非常重要的。

无菌操作过程中必须在每个操作环节上都注意防止污染的发生，如外植体灭菌、培养基及器皿灭菌、无菌操作室消毒以及接种操作等步骤都应该规范，避免污染。

复习思考题

1. 在使用高压蒸汽灭菌锅时应该注意哪些问题?
2. 污染后的玻璃器皿应该如何清洗?
3. 培养基中常用的无机成分有哪些种类?
4. 谈谈糖类物质的添加种类与使用浓度。
5. 常用的生长素有哪些种类?使用浓度范围如何?
6. 常用的细胞分裂素有哪些种类?使用浓度范围如何?
7. 谈谈 MS 培养基的基本特点。
8. 试述培养基配制的基本过程。
9. 外植体选择的基本原则是什么?
10. 试比较灭菌剂次氯酸钠和氯化汞的优缺点。
11. 简述植物材料灭菌的一般过程。

主要参考文献

陈正华,1986. 木本植物组织培养及应用. 北京:高等教育出版社.

黄学林,李筱菊,1995. 高等植物组织离体培养的形态建成及其调控. 北京:科学出版社.

李浚明,朱登云,2005. 植物组织培养教程. 3 版. 北京:中国农业大学出版社.

梁海曼,1995. 高压灭菌对培养基成分的影响. 植物生理学通讯,32(5):389-392.

潘瑞炽,2000. 植物组织培养. 广州:广东高等教育出版社.

彭剑涛,向结,2002. 利用组织培养技术获得烟草抗性材料的研究. 种子,122(3):26-28.

裘文达,1986. 园艺植物组织培养. 上海:上海科学技术出版社.

孙莉娜,2000. 樱桃番茄的组织培养与快速繁殖. 植物生理学通讯,36(2):135.

孙勇如,安锡培,1991. 植物原生质体培养. 北京:科学出版社.

王冬梅,黄学林,黄上志,1996. 细胞分裂素类物质在植物组织培养中的作用机制. 植物生理学通讯,32(5):373-377.

王关林,方宏筠,2002. 植物基因工程. 北京:科学出版社.

许智宏,1998. 植物生物技术. 上海:上海科学技术出版社.

袁鹰,刘德璞,郑培和,等,2001. 大豆组织培养再生植株研究. 大豆科学,20(1):9-13.

朱广廉,1996. 植物组织培养中的外植体灭菌. 植物生理学通讯,32(6):444.

Cassells A C, 1983. Plant and *in vitro* factors influencing the micropropagation of *Pelargonium* cultivars by bud tip culture. Scientia Horticulturae, 21(1): 53-65.

Eriksson T, 1965. Studies on the growth requirements and growth measurements of cell cultures of *Haplopappus gracilis*. Physiologia Plantarum, 18: 976-993.

Hutchinson, 1984. *In vitro* propagation of *Dionaea muscipula* Ellis (Venus Ely Trap). Scientia Horticulturae, 22(1/2): 189-194.

Linsmaier E M, Skoog F, 1965. Organic growth factor requirements of tobacco tissue cultures. Physiologia Plantarum, 18: 100-127.

Moldrickx R S, 1983. The influence of light quality and light intensity on regeneration of Kalanchoe-Blossfeldiana-hybrids *in vitro*. Acta Hortic., 131: 163-170.

Murashige T, Skoog F, 1962. A revised medium for rapid growth and bioassays with tobacco tissue cultures. Physiologia Plantarum, 15: 473-497.

第二章
植物组织培养的基本原理

植物细胞全能性理论是植物组织培养的核心理论。离体细胞具有生命的特征属性，在全能性的基础上，为其提供合适的营养和环境条件，离体细胞经历脱分化（dedifferentiation）和再分化（redifferentiation）过程，可形成再生植株。

第一节 植物细胞全能性和细胞分化

一、植物细胞全能性

1902年，Haberlandt提出了植物细胞的全能性理论，即植物的体细胞在适当条件下，具有不断分裂、繁殖和发育成完整植株的能力。20世纪70年代，细胞全能性的概念为：每一个细胞具有该植物的全部遗传信息，具有发育成完整植株的能力。80年代，此名词又进一步被解释为：每一个植物细胞带有该植物的全部遗传信息，在适当条件下可表达出该细胞的所有遗传信息，分化出植物有机体所有不同类型的细胞，形成不同类型的器官，甚至胚状体，直至形成完整再生植株。植物细胞培养中次生物质的产生及单细胞培养再生完整植株，都是细胞全能性的表现，只是表现形式不同而已。

植物体的全部活细胞都是由细胞分裂产生的，每个细胞都包含着整套遗传基因。但是，由于受到整个植株、具体器官或组织环境的束缚，致使植株中不同部位的细胞仅表现出一定的形态和功能。但它们的遗传潜力并未消失，一旦脱离原器官或组织的束缚成游离态，并在一定的营养和环境条件下培养，就可实现其全能性。但是，由于目前技术水平的限制，离体细胞全能性的实现多数情况下是在分生组织等全能性保持较好的细胞中进行的，还无法使所有的离体植物细胞都实现其全能性。

离体条件下，由于摆脱了原来供体（组织、器官或完整植株）的束缚，离体细胞（组织、器官）生命特征属性的表现过程和形式都将发生变化。如在新陈代谢方面，离体细胞主要依靠培养基提供碳源，没有或很少进行光合作用；在调控能力方面，培养物从自养转变为异养；在生长发育与繁殖方面，离体细胞（组织、器官）可以改变原来的生长发育方向或进程，如离体细胞的胚胎发生、细胞脱分化等；在遗传变异与进化方面，离体培养可大大增加培养物的变异性，或使某些变异在短时间内大量扩增，改变其数量等。

但生物有机体总是处在严格而有序的动态平衡中，任何内环境的改变必然使旧的平衡打破而达到新的平衡。植物体是由各个层次或小系统（如基因水平、亚细胞水平、细胞水平、器官水平）构成的生命大系统，各系统内和系统间的协调运行不仅是维持植物生长的先决条件，而且它们的动态平衡关系还制约其发育进程。当细胞或组织器官从供体中被分离出来后，就切断了其与植株整体的联系，摆脱了完整植株对它的控制，也破坏了生命大系统中固有的平衡关系。但是，作为生命活动的基本单元——细胞，在一定条件下仍将按原有的平衡关系进行生命活动，表现其细胞全能性。进行离体材料培养时，培养基和培养条件应使离体材料处于像原来整体状态下所处的平衡关系中，更重要的是需满足离体材料向其他方向发育（愈伤组织、胚状体等）所需的各种平衡关系，以达到培养目的。

在植物组织培养实践中，植物细胞全能性的表现程度和方式因植物细胞的生理状态以及离体培养条件而有很大差异。动物干细胞（stem cell）的全能性已得到证实，并取得重大进展。不少学者借助动物干细胞的研究成果，将"干细胞"概念引入植物。最早认为，植物干细胞（plant stem cell）是位于植物分生组织固有的未分化细胞，具有自我更新和再生能力。目前普遍认为，植物干细胞是存在于植物顶端分生组织［茎尖分生组织（shoot apical meristem，SAM）和根尖分生组织（root apical meristem，RAM）］的原始细胞团，也存在于形成层等各种次生分生组织中。Verdeil 等（2007）认为离体培养物的胚性细胞也属于植物干细胞，并将植物分生组织定义为多潜能性干细胞（pluripotent stem cell），植物离体胚性细胞定义为全能性干细胞（totipotent stem cell）。按此扩展离体培养物的干细胞概念，具有再生能力的愈伤组织或悬浮培养细胞具有类似干细胞的性质，似乎也应归为植物干细胞的范畴。但是，由于普通的离体培养细胞来自分化细胞的脱分化，会产生比较大的遗传变异，与植物干细胞有本质区别，因此目前认为不宜归为植物干细胞的范畴。我国的学者朱至清（2003）提出植物胚性细胞是干细胞的观点，把茎尖分生组织也归属为胚性细胞，与国际上公认的胚性细胞的概念不一致。不过，Verdeil 等（2007）和朱至清（2003）都把传统的植物分生组织（meristem）的原始细胞和胚性细胞（embyogenic cell）归为植物干细胞。在分子水平上，*WUS* 的表达是维持干细胞特征所必需的，而 *CLV3* 是植物干细胞标志基因。*WUS* 基因和 *CLV*（*CLAVATA*）基因之间形成一个反馈调节通路，控制着干细胞的数量和茎尖分生组织中心区域的大小。

综上所述，严格意义上讲，植物干细胞是具有自我更新和再生能力，并且具有遗传稳定性的未分化细胞，既存在于植物原生分生组织、初生分生组织、次生分生组织当中，也包括了离体培养的胚性细胞。参照动物干细胞的分类方法，根据植物细胞全能性的表现程度，植物干细胞可分为全能性（totipotent）、多能性（pluripotent）、专能性（multipotent）和单能性（unipotent）干细胞。在离体培养中，植物干细胞能良好地展现植物细胞的全能性。而各类型植物外植体中干细胞的选择或诱导，是植物离体培养再生技术体系的关键环节，由外植体固有或离体培养诱导产生的干细胞，在植物离体培养中能获得遗传上稳定的再生体系。

二、植物细胞分化

分化是指植物体各个部分出现异质性的现象，可以在细胞水平、组织水平或器官水平上表现出来，如细胞分化、组织分化、花芽和叶芽以及茎和根等器官分化。细胞分化是指导致细胞形成不同结构，引起功能改变或潜在的发育方式改变的过程。细胞分化是组织分化和器官分化的基础，是离体培养再分化和植株再生得以实现的基础。

细胞分化是发育生物学的一个核心问题，它是基因选择性活化或阻遏的结果。基因的活化或阻遏使细胞在结构、生理生化特性上发生改变，导致细胞分化。一个成熟已分化的细胞中，通常仅有 5%~10% 的基因处于活化状态，所以细胞分化的基本问题就是一个具有全能性的细胞是以何种方式使大部分遗传信息不再表达，而仅有小部分特定基因活化，最终使细胞表现出所执行的特定功能。目前，这个问题还没有得到阐明，但利用离体培养技术已揭示了细胞分化的某些规律和机理，主要表现在：①细胞分化基本上分为形态结构分化和生理生化分化两类。形态结构分化之前往往先出现生理生化分化，因为不同基因活化的结果往往表现为合成不同的酶或蛋白质分子。②发育中的植物不存在部分基因组永久关闭的情况，即不同组织的细胞保持潜在的"全能性"。只要条件合适，这种全能性即可表现出来。③在完整植株中，细胞发育的途径一旦被"决定"，通常不易改变，但离体培养可以通过脱分化而丧失这种"决定"。④极性（polarity）与分化关系密切。极性是植物分化的一个基本现象，它通常是指在植物的器官、组织，甚至单个细胞中，在不同轴向上存在的某种形态结构和生理生化上的梯度差异。极性一旦建立，常难以逆传。如茎切段再生芽，往往只能在形态学上端（远基端）分化形成；根切段形成芽，则发生在近基端。⑤生理隔离或机械隔离在细胞分化中的促进作用，在低等植物中表现明显并已证实，高等植物中证据尚不足，有待研究。Steward 等于 1969 年在胡萝卜细胞培养形成胚状体的研究中，特别强调了悬浮培养中单个细胞的生理隔离是胚胎发生的前提条件。但也有研究发现，细胞培养中胚状体并非由游离的单个细胞直接形成，使问题变得复杂化。但在柑橘（*Citrus reticulata*）未受精胚珠的珠心组织形成的胚性愈伤组织中，观察到形成胚状体的原始细胞被厚壁所包围，无胞间连丝。在龙眼（*Dimocarpus longan*）胚性愈伤组织的胚状体发生中，也观察到早期原胚细胞壁加厚的现象。⑥细胞分裂对细胞分化具有重要作用。特定环境下进行的细胞分裂可以导致特定的细胞分化，由不等分裂形成的分化细胞说明了细胞质在细胞分化中的作用。在细胞分化中，核质之间、不同组织和器官之间存在着错综复杂的相互关系。⑦植物生长调节剂（或植物激素）在细胞分化中有明显的调节作用，它与细胞分化的一些过程，如细胞生长和分裂等，密切相关。在对根和芽分化的研究中发现，根或芽分化取决于生长素与细胞分裂素的比值，即比值高时促进生根、低时促进茎芽分化、相等时倾向于无结构方式生长，这就是著名的控制器官分化的激素模式。⑧细胞核染色体和 DNA 的变化对细胞分化的作用。在细胞分化中，最常见的是染色体多次复制而细胞不分裂所形成的核内多倍体（endopolyploid）和多线染色体（polytene chromosome）。如菜豆属（*Phaseolus*）几种植物的胚柄细胞形成多线染色体，推测与胚胎发育中的运输与代谢有关；落地生根（*Bryophyllum pinnatum*）中发现染色体核内复制与叶片肉质化有关。DNA 的差异复制（differential replication）在一些生物的发育与分化中起着重要作用。如在洋葱根尖中观察到正处于分化阶段的后生木质部细胞的核糖体 RNA 基因大量增加。

另外，植物细胞分化研究中的一个特殊问题是冠瘿瘤（crown-gall nodule）的形成。冠瘿瘤是根癌农杆菌（*Agrobacterium tumefaciens*）引起的植物瘤，是植物有机体的异常分化，是植物受伤后，经根癌农杆菌感染，形成愈伤组织，然后由愈伤组织长出的肿瘤。许多双子叶植物和裸子植物可以诱发冠瘿瘤，而单子叶植物则较困难。某些无性增殖的冠瘿瘤培养物经一定处理，可转化为正常细胞。由于具有这些特性，冠瘿瘤可作为离体研究细胞分化的一个试验体系，尤其是对细胞分化的基因调节机理的研究。现已研究清楚，肿瘤的形成与该菌所带的致瘤质粒（tumour inducing plasmid，Ti 质粒）有关。核酸分子杂交等研究已证实，该菌转化形成的植物肿瘤细胞的核 DNA 中，含有一段 Ti 质粒的 DNA，即转移 DNA（transfer DNA，T-DNA）。正是由于这段外来 DNA 片段插入植物细胞核的基因组中，使一系列不同的但与细胞生长和分裂有关的生物合成系统逐渐活化，特别是生长素和细胞分裂素的合成系统及一些含氮化合物（如嘌呤、嘧啶等）和肌醇等的合成系统，促使细胞恶性生长而致瘤，这也进一步说明了植物激素在这种异常的细胞分化中的作用。同时 T-DNA 可随细胞分裂而传递，甚至可通过有性世代传递到子代中。

第二节 离体条件下植物器官的发生

一、脱分化和再分化

（一）脱分化

脱分化也称去分化，是指离体培养条件下生长的细胞、组织或器官经过细胞分裂或不分裂逐渐失去原来的结构和功能而恢复分生状态，形成无组织结构的细胞团或愈伤组织，或成为未分化细胞特性的细胞过程。大多数离体培养物的细胞脱分化不需经过细胞分裂，而只是本身细胞恢复分生状态，即可再分化。其实，细胞脱分化并非离体培养所特有，而是植物界常见的现象，如秋季落叶是其叶柄基部已分化的薄壁细胞，恢复分生能力，形成离层细胞；根的中柱鞘已分化的薄壁细胞，恢复分生能力，增生的细胞向外突起，形成根原基。自然情况下，植物任何正在生长的部位，如果受到虫伤、病伤、机械伤等，局部的细胞因受到创伤刺激，内源生长素进行调控而启动脱分化，恢复分生能力，形成愈伤组织，对受伤组织起保护作用。

离体培养的外植体细胞要实现其全能性，首先要经历脱分化过程使其恢复分生状态，然后进行再分化。脱分化是分化的逆过程。与细胞分化一样，脱分化的机理尚未得到清楚阐明，但人们已经积累了诱导脱分化期间的细胞学以及生理生化方面的一些资料，如膜透性的改变、细胞核的增大、内质网范围扩大、多核糖体形成、气体交换率增加、不同基因活化引起的生长激素的分解或合成、过氧化物酶增加、蛋白质和酚类物质合成活跃、乙烯产物增加等。这些变化改变了细胞原有的生理状态，引起细胞分裂。

（二）再分化

离体培养的植物细胞和组织可以由脱分化状态重新进行分化，形成另一种或几种类型的细胞、组织、器官，甚至形成完整植株，这个过程（现象）称为再分化。

1. 细胞水平的再分化 细胞水平的再分化中首先可见的是细胞壁变厚、假导管细胞的形成及酶水平的变化和明显的机能分化，从而形成各种类型的细胞。

2. 组织水平的再分化 当愈伤组织在高水平生长素条件下，最常见的是维管组织（vascular tissue）的分化。松散的愈伤组织（friable callus）内含有大量拟分生组织（meristemoid）或瘤状结构。致密的愈伤组织（compact callus）内组织分化很少，大多是由高度液泡化的细胞组成的。

3. 器官水平的分化 器官水平的分化又称为器官发生。再分化的组织可形成各种器官，如根、茎、芽、叶、花以及多种变态的器官（如鳞茎、球茎、块茎等）。根据起源不同，器官发生可分为器官型（organ type）和器官发生型（organogenesis type）。前者直接由外植体的细胞形成器官原基，继而发育成器官；后者由外植体先形成愈伤组织，再由愈伤组织产生不同的器官原基，继而发育成器官。在有些情况下，器官是由切下的外植体中已存在的器官原基发育而成的，但大多数是经分化重新形成的。离体培养下的器官原基的形成过程是：外植体脱分化（可能形成愈伤组织）后形成一些分生细胞团，随后由之分化成不同的器官原基。从解剖学角度来看，这些分生细胞团通常是由一个或一小团分化细胞分裂而形成的，其细胞内充满稠密的原生质，细胞核显著增大。这些分生细胞团形成一段时间后，在器官纵轴上出现单向性，进一步形成器官原基。需要指出的是，分生细胞团的出现并不一定导致器官发生，有时可能继续形成愈伤组织或分化成维管组织。

4. 植株再生 根和茎（包括其变态器官）或芽器官的发生可使植株重建。在离体培养中通过根、芽发生而形成再生植株的方式大致有3种：①芽产生后，芽的基部长根形成小植株。②先形成根，根上再出芽。③愈伤组织的不同部位分别形成芽和根，然后形成维管组织把两者结合起来形成一个植株。一般而言，离体培养中先形成芽后，其基部很容易形成根，而培养物如先形成根，则往往抑制芽的形成，所产生的根、芽一般为不定根、不定芽。一些具有变态茎叶器官的植物，离体培养时易形成相应的变态器官，如百合和水仙鳞茎切块培养中可见由分化的芽形成的小鳞茎。

离体培养中再生植株的主要途径是器官发生和胚胎发生（图2-1），而原球茎（protocorm）发生、绿色球状体（green globular body，GGB）发生、球状茎原基发生、外植体已存在的器官原基萌发等再生途径由于与器官发生有较密切联系，可将之归入广义上的器官发生途径。原球茎发生是兰科等植物离体培养中特有的植株再生途径。原球茎是兰花种子发芽过程中的一种形态学构造，种子萌发初期并不出现胚根，只是胚逐渐膨大，以后种皮的一端破裂，肿胀的胚呈小圆锥状，故称为原球茎。因此，原球茎可理解为缩短的、呈珠粒状的、由胚性细胞组成的、类似嫩茎的器官。在兰科等植物的离体培养中，常从茎尖或侧芽甚至叶片的培养中产生这样的原球茎。一个芽的周围能产生几个到几十个原球茎，培养一段时间后，原球茎逐渐转绿，长出毛状假根，叶原基发育成幼叶，转移至生根培养，即可形成完整再生植株。原球茎本身也可以不断增殖，只要在原球茎转绿之前，将之切割成小块或给予针刺等损伤，再转移到新鲜的增殖培养基上，就可增殖出更多原球茎。原球茎的起源有不同观点，有人认为是器官发生，有人认为是体细胞胚胎（简称体胚）发生，也有人认为两者均存在，有待于进一步研究。GGB发生途径是在蕨类植物离体培养中出现的。GGB结构与兰花的原球茎相似，可以增殖，并可在一定条件下诱导成苗。在蕨类植物的工厂化生产中，GGB发生途径比不定芽器官发生途径的生产效率高很多。茎原基增殖（mass of shoot primordial，MSP）途径在菊科等一些植物中获得成功，它可能与GGB类似。腋生枝萌发是离体条件下促进腋芽或顶芽生长，并通过不断切割增殖而得到大量嫩茎，再转移到生根培养基长根后形成完整植株。这种方式也称无菌短枝扦插或微型扦插，由于不经愈伤组织而再生，极少发生变异，是最能使无性系后代保持原品种特性的一种繁殖方式。

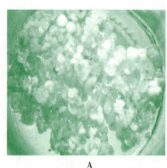

A　　　　　　　　　　B

图2-1　植物体细胞胚胎发生及器官发生

A. 龙眼高频率体细胞胚胎发生　B. 野生香蕉不定芽器官发生

（A引自赖钟雄，1997；B引自刘炜婳等，2011）

二、影响细胞脱分化和再分化的因素

1. 影响细胞脱分化的因素　植物离体培养中，细胞脱分化与外植体本身以及环境条件有关，影响的因素主要有：①损伤。外植体由于切割损伤的刺激，导致细胞内一系列生理生化的变化，促使细胞增殖，这是生命的一种自我调节机制。②植物生长调节剂。主要是生长素类起作用，因而在诱导愈伤组织时常加入生长素，但同时配合使用细胞分裂素则效果更好。③光照。弱光或黑暗条件常有利于脱分化中的细胞分裂。④细胞位置。外植体本身的各类细胞对培养条件的刺激有不同的敏感性。⑤外植体的生理状态。不同生理年龄和不同季节的外植体都会有不同的培养反应。⑥植物种类差异。不同种类的材料脱分化难易有所区别，一般情况下，双子叶植物比单子叶植物及裸子植物容易。

2. 影响细胞再分化的因素　理论上讲，各种植物体的活细胞都具有全能性，在离体培养条件下均可经过再分化形成各种类型的细胞、组织、器官以及再生植株。但实际上，目前还不能让所有植物的所有活细胞都再生植株。主要原因是：①不同植物种类再分化的能力差异很大；②对某些植物的植株再生条件还没有完全掌握。影响细胞再分化的因素与影响脱分化的因素基本一致。

三、愈伤组织培养

(一) 愈伤组织形成、生长和保持

1. 愈伤组织的形成 在脱分化过程中，大多数情况下形成愈伤组织。愈伤组织的细胞结构往往是异质性的，无明显极性，其形成过程可分为诱导期、分裂期和分化期。

（1）诱导期。诱导期又称启动期，是愈伤组织形成的起点，是指细胞准备进行分裂的时期。外植体上已分化的活细胞在外源激素和其他刺激因素的作用下，细胞的大小虽变化不大，但其内部却发生了生理生化变化，如合成代谢加强，迅速进行蛋白质和核酸的合成。诱导期的长短因植物种类、外植体的生理状况和外部因素而异，如菊芋（*Helianthus tuberosus*）的诱导期仅需 1 d，胡萝卜则要几天。

（2）分裂期。在分裂期，外植体的外层细胞出现了分裂，中间细胞常不分裂，故形成一个小芯。由于外层细胞迅速分裂使得这些细胞的体积缩小并逐渐恢复到分生组织状态，细胞进行脱分化。处于分裂期的愈伤组织的共同特征是：细胞分裂快，结构疏松，缺少有组织的结构，颜色浅而透明。如果在原培养基上培养，细胞将不可避免地发生分化，产生新的结构；若将其及时转移到新鲜培养基上，愈伤组织可无限制地进行细胞分裂，维持其不分化的状态。

（3）分化期。分化期是指停止分裂的细胞发生生理代谢变化，而形成由不同形态和功能的细胞组成的愈伤组织。在细胞分裂末期，细胞内开始发生一系列形态和生理变化，导致细胞在形态和生理功能上的分化，出现形态和功能各异的细胞。

必须指出，虽然根据形态变化把愈伤组织的形成分为 3 个时期，但实际上它们并不是严格区分的，特别是分裂期和分化期，往往可以在同一组织块上出现。

2. 愈伤组织的生长 诱导期后，外植体外层细胞开始出现分裂，在组织受伤表面形成一种创伤形成层，愈伤组织的细胞数目迅速增多。如一个菊芋外植体在 25 ℃下培养 7 d，细胞数目可增加 10 倍以上，但鲜重仅增加 1 倍，说明细胞分裂的速率大大超过细胞伸长的速率，结果使单个细胞的平均质量下降，细胞体积变小，这是愈伤组织生长的普遍现象。但如果降低温度，可以使细胞生长速度减慢，细胞的平均大小增加。另外，培养基的成分也会影响细胞大小，如在含有 2,4-D 的培养基中加入椰乳，分裂的细胞体积更小。

愈伤组织在生长过程中会发生以下生理生化变化：①在诱导期和分裂始期，每个分裂细胞中的 RNA 含量迅速增加，并达到一个高峰，但在继续分裂过程中，RNA 的含量减少。②同工酶谱发生变化。如菜豆（*Phaseolus vulgaris*）的谷氨酸脱氢酶谱带在继代培养后，由原来的 5 条变为 1 条，到培养末期才逐渐恢复到 5 条。③连续继代培养可能改变次生物质的积累水平或能力。如天仙子（*Hyoscyamus niger*）培养物中生物碱的成分和含量随着连续继代而变化。但培养物无法积累特殊物质并不意味着生化合成能力的丧失，仅仅说明在培养条件下这种能力无法表现，这是由于在继代培养过程中有关酶的破坏所致。④延长培养期可能使愈伤组织对生长素的需求发生变化，导致生长素的自给或自养，出现驯化（acclimatization）现象。如菊芋继代培养对植物生长调节剂的要求不同于初代培养，初代培养中，IAA 浓度达 10^{-5} mol/L 时，培养材料达到最大生长量，而第二代培养为 10^{-6} mol/L，第三代培养则降至 10^{-7} mol/L；同样现象也在胡萝卜薄壁组织对 IAA 的要求、葡萄形成层组织对 NAA 的要求中被发现。这种生长素要求的变化也因植物种类和培养基的组成而异，一般 1 年以上或继代培养 10 代以上时，即使没有生长素也能很好地生长。如柑橘等植物的原生质体培养中，愈伤组织的培养正是利用驯化作用，逐渐降低植物生长调节剂用量，最终使愈伤组织在无植物生长调节剂培养基上很好地生长。驯化状态的细胞与正常状态的细胞是可以相互转变的。

愈伤组织有松脆和致密两种类型，它们的质地明显不同，但它们之间是可以相互转变的。一

般地，加入较高浓度生长素，可使致密的愈伤组织变为松脆；而降低或去除生长素或加入高浓度的细胞分裂素，往往使愈伤组织变得致密。

3. 愈伤组织的保持 大多数情况下，随继代培养代数的增加和培养时间的延长，愈伤组织表现出生长势下降、褐变、分化和形态发生能力逐渐降低，甚至死亡或形态发生能力完全丧失。这种情况发生的主要原因是遗传和生理因素所致，前者包括染色体畸变、基因突变等；后者是细胞或组织内激素平衡的改变或细胞对外源生长物质的敏感性的改变。因生理因素导致的形态发生能力下降可通过改变培养条件而得以恢复。

在一些情况下，愈伤组织可以长期得到保持。如柑橘珠心组织和胚乳的愈伤组织、龙眼幼胚和花药的胚性愈伤组织，经过十多年继代培养，仍然保持强烈的体细胞胚胎发生能力。从现有资料看，胚性愈伤组织较易长期保持，而非胚性愈伤组织长期保持难度较大。愈伤组织能够长期保持除了跟基因型有关外，还与生理状态和继代培养方式密切相关。柑橘经过驯化的胚性愈伤组织才能够长期继代保持；龙眼胚性愈伤组织必须在2种不同性质的继代培养基中交替培养才能得到长期保持。

（二）愈伤组织形态发生

愈伤组织生长过程中，开始细胞分裂局限在外层细胞，当表面细胞分裂逐渐减慢并停止时，内部较深处的细胞才开始分裂，且分裂的方向也发生改变，形成了维管组织和瘤状结构，这是愈伤组织生长的一个共同特征。很多情况下，它们往往变成生长中心，但不进一步分化，从它们的周围产生薄壁细胞，结果形成一种"泡沫球"的增殖物，这仍然是生长活跃的愈伤组织的特点。随后这些小疣状物经历另一个发育过程，才能出现器官分化和体细胞胚胎发生（somatic embryogenesis），关于这一过程的变化，目前积累的资料还不多。

由愈伤组织再分化的形态发生方式，也有体细胞胚胎发生和器官发生两种。后者具体包括：①先形成芽，后在芽基部长根；②先形成根，再从根基部形成芽；③在愈伤组织不同部位分别形成芽和根，然后芽、根的维管束接通形成完整植株；④仅形成芽或根，如茶树（*Camellia sinensis*）的花粉愈伤组织诱导器官分化时，往往只形成根，而芽的发生则十分困难。愈伤组织也可以通过体细胞胚胎发生的方式再生植株。

第三节　植物体细胞胚胎发生

正常情况下，植物胚胎发生（embryogenesis）是指受精后的一系列连续过程，即从合子（受精卵）到成熟胚的发生、发育的有规律变化，这种情况下形成的胚称为合子胚。在离体培养条件下，植物离体培养的细胞、组织、器官也可以产生类似胚的结构，其形成也经历一个类似胚的发生和发育过程，这种类似胚的结构称为体细胞胚或胚状体。成熟的胚状体可以像合子胚一样长出根、芽，萌发再生植株。植物离体培养细胞产生胚状体的过程称为体细胞胚胎发生。植物体细胞胚胎发生具有普遍性，已从200多种植物上观察到胚状体的发生，包括被子植物几乎所有重要的科和一些裸子植物。在被子植物上，不仅能够从根、茎、叶、花、果实等器官的组织培养物中诱导产生二倍性胚状体，还能从花粉、助细胞和反足细胞中诱导产生单倍性胚状体，以及从胚乳细胞中诱导产生三倍性胚状体。

一、植物体细胞胚胎发生过程

1. 体细胞胚胎发生过程 虽然不同种类的植物体细胞胚胎发生的主要发育阶段的划分是不一致的，但一般可分为胚性愈伤组织诱导、体细胞胚诱导、体细胞胚早期分化发育、体细胞胚成熟、体细胞胚萌发和成苗6个阶段。在双子叶植物上，体细胞胚胎发生经过原胚（proembryo)、球形胚（globular embryo）、心形胚（heart-shaped embryo）、鱼雷形胚（torpedo-shaped embryo）和成熟胚（mature embryo）[子叶形胚（cotyledon embryo）]阶段；在禾本科植物的成熟体细胞胚上，可以清楚地看到胚特有的结构，即盾片、胚芽鞘和胚根等。体细胞胚与愈伤组织的维管系统没有连接，最后会从培养物的表面脱落下来。

2. 胚性和非胚性细胞或愈伤组织生理状态的差异 胚性和非胚性细胞或愈伤组织生理状态有明显差异。胚性细胞是一类独特的细胞，它与分生组织类似，通常较小，近圆形，具有较大的核和核仁并能高度染色，胞质浓厚。多数典型的胚性愈伤组织（embryogenic callus）外表呈松脆颗粒状。胚性与非胚性细胞或愈伤组织相比，DNA、RNA以及蛋白质的合成更为活跃，表现为含量和种类的增加、淀粉和可溶性糖含量增加、内源多胺含量升高、活性氧水平提高、同工酶谱和内源激素合成有明显变化等。如胡萝卜胚性愈伤组织的淀粉含量高出非胚性愈伤组织15～40倍；欧洲云杉（*Picea abies*）非胚性愈伤组织的乙烯生成速率比胚性愈伤组织高19～117倍；龙眼胚性愈伤组织的内源多胺和激素水平都高于非胚性愈伤组织。

3. 体细胞胚发生的基因表达机理 离体胚胎发生的基因表达机理目前了解得还不多，主要从胡萝卜、拟南芥（*Arabidopsis thaliana*）、挪威云杉、苜蓿、火炬松（*Pinus taeda*）等体细胞胚胎发生模式植物中得到了一些信息。在植物体细胞胚胎发生过程中，会出现与基因表达有关的一系列生物大分子的有规律变化。基因表达的产物以一种活跃的形式表现出来，即在胚性细胞分化与发育过程中有蛋白质含量的变化和特异蛋白质的出现与消失。胚性蛋白质既可作为调控因子，又可作为结构蛋白、贮藏蛋白和酶蛋白而起作用。植物体细胞胚胎发生的过程非常复杂，牵涉4 000多个相关基因，在体细胞胚发育后期，表达的基因可达10 000多个。体细胞胚胎发生研究的第一个关键环节是植物细胞胚性的获得。目前已找到不少有关胚性与非胚性细胞之间基因表达的差异，如发现 *cdc2*（*cell division cycle 2*）等细胞周期调节基因与胚性的获得有一定的关系。在胡萝卜、拟南芥、枸杞（*Lycium chinense*）、龙眼、荔枝（*Litchi chinensis*）等植物体细胞胚胎发生中都发现，在胚性愈伤组织中有特异蛋白表达或消失；在梨的早期体细胞胚胎发生培养物中检测到特异阿拉伯半乳聚糖蛋白（arabogalactan protein，AGP）的表达。AGP是一种细胞表面的黏蛋白，与植物细胞的生长、发育密切相关，可能作为基因调控蛋白在体细胞胚胎发生中起作用；在火炬松早期体细胞胚中还检测到脂肪酸脱饱和酶（fatty acid desaturase，FAD）和水孔蛋白（aquaporin）的特异表达；从拟南芥中克隆到的 *LEC1*（*leafy cotyledon 1*）、*LEC2*（*leafy cotyledon 2*）和 *BBM*（*baby boom*）基因，能启动植物细胞从营养生长向胚性生长转换，激发体细胞胚胎发生所必需基因的表达，可以使转基因植株产生体细胞胚或类似胚的结构（embryo-like structure）（图2-2）。*PKL*（*pickle*）基因调节 *LEC1* 的表达，在正常情况下，植物组织的 *LEC1* 被 *PKL* 所关闭，进行正常的生长发育。如果 *PKL* 基因失去作用，则 *LEC1* 会使植物组织出现胚性发育，无法正常生长。

 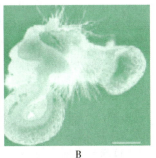

A　　　　　B

图2-2　*BBM*基因转化油菜（A）和拟南芥（B）后
植株叶片边缘产生的体细胞胚

（引自Boutilier等，2002）

有证据表明，早期胚发育状况对后续的胚发育有很大影响，即后期胚发育的命运在很大程度上在胚发育早期就已决定。高通量转录组测序表明，在龙眼胚性愈伤组织阶段就表达了大量 EMB、PPR 等胚发育的相关基因，以及许多胚囊发育、开花等生殖生长的相关基因。在体细胞胚发育后期，有大量胚胎发生晚期丰富蛋白（late-embryogenesis abundant protein，LEA 蛋白）表达。美国学者采用 cDNA 芯片（cDNA array）技术对火炬松体细胞胚胎发生过程的基因表达研究表明，在胚胎发生早期，体细胞胚与合子胚的基因表达模式基本相同，而在后期两者有一定差异。对龙眼等植物的研究表明，植物体细胞胚胎发生过程中表达的基因还受一系列特异性微 RNA（micro RNA，miRNA）的负调控，且 miRNA 的长度和种类会影响植物体细胞胚胎发生过程的 DNA 甲基化程度，而植物体细胞胚胎发生与 DNA 甲基化密切相关。非胚性细胞的 DNA 甲基化程度最好，胚性相关基因的表达受到抑制。随着 DNA 甲基化程度降低，胚性相关基因表达，胚性细胞形成。随着体细胞胚胎形成与体细胞胚的进一步发育，DNA 甲基化程度逐渐升高，抑制胚性相关基因的表达，使体细胞胚发育和成熟。

二、植物体细胞胚胎发生途径

1. 体细胞胚胎发生的方式 由外植体诱导体细胞胚胎发生的途径有 2 种，即直接途径和间接途径。直接途径是指从外植体某些部位的胚性细胞直接诱导分化出体细胞胚胎，这种胚性细胞是在胚胎发生之前就已决定了的，如柑橘的珠心组织、茶树和龙眼的子叶、香雪兰（*Freesia refracta*）的花序等外植体，可以直接诱导出体细胞胚。间接途径是指外植体先脱分化形成愈伤组织，再从愈伤组织的某些细胞，即重新决定为胚性细胞的细胞，分化出体细胞胚。多数体细胞胚的形成是通过间接途径产生的，这种方式的胚状体形成通常分两阶段完成：①胚胎发生丛（embryogenic clump，EC）的形成。愈伤组织中常含有 2 种类型的细胞，一种是具大液泡的细胞，通常失去胚胎发生潜能，在培养基中易散开；另一种是液泡小、细胞质浓的小细胞，这种小细胞聚集成丛状，称为 EC。EC 表面是高度分生组织化的细胞团，一个 EC 表面可产生大量的胚状体。如在胡萝卜属（*Daucus*）、毛茛属（*Ranunculus*）和柑橘属（*Citrus*）中已证明，每个胚状体来自 EC 表面上的单个细胞。②胚状体的发育。EC 通常在原培养基上不能使其表面的胚状体发育，但 EC 可以增殖、崩溃而不衰。EC 崩溃是由于 EC 中心的细胞增加，并膨胀使 EC 崩溃，崩溃后分生性的表面细胞结合成群，又形成新的 EC。EC 在转入降低或去除生长素、降低还原氮的培养基后，才能完成胚状体发育。

2. 体细胞胚的起源 体细胞胚究竟起源于单细胞还是多细胞，目前仍然有争论。但研究结果发现，绝大多数体细胞胚起源于单细胞。从多种植物的愈伤组织中都可以观察到多个胚性细胞及不同发育时期的体细胞胚，如不均等分裂的二细胞原胚和均等分裂的二细胞原胚、多细胞原胚、球型胚和成熟胚等。脱分化状态的愈伤组织，由于细胞中 DNA 的合成为其细胞分裂和分化奠定了物质基础，促使某些愈伤组织转变为胚性细胞。所以无论是直接途径还是间接途径形成的体细胞胚，只有那些已启动脱分化，并进行 DNA 合成的细胞才是胚性细胞分化和体细胞胚形成的细胞学基础。可见，体细胞胚胎发生的实质是细胞分化，即细胞在离体培养条件下，诱导部分相关基因活化，实现遗传信息的表达。

三、植物体细胞胚胎发生的极性和生理隔离

体细胞胚具有 2 个明显特点：一是双极性（double polarity）；二是与母体组织或外植体的维管系统无直接联系，处于较为孤立状态，即存在生理隔离（physiological isolation）。

1. 体细胞胚胎发生的极性 单个胚性细胞与合子胚一样，具有明显的极性，第一次分裂多为不均等分裂，顶细胞继续分裂形成多细胞原胚，基细胞进行少数几次分裂形成胚柄。体细胞胚

胎发生中极性获得的诱导因子是植物激素和外界刺激，如白车轴草（*Trifolium repens*）未成熟合子胚培养在附加6-BA的培养基上，下胚轴表皮可直接产生体细胞胚，细胞从有规律的垂周分裂变为无规律的平周分裂和斜向分裂。在没有6-BA时，垂周分裂还持续一段时间，所以6-BA不一定是进入有丝分裂的关键因子，但它可以改变细胞极性和分裂平面。在体细胞胚胎发生中沿着胚体的纵轴有一个稳定的电流，它可能与决定状态和极性的保持有关。

极性建立对细胞分化和体细胞胚胎发生具有重要的作用。如对小麦胚性细胞的超微结构观察表明，不仅细胞核和细胞质向一端偏移，而且细胞器、核糖体和质体等都有区域性集中分布现象，并和细胞核偏移的方向一致；驴食草（*Onobrychis viciifolia*）体细胞胚形成中DNA合成量也呈现极性化区域集中；胡萝卜体细胞胚胎发生中，DNA和RNA的合成同样具有极性化集中区域，从单细胞第二次分裂后，poly(A)$^+$RNA的合成就有区域性，即使胚继续发育受阻，早期的极性化也仍然存在。

2. 体细胞胚胎发生的生理隔离 被子植物的胚囊减数分裂后，形成的大孢子与周围细胞处于分开的状态。在小孢子发生时，小孢子母细胞在减数分裂前期也与绒毡层的细胞间没有联系。Steward从胡萝卜体细胞胚中同样观察到其与周围细胞缺少联系，处于孤立状态。在多种植物中都观察到，早期的胚性细胞与周围细胞还存在胞间连丝，但随着胚性细胞的发育，细胞壁加厚，胞间连丝消失或被堵塞。胚性细胞开始分裂，从二细胞原胚到多细胞原胚始终被厚壁所包围，与周围细胞形成明显的界限。从大量的体细胞胚胎发生观察结果看，生理隔离是普遍存在的，有利于胚胎发生潜力的表达。由此认为生理隔离是体细胞胚胎发生的先决条件。但生理隔离是相对的，并不意味着与周围组织完全隔离开来。对于外植体间接诱导的体细胞胚胎发生，胚性细胞出现过程中，即重新"决定"为胚性细胞的过程中，从周围那些细胞获取一定的物质、能量和信息可能是必需的。因此，这种情况下的体细胞胚胎发生，产生一定的生理隔离以及与周围细胞保持一定的联系都是必需的。

四、植物体细胞胚胎发生的生理学和生物化学变化

（一）蛋白质和核酸

1. 蛋白质 体细胞胚与合子胚在形态特征和生化水平上都有相似性，特别是基因表达产物——蛋白质组分上有相似性。体细胞胚胎发生过程不仅有蛋白质含量的变化，而且有特异的胚性蛋白质形成或消失。在可溶性蛋白质含量上，各类材料中胚性愈伤组织的蛋白质含量和合成速率远高于非胚性愈伤组织。如石刁柏（*Asparagus officinalis*）的体细胞胚胎发生过程中，球形胚蛋白质含量最高，成熟胚最低。说明在胚胎发生早期已开始了与胚胎发生有关的代谢程序，而到球形胚期，可溶性蛋白质积累较多，为体细胞胚的进一步发育提供物质基础。

2. 核酸 胚性细胞不仅核大、核质比高、核仁明显，且具多核仁，并有核仁液泡，变化十分活跃。根据核仁结构与功能推测，胚性细胞中必然有大量核糖体RNA的合成，并进一步形成核糖体，所以胚性愈伤组织的RNA合成速率明显高于非胚性愈伤组织。RNA的合成不仅是胚性细胞发生的分子基础，也是体细胞胚正常发育的重要条件。

在体细胞胚胎发生中，随着体细胞胚的发育，DNA合成量也明显增加。如小麦体细胞胚胎发生中，第8天，多细胞原胚期DNA合成量已为起始的2倍；第12~24天到达球形胚时，DNA合成量达到峰值。对胡萝卜体细胞胚胎发生早期DNA活跃合成细胞（actively DNA synthesizing cell，ADSC）与DNA不活跃合成细胞（nonactively DNA synthesizing cell，NDSC）之间进行分子差异比较后发现，在ADSC中有3种NDSC内所没有的蛋白质，并认为这些蛋白质可作为DNA合成极化的分子标记物。胚性细胞DNA复制不仅为细胞增殖奠定了物质基础，也为细胞分化提供了条件。

(二) 多胺代谢

多胺 (polyamine, PA) 具有多聚阳离子的性质，与核酸相互作用，参与 DNA、RNA 和蛋白质合成的调节，在转录和翻译水平上对基因进行调控。多胺与细胞的分裂有关，细胞分裂最旺盛的地方，多胺的生物合成也最活跃。多胺可能是类似于 cAMP 那样的第二信使，作为植物激素的媒介而起作用。多胺对植物生长与分化起着重要的作用，参与体细胞胚胎发生，愈伤组织形成，不定根、不定芽及花芽分化等植物离体培养的形态建成过程。

有关胡萝卜的多胺生物合成变化与体细胞胚胎发生关系的研究较深入。多胺合成涉及鸟氨酸脱羧酶 (ornithine decarboxylase, ODC)、精氨酸脱羧酶 (arginine decarboxylase, ADC) 和 S-腺苷甲硫氨酸脱羧酶 (S-adenosyl methionine decarboxylase, SAMDC)，细胞中多胺水平的增加通常与这 3 个酶活性增加相关。含量较高的多胺及多胺合成酶活性与胡萝卜体细胞胚胎发生密切相关，胚性愈伤组织中腐胺 (putrescine, Put)、精胺 (spermine, Spm) 含量比非胚性的愈伤组织高。ODC、ADC 和 SAMDC 这 3 种酶的抑制剂能使胡萝卜细胞中的多胺水平下降，同时使其体细胞胚胎发生能力降低。3 种多胺 (腐胺、精胺和亚精胺) 中亚精胺与体细胞胚胎发生的关系最为重要。在胡萝卜体细胞胚胎发生系统中还发现，多胺促进体细胞胚胎发生是由于其抑制了乙烯合成，乙烯和多胺的生物合成都以 S-腺苷甲硫氨酸 (S-adenosyl methionine, SAM) 为共同的前体，SAM 在 1-氨基环丙烷-1-羧酸 (1-aminocyclopropane-1-carboxylic acid, ACC) 合酶作用下形成 ACC，参与乙烯生物合成。SAM 在 SAMDC 的作用下脱羧，进入多胺合成途径，作为氨基丙基的供体与 Put 一起在亚精胺 (spermidine, Spd) 或 Spm 合成酶作用下分别形成 Spd 和 Spm。乙烯抑制胡萝卜体细胞胚胎发生为多胺处理所拮抗。

(三) 糖类、金属离子和微量元素

糖类是诱导植物体细胞胚胎发生不可缺少的重要成分。在植物体细胞胚胎发生过程中，糖类不仅提供碳源、维持渗透压，可能还起信号分子的作用。如龙眼体细胞胚成熟培养中，高浓度蔗糖是体细胞胚的正常成熟所必需的；胡萝卜体细胞胚胎培养中，高浓度蔗糖可以使体细胞胚进入"静止"状态，并且不能为其他糖类所替代；枸杞体细胞胚胎发生中，蔗糖的浓度在 3%～6% 的条件下，体细胞胚的诱导频率可维持在一个较高的水平，但蔗糖浓度达到 9% 时，由于影响到细胞生长的渗透势，抑制体细胞胚胎发生。

淀粉的积累与胚性细胞分化能力和体细胞胚发育时期的转折密切相关。如小麦的愈伤组织一旦分化为胚性细胞后，就有淀粉粒的积累。在胚性细胞分化与发育的整个过程中，淀粉的合成出现两次高峰，均在体细胞胚发育的重要转折期，说明淀粉的合成为体细胞胚的进一步发育和分化提供了必要的物质和能量基础。

金属离子可促进植物组织培养中形态发生，如 Ag^+、Co^{2+} 和 Ni^{2+} 等金属离子是乙烯合成的抑制剂，它们通过控制乙烯的合成从而提高体细胞胚胎发生的频率。某些稀土元素也能提高体细胞胚的发生频率，而且对体细胞胚的正常分化和发育有明显的促进作用。

(四) 内源激素

植物激素的诱导与调节作用在植物体细胞胚胎发生中起着重要作用，内源激素代谢和动态平衡在细胞分化中也起着关键作用。内源激素对基因活动起着调控作用，从而影响一系列代谢过程，最终影响植物细胞胚性潜力的诱导、维持和表达。

1. 生长素 生长素用于启动细胞分裂和胚性潜力的诱导，促进体细胞胚的早期发育。多数植物细胞在离体培养条件下诱导体细胞胚胎发生必须在含 2,4-D 的条件下进行，其机理可能是 2,4-D 通过改变细胞内源 IAA 代谢而起作用。在植物体细胞胚胎发生过程中，早期体细胞胚的生长素含量较高，发育后期含量下降。如龙眼体细胞胚胎发生过程中，内源生长素含量的变化趋势呈 M 形。另外，胚性愈伤组织的内源 IAA 含量明显高于非胚性愈伤组织，在球形胚期形成一

个高峰，以后呈明显下降趋势，尤其是到子叶形胚则大幅度下降。

2. 细胞分裂素 高水平的细胞分裂素可能对细胞的分裂和生长是很重要的，但它并不直接参与体细胞胚胎发生过程。如龙眼体细胞胚发育过程中，ZT 的变化趋势大体上同 IAA，但在胚发育后期却与 IAA 不同，呈上升趋势。细胞分裂素对某些物种的体细胞胚胎发生起着相当重要的作用，但在其他一些物种上，则需要生长素与细胞分裂素适当配合，才能有效诱导体细胞胚胎发生。细胞分裂素对体细胞胚胎发生的作用机理还不清楚。

3. 赤霉素 内源赤霉素对体细胞胚胎发生的影响研究不多。在龙眼体细胞胚胎发生过程中，内源赤霉素水平呈下降趋势，并且非胚性愈伤组织中的内源赤霉素水平比胚性愈伤组织高；向培养基中加入 GA_3 合成抑制剂，在一定程度上提高了柑橘体细胞胚形成的百分率；但在柚（*Citrus maxima*）的体细胞胚胎发生中，赤霉素却对胚胎发生有促进作用。胚性细胞和非胚性细胞中内源赤霉素的含量和种类有很大差异。胚性细胞中含低水平的 GA_1，但 $GA_{4/7}$ 的含量较高，非胚性细胞相反。胡萝卜体细胞胚的形成受内源 GA_1 的抑制，但对 $GA_{4/7}$ 的敏感性较小。

4. 脱落酸 ABA 在种子生长、萌发力控制、种子成熟和休眠等方面起着重要作用。近年来研究发现，内源 ABA 在调节植物体细胞胚发育方面也扮演着重要的角色，即内源 ABA 与胚性能力的启动或表达有关，可抑制体细胞胚早期萌发和畸形胚的发生，防止裂生多胚的产生。另外，ABA 对某些植物体细胞胚胎发生的特异基因表达起调控作用，可激活相关基因的表达，大量合成贮藏蛋白、胚胎发生晚期丰富蛋白和少量胚胎发生特异性蛋白。在离体胚培养时，内源 ABA 作为提前萌发的抑制剂和蛋白质合成的调节剂随着胚的发育阶段而改变。

（五）活性氧

活性氧在植物生理代谢过程中起重要的调控作用。研究发现氧化胁迫与细胞分化有关，因此，体细胞胚胎发生过程必然有氧化胁迫的影响，有其活性代谢的规律。如枸杞体细胞胚胎发生过程中，超氧化物歧化酶（superoxide dismutase，SOD）、过氧化氢酶（catalase，CAT）、过氧化物酶（peroxidase，POD）活性有明显变化。将继代的愈伤组织转入分化培养基后，随着胚性细胞的形成，SOD 活性逐渐升高，胚性细胞形成原胚时，SOD 活性达到最高峰，说明 SOD 活性升高对胚性细胞的分化以及早期胚发育有促进作用。在继代愈伤组织中，POD 和 CAT 的活性相对很高，但随着胚性细胞的形成，POD 和 CAT 的活性迅速降低，而 SOD 活性却逐渐升高。可见，胚性细胞形成时的愈伤组织中 H_2O_2 含量明显高于非胚性愈伤组织，因此，H_2O_2 对胚性细胞的形成及体细胞胚早期发育具有诱导和促进作用。

五、植物体细胞胚胎发生的转录组学研究

随着生物技术的不断发展，转录组测序技术在植物体细胞、合子胚和小孢子的胚胎发生分子调控机制的研究中已经是一种很常规的研究手段。大量胚胎发生的关键基因、植物胚胎发生过程差异表达基因、富集的代谢途径等被挖掘分析。例如，Malik 等（2007）对油菜小孢子胚胎发生进行转录组测序，揭示了 *BBM1*、*LEC1*、*LEC2*、*ABSCISIC ACID INSENSITIVE3*（*ABI3*）、*FUSCA3* 等 16 个分子标记基因在合子胚与小孢子胚胎发生过程中的重要作用，这些分子标记基因可用于预测油菜胚胎发生潜能；单子叶植物油棕体细胞胚胎发生早期的转录组测序表明，病害与防御相关基因、氧化胁迫响应及氧化还原的体内平衡、生长素响应、细胞分化、体细胞胚和合子胚发生关键基因在油棕体细胞胚胎发生过程可能起着重要的作用；Cao 等（2017）对棉花体细胞胚胎发生转录组测序研究表明，复杂的生长素信号转导途径和转录调控网络参与调节棉花体细胞胚胎发生中的分化和脱分化过程；Jin 等（2014）通过棉花体细胞胚与合子胚的转录组分析比较发现胁迫响应相关基因在体细胞胚胎发生过程中转录水平被激活，NaCl 和 ABA 的胁迫处理可以加速体细胞胚的发育进程，并且促进胁迫响应相关基因的表达；Yang 等（2012）在高度分

化（HD）和低分化（LD）的两个棉花品种体细胞胚胎发生早期的转录组测序分析中表明，蛋白激酶活性和氧化还原酶活性是 HD 和 LD 体细胞胚胎发生最具代表性的 GO 途径（gene ontology pathway），胁迫相关转录因子在体细胞胚胎发生初始阶段可能起着重要作用，体细胞胚胎发生相关调节基因 *SERKs* 在 HD 和 LD 之间呈现出不同的表达模式；龙眼体细胞胚胎发生早期各阶段的转录组学研究发现许多差异表达基因富集在苯丙烷生物合成、类黄酮生物合成、脂肪酸生物合成、玉米素生物合成、色氨酸代谢等通路中；拟南芥体细胞胚胎发生转录组揭示了大量的体细胞胚关联、胁迫响应、激素相关转录因子在其体细胞胚胎发生过程的表达发生显著变化；温度诱导挪威云杉体细胞胚胎发生过程转录组分析表明，表观遗传相关的 DNA、组蛋白和小分子 RNA 的甲基化对表观遗传记忆的建立是至关重要的。此外，在玉米、椰子、巴西松、刺五加、云南樟、草莓、水稻、百合、山竹、木瓜、小麦等植物体细胞胚胎发生过程中也开展了转录组测序研究，为研究植物体细胞胚胎发生过程的分子机制提供了大量的基因表达调控信息。

近年来，miRNA 和长链非编码 RNA（long noncoding RNA，lncRNA）的转录组学研究也被逐步应用于植物体细胞胚胎发生的分子机制研究中。如柑橘、龙眼、百合、拟南芥、日本落叶松等体细胞胚胎发生过程中的 miRNA 组学研究，而关于 lncRNA 在植物体细胞胚胎发生中的研究较少，目前仅龙眼体细胞胚胎发生中见报道。

第四节　影响植物离体形态发生的因素

植物离体培养中，外植体的基因型和生理状态、培养基、培养条件等是影响离体形态发生的主要因素，而且离体形态发生过程中的不同生长发育阶段，要求的培养基和培养条件往往是不同的，因此必须采取相应的培养程序。

一、植物种类和基因型

不同物种和同一物种不同基因型，其形态发生能力往往有巨大差异。如柑橘类中，甜橙（*Citrus sinensis*）的离体胚胎发生能力强，宽皮橘（或橘）次之，柚类则比较难。植物离体培养的基因型依赖性是一个非常突出的问题，对于再生能力差的基因型，应根据其具体代谢上的特点来确定相应的培养条件。但有一点值得注意，遗传上或亲缘上相近的培养材料，其形态发生的条件要求也常类似。

二、培养材料的生理状态

1. 植株的发育年龄　植物个体发育经历幼态期、成熟期和衰老期。一般情况下，幼态组织比老态组织有较高的形态发生能力，特别是生根能力。如欧洲云杉（*Picea abies*）只有用小于二年生实生苗上的芽为外植体时，才能在适宜的培养基上生长并再生植株（生根）；杜鹃茎段生根能力随茎的年龄增加而削弱；某些植物成花器官越在植株下部，越易形成营养芽；茶树和龙眼嫩叶可诱导出体细胞胚，老叶则不行；许多热带、亚热带木本果树植物，幼年外植体再生能力很强，越过幼态期的成年接穗品种，再生能力极差。但是，在有些情况下，取休眠芽作为外植体可能比嫩叶更好。

无菌苗的年龄也明显影响外植体的再生能力，如野油菜（*Rorippa dubia*）、小白菜（*Brassica chinensis*）和芥蓝（*Brassica alboglabra*）萌发 3~4 d 的无菌苗子叶或下胚轴形成的不定芽和苗，再生能力远大于苗龄较长的无菌苗。

2. 培养器官或组织类型　同一植物的不同器官、组织或细胞其形态发生的能力和方向常常有所不同。如种子、幼胚和下胚轴较容易形成胚状体，而茎段、叶片则比较困难。一般来说，双子叶植物形态发生常用的外植体依次为叶、茎、胚轴、子叶等；单子叶植物特别是禾本科（Gramineae）植物，细胞分裂旺盛的分生组织或器官，如叶基部、茎尖、幼胚、胚珠、幼花序轴等都是极好的外植体；裸子植物大部分以子叶为外植体。在莎草科（Cyperaceae）的 *Pterotheca falconeri* 中，由根、茎、叶诱导形成的愈伤组织虽然都能分化形成根、芽、叶和长成小植株，但分化过程明显地表现出一定的倾向性，即由根获得的愈伤组织，分化出根组织的比例明显比形成其他器官的比例要高，而由芽形成的愈伤组织则形成较多的芽。另外，同一器官不同部位的组织，其再生器官能力也不同，如百合鳞茎片，基部再生能力强，中部较弱，顶部几乎无再生能力。

外植体的大小对器官再生有影响。如木薯（*Manihot esculenta*）的分生组织，被剥离的外植体长度超过 0.2 mm 时，才能再生植株，小于 0.2 mm 时只能形成愈伤组织或根；百合科（Liliaceae）的胡麻花（*Heloniopsis orientalis*）叶组织培养中，能形成芽的外植体临界大小不一，幼叶大小为 1 mm×1 mm，成熟叶为 3 mm×3 mm。植物的极性现象有着广泛的作用和影响。芽或苗形成的位置有时取决于外植体接触培养基的位置。当外植体以它形态学的基部放在培养基上，从远离基部的表面诱导出芽或苗数目较多，如唐菖蒲外植体的基部向着培养基上方放置时，虽然能诱导出芽，但数量较少，诱导时间较长。不同季节来源的外植体，其形态发生能力也有差异。大多数植物在生长旺盛季节采样较好，易培养成功。供体植株的生长环境也影响着外植体的生理状态。如胶皮枫香树（*Liquidambar styraciflua*）组培苗叶片比温室生长苗叶片不定芽再生能力强 4 倍。

3. 培养时间和细胞倍性 愈伤组织培养时间过长或继代次数太多，往往会推迟或降低形态发生的能力，所以一般取处于旺盛生长期的愈伤组织材料来诱导器官的形成。但是，有一些植物的体细胞胚胎发生，往往需要愈伤组织培养较长时间或多次继代培养，如咖啡叶的愈伤组织要培养 70 d 才能出现胚状体，檀香（*Santalum album*）经过 5 次继代培养才能诱导出胚状体，香蕉的胚状体诱导也存在类似现象。

细胞倍性也影响形态发生能力。在花药培养中，单倍体花粉细胞和二倍体花药壁细胞对渗透压要求不同。在高渗透压条件下，容易启动花粉粒单倍性细胞生长和分化，较易得到单倍体花粉胚状体，而花药壁来源的二倍体细胞生长和分化都受到明显抑制。

三、培养基

（一）植物营养

一般认为，培养基中的铵态氮和 K^+ 有利于胚状体形成，提高无机磷的含量可促进器官发生，不加还原氮有利于根的形成等。用于茎尖培养和芽诱导的培养基主要是 MS 及其改良配方和 B_5 培养基。MS 培养基对农作物的茎尖培养效果很好，但木本植物茎尖培养时如果在诱导芽之后重复使用 MS 培养基，会引起芽生长的退化。茎尖培养的起始培养基和芽增殖的培养基往往是不同的，特别是无机成分常需进行调整。用于体细胞胚胎发生常见的培养基有 MS、B_5、SH 等，它们都是含盐量高的培养基（如 MS 培养基含盐量比 White 培养基高 10 倍）。MS 培养基中较高水平的 NH_4NO_3 和螯合铁离子对体细胞胚胎发生有一定的作用，如胡萝卜球形胚如果缺螯合铁离子将不能发育到心形胚阶段。

糖类的种类及浓度对体细胞胚发育有重要作用。缺糖或低糖常无法形成胚状体。如提高蔗糖浓度，可增加可可（*Theobroma cacao*）生物碱、花色素、脂肪酸和日本泡桐（*Paulownia tomentosa* Steud.）花色素等贮藏物质的合成，有利于胚的成熟。葡萄糖对可可体细胞胚的生长发育作用大于蔗糖，但对体细胞胚的总脂类、花色素和生物碱类的合成作用小于蔗糖。柑橘珠心组织在甘油（180 mmol/L）中要比在蔗糖（70 mmol/L）中更易进行体细胞胚胎发生，半乳糖和乳糖比蔗糖更能有效地刺激柑橘珠心愈伤组织的体细胞胚胎发生（体胚能增加 6～12 倍）。

其他物质，如氨基酸、天然复合物常不同程度地促进器官和体细胞胚胎发生。

（二）植物生长调节剂

植物生长调节剂是影响植物离体形态发生的最关键因素。

1. 生长素 植物离体形态发生过程中，生长素促进外植体生长、生根，并与细胞分裂素共同作用诱导不定芽分化及侧芽的萌发与生长。由于植物外植体中原有的内源激素种类和浓度不同，需添加的激素种类及浓度也就不相同。有些外植体诱导芽或无根苗形成时，需补加一定量的生长素，或与细胞分裂素一起补加才显出作用。

生长素中的2,4-D是被广泛用于诱导体细胞胚胎发生的物质。较高浓度的2,4-D可诱导体细胞胚胎发生，但抑制体细胞胚的继续发育。因为由2,4-D诱导的细胞分裂活性可引起细胞极性生长而形成体细胞胚，如苜蓿叶肉原生质体的发育方向可由2,4-D的浓度来决定。另外，2,4-D可能抑制了体细胞胚贮藏成分（如贮藏蛋白质等）的形成，这对体细胞胚成熟是不利的。所以，体细胞胚诱导后需转入含较低浓度生长素的培养基中，使之进一步发育。诱导体细胞胚胎发生的2,4-D浓度因植物种及其基因型而异，有效浓度为$0.5\sim27.6~\mu mol/L$。

2. 细胞分裂素 植物离体形态发生过程中，细胞分裂素促进分化和芽形成，抑制根发育及衰老。统计250种植物器官发生的再生植株，24%的双子叶植物（170种中的42种）、17%的单子叶植物（62种中的11种）和50%的裸子植物（18种中的9种）单独使用6-BA可诱导无根苗的形成。显然，6-BA在不定芽诱导过程中起重要作用。但也有相当一部分植物，特别是单子叶和双子叶植物，其无根苗的形成需要细胞分裂素和生长素的相互配合，甚至有一部分只需生长素。

细胞分裂素可促进也可抑制体细胞胚胎发生，这主要取决于植物的种类及基因型。单子叶植物玉米、水稻、小麦、雀麦（*Bromus japonicus*）、鸭茅（*Dactylis glomerata*）等的体细胞胚胎发生可以不要求另加细胞分裂素，而黑麦草（*Lolium perenne*）、甘蔗等的体细胞胚胎发生则要求生长素和细胞分裂素共同作用。

另一类具细胞分裂素活性的物质是苯基脲衍生物和噻苯隆（TDZ），它们对一些植物外植体的芽分化、发育有极强的促进作用。另外，腺嘌呤及其硫酸盐也具有促进芽分化的良好效应，其原因可能是它与细胞分裂素在结构上有一定相似性。椰子汁中含有若干促进细胞分裂的因子，如二苯脲、9-β-D-呋喃核糖基玉米素等，对茎尖分生组织分化有促进作用。

3. 赤霉素 植物离体形态发生过程中，赤霉素（主要使用GA_3）能促进茎的伸长，打破休眠，对芽的诱导和形成有促进作用。

4. 乙烯 乙烯对组织培养物芽的诱导和形成有促进或抑制作用，这与植物种类及处理时间有关，如乙烯和CO_2的相互作用对针叶树芽的诱导有较大影响。针叶树子叶培养中，从发育成熟的组织转向芽的分化，细胞分裂素起着扳机作用，此时乙烯和CO_2可能对该扳机有协同和增效的作用，或为细胞分裂素发挥作用所必需。有资料表明，CO_2对乙烯的作用可能表现在培养的早期阶段，此时CO_2可能促进乙烯的合成，而在后期阶段（即子叶培养的前10～15 d），CO_2可能与乙烯的作用相互拮抗。另外，通过乙烯形成酶抑制剂Co^{2+}、Ni^{2+}以及乙烯作用部位竞争剂$AgNO_3$等调节乙烯的生物合成或作用，可以改善体细胞胚胎发生能力。

5. 脱落酸 ABA对体细胞胚的发育及成熟很重要。培养基中加入一定浓度的ABA，可增强胚性愈伤组织的形成和体细胞胚胎发生，防止畸形胚的产生，抑制体细胞胚过早萌发，促进胚中贮藏成分，如贮藏蛋白质、胚胎发生晚期丰富蛋白（LEA蛋白）、脂肪等的合成。

（三）物理性质

培养基的物理性质如固态还是液态、渗透压以及pH等，对器官或胚状体的形成及发育也有明显的影响。早在1969年，Steward等在胡萝卜和石刁柏的研究中发现，由新分离的组织诱导形成愈伤组织时，要在固体培养基上进行，而细胞和胚状体的增殖则在液体培养基上进行。建兰（*Cymbidium ensifolium*）原球茎的增殖及植株建成，也见到类似情况。

培养基的 pH 对培养材料的影响了解得不多。桑寄生科（Loranthaceae）五蕊寄生属（*Dendrophthoe*）的印度五蕊寄生（*Dendrophthoe falcata*）胚乳愈伤组织培养中，发现 pH 明显影响芽的形成。pH5.0 和 6.5 时，培养物形成芽的概率小于 15%，而 pH5.8 时则高达 70% 以上。

诱导体细胞胚胎发生或早期胚胎培养，往往需要维持一定的渗透压。如龙眼的体细胞胚胎发生中，低浓度蔗糖（2%）有利于诱导胚性愈伤组织的体细胞胚形成，每克鲜物质诱导频率可达 10 000 个以上，并且体细胞胚发育正常；蔗糖浓度提高到 5% 时，诱导频率成倍下降且出现许多畸形胚。进行体细胞胚成熟培养时，低浓度蔗糖基本无法形成正常的成熟胚，成苗率极低；蔗糖浓度提高到 5% 时，体细胞胚能够正常成熟，且成苗率高。可见，渗透压对体细胞胚的诱导和正常发育有重要影响。

四、培养条件

光照和温度对离体材料的形态建成有重要的调控作用，且光照、温度两因素往往互相作用。

（一）光照

光照度、光照时间和光质对培养物生长和分化有很大影响。

1. 光照度 不同植物及同一植物的不同材料对光照度的要求不同。一般情况下，植物所需的光照度为 1 000~5 000 lx。光照度对培养物的增殖、器官分化、胚状体形成都有重大影响。如卡里佐枳橙（*Poncirus trifoliata* × *Citrus sinensis*）的茎尖生长，随光照度的增加，分化产生的新梢数也增加；烟草和可可的体细胞胚胎发生需高强度的光照；龙眼的体细胞胚胎发生需黑暗条件，光照严重抑制其发生；胡萝卜和咖啡（*Coffea arabica*）的体细胞胚胎发生也需全黑暗的条件。

2. 光照时间 光照时间的长短，常表现出光周期的反应。如对短日照敏感的葡萄品种茎切段，仅在短日照培养条件下形成根，而对日照不敏感的品种，则在不同光周期下皆可产生根；对长日照植物菊芋根切段培养（已春化过的）时，在长日照条件下可成功地诱导形成花芽。对短日照植物紫花丹（*Plumbago indica*）的花茎节间培养时，仅在短日照条件下才能形成花芽。一般情况下，植物每日所需的光照时间为 10~16 h。

3. 光质 不同波长的光对细胞分裂和器官分化有影响。对诱导再生最有利的光谱是蓝光区，根的发生则是红光区较有利。如在烟草髓部组织分化苗的培养中，起作用的主要是蓝光区，连续黑暗会使培养物停留在芽的分化，不能成苗；红光（660 nm）能促进菊芋块茎组织形成根；烟草小孢子培养中，红光和低光强的白光效果最好；曼陀罗花药培养中，红光则抑制胚状体形成。另外，离体培养中的一些形态发生过程可能为光敏色素所调节，如胡萝卜细胞培养中，观察形成胚状体的培养材料时，发现有高含量的光敏色素存在。

（二）温度

不同植物要求的最适温度不同，一些园艺植物的生长适温为：文竹（*Asparagus setaceus*）17 ℃、百合 20 ℃、杜鹃（*Rhododendron simsii*）25 ℃、石刁柏 26 ℃、月季（*Rosa chinensis*）25~27 ℃、葡萄 28 ℃、番茄 28 ℃、菊芋 30 ℃。当然，它们都有一定的适应范围，所以大多数培养室采用 (25±2)℃ 温度。温度对器官分化和胚状体的形成有密切关系，如四季橘（*Fortunella margarita* cv. Calamondin）花药培养中，26~30 ℃ 时，无体细胞胚胎发生，20~25 ℃ 时出现胚状体。有些植物的培养还要求变温。有季节温差要求的植物，特别是鳞茎或球茎类植物，在移出试管前需一定的低温处理，如唐菖蒲的离体培养中，将小球茎或小植株直接移至土壤后不能正常生长，除非在移至土壤前，先在 2 ℃ 下维持 4~6 周。

小结

植物细胞全能性是植物组织培养的理论核心。随着研究的发展，植物细胞全能性的概念也在不断扩充与完善。完整的植物细胞全能性概念：每一个植物细胞带有该植物的全部遗传信息，在适当条件下可以表达出该细胞的所有遗传信息，分化出植物有机体所有不同类型的细胞，形成不同类型的器官或胚状体，直至形成完整再生植株。离体细胞具有生命的特征属性，在全能性的基础上，为其提供合适的营养和环境条件，离体细胞经历细胞脱分化、再分化，可形成再生植物。

细胞分化是指导致细胞形成不同结构，引起功能改变或潜在的发育方式改变的过程。细胞分化是组织分化、器官分化和植株再生的基础，因此也是离体培养中整个再分化得以实现的基础。细胞分化是DNA链上不同基因按一定顺序选择性地活化或阻遏的结果。脱分化是分化的逆过程。离体培养中，已分化的外植体细胞要实现其全能性，首先要经历脱分化过程使之恢复分生状态，然后才进行再分化。多数情况下，脱分化的结果是产生愈伤组织。愈伤组织的形成可分为诱导期、分裂期和分化期。

离体培养中再生植株的主要途径是器官发生和胚胎发生。器官发生可分为器官型和器官发生型。器官的发生并不一定导致植株再生，而根和茎（包括其变态器官）或芽器官的发生则可以导致植株重建。植物体细胞胚胎发生过程与合子胚发生过程类似，非常复杂，牵涉4 000多个相关基因，在体细胞胚发育后期，表达的基因可达10 000多个。从外植体诱导体细胞胚胎发生的途径有2种，即直接途径和间接途径。绝大多数的体细胞胚是起源于单细胞的。体细胞胚具有2个明显的特点：一是双极性；二是存在生理隔离。体细胞胚与合子胚在形态特征和生化水平上都有相似性。

在植物离体培养中，外植体的基因型和生理状态、培养基、培养条件等是影响离体形态发生的主要因素。

复习思考题

1. 植物细胞全能性概念是如何提出、发展与完善的？
2. 什么是植物干细胞？
3. 什么是植物细胞分化、脱分化与再分化？
4. 愈伤组织如何形成与生长的？
5. 植物离体培养中再生植株有哪些途径？
6. 植物体细胞胚胎发生有哪些途径？在植物体细胞胚胎发生过程中有哪些生理生化变化？
7. 影响植物离体形态发生的因素有哪些？

主要参考文献

崔凯荣，戴若兰，2000. 植物体细胞胚胎发生的分子生物学. 北京：科学出版社.
黄学林，李筱菊，1995. 高等植物组织离体培养的形态建成及其调控. 北京：科学出版社.
赖钟雄，2003. 龙眼生物技术研究. 福州：福建科学技术出版社.

李浚明，韩碧文，1992. 植物组织培养教程. 北京：农业出版社.

颜昌敬，1990. 植物组织培养手册. 上海：上海科学技术出版社.

朱至清，2003. 植物细胞工程. 北京：化学工业出版社.

Cao A, Zheng Y, Yu Y, et al, 2017. Comparative transcriptome analysis of SE initial dedifferentiation in cotton of different SE capability. Scientific Reports, 7 (1): 8583.

Dodeman V L, Ducreux G, Kreis M, 1997. Zygotic embryogenesis versus somatic embryogenesis. J. Experimental Botany, 48: 1493-1509.

Filonova L H, Bozhkov P V, Arnold S V, 2000. Developmental pathway of somatic embryogenesis in *Picea abies* as revealed by time-lapse tracking. J. Experimental Botany, 51: 249-264.

Jin F, Hu L, Yuan D, et al, 2014. Comparative transcriptome analysis between somatic embryos (SEs) and zygotic embryos in cotton: evidence for stress response functions in SE development. Plant Biotechnology Journal, 12 (2): 161-173.

Krikorian A D, Simola L K, 1999. Totipotency somatic embryogenesis, and Harry Waris (1893—1973). Physiol. Plant., 105: 348-355.

Lai Zhongxiong, Chen Chunling, Chen Zhenguang, 2001. Progress in biotechnology research in longan. Acta Horticulturae, 558: 137-141.

Laux T, 2003. The stem cell concept in plants: a matter of debate. Cell, 113: 281-283.

Lee E K, Jin Y W, Park J H, et al, 2010. Cultured cambial meristematic cells as a source of plant natural products. Nature Biotechnology, 28 (11): 1213-1219.

Lotan T, Ohto M A, Yee K M, et al, 1998. *Arabidopsis LEAFY COTYLEDON 1* is sufficient to induce embryo development in vegetative cells. Cell, 93: 1195-1205.

Malik M R, Wang F, Dirpaul J M, et al, 2007. Transcript profiling and identification of molecular markers for early microspore embryogenesis in *Brassica napus*. Plant Physiology, 144 (1): 134-154.

Rider S D, Henderson J T, Jerome R E, et al, 2003. Coordinate repression of regulators of embryonic identity by *PICKLE* during germination in *Arabidopsis*. Plant Journal, 35: 33-43.

Suzuki M, Ketterling M G, Li Q B, et al, 2003. *Viviparous 1* alters global gene expression patterns through regulation of abscisic acid signaling. Plant Physiology, 132: 1664-1677.

Verdeil J L, Alemanno L, Niemenak N, et al, 2007. Pluripotent versus totipotent plant stem cells: dependence versus autonomy?. Trends in Plant Science, 12 (6): 245-252.

Yang X, Zhang X, Yuan D, et al, 2012. Transcript profiling reveals complex auxin signalling pathway and transcription regulation involved in dedifferentiation and redifferentiation during somatic embryogenesis in cotton. BMC Plant Biology, 12: 110.

Zimmerman J L, 1993. Somatic embryogenesis: a model for early development in higher plants. Plant Cell, 5: 1411-1423.

Zuo J, Niu Q W, Frugis G, et al, 2002. The *WUSCHEL* gene promotes vegetative-to-embryonic transition in *Arabidopsis*. Plant Journal, 30 (3): 349-359.

第三章
植物器官培养

植物器官培养（plant organ culture）是指利用植物某一器官的全部或部分，或器官原基进行离体培养的技术，包括离体的根、茎、叶、花、果实、种子等的培养。器官培养是植物组织培养中最主要的方面，进行的植物种类最多，应用的范围最广，不仅用来研究器官生长、营养代谢、生理生化、形态建成等生理问题，还在离体快繁、脱毒苗生产、突变育种等实践中具有重要应用价值。本章将介绍离体根培养、茎培养、叶培养、花培养、果实培养、种子培养。其中，植物花器中的胚、具胚器官及花药的培养涉及研究内容较多，将分别作为一章介绍。

第一节 植物根培养

植物根培养是指以植物的根切段为外植体进行离体培养的技术。在离体培养条件下，根系生长快、代谢强、不受微生物干扰，能根据需要改变培养的营养和环境条件来研究其吸收、生长和代谢的变化，因此离体根培养是研究根系生理代谢、器官分化及形态建成的良好试验体系。对于只能在根系中或主要在根系中合成的药物、微量活性物质及次生代谢产物，根培养为其工厂化生产提供了重要途径。目前离体根培养多见于草本植物（herb plant），木本植物（woody plant）相对较少。

一、培养方法

1. 外植体的分离与接种 根的培养材料一般来自无菌种子发芽产生的幼根或植株根系经消毒处理后的切段。前者本身无菌，经过分割后可以直接用于离体根培养；后者污染严重，需常规灭菌处理，用自来水充分洗涤，软毛刷刷洗根表面的土壤、微生物等杂质，解剖刀分割成适当大小，滤纸吸干根表面的水分，70%酒精漂洗10～30 s，0.1%～0.2%氯化汞处理5～10 min或用2%次氯酸钠浸泡15～20 min，最后用无菌水冲洗3～5次，无菌滤纸吸干表面水分后进行接种培养。自然条件下，根生长在土壤中，表面彻底消毒相对困难，实践中常采用无菌苗的根作为培养材料。

2. 培养类型 离体根培养方式有3种类型：①固体培养法。将根尖或根段平放在固体培养基上，是离体根培养最常用的方法。②液体培养法。将根段接种在液体培养基中，置摇床上振荡培养，通常采用100 mL或200 mL三角瓶，内装20～40 mL培养液，适宜温度和转速下振荡或旋转培养。③固-液双层培养法。将根段的形态学上端插入固体培养基中，根段的形态学下端（根尖方向）浸在液体培养基中，根尖部生长而不分枝。

3. 根无性系建立和植株再生 离体培养的根段（根尖）在适宜的培养条件下，以两种方式增殖，建成根的无性繁殖系：①直接增殖。由于根尖本身具有旺盛分裂能力，在适宜的条件下，根尖迅速分裂生长，并发育出侧根。侧根生长7～10 d后，即可切取新生的根尖进行扩大培养，如此反复，就可获得由单个根尖衍生而来的离体根无性系。这种根的增殖方式可用来进行根系生理生化和代谢方面的试验研究，也可用于有效活性物质的生产。②间接增殖。离体培养的根段或直接增殖获得的根尖可在适宜的培养基中诱导形成愈伤组织，将愈伤组织转移至分化培养基中，再分化形成根、芽等器官或胚状体,进而发育成为完整的再生植株。如大岩桐(*Sinningia speciosa*)根段离体培养,15 d 左右可见不定根和少量愈伤组织形成,约 30 d 可见不定芽的分化(图 3-1)。

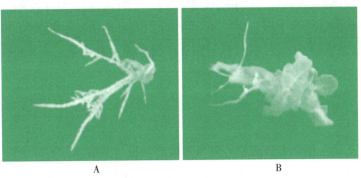

图 3-1 大岩桐根段再生途径
A. 根外植体生成不定根和少量愈伤组织 B. 不定根上生成不定芽
(引自徐全乐等,2010)

不同植物离体根的继代繁殖能力有所不同。如番茄、烟草、马铃薯、黑麦(*Secale cereale*)、小麦等的离体根可进行继代培养,且能无限生长;萝卜、向日葵、豌豆、荞麦(*Fagopyrum esculentum*)等的离体根能培养较长时间,但不能无限生长,久之会失去生长能力;一些木本植物的根则很难离体生长。

4. 根的形成过程 离体根的发生是以不定根方式进行的。不定根的形成可分为两个阶段,即根原基的形成和根原基的伸长及生长。根原基的启动和形成历时约 48 h,包括 3 次细胞分裂,即第一次和第二次的细胞横分裂及第三次的细胞纵分裂,然后是细胞快速伸长阶段,需 24～48 h。生长素可以促进细胞横分裂,因此根原基的形成与生长素有关,根原基的伸长和生长则可在无外源激素的条件下实现。一般从诱导开始到不定根出现,快的植物种类需 3～4 d,慢的植物种类需 3～4 周。

二、影响离体根培养的因素

1. 基本培养基 较低的盐浓度有利于根的生长和增殖,因此,离体根培养所用的培养基多为无机盐浓度较低的 White 培养基,也常采用大量元素减半的 MS(1/2MS)培养基和 B_5 培养基。离体根培养可利用唯一氮源,硝态氮较铵态氮更有利于根的增重和增长,加入含各种氨基酸的水解酪蛋白能促进离体根的生长。碳源以蔗糖的效果最佳,一般使用浓度较低,为 1%～3%。维生素 B_1 和维生素 B_6 对根的生长非常重要,缺少会导致根的生长受阻,加入则可促进根的生长,一般使用浓度为 0.1%～1.0%。此外,铁、硫、锰、硼等也有利于根的发生和生长。

2. 植物生长调节剂 生长素对离体根的生长效应最为明显。一般情况下,加入适量的生长素能促进根的生长,但不同植物种类对生长素的需求不一致。如 IAA 抑制番茄、樱桃(*Cerasus pseudocerasus*)等根的生长,但促进玉米、黑麦等根的生长,且生长素对黑麦根的生长是必需的。除生长素外,赤霉素和激动素对根系生长也具有重要作用。赤霉素能加速愈伤组织老化,而激动素则增加愈伤组织活性,阻止老化。

3. 培养材料 不同植物种类、同一植物根的不同部位和不同年龄对离体根增殖都有影响。一般情况下,培养难易程度为:木本植物比草本植物难、老龄树比幼龄树难、乔木比灌木难。

4. 光照和温度 一般认为,黑暗有利于根的发生和生长,如将苹果根诱导的愈伤组织置于生根培养基中进行暗培养,愈伤组织可再生不定根。也有不同报道,如毛白杨(*Populus tomentosa*)的根继代培养时,根的发生和生长量与光照无明显相关性。说明不同植物种类离体根培养对光照的需求是不一致的。实践中多采用遮阴或弱光下进行根离体培养。生根所需的温度一般为

16~28 ℃，以 25~27 ℃为宜。

5. pH 根发生和生长所需的 pH 范围一般为 5.0~6.0，适宜的 pH 范围因培养材料和培养基组成而异。水稻根离体培养时，pH 在一定范围内（3.3~5.8），随 pH 的升高，根生长加速；番茄根培养，铁源为螯合铁离子时，pH 为 7.2，根仍能正常生长，如果用 $FeCl_3$ 或 $Fe_2(SO_4)_3$ 作铁源，pH>5.2，根的生长就会受到抑制，这与培养基中可溶性铁源不足有关；在中性条件下，Fe^{3+} 易形成沉淀。

第二节 植物茎培养

根据取材部位不同，植物茎的培养可分为茎段培养和茎尖培养。茎段培养是指对带有一个或多个定芽（normal bud）、不定芽的外植体（包括块茎、球茎、鳞茎在内的幼茎切段）进行离体培养的技术，主要目的是进行植物的离体快速繁殖，同时也用于茎细胞分裂潜力和全能性的理论研究、诱导突变体的育种实践。由于茎段培养材料来源广泛，可以通过"芽生芽"的方式增殖，繁殖系数高，繁殖速度快，获得的苗木变异频率低、性状均一，因而广泛应用于良种和珍贵植物的保存和繁殖。目前，通过茎段培养进行苗木的试管繁殖技术已日臻完善，并逐步成为生产中的常规技术，是苗木工厂化生产中重要的手段之一（详见第八章）。植物茎尖培养所用的外植体为茎尖或茎的顶端分生组织。由于茎顶端分生组织具有连续器官分化能力，离体培养极易形成再生植株，同时由于病毒难以侵入幼嫩的分生组织，有利于获得脱病毒植株。因此，茎尖培养广泛应用于植株再生、脱病毒以及形态建成等生产与理论研究。

一、茎段培养

（一）培养方法

1. 外植体的分离与接种 选取植物的幼嫩枝条或鳞茎、块茎等进行常规灭菌。木本植物取当年生嫩枝或一年生枝条，剪去叶片，保留 0.5 cm 叶柄，剪成带芽小段，自来水充分冲洗，经 75% 酒精漂洗 10~30 s，0.1%~0.2% 氯化汞处理 3~8 min 或用 2% 次氯酸钠浸泡 10~20 min，若材料表面覆有蜡质或茸毛，可适当延长灭菌时间，最后用无菌水冲洗 3~5 次，在无菌条件下，切成 1.0~2.0 cm 的带芽茎段，接种到培养基上。鳞茎或块茎等多生长于地下，污染严重。如百合的鳞茎灭菌时，先剥去外面几层鳞片，自来水充分冲洗后，经常规灭菌，无菌条件下切取带小段鳞片的底盘，再切开底盘，使每块底盘上都带有腋芽，然后接种到培养基上。

2. 培养 多采用固体培养法，即将茎段形态学下端插到培养基中。茎段培养常用的培养基为 MS 培养基，附加 2%~4% 蔗糖。培养温度一般在 25 ℃左右，但因植物种类的不同有一定差异，有时也采用较低、较高的温度或给予适当的昼夜温差等处理。大多数植物的茎段培养需在光下进行，光照度为 3 000~5 000 lx，光照周期为 16 h/d 或 24 h 连续光照。块茎类植物（如马铃薯）和鳞茎类植物（如百合）茎段培养时，如果目的在于诱导小块茎或小鳞茎的分化和增殖，则需要暗培养。

3. 增殖途径 带芽茎段在一定营养条件下，经过培养可获得：①单苗（芽）；②丛生苗（芽）；③完整植株；④愈伤组织（图 3-2）。其中单芽和丛生芽的增殖

图 3-2 葡萄茎段外植体产生的两种培养产物
A. 茎段产生的完整植株　B. 茎段产生的愈伤组织

方式适宜植物的离体快速繁殖。通过控制植物激素的种类和用量，大多数植物的带芽茎段会形成单芽苗、丛生苗或完整植株。新生芽不断从茎段芽部长出，但不伸长，形成丛生状，并且这个过程常伴随着接触培养基的外植体基部形成愈伤组织并发育成瘤状愈伤组织，瘤状愈伤组织增大、增多，导致更多的芽从瘤状愈伤组织上长出。但大多数情况下这些单芽苗、丛生苗多是从外植体的顶芽或腋芽直接萌发而来的，不经愈伤组织途径，获得的芽苗变异频率低，性状均一稳定。因此，若是用于良种离体快繁，该增殖途径是十分有利的。离体茎段在一定的培养基和培养条件下也可脱分化形成愈伤组织，进而再分化生成不定芽或体细胞胚，最终获得再生植株。这种增殖方式虽然增殖速度快，但变异率高，不利于良种离体快繁。

（二）影响离体茎段培养的因素

1. 植物材料 由于枝条上芽所着生的位置不同，其生长势和发育程度不同，离体培养效果也有较大差异。一般而言，茎的基部切段比顶部切段、侧芽比顶芽成活率低，所以应优先利用顶部和茎上部的带腋芽茎切段培养。植物的芽有休眠期和生长期之别，生长期取材比休眠期取材培养效果好，特别以旺盛生长期取材效果最佳。如苹果在 3~6 月取材，外植体培养成活率为 60%，7~11 月下降至 10%，12 月至翌年 2 月成活率不足 10%；李（*Prunus salicina*）茎段的最佳取材时期为 4~5 月；美国大扁桃（*Amygdalus communis*）在 4~6 月取材成活率最高。此外，幼年茎干取材较成年树容易成活，一年生植物营养生长早期取材较营养生长后期取材容易培养。

2. 植物生长调节剂 带芽茎段培养一般不需要外源生长素，但加入适量生长素对芽的生长是有利的，NAA 使用最多，IBA 和 IAA 次之，2,4-D 使用较少。培养的茎段能合成少量细胞分裂素，但不能为芽的生长发育提供足够的内源细胞分裂素，因此外源供给是必需的，其中 6-BA 使用最多，最有效。茎段能否进行芽诱导和增殖，生长素与细胞分裂素的比值至关重要。若茎段培养的目的是进行芽增殖，应提高细胞分裂素与生长素比值，培养基中需加入适量细胞分裂素，不加或少加生长素，如树莓（*Rubus corchorifolius*）带腋芽茎段在含 2.0 mg/L 6-BA 和 0.1 mg/L NAA 的 MS 培养基上培养，芽诱导率达 85.56%；在 6-BA 0.5 mg/L 和 NAA 0.05 mg/L 的植物生长调节剂配比下，芽增殖效果最佳。若培养目的是诱导愈伤组织形成，应降低细胞分裂素与生长素比值，培养基中需加入适量生长素，不加或少加细胞分裂素。

二、茎尖培养

1. 外植体的分离与接种 植物茎尖培养所用的外植体为茎尖或茎的顶端分生组织。顶端分生组织细胞分裂旺盛，生命力强，但其区域仅是长度不超过 0.1 mm 的茎尖顶端圆锥区（图 3-3A）。培养过程中，由于外植体太小，很难培养成功。实践中，茎尖培养多切取茎顶端分生组织

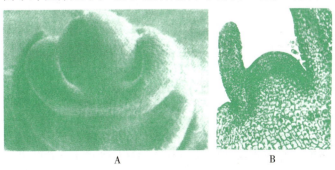

图 3-3 茎尖的解剖结构

A. 茎尖电子显微镜扫描 B. 带 2 个叶原基茎尖

（引自古川任郎，1985）

及其下方的 1~2 个幼叶原基区域长度为几毫米的茎尖或更大的芽进行培养（图 3-3B）。

取带顶芽或腋芽的茎段，经严格灭菌处理后，在超净工作台上，将它们置于体视显微镜下，用无菌镊子固定，解剖刀（针）将叶片和叶原基剥掉，直至暴露出顶端生长点，用解剖刀小心切取所需部分。通常切取茎尖的大小依培养目的而定，若培养目的是获得脱毒苗，切取茎尖长度为 0.2~0.5 mm；若培养目的是为了快速繁殖，可切取数毫米的茎尖区域。茎尖培养操作方法及脱毒机理详见第九章。

2. 培养方式与培养条件 茎尖培养多数在固体培养基中培养。对在固体培养基上培养易被诱导形成愈伤组织的外植体，最好使用液体培养基，内置无菌滤纸作支架（图 3-4）。茎尖培养常用的基本培养基有 MS、B_5，其中 MS 培养基适用于大多数双子叶植物，B_5 培养基适用于多数单子叶植物。研究发现，培养基中无机盐浓度高，不利于茎尖和芽的生长分化，因此一些改良的培养基，如含 1 mg/L 维生素 B_1、不加肌醇的 1/2MS 培养基对单子叶植物和双子叶植物都较适合。

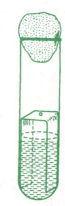

图 3-4 液体培养基中培养茎尖的滤纸桥技术
(引自 Bhojwani 等，1983)

除了一些在光下易发生褐化的材料外，大多数植物茎尖培养需在光下进行，光照度为 1 000~3 000 lx，16 h/8 h 明暗交替或 24 h 连续光照，有利于茎尖生长和分化。如多花黑麦草（*Lolium multiflorum*）茎尖在光下培养诱导率为 59%，而暗培养只有 34% 的茎尖成活。离体茎尖培养温度多采用 25 ℃，但因植物种类的不同有时需要较高或较低的温度。

3. 增殖途径与生长方式 茎尖组织经适当培养后，发育的方向可能有：①芽萌发；②产生不定器官或胚状体；③形成愈伤组织。离体的茎尖在适宜的培养条件下生长分化，最终经芽萌发形成小枝，这一途径变异频率低，成苗容易，是茎尖培养获得脱病毒苗和进行植株离体快繁的理想方式。

离体的茎尖向哪个方向发育，与培养基中植物生长调节剂的种类与浓度密切相关。一般来讲，培养基中加入一定量的生长素类物质（IAA、NAA）或细胞分裂素，或两者按一定比例加入，有利于茎尖的生长和芽萌发。2,4-D 常诱导外植体形成愈伤组织，在以离体快繁和脱毒为目的的茎尖培养中应避免使用。对于较大的茎尖外植体，在不含生长调节剂的培养基中也能形成完整植株。茎尖离体培养后，可能出现：①生长太慢。即茎尖不见明显增大，但颜色逐渐转绿，最后形成绿色小点。其原因可能是茎尖进入休眠状态，或生长素浓度偏低，或培养温度低。②生长过旺。即接种后茎尖明显增大，随即在其基部产生愈伤组织，茎尖难伸长，色泽较淡。原因可能是所用生长素浓度偏高，或使用了 2,4-D，或光照太弱、温度过高。③生长正常。即茎尖色泽逐渐转绿，基部逐渐膨大，有时形成少量愈伤组织，茎尖逐渐伸长，最终形成小枝，说明各培养因素适宜。此时可移入无生长调节剂或生长素含量很低的培养基中，小枝则继续伸长。

第三节 植物叶培养

植物叶培养是指以植物的叶器官为外植体进行离体培养的技术。叶器官包括叶原基、叶柄、叶鞘（leaf sheath）、叶片（blade）、叶肉（mesophyll）和子叶。由于叶片是植物进行光合作用的重要器官，又是某些植物的繁殖器官，离体叶培养除用于扩大繁殖外，还是研究形态建成、光合作用、叶绿素形成以及遗传转化的良好试验体系。

一、培养方法

1. 外植体的分离与接种 从生长健壮无病虫害的植株上选取叶片，充分洗涤，常规灭菌。幼嫩的叶片消毒时间不宜太长，否则会出现叶片缩水、脆裂现象。消毒后的叶片在无菌条件下切割成 0.5 cm×0.5 cm 左右的小块或薄片（如叶柄、子叶）接种。叶片接种时一般叶背朝下平放在培养基上，也有植物叶背朝上平放效果好于叶背朝下，如咖啡。也可将叶片组织块竖插于培养基中培养。

2. 培养 通常采用固体培养法。常用的培养基有 MS、B_5、White 和 N_6 等。蔗糖浓度以 3% 左右为宜，附加椰子汁等有机添加物可增强培养效果。离体叶培养一般需在光下进行，光强 1 500～3 000 lx，光照时间 12～16 h/d。培养温度在 25 ℃ 左右为宜。

3. 增殖方式 叶器官接种后，在适宜的培养条件下可获得：①不定芽或胚状体；②愈伤组织；③成熟叶（由叶原基发育成）（图 3-5）。其中大多数外植体以前两种方式增殖并形成再生植株。如枣（*Ziziphus jujube*）叶片直接再生不定芽且再生率达 97.3%；虎眼万年青和烟草等可以从叶片伤口处直接形成不定芽；花生（*Arachis hypogaea*）幼叶可产生体细胞胚。多数植物叶片离体培养时可形成愈伤组织，进而再分化形成不定芽或胚状体。如大岩桐叶片离体培养形成愈伤组织，进而分化形成大量不定芽；梅花（*Armeniaca mume*）子叶形成愈伤组织并进一步分化出体细胞胚。

图 3-5 叶片外植体产生的 3 种培养产物
A. 枣离体叶片直接再生不定芽 B、C. 大岩桐叶片形成愈伤组织并分化不定芽 D. 梅花子叶形成愈伤组织及体细胞胚
（A 引自王娜等，2010；B、C 引自徐全乐等，2010；D 引自宁国贵等，2010）

二、影响离体叶培养的因素

1. 植物生长调节剂 植物生长调节剂的种类、浓度是影响叶器官离体培养的重要因素。叶较茎段难培养，常需多种植物生长调节剂配合使用。如杏叶片培养时，使用 1/2MS 培养基，附加 TDZ 和 $AgNO_3$，可经过胚胎发生得到再生植株，ZT 与 2,4-D 的组合可诱导愈伤组织产生，KT 与 NAA 的组合可从愈伤组织中诱导不定芽的产生；烟草叶片培养时，KT/NAA 值为 20 时，可诱导形成大量不定芽，随 KT/NAA 值的降低，芽分化率下降，而愈伤组织生长量逐渐增大。

2. 叶龄 一般子叶较真叶易于分化，幼叶较成熟叶脱分化时间短、分化能力强、生长潜力大，可从不同部位成苗。如烟草成株期的叶组织外植体脱分化和再分化需要的时间较长，而且叶片体积膨大较大，多在伤口处形成大量的愈伤组织和分生细胞团，不定芽大多发生在这些分生细胞团和结构致密的愈伤组织上；幼叶则可以直接从不同部位成苗。

3. 叶脉与叶片损伤 叶片离体培养时在切口处和叶脉处易形成愈伤组织和不定芽。如蝴蝶兰（*Phalaenopsis aphrodite*）叶片经横切处理，类原球茎诱导率较对照提高 3～4 倍，诱导时间也缩短近 10 d（图 3-6）。所以，离体叶培养时一般要求带叶脉，接种

图 3-6 创伤提高蝴蝶兰叶片类原球茎诱导率
（引自黄磊等，2008）

时可人为划伤叶片，造成创口，促进愈伤组织和不定芽的形成。

4. 极性 离体叶培养一般上表皮朝上平放于培养基上，这样易于成活，如烟草的一些品种叶片背面朝上放置时不生长，甚至死亡或只形成愈伤组织而不进行器官分化。

除上述之外，由于植物种类、品种基因型差异也会造成离体叶培养效果有较大差异。需强调的是，尽管植物不同部位对培养的反应不一致，但有些植物具有条件化效应（conditioning effect）现象，即从离体培养的植物上取得的外植体已具有了被促进的形态发生能力。如厚叶莲花掌（Haworthia cymbiformis）的叶外植体在培养中不能产生再生植株，而花茎切段则可再生小植株，用这种再生植株的叶片作外植体时，75%的叶片可以形成再生植株。

第四节　植物花器官培养

植物花器官培养是指对植物整朵花或花的组成部分，包括花托（receptacle）、花柄（anthocaulus）、花瓣（petal）、花丝（filament）、子房、花药、胚珠等进行离体培养的技术。其中胚珠、子房、花药等器官培养将分别在第四章和第五章进行介绍。花器官培养技术最早由 Nitsch（1949）建立，通过离体培养番茄、烟草、蚕豆（Vicia faba）等的花器官，最终形成果实。目前除利用完整花器官外，还可诱导花器官的各个部分再生植株。如诱导油菜的花茎、子房、薹段，菊花的花瓣、花托，非洲菊的花萼、花梗（pedicel），羽衣甘蓝的花托、花茎，大岩桐的花序梗，唐菖蒲的花茎，萱草（Hemerocallis fulva）的花序，百合的子房、花丝、花梗、萼片和花瓣，风信子（Hyacinthus orientalis）的花序、子房等花器官再生成完整植株。植物花器官培养是进行花性别决定、果实发育生理等基础理论研究的良好材料。器官培养还可用于一些珍贵品种的繁殖和保存。

一、培养方法

1. 外植体的分离与接种 从健壮植株上取未开放的花蕾（alabastrum），常规灭菌。已开放的花不易消毒彻底，培养也较困难，通常不用于离体培养。花蕾培养时，只需将花蕾的花梗插入培养基中培养即可。若是花器官的某个部分培养，则分别取下，切割成约 0.3 cm×0.5 cm 的小片后接种。

2. 培养 多采用固体培养法。常用的培养基有 MS 和 B_5。培养条件通常为：光照度 1 500～3 000 lx，光照时间 12～14 h/d，外植体诱导阶段进行弱光培养更有利于诱导。培养温度以 23～25 ℃为宜。pH 为 5.3～5.6。

图 3-7　花器官培养再生途径
A. 蝴蝶兰花梗萌发的丛生芽　B. 君子兰花瓣通过愈伤组织分化出不定芽
（A 引自潭文澄等，1991；B 引自刑桂梅等，2009）

3. 增殖方式 适宜培养条件下，花器官培养可能获得：①成熟果实；②不定芽或丛生芽；③愈伤组织。如人参、葡萄、番茄等离体花器官培养，成功获得了与天然果实相似的果实结构，并在离体条件下发育成熟；花椰菜的花托离体培养可直接发生不定芽；蝴蝶兰的花梗可直接萌发形成丛生芽（图3-7A）；君子兰（*Clivia miniata*）的花瓣和花丝以及朝鲜白头翁（*Pulsatilla cernua*）的花梗等均可通过愈伤组织再生出大量不定芽（图3-7B）；菊花的花托在附加1 mg/L 6-BA和0.22 mg/L NAA的MS培养基上培养，首先脱分化形成愈伤组织，转接后可再分化出大量不定芽。

二、影响花器官培养的因素

1. 植物生长调节剂 植物生长调节剂在花器官培养中起着至关重要的作用。1959年，Galum最早研究了激素对植物花性别决定的影响。他将发育早期（0.5~0.7 mm）的花芽接种在添加不同激素的较复杂培养基（基本培养基中添加B族维生素、色氨酸、水解酪蛋白和15%椰子汁）中培养，发现添加IAA或幼蕾提早切离，可促进潜在雄蕊（stamen）转化为子房，但这种促进作用可被赤霉素拮抗。学者们还利用生长抑制剂等对花性别决定进行了研究，如用抗赤霉素试剂氯化氯胆碱（chlorocholine chloride，CCC）处理潜在花芽培养物，发现可抑制雄花（staminate flower）分化；抗生长素试剂三碘苯甲酸（2,3,5-triiodobenzoic acid，TIBA）和马来酰肼（maleic hydrazide）抑制雌花（pistillate flower）分化。另外，授粉的花蕾在一般培养基上，无须添加植物生长调节剂就可诱导发育成果实。未授粉的花蕾常常需要在培养基中加入适当的植物生长调节剂，才能诱导发育成果实。如将花器官诱导形成愈伤组织，往往需在培养基中加入一定量的生长素类物质。

2. 外植体 取材部位、取材时期、外植体的生理状态等对诱导效果均有一定影响。如百合花器官不同部位（花丝、花瓣、花托、子房、花梗等）均能诱导愈伤组织或不定芽形成，但以花丝诱导率最高；香水百合同一花瓣的不同位置诱导难易程度不同，花瓣下端的丛生芽诱导率最高。此外，花蕾发育的时期也影响培养效果，如百合以花蕾早期（花蕾2~3 mm）取材为宜，且以整块接种较好。

第五节 植物幼果培养

果实培养（fruit culture）是利用果皮、果肉组织或细胞进行离体培养的技术，研究报道不多。植物幼果培养（immature fruit culture）是指对植物不同发育时期的幼小果实进行离体培养的技术。幼果培养主要用于果实发育、种子形成和发育等方面的研究。

不同发育阶段的幼果经适当灭菌处理后，在适宜条件下培养，可获得：①成熟果实；②愈伤组织；③不定芽。如草莓、葡萄和越橘（*Vaccinium vitis-idaea*）幼果培养获得了成熟果实，且果实中的种子基本具有活力，但形成种子的比率比自然状态下低。葡萄浆果培养获得了愈伤组织。朱顶红（*Hippeastrum rutilum*）幼嫩蒴果（capsule）在含2,4-D和6-BA的MS培养基上培养，果实表皮长出愈伤组织；在含NAA和6-BA的培养基上培养，果皮上可直接发生不定芽；若提高NAA浓度则分化出根，再生完整植株。

第六节 植物种子培养

植物种子培养（seed culture）是指对成熟或未成熟种子进行离体培养的技术。种子培养可以打破种子休眠，提早萌发。通过离体培养远缘杂种（distant hybrid）的败育种子，使其正常发育，挽救远缘杂种，提高杂种萌芽率。

将成熟或未成熟种子经适当灭菌处理后，接种在适宜培养条件下，可获得：①小植株；②愈伤组织；③丛生芽或不定芽。以促进种子萌发为目的的种子培养，发育较完全的成熟种子对培养基成分要求简单，可不加或少加植物生长调节剂；发育不完全的无胚乳种子培养，可适当增加培养基的营养种类并添加适量植物生长调节剂。若以生产试管苗和研究形态发生为目的的种子培养，则要根据实验要求，提供适当的营养和植物生长调节剂，诱导愈伤组织或不定芽形成。

小结

植物器官培养是指利用植物某一器官的全部或部分，或器官原基进行离体培养的技术，包括离体的根、茎、叶、花、果实、种子等的培养。器官培养是植物组织培养中最主要的方面，进行的植物种类最多，应用的范围最广，不仅用来研究器官生长、营养代谢、生理生化、形态建成等生理问题，还在离体快繁、脱毒苗生产、突变育种等实践中具有重要应用价值。不同植物器官特性不同，培养的目的也不尽相同，其离体培养的方法和技术也有所差异，了解并掌握不同器官离体培养的基本方法和应用，对开展植物器官培养具有重要意义。

复习思考题

1. 简述植物器官培养的概念和意义。
2. 简述根培养的产物。
3. 影响根培养的因素有哪些？
4. 简述茎段培养的一般程序。
5. 影响茎段培养的因素有哪些？
6. 植物茎尖培养可获得怎样的培养产物？试比较它们的优缺点？
7. 影响植物叶培养的因素有哪些？

主要参考文献

曹孜义，刘国民，1999. 实用植物组织培养技术教程. 兰州：甘肃科学技术出版社.
巩振辉，申书兴，2013. 植物组织培养. 2 版. 北京：化学工业出版社.
胡颂平，刘选明，2014. 植物细胞组织培养技术. 北京：中国农业大学出版社.
黄磊，陈之林，吴坤林，等，2008. 创伤及高渗透压预处理对蝴蝶兰叶片诱导类原球茎的影响. 园艺学报，35（7）：1039-1046.
李浚明，朱登云，2005. 植物组织培养教程. 3 版. 北京：中国农业大学出版社.
李胜，杨宁，2015. 植物组织培养. 北京：中国林业出版社.
宁国贵，吕海燕，张俊卫，等，2010. 梅花不同外植体离体培养及体细胞胚诱导植株再生. 园艺学报，37（1）：114-120.
潭文澄，戴策刚，1991. 观赏植物组织培养技术. 北京：中国林业出版社.
王蒂，2011. 细胞工程. 2 版. 北京：中国农业出版社.
王娜，刘孟军，秦子禹，2010. 利用枣离体叶片直接再生完整植株. 园艺学报，37（1）：103-108.
邢桂梅，毕晓颖，雷家军，2007. 君子兰花器官离体培养. 园艺学报，34（6）：1563-1568.
徐全乐，谢亚红，刘文婷，等，2010. 大岩桐高频再生体系建立的两种途径. 园艺学报，37（1）：135-140.

第四章
植物胚胎培养及离体授粉

植物胚胎培养（plant embryo culture）是指对植物的胚、子房、胚珠和胚乳进行离体培养，使其发育成完整植株的技术。目前，胚胎培养除了应用于育种工作外，还广泛地被用来研究胚胎发育过程中的生理代谢变化以及有关影响胚发育的内外因素等问题。并且在离体胚培养成功的基础上，又进行了胚乳、胚珠和子房的培养，特别是未受精胚珠或子房培养，为离体授粉（in vitro pollination）[或离体受精（in vitro fertilization）]的研究提供了重要的技术条件。离体受精技术可克服远缘杂交中花粉与柱头（stigma）之间的不亲和性（incompatibility），即消除受精前的障碍。

第一节 植物胚培养

一、胚培养的类型

离体胚培养可分为幼胚培养（culture of larva embryo）和成熟胚培养（culture of mature embryo）。离体培养中，这两类胚的成苗途径和所需营养条件不太一样。由于成熟胚生长不依赖胚乳的贮藏营养，只要提供合适的生长条件及打破休眠，它就可在比较简单的培养基上萌发生长，形成幼苗。所以，培养基只需含大量元素的无机盐和糖即可。另外，成熟胚培养技术要求不严格，将受精后的果实或种子（带种皮）用药剂进行表面消毒，剥取种胚接种于培养基上，在人工控制条件下，即可发育成完整植株。

幼胚指的是尚未成熟即发育早期的胚。它较成熟胚难培养，要求的技术和条件也较高。幼胚培养时，常以3种方式生长：①继续进行正常的胚发育，维持胚性生长（图4-1）。②迅速萌发

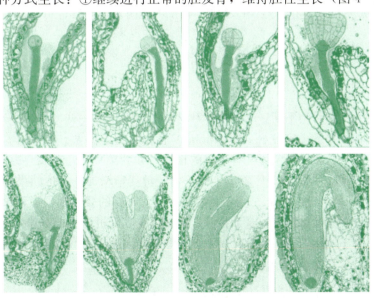

图4-1 拟南芥胚正常发育过程

为幼苗，不能维持胚性生长，这种情况称为早熟萌发（precocious germination）。早熟萌发形成的幼苗往往畸形、瘦弱，甚至死亡。③脱分化形成愈伤组织。许多情况下，幼胚在离体培养中首先发生细胞增殖，形成愈伤组织，由胚形成的愈伤组织大多为胚性愈伤组织，很容易分化形成体细胞胚并萌发形成植株。此外，可以通过胚培养获得的这种胚性愈伤组织亦是很好的遗传受体和分离原生质体的来源。所以，进行幼胚培养时，关键是维持胚性生长。幼胚对营养的需求较成熟胚复杂，以保证离体幼胚能沿着胚胎发生的途径发育。另外，为了获得远缘杂种，可以通过培养远缘杂交后的幼胚来产生。胚培养研究最多的是荠菜（*Capsella bursa-pastoris*）和大麦，此外在曼陀罗属（*Datura*）、柑橘属和菜豆属中，也进行了大量工作。

二、胚培养的应用

1. 进行基础理论研究　胚培养解决了研究胚胎发生的活体中难以实现的基础性问题，如胚胎发生的营养问题、胚胎顺序性发育的物理化学控制、胚的成熟和休眠及胚胎发生的生理与分子机制等。通过胚培养人们了解到胚柄为原胚期胚的发育提供必需的养分。

2. 克服远缘杂交不亲和性　远缘杂交中，由于胚乳发育不正常或杂种胚与胚乳之间生理上的不协调，造成杂种胚早期夭折。将早期幼胚进行胚挽救，可克服这种受精后障碍，产生远缘杂种。胚挽救是指对由于营养或生理原因造成的难以播种成苗或在发育早期阶段就败育、退化的胚进行早期分离培养的技术。

3. 打破种子休眠，缩短育种周期　许多植物的种子发育不完全或有抑制物存在而影响种胚发芽。如一些无胚乳种子（兰科）蒴果成熟时，胚龄（age of embryo）幼小，需与微生物"共生发芽"；银杏种子脱离母体后，胚龄幼小，仍继续吸收胚乳营养，4～5个月后才能成为成熟胚；油棕（*Elaeis guineensis*）的种胚需要经过几年才能成熟。通过幼胚培养，可促使这些植物的幼胚达到生理和形态上的成熟而提早萌发形成植株。如通过胚培养可使鸢尾（*Iris tectorum*）的生活周期由2～3年缩短到1年以下；蔷薇属（*Rosa*）一般需1年才能开花，通过胚培养则可以在1年中繁殖2代。

4. 提高种子萌发率　长期营养繁殖的植物，虽具有形成种子的能力，但其生活力较低、萌发成苗率低下，胚培养可促进这类种子萌发和形成幼苗。如芭蕉属（*Musa*）有许多结实的品种，自然情况下胚不能萌发，如果取出胚，在简单的无机盐培养基中就能很快萌发形成幼苗；芋（*Colocasia esculenta*）的块茎在自然条件下所结种子不能萌发，对其进行胚的离体培养，可促进萌发形成幼苗。

三、幼胚培养

（一）材料的选择

由于植物类型及实验目的不同，幼胚培养对材料的要求也不一样。作为一般的实验或示范，可选用大粒种子，如豆科和十字花科（Cruciferae）植物，便于操作。希望培养材料的胚发育时期具有一致性，应选择开花和结实习性有规律的植物，如荠菜具有总状花序（raceme），各个胚珠处于不同的发育时期，一般沿花序轴由上而下，胚龄逐渐增加。每个蒴果含20～25个胚珠，且基本处于同一发育时期（图4-2）。希望培养某一发育时期的胚，则须了解该植物授粉后的天数与胚胎发育的相应关系。如培养远缘杂种胚，则必须在其夭折前进行培养。大多数幼胚培养成功的实例证明，适宜于幼胚培养的胚发育时期多为球形胚期至鱼雷形胚期，在形成球形胚之前的原胚阶段，剥离和培养都比较困难。

（二）幼胚的分离及培养

1. 幼胚的分离　进行幼胚培养时，比较重要的一点就是必须把胚从周围的组织中剥离出来。

大多数植物的幼胚剥离要借助体视显微镜，特别是那些种子较小的植物更是如此。另外，幼胚是一种半透明、高黏稠状组织，剥离过程中极易失水干缩，因此，在剥离时一定要注意保湿，且操作要迅速。有关胚发育的细胞学和生理生化研究表明，胚柄积极参与幼胚的发育，特别是球形胚期以前的幼胚。因此，幼胚培养需要带胚柄一同剥取。

取回大田或温室里授粉受精后的植物子房，用70%的酒精进行几秒钟表面消毒，再用0.1% $HgCl_2$ 灭菌10～30 min，无菌水冲洗3～4次，即可用于胚的分离和培养。灭菌后的材料在无菌条件下切开子房壁，用镊子取出胚珠，剥离珠被，取出完整的幼胚，并置培养基上进行培养。由于植物的种类及发育时期不同，幼胚分离的技术和难度也不一样。如分离不同发育时期的荠菜幼胚时，需将消毒后的蒴果切开胎座（placenta）区域，用镊子将外壁的两半撑开，露出胚珠。鱼雷形胚或更幼小的胚都局限在纵向剖开的半个胚珠之中，剥取这种未成熟胚时，从胎座上取下一个胚珠，用锋利刀片将其切成两半，并将带胚的一半小心地剔除胚珠组织，即可将带胚柄的整个胚取出；剥取较老的胚时，在胚珠上无胚的一侧切一小口，将完整的胚挤出到周围的液体中，操作时须小心，以免胚损伤（图4-2）。单子叶植物的幼胚分离以大麦研究较多，一般在体视显微镜下剔除颖片（glume），即可分离幼胚。如水稻幼胚的分离（图4-3），从开花后特定时期的小穗中取出子房，从珠孔端1/3处切开，轻轻挤压珠孔端使合子胚从切口处挤出。

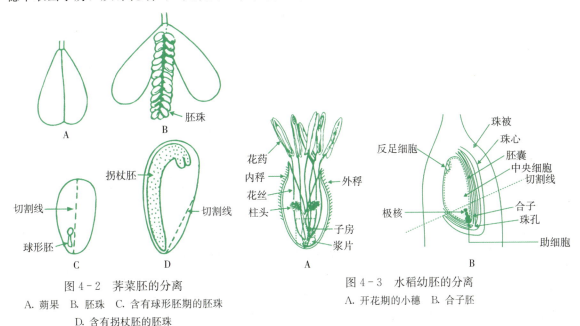

图4-2 荠菜胚的分离
A. 蒴果 B. 胚珠 C. 含有球形胚期的胚珠
D. 含有拐杖胚的胚珠

图4-3 水稻幼胚的分离
A. 开花期的小穗 B. 合子胚

2. 幼胚的培养 根据营养需要，可以把胚发育过程分为两个时期，一为异养期（heterotrophy period），即幼胚由胚乳及周围的组织提供养分；二为自养期（autotrophy period），此时的胚已能在基本的无机盐和蔗糖培养基上生长。胚由异养转入自养是其发育的关键时期，这个时期出现的时间因物种而异。Raghavan（1966）在对不同发育时期的荠菜进行离体胚培养时发现，胚在球形胚期以前属异养，只有到心形胚期才转入自养。这两个时期之内，培养中的胚对外源营养的要求也会随胚龄的增加而逐渐趋向简单。Monnier（1976，1978）介绍了一种培养方法，用这种方法可以使50 μm长（球形胚早期）的荠菜胚在同一个培养皿中不需变动原来的位置就可完成全部发育过程，直到萌发（图4-4）。这种方法就是在一个培养皿中装入两种不同成分的培养基，即在培养皿中央先放一个玻璃容器，将第一种较简单的琼脂培养基加热融化，注入玻璃容器的外围，形成外环。待第一种培养基冷却凝固后，将玻璃容器拿掉，形成一个中央圆盘，然后在圆盘中注入成分较复杂的第二种培养基，将幼胚置于第二种培养基上培养。在幼胚培养过程中，幼胚从异养到自养先后受到两种成分不同的培养基作用，从而完成幼胚发育的整个过程（表4-1）。

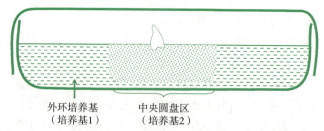

图4-4 在一个培养皿中装有两种不同成分培养基的幼胚培养方法

表4-1 同一培养皿两种不同成分培养基的组成

成分	含量/（mg/L）		成分	含量/（mg/L）	
	培养基1	培养基2		培养基1	培养基2
KNO_3	1 900	1 900	$ZnSO_4 \cdot 7H_2O$	21	21
$CaCl_2 \cdot 2H_2O$	484	1 320	KI	1.66	1.66
NH_4NO_3	990	825	$Na_2MoO_4 \cdot 2H_2O$	0.5	0.5
$MgSO_4 \cdot 7H_2O$	407	370	$CuSO_4 \cdot 5H_2O$	0.05	0.05
KCl	429	350	$CoCl_2 \cdot 6H_2O$	0.05	0.05
KH_2PO_4	187	170	谷氨酰胺	—	600
Na_2-EDTA	37.3	—	盐酸硫胺素（维生素B_1）	0.1	0.1
$FeSO_4 \cdot 7H_2O$	27.8	—	盐酸吡哆醇（维生素B_6）	0.1	0.1
H_3BO_3	12.4	12.4	蔗糖	—	1.8%
$MnSO_4 \cdot H_2O$	33.6	33.6	琼脂	0.7%	0.7%

但有些情况下，尽管对培养基做了不少改进，胚在发育的极早时期仍发生夭折，幼胚很难培养成功。这种情况下，利用胚乳看护培养，则可显著提高幼胚的成活率，因为在植物正常的生长发育中，胚是由紧紧包围它的胚乳组织供给营养的。如进行大麦未成熟胚离体培养时，如果其周围培养基上存在来自同一物种的离体胚乳，则对胚的生长有明显促进作用。有时异种胚乳对胚的促进生长比同种的更强，如进行谷类胚乳看护培养时，把大麦的胚移植到小麦胚乳上，其生长情况优于在大麦胚乳上；在大麦×黑麦的属间杂交中，若把杂种未成熟的胚放在事先培养的大麦胚乳上进行培养，可使30%~40%的杂种未成熟胚发育成苗，而传统的胚培养法只有1%的成功率。De Lautour等（1980）对胚乳看护培养的方法做了改进，他们把杂种离体幼胚嵌入双亲之一的胚乳中，然后对其进行培养（图4-5）。具体方法是：将车轴草（*Trifolium* sp. L.）和山蚂蝗（*Desmodium* sp.）的杂种胚和正常胚的荚果（后者用作胚乳看护培养的供体）进行表面消毒，放在衬有湿滤纸的无菌培养皿中，从带有杂种和正常胚的荚果中取出其胚珠，把杂种胚通过脐状口嵌入正常胚的胚乳中，再将其转到培养基上进行培养，获得成功。

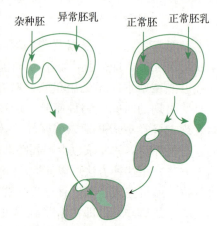

图4-5 车轴草和山蚂蝗植物杂种胚的胚乳看护培养

四、影响胚培养的因素

(一) 培养基

1. 无机盐 用于胚培养的无机盐配方很多。成熟胚培养对培养条件的要求不高,主要采用一些较简单的培养基,如 Tukey、Randolph、White、1/2MS 等。幼胚培养对培养基的要求较为严格,常用的培养基主要有 MS、B_5、Nitsch、Rijven、Rangaswang、Norstog 等。Monnier (1976) 研究了几种标准的无机盐溶液(包括 Knop、Miller、MS 等培养基)对荠菜胚培养的作用,发现在一定的培养基上,未成熟胚的生长和存活之间并不存在相关性。如在 MS 培养基中,未成熟胚的生长最好,但存活率却低;在 Knop 培养基中,虽然其毒性小,但胚的生长却较差。Monnier 通过变动 MS 培养基中每一种盐分的浓度,配制了一种既有利于生长,也有利于存活的新培养基。在这种培养基上,胚的生长和存活都很好,与 MS 培养基相比,这种培养基中 K^+ 和 Ca^{2+} 的水平比较高,而 NH_4^+ 的水平则低。也有一些植物的幼胚培养时 NH_4^+ 是必需的氮源,因为其胚发育早期缺乏 NO_3^- 还原为 NH_4^+ 的酶,如大麦、曼陀罗等。在桃(*Amygdalus persica*)胚挽救培养时,选用了 4 种培养基,其中 WP、BH 培养基有利于胚和幼苗的生长(图 4-6)。

图 4-6 四种培养基中桃胚挽救的幼苗

2. 糖类 糖在胚培养中具有 3 个方面的作用:①调节渗透压;②作为碳源和能源;③防止幼胚早熟萌发。培养基中加入蔗糖,可保持适当渗透压,这对未成熟胚的培养尤其重要。最适蔗糖浓度因胚的发育时期而有所不同。成熟胚在含 2% 蔗糖的培养基中就能很好生长;幼胚则要求较高水平的糖浓度(要与活体内一致的渗透压环境),如果浓度过低,会引起幼胚过早萌发。一般蔗糖使用的浓度大多在 4%~12%。幼胚所处的发育阶段越早,所要求的蔗糖浓度越高,如原胚培养的蔗糖浓度一般为 8%~12%,这是因为在自然条件下,原胚被一种高渗液体包围。心形胚至鱼雷形胚则只要求蔗糖浓度为 4%~6%。当胚长分别为 1.0~1.1 mm、2.0~2.5 mm、5.0~5.5 mm 和 10 mm 时,适合的蔗糖浓度分别为 17.5%、16.0%、12.5% 和 6.0%。小麦、荠菜的原胚在仅含 2% 蔗糖的培养基中不能存活,但添加甘露醇等渗透调节物质至足够的浓度时可获得成功。前面所述的 Monnier 在培养皿中装两种培养基进行幼胚培养时,中央与幼胚接触的培养基,其蔗糖含量可达 18%。另外,在培养过程中,随培养时间增加,必须把胚转移到蔗糖浓度逐步降低的培养基上。

3. 氨基酸和维生素 胚培养中加入氨基酸,无论是单一的还是复合的,都能刺激胚的生长。加单一氨基酸时,以谷氨酰胺最有效,如 500 mg/L 的谷氨酰胺可促进多种植物离体胚的培养,1 600 mg/L 的谷氨酰胺能强烈促进银杏胚形成的幼苗生长。水解酪蛋白除具有促进幼胚生长发育的效应外,对培养基渗透压也有调节作用,被广泛用于胚培养。如水解酪蛋白和酵母提取物对荠菜及棉花心形胚生长有明显的促进作用;水解酪蛋白是四季橘球形胚培养所必需的。胚对水解酪蛋白的敏感性也因物种而异，栽培大麦最适浓度为 500 mg/L，紫花曼陀罗则为 50 mg/L。

常用于胚培养的维生素类有维生素 B_1、吡哆醇、烟酸、泛酸钙、生物素等。维生素对发育初期的幼胚培养是必需的，已萌发生长的胚，因其细胞能合成自身需要的维生素，此时维生素的加入可能对其形态发生反而有抑制作用。维生素 B_1 对植物胚培养的根伸长有促进作用，烟酸、泛酸钙和生物素则对茎生长的促进作用更为显著。

4. 植物生长调节剂　成熟胚一般不需要植物生长调节剂即可萌发，但加入植物生长调节剂可显著促进培养物的生长，尤其对休眠种胚的启动萌发，植物生长调节剂是非常必要的。幼胚培养的关键问题是使加入的植物生长调节剂和植物内源激素间保持某种平衡，以维持幼胚的胚性生长。植物生长调节剂浓度低，不能促进幼胚生长；浓度过高，幼胚发生脱分化而影响其正常发育。ABA 在幼胚培养过程中有利于胚胎发育形成正常的形态结构和稳定的代谢功能。如大麦未成熟胚培养中，在有 ABA 和 NH_4^+ 存在的情况下，可明显抑制由 GA_3 和 KT 所促进的早熟萌发，使胚正常发育。但是，如果附加的植物生长调节剂较多，则会引起培养的胚脱分化形成愈伤组织，并由此再分化形成胚状体或芽。从另外一个角度讲，这种方式同样具有一定的研究和实际应用价值。如李浚明等（1984，1991）通过这种方式，在小麦×大麦和小麦×簇毛麦（*Haynaldia villosa*）的属间杂交中，得到了大量杂种植株，其中在小麦×簇毛麦的杂种后代中，还选出抗白粉病的品系。

5. 天然有机添加物　正常植物体上，胚的生长受胚乳滋养，因此在培养基中加入一些天然的胚乳或种子提取物，对离体胚的生长是有促进作用的。如 van Overbeek 等使用椰子汁培养曼陀罗的心形胚获得成功后，人们广泛地在胚培养中使用椰子汁；此外还使用了多种天然提取物（大麦胚乳、麦芽、马铃薯块茎、大豆等提取物）进行大麦幼胚（0.5 mm 胚）培养，发现只有大麦胚乳可促进其生长，形成幼苗。在其他植物中也发现类似情况，如玉米胚乳组织的提取物可促进培养的玉米胚生长；海枣（*Phoenix dactylifera*）和香蕉的浸提物、小麦面筋水解物、牛奶和番茄汁能够促进大麦未成熟胚的生长和抑制它们的早熟萌发，且番茄汁效果最好，即在含有 33%～66% 番茄汁的培养基上，7～9 日龄的幼胚能进行正常胚胎发育。此外还发现蜂王浆对银杏幼胚正常分化有促进作用，并能减少培养胚的死亡率，抑制胚形成愈伤组织。

6. pH　培养基 pH 对幼胚的胚性发育也有重要影响。通常幼胚培养的 pH 范围为 5.2～6.3，具体最适 pH 因植物种类不同而异，如桃为 5.8，番茄为 6.5，紫花曼陀罗心形胚早期的胚培养最适 pH 为 5.0～7.5，8 日龄的水稻胚在 pH 5 和 9 的下生长最好。培养荠菜胚珠的液体 pH 约为 6.0，而其离体胚在 pH 为 5.4～7.5 的培养基中都能正常生长。

（二）环境条件

1. 温度　大多数植物胚培养的温度为 25～30 ℃，但也有些植物需要较低或较高的温度。如马铃薯胚培养时，温度为 20 ℃ 较好；香荚兰（*Vanilla fragrans*）的胚在 32～34 ℃ 下生长最好；柑橘、苹果、梨 25～30 ℃ 是合适的；棉花胚在 32 ℃ 下生长最好。种子具休眠习性的植物幼胚培养在给予适宜温度之前要求一定的低温处理，如桃的幼胚培养需在 2～4 ℃ 条件下处理 40～60 d，然后再转入 25 ℃ 条件下培养。

2. 光照　由于胚在胚珠内的发育是不见光的，所以一般认为在黑暗或弱光下培养幼胚比较适宜，如大多数处于球形胚期至心形胚期的幼胚，需要在黑暗条件下培养两周后再给予光照。芥菜试验证明，早期光照不利于胚根的发育，但胚芽的发育要求一定的光照条件。在离体培养条件下进一步发育的幼胚对光的需求，因植物种类而异。棉花幼胚先在黑暗中培养，然后转入较强光照下培养，子叶的叶绿素生成很慢，但转入弱光下培养，子叶很容易产生叶绿素；荠菜胚培养，每天给予 12 h 的光照比全黑暗条件好。罗田甜柿（*Diospyros kaki*）暗处理 4 d 生根最好；

将坐果后 50 d 的冬枣胚接种后先暗培养 10 d，再置于光下，可使胚轴很快延长并发根，生根率提高到 65.8%。

（三）胚柄

胚柄是一个短命的结构，长在原胚的胚根一端，当胚达到球形胚期时，胚柄也发育到最大。胚柄可参与幼胚的发育过程。一般胚柄较小，很难与胚一起剥离出来，所以培养的胚都不具备完整的胚柄。在幼胚培养中，胚柄的存在对幼胚的存活是关键。如荷包豆（*Phaseolus coccineus*）较老的胚中，不管有无胚柄存在，均能在培养基中生长。但幼胚培养时，不带胚柄会显著降低形成小植株的频率，因为在幼胚培养中，胚柄的存在会显著刺激胚的进一步发育，而且这种作用在胚发育的心形早期达到高潮。使用植物生长调节剂，如 5 mg/L 赤霉素能有效地取代胚柄的作用。如在荷包豆中，心形胚期时胚柄中赤霉素的活性比胚本身高 30 倍，子叶形成后，胚柄开始解体，GA_3 水平开始下降，但胚中 GA_3 的水平增高。当没有胚柄存在时，一定浓度范围的 KT 可促进幼胚的生长，但其作用难与赤霉素相比。

（四）物种、基因型及胚龄

不同的树种、品种，胚培养存在很大差异。在核果类果树中，以桃、李（*Prunus salicina*）及樱桃为母本的远缘杂种的幼胚萌发生长及多丛芽诱导增殖培养相对容易，而杏比较困难，尤其是多丛芽诱导增殖培养难度甚大；二花槽杏的胚培养成苗率比红荷包杏高一倍。还有研究发现母本品种胚的可挽救性是无核葡萄品种杂交成功的最关键因素。

最佳培养时期一般用胚龄（embryonic age）或胚发育指数（embryo development index）来表示。从授粉开始到剥离胚培养的时间称为胚龄，胚发育指数是胚长/种子长。胚龄或胚发育指数影响胚培养成苗率的高低和胚培养苗的生长势。如桃胚发育指数接近 0.7 时，是胚培养成功的最低值。

第二节　植物胚乳培养

胚乳培养（endosperm culture）是指将胚乳组织从母体中分离出来，通过离体培养，使其发育成完整植株的技术。在裸子植物中，胚乳是由雌配子体（female gametophyte）发育而成，为单倍体。被子植物的胚乳是双受精的产物，为三倍体。不同属中，胚乳存在的时间长短不一致，有些植物，如蓖麻（*Ricinus communis*）和禾谷类植物等，胚乳可一直保留到种子成熟，成为贮藏组织。而另一些植物（如豆科和葫芦科）中，胚在发育过程中可把胚乳完全消耗掉，因此这些植物的成熟种子是没有胚乳的。

一、胚乳培养

（一）外植体的制备

对于有较大胚乳组织的种子，如大戟科和檀香科的植物，可将种子直接进行表面消毒，无菌条件下除去种皮即可进行培养；对于胚乳被一些黏性物质层包裹的种子，如桑寄生科的植物，可先将整个种子进行表面消毒，在无菌条件下剥开种皮，去掉黏性物质，取出胚乳组织进行培养；对于有果实的种子，如槲寄生（*Viscum coloratum*），将整个果实进行表面消毒，在无菌条件下切开幼果，取出种子，小心分离出胚乳组织进行培养。

（二）愈伤组织诱导及形态建成

1. 愈伤组织诱导　胚乳培养中，除少数寄生或半寄生植物可直接从胚乳中分化出器官，大多数被子植物的胚乳，未成熟的或成熟的，都需先经历愈伤组织阶段，才能分化出植株。胚乳接种到培养基上 6~7 d 后，其体积膨大，然后胚乳的表面细胞或内层细胞分裂，形成原始细胞团。此时，往往在切口处形成乳白色的隆突，成为愈伤组织。多数植物的初生愈伤组织为白色致密型，少数（如枸杞）为白色或淡黄色松散型，或绿色致密型［如猕猴桃（*Actinidia chinensis*）］。

2. 形态建成 胚乳愈伤组织诱导器官的形成，也可通过器官发生和胚胎发生两种途径来实现。最早通过器官发生途径诱导器官形成的植物是大戟科的巴豆（*Croton tiglium*）和麻疯树（*Jatropha curcas*），将这两种植物的愈伤组织转移到分化培养基上，前者分化出根，后者分化出三倍体的根和芽。印楝（*Azadirachta indica*）胚乳愈伤组织在 MS＋5 μmol/L NAA＋2 μmol/L 6-BA＋500 mg/L CH 培养基上继代培养 8 周，有绿点出现；将此愈伤组织在 MS＋5 μmol/L 6-BA 培养基上继代培养 5 周，有许多芽的分化（图 4-7）。

柑橘是最早发现的胚乳愈伤组织通过胚胎发生途径获得再生植株的植物。柚的胚乳愈伤组织转到 MT＋1 mg/L GA_3 培养基上，可分化出球形胚状体，之后在无机盐加倍和逐步提高 GA_3 浓度的培养基上，胚状体可进一步发育形成再生植株。通过胚胎发生途径获得再生植株的植物还有檀香、橙（*Citrus sinensis*）、桃、枣、核桃和猕猴桃等。

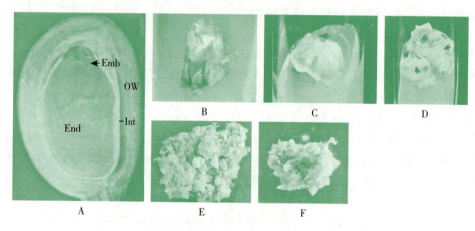

图 4-7 印楝胚乳培养

A. 子叶早期印楝果实的纵切面（Emb. 胚；End. 胚乳；OW. 子房壁；Int. 珠被）(13×)　B. 未成熟种子在 MS＋NAA（5 μmol/L）＋6-BA（2 μmol/L）＋CH（500 mg/L）培养基上培养 2 周，种子破裂，释放出绿色的胚和愈伤化的胚乳（3.6×）　C. 培养 3 周，产生白色松软的胚乳愈伤组织，胚也可见（箭头所示）(2.7×)　D. 胚乳愈伤组织在 MS＋NAA（5 μmol/L）＋6-BA（2 μmol/L）＋CH（500 mg/L）培养基上继代培养 8 周，有绿点出现（箭头所示）(2.1×)　E. 胚乳愈伤组织在 MS＋6-BA（5 μmol/L）培养基上继代培养 5 周，示许多芽的分化（3.5×）　F. 继代培养 6 周，有明显的芽分化和发育，同时仍有小芽的出现（2.6×）

（三）三倍体后代的特征

1. 形态特征 由于被子植物的胚乳是三倍体，因此通过胚乳培养可得到三倍体植株，产生无籽果实，或由其加倍产生六倍体植株。无籽果实食用方便，多倍体植株又具有粗壮、叶片大而肥厚、叶色浓、花型大或重瓣、果实大、结实率低的特征，这些变异性状可直接利用或作为育种材料，尤其在花卉和药用植物新品种选育方面有重要的利用价值。

2. 再生植株倍性 胚乳愈伤组织及再生植株的染色体数常常发生变化。如苹果（$2n=34$）胚乳植株染色体数的分布范围是 29～56 条，但多数是 37～56 条，三倍体细胞只占 2%～3%；大麦胚乳植株染色体数目从 1 倍到 4 倍都有，另外还有许多具有 6、8、11、12、13 条染色体的非整倍体细胞；六倍体罗田甜柿胚乳培养只产生 12 倍体植株。枸杞、梨、玉米和桃等胚乳植株的染色体数也不稳定，同一植株往往是不同倍性细胞的嵌合体。可见，染色体倍性的混乱现象在胚乳培养中是相当普遍的。但有些植物的胚乳培养，如核桃、檀香、橙和柚等，其倍性却表现出相对的稳定性，这些植物的胚乳细胞往往也能长期保持器官分化的能力。染色体变异对于以获得三倍体植株为目的的胚乳培养来讲是不利的，但是胚乳培养可能比其他类型的培养具有更广泛的变异性，从而为植物育种和遗传研究提供更广泛的材料，在理论研究和实践应用中均具有重要意义。

影响胚乳细胞染色体稳定性的因素主要有：①胚乳类型。根据胚乳发育初期是否形成细胞壁，把胚乳分为三种类型，即核型胚乳（nuclear type endosperm）、细胞型胚乳（cellular type endosperm）和沼生目型胚乳（helobial type endosperm）。如果用作外植体的胚乳组织本身就是一个多种倍性细胞的嵌合体，由这种外植体产生的愈伤组织和再生植株当然也就不可能是稳定一致的三倍体。一般来说，核型胚乳在游离核发育时期常常发生无丝分裂、核融合以及异常有丝分裂等现象，因此，由核型胚乳产生的愈伤组织也必然是多种倍性细胞及非整倍体细胞的嵌合体。②胚乳愈伤组织发生的部位。不同部位的胚乳细胞染色体组成情况可能有所不同，如苹果胚乳发育初期的各种异常有丝分裂及无丝分裂现象，在合点（chalaza）端比珠孔（micropyle）端更为普遍。③培养基中外源激素的种类和水平。来源于同一猕猴桃植株的胚乳，可以培养出三倍体和二倍体两种倍性的植株，即在 3 mg/L ZT＋0.5 mg/L NAA 的培养基上，由愈伤组织培养出的胚乳植株，根尖染色体鉴定为二倍体（$2n=2x=58$）；而在 3 mg/L ZT＋1 mg/L 2,4-D 的培养基上，得到的胚乳植株的根及胚状体的胚根，其染色体倍性鉴定是三倍体（$2n=3x=87$）。可见，培养基的外源激素配比不仅决定胚乳细胞的增殖和分化，而且还影响胚乳细胞染色体的倍性变化。另外，猕猴桃是雌雄异株植物，通过胚乳培养，对其性别决定的研究也很有意义。④继代培养时间。

二、影响胚乳培养的因素

1. 培养基与培养条件　胚乳培养常用的基本培养基有 White、LS、MS、MT 等，其中以 MS 使用最多。此外，为了促进愈伤组织的产生和增殖，培养基中还添加一些有机添加物，如水解酪蛋白和酵母提取物等。在小麦、变叶木（*Codiaeum variegatum*）和葡萄胚乳培养中，培养基中添加一定量的椰子汁，对愈伤组织诱导和生长是必需的。植物激素对胚乳愈伤组织的诱导和生长也起着十分重要的作用。对多数植物来说，在没有任何外源激素的培养基中，不能或很少诱导胚乳愈伤组织的产生。同时加入细胞分裂素和生长素，其诱导愈伤组织正常生长的效果显著优于使用单一的生长素或细胞分裂素。当然，不同植物对激素种类的要求也是不一样的。大麦只有在含 2,4-D 的培养基上才能产生愈伤组织；猕猴桃胚乳培养中，ZT 效果最好；无论是单一的激素还是生长素和细胞分裂素的配合，枣的胚乳培养都能有效诱导胚乳愈伤组织的形成；荷叶芹则能在无激素的培养基上产生愈伤组织。

在胚乳培养中，蔗糖浓度一般为 3%～5%，但在小黑麦（*Triticale rimpau*）杂种胚乳培养中，8% 的蔗糖浓度有利于愈伤组织的形成。在杜仲（*Eucommia ulmoides*）胚乳愈伤组织培养的培养基中添加甘露醇和山梨醇等不但阻碍分化，而且会导致愈伤组织生长不良；浓度为 4%～6% 的 PEG4000 或 4%～5% 的 PEG6000 最有利于不定芽的分化，分化频率均高于 50%，最高可达 70%～80%，且同一块愈伤组织上出现 1 个以上茎芽分化。

胚乳愈伤组织生长的适宜温度为 25 ℃左右，对光照和培养基 pH 的要求则因物种不同而异。如玉米胚乳适合于暗培养；蓖麻胚乳在 1 500 lx 的连续光照下生长较好；其他物种的胚乳培养多数是在 10～12 h/d 光照条件下进行的。对 pH 的要求一般是 4.6～6.3，但巴婆（*Asimina triloba*）适宜的 pH 为 4.0，而玉米胚乳愈伤组织在 pH 为 7 时生长最好。

2. 胚在胚乳培养中的作用　胚乳培养通常有带胚培养和不带胚培养两种方式。带胚培养的胚乳比不带胚的容易形成愈伤组织。当愈伤组织形成后，除去胚并不影响胚乳组织的增殖。胚对胚乳培养的影响，与胚乳的生理状态或年龄有关。处于旺盛生长期的未成熟胚乳，在诱导培养基上无胚存在时，可形成愈伤组织，这种现象在大麦、柚、橙、苹果、猕猴桃等未成熟胚乳的培养中被证实。对成熟的胚乳，特别是干种子的胚乳进行培养时，由于其生理活动十分微弱，在诱导其脱分化前，必须借助于原位胚的萌发使其活化。胚对胚乳组织的增殖作用，有人认为是某种胚性因子在起作用。如蓖麻胚乳组织中，培养之前先用不同浓度的 GA_3 或 IAA 处理，发现用 1～2 mg/L GA_3 浸泡 36 h 的胚乳组织，在无胚的情况下可形成愈伤组织并分化出绿色芽体，故认为这种胚性因子可能就是赤霉素。

3. 胚乳发生类型和发育程度 被子植物胚乳的发生方式分为核型（精核与极核受精后，只以核的分裂方式增殖）、细胞型（精核与极核受精后，以细胞分裂的方式增殖）和沼生目型（精核与极核受精后，有核分裂和细胞分裂两种方式混生增殖），其中核型胚乳占 61%。胚乳发生类型直接影响胚乳愈伤组织的产生和诱导频率。核型胚乳游离核时期进行胚乳培养很难成功。

胚乳的发育时期可分为早期、旺盛生长期和成熟期。旺盛生长期，胚乳主要具有三方面的特点：①胚已分化完成；②胚已充分生长，几乎达到成熟时大小；③胚乳外观为乳白色半透明的固体，富有弹性。不论胚乳属于核型还是细胞型，处于发育早期的胚乳，其愈伤组织的诱导率较低。如细胞期的红江橙（核型），前期愈伤组织诱导率低于后期；青果期的枸杞胚乳（细胞型）的愈伤组织诱导率低于变色期和红果期；而处于游离核或刚转入细胞期的核型胚乳，无论是草本植物还是木本植物，都难以诱导愈伤组织的形成。处于旺盛生长期的胚乳，在离体条件下最容易诱导产生愈伤组织，如葡萄、苹果和桃的胚乳，此时愈伤组织的诱导率可达 90%～95%。因此，在胚乳培养中，旺盛生长期是取材的最适时期。禾本科植物胚乳培养的最适时期是：水稻授粉后 4～7 d，黑麦草 7～10 d，玉米和小麦 8～12 d，大麦 10～20 d。一般情况下，接近成熟和完全成熟的胚乳，愈伤组织的诱导率很低。如种子发育后期的苹果胚乳，愈伤组织诱导率只有 2%～5%，授粉后 12 d 的玉米和小麦，不能产生愈伤组织。但也有例外，如成熟期的水稻胚乳，表现出较高的愈伤组织诱导率和器官分化能力。另外一些木本植物，如大戟科、桑寄生科和檀香科植物，它们的成熟胚乳不仅能产生愈伤组织，而且有不同程度的器官分化或再生植株的能力。许多无胚乳种子，如苹果、梨、杏等，必须在胚乳组织解体前取材培养。

第三节　植物胚珠和子房培养
一、胚珠培养

胚珠培养（ovule culture）是将胚珠从母株中分离出来，在人工控制的条件下进行离体培养，使其生长发育形成幼苗的技术。胚珠是种子植物的大孢子囊，是孕育雌配子体的场所，也是种子形成的前身。由于幼胚培养中，要取出心形期或更早期的胚进行培养，对培养技术的要求高，分离也更困难，特别在兰科植物中，即使已经成熟的种子也非常小，操作起来就更困难，而分离胚珠则较容易。根据培养目的的不同，将胚珠培养分为受精胚珠培养和未受精胚珠培养。

(一) 胚珠培养的意义

胚珠培养的意义：①尽早培养杂种，防止杂种胚早期败育，获得杂种植株。②受精前胚珠培养以及未受精的胎座或子房培养，可以作为离体受精的基础。③未受精的胚珠培养能和花药培养一样，诱导出大孢子或卵细胞增殖（雌核发育，gynogenesis），形成单倍体植株，用于单倍体育种。菊科、藜科、百合科的植物雄核发育（androgenesis）的能力很低，难以通过小孢子培养形成单倍体，但其可进行雌核发育形成单倍体。此外，雌核发育是雌雄异株植物（如桑树）形成雄性不育系或雌性无性系单倍体的唯一途径。④便于对合子及早期原胚的离体培养过程、种子的发育机理等方面进行研究。

(二) 胚珠培养方法及影响因素

1. 材料的选择和灭菌 培养受精胚珠，可根据培养的要求，由大田或温室取回授粉时间合适的子房。培养未受精胚珠，则应在授粉前适当时期摘取子房。利用70%的酒精表面消毒30 s，5%的次氯酸钠溶液灭菌10 min，无菌水冲洗4～5次，无菌条件下剥离。用解剖刀沿纵轴切开子房，取出一个个胚珠，或者将带有胎座部分的胚珠一起取下接种。

2. 培养基对胚珠培养的影响 培养基多用White、Nitsch、MS、N_6、B_5等，其中Nitsch培养基使用更普遍，禾本科作物以N_6培养基较常用。培养授粉后不久的胚珠，要求附加椰子汁、酵母提取物、水解酪蛋白等，同时还可添加一些氨基酸，如亮氨酸、组氨酸、精氨酸等。在离体胚珠发育中，培养基的渗透压起重要作用，特别是对幼嫩的胚珠更是如此。如矮牵牛授粉后7 d，胚珠处于球形胚期，将其剥离置于蔗糖浓度为4%～10%的培养基上，即可发育为成熟的种子；若胚珠内含有合子和少数胚乳核，适宜的蔗糖浓度为5%～6%，培养刚受精后的胚珠蔗糖浓度应为8%。

3. 胎座和子房对胚珠培养的影响 胚珠授粉后的天数以及是否带有胎座组织或部分子房组织，对培养的胚珠发育有显著的影响。罂粟（*Papaver somniferum*）授粉后第6天的胚珠，从胎座上切下，置添加维生素的Nitsch培养基上培养，它所经历的发育过程与正常的胚珠大体相同，培养第20天的胚珠比自然条件下生长的胚珠大，并可形成成熟的种子，继续培养就会发芽形成幼苗。对带有胎座或子房的胚珠进行培养时，所需培养基较简单，而且受精后的胚珠也容易发育成种子。由此可以推测，胎座或子房的某些组织在胚珠发育初期起着重要的作用。所以，进行单个胚珠培养不能成功时，可考虑连胎座或子房一起进行培养。

4. 胚发育时期的影响 胚发育时期对胚珠培养成功与否有很大影响。一般来说，合子和早期原胚期的胚珠较难剖取和培养，对培养基成分也要求严格，但虞美人（*Papaver rhoeas*）也有合子期胚珠培养成功的报道。罂粟授粉后2～4 d的胚珠，培养时所要求的培养基较复杂，在Nitsch培养基上即使附加酵母提取物、水解酪蛋白、细胞分裂素、生长素等，也不能促进胚珠的发育；培养授粉后5 d的离体胚珠，可获得有活力的种子。培养发育到球形胚期或更成熟胚期的胚珠，较容易获得种子或植株，对培养基的要求也不高，许多植物在含无机盐、蔗糖和维生素的培养基上即能获得成功（图4-8），而附加水解酪蛋白和椰子汁等，可促进其生长发育。

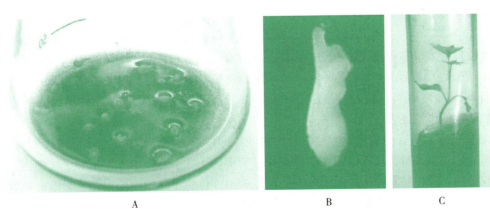

图4-8 葡萄胚珠培养及植株再生
A. 从开花后50 d葡萄浆果中剥取胚珠并培养在ER液体培养基中 B. 胚珠在1/2MS+0.2 mg/L IBA培养基中培养2个月后产生的胚 C. 胚培养1个月后形成的完整植株

未授粉胚珠培养时，胚囊发育各时期均可诱导培养，以接近成熟时期的胚囊更易成功，即以八核胚囊或成熟胚囊为佳。由于胚囊的分离和观察都非常麻烦，所以在实际工作中常用开花的其他习性或形态指标与胚囊发育的相关性来确定取材时期，如距离开花的天数（一般是开花前两天）和花粉发育时期等（表4-2）。

表4-2 大麦和南瓜（Cucurbita moschata）胚囊发育时期与花粉发育时期或开花时期的相关性

大麦		南瓜	
胚囊发育时期	花粉发育时期	胚囊发育时期	开花时期
大孢子四分体	单核中期	单核期	开花前3 d
单核至四核胚囊	单核靠边期	双核期	开花前2 d
八核胚囊	二核花粉	四核期	开花前1 d
成熟胚囊	三核花粉	八核期	开花前0.5 d

二、子房培养

子房培养（ovary culture）是指将子房从母体中分离出来，置于培养基上，使其进一步发育成幼苗的技术。子房是雌蕊基部膨大的部分，由子房壁、胎座、胚珠组成。在进行胚珠培养时，常常因为分离胚珠困难而改用子房培养。其意义在于：①将未受精胚囊中的单倍性细胞（卵细胞、助细胞、反足细胞）诱导发育成单倍体植株；②获得杂种植株；③为离体受精提供基础。根据培养的子房是否授粉，可将子房培养分为授粉子房培养和未授粉子房培养。

（一）培养方法

1. 外植体制备 子房培养的方法与胚珠培养相似。若培养未受精的子房，一般选用开花前 1~5 d 大田种植植株的子房；若培养受精后的子房，应根据培养目的，选择不同授粉后天数的子房作为供试材料。子房培养与相同胚龄胚培养比较，难度大大降低。单子叶植物的幼龄子房包裹在颖壳里，而颖花又严密包裹在叶鞘里，子房无菌，因此只要在幼穗表面用70%的酒精擦拭，即可在无菌条件下剥取子房直接接种；双子叶植物的花蕾可以用饱和漂白粉溶液灭菌 15 min，无菌水冲洗后备用。对其他子房裸露的植物则应按照常规表面消毒程序，严格进行消毒。之后在无菌条件下，除去花萼、花冠或颖壳，将子房接种于合适的培养基上进行培养。子房培养的成功与否与植物的基因型存在密切关系，如水稻同是 F_1 未授粉子房培养，不同杂交组合的后代诱导频率相差好几倍；大麦中，诱导频率高的品种可达9.15%，而低的只有2.38%，有的甚至不能诱导产生单倍体。

2. 培养条件 用于子房培养的培养基有 MS、White、B_5、N_6、Nitsch 等。培养基的成分对子房的生长发育及成熟有很大的影响，如在一种含有无机盐和蔗糖的简单培养基上，培养屈曲花（Iberis amara）授粉后 1 d 的离体子房，子房生长良好，但形成的胚比自然条件下的小；在培养基中添加B族维生素后，可获得正常大小的果实；若再附加IAA，离体条件下形成的果实比自然条件下形成的果实还大。

3. 培养子房的发育 由于子房存在两种细胞，即性细胞和体细胞，它们都可产生胚状体或愈伤组织，进一步发育成植株，因此这些植株可能来源于性细胞，也可能来源于体细胞。来源于性细胞的植株，即由胚囊里的雌配子体的核产生的植株，由于性细胞是大孢子母细胞减数分裂的大孢子发育而来，因此是单倍体植株。而来源于体细胞的植株，即由珠被和子房壁表皮二倍体组织产生的植株，则属二倍体。正是由于胚状体或愈伤组织有两种不同倍性的起源，其后代会出现不同倍性的植株。若想通过子房培养从大孢子产生单倍体植株，就必须控制不同倍性组织中的细胞分裂，为大孢子的细胞分裂创造良好条件。若培养子房中的合子，则可通过胚状体或愈伤组织再分化途径，产生二倍体植株，获得杂种植株。

（二）影响子房培养的因素

1. 材料选择 未授粉子房培养在不同植物及同一植物不同品种之间诱导产生单倍体植株频率有明显差异，与植物基因型密切联系。此外，不同胚囊发育时期对诱导频率也起着关键作用。

2. 花被组织 花被（perianth）的功能不仅仅充作性器官的保护结构，在果实和胚胎的发育中它也起重要的作用。如禾本科植物保留颖片或稃片有利于胚发育，双子叶植物的花萼或花冠也有同样作用。

3. 生长物质 由于子房培养的目的不同，要求子房的发育途径也不一样，可通过控制培养基及外源激素条件来调节子房发育方向。受精后的子房通过离体培养，可形成果实，并得到成熟的种子，这种培养方式所要求的培养基较简单，常用的培养基有 N_6、MS、BN 等。然而，要想诱导子房中的性细胞和体细胞形成胚状体或愈伤组织，并分化成植株，则对培养基的成分有一定的要求。如诱导未受精子房胚囊核单倍体组织发生，就需要在培养基中加入一定量的外源激素。水稻子房培养中，如果培养基中不加外源激素，子房不膨大，也不产生愈伤组织，当加入微量的生长素，可明显促进子房膨大，并产生愈伤组织；大麦子房培养中，在培养基中加入 0.5 mg/L 2,4-D、1 mg/L NAA 和 1 mg/L KT，可诱导其产生胚状体，并进一步形成单倍体植株。有些禾本科植物，在有 IAA 的培养基上，可诱导胚产生根，在含有 IAA 和腺嘌呤的培养基上可产生幼苗。而莳萝（*Anethum graveolens*）子房培养中，在培养基中加入水解酪蛋白和酵母提取物，可诱导产生多胚。

第四节 植物离体授粉

远缘杂交中，常遇到受精前的障碍问题，如花粉在柱头上不能萌发，花粉生长受抑而不能进入胚珠（原因是花柱太长或花粉管生长缓慢），花粉管在花柱中破裂等，使受精不能正常进行，这些均属于受精前或合子期前障碍。另外，受精虽然能正常进行，但由于胚和胚乳之间的不亲和性或胚乳发育不良，杂种不能发育成熟，这些则属于受精后障碍。因受精后障碍而导致远缘杂交的失败，可采用胚培养、子房培养或胚珠培养予以克服。而远缘杂交的受精前障碍的克服，可采用消除柱头和花柱（style）的障碍，让花粉直接与胚珠接触，从而实现受精并使种子得到发育和成熟。

一、离体授粉的类型

离体授粉是指将未授粉的胚珠或子房从母体上分离下来，进行无菌培养，并以一定的方式授以无菌花粉，使之在试管内实现受精的技术，又称为试管受精（test-tube fertilization）。根据无菌花粉授于离体雌蕊的位置，可将离体授粉分为3种方式，即离体柱头授粉（stigmatic pollination）、离体子房授粉和离体胚珠授粉（图4-9）。进行离体授粉时，从花粉萌发到受精形成种子以及种子萌发和幼苗形成的整个过程，一般均是在试管内完成。

1. 离体柱头授粉 离体柱头授粉是指进行雌蕊的离体培养，将无菌花粉授于柱头上，得到含有可育的种子和果实的技术（图4-9A）。离体柱头授粉的方法通常是在花药尚未开裂时切取母本花蕾，消毒后，在无菌条件下剥去花瓣和雄蕊，保留萼片，将整个雌蕊接种于培养基上，当天或第二天，在其柱头上授以无菌花粉。

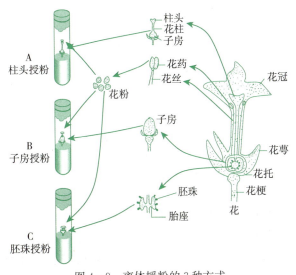

图4-9 离体授粉的3种方式

离体柱头授粉是一种接近于自然授粉的试管受精技术。Dulieu（1963，1966）首先在烟草上，后来又在金鱼草（*Antirrhinum majus*）及玉米上获得成功；叶树茂（1980，1983）在小麦离体柱头授粉试验中，获得了 89.1% 以上的结实率，并培育出试管苗和成年植株；在节节麦（*Aegilops tauschii*）×普通小麦、普通小麦×黑麦草的杂交试验中，用离体柱头授粉方法也得到了杂种种子和植株。具体方法是：早上在田间将开花前约 2 d 的母本麦穗连同带有 1~2 个叶片的茎秆剪下，插入水中，带回实验室。将整个麦穗消毒后，于无菌条件下剥去每个小花外颖（留内颖），去掉雄蕊，再从穗轴上切下雌蕊接种于培养基上。培养 2 d 后，柱头展开呈羽毛状，进行授粉。培养基为 MS，蔗糖浓度为 5%。

2. 离体子房授粉 离体子房授粉是指用无菌花粉对离体培养的子房进行授粉，使其发育成为成熟种子的技术，又称子房内授粉（intraovarian pollination）（图 4-9B）。该技术是克服受精前障碍的有效途径。取即将开花的花蕾，经过表面消毒，剥离花萼（calyx）和花瓣，去掉柱头和花柱，在试管中将异种无菌花粉授于子房顶端的切口处或将异种无菌花粉引入子房内，从而实现受精过程。花粉引入子房的方法有两种：①直接引入法。用锋利刀片在子房壁或子房顶端上开一切口，把花粉从切口处送进子房；②注射法。用 100 mg/L 的硼酸将花粉粒配制成悬浮液，每滴悬浮液含 100~300 个花粉粒。在子房两侧彼此对应的位置上钻 2 个小孔，用注射器由 1 个小孔向子房内注入花粉悬浮液，子房内的空气则由另一个小孔排出，悬浮液要注满子房腔，直到开始由另一小孔中流出为止，注射完毕后，将两个小孔用凡士林封闭。Inomata（1979）进行两性不亲和物种油菜和甘蓝的种间杂交时，利用离体子房授粉方法成功地获得了杂种。

3. 离体胚珠授粉 离体胚珠授粉是指离体培养未受精的胚珠，并在胚珠上授粉，最终在试管内结出正常种子的技术（图 4-9C）。离体胚珠授粉，既可以将胎座上切下的单个胚珠（裸露胚珠）接种在培养基上，然后撒播花粉于胚珠表面，实现受精；也可以将带有完整胎座或部分胎座的胚珠接种在培养基上，并撒播花粉进行受精。如罂粟的未授粉的胚珠培养于 Nitsch 培养基上，撒上花粉粒，15 min 内花粉萌发，花粉管生长迅速；2 h 内就在胚珠的外表布满了花粉管，并使许多胚珠发生受精。利用此方法，成功地进行了甘蓝×大白菜的种间杂交。

离体胚珠授粉方法主要有：①哺育法。在胚珠表面蘸满利于花粉萌发的培养基后接种，然后撒播花粉，可解决胚珠成活和花粉萌发、花粉管伸长所需培养基不同的矛盾。②接近法。将花粉预先撒于培养基上培养使之萌发或不萌发，然后接种胚珠（甚至子房）培养。如将离体芸薹属（*Brassica*）胚珠在培养基中浸一下（含 0.01% 氯化钙、0.01% 硼酸、6% 蔗糖和 4% 琼脂），接种于 Nitsch 培养基上（含 5% 蔗糖），然后将无菌花粉撒于胚珠上；或者将花粉先撒在适于萌发的培养基（0.01% 氯化钙、0.01% 硼酸、2% 蔗糖和 10% 琼脂）上，再将胚珠（或子房）在 0.1% 氯化钙溶液中浸泡片刻后接种到有花粉的培养基上，24~28 h 后，花粉管进入胚珠后，再将其移入 Nitsch 培养基上（含 2% 蔗糖）培养。

二、离体授粉的方法

1. 材料选择 进行离体授粉试验时，最好选用子房较大并有多个胚珠的植物，如茄科（Solanaceae）、罂粟科（Papaveraceae）、石竹科（Caryophyllaceae）植物等，这些植物的胎座上着生着成百个胚珠。由于数量大，分离过程中会有许多胚珠完好无损，授粉后容易进一步发育，且其花粉也易于在胚珠上萌发，花粉管能大量在胚珠和胎座上生长。

单子叶植物中，最先获得成功的是玉米的离体子房授粉，后来离体胚珠授粉也获得成功。由于剥除玉米子房壁获取裸露胚珠时，易造成胚珠损伤，可用刀片将未授粉玉米果穗上的子房上部 1/3 切除，使胚珠外露。这种方法操作简便，在技术熟练情况下不易伤害胚珠，而且能在短时间内得到大量正常发育的玉米胚珠。

不论离体柱头授粉还是胚珠授粉，多保留母体花器官组织有利于离体授粉的成功。如在小麦离体柱头授粉中，保留颖片有利于籽粒发育；在水稻离体受精中，可用尚未开花的稻穗做温汤去雄（45 ℃下 5 min）后，将父本花药塞入母本的颖花中，然后将带有一段枝梗的颖花直插在培养基上，使颖花的基部和培养基接触。试验表明，带枝梗的颖花受精率高。

2. 离体授粉的程序　离体授粉的一般程序是：①确定开花、花药开裂、授粉、花粉管进入胚珠和受精的时间；②去雄后将花蕾套袋隔离；③制备无菌子房或胚珠；④制备无菌花粉；⑤胚珠（或子房）的试管内授粉。为了避免非试验要求的授粉，用作母本的花蕾必须在开花前去雄并套袋。开花后 1～2 d 将花蕾取下，带回实验室进行无菌培养。首先将花萼和花瓣去掉，在 70% 酒精中漂洗数秒钟后，再用适当的灭菌剂表面消毒，最后用无菌水冲洗 3～4 次，去掉柱头和花柱，剥去子房壁，使胚珠暴露出来。接种时，可将长着胚珠的整个胎座进行培养或把胎座切成数块，每块带有若干个胚珠，之后再进行离体授粉。在离体柱头授粉时，需对雌蕊进行仔细的表面消毒，但不能使灭菌剂触及柱头，以免影响花粉在柱头上萌发和生长。单子叶植物的每一朵花为一个子房（胚珠），玉米可用授粉前子房（由于子房有若干层苞叶保护，不必进行表面消毒），可将果穗切成小块，每块带有 2 行共 4～10 个子房，可获得大量无菌胚珠用来进行离体授粉。

为了在无菌条件下采集花粉，需要把尚未开裂的花药从花蕾中取出，置于无菌培养皿中直到花药开裂。若从已开放的花中摘取花药，应将花药进行表面消毒，然后将其置于无菌培养皿中直到开裂，将散出的花粉在无菌条件下授于培养的胚珠、胎座、子房、柱头上或其周围。如果胚珠表面有水分，常抑制胚珠上花粉管的生长，因此胚珠接种后，在培养基表面如果出现水层，则应用无菌滤纸吸干，然后再进行授粉。把花粉授在胚珠或胎座上的效果比撒在胚珠周围的培养基上效果好。

离体授粉成功的标志是授粉后，能由胚珠或子房形成有生活力的种子。为了离体授粉获得成功，必须了解试验材料的开花特性及胚胎发育特点，如开花时间、花药开裂时期、花粉粒活力、雌配子体的活力、柱头与花粉的亲和度、花粉粒的萌发和花粉管生长、受精过程以及胚和胚乳的发育特点等。一般来讲，授粉后胚珠（或子房）可以在适宜其生长的培养基上培养，培养条件也无特殊要求。光照度一般为 1 000 lx，光照时间为 10～12 h/d。受精后的胚，有的可发育成种子，如烟草、矮牵牛、康乃馨等；有的是胚原位萌发，即授粉 5 周后，子房上可直接长出植株。

三、影响离体授粉受精的因素

离体授粉获得成功的例子十分有限，限制了这项技术的广泛应用。其影响因素主要有：

（一）外植体

1. 柱头和花柱　柱头是某些植物受精前的障碍，要克服这种障碍，必须去掉柱头和花柱。但叶树茂（1978）在烟草试验中发现，保留柱头和花柱，离体受精良好，平均有 80% 的子房能结种子；去掉部分柱头，对产生种子影响不大；但全部去掉柱头和花柱，子房结实率则较低。

2. 胎座　离体受精中，子房或胚珠上带有胎座，有利于离体受精的成功。至今离体受精成功的大部分例子，都是用带胎座的子房或胚珠材料。多胚珠子房的离体受精也易成功。

3. 生理状态　胚珠或子房的生理状态对授粉后的结实率有明显影响。开花后 1～2 d 剥离的胚珠比开花当天就剥离的胚珠结实率高。玉米果穗进行离体授粉的适宜时期是抽丝后 3～4 d；烟草授粉后剥离的未受精胚珠比未授粉雌蕊上剥离的胚珠的离体授粉的结实率高，这是因为花粉在柱头上萌发或花粉管穿越花柱会影响子房内代谢活动，刺激子房中蛋白质的合成。因此，在离体授粉中，可以把剥离胚珠的时间选择在雌蕊授粉后和花粉管进入子房之前，增加离体授粉成功的机会。

(二) 培养基

试管内授粉后，保证花粉迅速萌发且萌发率较高，花粉管迅速伸长并在受精允许的时间内到达胚囊完成受精过程，受精的胚珠发育为成熟的并含有一个有生活力胚的种子，关键是培养基。常用于离体授粉的培养基为 Nitsch、White、MS 等。$CaCl_2$ 对离体授粉有很大影响，如先将离体甘蓝胚珠在 1‰ $CaCl_2$ 溶液中蘸一下，然后立即用花粉进行授粉，再把授粉的胚珠转到 Nitsch 培养基上，可获得具有萌发力的种子。如不用 $CaCl_2$ 处理，则不能形成种子，可见 $CaCl_2$ 具有刺激花粉萌发和花粉管生长的作用。培养基中蔗糖的浓度一般为 4%～5%，而玉米适合的蔗糖浓度为 7%。常用的有机添加物是水解酪蛋白、椰子汁、酵母提取液等，烟草胎座授粉后加入这些有机添加物和少量的细胞分裂素、生长素，能显著提高子房的结实数。

培养基最重要的作用在于促进受精胚珠的正常发育。因此，进行离体授粉试验之前，先要对准备用作母本的植物的幼龄胚珠（含有合子或几个细胞的原胚）在培养中所需的最适基本培养基、激素及其他附加物的组成有所了解，有助于增加离体授粉成功的概率。

(三) 培养条件

离体授粉过程中，培养物一般都是在黑暗或光照较弱的条件下培养的。但 Zenkteler（1969，1980）发现，培养物无论在光照还是黑暗条件下培养，离体授粉的结果没有差别。离体授粉培养的温度条件一般为 20～25 ℃，但在水仙属（*Narcissus*）植物中，15 ℃ 的培养条件比 25 ℃ 条件更能显著增加子房的结实数，而罂粟则需较高的温度条件。

(四) 基因型

基因型对玉米离体授粉培养成功率有明显影响，单交种作母本的组合的成功率显著地高于自交种作母本的组合。

小结

植物胚胎培养是指对植物的胚、子房、胚珠和胚乳进行离体培养，使其发育成完整植株的技术。胚胎培养除了应用于育种工作外，还广泛地被用来研究胚胎发育过程中的生理代谢变化以及有关影响胚胎发育的内外因素等问题。植物胚胎培养包括胚培养、胚乳培养、胚珠和子房培养。

植物离体胚培养分为成熟胚培养和幼胚培养。成熟胚在比较简单的培养基上（只含大量元素的无机盐及糖）就能正常地萌发生长。而幼胚，特别是发育早期的幼胚，离体培养时不易成功。它需要附加激素、维生素、氨基酸、椰子汁、胚乳提取物或靠天然胚乳看护才可能成功。胚培养可以克服植物种间或属间远缘杂交中出现的胚发育不良、胚乳发育不良以及幼胚的早期败育等；胚培养技术可用于打破种子休眠，缩短育种年限及提高种子萌发率等。

胚乳细胞培养的成功，进一步证明了三倍体细胞也具有全能性。由于三倍体植株的主要特征是种子败育，因此，对于以种子生产为目的的植物来讲，并不是有利的。然而，对于一些无性繁殖的植物来说，则可利用三倍体进行改良。子房培养和胚珠培养是从胚培养发展起来的一项技术。未受精的子房和胚珠培养的成功，不仅使单倍体诱导和杂种胚培养成为可能，而且为离体受精技术奠定了基础。

在进行远缘杂交中，通过离体柱头授粉、离体子房授粉和离体胚珠授粉，可以克服远缘杂交中的不亲和性，特别是离体子房授粉和离体胚珠授粉，能消除柱头和花柱所造成的受精前障碍，所以直接对子房或胚珠授粉，使花粉直接与子房或胚珠接触，从而使子房或胚珠受精结实，为异种遗传物质的有性转移提供了一种方法。

1. 为什么幼胚培养比成熟胚培养要求的培养基和培养条件更为严格？
2. 比较胚培养、胚珠培养和子房培养的异同。
3. 胚胎培养在育种工作中有哪些应用？
4. 离体授粉的意义主要表现在哪些方面？
5. 试述胚乳培养的特点。

主要参考文献

李浚明，朱登云，2005. 植物组织培养教程. 3版. 北京：中国农业大学出版社.

梁青，2006. 胚抢救在果树育种上的研究及应用. 园艺学报，33（2）：445-452.

王蒂，2011. 细胞工程. 2版. 北京：中国农业出版社.

朱登云，2001. 聚乙二醇（PEG）对杜仲胚乳愈伤组织茎芽分化的影响. 西北植物学报，21（6）：1142-1146.

Bhojwani Sant, Saran Dantu, Prem Kumar, 2013. Plant tissue culture: an introductory text. New Delhi: Springer India.

Nonglak Jeengool, 2004. Rescue of peach embryo in culture media with additional of 6-benzylademine and gibberellic acid. Kasetsart J. (Nat. Sci.), 38: 468-474.

Rakhi Chaturvedi, 2003. An efficient protocol for the production of triploid plant from endosperm callus of neem, *Azadirachta Indica* A. Juss. J. Plant Physiol., 160: 557-564.

Tang Dongmei, 2009. Effects of exogenous application of plant growth regulators on the development of ovule and subsequent embryo rescue of stenospermic grape (*Vitis vinifera* L.). Scientia Horticulturae, 120: 51-57.

第五章
植物花药和小孢子培养

花药是植物花的雄性器官，包括二倍性的药壁（anther wall）和药隔（connective）组织、单倍性的雄性性细胞——花粉粒（pollen grain）。花药培养（anther culture）和小孢子培养（microspore culture）都指在合成培养基上，改变花粉的正常发育途径，使其不形成配子，而像体细胞一样进行分裂、分化，最终发育成完整植株。只不过后者是将花粉从花药中游离出来进行培养。从组织器官角度来说，花药培养属于器官培养，小孢子培养属于细胞培养，但两者目的一样，都是诱导花粉细胞发育成单倍体植株。与花药培养相比较，小孢子培养在某些方面具有一定的优越性，如小孢子培养不存在花药中的有害物质，不影响小孢子启动第一次分裂；排除了药壁、药隔和花丝的干扰，从小孢子中获得的材料是纯合的；小孢子能均匀接触化学和物理诱变因素，是研究吸收、转化和诱变的理想材料；小孢子培养可观察到雄核发育的全过程，是很好的遗传和发育研究的材料体系；小孢子培养可以从每个花药中获得更多的单倍体及双单倍体（double haploid，DH）植株。

第一节 植物花药和小孢子培养的应用

作物单倍体只具有单套染色体组，本身没有或很少有育种价值，但经染色体加倍成为双单倍体后，与常规育种有机结合，就显示出巨大优势。作物单倍体尤其是双单倍体与分子生物学、基因工程的密切结合，更使作物育种方法发生了巨大变化。高等植物中，已有250多种植物的花药培养得到了单倍体植株，其中近1/4植物种类的花粉植株是在我国首次培养成功的，并有一些优良花粉品种在生产上大面积推广。植物花药和小孢子培养技术的发展为植物育种实践和一些应用基础研究开辟了新途径。

1. 作物育种 利用F_1代杂交种的花药或小孢子培养获得单倍体，并经染色体加倍，可缩短育种周期3~4代，同时增加重组型的选择概率。常规育种中双亲基因型差别越大，双显性个体和双隐性个体的选择效率就越低。而单倍体育种的双显性个体和双隐性个体出现的概率相等，从而提高了选择效率。常规物理和化学诱变中，由于显性基因的掩盖，隐性基因在处理的当代不表现。对花粉进行诱变处理，如有突变，经离体培养植株再生，当代植株中就会表现出来，经染色体加倍成为稳定的纯系。花药培养和抗病育种结合，导入抗病基因，是培育抗病品种的有效方法之一；此外，还可用于栽培品种的提纯复壮、新型自交系的选育等。我国把花药培养育种与常规育种有机结合起来，已先后育成小麦、水稻、玉米、油菜等作物花药培养新品种。

2. 物种进化研究 利用单倍体材料可查明其原始亲本染色体组的构成。单倍体植物减数分裂时，形成四分体的可能性及其数目和形状，能够说明其有无同源染色体。如果在单倍体减数分裂期发现大量的四分体，同时植株表现出高度可育性，说明核内有相同的染色体组，产生此单倍体的植物是多倍体。另外，通过对单倍体孢母细胞减数分裂时的联会情况分析，结合利用DH群体进行限制性片段长度多态性（restriction fragment length polymorphism，RFLP）、随机扩增多态性DNA（randomly amplified polymorphic DNA，RAPD）等分析，可以追溯各个染色体组之间的同源或部分同源关系。

3. 遗传分析 单倍体细胞内每一种基因都只有一个，无论基因是显性还是隐性，都能发挥自己对性状发育的作用。因此，单倍体是研究基因性质及其作用的良好材料。目前，在许多植物上应用植物单倍体培养技术已构建出 DH 群体并用于遗传分析。此外，将二倍体与单倍体杂交时，可发生畸变类型，这些类型可用于确定连锁群及基因剂量效应等遗传学研究。

为了构建 RFLP、RAPD 和扩增片段长度多态性（amplified fragment length polymorphism，AFLP）等连锁图，需要建立合适的作图群体。作图群体大致分为 4 类：①基于单交产生的 F_2 群体；②回交（backcross，BC）群体；③重组近交系（recombinant inbred line，RIL）群体；④DH 群体。DH 群体的性质与 RIL 相似，具有以下优点：①是一个永久性群体，因为所有的等位基因都是纯合的，可以无限地用于新标记的作图；②可以重复进行检验，特别适合于抗性等数量性状的分析；③能够从自交产生的 10~20 个植株的混合样品中，准确地进行基因型的分子标记。某些作物构建 DH 群体比构建 RIL 群体省时，如 1999 年，景蕊莲等利用花药培养创建小麦 DH 群体并用于小麦数量性状位点（quantitative trait loci，QTL）遗传图谱构建；Zhang 等（2007）利用花药培养构建水稻 DH 群体并用于水稻对砷积累的 QTL 性状的定位。

4. 基因克隆筛选 用已知的转座基因转化异源植物，通过转座子标签法（transposon tagging）定向诱导突变体，已成为克隆植物基因的有效途径之一。该方法关键是筛选到转座因子引起的表型突变体，由于单倍体可直接表达隐性基因的性状，因此更适于在细胞水平上筛选突变体。

第二节 花粉小孢子发育途径

离体培养条件下，花粉是产生花粉植株的原始细胞，其第一次有丝分裂，在本质上与合子的第一次孢子体分裂相似。把花粉形成植株的途径称为花粉孢子体发育途径。目前，多数学者习惯把小孢子或花粉沿孢子体途径发育成花粉植株的过程称为雄核发育。通常把雄核发育的过程分为 3 个阶段：胚性能力的获得、细胞分裂的诱导和胚状体的形成。目前，涉及这 3 个阶段的细胞学和分子生物学的研究在一些作物上已有报道。

一、活体小孢子发育途径

花粉发育时期对诱导雄核发育是极其重要的。花粉母细胞（pollen mother cell，PMC）经减数分裂形成四分体，其有多种模式，以四面体和等二面体最普遍。体细胞组织分泌出胼胝质（callose）到四分体表面，花粉四分体的胼胝质壁溶解并释放出 4 个小孢子。此时，小孢子细胞质浓厚，中央有一细胞核。当液泡发生时，小孢子体积迅速增加，细胞核被挤向一边。在第一次有丝分裂时，小孢子核产生一个大而疏松的营养核（vegetative nucleus）和一个小而致密的生殖核（generative nucleus）。第二次有丝分裂仅限于生殖核，形成两个精子（sperm），它们处在花粉或花粉管中（图 5-1）。小孢子从里到外被绒毡层、中层、药室内壁和表皮包围着。

二、离体小孢子发育途径

1966 年，Guha 和 Maheshiwari 观察到毛叶曼陀罗小孢子形成胚状体的全过程，由此确定了小植株起源于花粉。随后由于花药培养在其他物种上陆续取得成功，对小孢子形成花粉植株的形态发生过程进行了观察，发现了雄核发育的多种途径，还观察到雄核发育过程中出现的一些异常核行为和有丝分裂，如核融合（nuclear fusion）、核同步分离、核内有丝分裂等。这种细胞学上的变异可以解释有时花药培养中产生部分多倍体或混倍体植株的原因，同时也为人们把出现染色体变异的后代植株应用到作物改良上提供了细胞学依据。

(一) 雄核发育途径

离体培养时,尽管雄核发育可在四分体时期和双核花粉期被诱导,但最适宜诱导的时期是第一次有丝分裂或之前。小孢子在培养过程中呈现不同的发育模式。根据小孢子第一次有丝分裂的情况将雄核发育分为 A 途径(不均等分裂)和 B 途径(均等分裂),其中 A 途径又根据第二次分裂及其以后的情况细分为 A-V 途径、A-G 途径、A-VG 途径(又称 E 途径)及 C 途径(图 5-1)。表 5-1 列出了几种植物的雄核发育途径。

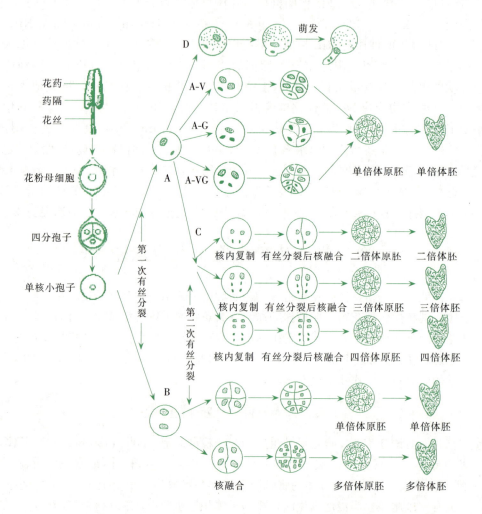

图 5-1 小孢子正常发育途径与离体培养条件下胚胎发育途径比较

A. 第一次有丝分裂为非均等分裂,形成一个营养核、一个生殖核(A-V. 营养核重复分裂而生殖核败育;
A-G. 生殖核重复分裂而营养核败育;A-VG. 生殖核和营养核共同分裂)
B. 第一次有丝分裂为均等分裂,形成两个相似的营养核,进而重复分裂形成单倍体胚,或先核融合然后重复分裂形成多倍体胚
C. 营养核、生殖核分别或同时进行核内复制,有丝分裂后核融合分别形成二倍体、三倍体、四倍体胚
D. 自然条件下小孢子的第二次分裂,淀粉粒及萌发形成的花粉管

表 5-1 几种植物的雄核发育途径

植物种	雄核发育途径	参考文献
小麦	A-V,C	何定纲等,1985;潘景丽,1983;胡含等,1988;朱至清等,1978;孙敬三等,1983
大麦	A-V,A-VG,B	周娥等,1980;Sunderland,1980

(续)

植物种	雄核发育途径	参考文献
黑麦	A-V	孙敬三等, 1978
小黑麦	A-V	孙敬三等, 1973
水稻	A-V, A-G, A-VG, B	渠荣达等, 1984; 杨宏远等, 1979; 胡含等, 1988
玉米	A-V, A-G, A-VG, B	郭仲琛等, 1978; 胡含等, 1988
颠茄	A-V	胡含等, 1988
辣椒	A-V	郭仲琛等, 1973
苎麻	A-V	刘国民等, 1973
天仙子	A-G	Raghavan, 1977
毛叶曼陀罗	C	Sunderland, 1977
番木瓜	A-V, B	陈秀惠等, 1995
桑树	A-V, A-G, A-VG, B	张小苹等, 1999

1. A 途径 小孢子的第一次有丝分裂按配子体方式进行, 为不均等分裂, 形成营养细胞和生殖细胞（或营养核和生殖核）。这种途径又可细分为以下几种途径：

（1）A-V 途径。多细胞花粉（或多核花粉）由营养细胞重复分裂衍生而成, 生殖细胞以游离核的形式存在一个周期后退化, 或分裂一至数次存在于多核花粉的一侧, 有的甚至到球形胚形成仍存在。因此, 生殖核并不参与花粉孢子体的形成, 在花粉中往往可以观察到生殖细胞的存在。

（2）A-G 途径。生殖细胞进行多次分裂形成胚状体, 营养细胞不分裂或者分裂数次形成胚柄结构。由生殖细胞形成的细胞群其核致密, 染色后着色较深, 容易同营养细胞衍生而来的细胞群区分开来。

（3）A-VG 途径（又称 E 途径）。花粉内的营养细胞和生殖细胞独立分裂, 形成两类细胞群, 各群的子细胞都类似其母细胞。

（4）C 途径。在获得的花粉植株群体中, 除单倍体外, 常常有相当比例的二倍体、三倍体、四倍体、非整倍体等非单倍体植株, 即小孢子培养过程中的自发加倍现象。1977 年, Sunderland 提出 C 途径, 即生殖细胞和营养细胞通过核融合后共同形成多细胞花粉产生非单倍体植株。此途径中生殖细胞与营养细胞共同参与了花粉植株的形成。

2. B 途径 小孢子第一次有丝分裂为均等分裂, 形成两个大小相近的细胞（或游离核）。以后, 由这两个细胞（或游离核）连续分裂产生单一类细胞组成的多细胞花粉或多核花粉。

张菊平等（2009）利用 4′,6-二脒基-2-苯基吲哚（4′,6 - diamidino - 2 - phenylindole, DAPI）染色剂研究了辣椒（*Capsicum annuum*）单核靠边期的小孢子离体培养后细胞分裂的情况, 发现小孢子培养 2 d 后进入有丝分裂过程的各个阶段, 产生双核胚性花粉。绝大多数花粉进行不对称分裂, 双核花粉具有 1 个大的、稀疏的营养核和 1 个小的、致密的生殖核。营养核的重复分裂使得胚胎形成进程得以继续, 营养核的派生物逐渐独立分裂, 但偶尔也可见到同步分裂。培养 14 d 后, 能看到带有来源于营养核的 4 个或更多核的花粉, 一小部分花粉常含有 9 个核, 但没有生殖核分裂的迹象。此外, 部分小孢子还进行均等分裂, 形成含有 2 个相等的核（而不是营养核和生殖核）的双核花粉, 2 个核分裂产生含有 4 个类核的胚性花粉, 也能观察到含有 6 个或更多核的花粉, 但从未观察到明显可见的生殖核分裂（图 5-2）。

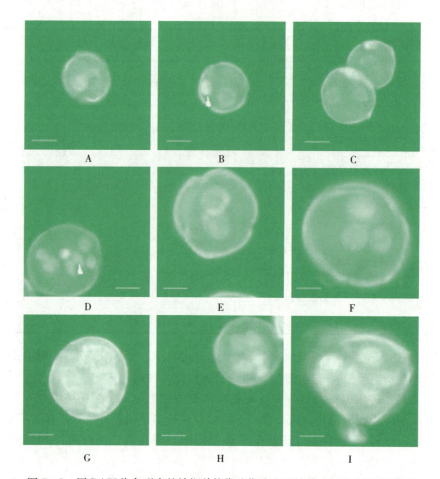

图5-2　用DAPI染色观察的辣椒单核靠边期小孢子培养14 d的细胞学发育
A. 单核靠边期小孢子　B. 不对称的双核花粉粒　C. 带有1个生殖核和两个营养核的花粉粒
D. 带有1个生殖核和多个营养核的花粉粒　E. 带有2个相等大小核的双核花粉粒
F、G. 带有4个相等大小核的花粉粒　H、I. 多个相等核的花粉粒
(图A、B、C、D、H中标线长为5 μm, 图E、F、G、I中标线长为2.5 μm; 箭头所指为生殖核)
(引自张菊平等, 2009)

(二) 雄核发育的启动机理

1. 雄核发育与P花粉的形成　无论雄核发育采用哪种途径, 小孢子或雄配子体都是偏离了正常的发育途径, 形成了形态不同于正常花粉的胚性花粉粒。这类花粉在光学显微镜下表观为: 核位于花粉粒中心, 醋酸洋红压片观察到花粉粒着色较浅, 有液泡和2个清晰着色的核。Sunderland (1978) 认为这类花粉是具潜能的胚胎发生花粉 (potential embryogenic pollen), 将其称为P花粉或E花粉。由于这类花粉体积小, 也有人称为小花粉 (small pollen, S花粉)。又由于其细胞质稀薄, 不积累淀粉, 染色浅或不着色, 还有人称为不染色花粉 (no stain pollen, NS花粉)。

关于小孢子胚胎发生的起源有2种说法。第一种以Sunderland为代表, 认为只有P花粉在离体条件下才能诱导胚胎发生, 而这类花粉的数量在供体植株花药内就已经决定, 但是可以通过调节供体植株的生长环境及利用某些化学物质喷洒于植株上, 提高P花粉的数目, 从而提高花药培养的效果; 第二种以Harada为代表, 承认只有P花粉才有胚胎发生能力, 但是认为花药在离体条件下通过不同的预处理, 可以使花药内大量具有成熟能力的花粉转变成P花粉, 所以预处理后培养效果明显提高。

2. 雄核发育与饥饿处理 众多研究表明，对花粉进行短期的饥饿处理，再供给发育所需营养，对花粉胚胎发生是非常重要的。饥饿处理是如何改变小孢子发育方向的呢？Zarsky等（1992）研究了饥饿处理对花粉营养核DNA复制的影响，发现花粉在正常发育过程中，小孢子完成有丝分裂形成雄核和营养核后，雄核在很短的时间内就进入S期，开始DNA的复制，使DNA的含量达到2C水平。相反，营养核DNA在整个孢子体花粉发育过程中，一直保持1C水平，即停止在G_1期或G_0期。但是，如果对未成熟花粉进行一种饥饿处理，则雄核DNA完成复制后，大部分花粉粒的营养核也随之开始DNA的复制。此结果表明，对花粉胚胎发生的诱导，关键的过程之一是对停滞在G_1期营养核的去抑制作用。但这种去抑制作用需要一系列生理生化过程来实现，这方面也有许多报道。如Zarsky等（1990）研究了饥饿处理对烟草未成熟花粉生化和细胞学方面的影响，发现：①引起花粉粒内蛋白质、水溶性糖、淀粉和RNA量的减少，引起线粒体退化。表明饥饿处理引起配子体细胞质的正常代谢过程中止。②引起含有中心球结构的花粉粒（C-type）形成，这种花粉以后转移到胚胎发生培养基上，可形成前期胚状体。另外，还引起液泡花粉粒（V-type）形成，它在下一步培养过程中绝大多数都死亡。③引起核体积减小，这间接地说明配子体核糖体形成的中止。核糖体形成的中止再结合蛋白质和RNA含量的减少，表明在饥饿花粉中携带配子体发育途径的信息分子退化或消失。④引起Ca^{2+}的重新分布，这种变化与胚胎发生有关。所以得出结论，饥饿处理可能通过配子体细胞质退化、Ca^{2+}的重新分布以及结构的变化从而导致营养核的去抑制作用，使之进入S期，这是花粉胚胎发生的前提。Tassi等（1992）在非洲菊的愈伤组织上也发现，连续5 d的饥饿处理会诱导蛋白质和糖类含量的减少，但是谷氨酰胺脱氢酶及蛋白酶的活性达到了对照的5倍和2倍。

李文泽等（1995）系统地研究了甘露醇预处理对大麦小孢子脱分化的影响，发现甘露醇预处理能引起花药内源激素（ABA、IAA、2ip）含量和过氧化物酶活性急剧增加，花药内可溶性蛋白质种类及含量发生变化，最终引发小孢子脱分化。通过细胞学研究发现，甘露醇处理后，能明显提高花粉存活率，改变小孢子发育途径，更重要的是，能促进小孢子DNA复制和染色体数目的加倍。

因此，饥饿处理的机制可能是使本来停止在G_1期的营养核重新启动，开始DNA的复制和进一步发育。这种去抑制作用需要一系列生理、生化过程共同作用才能实现，它首先诱发内源激素ABA含量增加，进而导致mRNA、蛋白质和糖等进行一系列相应的生理生化变化，最终启动营养核DNA的复制，开始花粉胚胎发生。

三、花粉植株形态发生方式

如果不考虑小孢子核的早期分裂行为，花粉植株的形态发生有两种途径，即胚状体发育途径（直接发生途径）和愈伤组织发育途径（间接发生途径）（图5-3）。对于有些植物来说，花粉的形态发生常常是2种方式同时存在。

（一）胚状体发育途径

这种途径中小孢子的行为与合子的一样，经历了如同活体（*in vivo*）条件下诱导胚胎发生的各个阶段。如烟草大多数处于球形胚阶段的胚，从花粉粒外壁释放出来进一步发育，4~8周内子叶展开，在花药上可见到花粉植株。

（二）愈伤组织发育途径

与胚状体发育途径相比，小孢子没有经历胚胎发生阶段，而是分裂数次形成愈伤组织，从花药壁上冒出来。这种发育方式很普遍，通常是由复杂的培养基打破了小孢子的极性造成的。这种愈伤组织要么在同一培养基上分化形成胚、根、芽，要么必须转到另一培养基中分化。一般来说这种途径是不希望出现的，因为此种途径产生的植株会出现遗传变异且倍性复杂。

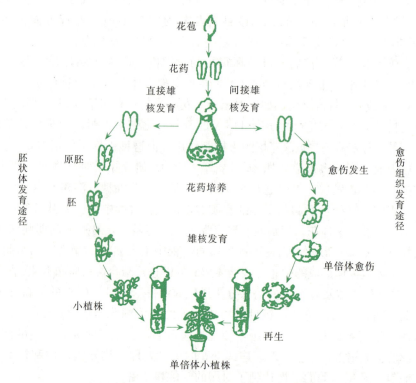

图 5-3　花药培养与花粉植株的形态发生方式

第三节　花药和小孢子培养方法

一、花药培养

在适宜的气候条件下，从生长健壮的植株上选取一定大小的花蕾，用醋酸洋红压片镜检，观察花粉发育时期，确定花蕾大小与花粉发育年龄的相关性。根据所得结果采集一定大小的花蕾，用70%的酒精棉球擦洗花表面即可（因为未开放花蕾中的花药为花被包裹，处于无菌状态），也可先在70%的酒精中浸泡30～60 s，然后在1%的次氯酸钠溶液中浸10～20 min或在0.1%的$HgCl_2$溶液中消毒3～10 min，无菌水冲洗3～5次。

花药消毒前也可进行各种预处理，处理方式因物种而异。无菌条件下取花药时要特别小心，防止花药损伤，因为花药受损，会刺激花药壁形成愈伤组织，也会使花药产生一些不利于花药培养的物质。培养基选用固体或液体培养基均可。一般先在25 ℃有光或黑暗条件下进行脱分化培养，2～3周后，花药中的小孢子经大量分裂形成胚或愈伤组织，并逐渐撑破花药壁，好似花药表面形成的突出物（图5-4）。此时，转入分化培养基上培养，4～5周后，小植株形成。

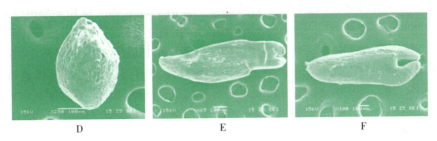

图 5-4 辣椒小孢子胚胎形成过程球形胚阶段后的扫描电子显微镜结果
A、B. 球形胚，胚的表面粘连在花粉粒外壁上　C、D. 心形胚　E. 鱼雷形胚　F. 子叶形胚
(引自张菊平等，2009)

二、小孢子培养

小孢子培养需将花粉从花药中分离出来，以单个花粉粒作为外植体进行离体培养。所以与花药培养相比，小孢子培养前必须进行花粉的分离与纯化。

(一) 分离与纯化方法

将小孢子从花药里游离出来的主要方法有自然散落法、挤压法和机械游离法。

1. 自然散落法　将合适的花蕾消毒后，在无菌条件下取出花药，接种在预处理液或培养基上。一段时间后，有些花粉囊会自动裂开，里面的小孢子从裂口处散落到培养基中，收集脱落下来的小孢子放在新鲜培养基中，制成一定密度后进行培养。所以，该法又称漂浮培养散落小孢子收集法。此法操作简单，不需专门仪器，并可以连续收集，曾在水稻、大麦、小麦、玉米上成功采用。但效率低、易受花药组织影响。

2. 挤压法　挤压法分为两种：①挤压法。消毒处理过的花药置于无菌培养皿或烧杯中，加入少量提取液，用注射器内管或一端压扁的玻璃棒轻压花药，将花粉挤到提取液中，经级联过筛，除去组织碎片，低速离心，使小孢子沉淀，清洗几次后，制成小孢子悬浮液用于培养。此法简便易行，不需专门装置，也可对单花蕾或花药进行少量分离，所以直到近年仍在芜菁 (*Brassica rapa*)、结球甘蓝、大麦、小麦、玉米、水稻等作物上采用。不过，此法不适宜大规模游离小孢子，并且重复性受不同操作人员用力大小、时间长短等因素影响。②研磨过滤收集法。与挤压法相似，不同之处是把消毒过的花蕾置于无菌研钵中碾磨，挤出小孢子。甘蓝、大白菜、小白菜、红菜薹 (*Brassica compestris* var. *purpurea*) 小孢子培养主要采用此法。

3. 机械游离法　此法也分为两种：①磁搅拌法。将花药接种于盛有培养液或渗透压稳定剂的三角瓶中，放入一根磁棒 (为提高分离速度，可另加入几颗玻璃珠)，置磁力搅拌器上，低速旋转至花药透明。该法分离花粉比较彻底，但对花粉有不同程度的机械损伤，且所需时间长，所以至今用得不太普遍。②小型搅拌 (超速旋切) 法。小型搅拌器的雏形就是厨用搅拌混合器，不过刀具、容器室、容器盖均用不锈钢或耐高温的塑料制成，以便对容器进行灭菌操作。它最早被Swanson等 (1987) 在油菜小孢子的提取分离培养工作中采用，现在在控时、控速方面得到了改进，并发展出可以更换的多种转轴型号。其基本原理是通过旋转刀具的高速转动带动花蕾、穗切段或花药高速运动而破碎，从而使小孢子游离出来。机械上装有调速器和时间控制器 (有的还有实际转速显示器)，操作方便，重复性好，所需时间短，得率高，成活率也较高，可一次处理大量材料，如油菜的花序和玉米、大麦、小麦的雄穗切段等均可直接放入容器中进行处理。目前该法不但在油菜上被广泛采用，而且还逐渐被用于玉米、大麦、小麦等禾谷类作物的处理。

无论哪一种方法提取的小孢子匀浆，都需经历去除杂质的过筛、离心收集步骤，特别是采用花序或穗切段时，杂质甚至比小孢子量还要多。筛子孔径取决于小孢子的大小。采用级联过筛时，第一级可以选用孔径较大的，以便去除大杂质，最后一级应选用略大于小孢子直径的筛子。过筛后离心收集小孢子群体时，一般在（80～300）×g 条件下进行。由于各种作物小孢子的相对密度不同，需经过摸索调整后才能获得理想的小孢子得率和成活率。一些研究中还使用了聚果糖（percoll）或聚蔗糖（ficoll）甚至蔗糖配成不连续梯度对得到的小孢子群体进行纯化，以获得同步性较高的群体。如 Joersbo 等（1990）对大麦小孢子群体用聚果糖梯度纯化，成活率高达70%的小孢子处于 0～20% 梯度界面，20%～30% 界面的小孢子存活率只有 4%，30% 以上的只有碎片和已死的小孢子。

（二）培养方式

1. 平板培养　平板培养（plate culture）是将花粉置于琼脂固化培养基上进行培养，诱导产生胚状体，进而分化成植株。

2. 液体培养　液体培养是将花粉悬浮在液体培养基中进行培养。由于液体培养容易造成培养物通气不良，影响细胞分裂和分化，需将培养物置于摇床上振荡，使其处于良好的通气状态。

3. 双层培养　双层培养是将花粉置固体-液体双层培养基上培养。双层培养基的制作方法为：在培养皿中铺加一层琼脂培养基，待其冷却并保持表面平整，然后在其表面加入少量液体培养基。

4. 看护培养　看护培养（nurse culture）是配制好花粉粒悬浮液和琼脂固体培养基后，将完整的花药或花药的愈伤组织放在琼脂培养基上，将圆片滤纸放在花药或愈伤组织上，然后将花粉置于滤纸的上方。采用此法培养番茄花粉形成了无性繁殖系。

5. 微室培养　微室培养（microchamber culture）是将小孢子培养在很少的培养基中。具体做法有两种：①在一块小的盖玻片上滴一滴琼脂培养基，在其周围放一圈花粉，将小盖玻片粘在一块大的盖玻片上，然后翻过来放在一块凹穴载玻片上，用四环素药膏或石蜡-凡士林的混合物密封；②把含悬浮花粉的液体培养基用滴管取一滴滴在盖玻片上，然后翻过来放在凹穴载玻片上密封。这种培养方法的优点是便于培养过程中进行活体观察，可以把一个细胞生长、分裂、分化及形成细胞团的全过程记录下来。缺点是培养基太少，水分容易蒸发，培养基中的养分含量和 pH 都会发生变化，影响花粉细胞的进一步发育。运用这个方法曾诱导油菜花粉形成了多细胞团，但未能继续发育。

6. 条件培养基培养　条件培养基培养（conditioned medium culture）是在预先培养过花药的液体培养基中或在加入失活的花药提取物的合成培养基中，接入花粉进行培养。前者的做法是：将发育时期合适的花药接种在合适的培养基上一段时间后，去掉花药并离心清除培养基中的花粉，用所得上清液（即条件培养基）再培养合适的花粉。后者的做法是：首先将花药接种在合适的培养基上一段时间（如 1 周），然后将这些花药取出浸泡在沸水中杀死细胞，用研钵研碎并离心，上清液即为花药提取物。提取液过滤灭菌后，加入培养基中，再接种花粉进行培养。由于条件培养基和失活的花药提取物中含有促进花粉发育的物质，有利于小孢子培养成功。

三、移栽驯化

花粉植株非常娇嫩，移植比较难，需采取逐步过渡方式，使其适应从异养到自养。移栽的关键是保持高空气湿度（80%～90%，1～2 周）和低土壤湿度。试管苗的移栽驯化方法参见第八章。

四、白化苗现象

大部分禾谷类作物的花粉白化苗（albino seedling）比例很高（有的可高达 80% 以上），成为禾谷类单倍体育种实践很大的障碍。和绿苗相比，白化苗除了缺乏绿色外，并无其他明显的形态学变异（图 5-5）。但是，花粉白化苗因没有发育完好的叶绿体（chloroplast），缺乏叶绿素（chlorophyll），只能在异养条件下生长一段时间，很难开花结实，这就给其遗传学研究带来了难以克服的困难。

图 5-5　燕麦（*Avena sativa*）花药培养
A. 绿苗　B. 白化苗
（引自 Kiviharju 等，1999）

1. 白化花粉植株的亚微结构特征　以小麦花药培养中对白化苗的研究为例。小麦花粉绿苗和花粉白化苗虽在形态、营养生长和染色体倍性上无明显差异，但白化苗的生殖生长和雌蕊发育均不正常，离体培养条件下它不能完成有性世代和产生种子。在花粉白化苗的细胞中，常发现有微核存在，叶肉细胞的细胞质中存在着前质体。质体早期发育正常，但发育到一定阶段就停止发育，质体中缺乏核糖核蛋白体。某些胚性花粉粒和白化苗的茎段分生细胞中还出现染色体断片和微核。

2. 白化苗产生的影响因素及机理　几乎所有的研究者都发现内部因素和外部因素均可在一定程度上影响花粉植株的白化苗分化率。内部因素有供体植株的基因型、花药和花粉本身的状态；外部因素有低温预处理、培养基成分、生长调节剂种类和水平、培养条件和方法、愈伤组织转分化时间等。在内部因素中，基因型和花粉发育时期的影响最为明显。在外部因素中，用 28 ℃以上高温和高浓度 2，4-D 进行诱导培养，延迟愈伤组织转分化培养，可明显促进花粉白化苗发生；花药 4~10 ℃低温预处理适当时间，可减少白化苗发生，提高绿苗分化率。在小麦的花药培养中，要想获得高频率的花粉愈伤组织，就需要高浓度的蔗糖含量，但使用高浓度的蔗糖就提高了花药培养中的白化苗分化率。

质体 DNA 的缺失可能是出现白化苗的直接原因。从小麦的花粉白化苗和绿苗中提取出较完整的 DNA 进行比较，发现白化苗的质体 DNA 有相当长的一段易缺失区域，且质体 DNA 的相对分子质量、含量都比绿苗少得多，如相对分子质量仅及正常质体 DNA 相对分子质量的 1/4，质体 DNA 在总 DNA 中的比例仅为绿苗的 1/6，说明小麦花粉白化苗的质体 DNA 是不健全的。缺失基本上都发生在植株再生过程中，因为诱导再分化之前的愈伤组织内的质体基因组还保持着完整。

核基因是控制花药培养力（包括绿苗分化率）的关键因素。小麦花粉白化苗的发生是由核基因控制的，或是由核 DNA 变异引起的。核基因可能是通过控制花粉质体变态，质体 DNA 结构改变，缺失过程发生的迟早、快慢、程度和频率等影响着花粉白化苗的发生。这一推测可解释基因型的差异和通过一些措施可以降低白化苗发生，提高花粉绿苗分化率的原因。如小麦'中国春'5B 染色体上的一个基因可增加白化苗分化率；用 1B 上带 6-磷酸葡萄糖异构酶（glucose-6-phosphate isomerase，GPI）同工酶标记的小麦 1BL/1RS 易位系进行杂交及 F_1 后代的花药培养中发现，GPI 同工酶标记在所有的白化苗中表现为严格的 1∶1 分离，而在绿苗中则表现为很高的偏分离，因此推测 1B 染色体上有一个基因在能产生绿苗的花粉中有半致死效应。

一些研究者认为离体培养中高频发生的体细胞无性系变异是花粉白化苗大量出现的原因之一。利用水稻 DH 群体进行分子作图时发现，几乎所有的 DH 株系都不同程度地发生了 RFLP 变异，这些变异都集中发生在少数一些探针上，而且同一类变异往往在不同的 DH 株系上的表现是相同的，表明在染色体上存在易变异点（或变异"热点"），它们通常集中分布在染色体的某些特定区域，相互紧密连锁，而且变异的频率和类型与供体植株的基因型密切相关。值得强调的是这些变异大都发生在培养过程的单倍体阶段，因为它们几乎都是纯合的。尽管这些结果均来自正常的绿苗DH株系，但不难推知，花粉白化苗肯定也发生了甚至更为严重的无性系变异，然而由于无法对白化苗进行这种系统研究，所以白化苗发生是否与某种无性系变异"热点"有直接的联系就不得而知了。高频发生的无性系变异与白化苗发生及与核基因控制和质体基因组缺失有无直接联系，现在是一个令人感兴趣的课题。

3. 白化苗的控制 通过人工调节培养条件可以改善白化苗现象。如小麦：①采穗时取主茎和大分蘖穗，取处于单核中晚期的幼穗。取花药接种时，幼穗穗轴中部花药全取，下部多取，上部少取。②幼穗4 ℃低温离体预处理24 h。③脱分化培养在黑暗条件下进行，但温度30～32 ℃时，虽出愈率较高，但白化苗也多。29 ℃培养时，效果较为理想。④脱分化培养基中添加2.0 mg/L 2, 4 - D与0.5 mg/L KT或6 - BA。⑤诱导愈伤组织分化阶段，把培养基的碳源由11％蔗糖改为9％蔗糖＋2％麦芽糖。⑥前期产生的愈伤组织分化能力较强，后期产生的愈伤组织分化能力降低，白化苗分化率相对较高，所以出愈后应提早进行转分化培养。

五、影响花药和小孢子培养的因素

（一）基因型

植物基因型是影响离体诱导单倍体能否成功的重要因素之一。耿建峰等（2007）对不同基因型的大白菜进行游离小孢子培养，发现供试的54个基因型中有37个诱导出胚，占68.5％。未诱导出胚的17个，占31.5％，诱导率最高的每个花蕾可产生92.2个胚；对各种基因型水稻的测试说明中花药培养力（愈伤组织诱导率和绿苗分化率）由大到小的顺序为糯型、粳型×籼型杂种、粳型、籼型杂交稻、籼型；21个小麦栽培品种花药培养，仅有10个基因型得到了单倍体组织。

（二）植株生长条件和生理状态

植株的生长条件（如光周期、光照度、温度和矿质营养）和生理状态是影响雄核发育的又一重要因素。相对年幼植株上开花始期的花比开花末期的花更适合进行培养，但从老年、病弱的甘蓝和白菜型油菜（*Brassica campestris*）分离的小孢子，比从幼年、健康的植株上分离的小孢子有更高的胚产量。在烟草中，短光周期（8 h）和高光强（16 000 lx）较有利；大麦低温（18 ℃）和高光强（20 000 lx）较好；油菜高光强和一定的温度变化较有利；生长在24 ℃下的曼陀罗属植株雄核发育频率（45％）比生长在17 ℃（8％）下的高；烟草植株进行氮饥饿处理可提高花药培养效果，即每两周用Hoagland溶液浇灌，烟草花粉的生活力保持较长；小麦、水稻、大麦等禾本科植物，大田植株比温室植株、主茎穗比分蘖穗愈伤组织诱导率明显高。

P花粉的频率，依靠于供体植株的生长条件，这些生长条件包括短日照和低温，对烟草本身的生长是不利的，但花药内含有大量P花粉。此外，将能引起雄性不育的生长因子喷洒到植株上，也能促进P花粉的形成，因为花药内大量花粉粒竞争一定数量的营养而造成一种自然营养不良。如果对供体植株进行低温、短日照、氮饥饿及喷洒生长物质等预处理，能干扰或阻止营养物质的合成或运输，从而影响母体的营养状态。尤其是在花粉发育过程中对供体植株进行这些处理更为重要，导致花粉粒饥饿从而提高花药内P花粉的比例，提高花药培养效果。

（三）花粉发育时期

1. 花粉粒发育时期 花粉发育时期的选择对雄核发育也是至关重要的。随着花药的发育，花粉四分体的胼胝质壁溶解，细胞壁增厚变圆，绒毡层无退化现象，也无明显液泡，此时的花粉粒进入单核早期。随后单核花粉粒的核位于细胞中央即单核居中期。接着细胞体积迅速增大，绒毡层开始退化，中央大液泡形成，细胞核移到一边，细胞壁裂为三段，且具有三条明显的沟，为单核靠边期。单核花粉充实后，接着进行一次有丝分裂，形成两个细胞核，向着大液泡的为营养核，较大，贴近花粉壁的为生殖核，较小；细胞壁三角形不如靠边期明显，此时为二核期。有的物种在二核期之后，生殖核继续分裂为2个精细胞，细胞壁渐渐变圆，即为三核期。最后花粉粒进一步膨大，花粉壁与沟不再明显，核也不明显，花粉进入成熟期。不同植物种类诱导愈伤组织形成和胚状体发生的适宜小孢子发育时期是不同的（表5-2）。

表5-2 不同物种诱导胚胎发生的最佳小孢子发育时期

发育时期	物种
减数分裂期	草莓、番茄
四分孢子期	葡萄
单核早中期	石刁柏、油菜、大麦、天仙子、马铃薯
单核晚期	荔枝、茄子、青椒、小麦
单核早期至晚期	烟草
单核早期至双核期	梨、水稻、甘蓝
四分孢子期至双核期	玉米

2. 花粉发育时期的确定 花药接种以前一般需先找出花粉的发育时期与花蕾或幼穗大小、颜色等形态学性状的相关性，便于取材。如茄子的单核早期花蕾长1.2 cm，单核晚期长1.5 cm；烟草单核早期花蕾长1.1~1.2 cm，单核晚期长1.8~2.0 cm，双核早期长2.1~3.0 cm，双核晚期长3.9~4.5 cm。但花蕾的外部形态指标中，花蕾长度、颜色等因物种、品种、发育状态、气温变化、营养条件、采收时期等变化较大。因此，肖建洲等（2002）认为瓣药比（花瓣长/花药长）相对固定，用瓣药比判断芸薹属蔬菜花粉粒的发育时期具有较为广泛的实际意义。

（四）预处理

接种前或后对花药采用适当的方法进行预处理，能使绿苗大量增加。花药培养中采用的预处理方法很多，有高低温处理、化学物质处理、离心处理、射线处理等。

1. 高低温处理 高低温处理包括低温预处理、低温后处理以及热激（heat shock）处理。低温预处理是指在接种之前将材料用零上低温处理一段时间后再进行接种；低温后处理是指花药接种后，先置低温条件下培养一段时间，再移至正常温度下继续培养；热激处理则是指花药接种后，先在较高温度（一般为30~35 ℃）下培养数天，然后再移至正常温度下继续培养。多数物种的花药培养在上述几项变温措施后均可在不同程度上提高花粉愈伤组织或花粉胚状体的诱导率，或者提高花粉植株的再生频率。

由于不同材料所需的适宜温度和时间不相同，进行低温预处理时所使用的温度和时间有较大差异。处理温度一般在1~14 ℃，处理时间最短的只有几小时，最长的达30~40 d。如水稻在5~10 ℃下处理3~12 d，小麦1~5 ℃下处理2~7 d，玉米4~8 ℃下处理7~14 d。同样一个材料，由于处理温度不同，适宜处理时间也不一样。一般说来，较低的温度处理需较短的时间，较高的温度则需较长时间。关于低温后处理的研究报道不多。在水稻花药培养中发现，用6~8 ℃低温后处理3~12 d，愈伤组织诱导率和绿苗分化率较对照有所提高。黄斌（1985）综合前人工作，提出低温预处理的可能作用机制是：①引起花药内源激素发生变化，进而影响愈伤组织形成；②引起小孢子孤立化，花药壁细胞和绒毡层在低温预处理过程中逐渐退化解体；③使绝大多数小孢子保持生活力。归根结底，低温仍然是通过花粉饥饿起作用。

热激处理也获得了一些成果。用35 ℃处理水稻离体小穗15 min，可明显提高花药愈伤组织诱导率；接种后先在35 ℃下培养8 d，再转入25 ℃下继续培养，可明显提高小麦愈伤组织诱导率和绿苗分化率；接种后经32 ℃处理12~60 h，有利于辣椒花药愈伤组织的形成，但超过60 h反而会抑制愈伤组织形成。

2. 化学物质处理 化学物质处理的方法有以下几种：

（1）高糖。接种前采用高糖预处理花药一定时间，再转移到适宜的糖浓度下培养，可大幅度提高愈伤组织和胚状体的诱导率。如用35%的蔗糖于接种前分别浸泡花药10 min、30 min、1 h、3 h、5 h、24 h，发现浸10 min、30 min、1 h、3 h时，石刁柏愈伤组织诱导率均不同程度地高于对照，其中浸30 min时愈伤组织诱导率最高，比对照高出近一倍；玉米花药在25%的蔗糖溶液中处理6~8 min，也能显著提高愈伤组织诱导率。

（2）甘露醇。用甘露醇进行预处理在麦类作物上很普遍。研究发现甘露醇预处理比低温预处理和对照能明显地提高花粉存活率，提高小孢子质量，抑制淀粉积累和配子体正常发育，使其转向孢子体发育，发育进度比低温预处理和对照提早2~3 h。甘露醇不能作为碳源，它的作用是什么？Kyo（1986）和Heberle-Bors（1989）认为，它能造成小孢子短时间内营养饥饿，从而引起小孢子去分化；Kasha（1990）认为，它的主要作用是给小孢子提供一个适当的渗透压环境，从而促进小孢子对环境营养的摄取和代谢；李文泽等（1992）系统地研究了甘露醇预处理对大麦花药培养的影响后认为，对花药进行预处理时渗透压不重要，这可能是由于花粉粒在花药内受到花药壁的保护，预处理溶液没有直接接触花粉粒，所以不需要适宜的渗透压环境，预处理只是给花药内的花粉提供一个营养饥饿。但是对游离小孢子培养来讲，要维持小孢子不发生质壁分离而死亡，培养基的渗透压还是非常重要的。

（3）秋水仙素。通过改变小孢子有丝分裂，诱导它们像体细胞一样生长的途径是用秋水仙素（colchicine）处理。其作用被认为是扰乱了对不对称分裂起决定作用的微管细胞骨架（cytoskeleton），使单核花粉的细胞核移向中央，导致均等分裂。在添加0.05%秋水仙素和2%二甲基亚砜（dimethyl sulphoxide，DMSO）的基本培养基中浸泡烟草花药并暗培养4~12 h，单核花粉的数量从4.5%上升到19%，并且发现这些单核比正常的小孢子核大。同时，秋水仙素处理后，发生双单倍体的比例可能会提高，从而避免了再生单倍体植株的人工加倍。

（4）乙烯利。乙烯利是一种杀雄剂。用100 mg/L乙烯利喷施烟草植株花芽，营养核偶尔发生分裂，10 d后从这种芽上取花进行培养，其雄核发育频率提高了25%。花粉母细胞正在减数分裂时期，用乙烯利喷'中国春'小麦，因发生额外有丝分裂，使多核花粉增多。在苜蓿属（*Medicago*）、紫露草属（*Tradescantia*）、矮牵牛属（*Petunia*）、烟草属（*Nicotiana*）和小麦的一些栽培品种中观察到了诱导额外核分裂和核群的形成。

此外也有报道用甲基磺酸乙酯（ethylmethane sulfonate，EMS）、酒精、顺丁烯二酰肼等化学物质进行预处理的。

3. 其他处理 通过研究还发现，经过射线、离心、磁场等处理可以促进雄核发育。

（1）γ射线。γ射线对小孢子也有刺激作用。Shtereva等（1998）研究了2、4、8 Gy对番茄花药培养的影响，发现γ射线辐射可诱导愈伤组织形成，其中4 Gy处理最有效，花药愈伤组织的诱导率在MS1和MS2培养基上分别达71.7%和48.3%，而对照分别只有37.5%和21.6%。γ射线与低温结合更有效，4 Gy和10 ℃（9 d）处理的效果最好，愈伤组织诱导率在MS1和MS2培养基上可分别达72.7%和66.5%，且植株再生频率也最好。

（2）离心。重力作用可打破微管（microtubule），影响小孢子发育。烟草花蕾在花药没取出前在5 ℃的冷冻离心机中以500×g的转速离心1 h，可明显提高单倍体植株的得率。

（3）磁场。张小玲等（2002）在花椰菜花药培养过程中，采用磁通量密度300、500、700 mT预处理大部分花粉处于单核中期和单核靠边期的花蕾，发现磁场预处理也可明显提高愈伤组织的诱导率，且对培养基的选择性降低。

（五）培养基

1. 基本培养基 花药和小孢子培养中用到的基本培养基主要有：适于烟草的H培养基

(Bourgin 等，1967)；适于小麦的 C_{17} 培养基（王培等，1986）、W_{14} 培养基（欧阳俊闻，1988）、马铃薯-Ⅱ培养基（Chuang 等，1978）、Chu 培养基（Chu 等，1990）、BAC_1 培养基（Ziauddin 等，1992）；适于大麦的 FHG 培养基（Hunter，1988）、Kao 培养基（Kao，1991）；适于水稻的合 5 培养基（黄鸿枢等，1978）、通用培养基（杨学荣等，1980）和 SK_3 培养基（陈英等，1978）；适于玉米的正 14 培养基（母秋华等，1980）。

2. 碳源 由于不同植物花粉细胞渗透压的差异，使得不同种类植物花药培养要求不同的糖浓度，单子叶植物比双子叶植物需糖的浓度高。如烟草、甜椒（*Capsicum annuum* var. *grossum*）需 3%，小麦、水稻为 6%，玉米为 6%～15%，大麦为 10%。2 细胞结构的花粉需低浓度糖，3 细胞结构的花粉需高渗条件，如油菜小孢子培养时，蔗糖的浓度可达 13%～17%。

糖的种类对花药培养效应的影响近年有新的研究。如以 60 g/L 的麦芽糖代替蔗糖可提高粳稻（*Oryza sativa* subsp. *keng*）的游离花粉分裂频率和得苗率。张芳等（2009）研究了碳源对辣椒游离小孢子培养的影响，发现当 1% 蔗糖与 2% 麦芽糖配合使用时，2F-09 尖椒（*Capsicum frutescens*）的出胚率最高。Kumar 等（2003）比较了蔗糖、麦芽糖、葡萄糖和果糖对黄瓜花药培养再生体系的影响，发现蔗糖效果最好；Hunter（1988）用麦芽糖、纤维二糖、蔗糖、葡萄糖、果糖和海藻糖为碳源做了比较试验，发现高浓度的蔗糖和其分解物葡萄糖、果糖阻碍大麦花粉愈伤组织的诱导和花粉胚状体的形成，而麦芽糖和纤维二糖的效果明显优于蔗糖。同时观察到当麦芽糖或纤维二糖再补加蔗糖共同作为碳源时，花粉胚和绿苗产量就下降；比较蔗糖的产物（葡萄糖和果糖）与麦芽糖的产物（葡萄糖）的浓度时，发现前者要比后者高得多。因此认为蔗糖的快速代谢作用导致培养基中含有高浓度的葡萄糖，引起毒害作用。到目前为止，在栽培大麦、野生大麦和春小麦花药培养上都先后发现麦芽糖是最好的碳源。

3. 氨基酸和其他有机物质 氨基酸和多胺对花药培养十分重要，越来越受到人们的重视。Olsen（1987）将培养基中 20 mmol/L NH_4NO_3 减至 2 mmol/L，同时补加 5.1 mmol/L 谷氨酰胺，使大麦花药培养绿苗产量提高了 464%；Chu 等（1988）在培养基中补加丝氨酸、脯氨酸、天冬氨酸和丙氨酸各 40 mg/L、谷氨酰胺 400 mg/L，能提高小麦花粉胚状体的数量和质量；Zhu 等（1990）在大麦花药培养中也发现，8 mg/L 水解酪蛋白补加到改良 MS 培养基中，能提高绿苗分化率和绿苗/白化苗值。Benoit 等（2009）在甘蓝型油菜小孢子培养基中添加了乙烯合成抑制因子 AVG 和 $CoCl_2$，同时用高温处理，可以提高胚的发生率；Chiancone 等（2006）研究了多胺对柑橘花药培养的影响，发现添加 2 mmol/L 的亚精胺到培养基中可以有效地提高胚的发生率，而腐胺则不能。

4. 植物激素 外源激素在花药培养中的作用研究很多。多年来，2,4-D 被认为是禾本科花药培养的适宜激素。在 2,4-D 的用量上，有的主张使用较低浓度（如 0.5～1.0 mg/L），有的则主张用较高浓度（如 4～5 mg/L）。2,4-D 用量的多少能影响愈伤组织的质量和改变愈伤组织的发育途径。如适量的 2,4-D（0.2～2.0 mg/L）对大麦花粉愈伤组织的诱导很有利，但浓度过高对胚胎发生不利。为了克服这一困难，采用 2,4-D 与 IAA 配合使用，既有利于愈伤组织诱导，又利于胚胎发生；在大麦花药培养中，认为 6-BA 和 IAA 配合使用效果最好，适宜浓度为 0.5 mg/L 6-BA + 0.5～1.5 mg/L IAA；多效唑在大麦花药-小孢子培养中也有作用，0.2～0.6 mg/L 的多效唑附加到诱导培养基中，能明显提高愈伤组织分化率和绿苗产量，提高绿苗/白化苗值，表明多效唑能改善花粉愈伤组织的质量，对胚胎发生有利。Okkels（1988）认为，体外培养时，激素的作用是通过培养物体内乙烯含量的变化来控制 DNA 的甲基化程度，而低水平的 DNA 甲基化是胚胎发生所必需的。材料不同则自身所含的乙烯量也不同，故不同的材料对激素的反应或要求不同。

5. 活性炭 活性炭的作用是通过其吸附培养基中的某些物质来影响外植体的生长发育。这些物质包括培养基中的某些成分，如外源激素、维生素、铁盐、琼脂中的不纯抑制物等，以及外植体在生长过程中释放到培养基中的分泌物，如酚类物质等。因此对那些离体花药不需要外源激素的植物（如烟草），在花药培养基中加入活性炭效果特别显著，而那些对外源激素有较强依赖性的植物（如水稻），在培养基中加入活性炭反而导致不利影响。

6. pH 有些作物的花药对 pH 有一定的要求。如曼陀罗随 pH 的变化，产生胚状体的花药百分率也发生变化，pH 5.8 时效果最好，pH 6.5 时花粉不发生细胞分裂；油菜小孢子培养采用 pH 6.2 效果最好。用甘露醇对小麦花药进行预处理时，pH 5.6 时愈伤组织诱导率最高，pH 6.1 时绿苗分化率最高，且随着 pH 的增高，白化苗分化率逐渐下降。

（六）培养条件

1. 温度 对任何培养，细胞生长的最适温度都因物种而异。有一个原则，即一个物种花粉发育的最适温度比不分化的愈伤组织生长的最适温度要高一些。

2. 光照 黑暗条件下，小植株能从花药培养中发育出来。有光条件下，花药能培养出更多更壮的苗。烟草小孢子培养一个月时，各种类型的光对单倍体小植株平均得率的影响很大，其中红色荧光或低光照度的白光（500 lx）效果最好。试验发现，在培养的最初 10 d，小孢子对光感知更敏感，而且小孢子在红光条件下比在白光条件下发育得更快。红光条件下，10 d 就可用肉眼观察到小胚，而在低光照度的白光下要 15 d 才能观察到。

3. 植板密度 小孢子培养中，小孢子的植板密度（plating density）和分化培养时愈伤组织/细胞团植板密度对植株再生有很大影响。Davies 等（1998）对大麦小孢子植板密度的研究发现，小孢子植板密度低于 5×10^4 个/mL 时，细胞团的分化不是太好，密度为 5×10^4 个/mL 和 1×10^5 个/mL 时，细胞团的分化效果均很好，且固体诱导培养基上愈伤组织植板密度为 12.5 块/cm^2 和 25 块/cm^2 时，其绿苗再生情况显著高于 5 块/cm^2 和 50 块/cm^2。

（七）花药壁因素

花药、小孢子培养中花药组织的存在带来了影响胚产量的一些不清楚的因素。Raghavan（1978）认为，花药内源生长素梯度在花粉粒发育过程中起很重要作用。他观察到天仙子花粉粒胚胎发生时，花粉粒局限在花药室的周边并与绒毡层紧密相邻，可能是从绒毡层释放出来的物质启动了培养的花药中花粉粒的胚性分裂。花粉对花药壁损伤后释放的有毒物质很敏感。

第四节　单倍体植株鉴定和染色体加倍

一、花药和小孢子诱导再生植株的倍性鉴定

确定新形成植株的倍性非常重要，因为胚形成途径不同，植株在倍性上存在很大差异。

1. 染色体直接计数法 通过植株的根尖或茎尖等细胞分裂旺盛处的细胞染色体直接计数是最有效的方法。但郭启高等（2000）在离体培养过程中利用不定芽叶尖染色体计数，可以在组织培养早期鉴定出倍性。

2. 间接鉴定

（1）扫描细胞光度仪鉴定。采用扫描细胞光度仪（flow cytometry，FCM）（也称流式细胞仪）进行鉴定。用 FCM 可迅速测定叶片单个细胞核内 DNA 含量，根据 DNA 含量曲线图推断细胞倍性。离体培养过程中，试管中的芽或小植株很小很嫩时，此方法仅用 1 cm^2 的样品就能确定其倍性。周伟军等（2002）采用 FCM 鉴定了甘蓝型冬油菜 4 个 F_1 杂种的小孢子再生植株，取再生植株新长出的叶片嫩组织进行染色体倍数检测，从矩形图上清晰地检测出单倍体、二倍体、三倍体和四倍体以及单倍体加二倍体、二倍体加四倍体和三倍体加六倍体等嵌合体。FCM 倍数检测的结果与油菜花蕾期进行的花器形态鉴别结果是一致的。

(2) 细胞形态学鉴定。叶片保卫细胞的大小、单位面积上的气孔数及保卫细胞中叶绿体的大小、数目与倍性具有高度相关性。杨艳琼等（2002）对经不同浓度秋水仙素溶液加倍处理的烟草花粉植株鉴定，95%以上的单倍体植株保卫细胞中叶绿体数在 14 个以下，双倍体植株 95%以上的叶绿体数在 14 个以上。经开花结实验证其准确率达 91%，叶展开到第 5 片时就可鉴定。

(3) 形态学鉴定。不同倍性的植株在形态上有比较明显的差别。主要表现在子叶、真叶、花等的形状、大小和颜色，开花结实性，花粉着色能力及大小，果实形状及种子的形态等。植株生长的不同时期观察这些肉眼易辨的典型特征，就能够有效地将变异植株筛选出来。如生长期四倍体西瓜（Citrullus lanatus）植株比二倍体叶片肥厚、裂片宽大、叶色深绿、茎节缩短。开花期花瓣颜色深黄，花朵变大，花瓣增宽、肥厚、皱褶，花蕊和子房增大，种子增大加厚、横径和种脐部加宽。三倍体西瓜的子叶多数畸形或色浅，叶片薄而不对称。三倍体和单倍体的花粉均不着色。黄瓜单倍体植株瘦弱、叶片窄小、果实和花蕾偏小、花粉发育不良（图 5-6）。

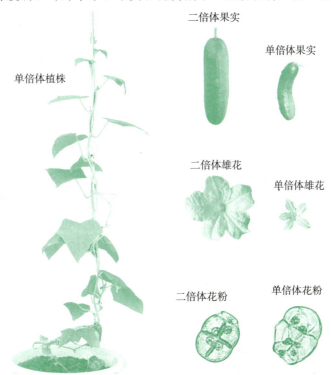

图 5-6 黄瓜单倍体植株以及不同倍性黄瓜果实、雄花和花粉的比较

(4) 高低温胁迫。郭启高等（2000）在西瓜子叶离体组织培养中利用二倍体和四倍体的再生苗在高温和低温胁迫时的受害死亡情况，进行倍性鉴定。50 ℃-10 h 为高温胁迫的临界点，0 ℃-5 h 为低温胁迫的临界点，通过此方法鉴定的倍性符合度分别为 90%和 80%。这种方法省掉独立单株倍性鉴定过程，只需对试管再生苗进行一次短时处理，即可筛选出四倍体。

(5) 杂交鉴定。杂交鉴定分为自交鉴定和测交鉴定。前者适用于自花授粉植物，自交后代群体分离则该二倍体为杂合二倍体，反之为纯合二倍体。也可利用四倍体自交结实率较低的特性鉴定四倍体植株。测交鉴定适用于雌雄异株植物，如石刁柏、啤酒花（Humulus lupulus）、猕猴桃等，方法是使雄株和雌株杂交，从 F_1 分离比例来判断亲代雄株基因型，从而判断雄株亲本是来自小孢子还是体细胞。

(6) 分子标记鉴定。①生化标记鉴定。如运用同工酶标记（isozyme marker）进行鉴定，因该标记是一种共显性标记。若等位基因纯合时，无论其拷贝有多少，表现在酶谱带上仅有一条酶带，等位基因杂合时，则呈现不同的酶带。用同工酶标记（进行）花粉植株遗传标记的研究在野生稻、辣椒属（Capsicum）、杨树、石刁柏上已有不少报道。②分子标记鉴定。如 RFLP、RAPD 等 DNA 分子标记技术，近年来作为遗传育种的重要手段得到广泛应用，在鉴定染色体的同源性及亲缘关系中发挥了很大作用。

二、花粉和花药诱导再生植株的染色体加倍

单倍体植株高度不育，要充分利用单倍体只有将其加倍成纯合的二倍体植株。

（一）茎段培养

单倍体愈伤组织培养过程中会有一定频率的核内有丝分裂（没有核分裂的染色体复制）及花粉核的融合，形成二倍体细胞，利用这一特点可获得纯合二倍体植株。将单倍体植株的茎段置于含有一定比例的生长素和细胞分裂素的培养基上诱导愈伤组织形成。在愈伤组织生长的过程中就会有大量的纯合二倍体细胞产生，并进而分化出纯合的二倍体植株。

（二）化学试剂诱变

单倍体植物染色体加倍用的最多的是化学诱变法，常用的诱变剂有秋水仙素和除草剂（herbicide）氨磺乐灵（oryzalin）、氟乐灵（trifluralin）、甲基胺草磷（amiprophos-methyl，APM）等。其中秋水仙素应用最广泛。

1. 秋水仙素

（1）浸泡法。将再生小植株从试管中取出，无菌条件下用秋水仙素直接浸泡，再转移至新鲜培养基中培养。如用 0.2%～0.4% 的秋水仙素水溶液浸泡烟草小植株 24～48 h，加倍率可达 35%。

（2）生长锥处理。用秋水仙素水溶液直接浸泡生长点；或将其滴到棉球上然后将棉球置于顶芽或腋芽上，诱导分生组织染色体加倍；或将适宜浓度的秋水仙素调和在载体羊毛脂（lanolin）中，然后将羊毛脂涂抹在单倍体植物的顶端分生组织上诱导染色体加倍。如用 0.5% 秋水仙素浸泡黄瓜单倍体幼苗生长点 2 h，得到了纯合的双单倍体植株；用秋水仙素水溶液处理茄子 40～42 h（每隔 4 h 滴加一次溶液），加倍率为 87.5%；用 0.2%～0.4% 秋水仙素调和羊毛脂，处理烟草 24～48 h，加倍率为 25%。

（3）培养基处理。将单倍体植株的任何一部分作为外植体，接种在附加一定浓度秋水仙素的培养基中培养一段时间后，转入无秋水仙素的培养基中继续培养。周伟军等（2002）将 52 份甘蓝型油菜品系（品种）花药中分离出的单核晚期小孢子接种在含 10～800 mg/L 秋水仙素的 NLN 液体培养基中，处理 16～90 h 后，再转入无秋水仙素的相同培养基中诱导胚状体，发现用 10 mg/L 秋水仙素处理小孢子 48 h，10 份材料的双单倍体植株变幅为 37.10%～90.12%，平均 65.44%；50 mg/L 处理 48 h，8 份材料的加倍率为 48.72%～97.81%，平均 88.56%；100～800 mg/L 处理 16～48 h，多数加倍率为 90%～100%，但该处理药用量大，对小孢子毒性大，胚状体再生率低。

2. 除草剂诱导 Hansen 和 Andsen（1996）以秋水仙素作对照，用抗微管形成的氨磺乐灵、氟乐灵、APM 3 种除草剂分别添加适量的二甲基亚砜，对大白菜小孢子进行处理以期获得纯合双单倍体。发现 3 种除草剂与秋水仙素具有相似功能，但使用浓度要比秋水仙素低 100 倍左右，其中 APM 离体加倍最为突出，其毒性极小，且可产生 95%～100% 的双单倍体。至于二甲基亚砜的作用，一般认为单独的二甲基亚砜对单倍体的染色体加倍没有作用，它只是助渗剂。用除草剂进行西瓜染色体加倍，结果认为秋水仙素并非最佳的染色体加倍诱导物，低浓度（15～30 μmol/L）的氟磺乐灵可十分有效地诱导染色体加倍，这类除草剂与纺锤丝（spindle fiber）蛋白结合专一，对染色体损伤小，引起其他变异的概率可能比秋水仙碱小，并且这些再生植株中不存在嵌合体（chimera）和植株生长延迟现象。

小结

花药培养是器官培养，小孢子培养是细胞培养，但两者的培养目的相同，都是诱导花粉细胞发育成单倍体植株。根据小孢子第一次有丝分裂的情况将雄核发育分为A途径（不均等分裂）和B途径（均等分裂），其中A途径又根据第二次分裂及其以后的情况细分为A-V途径、A-G途径、A-VG途径（又称E途径）及C途径。按再生植株的形态发生方式可分为愈伤组织途径和胚状体途径。小孢子的分离与培养具有多种方式。影响花药和小孢子培养的因素包括基因型、植株生长条件、生理状态、花粉发育时期、预处理、培养基和培养条件、花药壁因素等。花药和小孢子再生植株倍性复杂，需进行倍性鉴定，单倍体植株需经过加倍成为双单倍体植株，以利进一步研究应用。主要的加倍方法有茎段培养法和化学试剂诱变法。

复习思考题

1. 花药培养与小孢子培养有何异同？如何利用花药和小孢子培养？
2. 小孢子培养时选择什么发育时期的花药？为什么？
3. 白化苗是如何产生的？怎么控制？
4. 影响雄核发育的因素有哪些？机理如何？
5. 花药培养倍性复杂化的原因是什么？
6. 如何进行单倍体植株的染色体加倍？

主要参考文献

耿建峰，侯喜林，张晓伟，等，2007. 影响白菜游离小孢子培养关键因素分析. 园艺学报，34（1）：111-116.

李文泽，胡含，1995. 在花药花粉培养中预处理的作用机理. 遗传，17（增刊）：13-18.

李文泽，宋子红，景健康，等，1995. 甘露醇预处理对大麦雄核发育的影响. 植物学报，37（7）：552-557.

余凤群，1998. 甘蓝型油菜DH群体几个数量性状的遗传分析. 中国农业科学，31（3）：44-48.

张芳，李海涛，张馨宇，2009. 碳源组分及浓度对辣椒花药培养的影响. 西北植物学报，18（5）：341-345.

张菊平，巩振辉，张兴志，等，2009. 辣椒花药培养胚状体发生的组织学和细胞学研究. 分子细胞生物学报，42（3）：200-210.

周伟军，毛碧增，唐桂香，等，2002. 甘蓝型油菜小孢子再生植株倍数检测研究. 中国农业科学，35（6）：724-727.

Benoît Leroux, Nathalie Carmoy, Delphine Giraudet, et al, 2009. Inhibition of ethylene biosynthesis enhances embryogenesis of cultured microspores of *Brassica napus*. Plant Biotechnol. Rep., 3: 347-353.

Davies P A, Morton S, 1998. A comparison of barley isolated microspore and anther culture and the influence of cell culture density. Plant Cell Reports (17): 206-210.

Hansen N J P, Andersen S B, 1996. *In vitro* chromosome doubling potential of colchicine, oryzalin, trifluralin and APM in *Brassica napus* microspore culture. Euphytica, 88: 159-164.

Hoekstra S, Zijderveld M H, Heidekamp F, et al, 1993. Microspore culture of *Hordeum vulgare* L.: the influence of density and osmolality. Plant Cell Reports, 12: 661-665.

Sari N, Abak K, Pitrat M, 1999. Comparsion of ploidy level screening methods in watermelon: *Citrullus lanatus* [Thunb]. Scientia Horticulturae, 82: 265-277.

Shtereva L A, Zagorska N A, Dimitrov B D, et al, 1998. Induced androgenesis in tomato (*Lycopersicon esculentum* Mill) Ⅱ, factors affecting induction of androgenesis. Plant Cell Reports, 18: 312-317.

Zhang Jing, Zhu Yongguan, Zeng Dali, et al, 2007. Mapping quantitative trait loci associated with arsenic accumulation in rice (*Oryza sativa*). New Phytologist, 177: 350-355.

Zhu M Y, 1990. Effects of amino acids on callus differentiation in barley anther culture. Plant Cell Tissue and Organ Culture, 22: 201-204.

第六章
植物细胞培养

植物细胞培养（plant cell culture）是指对植物器官或愈伤组织上分离出的单细胞或小细胞团进行培养，形成单细胞无性系或再生植株的技术。细胞培养的意义及应用表现为：①进行细胞生理代谢及各种不同物质对细胞代谢影响的研究；②通过单细胞的克隆化，即细胞株（cell line），可以把微生物遗传技术用于高等植物，进行农作物改良；③细胞增殖速度快，适合大规模悬浮培养。如同微生物一样，应用到发酵工业，生产一些特有产物，如植物次生代谢产物（包括各种药材的有效成分等），用于医药业、酶工业及天然色素工业，这是植物产品工业化生产的新途径。

第一节 植物细胞培养的类型及影响因素

一、单细胞培养

单细胞培养（single cell culture）可应用于基础研究和应用研究。例如，细胞代谢和各种物质对细胞反应的影响，利用单细胞培养筛选和分离细胞变异系，改良作物品种。

（一）单细胞的分离

单细胞的分离可以从完整的器官（通常是叶片）或培养的组织（愈伤组织）中分离。

1. 从植物器官中分离 可以通过机械法和酶解法从完整的植物器官中分离单细胞，其中叶片是分离单细胞的最好材料。

（1）机械法。机械法是通过机械磨碎、切割等操作获得游离细胞的方法。现用于分离叶肉细胞的方法是先把叶片组织轻轻研碎，然后再通过过滤和离心将细胞纯化。具体过程是：在研钵中放入 10 g 叶片和 40 mL 研磨介质（20 μmol 蔗糖 + 10 μmol $MgCl_2$ + 20 μmol Tris-HCl 缓冲液，pH 7.8）轻轻研磨后，将匀浆用两层细纱布过滤，滤液经过低速离心，取试管底部沉淀，得到纯化细胞。与酶解法相比，机械法分离细胞的特点：①细胞不受酶的伤害；②不会发生质壁分离。但只有在薄壁细胞组织排列松散，细胞间接触面很少时，机械法分离叶肉细胞才能成功，因此该法并不适用于所有植物。

（2）酶解法。酶解法是选择专一性水解酶［如果胶酶（pectinase）］，在温和条件下处理叶片，降解细胞间中胶层（middle lamella），使细胞彼此分开获得游离细胞的方法。Takebe 等（1968）最早报道了由烟草叶片通过果胶酶处理分离叶肉细胞的方法：取烟草植株上充分展开的叶片进行表面消毒，无菌水冲洗干净，镊子撕去下表皮，解剖刀将撕去下表皮的叶片切成 4 cm×4 cm 小块，放入经过过滤灭菌的酶液（含 0.5% 果胶酶 + 0.8% 甘露醇 + 1% 硫酸葡聚糖钾）中，用真空泵抽气，使酶液渗入叶肉组织内。摇床上保温培养，每 30 min 更换一次酶液，将第一次 30 min 后换出的酶液弃掉，第二次 30 min 后，酶液中主要分离出海绵细胞（sponge cell），第三次和第四次以后主要分离出栅栏细胞（palisade cell）。酶液中加入硫酸葡聚糖钾可作为质膜（plasma membrane）稳定剂，降低酶液中核糖核酸酶的活力，保持质膜稳定，提高游离细胞的产量。用于分离细胞的果胶酶不仅能降解中胶层，还能软化细胞壁。因此，用酶解法分离细胞时，必须对酶溶液给予渗透压保护，防止细胞胀裂。该法的特点是：能得到较均匀一致的海绵细胞或栅栏细胞。但在有些物种中，特别是大麦、小麦、玉米等单子叶植物中，很难通过酶解法分离细胞，因为与双子叶植物相比，这些植物的叶肉细胞较长，并在若干地方发生收缩，细胞间可能形成一种互锁结构，阻止细胞的分离。

2. 从愈伤组织中分离　从培养的愈伤组织中分离单细胞是应用最广泛的方法。通过培养植物外植体诱导产生愈伤组织，并经多次继代培养使其大量增殖且组织松散，再通过机械振荡或者酶解使细胞分离从而获得游离细胞的方法（图6-1）。增加愈伤组织的松散度是获得高质量悬浮培养细胞的先决条件。愈伤组织的质地是可以控制的，但是要获得一个分散性非常好的愈伤组织是比较困难的。通常可以通过控制培养基的成分以及继代的次数和方式来改善愈伤组织的分散程度，如在培养基中添加生长素（2,4-D）或少量的水解酶（纤维素酶和果胶酶等）或酵母提取物等。另外，在半固体培养基上继代培养2~3代，一定程度上也可以提高愈伤组织的分散程度。值得注意的是，即使最好的细胞悬浮培养体系中也绝对不是只由单细胞组成，还包含小的细胞团。培养过程中振荡的作用：①对细胞团施加一定缓和压力，使之破碎成小细胞团或单细胞；②使细胞或细胞团在培养基中均匀分布；③促进培养基和容器内气体交换，保证细胞正常呼吸代谢。

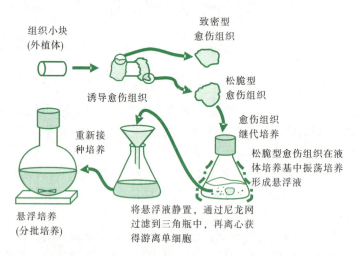

图6-1　从培养的愈伤组织中分离出单细胞并进行悬浮培养

（二）单细胞培养方法

单细胞培养就是对分离得到的单个细胞进行培养，诱导其分裂增殖形成细胞团，再通过细胞分化形成芽、根等器官或胚状体，直至长成完整植株的技术。单细胞培养对获得单细胞克隆（细胞株）是非常重要的。由于培养中细胞在遗传和生理生化上会出现变异，形成的植株也就表现出一定的差异，在理论上和实践上都有很重要的意义。

单细胞培养难度较大，必须采用一些特殊的培养技术才能保证成功，如平板培养、看护培养、微室培养和条件培养基培养等。

1. 平板培养　平板培养是指将一定密度的悬浮单细胞接种到薄层固体培养基中进行培养的技术。由于其具有筛选效率高、筛选量大、操作简单等优点，广泛用于遗传变异、细胞分裂分化及细胞次生代谢物合成的细胞筛选等各种需要获得单细胞克隆的研究中。具体做法是：先将含有游离细胞和细胞团的悬浮培养物过滤，除去较大细胞团，得到游离单细胞或小的细胞团（3~4个）悬浮液，对其计数后离心收集已知数目的单细胞。用液体培养基将细胞密度（cell density）调至最终植板密度的2倍。再将与上述液体培养基成分相同且含0.6%~1%琼脂的培养基灭菌后，冷却到35℃并置于35℃恒温水浴中保温。将这种培养基与上述细胞悬浮培养液等体积混合均匀，迅速注入并使之平铺于培养皿中（约 1 mm 厚）。封口膜封口，置于倒置显微镜下观察。在培养皿外的相应位置上用记号笔标记各个单细胞，以便保证以后能获得纯单细胞系，最后将培养皿置于 25 ℃黑暗条件下培养。经 20 d 后，部分单细胞即可长出肉眼可见的愈伤组织（细胞团），统计每只培养皿中出现细胞团的数目，计算植板率（plating rate，发生分裂的细胞占接种细胞的百分数）（图 6-2）。当细胞团长到一定大小时，应及时进行继代培养。

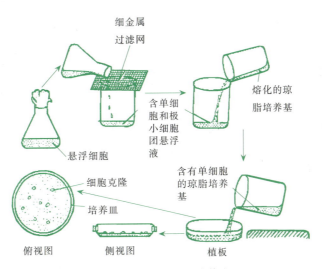

图 6-2 单细胞平板培养流程

培养过程中应注意：①选用的培养基无论是条件培养基还是合成培养基，目的是能够在低的起始密度或接种密度下使细胞生长。平板培养中细胞起始密度和培养基成分是两个相互依赖的因子，是单细胞培养成功的关键。起始密度也称临界密度（critical density），低于该密度时细胞不分裂，高于该密度时虽对培养基成分要求相对较低，但产生的细胞团会重叠难以得到单细胞克隆；起始密度较低时，对培养基的要求相对复杂，除了一般完整培养基外，还需添加有机物，如椰乳、酵母提取液和水解酪蛋白等，也可采用条件培养基来降低起始密度。②不可选用处在静止期过久的细胞，只有处在分裂旺盛期的细胞才有较高分裂能力。③适宜的起始密度因不同的植物种类而异。一般细胞起始密度为 $10^3 \sim 10^5$ 个/mL，如烟草细胞的适宜起始密度为 $0.5 \times 10^4 \sim 1.0 \times 10^4$ 个/mL。④接种细胞时固体培养基的温度要严格控制，一般不超过 35 ℃，温度低致凝固快而使细胞分布不均匀，温度过高会对细胞产生伤害。

2. 看护培养 看护培养（nurse culture method）是指用同种或异种材料的愈伤组织作为看护组织来培养细胞的一种方法，就是把单细胞放在有滤纸隔离的一块活跃生长的愈伤组织上进行培养。具体做法是：固体培养基上放置一块活跃生长的愈伤组织，再在愈伤组织上放置一小片滤纸，待滤纸湿润后将细胞接种于滤纸上。当培养细胞长出微小细胞团后，将其直接转到琼脂培养基上，促进其生长。愈伤组织和所要培养的细胞可以属于同一个物种，也可以是不同的物种。一个直接接种在培养基上不能分裂的离体细胞，在看护愈伤组织的影响下就可能发生分裂。由此可见，看护愈伤组织不仅给单细胞提供了营养成分，而且还提供了促进细胞分裂的其他活性物质。愈伤组织刺激细胞分裂的反应还可通过另一种培养方式来证实，即把两块愈伤组织放在琼脂培养基上，在它们的周围接种若干单细胞，结果发现，首先发生分裂的细胞是靠近这两块愈伤组织周围的细胞，表明活跃生长的愈伤组织所分泌的代谢产物，对于促进细胞分裂是十分有利的。

饲养层（feeder layer）培养是在看护培养基础上改进而来的，是将饲养细胞（feeder cell）用射线辐射处理，然后将饲养细胞和培养细胞混合植板。经过照射的细胞对培养细胞起到一个饲养作用，有利于培养细胞的分裂，这一技术在一些低密度原生质体培养中成功应用。Horsch等（1980）将平板培养与饲养层培养技术相结合，建立了双层滤纸植板培养方法，即在培养皿中倒入琼脂培养基，待其凝固后，将饲养细胞平铺在培养基上，然后在饲养细胞层上平展一张滤纸形成看护层，再将滤纸制成的圆碟置于看护层上，将培养细胞置于其中。

3. 微室培养 微室培养（microchamber culture）是将细胞放到人工制造的一个小室中进行培养的方法。优点是培养过程中可以进行活体连续显微观察，把一个细胞的生长、分裂和形成细胞团的全部过程记录下来。因此，微室培养是细胞学研究的优良实验体系。具体方法是：先由悬浮培养液中取出一滴只含有单细胞的培养液，放在一张无菌载玻片上，在这滴培养液四周与其隔一定距离加上一圈石蜡油（paroline），构成微室的围墙。在围墙左右两侧再各加一滴石蜡油，再在每滴石蜡油上放一张盖玻片作为微室的支柱，然后将第三张盖玻片架在两个支柱之间，构成微室的屋顶，使含有细胞的培养液被覆盖于微室之中（图6-3）。构成围墙的石蜡油能阻止微室中水分丢失，且不妨碍气体交换，最后把有微室的整张载玻片放在培养皿中培养。当细胞团长到一定大小后，揭掉盖玻片，将其转到新鲜的液体或半固体培养基上培养。Vasil等利用微室培养法，由一个离体的烟草单细胞开始培养，获得了完整的开花植株。现在的微室培养，可使用特制的凹穴载玻片与盖玻片做成单细胞培养的小室进行培养。

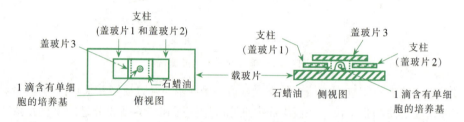

图6-3 微室培养示意图

4. 条件培养基培养 当合成培养基中的细胞或细胞培养物由于起始密度太低而不能发生分裂时，可采用条件培养基进行培养。条件培养基是在培养基中加入高密度的细胞进行培养，一定时间后这些细胞就会向培养基中分泌一些物质，使培养基条件化。制作条件培养基的简便方法是：把液体培养基中培养了4~6周的高密度细胞过滤掉，将该培养基制成液体培养基或固体培养基用来培养单细胞或低密度细胞群体，可明显提高单细胞培养物的存活和分裂能力。

在液体培养中，Torres（1989）设计了一种装置（图6-4A），把高密度细胞悬浮培养物（看护培养物）装在一个透析袋内，用线绳悬挂在三角瓶内，瓶内装有低密度细胞培养基。看护培养物产生的代谢物可扩散到低密度培养基中，增加了后者促进细胞生长的活性物质。这样，在低密度细胞培养基中原先不存在的一些必需的活性物质被看护细胞通过生物合成活动释放到培养

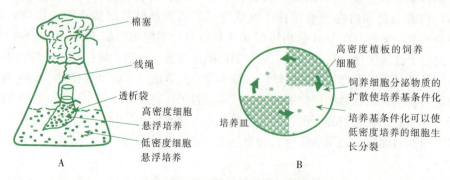

图6-4 两种条件培养基培养低密度细胞的方法
A. 悬浮培养　B. 平板培养

基中，丰富了合成培养基的成分，满足低密度细胞群体对生长条件的要求。另一种条件化培养方法是将培养皿分成小室（图 6-4B），高密度植板的饲养细胞有助于低密度培养的细胞的生长，也可用于原生质体培养。

二、细胞的悬浮培养

细胞悬浮培养（cell suspension culture）是指将游离的单细胞或小的细胞团，按一定的细胞密度悬浮在液体培养基中进行培养的方法。植物细胞的悬浮培养是从愈伤组织的液体培养基础上发展起来的。自 20 世纪 50 年代以来，从试管的悬浮培养发展到大容量的发酵罐培养，从不连续培养发展到半连续和连续培养。80 年代以来，植物细胞培养作为生物技术的一个组成部分，正在发展成为一门新兴的科技产业。其主要优点是：①能提供大量的比较均匀一致的细胞；②增殖速度快；③适宜大规模培养，成为细胞工程中独特的产业。

（一）悬浮细胞的来源

悬浮培养一般采用愈伤组织作为起始细胞来源。用于建立悬浮体系的愈伤组织应具备：①较好的松散性，容易分散；②较强的增殖和再生能力；③较高的均匀一致性。为了获得符合条件的良好愈伤组织，首先必须选择适宜的外植体材料。胚、胚轴、子叶是最常用的外植体，特别是幼胚。因为胚外植体建立的愈伤组织，细胞活力强、增殖速度快、分化能力强。其次是培养基的附加成分，其对松散型愈伤组织的诱导具有较大影响，其中生长素的浓度最为重要。大多数情况下，主要使用较高浓度的生长素（如 2,4-D）配合一定浓度的细胞分裂素（如 6-BA）。有时为了使愈伤组织具有良好的生理状态，还需附加一定浓度的特殊蛋白质和氨基酸等有机物（如水解乳蛋白、水解酪蛋白、脯氨酸、谷氨酰胺）及水解酶（果胶酶、纤维素酶）。此外，愈伤组织培养阶段还必须进行必要的选择和继代培养，因为直接由外植体诱导的愈伤组织，若不经过继代培养则很难获得均匀一致的疏松性。只有在继代培养中不断选择那些疏松性好、细胞状态好的细胞继续培养，才能获得大量均匀一致、疏松易碎、适合于建立悬浮细胞系的愈伤组织。一个成功的悬浮细胞培养体系必须满足 3 个基本条件：①分散性好，细胞团较小，一般在 30~50 个细胞。②均一性好。细胞形状、细胞团大小及其生理状态大致相同，悬浮系外观为大小均一的小颗粒，培养基清澈透亮，细胞色泽呈乳白或淡黄色。③生长迅速。悬浮细胞的生长量一般 2~3 d 甚至更短时间便可增加 1 倍。

（二）悬浮细胞的培养

细胞悬浮培养分为分批培养（batch culture）、半连续培养（semi-continuous culture）和连续培养（continuous culture）。

1. 分批培养　分批培养是指把细胞分散在一定体积的培养基中进行培养，当培养物增殖到一定量时，转接继代。在培养过程中除了气体和挥发性代谢产物可以同外界环境交换外，一切都是密闭的。当培养基中主要成分耗尽时，细胞停止分裂和生长。分批培养所用的容器一般是 100~250 mL 三角瓶，每瓶装 20~75 mL 培养基。为了使分批培养的细胞不断增殖，必须及时进行继代培养。继代方法可以是取出培养瓶中一小部分悬浮液，转接到成分相同的新鲜培养基中（约稀释 5 倍）；也可以用纱布或不锈钢网进行过滤，滤液接种，这样可提高下一代培养物中单细胞比例。培养用的液体培养基，虽因物种而异，但凡适合愈伤组织生长的培养基，除去琼脂，均可作为悬浮细胞培养基。

在分批培养中，细胞数目会发生不断变化，呈现出细胞生长周期。在整个生长周期中，细胞数目、鲜重、干重的变化过程大致呈 S 形曲线（图 6-5，线性图表示以细胞数目直接作图，对数图表示以细胞数目的对数作图）。初期增长慢，称延滞期（lag phase），特点是细胞很少分裂，细胞数目不增加。这一时期，细胞调整其状态适应新环境，经历细胞周期中的合成期，为细胞分裂准备营养物质。中期生长快，称指数生长期（exponential phase），细胞分裂活跃，数目迅速增加，细胞数目在 20~50 h 就可翻一番。直线生长期（linear phase）是细胞增殖最快的时期，单位时间内细胞数目增长大致恒定，细胞数目达到最高峰。随后培养基中某些营养物耗尽或有毒代谢物积累，细胞增长逐渐变慢进入缓慢期（retardant phase）。最后生长趋于完全停止，进入静止期（stationary phase）。在指数生长期，细胞分裂速率远大于鲜重的增加速率，细胞体积变小，但容易结团；而在直线生长期，细胞体积增加，细胞分裂速率小于鲜重的增加速率，但很少结团（图 6-6A、B）。

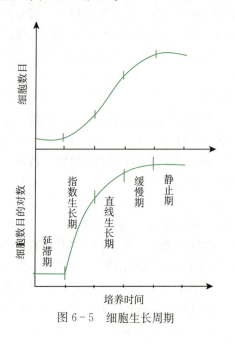

图 6-5　细胞生长周期

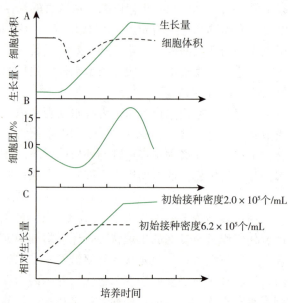

图 6-6　分批培养中细胞体积、细胞团大小变化及接种浓度对相对生长量的影响

分批培养中，影响细胞生长周期的因素有：

（1）继代时期。指数生长期和直线生长期的细胞作为继代培养细胞时可缩短延滞期和细胞周期。静止期的细胞数量和质量均下降，如果继代不及时，细胞往往会出现生活力下降甚至死亡的情况，影响整个悬浮细胞系状态。因此，当细胞生长进入缓慢期时就要及时继代。

（2）初始细胞密度。较高的初始接种密度可以缩短延滞期及整个细胞周期，降低每个细胞生长周期中细胞增加的倍数；较低的初始细胞密度则使延滞期和细胞生长周期变长（图 6-6C）。通常，悬浮细胞的起始密度一般为 $0.5×10^5$~$2.5×10^5$ 个/mL，经过 4~6 次增殖，细胞密度达 $1×10^6$~$4×10^6$ 个/mL。许多细胞系经历 18~25 d 就能完成此增殖过程。因此，可根据培养目的的不同调整细胞接种密度。如只是一般继代培养，则可适当低密度接种，延长培养周期，减少继代培养的操作；如希望在较短时间内获得大量活跃生长的细胞，则可适当提高接种密度，缩短继代培养时间。

（3）细胞生长速度。细胞繁殖一代所需的最短时间，因物种不同而异，烟草为 48 h，蔷薇（*Rosa multiflora*）为 36 h，菜豆为 24 h。在接种细胞密度均为 $1×10^5$ 个/mL 时，烟草细胞培养周期一般是 10 d，而蔷薇是 12 d。

在一个细胞周期中，当细胞生长进入缓慢期直至静止期时，往往是细胞次生代谢产物积累的时期，应尽可能维持此阶段细胞活性，延长生产周期，以提高次生代谢产物积累量。为了达到这一目的，近年来在传统分批培养的基础上，发展了饲喂分批培养（fed-batch culture），即当细胞生长快进入缓慢期时，在培养系统中添加一定量的有利于目的产物合成的培养基，提高目的产物的积累量。

分批培养对于研究细胞的生长代谢并不是一种理想的培养方式。在分批培养中，由于细胞生长和代谢的方式、培养基成分的不断改变，没有一个稳定的生长期，相对于细胞的数目、代谢产物和酶的浓度也不能保持恒定。这些问题在某种程度上，可通过连续培养加以解决。

2. 半连续培养 半连续培养是利用培养罐进行细胞大量培养的一种方式。在半连续培养中，当培养罐内细胞数目增殖到一定量后，倒出一半的细胞悬浮液于另一个培养罐内，再分别加入新鲜培养基继续进行培养，如此这样频繁地进行再培养。半连续培养能够获得大量均匀一致的培养细胞供生化研究之用。如利用大规模半连续培养方法培养烟草细胞，在培养 5 d 后，每天可收获和取代 50% 的细胞培养物。

3. 连续培养 连续培养是利用特制的培养容器进行大规模细胞培养的一种方式。特点是培养过程中由于不断注入新鲜培养基，排掉旧的培养基，保证了养分的充足供应，不会出现悬浮培养物发生营养亏缺的现象，延长了细胞培养周期和目的产物的积累时间，增加了目的产物的产量，故培养装置是比较复杂的，一般用生物反应器（参见第三节）。同时，由于系统进入稳定状态后，细胞生长速度及产物浓度等趋于恒定，便于对系统检测。此外，可使细胞长久地保持在指数生长期和直线生长期中，细胞增殖速度快，适于大规模工厂化生产。该方法又分为封闭型和开放型两种。

（1）封闭型连续培养。封闭型连续培养是指培养过程中，排出旧培养基，加入新鲜的培养基，进出数量保持平衡，从而使培养系统中营养物质的含量总是超过细胞生长的需要。悬浮在排出液中的细胞经机械方法收集后再放回到培养系统中。因此这种培养方式随培养时间延长，细胞密度不断增加。

（2）开放型连续培养。为了不使限制细胞生长的因子出现，创造一个稳定的培养细胞生长的环境，必须建立一套自动控制系统来调节培养基注入的数量和培养液的总体积。在开放型连续培养中，注入的新鲜培养液的体积与流出的培养液体积相等，其中细胞的密度也保持恒定，并通过调节培养液注入和流出的速度，使培养细胞的生长速度一直保持在一个稳定状态。为了达到在开放型连续培养中细胞增殖的稳定性，可采取两种方法加以控制：①浊度恒定法培养（图 6-7A）。在浊度恒定法培养中，新鲜培养基是间断注入的，受细胞密度增长所引起的培养液混浊度增加控制。在浊度恒定的连续培养装置中，有一个细胞密度观测窗，用一只比浊计或分光光度计来测定培养液中细胞的混浊度。新鲜培养基流入量与旧培养液流出量都受光电计自动控制。培养液中细胞密度增加时，光透过量减少，从而给培养基入口一个信号，加入一定量的新鲜培养基，同时流出等量的旧培养液，保持体积不变。当光透过量增加时，自动停止新鲜培养基的注入和旧培养液的流出。②化学恒定法培养（图 6-7B）。在化学恒定法培养中，为使细胞密度保持恒定状态，可采用两种方法：一种是以固定速度注入新鲜培养基，将培养基内的某种营养成分（如氮、磷或葡萄糖）的浓度调节成为一种生长限制浓度，从而使细胞的增殖保持稳定状态。在这种培养基中，除生长限制成分以外的其他成分的浓度都高于细胞生长所需要的浓度，而生长限制成分被调节在一定水平上，它的任何增减都可由细胞增长速度的增减反映出来。另一种是控制培养液进入的速度，使细胞稀释的速度正好和细胞增殖的速度相同，因此培养液中细胞密度一直保持恒定状态。

连续培养是植物细胞培养技术中的一个重要进展，这种培养技术对于植物细胞代谢调节的研究、各个生长限制成分对细胞生长的影响、次生物质大量生产等都有重要意义。与分批培养相比，连续培养除可用于大规模商业化生产外，还具有许多优点，如可长时间维持悬浮培养体系的无菌状态，在机械故障时细胞所受伤害较小，自动化程度高，相关培养条件（温度、光照、培养基中的营养成分和生长调节剂、通气方式及搅拌速度等）可控性强。

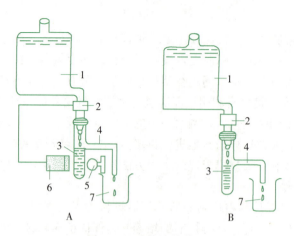

图 6-7 连续培养装置
A. 浊度恒定法培养　B. 化学恒定法培养
1. 培养基容器　2. 控制流速阀　3. 培养室　4. 排出管　5. 光源　6. 光电源　7. 流出物
（引自陈忠辉，1998）

（三）悬浮细胞的继代

悬浮培养细胞进入静止期时应定期进行继代培养，否则会引起细胞大量死亡和解体。有细胞一到静止期，就需马上继代培养，有的在静止期之前细胞增殖减慢时即可继代。为了加速细胞增殖，有时甚至在指数生长期末就需继代。最适周期一般为1～2周，但实际所需时间和接种量应视不同细胞系而定。继代时间为1周的细胞系，可用1∶4的接种量，继代时间为2周的可用1∶10的接种量。接种时，可用口径稍大的移液管进行，待培养瓶中大的细胞团下沉后，立即吸取溶液上部单细胞和小细胞团接种。

（四）悬浮培养细胞的同步化

一个悬浮培养体系中细胞的大小、形状、DNA含量都存在很大差异，此外，每个细胞所经历的时期也不同，表明细胞悬浮培养大多是不同步的。这就使得研究细胞的生化、生理、遗传和其他方面的代谢具有很大难度。因此，通过控制悬浮培养体系的各种生长条件以获得高度同步化的细胞就非常必要。同步培养（synchronous culture）是指在培养基中大多数细胞都能同时通过细胞周期的各个阶段的培养技术，同步化的程度以同步百分数表示。实现悬浮培养细胞同步化主要有物理方法和化学方法。

1. 物理方法　细胞的物理特性（如单细胞或细胞团的大小等）和培养条件（如光照、温度等）可被成功地监控以获得高度同步化。

（1）分选法。分选法是通过细胞体积大小分级，直接将处于相同周期的细胞进行分选，然后将同一状态的细胞继代培养于同一培养体系中，保持相同培养体系中的细胞具有较好的一致性。这种方法的优点是操作简单，分选后细胞维持了自然生长状态，因此不会有其他处理所带来的对细胞活力（cell vitality）的影响。常规的细胞分选是采用不连续梯度离心的方法，细胞在较高渗透压浓度的蔗糖或多聚糖溶液中，由于体积和质量的差异，在离心过程中会在溶液里形成不同的细胞层，处于同一层的细胞在生理状态和细胞周期上均相对一致。将不同层的细胞分别收集在一起接种，即可获得较好的同步化细胞系。通过这种方法成功分选获得胡萝卜悬浮细胞系，同步化达90%。流式细胞仪也可对悬浮培养细胞进行精细分选。

（2）低温处理。低温处理是根据低温刺激能提高培养细胞同步化程度的原理而设计的。其步骤是：①将10 mL细胞培养物转移到100 mL新鲜液体培养基中；②将培养物在27 ℃、155 r/min条件下振荡培养，直至细胞分裂达到静止期；③继续培养40 h后，将培养物在4 ℃条件下低温处理 3 d；④加入 10 倍的 27 ℃的新鲜培养基，27 ℃、155 r/min 条件下振荡培养 24 h；⑤重复低温处理 3 d 后，在 27 ℃条件下培养，2 d 后细胞处于同步化生长状态。

2. 化学方法 化学方法的原理是使细胞遭受某种营养饥饿（即饥饿法），或者通过加入某种生化抑制剂阻止细胞完成其生长周期（即抑制法）。

(1) 饥饿法。先对细胞断绝供应一种细胞分裂所必需的营养成分或植物生长调节剂，使细胞停滞在 G_1 期或 G_2 期，当重新在培养基中加入这种限制因子时，静止细胞就会同时进入分裂。控制因子一般为氮、磷、钾和植物生长调节剂等。在长春花（Catharanthus roseus）悬浮培养中，先使细胞受到磷酸盐饥饿 4 d，然后再把它们转入含磷酸盐的培养基中，获得了较高同步性；烟草悬浮培养细胞受细胞分裂素的饥饿后获得同步。

(2) 抑制法。抑制法是指利用生化抑制剂暂时阻止细胞周期的进程，使细胞积累在某一特定时期，当抑制作用被解除后，细胞就同步进入下一时期。①DNA 合成抑制法。一般使用 DNA 合成抑制剂，如 5-氨基尿嘧啶、5-氟脱氧尿苷、羟基脲、胸腺嘧啶脱氧核苷等。当细胞受到这些化学药物处理后，由于这些核苷酸类似物的存在，阻止了 DNA 合成，细胞周期只能进行到 G_1 期，细胞都滞留在 G_1 期和 S 期的边界上，除去抑制剂后，细胞就进入同步分裂。5-氟脱氧尿苷已用于控制大豆、烟草、番茄等悬浮培养细胞的同步化。由于应用这种方法取得的细胞同步性只限于一个细胞周期，故细胞的同步化程度更高。②有丝分裂抑制法。加入抑制有丝分裂中纺锤体（spindle）形成的物质，使细胞分裂停滞在有丝分裂中期，以达到同步化培养。秋水仙素是最有效的有丝分裂抑制剂。在玉米指数生长期加入 0.02%秋水仙素，4~8 h 后悬浮培养物有丝分裂指数提高，经 10~12 h 达到有丝分裂中期高峰。应注意的是，秋水仙素处理时间不能太长，防止其导致染色体加倍。

(五) 培养基的振荡

细胞悬浮培养中，为了改善液体培养基中培养材料的通气状况，需进行培养基的不断振荡。振荡设备有：①旋转式摇床。旋转式摇床至今仍是细胞悬浮分批培养中应用最广泛的设备。摇床载物台上装有瓶夹，其转速可控。对大多数植物细胞来说，以转速 30~150 r/min、冲程范围 2~3 cm 为宜，转速过高或冲程过大都会造成细胞破裂。②慢速转床。该转床是 1952 年 Steward 进行胡萝卜细胞培养时设计的。转床的基本结构是在一根略微倾斜（12°）的轴上平行安装若干转盘，转盘上装有固定瓶夹，转盘向一个方向转动，培养瓶也随之转动，瓶中的培养物交替地暴露于空气或液体培养基中，转速 1~2 r/min，培养时若需光照，在床架上可安装日光灯。③自旋式培养架。适用于大容量的悬浮培养。转轴与水平面成 45°角，转速为 80~110 r/min，这种装置上可以放置两只 10 L 的培养瓶，每瓶可装 4.5 L 的培养液。

三、影响细胞培养的因素

1. 培养基 适合愈伤组织培养的培养基，不一定完全适合细胞悬浮培养，但能诱发愈伤组织的培养基可以作为确定最适细胞悬浮培养基的依据。同时还要研究生长素及细胞分裂素的配比对细胞聚积性（accumulation）的影响，选择使细胞容易分离的培养基。一般来说，N_6、MS、B_5 等培养基适合单子叶植物细胞悬浮培养，MS、B_5、LS、SL 等培养基适于双子叶植物细胞悬浮培养。悬浮细胞培养基中需附加水解酪蛋白、椰子汁、脯氨酸等，而条件培养基更适合于单细胞和低密度细胞培养。悬浮培养细胞往往要比固体培养需要更多的硝态氮和铵态氮（达 60 mmol/L）。在活跃生长的悬浮培养物中，无机磷酸盐消耗很快，不久会变成一个限制细胞分裂生长的因素。如烟草悬浮培养物培养在 MS 无机盐培养基中，3 d 后磷酸盐的浓度几乎下降为零。即使培养基中磷酸盐的浓度提高到原水平的 3 倍，5 d 内也会被细胞全部耗尽。因此，为了进行高等植物的细胞悬浮培养，特别设计了含磷量高的 B_5 和 ER 两种培养基。

2. 细胞密度 培养基的成分和起始细胞密度对单细胞培养成败有重要影响。起始密度就是细胞培养最低的有效密度,即能使细胞分裂、增殖的最低接种量,低于这个密度细胞便不能分裂,甚至很快解体死亡。不同植物要求不同的起始密度。如烟草为 $0.5\times10^4\sim1.0\times10^4$ 个/mL;茄子为 4×10^5 个/mL(花粉)。在条件培养基或看护培养下,可以降低培养细胞的起始密度。进行单细胞培养时,必须在基本培养基中加入细胞分裂素、赤霉素和几种氨基酸才能使细胞发生分裂。如 Kao 等配制了 KM-8P 培养基,其中含有无机盐、蔗糖、葡萄糖、14 种维生素、6 种氨基酸和 4 种三羧酸循环中的有机酸,即使起始细胞密度降低到 25~50 个/mL,植板的细胞也能发生分裂。若以水解酪蛋白(250 mg/L)和椰子汁(20 mg/L)取代氨基酸,有效植板细胞密度则可降到 1~2 个/mL。

3. 植物生长调节剂 细胞培养使用植物生长调节剂时,除了考虑它们对启动细胞分裂和促进细胞分裂速度的影响外,还要考虑它们对悬浮培养细胞分散性的影响。细胞悬浮培养时,常表现出一种自然的聚集现象,即群集现象(clustering),这种群集现象影响单细胞无性系的形成。如培养颠茄(*Atropa belladonna*)细胞时发现,细胞分散性与 KT 浓度有关。当加入 2 mg/L NAA 时,培养细胞的分散性决定于 KT 的浓度,KT 为 0.1 mg/L 时,分散性最好。培养基中加入 2,4-D、少量水解酶(如纤维素酶和果胶酶)或酵母提取液类物质,能够增加细胞的分散度。

4. pH 和 CO_2 浓度 常用的培养基缓冲能力很弱,不适合细胞悬浮培养。悬浮培养时,pH 有相当大的变动。如 pH 4.8~5.4 的培养基,在细胞培养时 pH 会迅速增加。硝态氮和铵态氮之间进行调整可作为稳定 pH 的一种方法;也可加入一些固体的缓冲物,如微溶的磷酸氢钙、磷酸钙或碳酸钙也可稳定培养液的 pH;CO_2 对细胞培养没有太大影响,但在低密度细胞培养中,对于诱导细胞分裂可能有重要意义。如在假挪威槭(*Acer pseudoplatanus*)和一些其他植物的悬浮培养中,培养瓶内保持一定的 CO_2 分压,可使有效细胞密度由大约 1×10^4 个/mL 下降到 600 个/mL。

第二节 培养细胞生长和活力的测定

一、培养细胞生长的测定

准确、快速、可靠地测定悬浮培养细胞的生长对植物细胞和组织培养是非常重要的,精确评估悬浮细胞生长动力学对生物反应工程的有效设计至关重要。有许多方法可用于悬浮培养细胞生长的测定,如细胞计数,细胞鲜重、干重,细胞沉淀体积、密实体积,培养物光密度,培养基电导率和 pH 等。然后,描述细胞增殖效率的参数可以被确定,如有丝分裂指数、植板率、生长指数、比生长速率、细胞加倍时间等。

(一)细胞计数

悬浮培养中存在着大小不同的细胞团,由培养瓶中直接取样很难获得可靠的细胞计数。为提高细胞计数的准确性,可先用铬酸(5%~15%)或水解酶(果胶酶 0.25% 和纤维素酶 0.5%)对细胞和细胞团进行处理,增加细胞分散性。Street 等计数槭树(*Acer saccharum*)细胞的具体方法是:把 1 份培养物加入 2 份 8% 三氧化铬溶液中,70 ℃ 下加热 2~15 min,然后使混合物冷却,用力振荡 10 min,用血细胞计数板进行细胞计数。酶处理时不需要加热,25 ℃、100 r/min 振荡 30 min,可保持悬浮细胞的活力。细胞计数是测定悬浮培养细胞生长的最有效方法,且与其他指标(如培养基电导率)有很好的相关性。

(二)细胞密实体积和沉淀体积

细胞密实体积(packed cell volume, PCV)可反映培养细胞的生长情况。在无菌条件下,将已知体积的、均匀分散的悬浮液(10 mL)放入 15 mL 的刻度离心管中,在(1 000~2 000)$\times g$ 下离心 5 min,可以得到细胞密实体积,以每毫升培养液中细胞的总体积表示。也可使悬浮培养物自然沉淀，用以测定细胞沉淀体积。

(三) 细胞鲜重和干重

把悬浮培养物倒在下面架有漏斗的已知质量的尼龙丝网上，用水洗去培养基，真空抽滤除去细胞上多余水分，再称量即可得到细胞鲜重。用已知质量的干尼龙丝网按上述方法收集细胞，60 ℃下干燥 12 h，再称量。细胞干重以每毫升培养物或每 10^6 个细胞的质量来表示。

(四) 细胞有丝分裂指数

细胞有丝分裂指数指在一个细胞群体中，处于有丝分裂的细胞占细胞总数的百分数。指数越高，表明细胞进行分裂的速度越快，反之则越慢。在一个活跃分裂的悬浮培养物中，分裂指数可以反映细胞分裂的同步化程度。一个迅速生长的细胞群体其有丝分裂指数为 3%～5%。测定有丝分裂指数的方法比较简单。对于愈伤组织一般采用孚尔根染色法，先将愈伤组织用 1 mol/L HCl 在 60 ℃ 水浴中水解后染色，然后在载玻片上按常规方法镜检，随机检查 500 个细胞，统计其中处于分裂期间和处于有丝分裂各个时期的细胞数目，计算有丝分裂指数。悬浮培养的细胞先用固定液处理，然后将固定的悬浮液滴于载玻片上，染色并做镜检，至少统计 500 个细胞。虽然有丝分裂指数的测定是研究细胞生长的有用技术，但它受许多因子的影响，如完成一个细胞周期所需的时间、有丝分裂持续的时间、非周期性和死细胞的百分数、细胞群体中同步化的程度等。因此，单独测定有丝分裂指数还不能精确反映某一培养物细胞分裂的同步化程度。

(五) 细胞植板率

利用平板培养单细胞时，常以植板率来表示能分裂长出细胞团的细胞占接种细胞总数的百分数。植板率的计算公式如下：

$$植板率 = \frac{每个平板形成的细胞团数}{每个平板接种的细胞总数} \times 100\%$$

其中每个平板上接种的细胞总数，等于铺板时加入的细胞悬浮液的体积和每单位体积悬浮液中细胞数的乘积。每个平板上形成的细胞团数可以在试验末期直接测定。理想的结果应该是在较低的细胞密度条件下能得到尽可能高的植板率。

(六) 其他生长参数

1. 生长指数 生长指数（growth index，GI）指一段时间内悬浮细胞的积累量与初始接种量的比值。鲜重一般反映细胞生长情况，干重则在一定程度上反映细胞质量。

$$生长指数 = \frac{W_F - W_O}{W_O}$$

W_F 和 W_O 分别表示最终和开始时细胞的量，鲜重或干重。

2. 比生长速率 比生长速率（specific growth rate）可通过不同时间细胞密度（x）的自然对数与起始密度（x_0）的自然对数之差与培养时间（t）的比来衡量。

$$比生长速率 = \frac{\ln x - \ln x_0}{t}$$

3. 细胞数量和质量加倍时间 细胞数量和质量加倍时间（doubling time）指悬浮培养细胞增殖使细胞数目或质量增加一倍所需时间。相对于微生物培养，植物细胞的加倍时间较长，一般为 15～30 d。目前报道的加倍时间最短的为烟草细胞（15 d）。

培养初期，细胞体积、鲜重、光密度、计数与干重表现出很好的线性关系，这些指标常常用于测定细胞的生长；静止期，由于细胞团聚、降解及形态的差异性，这种相关性表现出很大的偏差。随着培养体系中细胞数目的增加，培养基电导率逐渐降低。通过监测培养过程中培养基电导率的降低来测定悬浮培养细胞的生长具有一定的优点：①可连续、原位或在线监测细胞生长；②不需要取样和化学分析；③经济有效；④不受细胞团大小、生长形态及悬浮物黏度影响。故培养基电导率测定法是一种精确、可靠、可重复的方法。

二、培养细胞活力的测定

细胞活力的测定是依据细胞的物理特性（如细胞膜的完整性、细胞质环流等）和细胞的代谢活性（如四唑盐的还原、荧光物质的水解等）。一些染料常被用于测定细胞膜完整性，如伊凡蓝、甲基蓝、台盼蓝、中性红、酚藏花红等，这些染料可透过有损细胞膜而使死细胞染色，并用显微技术或分光光度法分析染色情况，测定细胞活力。酶活性作为细胞代谢活力指标，也可用于测定细胞活力，如一些还原酶和酯酶等。

1. 四唑盐还原法（TTC/MTT法） 活细胞由于呼吸作用产生还原力，可将三苯四唑氯化物（2,3,5-triphenyl tetrazolium chloride，TTC）或四甲基偶氮唑盐［3-（4,5-dimethylthiazol-2yl）-2,5-diphenyl tetrazolium bromide，MTT］还原成红色染料，据此测定细胞呼吸效率，反映细胞代谢强度。一般可在显微镜下观察视野中被染色细胞的数目，计算出活细胞百分率。也可以将还原的TTC红色染料用乙酸乙酯或乙醇提取出来，用分光光度计进行测定（MTT 570 nm，TTC 485 nm），计算细胞相对活力。这个方法使观察结果定量化，但单独使用时，有些情况下不能得到可靠结果。

2. 荧光素二乙酸酯法 荧光素二乙酸酯（fluorescein diacetate，FDA）法可以对活细胞百分数进行快速目测。用丙酮制备0.5%的FDA贮备液，置于0℃下保存。当进行细胞活力测定时，将FDA贮备液加入细胞悬浮液中，加入的数量以使最终浓度为0.02%为准（具体操作过程参见第七章）。为了保持细胞的稳定性，可适当加入一种渗透压稳定剂。保温5 min后，用一台带有激发片和吸收片的荧光显微镜对细胞进行检查。FDA既不发荧光也不具有极性，能自由地穿越细胞膜进入细胞内部。在活细胞内FDA被酯酶分解，产生有荧光的极性物质——荧光素（fluorescein）。由于荧光素不能自由穿越细胞膜，从而在活细胞中积累，而死细胞中不能积累（图6-8）。所以，在荧光显微镜下观察到产生荧光的细胞，表明是有活力的细胞，相反则是无活力细胞。细胞活力以发荧光的活细胞百分数表示。

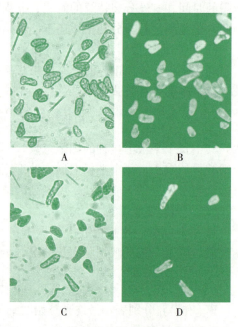

图6-8 细胞活力的测定（伊凡蓝染色法和荧光素二乙酸酯法）
A、C. 2种染料染色，明场
B、D. 仅FDA染料染色，暗场

3. 伊凡蓝染色法 这种方法是FDA的互补法。当用伊凡蓝（Evans blue）的稀溶液（0.025%）对细胞进行处理时，只有死细胞和活力受损伤的细胞能够吸收这种染料，而完整的活细胞不能摄取或积累这种染料。因此，凡是不染色的细胞均为活细胞（图6-8）。但染色时间不宜过长，否则活细胞也会逐渐积累染料而染上颜色。细胞活力以未染色的活细胞数占总观察细胞数的百分数来表示。也可以用分光光度法测定，即：将伊凡蓝溶液加入1 mL悬浮培养细胞中，使其最终浓度为0.025%，室温下放置15 min后充分清洗多余染料，然后用50%乙醇（含1%SDS）60℃下处理着色细胞30 min，重复两次。收集两次上清液，1 875×g离心15 min，将上清稀释至7 mL，在600 nm处测定光密度，计算细胞相对活力。

4. 相差显微镜观察法 在相差显微镜下观察细胞质环流和正常细胞核的存在来鉴别细胞的活力。

第三节 植物细胞培养的应用

一、次生代谢产物的生产及生物反应器

利用细胞培养进行工业化生产,主要是以植物次生代谢产物作为研究和应用的对象。

(一)次生代谢产物的生产

在植物中现已确定的天然产物有 200 000 多种,通过细胞培养可得到大量的植物次生代谢产物,如生物碱、抗菌剂、橡胶、类固醇、糖类衍生物、天然色素等。海滨木巴戟(*Morinda citrifolia*)体内可以合成蒽醌,蒽醌可以制造染料,这种化合物是在皮层细胞(cortical cell)中合成的,贮存于根外皮层细胞中。以干重计,在这种植物细胞培养物中,蒽醌含量比根高 20 倍;以细胞内含量计,培养细胞中比根的皮层细胞中高 2~3 倍。从光下培养的胡萝卜愈伤组织中能分离出紫红色、橙红色、绿色、黄白色 4 种愈伤组织株系,其中紫红色愈伤组织能够合成大量花色素苷,而胡萝卜素含量少。另外,红光能使胡萝卜愈伤组织中叶绿素 a、叶绿素 b 以及胡萝卜素含量增加。紫草中含紫草素,可作为轻工业原料,从软紫草(*Arnebia euchroma*)中筛选出高产细胞株系,其紫草素含量比原植物根提高 4~8 倍。通过组织培养或细胞培养的培养物中产生的药用成分已有 600 多种。

部分植物细胞培养过程中产物积累与细胞生长周期有关(表 6-1)。根据植物细胞生长和次生代谢产物合成的关系,将培养细胞中次生代谢产物的合成分为 3 种类型:①生长偶联型。产物合成与细胞生长呈下降比例关系,如Ⅱ组和Ⅲ组。②中间型。产物仅在细胞生长速度开始下降时才能合成,细胞处于指数生长期时不合成,当细胞停止生长时,产物也停止合成,如Ⅰ组。③非生长偶联型。产物只在细胞生长停止后合成,如Ⅳ组。事实上,由于细胞培养过程比较复杂,细胞生长和次生代谢产物合成很少完全符合上述模式,特别是在较大的细胞群体中,由于细胞生理状态的不同步,细胞生长和产物合成也许是细胞群体中部分细胞行为的结果。

表 6-1 部分植物细胞培养过程中产物积累与细胞生长周期的关系

项 目	培养植物种属	产 物
Ⅰ组指数生长后期积累	单冠毛菊	花色素苷
	玫瑰	酚醛
	曼陀罗属、莨菪属	托品类生物碱
	穿心莲属	内酯、倍半萜类
	巴戟天属	蒽醌类
Ⅱ组快速生长期积累	杨属	花色素苷
	胡萝卜属	肉桂酸
Ⅲ组与细胞生长平行积累	长春花属	长春花碱
	烟草属	烟碱
	藜属、商陆属	β花色素
	唐松草属	小檗碱
	薯蓣属	薯蓣皂苷配基
	白屈菜属	血根碱
	药鼠李	蒽醌
Ⅳ组稳定期积累	阿米属	齿阿米素

(续)

项 目	培养植物种属	产 物
Ⅳ组稳定期积累	Paul's 红玫瑰 紫草	绿原酸 紫草素

植物细胞培养生产次生代谢产物与栽培植物相比，有下列优点：①同样具有次生代谢物生物合成的全能性，不受地理、气候等条件限制；②可节省土地，降低成本，缩短生产周期；③通过细胞诱变和单细胞克隆技术，可获得能够长期保持生命力和次生代谢产物合成能力的高产细胞株系，提高生产效率；④合成某些微生物和人工不能合成的或整株含量甚微的物质，或整株资源十分缺乏，而培养细胞中该种植物有效成分含量却很高的生物；⑤在了解次生代谢过程的基础上，实施对次生代谢过程的调控，包括对培养条件的调控、代谢前体的添加及激发子的采用，使生产效率更高。

然而，利用植物细胞培养技术生产次生代谢产物真正实现商品性工业化的还为数甚少，仅有人参（*Panax ginseng*）、紫草、红豆杉、洋地黄、黄连等进入中试或工业化生产，其主要原因在于培养的植物细胞系不稳定、次生代谢产物含量太低、生产能力不稳定以及工业化生产成本太高等。很多情况下，有些细胞培养物不能产生这些天然化合物或者比正常植株产量低，可能有形态、细胞和生理上的原因，也可能有遗传稳定性的原因。培养细胞与完整植株不同，其缺少完整植物所具有的转化反应能力。另外，对能够促成这类天然产物合成的营养条件和其他培养条件缺乏了解。现在已知，培养细胞中生物碱的产量受培养物的生长阶段、培养基成分、培养条件（如光照、温度）以及细胞基因型等影响。另外，细胞培养过程中高产细胞系会发生合成这些化合物能力降低的情况。为了维持生产，就必须对能够合成这些化合物的细胞不断筛选，选择稳定和高产的细胞系，从而使细胞培养成为进行某些天然化合物工业生产的一种有效手段。提高次生代谢产物产量的方法有：①筛选高产细胞株系；②优化培养条件，包括培养基组成（糖、氮、磷、植物生长调节剂及前体物质或先导物等）和培养条件（光照、温度、pH、O_2 等）；③激发子的应用［激发子分为生物激发子和非生物激发子，激发子包括酶、微生物、多糖（如几丁质、葡聚糖、糖蛋白）、植物细胞壁多糖（如果胶、纤维素、壳聚糖、葡聚糖）、水杨酸、茉莉酸甲酯，非生物激发子包括无机盐、重金属、紫外线、渗透压、温度］；④培养技术的选择，包括代谢物的渗透与释放、目的产物原位提取或吸附、固定化培养、两相培养、二步培养、发根培养等；⑤生物转化；⑥代谢工程（遗传操作）等。

（二）生物转化

生物转化（biotransformation）也称生物催化（biocatalysis），是利用生物系统通过结构修饰（水解、加氢、羟基化、氧化还原及脂化反应等生理生化反应）将有机物分子转化为有价值的化合物的过程。其本质是利用生物体系本身所产生的酶对外源化合物进行酶催化反应，具反应选择性强（立体选择性、区域选择性）、反应条件温和、副产物少、不造成环境污染和后处理简单等优点，并且可以进行传统有机合成不能或很难进行的化学反应。生物转化的意义在于既可产生新化合物，又可改造已有化合物，增加目标产物产量，克服化学合成难度。更重要的是，植物细胞培养由于催化多步反应，常常会产生中间代谢产物，有助于阐明化合物的生物合成途径。此外，催化反应可以在比较温和的条件下进行，副产物少、耗能少、安全、成本低。但利用悬浮培养体系进行生物转化时必须具备一定的前提条件，即必须有专一性的酶进行催化；底物或其他前体物质不能对培养物有毒；底物必须能够到达合成代谢产物的特定细胞器内；产物的形成速率要大于其参与其他代谢的速率。

利用细胞培养进行生物转化有两种方法：①给细胞提供在一般情况下植物所不具备的底物化合物，如人工合成的化合物、中间产物类似物或其他物种的植物产物，以得到自然界中不存在的化合物；②给细胞提供植物天然产物中间体（如某种化合物的前体），以提高该种天然化合物在细胞中的产量。植物细胞能使加入的基质发生生化反应。糖苷类物质要比糖苷配基有更高的应用价值，如糖苷配基——卡哈苊配基没有甜味，而糖苷卡哈苊生物苷可作为增甜剂。甜叶菊（*Stevia rebaudiana*）细胞培养物中，细胞能使卡哈苊配基和葡萄糖通过脱水作用转化为卡哈苊苷和卡哈苊生物苷；苯丙氨酸是莨菪碱（hyoscyamine）生物合成的前体，莨菪碱在医药上用于扩大瞳孔、镇痉挛、节制分泌等。在振荡培养的曼陀罗愈伤组织培养液中加入 0.2% 苯丙氨酸，1 周后莨菪碱的产量比对照增加两倍。同时发现，振荡培养中苯丙氨酸加入时间不同，莨菪碱产量也不一样。细胞培养物还能酶解其他化合物，如苯酚、类固醇、强心苷等。

（三）细胞的工厂化生产

植物的很多次生代谢产物是某些药物、染料、香精、食品添加剂、化妆品、色素、农药和其他化工原料等的重要来源。为了满足人类的需要，人们探索、借鉴微生物发酵办法，通过生物反应器对植物细胞进行规模化培养来生产这些化合物，或是利用培养细胞对外供的前体化合物或中间产物进行生物转化。植物细胞的工厂化生产途径大致包括以下 3 个步骤（图 6-9）：①高产细胞株的选择。将分离纯化的细胞群，以一定密度接种在固体培养基上进行平板培养，使之形成细胞团，尽可能使不同细胞团之间间隔一定距离，形成不同"细胞株"。根据不同培养目的对"细胞株"进行鉴定和测定，从中选择出高产、质优和合成某种氨基酸、生物碱、酶类、甾体类或天然色素能力强的"细胞株"。②"种子"培养。对高产的"细胞株"或细胞无性系进行扩大繁殖，获得大量培养细胞，用作大量培养时的接种材料。③细胞的规模培养。将选择到的目的单细胞无性系，用发酵罐或生物反应器进行工厂化细胞培养，生产所需要的植物化合物。

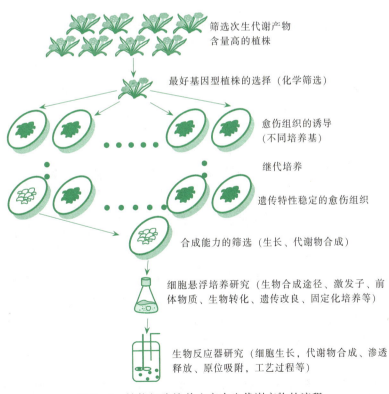

图 6-9　植物细胞培养生产次生代谢产物的流程
（引自 Bourgaud，2001）

（四）生物反应器

植物细胞培养生产次生代谢产物的最终目标是实现工业化生产，从而获得巨大商业利润。利用生物反应器培养植物器官或细胞来生产次生代谢产物，是提高生产效率、增加产量的重要途径，是大规模细胞培养生产次生代谢产物的必由之路，如紫杉醇、紫草素、小檗碱、青蒿素和人参皂苷（图 6-10）。用于生物反应器的植物材料可以是细胞、组织和器官。

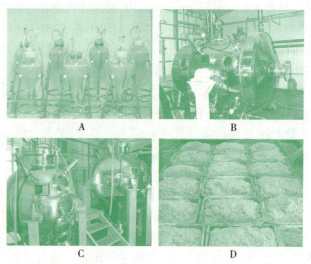

图 6-10　人参细胞培养生产人参皂苷
A. 5 L 鼓泡式生物反应器　B. 500 L 转鼓式生物反应器
C. 500 L 气升式生物反应器　D. 500 L 生物反应器生产的物质

与微生物培养相比，植物细胞培养具有周期长、细胞抗机械损伤能力差、易团聚等特点。所以，选择一个合适的植物细胞规模化培养生物反应器时，通常应考虑适当的氧传递能力、较低的机械损伤、良好的流动性（细胞的营养供应，产物和毒副产品的提取、分离）。根据植物细胞生长和代谢产物积累的特点，目前已设计出多种类型的反应器，如搅拌式、气动式、固定化、转鼓式、摇摆式生物反应器等（图 6-11）。

1. 搅拌式生物反应器　搅拌式生物反应器混合程度高，适应性广，能获得较高的溶氧系数，且符合《药品生产质量管理规范》（GMP）要求，在大规模培养生产中广泛使用。但搅拌罐中产生的微湍流和剪切力大，容易损伤细胞，进而影响培养细胞的生长与代谢。对于剪切力敏感的细胞，传统的机械搅拌罐不适用。为此，研究者对搅拌罐进行了改进，包括改变搅拌形式、叶轮结构与类型、空气分布器等，降低产生的剪切力，同时满足供氧与混合的要求。搅拌器的叶轮类型有涡轮型、螺旋带状型、桨型、带孔圆盘叶轮及混合型等（图 6-12），不同类型的叶轮会产生不同的混合效率、氧传递率、湍流产生、对细胞的剪切力等。采用带有 1 个双螺旋带状叶轮和 3 个表面挡板的搅拌罐，适于剪切力敏感的高密度细胞培养（图 6-13）。在培养紫苏（*Perilla frutescens*）细胞中，带以微孔金属丝网作为空气分布器的三叶螺旋桨反应器能提供较小的剪切力和良好的供氧及混合状态，优于六平叶涡轮桨反应器，适于高浓度细胞培养。不同叶轮产生剪切力大小顺序为：涡轮状叶轮＞平叶轮＞螺旋带状叶轮。一种升流式生物反应器利用罐中心一根连有多孔板的杆上下移动达到搅拌的目的，可用于培养对剪切力敏感的细胞。

2. 气动式生物反应器　气动式生物反应器主要有鼓泡式生物反应器、气升式生物反应器等（图 6-11C），相对于传统搅拌式生物反应器，气动式生物反应器所产生的剪切力较小，结构简单，流动性较为均匀（图 6-14），被认为适合植物细胞培养。气升式生物反应器有内循环式和外循环式两种，由于内部或外部的导流筒改变了流体的流动模式，从而产生了剧烈的轴流循环、较好的氧传递率、较少的气泡聚结和泡沫。通过比较紫苏细胞培养的生物反应器发现，鼓泡式生物反应器优于搅拌式生物反应器。但由于鼓泡式生物反应器对氧的利用率较低，如果用较大通气量，产生的剪切力也会损伤细胞。

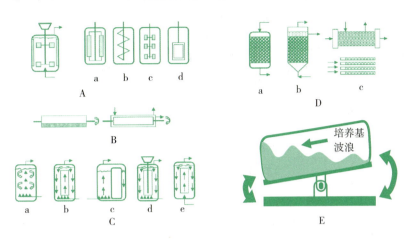

图 6-11　植物细胞培养的生物反应器的类型
A. 搅拌式生物反应器（a. 旋转式；b. 螺旋式；c. 叶轮式；d. 桨式）　B. 转鼓式生物反应器　C. 气动式生物反应器
　（a. 鼓泡式；b. 内循环气升式；c. 外循环气升式；d. 螺旋桨式循环反应器；e. 喷射式循环反应器）
　D. 固定化生物反应器（a. 填充床；b. 流化床；c. 膜生物反应器）　E. 摇摆式生物反应器

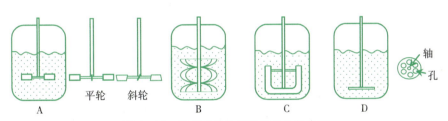

图 6-12　搅拌式生物反应器的叶轮类型
A. 涡轮型　B. 螺旋带状型　C. 桨型　D. 带孔圆盘叶轮

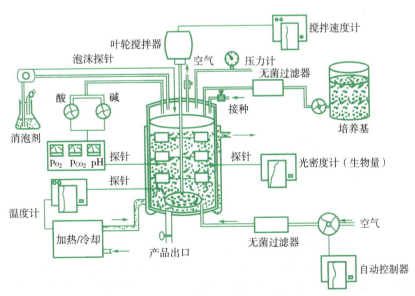

图 6-13　搅拌式植物细胞培养生物反应器装置
（引自郑裕国等，2007）

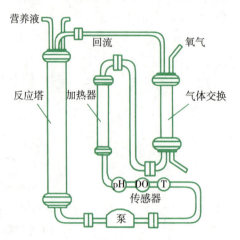

图 6-14　非搅拌气动式生物反应器
(引自郑裕国等，2007)

3. 转鼓式生物反应器　转鼓式生物反应器（图 6-15）是一种新型生物反应器，在转筒的内壁有勺形叶桨，其转筒的转动可促进培养基表面的氧气溶解和营养物质的混合均匀，悬浮系统均一、低剪切力环境、防止细胞黏附等，适用于高密度植物悬浮细胞的培养。该生物反应器已用于某些植物的细胞培养，如烟草、长春花、紫草等。目前有四阶式的转鼓式生物反应器（图 6-15B），更利于氧气的溶解与培养基的均一化。

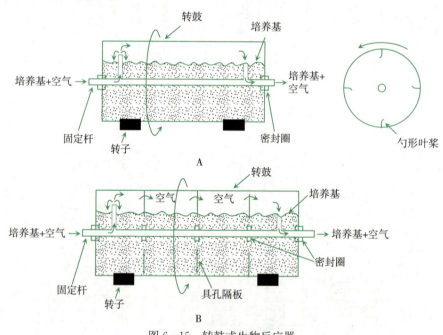

图 6-15　转鼓式生物反应器
A. 单阶式　B. 四阶式

4. 固定化生物反应器　细胞固定化是指将游离的细胞包埋在多糖或多聚化合物制备成的网状支持物中，培养液呈流动状态进行无菌培养的技术。细胞经包埋固定后使其所受的剪切力损伤减轻，利于进行连续培养和生物转化。同时固定的细胞之间密切接触，形成一定的理化梯度，利于次生代谢产物的积累，易于控制化学环境、收获次生代谢产物。植物细胞常采用的固定化方法有凝胶包埋、表面吸附、网格或泡沫材料固定、膜固定（包括中空纤维）。采用的固定剂主要是一些多糖和多聚化合物等，如海藻酸盐、卡拉胶、琼脂糖、角叉藻聚糖、明胶、聚丙烯酰胺等。

固定化生物反应器主要有流化床反应器、填充床反应器和膜生物反应器（图6-11D）。

（1）流化床反应器。其原理是利用无菌流体通入，使固定化细胞悬浮于反应器中（图6-16A）。流化床反应器通常采用小固定化颗粒，因小固定化颗粒具有良好的传质特性。为了使基质更完全地转化为产物，通常延长其在反应器中的停留时间。常采用大气量使固定化颗粒悬浮，同时保持低流速，或者使液体迅速通过流化床进行循环，保证液体高度混合。流化床反应器的缺点是剪切力和颗粒碰撞会损坏固定化细胞，同时，流体动力学的复杂性使之难以放大。

（2）填充床反应器。其原理是植物细胞被固定于胶粒、金属或泡沫等支持物之中，通过流动的培养液来实现混合和传质（图6-16B）。填充床反应器每单位体积能容纳大量细胞。但填充床反应器也存在许多缺点，由于其混合效果低，细胞颗粒大，对必要的氧传递、pH、湿度控制和气体产物的排除造成了困难，固定化颗粒或碎片会阻碍液体的流动，固定化的材料也会在高压下变形而阻塞填充床。

（3）膜生物反应器。膜生物反应器是近年来广泛使用的一种固定化生物反应器。其采用具有一定孔径和选择透性的膜固定细胞，营养物质可以通过膜渗透到细胞中，细胞产生的代谢产物通过膜释放到培养液中。由于膜的理化特性会严重影响膜生物反应器的操作，因此膜的选择十分重要。膜的孔径大小影响必要基质和产物的扩散，为加速传质，通常采用薄的多孔膜，但膜的厚度一定要足以在长期操作中保持机械稳定。膜的化学特性（亲水性和疏水性）也很重要，可选择性地传递培养液中的营养物质。膜生物反应器主要包括中空纤维反应器（图6-17）和螺旋卷绕反应器。细胞固定化培养可以使辣椒中辣椒素的含量增加50倍，三角薯蓣中的薯蓣皂苷元含量提高约40%，长春花中的长春花碱含量从2 mg/L增加到90 mg/L。

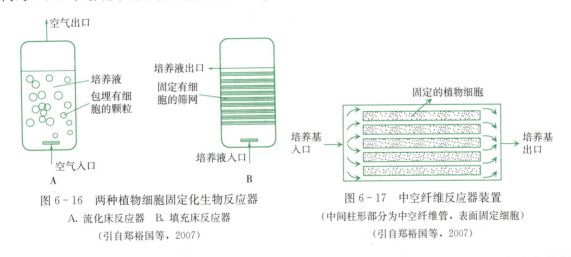

图6-16 两种植物细胞固定化生物反应器
A. 流化床反应器　B. 填充床反应器
（引自郑裕国等，2007）

图6-17 中空纤维反应器装置
（中间柱形部分为中空纤维管，表面固定细胞）
（引自郑裕国等，2007）

5. 光生物反应器　许多植物细胞培养过程中需要光照，其体细胞中的多种酶只有在光的刺激下才能表现出较高的生理活性，有利于特定次生代谢产物的合成，因此在普通反应器的基础上增加光照系统形成光生物反应器（photobioreactor）。小规模试验往往采用外部光照，反应器表面有透明的照明区，光源固定在反应器外部周围。但大规模生产时透光窗的设置、内部培养物对光的均匀接收等问题难以解决。人们将多个透明圆柱体平行安装在反应器罐内，光源放置在透明圆柱体中，供给CO_2的气体交换器在罐内两个圆柱之间。有一种内部光照搅拌式光生物反应器，由每个单元都包含光源的多个单元组成，通过增加单元数目提高培养能力。每个单元中心固定一个玻璃管，光源插入其中，由搅拌桨实现混合，搅拌桨旋转时不接触玻璃管，玻璃管同时作为挡板。该反应器在低转速下仍有较高混合程度，剪切力较小。由于发光体并非机械固定在反应器上，且通过玻璃管与发酵液分离，反应器可高压灭菌，冷却后再将发光体插入玻璃管。研究的固定CO_2的光生物反应器，特别之处在于搅拌器具有发光作用。

6. 带有分离装置的生物反应器 当次生代谢产物进入培养基后会抑制细胞正常的代谢，因此，及时从培养体系中分离产物可提高次生代谢产物的产量。目前次生代谢产物主要的分离方法有萃取法和吸附法。疏水性次生代谢产物用有机溶剂萃取或用疏水性吸附剂吸附（图6-18）。

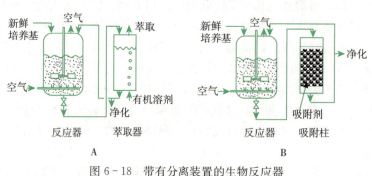

图6-18 带有分离装置的生物反应器
A. 萃取 B. 吸附

二、人工种子

（一）人工种子的概念及意义

人工种子是当前体细胞胚胎学及遗传学研究中的一个重要课题。人工种子又称合成种子（synthetic seed，synseed），指离体培养条件下的植物材料，通过繁殖获得大量的高质量的成熟体细胞胚，把这些体细胞胚外面包上有机化合物作为保护体细胞胚及提供营养的胚乳和种皮，从而创造出与真种子类似的结构。所以，人工种子包括体细胞胚、人工胚乳和人工种皮三部分（图6-19）。最外面一层为有机的薄膜，保护水分免于丧失和防止外部的物理力量的冲击。中间含有胚状体所需的营养成分和某些植物生长调节剂。最里面是体细胞胚。

1978年，Murashige首先提出高速度、大规模生产繁殖体细胞胚的设想以及人工种子的概念。1981年，Lawrence研究了芹菜和莴苣（*Lactuca sativa*）体细胞胚的包埋技术后，就有了许多人工种子的报道。从报道来看，由于植物的种类、诱导繁殖体的方法以及对作物遗传稳定性要求的不同，人工种子繁殖体的种类也多种多样。所以，广义上来讲，任何一种繁殖体，无论是膜胶包裹的还是裸露干燥的，只要能发育成完全植株，均可称为人工种子。1984年，Redenbaugh将人工种子分为四类：①裸露或休眠繁殖体。如鸭茅的干燥体细胞胚，在含水量降低到13%时，有些还能成株。休眠微鳞茎、微块茎，不加包裹，成株率也较高，它们对种皮包裹要求不严格，可以直接种植。②种皮包裹的繁殖体。如胡萝卜干燥体

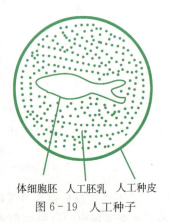

体细胞胚 人工胚乳 人工种皮
图6-19 人工种子

细胞胚，由一层聚氧乙烯（polyoxyethylene）包裹，胚重新水合后能够发芽。有些休眠的微鳞茎、原球茎可外包一层种衣。③水凝胶包裹的体细胞胚、不定芽等繁殖体。用水凝胶包裹的胚状体，为促进发芽其中加入多种养分或激素，如水凝胶包埋的苜蓿体细胞胚。④液胶包埋的繁殖体系统。含水的繁殖体处于液胶包埋带中，如甘薯的体细胞胚。

人工种子在本质上属于无性繁殖体，其优点表现在：①使自然条件下不易结实或种子昂贵的材料能繁殖和保存。②繁殖速度快，可进行规模化、自动化生产。③固定杂种优势。可使F_1杂种优势多代利用，使优良单株离体快繁成无性系而多代利用，保持杂种材料的遗传稳定性。④由于从任何材料都能得到体细胞胚，为基因工程技术应用于生产提供桥梁。⑤加入了各种营养成分或生长调节剂，调节植物生长，提高植物抗逆性。⑥节约粮食，同时人工种子体积小，贮运方

便，可以像天然种子那样播种育苗。

(二) 人工种子的制备技术

典型的人工种子制备程序包括体细胞胚（或其他繁殖体）的生产、成熟与干燥、人工种子的包埋等。

1. 体细胞胚（或其他繁殖体）的生产 繁殖体是人工种子的主体。体细胞胚是人工种子制备的最佳繁殖体，因为它具有完整的种子结构，且繁殖速度快。作为人工种子核心部分的体细胞胚，必须达到一定的标准：①要有较高的同步化程度和活力，可规模化生产；②形态正常，具有完整胚结构，萌发率高；③与母体植物基因型基本相同，特别是重要经济性状上无变异（遗传稳定性好）；④具有较好成熟性，能耐受一定程度脱水。Choi 等（2002）建立了人参体细胞胚大规模悬浮培养体系，每 500 mL 容器可生产体细胞胚 12 000 个。Ducos 等（2007）用间歇浸没式生物反应器可年产咖啡体细胞胚 250 万个。在体细胞胚发育至子叶期早期时，将其转入 1/2MS 无机盐附加 9% 蔗糖的培养基中诱导其成熟、休眠，获得良好效果。

近年来研究结果表明，以体细胞胚作为繁殖体并不适用于有些植物。由于诱导条件的影响，体细胞胚群体的变异比其他器官繁殖体的变异更大，难以保持母体品种的一致性，且有些植物的体细胞胚诱导十分困难。随着植物离体培养技术的不断完善，一些植物微型器官的规模化生产技术也相继诞生，给微器官作为人工种子繁殖体的应用奠定了基础。离体条件下诱导产生的微型营养变态器官，如块茎、鳞茎、球茎等，其器官体积小、成苗率高、不带任何病原物，可作为繁殖体用于人工种子制备。目前已在马铃薯、百合、兰科植物、生姜（*Zingiber officinale*）、芋属植物和薯蓣（*Dioscorea opposita*）等多种植物中成功诱导形成了营养变态器官。另外，直接从外植体上诱导形成的微芽、茎尖、不定芽也可作为繁殖体，其培养方式简单，且无高浓度的激素处理，产生的繁殖体能保持原有植物品种特性。作为人工种子繁殖体的芽必须生长健壮，同时要具有适宜大小，一般以 1~3 mm 为宜，且叶片小、结构紧凑，便于包埋。

2. 成熟与干燥 繁殖体必须同步增殖并达到成熟方可用于人工种子的制备。体细胞胚诱导成功后，必须转入成熟培养基进行成熟培养及脱水处理后才能进行包埋。体细胞胚成熟培养基（如针叶树）有 3 个特点：①培养基中减少或除去一些植物生长调节剂。由于植物生长调节剂减少，早期发育的幼胚停止生长，体细胞胚的同步性提高。②加入 ABA 及提高蔗糖浓度。加入 ABA 有助于营养成分积累，胚中的脂肪、淀粉及蛋白质含量增加，诱导其进入休眠，与合子胚发育情况类似。如在培养基中加入 8~12 μmol/L 的 ABA，可显著促进针叶树体细胞胚的成熟。③加入 PEG。PEG 可使体细胞胚水分减少，不会发生质壁分离，类似天然种子成熟过程的自然脱水现象，提高种子抗逆能力。

繁殖体干燥研究发现，经过干燥的繁殖体，人工种子的成株率可明显提高，如苜蓿体细胞胚含水量降低到 8%~15%，室温条件下贮存 12 个月仍有发芽能力。特别是用 ABA 处理后，成株率为 70%，而不加 ABA，成株率为零。但某些植物中干燥繁殖体成株率却有降低的趋势。目前已有十几种作物进行了人工种子干燥处理的研究，其中有胡萝卜、鸭茅、芹菜、大豆、油菜、苜蓿、小麦、葡萄、莴苣、松树等，其繁殖体大多为体细胞胚。微型变态器官繁殖体也需要适当干燥和休眠处理，如果不是离体培养材料，还要进行表面消毒处理，防止包埋后污染。芽繁殖体不能进行脱水处理，只需选择生长健壮、组织充实的芽用于包埋。

3. 人工种子的包埋 人工种子的包埋包括人工胚乳和人工种皮的包裹。包埋介质既要能对繁殖体起保护作用，又要对繁殖体没有毒害，同时还要具有一定缓冲强度，保证繁殖体在生产、运输和种植操作中的安全性。包埋介质中最好能够混合一定的营养成分，提供类似于胚乳的营养物质以供繁殖体发芽的需要。此外，由于繁殖体的含水量较高，贮存中极易受到微生物的感染危害，介质中还应含有适当的杀菌剂等。根据这些要求，人工胚乳至少应该包括培养基成分、生长调节剂及其他物质（如杀菌剂、防腐剂、除草剂、抗生素、有益菌等）。如加入大量元素营养成分，可促进种子萌发生长；在缺少某种微量元素的土壤中，可针对性加入该元素；添加微量的农药可抵御播种时病虫害对人工种子的侵袭。常见的人工种子的包裹方法有：①离子交换法。水凝胶珠状人工种子的制备可采用络合凝胶点滴法。将体细胞胚与2%海藻酸钠混合在一起，滴入适量的+2价或+3价金属盐溶液，如硝酸钙（100 mmol/L）或氯化钙（1%），钙离子与钠离子发生离子交换反应，点滴在30 min内形成胶珠。如将胡萝卜悬浮培养物进行过滤，筛选0.6~2.0 mm大小的体细胞胚，将它们悬浮在1%~5%海藻酸钠溶液中（凝胶状态）。用口径4 mm的滴管将体细胞胚与凝胶一起滴入0.1 mol/L $CaCl_2$ 溶液中，固化人工种子呈小球体，无菌水冲洗，获得人工种子。该种子可在不同基质上萌发生长。大多数人工种子通过这种方式包埋。②干燥法。用2.5%的聚氧乙烯作为包裹介质，然后使其干燥固化。③冷却法。用0.25%的结冷胶包埋，冷却固化。

以海藻酸盐包埋的繁殖体是一种半固态胶囊，贮藏过程中的粘连、失水干裂等常常会影响人工种子的质量。近年来采用适宜的材料在胶囊外再包裹一层种皮或包衣，形成完整的人工种子，能够有效防止凝胶失水和养分流失。由于外层种皮通常有一定硬度，因此又增加了人工种子的耐挤压性，便于贮藏运输。在种皮与繁殖体之间，由于有凝胶形成的胶囊保护，使繁殖体具有一定的发育空间，可进行正常代谢活动，大大提高了繁殖体的生活力。理想的人工种皮是：①具有一定的封闭性，保证人工胚乳的各种成分不易流失；②具有良好透气性，保证繁殖体维持生理活性；③具有一定坚硬度，加强人工种子贮藏性能和适于机械化操作；④无毒无害，保证繁殖体顺利穿透发芽；⑤配制简单易行，成本低廉。过去采用Elva 4260（乙烯、乙烯基乙酸、丙烯酸共聚物）涂膜，但因其价格昂贵、操作复杂、包裹效果不尽人意而没有得到广泛应用。由于脱乙酰壳多糖带正电荷，可与海藻酸盐发生复杂的聚合作用，从而在胶囊外形成一层有一定韧性的外壳种皮，具有较好的贮藏性能和发芽率。Tay等（1993）采用这一方法包埋油菜体细胞胚后其发芽率达100%。后来用一些二氧化硅化合物，如疏水的Tullanox、微亲水的Cab-O-Sil和硅酮种衣等，均可以粉末状包裹在人工种子胶囊外层，操作时只需将胶囊在上述材料中流动即可完成包被过程，操作简单易行，适于大规模机械化操作，其中硅酮具有抗真菌作用，透气性好。

（三）人工种子的贮藏与萌发

因农业生产的季节性限制，需要人工种子能贮藏一定时间，适应生产要求。但人工种子含水量大，常温下易失水变干，因此，人工种子的保存是目前研究人工种子的一个难题。多数研究者把人工种子放在低温（4℃）下贮存，有一定效果，但时间稍长，其萌发率明显降低。通过对人工种子进行ABA、蔗糖、低温及干燥处理，可增加贮藏时间，如Polyox干燥固化制作的胡萝卜人工种子，4℃黑暗下可存活16 d，用低温及脱落酸处理，存活率可从4%提高到20%，最高可达58%。海藻酸钙包裹胡萝卜体细胞胚制作人工种子时，发现失水率67%的人工种子，在2℃下贮存2个月，发芽率仍达100%，成苗率达76%。随着超低温保存技术在种质资源保存方面的发展，其在人工种子保存方面的应用也日渐成熟。如人工种子经液氮贮藏后，可直接在室温下自然解冻。Martlnez等（1999）将蛇麻草（*Humulus lupulus*）离体培养获得的芽尖干燥脱水经液氮贮藏后，室温下解冻，恢复率可达80%，且无表型变异现象。

目前多数人工种子的萌发率仍较低，而在正常的土壤条件下萌发成苗率就更低。人工种子萌发的幼苗中弱苗和畸形苗较多，其主要原因是人工种子的质量问题，包括体细胞胚的发育和成熟程度、遗传变异的影响等。研究表明，培养基中加入ABA，可明显提高体细胞胚的质量，增加成株率。用不良环境压力法，如次氯酸钠刺激法、高浓度糖法，诱导胡萝卜人工种子，可提高其发芽成苗的能力。

三、突变体的选择

高等植物中,突变育种的缺点之一是对多细胞有机体进行诱变处理后会形成嵌合体,细胞培养进行突变体选择可改变这种情况。利用细胞培养进行突变体选择,多采用离体的单倍体细胞,因为它有获得隐性突变体的机会。经过诱变处理,已分离出大量突变细胞系,有的还得到再生植株。细胞培养中进行突变体选择的方法有几种,其中最简单是直接选择法,这种方法适用于抗性变异的细胞选择。具体方法是:在培养基中加入某种对正常细胞有毒害的物质,使多数细胞死亡,把少数能存活的细胞系分离出来,转入含同样毒素但浓度更高的培养基上,检验细胞系的突变性质。应用直接选择法已分离出许多细胞系,如抗氨基酸类似物、抗抗生素、抗除草剂、抗各种真菌毒素和抗高盐浓度的细胞系等。如果目标表现型不具有选择上的优势,即细胞未产生某种抗性物质,而是产生了一种代谢形式或表现形式的性状,可用间接选择法。如在抗氯酸盐细胞的选择中,分离出了硝酸还原酶缺失突变的细胞系。硝酸还原酶可催化硝酸还原成亚硝酸,也可将氯酸盐还原成亚氯酸盐。氯酸盐对植物细胞有毒害作用,而亚氯酸盐毒害性比氯酸盐高几百倍,因此在培养基中加 20~80 mmol/L 氯酸钠(钙),此浓度的氯酸盐本身不足以杀死植物细胞,如果细胞含有硝酸还原酶,氯酸盐被还原为亚氯酸盐,高毒性亚氯酸盐将这些含有硝酸还原酶的细胞杀死,存活下来则为硝酸还原酶缺失的突变细胞。这种突变体不仅抗氯酸盐,而且在体细胞杂交研究中,还可用作互补选择的标记。

要想从细胞培养中分离出真正的突变体,还需进行一系列的研究,并对分离出的突变细胞系的特性进行鉴定,如生理生化方面的研究比较、培养突变细胞再生植株(M1)、检验组织培养中突变性状能否遗传给再生植株、突变性状在植株水平的表达状况等。

小结

植物细胞培养是将机械法、酶解法及从愈伤组织中分离得到的单细胞,在人工配制的培养基上进行培养的方法。随着培养基及培养技术的发展,不仅能通过细胞继代培养使细胞无限增殖,而且能使高等植物的单细胞在离体条件下,通过诱发细胞分裂形成细胞团,经再分化形成完整植株,并建立了细胞培养的专门技术。单细胞培养主要包括平板培养、微室培养、看护培养和条件培养基培养。单细胞培养比愈伤组织培养更为困难,这是因为它对营养和培养环境的要求更为苛刻,因此看护培养和条件培养基培养更有利于单细胞的培养。因为制作条件培养基的细胞和用作看护培养的愈伤组织在生长过程中,能释放促进细胞分裂的一些特殊代谢物,从而有利于单细胞的分裂和生长。

细胞悬浮培养是从愈伤组织的液体培养基础上发展起来的一种培养技术,包括分批培养、半连续培养和连续培养。此项技术发展很快,目前已发展到全自动控制的大容量生物反应器大规模工业化生产的连续培养。在悬浮培养中,希望建立一种细胞增殖速度快、有用成分含量高、分散程度好的游离细胞悬浮物,因此在进行大规模生产之前,必须使愈伤化的细胞具有最大限度地分散,再从中筛选出增殖速度快、有用成分含量高的细胞株。这项技术不仅为研究细胞生长分化提供了一个独特的实验系统,同时因为这些细胞较为均匀一致、增殖速度快,便于进行大规模培养,在植物产品工业化生产上也有巨大的应用潜力,也对大规模地制造人工种子、加快优良物种的繁育有重要的应用价值。利用生物反应器培养植物器官或细胞来生产次生代谢产物,是提高生产效率、增加产量的重要途径,是大规模细胞培养生产次生代谢产物的必由之路,根据植物细胞生长和代谢产物积累特点,目前已设计出多种类型的生物反应器,如搅拌式、气动式、摇摆式、转鼓式、固定化生物反应器等。

复习思考题

1. 单细胞培养方法有哪几种？各有何特点？
2. 看护培养和条件培养基培养对细胞培养可能有哪些方面的影响？
3. 什么是细胞的悬浮培养？简述分批培养和连续培养的特点。
4. 试述诱导植物细胞同步化培养的方法及其原理。
5. 细胞培养的应用主要体现在哪些方面？
6. 试述细胞培养的生物反应器类型及其特点。
7. 试述增加细胞培养中次生代谢产物含量的措施。
8. 简述人工种子研究的意义。如何提高人工种子的质量？

主要参考文献

崔凯荣，戴若兰，2000. 植物体细胞胚发生的分子生物学. 北京：科学出版社.

李浚明，2002. 植物组织培养教程. 2版. 北京：中国农业大学出版社.

王蒂，2011. 细胞工程. 2版. 北京：中国农业出版社.

王娟，李金鑫，李建丽，等，2017. 植物组织培养技术在中药资源中的应用. 中国中药杂志（12）：2236-2246.

谢从华，柳俊，2004. 植物细胞工程. 北京：高等教育出版社.

Bhojwani Sant, Saran Dantu, Prem Kumar, 2013. Plant tissue culture: an introductory text. Springer India.

Huang Tingkuo, McDonald K A, 2009. Bioreactor engineering for recombinant protein production in plant cell suspension cultures. Biochemical Engineering Journal, 45: 168-184.

Loyola-Vargas V M, Vazquez-Flota F, 2005. Plant cell culture protocols. 2nd ed. New Jersey: Humana Press.

Neumann K H, Kumar A, Imani J, 2009. Plant cell and tissue culture: a tool in biotechnology. Berlin Heidelberg: Springer.

Ramachandra R S, Ravishankar G A, 2002. Plant cell cultures: chemical factories of secondary metabolites. Biotechnology Advances, 20: 101-153.

Tekoah Y, Shulman A, Kizhner T, et al, 2015. Large-scale production of pharmaceutical proteins in plant cell culture——the protalix experience. Plant Biotechnology Journal, 13 (8): 1199-1208.

Valdiani A, Hansen O K, Nielsen U B, et al, 2019. Bioreactor-based advances in plant tissue and cell culture: challenges and prospects. Critical Reviews in Biotechnology, 39 (1): 20-34.

Yang Lei, Yang Changqing, Li Chenyi, et al, 2016. Recent advances in biosynthesis of bioactive compounds in traditional Chinese medicinal plants. Sci. Bull., 61 (1): 3-17.

第七章
植物原生质体培养及细胞融合

植物原生质体培养（plant protoplast culture）和细胞融合（cell fusion）是20世纪60年代初，人们为了克服植物远缘杂交的不亲和性，利用远缘遗传基因资源改良品种而开发完善起来的一门技术。该技术可获得人们所需的杂交品种，提高新品种研发效率，拓展生产潜力。原生质体是指用特殊方法脱去植物细胞壁且有生活力的原生质团。就单个植物细胞而言，除了没有细胞壁外，它具有活细胞的一切特征。目前，植物原生质体培养和细胞融合技术已基本成熟，并成为品种改良和创造育种亲本资源的重要途径。

第一节 植物原生质体的分离

一、原生质体的分离

（一）植物细胞膜的膜电位

植物细胞膜（cell membrane）是一个由脂类和蛋白质等构成的双层分子膜，其物理性质类似于一个双电层，且内外层所带的是同种电荷。不同植物的细胞膜电位不同，同一种植物细胞倍性不同、外界离子环境不同其膜电位也不同（表7-1、表7-2）。了解植物细胞膜的电特性对细胞融合研究很有必要。

表7-1 几种植物不同倍性原生质体的膜电位

原生质体	倍性	膜电位/mV
烟草	$2n$	$-35 \sim -25$
烟草	n	-25
矮牵牛	$2n$	-30
油菜	$2n$	-23
豌豆	$2n$	$-15 \sim -10$

表7-2 烟草叶细胞原生质体不同浓度Ca^{2+}的膜电位

$CaCl_2 \cdot 2H_2O$/（mmol/L）	膜电位/mV
0	-28
1	-25
10	-9
100	

（二）植物细胞壁

植物细胞壁分为初生壁（primary wall）和次生壁（secondary wall），相邻两个细胞的初生壁间存在中层（middle layer，也称胞间层）。初生壁的主要成分是纤维素（cellulose）、半纤维素（hemicellulose）和果胶（pectin），还有少量结构蛋白（structural protein）。纤维素是β-1,4连接的D-葡聚糖，含有不同数量的葡萄糖单位。纤维素的化学性质高度稳定，能耐受酸碱及其他许多溶剂，是一种比较亲水的晶质化合物。半纤维素是存在于纤维素分子之间的一类基质多糖，种类很多，如木葡聚糖和胼胝质等。细胞壁内的蛋白质主要包括伸展蛋白、酶和凝集素等。次生壁主要由纤维素和半纤维素组成。次生壁分为外层（S1）、中间层（S2）和内层（S3），次生壁外层、中间层和内层的分层主要是3层中的微纤丝排列方向不同的结果。中层主要由果胶酸钙和果胶酸镁的化合物组成。果胶化合物是一种可塑性大和高度亲水的胶体，它可使相邻细胞粘在一起，并有缓冲作用。果胶很容易被酸或酶等溶解，从而导致细胞的分离。细胞壁上常有附属结构，某些细胞在特定的生长发育阶段可形成特殊细胞壁，如花粉壁由孢粉素的覆盖层和基粒棒层构成花粉外壁的外层和外壁内层Ⅰ，由纤维素构成外壁内层Ⅱ及内壁。

植物细胞壁的复杂程度因植物器官种类、成熟度、生理状态而异。选择分离原生质体的外植体材料时，应选择较幼嫩组织，最好选用试管苗、愈伤组织或悬浮培养细胞。这类材料的原生质体产率高，活性强，培养后细胞植板率高。

（三）降解细胞壁的酶类及细胞壁降解机理

植物某些器官存在着细胞壁自然降解过程，如番茄果实的软化就是其细胞壁被破坏和降解所致。该降解过程涉及多聚半乳糖苷酶、β-半乳糖苷酶、果胶脂酶、纤维素酶、木葡聚糖内糖基转移酶等，可见植物细胞壁的降解是多种酶共同作用的结果。目前，植物原生质体分离所用的酶类主要有纤维素酶、半纤维素酶（hemicellulase）、果胶酶和离析酶（macerozyme）。

1. 纤维素酶 纤维素酶反应和一般的酶反应不一样，其最主要的区别在于纤维素酶是多组分酶系，且底物结构极其复杂。纤维素酶先特异性地吸附在底物纤维素上，然后在几种组分的协同作用下将纤维素分解成葡萄糖。纤维素酶是一种复合酶，由内切葡聚糖酶、外切葡聚糖酶和β-葡萄糖苷酶组成。内切葡聚糖酶随机切割纤维素多糖链内部的无定型区，产生不同长度的寡糖和新链的末端。外切葡聚糖酶作用于这些还原性和非还原性的纤维素多糖链的末端，释放葡萄糖或纤维二糖。β-葡萄糖苷酶水解纤维二糖产生两分子的葡萄糖。纤维素酶的商品酶主要有 Cellulase Onozuka RS、Cellulase Onozuka R-10、GA3-867，其中 Cellulase Onozuka RS 和 Cellulase Onozuka R-10 纯度高、毒害小，Cellulase Onozuka RS 的活性是 Cellulase Onozuka R-10 的2倍多，常用浓度为 0.5%～2.0%。

2. 半纤维素酶 半纤维素酶的主要组分是β-木聚糖酶和β-甘露聚糖酶。β-木聚糖酶作用于木聚糖主链的木糖苷键而水解木聚糖，β-甘露聚糖酶作用于甘露聚糖主链的甘露糖苷键而水解甘露聚糖。这两类酶均为内切酶，可随机切断主链内的糖苷键而生成寡糖。商品酶主要有 Rhozyme HP150，常用浓度为 0.1%～0.5%。

3. 果胶酶 果胶酶是分解果胶的一个多酶复合物，通常包括原果胶酶、果胶甲酯水解酶、果胶酸酶，它们联合作用使果胶质得以完全分解。天然的果胶质在原果胶酶作用下，转化成水可溶性果胶；果胶被果胶甲酯水解酶催化去掉甲酯基团，生成果胶酸；果胶酸经果胶酸水解酶类和果胶酸裂合酶类降解生成半乳糖醛酸。果胶酶的一般酶制剂含有一些有害的水解酶类，如核糖核酸酶、蛋白酶、脂肪酶、过氧化物酶、磷脂酶等。使用前，应进行离心，并尽量缩短酶解处理时间。主要的商品酶有 Pectolyase Y23、Pectinase，Pectolyase Y23 活性最强，但处理时间不宜过长（不应超过 8 h）。Pectolyase Y23 的常用浓度为 0.05%～0.2%，Pectinase 为 0.2%～2.0%。Pectinase 杂质较多，其酶液在过滤灭菌前必须离心去除沉淀，否则很难进行过滤灭菌。

4. 离析酶 离析酶也称浸软酶，属于果胶酶范畴。植物细胞离析酶的作用是分解植物组织中的果胶质，使黏结在一起的细胞离解成单个细胞，起主要作用的是内切多聚甲基半乳糖醛酸裂解酶和内切多聚半乳糖苷酶。高质量的植物细胞离析酶应具有均衡的多种果胶酶成分，而且还应包含一种低分子蛋白质，这种蛋白质本身无果胶酶活性，但能增强果胶酶离析单细胞的作用。商用离析酶有 Macerozyme R-10、Separatase ZA-P，使用浓度为 0.2%～2.0%。

（四）材料来源与预处理

供体材料是影响原生质体培养成功的关键因素之一，不仅影响原生质体分离效果，也影响其培养效果。植物的茎、叶、胚、子叶、下胚轴等器官组织以及愈伤组织和悬浮培养细胞，均可作为原生质体分离的材料。目前多采用叶片来分离原生质体，但分裂旺盛的、再分化能力强的愈伤组织或悬浮细胞系，尤其是胚性愈伤组织或胚性悬浮细胞系是最理想的原生质体分离材料。为了提高原生质体的产率和活性，常采用2种预处理方法：①低温处理。以叶片等外植体为供体材料时，一般放在4 ℃下，黑暗处理1~2 d，其原生质体的产量高，均匀一致，分裂频率高。②等渗溶液处理。把材料放在等渗溶液中数小时，再放到酶液中分离原生质体，能提高其产量和活性。尤其是多酚化合物含量高的植物，如苹果、梨等，采用这种处理方法效果好。

（五）分离方法

植物原生质体的分离方法有机械分离法和酶分离法。酶分离法是目前广泛采用且效果最佳的原生质体分离方法。

1. 机械分离法 1892年，Klercker采用机械方法分离了藻类植物中的原生质体。具体做法是将细胞置于一种高渗的糖溶液中，使细胞发生质壁分离，原生质体收缩成球形，切开细胞壁使原生质体释放出来。人们利用该法分别从洋葱表皮和甜菜组织中得到了原生质体。由于其获得的原生质体产量低，不能满足试验需要，且分生细胞和其他液泡化程度低的细胞不能采用该方法，因此，机械分离法目前应用不多。

2. 酶分离法 1968年，当纤维素酶和离析酶投入市场后，酶分离法成为植物原生质体研究的热门领域。经数十年的不断完善，目前已成为植物原生质体分离最有效的方法。

酶分离法是将纤维素酶和果胶酶或离析酶等配制成混合酶液来处理材料，一步获得原生质体的方法。操作步骤（图7-1）：①取材。最好利用再分化能力强的愈伤组织或悬浮培养细胞或无菌苗的组织器官。如果利用自然环境下栽培的植株叶片，应选取生长健壮植株充分展开的幼嫩叶片，经洗涤剂洗涤和流水冲洗后，进行常规消毒和预处理后待用。②酶液配制。根据试验材料制定合理的酶液组合。应注意酶制剂的种类、配比及酶液pH。用纤维素酶、果胶酶、离析酶以及渗透压稳定剂等配成酶液，将酶液离心（2 500~3 000 r/min）后，用0.45 μm微孔滤膜过滤灭菌，分装后-20 ℃冷冻保存。为了提高原生质体膜的稳定性，一般在酶液中添加$CaCl_2 \cdot 2H_2O$和葡聚糖硫酸钾（表7-3）。③酶解处理。将植物材料放入酶液中（0.05~0.1 g/mL），真空泵抽滤5 min，促进酶液渗透，然后置于往复振荡式摇床上（30~40 次/min），26 ℃下酶解2~8 h。如果是幼嫩叶片应尽量撕去下表皮或除去茸毛，切成1~2 mm的细条。酶解处理期间可用解剖针轻轻破碎叶片组织，有利于原生质体的游离释放，提高其产量。原生质体分离所用渗透压稳定剂因植物器官种类而异，浓度一般为0.3~0.5 mol/L。渗透压稳定剂一般采用甘露醇（mannitol）。

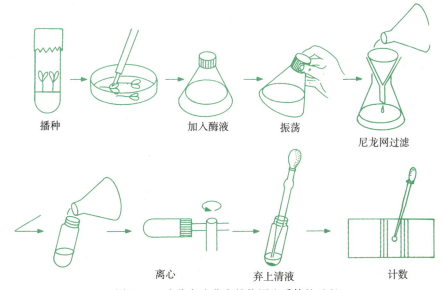

图7-1 酶分离法分离植物原生质体的过程

表 7-3 葡萄叶片原生质体分离用酶液组合

成分	浓度
Macerozyme R-10	0.5%
Cellulase Onozuka RS	1.0%
MES	3 mmol/L
$CaCl_2 \cdot 2H_2O$	0.01 mol/L
甘露醇	0.5 mol/L
葡聚糖硫酸钾	0.5%

注：pH 为 5.6，过滤灭菌。MES [2-（N-吗啡啉）乙磺酸] 是调节酶液 pH 的缓冲剂。

二、原生质体的纯化

供体组织经过酶处理后，得到的是由未消化组织、破碎细胞以及原生质体组成的混合群体，必须进行纯化，以得到纯净的原生质体。清除较大碎屑的方法是使酶解后的混合物穿过一个镍丝网（孔径为 45～70 μm）。进一步纯化植物原生质体的方法主要有 3 种：沉降法（sedimentation）、漂浮法（floation）和不连续梯度离心法（discontinuous gradient centrifugation）。

1. 沉降法 沉降法亦称过滤离心法。该方法利用相对密度原理，低速离心使原生质体沉于底部。首先用适当孔径（30～40 μm）的微孔滤膜过滤酶-原生质体混合液，除去未消化的组织细胞等，低速（150×g 以下）离心 3～5 min，使原生质体沉淀，弃去含细胞碎片的上清液和酶液。然后用液体培养基或甘露醇溶液悬浮洗涤原生质体，重复 2～3 次。最后将原生质体悬浮在 1～2 mL 的液体培养基中备用。该方法的优点是纯化收集方便，原生质体丢失少。缺点是原生质体纯度不高。

2. 漂浮法 其原理是根据原生质体和细胞或细胞碎片的相对密度不同，分离出原生质体。原生质体的相对密度较小，在较高浓度的溶液中离心后会漂浮在液面上。在无菌条件下，把 5～6 mL 浓度较高的溶液（如 20% 蔗糖溶液）加入 10 mL 离心管中，其上轻轻滴入 1～2 mL 酶-原生质体混合液，锡箔纸封口，在 950 r/min 下离心 5 min，使破碎的细胞或组织残片沉于底部，而原生质体浮于离心管上部的液面上，用吸管收集原生质体液层，用液体培养基或含有 $CaCl_2 \cdot 2H_2O$ 的甘露醇溶液洗涤 2～3 次。最后将纯化的原生质体悬浮于 1～2 mL 的液体培养基中备用。该方法的优点是获得的原生质体纯度高。缺点是原生质体的得率低。

3. 不连续梯度离心法 在离心管中首先放入不同浓度的聚糖溶液，构成不同的浓度梯度，在上部滴入 1～2 mL 酶-原生质体混合液，在 150×g 下离心 5 min，不同相对密度的原生质体漂浮在不同的浓度梯度的界面上，用吸管收集原生质体，悬浮洗涤备用。该方法的优点是获得的原生质体大小均匀一致、纯度高。缺点是原生质体的得率低。如文峰等（2012）将酶解好的木薯组织经 45 μm 不锈钢网筛过滤，滤液转入 10 mL 离心管，在 960 r/min 下离心 6 min，弃上清液，沉淀用 1～1.5 mL CPW13 盐悬浮。在另一干净的离心管加入 3～4 mL CPW26 盐，然后缓缓加入 CPW13 盐悬浮的原生质体，960 r/min 下离心 3 min，中间界面出现一条清晰的带，且原生质体活性达 90%（图 7-2）。

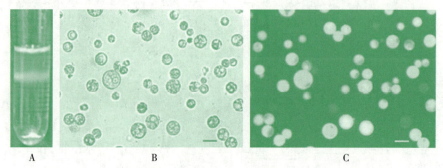

图 7-2 木薯脆性胚性愈伤组织原生质体分离和活性检测
A. 原生质体梯度离心 B. FDA 染色后明场 C. FDA 染色后 WIB 激发光（B、C 标尺为 20 μm）
（引自文峰等，2012）

三、原生质体活力测定

原生质体的活力强弱是原生质体培养成功与否的关键因素之一。了解供体材料、分离方法以及酶液体系对所获的原生质体活力的影响，对修正酶液组合和下一步的培养至关重要。因此，前期试验中必须测定原生质体的活力。测定新分离出来的原生质体的活力有几种不同的指标：①以叶绿体的光合活性作指标；②以胞质环流作为活跃代谢的指标，但对叶肉细胞原生质体来说，这种方法的作用不大，因为其细胞周缘携有大量叶绿体；③以完整的质膜排斥伊凡蓝的能力作为指标；④以细胞氧的摄入量作指标，摄入量可通过氧电极进行测定，它能够指示呼吸代谢的强度。下面讲述 3 种常用的测定原生质体活力的方法。

1. 荧光素二乙酸酯法 FDA 染色后，无活力的原生质体不能产生荧光。在荧光显微镜下，能够分辨出有活力的原生质体，并计算出存活百分率。FDA 法方便可靠，是目前最常用的方法。具体方法：①配制 FDA 母液。FDA 不溶于水，能溶于丙酮。把 2 mg FDA 溶于 1 mL 丙酮中作为母液，4 ℃冷藏贮存，贮期不宜过长。使用时取 0.1 mL 母液加在新配制的 10 mL 0.5～0.7 mol/L 甘露醇溶液中，最终浓度为 0.02%。②染色观察。取 1 滴 0.02% 的 FDA 液与 1 滴原生质体悬浮液在载片上混匀，25 ℃ 室温染色 5～10 min。用荧光显微镜观察，激发光波长 330～500 nm，活的原生质体产生黄绿色荧光（图 7-2）。计算原生质体的存活率。

2. 酚藏花红染色法 酚藏花红（phenosafranine）是一种碱性染料，溶于水显红色并带黄色荧光，其最大激发和发射波长分别为 527 nm 和 588 nm。酚藏花红能被活的原生质体吸收而呈红色，无活性的原生质体无吸收能力，无色。具体方法：①配制母液。称取适量的酚藏花红溶于 0.5～0.7 mol/L 甘露醇溶液内，配成 0.01% 浓度的母液。②染色观察。取一滴新鲜母液与原生质体悬浮液等量混匀，室温下染色 5～10 min，荧光显微镜下镜检。

3. 形态观察法 凭形态特征也可识别原生质体是否有活力，如果颜色鲜艳、形态完整、富含细胞质，则有活力。

四、影响原生质体数量和活力的因素

1. 供体材料 供体材料是影响原生质体分离效率的主要因素之一。供体材料一般选用愈伤组织、悬浮细胞系或外植体。如果选用愈伤组织或悬浮细胞系，要注意选择继代后处于旺盛分裂时期的材料。愈伤组织则同时要注意挑选淡黄色、颗粒状的材料。如果选用外植体，一定要注意植株的年龄与生长发育状态、外植体组织器官的成熟度等，应选择生长健壮植株上的幼嫩组织，该类材料的原生质体产量高，活力强，培养后植板率高。最好事先培养无菌试管苗，可免去材料消毒程序，避免消毒液对材料的伤害，大大提高原生质体的活力。

2. 酶液及酶解时间 酶制剂的纯度、浓度、活性以及酶解处理时间显著影响原生质体的产量和活力。要选择纯度高的酶类，并根据酶解材料细胞壁的特性及酶的活性确定适宜的酶液组合。酶浓度不宜过高，酶解时间也不宜过长（最好不超过 8 h）。木本植物的细胞壁比草本植物的厚，含有较多的半纤维素，分离原生质体时应适当添加半纤维素酶。配制的酶液要分装在试管中，-20 ℃冷冻保存备用。用过的酶液高速离心后冷冻保存，可以重复使用 1～2 次。要保证酶能够充分降解细胞壁，对于叶片组织来说，必须促使酶液渗入叶片细胞的间隙中去。可以采取几种不同方法，应用最广泛的方法是撕去叶片下表皮，使无表皮面向下漂浮在酶液中。如果叶片的下表皮很难撕掉，则可把叶片或组织切成小块（约 1 mm²），放入酶液中。若加以真空促渗，则酶解效果会更显著。每种酶的活性都有其最适温度，一般为 40～50 ℃，但这样的温度对于细胞来说就太高了。一般来说，分离原生质体时温度以 25～30 ℃为宜。酶液中保温时间可以短至 30 min，长至 20 h。酶液的体积和植物组织数量之间的相互关系也影响原生质体产量。一般来说，酶解 1 g 植物组织细胞壁用 10 mL 酶液就可以产生令人满意的结果。

3. 渗透压稳定剂　离体原生质体具有渗透破碎性，因而在酶液、原生质体清洗介质和原生质体培养基中必须加入一种适当的渗透压稳定剂。在具有合适渗透压的溶液中，新分离出来的原生质体看上去都是球形的。渗透压稳定剂主要可分为两大类：一类是由糖醇或可溶性糖（如甘露醇、山梨醇、葡萄糖和蔗糖）组成的有机溶液，目前大多采用这一类。一般使用甘露醇或山梨醇，也有的使用蔗糖，使用甘露醇者最多。另一类是无机盐溶液，由 $CaCl_2$、$MgSO_4$、KCl 或培养基中的无机盐组成。这类渗透压稳定剂的优点是原生质体的产量比用甘露醇的高；缺点是会降低降解酶的活性，影响培养效果。渗透压稳定剂使用浓度不宜过高或过低，以细胞轻度质壁分离为宜。因细胞来源不同，渗透压稳定剂浓度一般为 0.3~0.6 mol/L。液泡化程度低的分生组织细胞要用较高的渗透压。

4. 质膜稳定剂　为了提高质膜的稳定性和增加原生质体的产量，可在酶液中添加多聚阳离子和无机钙离子（Ca^{2+}）作为质膜稳定剂。一般添加 0.5%~1.0% 的葡聚糖硫酸钾或 0.1% $CaCl_2 \cdot 2H_2O$。钙能与膜蛋白所束缚，提高膜的钙含量可增加质膜稳定性。葡聚糖硫酸钾能够抑制酶液内某些酶如 RNA 酶的活性，有助于质膜稳定。

5. pH　酶液的 pH 对原生质体的产量和活力影响很大。因植物材料不同所要求的 pH 有差异，一般 pH 为 5.5~5.8。如果原生质体的供体材料是植物组织器官，酶液中应加入 pH 缓冲剂，以稳定酶液的 pH。一般添加 0.05~0.1 mol/L 磷酸盐或 3~5 mmol/L 2-（N-吗啡啉）乙磺酸 [2-（N-morpholine）ethane sulfonic acid，MES]。

第二节　植物原生质体培养

一、原生质体培养方法

原生质体培养是指对分离出的原生质体进行培养，使其分裂分化直至形成完整植株的技术。原生质体培养方法主要有平板培养、液体浅层培养和固-液结合培养，另外还有看护培养和微滴培养等。

1. 平板培养　本方法是传统方法。把原生质体悬浮在液体培养基中（密度为 10^4 个/mL 左右），与高压灭菌后冷却至 42~45 ℃ 的培养基（2 倍固化剂浓度）用大口刻度吸管迅速等量混匀，并迅速转移到培养皿中，旋转培养皿，瞬间便凝固，用石蜡膜（parafilm）带密封，暗培养。培养基层不宜过厚，一般为 2~3 mm。培养 5~7 d 原生质体开始分裂，3 周左右可观察到细胞植板。待形成大细胞团后，转移到去除渗透压稳定剂的新鲜固体培养基中继代培养。优点：原生质体分布均匀，有利于分裂；容易获得单细胞株系；可定位观察单原生质体的生长发育情况。缺点：原生质体易受热伤害；易破碎；原生质体始终处在高渗透压胁迫下，生长发育缓慢，植板率低。

2. 液体浅层培养　本方法是用液体培养基进行原生质体的培养。把纯化后的原生质体用液体培养基调整好密度，用吸管转移到培养皿（培养基层厚 2~3 mm）中，石蜡膜带密封，暗培养。培养 5~10 d 细胞开始分裂，此时开始降低培养基中的渗透压，即每隔一周用刻度吸管吸取不含渗透压稳定剂的新鲜液体培养基来置换原液体培养基。当形成大细胞团后，转移平铺在去除渗透压稳定剂的固体培养基上增殖培养。优点：操作简单，对原生质体伤害小；可微量培养；能及时降低渗透压并补加新鲜培养基，细胞植板率高。缺点：原生质体沉淀，分布不均匀；形成的细胞团聚集在一起，难以选出单细胞无性系。文峰等（2012）利用此法培养了从木薯脆性胚性愈伤组织中分离的原生质体。

3. 双层培养　本方法是在培养皿中倒入琼脂固化培养基，然后在固体培养基上滴加原生质体悬浮液。优点是固体培养基中的养分可以源源不断地供给液体培养基，也不易失水变干。

4. 固-液结合培养 本方法是原生质体培养方法中效果最佳的方法。先把原生质体采用固体平板培养法包埋在培养皿底层，上面再加入相同成分的液体培养基，用石蜡膜带密封后，暗培养。当细胞开始分裂后，用新鲜液体培养基更换原液体培养基（至少每周定期更换一次），稀释和除去培养物所产生的有害物质。在更换用的液体培养基中添加 0.1%～0.3% 的活性炭，效果尤佳。当形成大细胞团后，转移平铺在去除渗透压稳定剂的固体培养基上培养。优点：原生质体分布均匀，有利于分裂；容易获得单细胞株系；因能除去抑制分裂的有害物质，细胞植板率高。缺点：原生质体易受热损伤；易破碎。

二、影响原生质体培养的因素

1. 原生质体活力 获得活力强的原生质体是培养成功的关键，直接影响细胞植板率。选择生长发育健康植株上的外植体，或旺盛分裂的愈伤组织，或旺盛分裂的悬浮细胞系，并在酶解处理时酶制剂浓度不要过高，处理时间不要过长，可提高原生质体的活力。

2. 原生质体起始密度 原生质体培养存在着密度效应，过高或过低均影响其分裂。密度过高会因营养不良或细胞代谢产物过多而影响正常生长；密度过低，细胞内代谢产物扩散到培养基中的量较低，导致细胞内代谢产物浓度过低而影响细胞生长和分裂。一般培养的起始密度为 5×10^3～5×10^5 个/mL，采用看护培养可以降低起始密度。文峰等（2012）发现，在 5×10^5 个/mL 密度培养条件下，木薯原生质体第一次分裂时间为 1～3 d，且长出的愈伤组织都是致密型愈伤组织，每一个致密型愈伤组织都可以再生；而在 2×10^5 个/mL 密度培养条件下，原生质体第一次分裂时间推迟到 6～7 d，培养过程中不仅出现致密型愈伤组织，还有空泡型愈伤组织出现。空泡型愈伤组织长得快而大，并有少数一半空泡型和一半致密型的愈伤组织，空泡型愈伤组织不能分化胚状体。

3. 渗透压稳定剂 原生质体在没有形成一个坚韧的细胞壁之前，必须有培养基渗透压的保护。原生质体培养中除 2%～3% 蔗糖外，作为渗透压稳定剂的还有 0.3～0.5 mol/L 甘露醇，也有的用葡萄糖完全或部分取代甘露醇，效果很好。如在葡萄原生质体培养中，用 0.4 mol/L 的葡萄糖完全取代甘露醇，细胞分裂率显著提高。

4. 培养基 用于原生质体培养的培养基很多，主要有 MS、B_5、Nitsch、N_6 和 KM-8P 等。一般是通过对同种植物组织培养或细胞培养用的培养基进行优化改良而来。大多数原生质体培养使用葡萄糖，有些植物用蔗糖，还有的需要多种碳源。如文峰等（2012）将木薯原生质体用 TM2G 培养基培养，在 5×10^5 个/mL 培养密度下，TM2G 培养基中的葡萄糖浓度设了 6 个梯度。发现当葡萄糖浓度为 0.39 mol/L 时，只有部分细胞分裂，多数细胞皱缩死亡；浓度为 0.30～0.36 mol/L 时，细胞均可正常分裂，杂质较少；浓度为 0.27 mol/L 时，部分细胞胀破死亡，形成很多碎片；浓度为 0.24 mol/L 时，细胞全部胀破死亡。表明葡萄糖浓度为 0.30～0.36 mol/L 时，适合木薯原生质体的培养。无机盐浓度和氮的形态对原生质体培养的影响也较大。一般无机盐浓度不宜过高，尤其是铵态氮浓度不宜过高。有的植物适合使用铵态氮型培养基，而有的适合使用硝态氮型培养基，如葡萄原生质体最佳培养基是硝态氮型的 B_5 培养基。生长素和细胞分裂素的浓度配比在原生质体培养中起着决定性作用。生长素主要使用 NAA、IAA 和 2,4-D，细胞分裂素主要使用 6-BA、KT 和 ZT。

5. 培养条件 原生质体培养初期不需要光照，一般采用暗培养，因为强光照抑制细胞分裂。某些物种的原生质体对光非常敏感，培养的前 4～7 d 都应置于黑暗中，在形成完整的细胞壁以后，该原生质体就具有了耐光特性，可将培养物转移到光下培养。因此，在培养对光敏感的原生质体时，尽量少进行观察，且经过观察的原生质体不应包括在试验结果中。有关温度对原生质体壁的再生和以后对分裂活动的影响研究还很少。一般采用（26±1）℃恒温条件，因植物种类不同略有差异。25 ℃下培养时，番茄的叶肉原生质体以及陆地棉（*Gossypium hirsutum*）培养细胞的原生质体不能分裂，或分裂频率很低；但在 27～29 ℃下，这些原生质体开始发生分裂，植板率很高。

6. 植物材料和基因型　植物基因型是决定原生质体培养成功的关键因素。有些材料由于基因型原因，细胞难以分裂，培养极其困难，如油菜原生质体培养中，成功的报道主要集中在甘蓝型油菜，而芥菜型油菜（*Brassica juncea*）成功的较少，白菜型油菜的则更少。一般来讲，木本植物原生质体培养比一、二年生的草本植物困难得多。木本植物中又以多酚化合物含量高的植物原生质体培养最为困难，如梨和苹果等。

7. 电击　电击能够刺激原生质体的分裂和植株再生。首先将其 4 倍植板密度的原生质体悬浮于缓冲液中，以 10 s 间隔对其施以高压（250～2 000 V）直流脉冲（脉冲宽度为 10～15 μs）。在游离的原生质体中，电击能够促进 DNA 的合成，增强了与分化和再生有关的基因表达。

三、原生质体再生

1. 细胞壁再生　原生质体培养后，首先体积稍增大，1～2 d 即可合成完整细胞壁，如烟草、矮牵牛、木薯等。再生的细胞壁可以用荧光染色等方法鉴定，该法是目前国内外最常用且方便快捷的有效方法。常用荧光素为卡氏白（Calcafluor white）荧光增白剂。操作方法：①染色液配制。将卡氏白荧光增白剂溶解在 0.5～0.6 mol/L 的甘露醇溶液中。②染色观察。将荧光素溶液与原生质体悬浮液混合，终浓度为 0.1%，染色 1 min，用 410 nm 以上的滤光片镜检。如果有细胞壁存在，能看到蓝色荧光（420 nm）（图 7-3）。如果原生质体含有叶绿素，则能看到红色荧光，可用滤光片除去红光。

一般来说，悬浮培养中活跃生长细胞的原生质体比已分化的叶肉细胞的原生质体中微纤丝的沉积快得多。新形成的细胞壁是由排列松散的微纤丝组成的，这些微纤丝后来就组成了典型的细胞壁。细胞壁的形成与细胞分裂有着直接的关系，凡是不能再生细胞壁的原生质体也就不能进行正常的有丝分裂。而细胞壁发育不全的原生质体常会出芽或体积增大，相当于原来体积的几倍。此外，这些原生质体在核分裂的同时不伴随发生细胞分裂，可能会变成多核原生质体。

影响细胞壁再生的因素有植物基因型的种类、供体细胞的分化状况及培养基成分等。如烟草属、矮牵牛属和芸薹属的植物叶肉细胞原生质体在 1 d 即可形成新细胞壁，而豆科和禾本科植物的叶肉细胞原生质体则不能。培养基成分对细胞壁再生起着重要作用，蔗糖浓度超过 0.3 mol/L 或山梨醇浓度超过 0.5 mol/L 时，抑制细胞壁形成。有些植物的细胞壁再生需要植物生长调节剂，如 2,4-D 等。培养基中渗透压过高也会抑制细胞壁的再生。

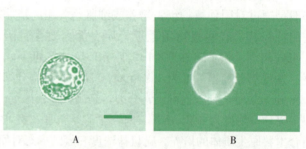

图 7-3　木薯原生质体培养 1 d 后的细胞壁再生
A. 荧光染色后的明场（标尺 10 μm）　B. 染色后在 WU 激发光下，有一圈蓝色荧光（标尺 10 μm）
（引自文峰等，2012）

2. 细胞分裂　适宜条件下原生质体培养 2～3 d 后，细胞质浓厚，DNA、RNA、蛋白质以及多聚糖合成，很快便发生核的有丝分裂和胞质分裂。外观上细胞分裂的前兆是叶绿体等细胞器集中在细胞的赤道板（equatorial plate）位置。第一次细胞分裂一般需要 1～7 d，如烟草 3～4 d，葡萄 4～5 d。因植物种类和原生质体供试材料的性质不同，分裂细胞持续分裂可能形成愈伤组织，也可能形成胚状体。如文峰等（2012）利用倒置显微镜对 5×10^5 个/mL 密度培养条件下的木薯原生质体进行了连续观察（图 7-4）。发现培养 1 d，可观察到极少数第一次分裂的细胞；培养 3 d 有较多的一次分裂细胞；培养 6 d 出现二、三次分裂细胞；培养 10 d 形成小细胞团；培养 20 d，形成肉眼可见小细胞团；培养 45 d，即可挑出部分 1~2 mm 大小的致密型愈伤组织。

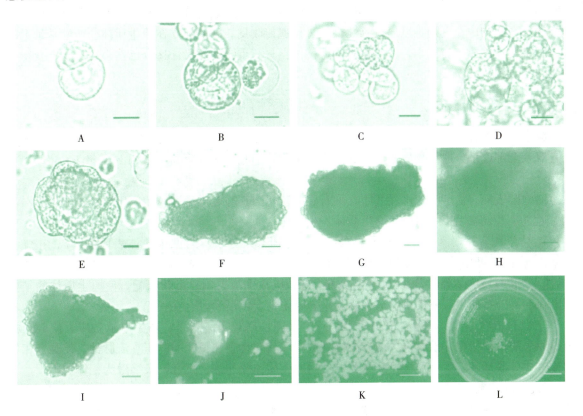

图 7-4　木薯原生质体培养愈伤组织再生过程

A. 培养 1 d，发生一次分裂　B. 培养 3 d，有较多的一次分裂细胞　C、D. 培养 6 d，二、三次分裂细胞都出现
E. 培养 10 d，形成小细胞团　F. 培养 20 d，形成肉眼可见的小细胞团　G. 培养 30 d　H. 培养 35 d，形成空泡型愈伤组织
I. 培养 35 d，一半空泡型愈伤组织，一半致密型愈伤组织　J~L. 培养 45 d，J 为空泡型愈伤组织和致密型愈伤组织共存，
空泡型愈伤组织长得快、大；K 为致密型愈伤组织，为 L 图中间截图放大；L 为培养皿全景
（A~E 标尺为 10 μm，F~I 标尺为 60 μm，J、K 标尺为 2 mm，L 标尺为 1 cm）

（引自文峰等，2012）

当细胞开始分裂后，要及时降低培养基的渗透压，减轻培养基对细胞的胁迫作用，满足细胞不断分裂对营养的需要。细胞分裂的启动主要受基因型、供体材料的发育状态、原生质体的活性、培养基成分等因素的影响。一般来说，茄科植物分裂频率高，禾本科植物分裂频率低。培养基的影响主要指植物生长调节剂的浓度配比、渗透压等。此外，在培养过程中一般不需要改变培养基的主要成分，只需降低渗透压，调整碳源，补充新鲜培养基和增加光照度，就可诱导愈伤组织或胚状体的形成。

3. 植株再生　原生质体来源的细胞，其器官发生有两条途径：一是通过愈伤组织形成不定芽（在植株再生中占绝大多数）。当原生质体形成大细胞团或愈伤组织后，及时转移到芽分化培养基上，根据植物生长调节剂对器官发生的调控机理设计出适合的培养基。先诱导出不定芽，再转移到根诱导培养基上诱导出根。二是由原生质体再生细胞直接形成胚状体，由胚状体发育成完整植株，该途径是最为理想的途径。

第三节 植物体细胞融合

植物遗传改良的传统手段是有性杂交，但这种杂交仅限于种内、种及种属内、属间分类单位之间的杂交，但是即使是在这个范围内的杂交，也常常会遭遇有性不亲和的障碍。无性繁殖植物和有性不育植物中，更是难以通过有性杂交进行遗传改良。因此建立在原生质体全能性基础上的体细胞杂交和胞质杂交技术，对于植物的遗传改良具有重要的意义。迄今已在多种作物上获得了种属间的杂种植株。

一、原生质体融合

原生质体融合（protoplast fusion）是指通过物理或化学方法使原生质体融合，经培养获得具有双亲全部或部分遗传物质的后代的方法，亦称体细胞杂交（somatic cell hybridization）。

（一）融合原理

细胞膜表面有稳定的疏水性基团，具有膜电位，因其静电排斥力，使原生质体不能吸附在一起。通过一些促融因素，可诱使原生质体发生融合。

1. 化学融合原理 带有阴离子的聚乙二醇（PEG）分子等与原生质体表面的阴离子之间，在 Ca^{2+} 连接下可形成共同的静电键，从而促进原生质体间的黏着和结合。在高 Ca^{2+}-高 pH 液中，Ca^{2+} 和与质膜结合的 PEG 分子被洗脱，导致电荷平衡失调并重新分配，使原生质体的某些正电荷与另一些原生质体的负电荷连接起来，吸附聚合，最后融合在一起。

2. 物理融合原理 对融合槽的两个平行电极施加高频交流电压，产生电泳效应，使融合槽内的原生质体偶极化并沿着电场的方向排列成串珠状，再施加瞬间的高压直流脉冲，使黏合相邻的原生质体膜局部发生可逆性瞬间穿孔，然后原生质体膜连接、闭合，最终融为一体。

（二）融合类型

原生质体融合类型可分为对称融合、不对称融合和微原生质体融合（microprotoplast fusion）。

1. 对称融合 对称融合是通过物理或化学方法，使种内或种间完整原生质体融合，产生核与核、胞质与胞质间重组的对称杂种（symmetrical hybrid）的技术。亲缘关系较远的种属间植物，经对称融合产生的杂种细胞在发育过程中，由于分裂不同步等原因，常发生一方亲本的染色体部分或全部丢失，而产生不对称杂种（asymmetrical hybrid）。原生质体融合后的个体称为融合体（fusant）。同种原生质体间的融合称为同源融合，该融合体称为同核体（homokaryon）。非同种原生质体间的融合称为异源融合，该融合体称为异核体（heterokaryon）。

2. 不对称融合 不对称融合是通过物理或化学方法处理亲本原生质体，使一方细胞核失活，或同时也使另一方细胞质基因组失活，再进行原生质体融合，获得只有一方亲本核基因的不对称杂种的技术。无核的亚原生质体称为胞质体（cytoplast），有核的小原生质体（miniprotoplast）或只有核和原生质膜构成的亚原生质体称为核体（karyoplast）。

对称融合技术在实现双亲优良性状重组的同时，无法排除不良性状，也不能单独利用一方的核基因或细胞质基因。而不对称融合技术，能够通过物理方法（如X射线、γ射线、紫外线照射）或化学方法[如碘乙酸（iodoacetic acid）、罗丹明（Rhodamine）]处理原生质体，使其细胞核失活或不能正常分裂，细胞质基因组正常，培育不对称杂种，如刘继红等（2000）用 38 Gy/min 的 X 射线辐射伏令夏甜橙（*Citrus sinensis*）原生质体 45 min，0.25 mmol/L 碘乙酸处理 Murcott 橘橙（*Citrus reticulata* × *Citrus sinensis*）原生质体 15 min，电场诱导两种原生质体融合，获得了柑橘种间体细胞的不对称体细胞杂种（asymmetric somatic hybrid，ASH）

植株。辐射处理可能会产生诱变效应，化学物质对原生质体也有伤害，因此注意剂量浓度不要过高。

3. 微原生质体融合 微原生质体融合技术又称微核技术（micronucleus technology），是指以植物细胞经微核化处理后形成的外包有被膜、内含有一条或几条染色体的微核作为供体，与受体原生质体融合，从而实现部分基因组转移的技术（图7-5）。微原生质体融合技术是近年开发的一项技术，可用于克服生殖隔离，转移多基因性状或未知基因性状，获得单倍体或二倍体附加系，建立特异染色体DNA文库以及研究外源基因的功能等。迄今，该技术已成功地用于马铃薯和番茄间单条或多条染色体的转移。

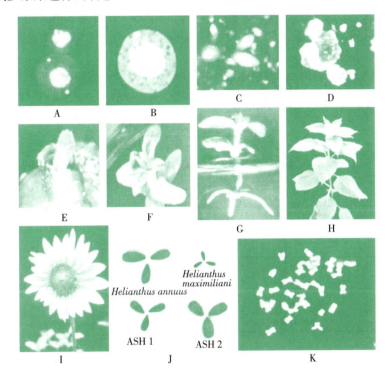

图7-5 向日葵微原生质体不对称融合产生的不对称体细胞杂种（ASH）植株
A. 由两个微核在受体细胞中合成的不对称融合产物（DAPI染色） B. 一个微核的不对称融合（DAPI染色）
C. 培养4周后形成不同类型的细胞团 D. 不同状态的绿色愈伤组织 E. 芽的形成 F. 芽的伸长
G. 新生芽生根 H. 再生植株ASH移栽 I. ASH植株开花 J. 从父本和ASH植株中获得的种子
K. ASH植株的中期染色体经DAPI染色，出现两个新增染色体（34+2）
（引自Binsfeld等，2000）

（三）融合方法

原生质体融合主要有化学融合法和物理融合法。化学融合法是指以化学试剂作为融合诱导剂，诱导原生质体融合的方法，主要有PEG融合法、高Ca^{2+}-高pH法及PEG结合高Ca^{2+}-高pH法等。物理融合法是指用电击、离心、振动等机械方法来促使原生质体融合的方法，主要有电融合法（electrofusion）和超声波融合法等。目前最常用的方法是PEG结合高Ca^{2+}-高pH法和电融合法。

1. PEG结合高Ca^{2+}-高pH融合法 该技术因操作简便，融合效果较好，不需要昂贵仪器设备而被广泛采用。迄今所得到的体细胞杂种，多数是利用该法获得的。PEG处理后再用高Ca^{2+}-高pH溶液代替其他溶液洗除PEG，能大大提高融合率。一般选用的PEG相对分子质量为1 540~6 000，浓度为10%~30%（质量体积分数）。操作过程：①器具灭菌。把必要数量的培养皿（6 cm×1.5 cm）、移液管、离心管等用具高温灭菌后，放在超净工作台内备用。②原生质体制备。选择合适的原生质体供试材料，配制适宜的酶液组合，分离原生质体。将制备好的双亲原生质体悬浮于 0.4～0.6 mol/L 的甘露醇溶液（含 500 mg/L $CaCl_2 \cdot 2H_2O$ ＋100 mg/L KH_2PO_4，pH 5.8）中，分别调整好密度（一般为 $2×10^5$ 个/mL），等比例混合。③制备 PEG 溶液和稀释清洗液。根据供体材料选择相对分子质量合适的 PEG 并确定其浓度，配制 PEG 溶液。稀释清洗液主要由 $CaCl_2 \cdot 2H_2O$ 和甘露醇组成。葡萄原生质体融合的 PEG 溶液组成见表 7-4，稀释清洗液见表 7-5。④原生质体融合。两种原生质体悬浮液（各取 1 mL）等体积混合于培养皿中，静置沉淀 5 min，四角（或一侧）滴入等量（2 mL）PEG 溶液并用吸管诱导接触、混匀，显微镜下观察以决定融合时间。最佳处理时间为大部分原生质体吸附成二体，少量出现三体时，开始分次加入稀释清洗液，最后用液体培养基洗 1 次。⑤原生质体培养。培养方法见本章第二节植物原生质体培养。

表 7-4　葡萄原生质体融合用 PEG 溶液组成

成分	浓度
PEG（相对分子质量 6000）	20%（质量体积分数）
$CaCl_2 \cdot 2H_2O$	10 mmol/L
KH_2PO_4	7.0 mmol/L
甘露醇	0.1 mol/L

注：pH5.6，高压灭菌，冷冻保存。

表 7-5　葡萄原生质体融合用稀释清洗液

成分	浓度
$CaCl_2 \cdot 2H_2O$	50 mmol/L
甘露醇	0.6 mol/L

注：pH10.5，高压灭菌。

梁丹等（2009）利用该法获得了甘蓝与大白菜的融合细胞（图 7-6）。他们向原生质体悬浮液周围滴加了 PEG 溶液，静置 10～15 min，使原生质体粘连在一起，然后向原生质体悬浮液周围滴加高 Ca^{2+}-高 pH 溶液（pH 9.5），诱使原生质体融合。采用 PEG 融合法时应注意：①PEG 相对分子质量大凝聚力则强，能缩短融合时间，小于 1 000 一般不能使原生质体凝聚，常用相对分子质量＞1 540；②稀释清洗液也可用含甘露醇的高 Ca^{2+}-高 pH 液；③双亲的原生质体最好选用外观能区分开的两种细胞；④操作过程中要动作迅速，融合后要轻拿轻放。

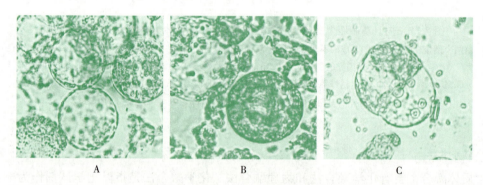

图 7-6　甘蓝与大白菜原生质体融合
A. 大白菜下胚轴原生质体　B. 甘蓝子叶原生质体　C. 融合处理 2 h 后细胞状态
（引自梁丹等，2009）

2. 电融合法　该方法是 Zimmermann 等人在 Senda（1980）的研究基础上改良而来的一项技术。它是利用不对称的电极结构，产生不均匀的电场，使黏合相连的原生质体膜瞬间破裂，与相邻的原生质体连接、闭合、产生融合体（图 7-7）。电融合法包括 2 个步骤：第一步为双向电泳（dielectrophoresis）。对装有原生质体悬浮液的融合槽的两电极间施加高频交流电场（一般为 0.5～1.0 MHz，150～250 V/cm），使原生质体偶极化而沿电场线方向泳动，并相互吸引形成与电场线平行的原生质体"串珠"。第二步是用一次或多次瞬间高压直流电脉冲（10～50 μs，1～3 kV/cm），使质膜可逆性穿孔，相连的质膜瞬间被电击穿后，又迅速连接闭合，恢复成嵌合质膜而融为一体。操作过程：①制备原生质体。②调整融合参数。设定好电场强度（150～250 V/cm）高频信号、处理时间等。③融合处理。等量混合原生质体悬浮液，滴入融合槽内，施加高压脉冲（10～50 μs，1～3 kV/cm），使原生质体发生偶极化、排列、膜穿孔、闭合、融合。④离心洗涤。参照原生质体纯化方法。⑤融合体培养。方法与原生质体培养相同。优点是没有化学残毒，重复性好。缺点是设备较昂贵。

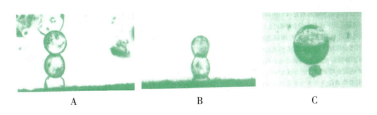

图 7-7 马铃薯原生质体电融合

A. 马铃薯原生质体在交变电场下在两电极间形成的原生质体串　B. 施加短时间高压直流电脉冲后马铃薯原生质体开始融合　C. 融合完毕的马铃薯原生质体（一半深色者为含叶绿素多的叶肉细胞原生质体，另一半淡色者为含叶绿素少的下胚轴细胞原生质体）

（引自戴朝曦，1998）

（四）融合体培养

1. 融合产物类型　融合初期，不论亲缘关系远近，几乎都能形成融合体。因亲缘关系远近和细胞有丝分裂的同步化程度等因素，会得到几种不同类型的产物：异源融合的异核体、含有双亲不同比例的多核体（polykaryon）、同源融合的同核体、不同胞质来源的异质体（heteroplasmon）。异质体大多是由无核的亚原生质体与另一种有核原生质体融合而成。亲缘关系对融合体的发育影响很大，种内和种间融合的异核体大多数能形成杂种细胞，并形成可育的杂种植株。有性杂交不亲和的远缘种属间融合，有时也能形成异核体，但在其后的分裂中，染色体往往丢失，难以得到异核体杂种植株，即使得到再生植株，植株也往往不育，如马铃薯番茄。

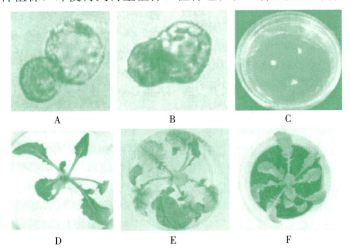

图 7-8　甘蓝型油菜与蔊菜（*Rorippa indica*）原生质体融合及植株再生

A. 正在融合的原生质体　B. 已融合的原生质体　C. 增殖培养形成的愈伤组织
D. 愈伤组织分化出小苗　E. 再生植株　F. 盆栽苗

（引自姜淑慧等，2009）

2. 融合体的发育过程 融合体在培养过程中，主要发生3个过程：①细胞壁再生。与原生质体的壁再生过程相似，但稍滞后。一般培养1~2 d后，在电子显微镜下可看到融合体表面开始沉积大量纤维素微纤丝，进一步交织和堆积，几天后便形成有共同壁的双核细胞。②核融合。融合体双亲细胞的分裂如果同步，其后的发育有两种可能：一种是双亲细胞核进行正常同步有丝分裂产生子细胞，子细胞核中含有双亲全部遗传物质；另一种是双亲细胞核的有丝分裂不同步或同步性不好，双亲之一的染色体被排斥、丢失，子细胞只含有一方遗传物质，不能发生真正的核融合。③细胞增殖。有些植物的融合细胞形成杂种细胞后，如果培养条件合适，则继续分裂形成细胞团和愈伤组织，直至形成再生植株（图7-8）。有些植物的杂种细胞则中途停止分裂，逐渐死亡。

二、体细胞杂种的选择

原生质体融合处理后的产物是同核体、异核体以及没有融合的亲本原生质体的混合群体，必须采用一些有效的方法把异核体和真正的杂种植株选择出来。根据选择时期，可分为杂种细胞的选择和杂种植株的选择。

（一）杂种细胞的选择

1. 互补筛选法 利用双亲细胞在生理或遗传特性方面所产生的互补作用进行选择，即在选择性培养基上只有具互补作用的杂种细胞才能生长发育。根据互补类型分为以下几种：

（1）激素自养型互补（生长互补选择）。双亲任何一方的原生质体在培养基上生长时需要添加植物生长调节剂，而异核体杂种细胞由于融合后的互补效应，自身能产生内源激素，不需要添加植物生长调节剂也能在培养基上生长发育。如Carlson利用该特点选出了粉蓝烟草和郎氏烟草的杂种细胞。

（2）白化互补选择。利用能在条件培养基上生长分化的矮牵牛白化突变体和在该培养基上只能发育成小细胞团的野生型拟矮牵牛（*Petunia hybrida*）融合后发生白化互补作用，在条件培养基上选择绿色愈伤组织和杂种幼苗。Dudits用该方法选出了胡萝卜和羊角芹（*Aegopodium* sp.）体细胞杂种。

（3）营养缺陷型互补选择。烟草的硝酸还原酶缺失突变体（NR^-）因缺乏正常的硝酸还原酶，不能在硝酸盐作为唯一氮源的培养基上生长。1978年，Glimelius利用表型均为NR^-但突变位点不同的突变体*cnx*和*nia*进行原生质体融合，以硝酸盐为唯一氮源的培养基作为条件限定培养基，由于二者的互补作用，其异核体细胞恢复了正常硝酸还原酶活性。

（4）抗性突变体互补选择。Power等（1976）利用拟矮牵牛和矮牵牛对药物抗性的差异进行杂种细胞的选择。拟矮牵牛在限定性培养基上只能形成小细胞团，不受1 mg/L的放线菌素D（dactinomycin D）的抑制，而矮牵牛的原生质体能分化成植株，但在上述浓度的放线菌素D的培养基上不能生长。二者的融合体则能在含有放线菌素D的培养基上分裂，发育成完整植株。

（5）基因互补选择。烟草的*S*和*V*两个光敏感叶绿体缺失突变体由非等位隐性基因控制，在正常光照下，生长缓慢，叶片淡绿，但将二者原生质体融合后，能形成绿色愈伤组织，并再生植株。在强光下，杂种叶片呈暗绿色，1974年，Melchers据此选出了杂种植株。

2. 机械筛选法 上述互补选择法需要有各种突变体，因而应用受到限制，机械分离法则不受此限制。

（1）天然颜色标记分离。天然颜色标记分离利用不同颜色的原生质体进行融合，挑选出异核体。高国楠（1977）将大豆根尖的白色原生质体与粉蓝烟草的绿色叶肉原生质体融合，用微细管选择出异核体进行培养。该方法效率较低，挑选出的原生质体也有限，培养也较困难。

（2）荧光素标记分离。荧光素标记分离用于亲本间无天然色素差异的原生质体融合时异核体的分离。首先在两亲本的原生质体群体中分别导入无毒性的不同荧光染料，融合后根据两种荧光色的存在，可把异核体与同核体区分开。可利用显微操作技术挑选异核体。使用荧光化合物标记原生质体并不影响细胞的再生能力，但难以挑选出大量异核体。

（3）荧光活性自动细胞分类器分类融合体。荧光活性自动细胞分类器分类融合体用不同的荧光剂分别标记双亲的原生质体，融合后异核体应含有两种荧光标记。当混合的细胞群体通过细胞分类器时，用电子扫描确定其荧光特征并分为3类（即亲本1、亲本2、融合体），对融合体可以进一步分析和培养。该仪器的结构和操作复杂。

（二）杂种植株的选择

上述选择仅是初步的，还必须从形态学、细胞学、遗传学、生物化学及分子生物学等方面做进一步鉴定，以筛选出真正的杂种植株。

1. 形态学鉴定　根据杂种植株的表型特征进行鉴定，如株型、叶形、花色等。杂种植株的外部形态往往介于两亲本的中间，与亲本有区别。如䔕菜和甘蓝型油菜杂种后代生长势降低，在叶形、叶片缺刻、叶缘裂痕方面表现出䔕菜特征，熟期较晚，结实率低，出现空角果。

2. 细胞学鉴定　杂种细胞中的核、染色体以及细胞器的特征是鉴定杂种的重要依据。在融合时如采用二倍体原生质体，杂种可能是四倍体（双二倍体），也可能是异源非整倍体。不亲和的属间杂种植株染色体数目有较大变异。如䔕菜和甘蓝型油菜杂种的花粉母细胞减数分裂不正常，有染色体丢失现象，且染色体数多于亲本；甘蓝型油菜与播娘蒿（$Descurainia\ sophia$）原生质体融合的杂种后代根尖细胞染色体数逐代减少，花粉母细胞减数分裂期出现大量的单价体及染色体桥和落后染色体等。

3. 生物化学鉴定　利用亲本的某些生物化学特征作为鉴定指标，主要有色素、蛋白质、同工酶和二磷酸核酮糖羧化酶等。常用的生物化学鉴定方法有2种，一种是蛋白亚基多肽图谱分析法，另一种是同工酶谱分析法。如矮牵牛和拟矮牵牛体细胞杂种植株的叶片中的过氧化物酶同工酶，不仅具有双亲的酶谱带，而且还出现新的杂种谱带。

4. 分子生物学鉴定　利用分子生物学鉴定杂种的方法近年来已获得许多突破，多种植物的杂种后代，包括细胞融合杂种后代的鉴定均获得了该技术的支持。如忻如颖等（2009）利用简单序列重复（simple sequence repeat，SSR）技术，分析了甘蓝型油菜与播娘蒿杂种植株的遗传情况，统计了22对SSR引物在融合杂种F_2中扩增的带型情况。发现引物DP43在播娘蒿中有4条特征带，在甘蓝型油菜中无扩增条带；在杂种F_2的1号株中有2条播娘蒿特征带和2条新增带，

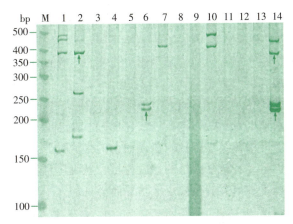

图7-9　引物DP43对甘蓝型油菜与播娘蒿原生质体融合杂种F_2中的扩增情况

M. DNA标准分子质量　1~12. 杂种后代　13. 甘蓝型油菜　14. 播娘蒿（箭头指向播娘蒿特异片段）

（引自忻如颖等，2009）

2号杂种株中有1条播娘蒿特征带和2条新增带，6号杂种株中仅有2条播娘蒿特征带，4号杂种株中无播娘蒿特征带，但有1条新增带，7号和10号杂种株的扩增条带与播娘蒿特征带相似，但分子质量稍大，也属新增带，其余杂种株中没有扩增到任何条带（图7-9）。结果表明1、2、6号杂种株存在播娘蒿遗传成分，新增带型和缺失带型产生的原因可能是原生质体融合后，基因组发生了剧烈的变化。

三、细胞质工程

原生质体的融合涉及了双亲的细胞核和细胞质，随着细胞器移植技术的发展，人们可以进一步将不同来源的细胞核与细胞质中的遗传物质进行重新整合。细胞质工程（cytoplasmic engineering）又称细胞拆合工程，是通过物理或化学方法将细胞质与细胞核分开，再进行不同细胞间核质的重新组合，重建成新细胞。细胞质工程为创造全新的工程植物开辟了新途径。

（一）细胞器基因组的特点

在植物整个生长发育过程中，每一步复杂的生理过程都涉及特异基因的表达，这些基因的正确表达是细胞中3个独立的基因组——核基因组、叶绿体基因组和线粒体基因组协同作用的结果。作为细胞的"最高司令部"，核基因组起绝对的主导作用。尽管大多数叶绿体蛋白和线粒体蛋白是由核基因组编码的，但在叶绿体基因组和线粒体基因组中仍包含相当比例的与自身形成及生理功能密切相关的遗传信息，因而这两种细胞器基因组的研究也越来越受到重视。

1. 叶绿体基因组　大部分叶绿体DNA（chloroplast DNA，ctDNA）都是共价闭合的双链环状分子，少数为线状分子。叶绿体DNA分子一般长120～160 kb。大多数植物叶绿体DNA都有一个突出的特点，即存在两个反向重复序列（inverse repeat sequence，IRS）。一般认为两者之间单拷贝序列的大小，决定了不同植物的叶绿体基因组的大小。一小部分叶绿体DNA分子可以以二聚体、三聚体或四聚体的形式存在，其机理还不清楚，很可能是几个单体之间发生了重组。

叶绿体基因组是半自主性的细胞器基因组，它对核有很大的依赖性，其中绝大部分多肽是由核基因组编码产生的。但它可以为完成自身功能编码某些非常重要的结构物质和酶，如RNA聚合酶、tRNA、rRNA、核糖体蛋白以及与光合作用直接相关的蛋白质等。已有十多种植物的叶绿体DNA完成了全序列测定，推测其可编码120个以上的基因。这些基因主要分为3大类：①与转录和翻译有关基因，也称遗传系统基因；②与光合作用有关基因，也称光合系统基因；③与氨基酸、脂肪酸、色素等物质生物合成有关基因，也称生物合成基因。显然这些基因在光合作用中起重要作用。

2. 线粒体基因组　植物线粒体DNA（mitochondria DNA，mtDNA）的长度为186～2 400 kb，不同植物间差异悬殊。不同种线粒体DNA存在形式也不同，高等植物的mtDNA主要是线状分子，少量为环状。与叶绿体基因组一样，线粒体基因组也是半自主性的细胞器基因组。大多数的线粒体蛋白也是由核基因组编码，但线粒体基因组自身包含10%左右的形成线粒体的遗传信息和编码线粒体呼吸链中几个重要的组成蛋白。此外，植物细胞质雄性不育（CMS）性状是由线粒体基因组决定的，是植物线粒体DNA发生重组，产生了新的功能区域的结果。

高等植物中，线粒体、叶绿体及细胞核间遗传信息的交流是非常频繁的。有些植物的线粒体基因组中有来自叶绿体基因组或者核基因组的片段。尽管各细胞器间DNA转移过程的机制目前还不十分清楚，但它对细胞工程研究的重要意义是显而易见的。

（二）细胞器的分离

真核细胞的质膜可以用各种方式加以破坏，如渗透压冲击、可控制的机械剪切和某些非离子去污剂作用等。大小和密度不同的细胞器，如细胞核与线粒体可以根据它们的沉降系数值不同，由差速离心、速度区带离心和等密度离心等方法相互分离，并与其他细胞器分开。

(三) 细胞器移植

当植物细胞质膜外围没有细胞壁存在时，原生质体不仅能够彼此融合，而且还可以摄入叶绿体、细胞核等细胞器。在PEG的诱导下，可将多种禾谷类植物的核导入玉米的原生质体中，其导入率可达5%。利用PEG法也可成功地将矮牵牛的核导入烟草原生质体，但再生植株中核染色体的复制及基因的表达情况还不十分清楚。

(四) 原生质体对微生物的摄取

为了得到一种新的非豆科固氮植物，人们一直试图把固氮菌和蓝细菌等引入植物细胞原生质体中。已有报道，在PEG的作用下，离体的植物原生质体能摄入酵母细胞和蓝细菌。但目前这些被摄入的微生物能否在宿主细胞中正常生存和繁殖还缺乏足够的证据。

小结

原生质体是指用特殊方法脱去植物细胞壁后具有生活力的原生质团。原生质体融合的主要步骤为植物原生质体分离、纯化、活力鉴定，原生质体培养，原生质体再生，植株再生等过程，是植物体细胞融合与细胞工程技术的基础。

原生质体的分离通常通过纤维素酶、半纤维素酶、果胶酶和离析酶，也可以通过机械法分离。获得原生质体后，通过沉降法、漂浮法、不连续梯度离心法进行纯化。原生质体的活力强弱是原生质体培养成功与否的关键因素之一。通过荧光素二乙酸酯法、酚藏花红染色法、形态观察法可以测定纯化后原生质体的活力。原生质体培养是指对分离出的原生质体进行培养，使其分裂分化直至形成完整植株的技术。原生质体培养方法主要有平板培养法、液体浅层培养法和固-液结合培养法。原生质体再生包括细胞壁再生、细胞分裂与植株再生培养三个过程，最终产生再生植株。

在原生质体培养过程中可以通过化学和物理融合法进行不同来源的原生质体融合，从而培育经过设计后的新植株，主要包括对称融合、不对称融合和微原生质体融合。但要注意杂种细胞的选择和新杂种植株的选择。

细胞质工程又称细胞拆合工程，是通过物理或化学方法将细胞质与细胞核分开，再进行不同细胞间核质的重新组合，重建成新细胞的技术。其中包括细胞器的分离、细胞器移植和原生质体对微生物的摄取等过程。

由于原生质体融合会使体细胞杂种表现出新的变异，不但能把特殊基因导入新物种，也能把某种重要特性导入新物种，因此具有一定的应用前景。

复习思考题

1. 简述影响植物原生质体分离效率的主要因素及其注意要点。
2. 简述影响植物原生质体培养效果的主要因素。
3. 简述植物体细胞的融合机理。
4. 试述聚乙二醇融合法的操作步骤及注意要点。
5. 试述电融合法的操作步骤及注意要点。
6. 简述影响原生质体活力的因素。

主要参考文献

戴朝曦,1998. 遗传学. 北京:高等教育出版社.

郝艳芳,王良群,刘勇,等,2016. 禾谷类作物原生质体培养研究进展. 中国农学通报,32(35):19-23.

姜淑惠,管荣展,唐三元,等,2007. 甘蓝型油菜与蓝菜的原生质体融合与植株再生. 遗传,29(6):745-750.

李浚明,朱登云,2005. 植物组织培养教程.3 版. 北京:中国农业大学出版社.

梁丹,丁丹,王火旭,2009. 甘蓝与大白菜的原生质体融合. 安徽农业科学,37(8):3448-3449.

文峰,肖诗鑫,聂扬眉,等,2012. 木薯脆性胚性愈伤组织原生质体培养与植株再生. 中国农业科学,45(19):4050-4056.

忻如颖,管荣展,张丽君,等,2009. 甘蓝型油菜与播娘蒿原生质体融合杂种后代的遗传. 作物学报,35(6):1044-1050.

袁华玲,金黎平,黄三文,等,2014. 二倍体马铃薯叶肉细胞原生质体培养的研究. 生物学杂志(3):55-59.

张丙秀,王傲雪,李景富,2009. 番茄果实细胞壁水解酶研究进展. 东北农业大学学报,40(1):128-132.

Hoshino Yoichiro, Zhu Y M, Nakano Masaru, et al, 1998. Production of transgenic grapevine (*Vitis vinifera* L. cv. *Koshusanlaku*) plants by Co-cultivation of embryogenic calli with *Agrobacterium* and selecting secondary embryos. Plant Biotechnology, 15 (1): 29-33.

Ramulu K S, Dijkhuis P, Rutgers E, et al, 1995. Microprotoplast fusion technique: a new tool for gene transfer between sexually-incongruent plant species. Euphytica (85): 255-268.

Sun B, Zhang F, Xiao N, et al, 2018. An efficient mesophyll protoplast isolation, purification and PEG-mediated transient gene expression for subcellular localization in Chinese kale. Scientia Horticulturae, 241: 187-193.

Tomiczak K, Sliwinska E, Rybczyński J J, et al, 2017. Protoplast fusion in the genus *Gentiana*: genomic composition and genetic stability of somatic hybrids between *Gentiana kurroo*, Royle and *G. cruciata* L. Plant Cell Tissue & Organ Culture, 131 (1): 1-14.

Zhu Y M, Hoshino Yoichiro, Nakano Masaru, et al, 1997. Highly efficient system of plant regeneration from protoplasts of grapevine (*Vitis vinifera* L.) through somatic embryogenesis by using embryogenic callus. Plant Science, 123: 151-157.

第八章
植物离体快速繁殖

植物离体快速繁殖（plant rapid propagation *in vitro*）又称植物离体快繁或植物微繁（micropropagation），是指利用植物组织培养技术对外植体进行离体培养，使其短期内获得遗传性状一致的大量再生植株的方法。植物离体快繁是植物组织培养技术在农业生产中应用最广泛、产生经济效益最大的研究领域，也成就了人们工厂化育苗的梦想。植物离体快繁与传统营养繁殖（vegetative propagation）相比，其特点表现为：①周年繁殖，效率高。由于不受季节和气候影响，可周年繁殖。生长速度快，短期内材料能以几何级数增殖。②培养条件可控性强。材料是在人为提供的培养基和小气候环境条件下生长，便于调控。③占用空间小。一间 30 m² 培养室，可同时存放 1 万多个培养瓶，培育数十万株苗木。④管理方便，利于自动化控制。材料在离体环境中生长，省去了田间栽培的繁杂劳动，并可进行自动化控制。⑤便于种质保存和交换。通过抑制生长或超低温贮存方法（参见第十二章），可长期保存培养材料，便于种质资源交换和转移。

第一节　植物离体快繁器官形成方式及繁殖程序

一、离体快繁器官形成方式

植物种类、外植体类型及培养基组成等影响着接种材料的生长、分化和再生，使外植体的器官形成方式表现出一定差异。根据器官形成方式的不同，将植物器官的再生分为五种类型，即<u>短枝发生型</u>（short branch organogenesis）、<u>丛生芽发生型</u>（clustered bud organogenesis）、<u>不定芽发生型</u>（adventitious bud organogenesis）、<u>胚状体发生型</u>（embryoid organogenesis）和<u>原球茎发生型</u>（protocorm organogenesis）。

（一）短枝发生型

短枝发生型是指外植体携带的芽或茎段，在适宜培养环境中萌发、生长，茎段基部形成根，从而获得完整植株，再将其剪成带芽茎段，继代再成苗的繁殖方法（图 8-1）。该方法与田间枝条的扦插繁殖（cutting propagation）方法类似，故又称为微型扦插。它一次成苗，遗传性状稳定，培养过程简单，移栽成活率高。花卉、葡萄、马铃薯等多种植株的试管苗（test-tube plantlet）繁殖常用此方法。

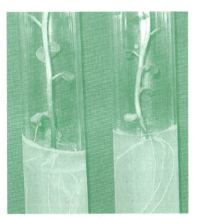

图 8-1　马铃薯带芽茎段长成完整植株

（二）丛生芽发生型

丛生芽发生型是指外植体携带的顶芽或腋芽在适宜培养环境中，可以不断发生腋芽而成丛生状芽，将单个芽转入生根培养基中，诱导生根成苗的繁殖方法。如山楸梅（*Aronia arbutifolia*）携带侧芽或茎尖的外植体在含有外源细胞分裂素的培养基中，可促使顶芽或侧芽萌动，形成微型的多枝多芽的小灌木丛状结构（图8-2A）。将丛生苗分割成带芽茎段，继代培养，重复→苗增殖培养，可获得大量无根小苗。无根小苗转移到生根培养基后，经培养得到完整小植株（图8-2B）。

丛生芽发生型也是大多数植物离体快繁的主要方式，它不经过愈伤组织，能使无性系后代保持原品种的特性，受到生产者普遍应用。适宜这种方式离体快繁的植物，其外植体可用顶芽、侧芽或带芽茎段。如果顶芽仅切取尖端分生组织部分，则可生产脱病毒植株；如果顶芽具有较强的顶端优势，侧芽萌发就受到抑制，则产生分枝较少的丛生苗，影响繁殖速度。可采用除去顶芽或适当增加细胞分裂素的办法予以克服。此外，增加继代次数，使细胞分裂素在器官中逐渐积累，也可以削弱顶端优势现象。

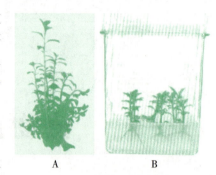

图8-2 山楸梅芽苗增殖形成的
无根小苗和再生植株
A. 带芽茎段形成的丛生苗
B. 小苗形成完整植株
（引自Trigiano等，2000）

（三）不定芽发生型

不定芽发生型是指外植体在适宜培养基和培养条件下，经过脱分化形成愈伤组织，然后经过再分化诱导愈伤组织产生不定芽，或外植体不形成愈伤组织而直接从其表面形成不定芽（图8-3），将芽苗转移到生根培养基中，经培养获得完整植株的繁殖方法。有时将从愈伤组织途径再生不定芽的方式又称为器官发生型，而将外植体直接再生不定芽的方式称为器官型。以不定芽发生型离体快繁的植物，外植体的类型可涉及多种器官，如茎、叶、根、花等。

图8-3 烟草叶片再生不定芽

不定芽发生型也是许多植物离体快繁的主要方式。由于不定芽形成的数量与腋芽数目无关，增殖率高于丛生芽发生型。但经过愈伤组织途径或多次继代培养后，易导致细胞分裂不正常，增加变异植株的发生频率。如香蕉继代次数控制在8代之内，再生植株的变异率则可控制在3%左右。需要注意的一点是，表现出嵌合性状的植株，通过不定芽方式再生时，往往导致嵌合性状发生分离而失去原有价值。如观赏植物色彩镶嵌的叶子、带金边或银边的植物，通过不定芽途径再生植株时，可能会失去这些具有观赏价值的特征。因此，这类植物离体快繁时应通过丛生芽途径进行。

（四）胚状体发生型

胚状体发生型是指外植体在适宜培养环境中，经诱导产生体细胞胚的繁殖方法。外植体诱导产生的愈伤组织进一步发育成类似合子胚的体细胞胚，或外植体表皮细胞直接发育成体细胞胚。体细胞胚由于具有胚芽和胚根的两极原基，不经生根培养基即可直接形成完整小植株（图8-

4)。胚状体发生途径具有成苗数量大、速度快、结构完整的特点,因而是外植体繁殖系数最大的途径。但胚状体发生和发育情况复杂,通过胚状体途径离体快繁的植物种类,远没有短枝型、丛生芽型和不定芽型涉及的广泛。

图 8-4　地被菊花（*Dendranthema grandiflorum*）'Fall Color' 通过胚状体途径的植株再生过程
A. 初级胚性愈伤组织　B. 胚性愈伤组织　C. 球形胚　D. 心形胚　E. 子叶形胚
F. 子叶形胚的发育　G. 再生芽　H. 再生小植株
(引自洪波等，2008)

体细胞胚再生的小植株与丛生芽或不定芽再生的小植株相比,具有2个显著差异:①胚状体多起源于单细胞。体细胞胚很早就具有明显的根端和苗端的两极分化,极幼小时也是一个根、芽齐全的微型植物,无须诱导生根。②生理隔离。胚状体发育的小植株与周围愈伤组织或母体组织间没有结构上的联系,出现生理隔离现象,小植株独立形成,易于分离。而丛生芽或不定芽发育的小植株,最初由分生细胞团形成单极性的生长点,发育成芽,致使芽苗与母体组织或愈伤组织紧密联系,如维管束组织、皮层和表皮组织等。转移生根时,需切割才能分开。

(五) 原球茎发生型

原球茎发生型是兰科植物的一种离体快繁方式,它是指茎尖或腋芽外植体经培养产生原球茎(即扁球状体,基部生假根)的繁殖类型。原球茎是短缩的、呈珠粒状的、由胚性细胞组成的、类似嫩茎的器官,它可以增殖形成原球茎丛。由茎尖或腋芽外植体诱导产生原球茎,切割原球茎进行增殖,或不进行切割使其继续培养而转绿,产生毛状假根,叶原基发育成幼叶,将其转移培养生根,形成完整植株(图 8-5)。原球茎繁殖体系是兰花唯一有效的大规模无性繁殖方法,形成了兰花工业,获得了巨大经济效益。兰花的这种快繁体系也是植物离体快繁技术在生产上应用的第一事例。

此外,在兰科植物的组织培养中,还可以通过外植体诱导产生类似于原球茎的器官,即类原球茎或拟原球茎(protocorm-like body,PLB)。如金青等(2009)研究霍山石斛(*Dendrobium huoshanense*)试管苗茎段再生植株时发现,试管苗茎段可诱导产生类原球茎(图 8-6),并通过组织学观察发现,类原球茎是通过体细胞胚胎发生途径获得再生植株。

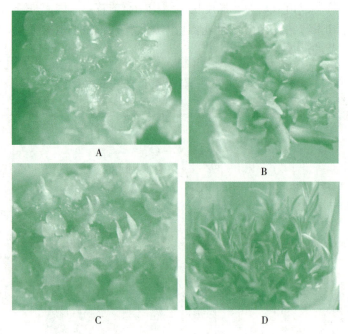

图 8-5　文心兰（*Oncidium* sp.）茎尖原球茎诱导及植株再生
A. 培养 20 d 后形成桑果状的类似愈伤组织　B. 培养 40 d 后形成的类似愈伤组织、原球茎和不定芽交错在一起的团块
C. 原球茎培养 40 d 后增殖形成大量原球茎　D. 原球茎培养 60 d 后分化大量发育完好的芽
（引自张超等，2009）

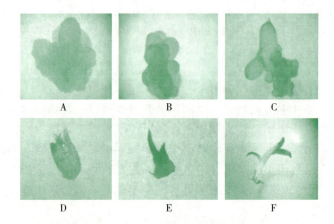

图 8-6　霍山石斛试管苗茎段类原球茎的诱导
A. 类原球茎形成期　B. 类原球茎肥大期　C. 茎叶分化期　D. 茎叶形成期　E. 茎叶伸长期　F. 完整植株形成
（引自金青等，2009）

二、离体快繁程序

植物离体快速繁殖是一个复杂过程。Murashige（1978）提出，将商业化的快速繁殖过程分为四个阶段，即阶段Ⅰ——无菌培养系的建立、阶段Ⅱ——繁殖体的增殖、阶段Ⅲ——芽苗的生根、阶段Ⅳ——小植株的移栽驯化。后来，Debergh 和 Maene（1981）建议在阶段Ⅰ前补加一个阶段 0，即供体植株选择和为它们创造有利于启动离体培养的环境条件。但不同植物的繁殖程序由于繁殖方式的不同存在差异，如以短枝发生型方式繁殖的植物，其阶段Ⅱ和阶段Ⅲ是同时进行的。草本植物组培苗对环境的适应能力较木本植物的强，其移栽驯化所需时间短，易由异养转变

为自养，成苗率高。

（一）阶段Ⅰ——无菌培养系的建立

这个阶段的任务是母株（stock plant）和外植体的选取、无菌培养物的获得及外植体的启动生长，以利于离体材料在适宜培养环境中以某种器官发生类型进行增殖。阶段Ⅰ是植物离体快繁成功的重要一步。

1. 母株和外植体的选取 用来进行繁殖的材料，其母株应选择性状稳定、生长健壮、无病虫伤害的成年植株。如果田间母株污染严重，无菌培养物无法获得，可将其剪切后进行室内栽种培养，并喷洒杀虫剂和杀菌剂，待长出新枝后进行采样。虽然每种植物器官和组织都可以作为外植体进行植物离体快繁，但实际应用中，选用何种外植体多与被繁殖植物的种类有关。通常木本植物和较大的草本植物多采用带芽茎段、顶芽或腋芽作为快繁的外植体。易繁殖、矮小或具短缩茎的草本植物则多采用叶片、叶柄、花茎、花瓣等作为快繁的外植体。

2. 无菌培养物的获得 选取的各种外植体材料经适当、有效的灭菌处理后，接种在基本培养基中，以检测每个材料的菌类污染情况。一般每一培养瓶中接种一块材料，避免相互污染。对接种15 d以上仍未见污染并且成活的外植体，可转移至促使其启动生长的培养基中。

（1）茎尖、茎段、叶片的灭菌。灭菌前外植体用清水冲洗，茸毛较多的外植体用皂液洗涤后再用清水冲洗，吸水纸吸干表面水分，放置在超净工作台上。将外植体浸泡在0.1%～0.2%氯化汞溶液中2～10 min，或先在70%酒精中浸数秒，然后在10%次氯酸钙溶液中浸泡10～20 min，或先在70%酒精中浸泡数秒，再在2%次氯酸钠溶液中浸泡15～30 min进行灭菌。灭菌后倒掉灭菌液，无菌水冲洗外植体3～5次，置外植体于无菌滤纸上吸干表面水分，适当分割后接种。

（2）根、块茎、鳞茎的灭菌。这类材料生长在土中，灭菌较困难，且挖取时易受损伤。所以灭菌前应仔细清洗，对凹凸不平及鳞片缝隙处，需用软刷清洗，并切除损伤部位。灭菌时应增加灭菌时间或增大灭菌剂浓度，如将外植体浸泡在0.1%～0.2%氯化汞溶液中5～12 min，或在70%酒精中浸数秒，然后用6%～10%次氯酸钠溶液浸5～15 min进行灭菌。灭菌后的操作步骤同茎尖、茎段、叶片的灭菌。

（3）种子的灭菌。用10%次氯酸钠溶液浸泡20～30 min，或用0.1%～0.2%氯化汞溶液浸泡5～10 min进行灭菌。灭菌后无菌水冲洗3～5次，接种。

（4）抑菌培养基。灭菌剂处理过的外植体，只进行了表面灭菌，不能除掉所有病菌，特别是无法去除侵入组织内部的病菌。因此，有时需在培养基中加入抗生素类物质，防止初代培养材料的污染（表8-1）。但抗生素对某些种类的植物生长有抑制作用，所以适合的抗生素种类及浓度的确定，要在实践中摸索。此外，还需保证培养基、接种器械和超净工作台无菌，并使接种室环境保持清洁。对污染的组培材料，应灭菌后再清洗，防止真菌孢子在空气中弥漫和繁殖。

表 8-1 培养基中添加抗生素对防治杂菌污染的效果

（引自曹孜义等，1999）

抗生素	浓度/(mg/L)	培养材料		
		银杏	冬青（*Ilex chinensis*）	月季
链霉素	10	0	+	+
青霉素	20	+++++	+++++	+++++
土霉素	5	0	+++++	+++++
夹竹桃霉素	20	+++++	+++++	+++++

(续)

抗生素	浓度/（mg/L）	培养材料		
		银杏	冬青（*Ilex chinensis*）	月季
朴菌肽	50	+++++	++++	+
新霉素	1	+	++++	+

注：+越多表示灭菌效果越好，0 表示无灭菌效果。

3. 外植体的启动生长 不同外植体启动生长的方式不同，主要有：①腋芽被刺激后开始生长。②茎段、叶片、花芽、子叶和其他器官外植体的伤口处产生不定芽。③外植体切口表面产生愈伤组织。如菊花比月季更容易分化出不定芽；香石竹的叶片、茎尖、茎段、花瓣、子房、花托等外植体均可得到再生植株，而非洲菊的再生植株则多从花托、茎尖和花芽外植体中产生。启动生长所用的培养基随植物种类、栽培方式和外植体类型的不同而异。外植体启动生长培养基中，生长素和细胞分裂素的浓度最为重要，如刺激腋芽生长时，细胞分裂素（6 - BA、KT 或 2ip）的适宜浓度是 0.5～1.0 mg/L，生长素的浓度水平则很低，为 0.01～0.1 mg/L；诱导不定芽形成时，需较高水平的细胞分裂素；对于愈伤组织的形成，增加生长素的浓度，并补充一定浓度的细胞分裂素是十分必要的。

通常，阶段Ⅰ的完成需要 4～6 周，获得的培养物转移到阶段Ⅱ中进行增殖。然而，有些外植体可能需要在阶段Ⅰ中停留较长时间，这时必须将外植体转移到新培养基上培养。如一些木本植物的阶段Ⅰ完成需 1 年时间，此时继代后具有正常茎芽的培养物才能稳定增殖，反之则在发育中被抑制，无法增殖。

（二）阶段Ⅱ——繁殖体的增殖

这个阶段的任务是对阶段Ⅰ获得的培养材料进行增殖，不断分化产生新的完整植株、丛生苗、不定芽及胚状体。阶段Ⅱ是植物离体快繁的重要环节，需大量的工作时间。

1. 培养材料的增殖 阶段Ⅰ的培养物在阶段Ⅱ中以前述 5 种方式进行增殖。每种植物采用何种方式进行离体快繁，既取决于培养目的，也取决于材料自身的可能性。但一般大多数植物采用无菌短枝、腋芽萌发或诱导不定芽产生，再以芽繁殖芽的方式进行增殖；兰科植物、百合等则采用原球茎增殖途径，以保障繁殖材料的遗传稳定性。增殖后形成的丛生苗或单芽苗分割后，转移到新培养基中继代培养。在繁殖体增殖阶段，每 4～8 周继代一次。

一个芽苗增殖产生小苗的数量一般为 5～25 个或更多，可进行多次继代增殖，满足生产或其他需求。有时芽苗随培养时间的延长而出现衰退现象，表现为不能生长、茎尖褐化、进入休眠，甚至失去再生潜能，降低培养基中生长调节剂的浓度和避免基部愈伤组织的产生等可缓解芽苗的衰退。如果实在无法阻止其衰退，则需重新进行外植体的接种。

2. 增殖培养基 增殖系数是植株快速繁殖，特别是商业性繁殖的重要指标。外植体在每次继代培养中，应能产生最大数量的有效繁殖体。因此，需确定适宜增殖培养基的配方。增殖培养基的配方因植物种类、品种和培养类型的不同而异。通常，基本培养基与阶段Ⅰ相同，而细胞分裂素和矿物元素的浓度水平则高于阶段Ⅰ，其最佳浓度的确定应通过试验进行。MS 培养基适合许多植物的培养。

3. 增殖体的切割 为了保证每次继代培养能获得同样的快速增殖效果，增殖茎段应具有最小组织量，即携带一个茎节。但从初代培养物中切割的茎段一般都有 2～4 个茎节，这些茎段可以垂直插入培养基中（插入深度不应淹没茎节），或水平放入培养基表面，以刺激侧芽的萌动。如果出现顶芽发育而抑制其他腋芽增殖的现象，应将顶芽茎段切除，对其基部进行再培养。

(三)阶段Ⅲ——芽苗的生根

阶段Ⅱ增殖的芽苗有时没有根,需将单个芽苗转移到生根培养基或适宜环境中诱导生根。因此,这个阶段的任务是为移栽准备小植株,即将试管人工异养环境中的芽苗转变成在温室或大田能自养生存的植株。芽苗的生根可在试管内进行,也可在温室环境中进行。

1. 试管内生根 生根时所用基本培养基组成同阶段Ⅰ,但需降低无机盐浓度,一般用1/2或1/4的量,并减少或除去细胞分裂素,增加生长素的浓度。对有些植物,如果芽苗在含有生长素的培养基中生长1~2 d,再转移至无生长素的培养基中,或芽苗在含生长素的生根溶液中浸蘸后直接插入无生长素的培养基中,其生根效果好(图8-7);如果在生长素处理阶段对根部辅以黑暗条件,则生根效果会更好。

图8-7 甜樱桃(*Cerasus avium*)试管苗生根

在阶段Ⅱ和阶段Ⅲ之间,将增殖的芽苗转移至无或低浓度细胞分裂素的培养基中培养2~4周,或添(增)加赤霉素,降低细胞分裂素的作用,这种芽苗在阶段Ⅲ时可直接转入无细胞分裂素和赤霉素的培养基中诱导生根。

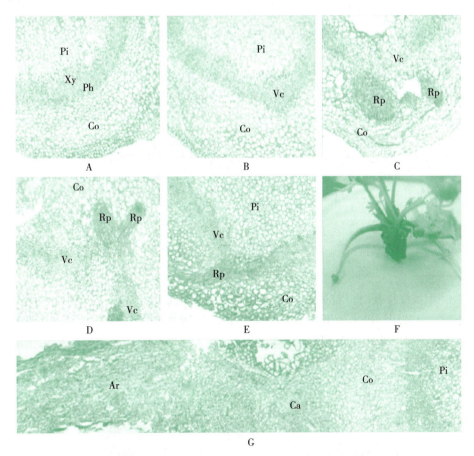

图8-8 牡丹试管苗生根过程的解剖结构

A. 生根培养 B. 生根诱导2 d,形成层细胞分裂旺盛 C、D. 生根培养3~4 d,形成根原基轮廓
E. 生根培养12 d,根原基即将突破表皮 F. 生根培养20 d,试管苗生根 G. 茎愈伤组织生根
Ar. 不定根 Co. 皮层 Ca. 愈伤组织 Ph. 韧皮部 Pi. 髓 Rp. 根原基 Vc. 微管形成层 Xy. 木质部

(引自贺丹等,2011)

贺丹等（2011）研究了牡丹试管苗的根形成过程，他们通过组织切片观察后发现，牡丹试管苗嫩茎中不存在潜生根原基（图 8-8A），不定根原基属于诱生根原基类型。诱导培养 2 d 后，形成层细胞（cambial cell）开始分裂，细胞层数增加（图 8-8B）。培养 3 d 时，在维管束处开始出现根原基，细胞首先进行平周分裂，增加细胞的层数，其次进行各个方向的分裂，形成一球形细胞团，该细胞团继续分裂分化形成根原基轮廓（图 8-8C、D）。12 d 时根原基继续生长，即将突破表皮（图 8-8E）。15 d 可见已突出表皮的不定根，20 d 时已可见完整的根（图 8-8F）。生根后期，愈伤组织明显膨大，茎细胞变得疏松，中部髓腔变大。此外，试管苗的不定根也可由愈伤组织分化形成，而由愈伤组织长出的根，则是由皮层薄壁细胞中的根原基突破表皮形成的（图 8-8G）。不定根突破表皮后，其输导组织与茎的维管束并不相连。

2. 试管外生根 试管外生根是试管苗作为微型插穗直接扦插于无菌基质上生根形成小植株的方法。近年来，试管外生根技术已用于不少植物的小植株产业化生产。如牡丹试管外生根的初步研究表明，其成活率高于试管内生根，但相关技术还需进一步完善。用此法生根时，芽苗可以先在生长素中快速浸蘸或在含有相对高浓度生长素的培养基中培养 5~10 d，然后在温室中栽入培养基质［如珍珠岩∶蛭石＝2∶1（体积比）］或蛭石中，并辅以小拱棚的高湿度环境，经常喷雾，几天后芽苗可在其基部自行生根。另外，这个阶段还应进行芽苗的选择，淘汰有明显不正常、畸形、有病芽苗。对有休眠特性的植物可以利用低温处理来刺激其生长和增殖。阶段Ⅲ一般转接一次就能完成，持续时间为 2~4 周。

（四）阶段Ⅳ——小植株的移栽驯化

移栽驯化一般是指生根试管苗（小植株）经过炼苗（seedling exercising）并过渡到田间环境驯化的阶段。小植株通过炼苗，完成从异养到自养的转变，适应自然环境而独立生存。

1. 炼苗 移栽前需对小植株进行自然光照下的锻炼，使植株生长粗壮。炼苗后期打开瓶口，降低湿度，使其逐渐适应外界环境（图 8-9）。

图 8-9　马铃薯小植株移栽前的自然光照培养炼苗

2. 移栽 小植株移栽时，首先应洗去小植株根部附着的培养基，避免微生物的繁殖污染，造成小植株死亡。苗用浸蘸水的纸片将小植株每 100~150 株包扎成捆，方便移栽时手持。将小植株在温室中栽入蛭石或人工配制的混合培养基质中（图 8-10）。移栽基质要用保湿又透气的材料，如蛭石、珍珠岩、粗砂、泥炭等按比例混合，以利小植株生长。

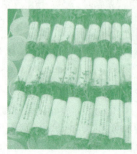

图 8-10　马铃薯小植株捆扎及蛭石中移栽

3. 驯化管理 移栽的试管小植株和活体生根的小植株，其培养环境湿度的控制十分重要。因小植株是在高湿（90%~100%的相对湿度）的环境中生长的，其茎叶表面防止水分散失的角质层等几乎全无，根系又不发达，移栽后难以保证水分平衡，即使根系周围有足够的水分也不行。所以，应采用加覆塑料薄膜、经常喷雾的方法，提高小植株周围的空气湿度，减少叶面蒸腾。同时，逐渐降低空气相对湿度，使其慢慢适应自然环境条件（图 8-11）。十几天后小植株可形成新的功能根系，并正常生长。

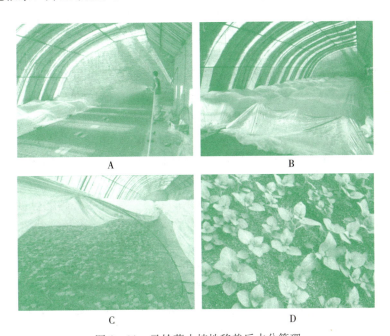

图 8-11 马铃薯小植株移栽后水分管理
A. 移栽后充分浇水 　B. 覆盖小拱棚，保持空气湿度　 C. 小植株生长 10 d 左右，掀起棚膜，逐渐降低空气湿度
D. 植株完成成活，正常生长，去掉棚膜

移栽小植株还应注意光、温控制。试管苗是在营养丰富且含糖的培养基中进行异养生长的，移栽后要通过自身的光合作用来维持生存。因此，移栽初期，光照度应较弱（使用遮阳网），经过一段时间的适应后，再增加光照度（漫射），如 1 500~4 000 lx，甚至 10 000 lx。移栽小植株生长的适宜温度与植物种类有关，喜温性植物以 25 ℃左右为宜，喜凉性植物则以 18~20 ℃为宜。温度过高会导致蒸腾作用加强、水分失衡、微生物滋生等；温度过低则使幼苗生长迟缓或不易存活。如使基质温度高于空气温度 2~3 ℃，则有利于生根和促进根系发育，提高存活率。在移栽小植株的驯化管理阶段，还应防止菌类滋生，适当喷一定浓度的杀菌剂可有效保护移栽小植株的正常生长。经过驯化移栽成功的小植株进一步生长发育的管理与正常田间管理方法相同。

第二节　影响植物离体快繁的因素

经过四个阶段的生长发育，由外植体产生了大量的再生植株，这显然是一个相当复杂的演变过程，其影响因素也多种多样。在植物离体快繁的研究中，应力争使各种影响因素处于最佳参数状态，最大限度地生产试管小植株，以获得最大经济效益。

一、外 植 体

起始的外植体状况，如外植体的来源、发育阶段、大小及预处理等，是决定植株繁殖速率和再生植株质量的最重要因素。

1. 外植体来源 尽管细胞全能性是所有植物细胞具有的特性,但全能性的表达常局限于某些特殊的细胞,即拟分生组织细胞,致使不同组织或器官的植株再生能力差异很大。具有拟分生组织的外植体,如茎尖、带芽茎段等是最佳的植物离体快繁外植体,因其形态已基本建成、生长速度快、遗传性稳定。当所有其他组织作为外植体的植株再生工作都失败时,茎尖培养仍然可以获得成功。无拟分生组织的外植体,如叶片、根段、花器、子房、子叶等,如果在适当刺激下能产生拟分生组织,也是植物离体快繁的合适材料。但是,由于培养技术和条件的限制,有些植物的一些组织或器官,如厚叶莲花掌的叶、非洲菊的花梗和花瓣,仍然无法获得再生植株,对这类植物进行离体快繁时,确定合适的外植体来源十分重要;有的植物可从多种组织或器官中获得再生植株,如香石竹等,这类植物的外植体种类的确定应以容易采集和灭菌为标准。

牡丹品种和基因型差异对完整植株的获得有重要影响,品种不同导致其试管苗生根难易明显不同,如'洛阳红'牡丹的试管苗生根率为70%,'大胡红'牡丹则高达100%,而'明星''菱花湛露'和'乌龙捧盛'牡丹则分别只有67%、47.9%和33.3%。

2. 外植体生理年龄 植物生理学的基本观点是同一植株的不同器官和同一器官的不同部位都具有不同的生理年龄。沿植物主轴,越近基部的器官,生理年龄越小,远离发育上的成熟,不易形成花器官,但易分化,再生能力强。越近顶端的器官,生理年龄越老,接近发育上的成熟,易形成花器官,但分化和再生能力弱。嫩叶再生能力高于老叶,木本植物幼树嫩枝、老树基部萌蘖枝再生能力强。

3. 外植体大小 培养成活的外植体数及其生长速率和繁殖系数与外植体的起始大小密切相关。外植体越小,成活率和繁殖系数就越低。茎尖离体成活的临界大小为携带1~2个叶原基,长0.2~0.3 mm;叶片、花瓣等约为5 mm^2;茎段则为0.5 cm。因此,除非是进行脱病毒苗木繁殖,否则不宜将外植体切割的太小。当然,外植体也不宜过大,否则易造成污染和遗传变异。

二、培养基

长期以来,根据培养的植物种类、组织或器官及培养目的的不同,人们已设计了许多种培养基配方(参见附录Ⅰ)。正常情况下,普通的基本培养基配方都能适合阶段Ⅰ和阶段Ⅱ,而阶段Ⅲ对营养配方的要求不高。另外,植物生长调节剂的种类、浓度及其配比是影响植物离体快繁的最重要因素。

1. 基本培养基 MS培养基是植物组织培养中应用最广泛的一种基本培养基。这种培养基中的无机盐含量足以满足多种植物组织培养阶段Ⅰ和阶段Ⅱ的营养需求,但对某些植物,如乌饭树(*Vaccinium bracteatum*)、越橘、捕虫堇(*Pinguicula alpina*)等,以及阶段Ⅲ,MS培养基的无机盐含量就显得过高,应以1/4MS或1/2MS为好。有些植物离体快繁时,则需其他培养基,如南美稔(*Feijoa sellowiana*)的嫩茎在Knop培养基上的生长和增殖都好于MS培养基;牡丹试管苗生根的基本培养基主要有MS、WPM、White、B_5这4种培养基,按其生根率高低排序依次为WPM、MS、White和B_5。

对多数植物来说,蔗糖和葡萄糖是良好的碳源,其浓度为2%~4%时,可满足阶段Ⅰ和阶段Ⅱ的需求,阶段Ⅲ所需糖浓度较低,为1%~3%。在植物大规模离体快繁时,常用白糖代替蔗糖,再生植株未见明显差异,但可降低生产成本。

2. 植物生长调节剂 植物生长调节剂是完成阶段Ⅰ、阶段Ⅱ和阶段Ⅲ过程所必需的物质,其浓度的高低及其种类的配合决定着植物的离体快繁过程是否能顺利进行。高浓度(1~10 mg/L)的细胞分裂素和低浓度(0.1~1 mg/L)的生长素配合(或无须生长素),可以使腋芽和茎尖外植体在阶段Ⅰ启动,形成丛生芽或单芽,并进行阶段Ⅱ的增殖。但随着继代次数的增加,应逐步降低细胞分裂素的浓度，甚至在进入阶段Ⅲ前，不用细胞分裂素。细胞分裂素与生长素浓度的比值接近1的配比，可使各种植物器官在阶段Ⅰ启动，形成不定芽，并进行阶段Ⅱ的增殖；在含有丰富还原氮的培养基上，附加生长素，特别是2,4-D，可诱导外植体在阶段Ⅰ启动，产生胚状体，再将其转移到低或无生长素的培养基上使其成熟、萌发和生长。

阶段Ⅲ常单独使用低浓度的生长素，或与低浓度细胞分裂素配合使用。如牡丹试管苗试管内生根困难，且小植株移栽成活率低，甚至全部死亡。试管苗不定根发生需要生长素类物质诱导，吲哚丁酸（IBA）是诱导生根最有效的生长素。其使用方法主要有3种：①IBA 持续诱导生根法。试管苗在含有 0.5 mg/L IBA 的琼脂培养基（生根诱导培养基）上持续培养，诱导不定根发生。②IBA -活性炭（IBA-AC）诱导生根法。试管苗先在含 IBA 的培养基上培养一段时间以诱导根原基的发生，再转移到含 AC 的培养基上持续培养以促进根原基生长。③IBA 速蘸- AC 诱导生根法。将试管苗基部浸入 IBA 溶液中一定时间，再转接到含 AC 的培养基上持续培养。②和③两种方法的生根率高，是最有效的生根方法。

此外，ABA、多效唑（PP$_{333}$）、矮壮素（CCC）等植物生长调节剂对促进试管苗生根、壮苗、提高成活率等也有一定的作用。

3. 培养基的物理特性 不同的培养材料可选用不同物理状态的培养基。以原球茎或胚状体方式增殖的材料，可选用液体培养基，如将兰花增殖的原球茎分切后，在液体培养基中振荡培养（22 ℃、连续光照），形成新的原球茎，然后继续以同样方法增殖，或转移到固体培养基中，即可得到生根试管苗。但大多数材料的培养还是用固体培养基，此时 pH 一般为 5.8～6.0。

三、培养条件

影响植物离体快繁的培养条件仍然是光照、温度和湿度。此外，培养瓶内的气体状况也对植株的生长和发育有一定影响。

1. 光照 光强烈地影响着植物培养组织的生长和器官发育，主要是光照度和光照时间。在植物离体快繁的阶段Ⅰ和阶段Ⅱ期间，光照度应为 1 000～4 000 lx，而阶段Ⅲ时，可将光照度增至 3 000～10 000 lx。离体培养时增加光照度可能阻滞培养材料生长，导致轻微褪绿。但这种植株糖分积累多，组织充实，易适应外界环境，移栽后比在低光照度下所得的植株成活率高。大多数植物每天 14～16 h 的光照、8～10 h 的黑暗即可满足其生长发育的需求，但连续光照对有些植物可起到促进苗增殖和健壮的作用。块茎和其他营养贮藏器官的形成则要求较长（约3个月）的黑暗时期，因为它们在正常形成时是短日照。进行大规模离体快繁时，也可以考虑利用自然光进行试管苗生产，以降低生产成本。

2. 温度 离体材料培养和快繁的温度要求应参照植物的原产地。高温（约27 ℃）适合热带品种，低温（约20 ℃）适合高山植物，多数植物在（25±2）℃下都能正常地被诱导、增殖和生根，低于 10 ℃ 会停止生长，高于 35 ℃ 会抑制其正常生长和发育。

组织培养时，对外植体或试管苗进行低温或高温处理，可促进器官分化，提高诱导频率，增加无病毒植株的获得率。如先将植物原始材料置于较高温度（35～40 ℃）下，经不同时长处理可以提高无病毒外植体的发生率。将试管内发育的鳞茎或球茎小植株在移栽前，预先进行 4～6 周 2 ℃ 的低温处理，才能使之正常生长。在试管苗培养期间，在一定范围内降低温度，减慢其生长速度，可提高试管苗质量。如香石竹在 18～25 ℃ 范围内随温度降低，试管苗生长速度减慢，但其质量有所提高，玻璃化现象减少；当温度高于 25 ℃ 时，会引起试管苗徒长细弱，玻璃化或半玻璃化的试管苗数量

图 8-12 香石竹玻璃化的试管苗

明显增加（图 8-12）。牡丹试管苗在室温 10～25 ℃下无玻璃化情况，26 ℃以上随温度升高玻璃化严重。

3. 湿度 培养环境的湿度对试管苗生长发育的影响相对较弱，因试管苗是在较密闭容器中生长，容器内相对湿度几乎达 100%，可满足其生长发育。但如果培养环境中相对湿度过低，培养基易失水、干裂，故环境中的相对湿度应为 70%～80%。试管苗移栽后，应充分浇水（栽培基质以不积水为宜），并加覆小拱棚，增加试管苗生长环境的空气湿度，满足其由异养转变为自养所需的水分。

4. 气体 培养基经高温高压灭菌及随着试管苗的生长，培养瓶中会产生乙烯并积累，乙烯浓度过高（5～6 μL/L）时，会抑制试管苗的生长。因此，需及时转接试管苗，并选择通透性好的封口材料。进行液体培养时，培养物浸没在液体中会导致其缺氧，致使停止生长、死亡。因此，需进行振荡培养，促进氧气交换，达到培养物高效增殖的目的。

四、继代培养

阶段Ⅱ以芽苗或不定芽方式增殖的植物，培养许多代后仍能保持旺盛的增殖力，但会出现驯化现象，即开始继代培养时，需较高浓度的植物生长调节剂，随继代时间延长，加入植物生长调节剂的量逐渐减少或不加就可以使其生长。所以，在阶段Ⅱ中，应注意调整培养基中植物生长调节剂的浓度。对生长速度快或繁殖系数高的植物，继代时间应短些（15 d 左右）；反之，继代时间应长些（30～40 d）。阶段Ⅱ以培养细胞或愈伤组织方式继代增殖的植物，形态发生能力易随继代时间延长而减弱或丧失，原因是：①愈伤组织培养时逐渐丧失了成器官中心（拟分生组织）；②内源激素减少；③染色体畸变积累。可通过外源生长调节剂的增加、筛选具有形态发生能力的细胞团、缩短继代时间等措施防止其再生能力的丧失。但最好的办法还是重建细胞系。此外，阶段Ⅱ中的增殖系数、污染率、玻璃化等因素，特别是污染率显著影响着试管苗生产的效率和经济效益。

五、移　　栽

阶段Ⅳ的成功与否直接影响着植物离体快繁的成本、工作效率及经济效益。如葡萄试管苗移栽成本占总成本的 56%～78%。盲目移栽驯化，将导致离体快繁工作的前功尽弃。高湿、恒温、弱光下生长的异养试管苗，出瓶移栽后导致其死亡的原因及克服方法有以下几种：

（一）根系结构

根系结构不完善的试管苗移栽后易死亡。死亡原因及克服方法为：①不生根。一些植物，特别是木本植物的试管苗不生根，无法移栽。可采用嫁接法解决。②根与输导系统不连接。从愈伤组织诱导产生的根与已分化芽的输导系统不相通。可将芽切割下来转移到生根培养基中，重新诱导根的形成。③根无根毛或很少。许多试管苗再生根上无根毛。将试管苗移栽前置入液体培养基中培养，有时可促进根毛发育。

表 8-2 葡萄试管苗、沙培苗和温室苗根系吸收能力的对比

（引自曹孜义等，1999）

来源	α-萘胺/[mg/(h·g)]	增加倍数
试管苗	2.1	1
沙培苗	36.4	18
温室苗	81.0	39

④根无吸收功能或极低。有些试管苗再生根的吸收功能无或很低（表 8-2）。移栽前将试管苗在培养液中培养一段时间（如 1 个月），可恢复根的吸收功能。

对于难以移栽成活的植物，有时需进行特殊处理，增加试管苗成活机会。如将牡丹试管苗从半凝固的琼脂中取出并移植到营养钵的蛭石或泥炭和珍珠岩的混合基质中，由于环境条

件发生了剧变,移栽时伤害了根系,尽管精心养护,移栽的小植株成活率仍不高,甚至全部死亡。Beruto 和 Curir(2007)采用两步法移栽,试管苗成活率达 80%±10%。该方法是:①在培养瓶中装入研磨的草炭和珍珠岩混合基质(体积比 1:1),经 121 ℃、1.01 MPa 灭菌 40 min,每 200 mL 基质中加入 30~40 mL 灭菌的去离子水润湿,小心植入生根小植株,拧上盖并裹上塑料膜,在组织培养室中培养 4 周,其间注意避免试管内水汽积累,加强气体交换。②在花盆(直径 10 cm)中装入复合基质(含研磨草炭 80%、浮石 15%、膨润土 2%、缓释肥 3%),将小植株植入花盆复合基质中,浇透水,覆盖塑料膜,在不加温的温室内养护 2 周,其间浇水避免干旱。该程序虽比较烦琐,但符合小植株适应环境的生理生化和组织结构变化的渐进过程,容易调控关键影响因素,从而大幅度提高了小植株成活率。为降低上述移栽风险,张倩等(2012)又提出无菌容器一步育苗法(生根和移栽一步法)移栽牡丹试管苗,即在特制的微型容器内填装栽培基质,然后置入培养瓶内,加入液体培养基,灭菌,接种无根试管苗。经过培养使之形成微型容器苗(container seedling),炼苗后不经过移栽过程直接进入驯化阶段。不定根得到有效保护,'明星'牡丹的小植株成活率至少比试管内生根提高了 15%。此外,小植株长势也影响移栽成活率。小植株健壮,根系发达,移栽成活率亦高,新生根长 1.5~2.0 cm,根尖嫩白,在瓶内未转接之前移栽比较合适。

(二)叶表皮组织

叶表皮组织不发达或结构不正常的试管苗,移栽后也易死亡。表现为:①叶表皮角质层和蜡质层不发达或无。对试管苗和温室苗的扫描电子显微镜观察发现,试管苗叶表光滑,无或极少有结构状的表皮蜡,而温室苗成熟叶(如香石竹)上下表面均覆盖一层 0.2 μm×0.2 μm 的棒状蜡粒,且幼叶也具有少而小的蜡状结构。②叶无表皮毛或极少。试管苗叶柄和叶脉上存在寿命极短的球形有柄毛和多细胞黏液毛,但单细胞毛和刺毛较温室苗少,致使其保湿和反光性差,易失水。③叶解剖结构稀疏。试管苗、温室苗和田间苗的叶栅栏细胞厚度和叶组织间隙存在明显差异,但上下表皮细胞长度的差异不显著(表 8-3)。经强光锻炼和未经锻炼的试管苗茎解剖结构也存在差异。未经锻炼植株的茎维管束被髓射线分割成不连续状,导管少,茎表皮排列松散、无角质、厚角组织少。而经锻炼植株的茎维管束发育良好,角质和厚角组织增多,自我保护作用增强。④气孔开口大,不关闭。显微镜下观察发现,试管苗气孔始终处于开放状态,保卫细胞变圆,气孔开张很大。如葡萄试管苗气孔开口很大,甚至出现气孔开口横径大于纵径的现象(图 8-13)。由于气孔的过度开放,气孔口横径的宽度过大,超过了两个保卫细胞膨压变化的范围,导致气孔无法关闭。这种过度开放的气孔,要经过逐步炼苗,降低其开张度后,才能诱导关闭(图 8-14)。⑤叶片存在排水孔。长期高湿环境中,试管苗叶片出现排水孔,导致移栽后极易失水干枯。⑥光合作用能力极低。试管苗栅栏组织少而小,细胞间隙大,影响叶肉细胞中 CO_2 的吸收和固定;气孔不关闭,导致叶片脱水而对光合器官造成持久伤害;含糖培养基中,糖对植物卡尔文循环呈现反馈抑制,CO_2 量又不足,使叶绿体内囊体膜上存在过剩电子流,造成光抑制和光氧化,致使光合作用低下;由于培养基中加有蔗糖,试管苗体内吸收后,无机磷含量大幅下降,减少了无机磷的循环,使核酮糖二磷酸羧化酶呈不活跃状态,无力固定 CO_2 或极少固定。同时,由于蔗糖的刺激,促使试管苗的呼吸速率增强,呼吸作用大于光合作用。

表 8-3 李试管苗、温室苗和田间苗的叶表皮、栅栏细胞、细胞间隙的差异

(引自曹孜义等,1999)

植株来源	细胞长度/μm		栅栏细胞厚度/μm	细胞间隙/%
	上表皮	下表皮		
试管苗	26.4	13.8	20.2	20.6

(续)

植株来源	细胞长度/μm		栅栏细胞厚度/μm	细胞间隙/%
	上表皮	下表皮		
温室苗	19.7	15.8	31.8	13.3
田间苗	26.2	15.9	76.9	9.5

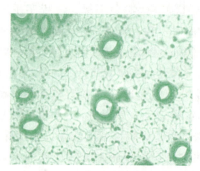

图 8-13　葡萄试管苗的气孔形状

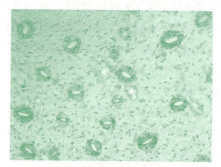

图 8-14　葡萄试管苗沙培状态下的气孔形状

为了克服上述不利因素，可采用：①驯化锻炼。可以使试管苗健壮、坚实，形成表皮正常组织结构，恢复气孔功能。试管苗的驯化锻炼过程：出瓶移栽前先打开瓶口进行 2～3 d 湿度锻炼，然后移栽到高湿、弱光、温度适宜并略低的环境中，并逐步降低空气相对湿度，增加光照度，直至小植株适应自然环境。一般移栽初始的光照度为日光的 1/10，其后每 3 d 增加 10%。湿度开始 3 d 为饱和湿度，其后每 3 d 降低 10%，直至与大气相同。②瓶内培育壮苗。试管苗能否从异养过渡到自养，其自身生活力起决定性作用。凡生活力强、健壮、有较发达根系的试管苗易移栽和成活。在培养基内添加 PP_{333}、CCC 等植物生长延缓剂也是培育壮苗的有效途径。

植物组织培养技术已在生产中得到了广泛的应用，目前利用组培生产脱毒苗已在几十种植物上取得成功，然而如何高效且节能地进行植物离体快繁仍然需要不断探索和研究。已研究的高效离体快繁策略包括：①选择最佳的植物离体快繁外植体。如玉环剪豆幼芽的茎尖分生组织，金线莲的幼嫩带腋芽茎段，猕猴桃的去胚胚乳，亚菊的茎段，玉树的茎、叶、根。②选择最佳的外植体取材时间。例如以沙地蛋白桑在冬季或早春刚萌动的侧芽作为外植体时取材优于旺盛生长期取材，最好以温室内培育的小苗作为外植体，既利于成苗，又可降低污染率。③优化培养基成分和植物生长调节剂种类及配比。例如改良的 MS 培养基（硝酸铵减半）＋0.4 mg/L NAA＋1 mg/L 6-BA 及改良的 MS 培养基＋0.4 mg/L IBA 分别为金线莲最佳的增殖培养基配方和生根培养基配方；通过对培养基、植物生长调节剂和不同浓度蔗糖对猕猴桃胚乳不定芽形成影响进行研究，建立了高效的适合猕猴桃胚乳培养的再生系统；对黑果枸杞通过不同培养基的设置，分析不同浓度生长素及细胞分裂素在黑果枸杞生根及分化过程中的影响，建立了一种适用于黑果枸杞不同种质资源、具有普遍适用性且操作过程简单方便、成苗繁殖速度快、成活率高的高效快速繁殖方法；以京白梨茎段为试验材料，研究了 6-BA、IBA、NAA 三种重要的植物生长调节剂的不同浓度处理对其茎尖生长、增殖及生根的影响，建立了一套京白梨高效组织培养离体快繁体系，为批量生产具有优良性状的京白梨苗木奠定了基础。④进行培养条件的优化，如 7 d 的暗培养可促进猕猴桃胚乳愈伤组织的生长和器官形成；在遮光条件下，金线莲株高明显增加，节间显著加长，有利于进一步切割繁殖，并且节约能源；在高于正常温度培养条件下植物组织中的病毒粒子，可被部分或完全地钝化，有利于提高脱毒效果。

第三节 植物离体快繁的商业化

植物离体快繁最重要的用途是进行植物的商业化生产,即将植物无性繁殖从田间移入室内,以每年数万倍、数十万倍甚至数百万倍的速度繁殖,进行商业化销售。植物离体快繁的商业化始于20世纪70年代的美国兰花工业,80年代已被认为是能够带来经济利益的产业,目前世界上已建立了许多大中型植物离体快繁商业化公司或实验室,实现了植物生产的工厂化。

一、商业化生产规模及工艺流程

(一)试管苗生产规模的确定

商业化生产规模的确定,应以市场需求为标准,否则试管苗难以销售,造成经济损失。外植体的入瓶、器官形成及增殖、试管小植株出瓶等试管苗生产过程均是在无菌条件下进行的,因此,试管苗生产规模的确定是以超净工作台和培养架的数量来衡量的。一般情况下,一个单人超净工作台可按年生产50万株左右的苗量来计算,一个1.2 m×0.6 m×2.0 m的6层培养架一年可培养试管苗1.5万~2万株。如规划一个年生产量达100万株的木本植物组培苗生产工厂,需设置3~5个超净工作台,培养架50~70个。无菌接种室的面积与放置的超净工作台数量有关,一个超净工作台占地面积一般为5~6 m^2,2个则为10~12 m^2。培养室的面积大小由培养架数量和通道来决定,一般一个培养架占地面积为1.5~2.0 m^2。因此,年生产量达100万株的试管苗工厂,接种室面积应为22~36 m^2,培养室面积则为120~170 m^2。

接种室的每台超净工作台上均需配备相应的操作用具,如各种剪刀、镊子、酒精灯、灭菌器等。高压灭菌锅应为中型立式灭菌锅,需2~3台。培养容器(多为150 mL玻璃、罐头瓶或耐高温高压的塑料瓶)的数量取决于生产规模,一个6层培养架(1.2 m×0.6 m×2.0 m)可放置900个左右的三角瓶或600个左右的罐头瓶,除培养架上所需培养容器的数量外,还需增加10%~15%的周转用培养容器。

(二)商业化实验室的设计

根据已确定的生产规模和组织培养的生产程序,试管苗生产的实验室应尽量布局合理,使生产程序能连续、有效地进行。不同的商业化实验室的布局差异较大,较为理想的平面布置见图8-15。

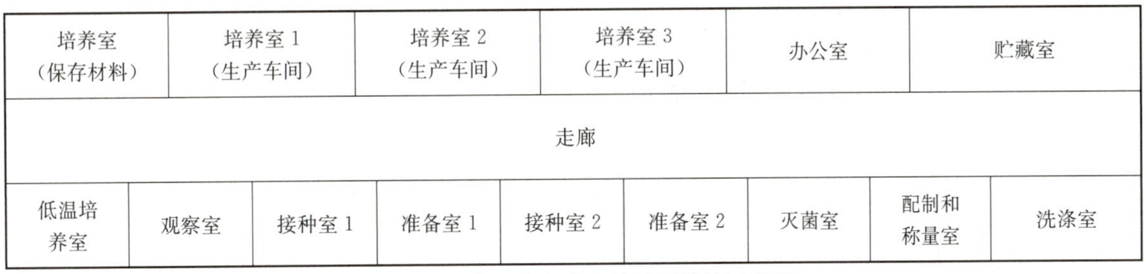

培养室 (保存材料)	培养室1 (生产车间)	培养室2 (生产车间)	培养室3 (生产车间)	办公室	贮藏室
走廊					
低温培养室	观察室	接种室1	准备室1	接种室2	准备室2	灭菌室	配制和称量室	洗涤室

图8-15 商业化实验室的平面设计示意图

(三)商业化生产的配套设施

商业化实验室每天都有上万株试管苗出瓶移栽,因此,相应配套设施应包括过渡培养室、露地炼苗场及温室。过渡培养室可建成较先进的光、温、湿可调控温室,内装喷灌设施和可移动苗床。每平方米苗床可栽种800株试管苗,一茬苗的过渡周期为10~15 d,考虑到试管苗由于难以完全按要求在固定时间内进入市场,应留出适当面积进行周转。一般年产100万株苗的过渡培养室,建造面积应为400~600 m^2。如果用单坡塑料大棚代替调控温室,可大幅度降低试管苗生产成本。过渡培养室锻炼的试管苗有些可直接进入市场，有些还需移入露地炼苗场做进一步驯化培养，以提高成活率。露地炼苗场可以是完全露天，也可以建遮阴或防雨棚。露地炼苗场既是二次过渡培养场地，也是种苗等待进入市场的存放地，其面积的大小视需要而定。此外，有时还需温室，进行试管苗的栽培生产。

(四) 工厂化的厂房设计

1. 工厂设计依据 建立植物组培育苗工厂应考虑植物的种类、生产量、环境条件及发展规划等因素，总体来说应遵循以下原则：①因地制宜，环境清洁，远离污染源；②交通便利且远离交通主干道；③厂区面积与生产规模相匹配；④厂房布局合理，能够根据工作流程安排成一条连续的生产线，实现空间利用率的最大化；⑤经济实用，节能安全。

2. 厂房基本组成 组培育苗生产工厂要根据结构和应用范围设置多种功能实验室，一般有药品配制间、洗涤间、培养基配制间、灭菌室、缓冲间、无菌操作间、试管苗培养间、试管苗驯化移植间、办公室、工作人员室等。

（1）药品配制间。此处要求干燥、通风，避免阳光直射。房间内设立工作台，工作台最好用抗盐碱、耐腐蚀的台面，要牢固、平稳，具有较好的抗震性能。药品配制间要求配置大型工作台、药品柜、普通冰箱、电子分析天平、托盘天平、磁力搅拌器、容量瓶、烧杯、量筒等。

（2）洗涤间。此处要求宽敞明亮，方便多人同时操作，上下水道要畅通，地面、天花板及墙壁应耐湿和便于清洁。洗涤间要求配置水槽、晾干台、周转箱、烘箱等。

（3）培养基配制间。此处要求房间宽敞明亮、通风良好，方便多人同时操作，利于通风排气。地面、墙壁应用耐湿材料铺设，防水、防潮、防腐蚀。培养基配制间要求配置托盘天平、酸度计、工作台、周转箱、储物柜等。

（4）灭菌室。此处要求室内通风，有防护墙。室内要配置高压灭菌锅。每100万株的生产规模配备一台规格为600 mm×600 mm×1 200 mm（0.43 m³）的矩形高压灭菌锅，灭菌室面积以一台锅6 m²来设计。此处还要配备大容量用电的线路、开关等。

（5）缓冲间。面积一般以2~3 m²为宜。此处要求配置紫外灯（用以照射灭菌）、鞋柜、衣柜等，要求工作人员进入无菌操作室前在此更衣换鞋。

（6）无菌操作间（接种室）。此处要求房间密闭、干爽安静、清洁明亮，面积根据生产规模而定。地面、天花板及墙壁要求尽可能密闭光滑，易于清洁和消毒。接种室要配置推拉门，以减少开关门时的空气扰动。在适当位置吊装1~2盏紫外灯，用以照射灭菌。最好安装一小型空调，使室温可控，这样可使门窗紧闭，减少与外界空气对流。同时要求配置超净工作台、紫外灯、空调、医用小推车、接种器具消毒器、酒精灯、接种工具、置物架等。

（7）试管苗培养间。培养间面积可根据生产规模和培养架占地面积而定，高度以比培养架略高为宜。此处要求控温、控湿、清洁、光照好，墙壁和天花板光滑平坦，有绝热防火的性能。培养架间需留下通道便于管理工作。试管苗培养间要求配置培养架、空调、光照时控器、温度计，在适当位置还要安装紫外灯或者臭氧发生器对室内空气进行灭菌消毒。

（8）试管苗驯化移植间。试管苗驯化移栽通常在日光温室内进行，其面积大小根据生产规模而定。此处要求控温、控湿、控光、通风、控菌防虫。试管苗驯化移植间要求配置加温设备、控湿设备、移栽容器、弥雾装置、遮阳网、移栽基质等。

（9）办公室。此处放置一般办公设备，进行组培苗生产的管理。

（10）工作人员室。此处应配备休息椅凳、急救箱、灭火器、储物柜、饮水机、微波炉等。

(五) 商业化生产的工艺流程

试管苗商业化生产的工艺流程是以其离体快繁程序为基础建立起来的，目前多种植物的试管苗已成为其田间大面积栽培所用苗木的来源，如香蕉、葡萄、草莓、马铃薯、多种花卉等，每种植物都有其适宜的离体快繁流程，如成熟的葡萄试管快繁流程见图8-16。

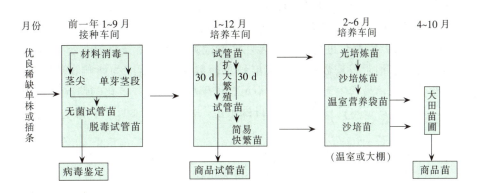

图8-16　葡萄试管苗商业化生产工艺流程
(引自曹孜义等，1999)

二、商业化生产及效益分析

(一) 试管苗增殖系数的估算

试管苗的增殖系数多数以芽或苗为单位，但原球茎或胚状体因难以统计，多以瓶为单位。增殖系数的计算有理论计算和实际计算两种方法。增殖系数的理论值是指接种一个芽或一块增殖培养物，经过一段时间培养后得到的芽或苗数。增殖系数的实际值是指接种一个芽或一个苗，经过实际繁殖周期，得到的实际芽或苗数。如葡萄一个芽，理论上一年可繁殖23万～220万株苗，但实际只得到3万株成活苗；一株葡萄试管苗，理论上一年可繁殖$1×3^{12}$株，即53万株，但实际繁殖株数为3.1万株；一株马铃薯试管苗，理论上一年可繁殖150万株左右，但实际繁殖株数仅为40万株左右。造成实际增殖数与理论增殖数出现很大差异的原因是：①污染淘汰；②出售、转让和试验所用；③移栽死亡；④培养容器等设备的限制。

试管苗年增殖数理论值的计算公式为：
$$Y = mX^n。$$

式中，Y为年繁殖数；m为无菌母株苗数；X为每个培养周期增殖的倍数；n为全年可增殖的周期数。

试管苗实际增殖数的计算需在生产实践中，通过经验的积累而获得。

(二) 生产计划的制订和实施

1. 生产计划的制订　生产计划的制订是进行试管苗规范化生产的关键，生产量不足或过剩，都会带来直接的经济损失。商业化生产计划的制订是依据市场对试管苗的种类、品种、数量的需求和趋势，以及实验室具备的生产条件和规模来确定的。首先应提出全年销售目标，再根据实际生产中各个环节的消耗，制订出相应的全年生产计划，一般生产数量应比计划销售的数量增加20%～30%。

$$销售计划 = 实际生产数量 × [1-损耗] × 移栽成活率$$

式中，损耗一般为5%～10%。销售计划和生产计划应按月份做出，并依据当年总计划进行确认或调整。

生产日期则根据销售计划拟定。由于刚出瓶的试管苗不能成为商品苗出售，所以试管苗的出瓶日期应比销售日期提前40～60 d。试管苗的成活率及质量与其苗龄有一定相关性，过小或老化的试管苗不应进入市场销售，以确保企业信誉。当然，根据市场需求制订的生产计划在实际生产过程中还应根据市场变化及时调整，促进试管苗适时生产和有效销售。

2. 生产计划的实施 生产计划实施的步骤为：①准备繁殖材料。繁殖材料必须是来源清楚、无检疫性病害、无肉眼可见病毒症状、具有典型品种特性的优良单株或群体。当外植体增殖形成5～10个繁殖芽或苗时，需及时进行品种危害性病毒检测，淘汰带病毒材料。②合格繁殖材料的快速增殖。当其增殖达到所需基数后，存架增殖总瓶数的控制就成为影响试管苗效益的关键因素。存架增殖瓶数过多，易产生人力和设备不足、增殖材料积压并老化的情况，影响出瓶苗质量和移栽成活率，增加生产成本；反之则造成母株不足，延误产苗时期，不能完成生产计划，造成经济损失。

存架增殖总瓶数＝月计划生产苗数/每个增殖瓶月可产苗数

月计划生产苗数＝每个操作人员每天可接苗数×月工作日×人员数

控制试管苗生产中的增殖总瓶数，便于在一个周期内全部更新一次培养基，使增殖材料处于不同生长阶段的最佳状态，提高其质量。根据增殖总瓶数及操作员工的工作效率，还可计算生产过程中需投入的人力，保证商业化生产顺利进行。

（三）产品质量监控

商业化生产的试管植株需进行产品质量的跟踪监控，如接种状况、污染率、生长情况、生根苗数量、出瓶苗质量等，并建立试管苗出瓶标准（表8-4）。根据出瓶苗的质量等级、移栽的气候条件，估算移栽成活率。并以估算结果为依据，控制和调整生产节奏及进度。

表8-4 三种花卉试管苗的出瓶标准

（引自熊丽等，2003）

植物品种	质量等级	形态特征	出瓶苗高/cm	叶片数	根系	苗龄/d
勿忘我	紫色	苗单生，有心，叶色绿	2～3	3片以上	有根或无根	15～20
	朵色		2～4	3片以上	有根	
马蹄莲	1级	苗单生，叶色绿	3～5	3片以上	有根	15～25
	2级	苗单生，叶色稍浅	2～4	3片以上	根数少或无根	
非洲菊	1级	苗直立单生，叶色绿，有心	3～5	3片以上	有根	15～20
	2级	苗略小，苗有不周正叶，有心	3～5	3片以上	有根	

（四）商业化生产效益分析

商业化生产的最终目的是获得经济效益，因此，成本核算就显得十分重要。通过成本核算可以了解：①生产过程中的各种消耗；②管理工作的质量；③各项技术措施的效果；④产品价格的制定标准。试管苗的商业化生产既有工业特点，可周年在室内生产；又有农业特征，在温室和田间种植，受气候和季节等影响，还存在种类间、品种间的繁殖系数和生长速度的差异，故成本计算方法比较复杂。试管苗商业化的生产成本应包括：①人工费用。管理人员、技术人员、操作人员的工资和奖金。②生产物资费用。购买培养基配制所需的各种药品、低值易耗品、当年消耗品等。③设备折旧费用。试管苗生产所用的各种固定资产的折旧费。④水电费用。商业化生产环节中消耗的水电费。⑤其他费用。办公费、培训费、差旅费、种苗费、宣传费等。云南省农业科学院园艺作物研究所花卉中心2001年核算的各类花卉试管苗生产成本为0.12元/株，过渡苗生产成本为0.14元/株，其综合成本理论上为0.26元/株。但由于试管苗移栽死亡、市场饱和而无法销售等原因，致使其综合实际成本达0.41元/株；海南大学农学院组培实验室2008年核算的香蕉试管苗生产的室内直接生产成本为0.08元/株；黑龙江省农业科学院植物脱毒苗木研究所2010年核算的生产100万株马铃薯试管苗，在瓶苗污染率为5%的情况下，每株试管苗生产成本为 0.16 元；江西省林业科学院 2016 年核算了年生产 100 万株白花泡桐组培成品苗的成本，其中实验室瓶苗生产成本为 0.27 元/株，苗木移栽炼苗成本为 0.29 元/株，合计单株成本为 0.56 元；东北林业大学 2018 年核算的两个品种铁线莲试管苗生产的室内直接生产成本分别为 0.03 元/株和 0.01 元/株。

三、降低商业化生产成本的措施

针对试管苗生产所需费用，应采取相应措施来降低生产成本，增强产品竞争力，提高试管苗经济效益。

1. 提高劳动生产率 试管苗生产中的人工费用是一项很大支出，如国外人工费用占试管苗总成本的 70% 左右，国内也占 40%~50%，并呈明显的上升趋势。一般情况下，一个熟练操作人员每天可转接 150 瓶（马铃薯，每瓶 20 株苗）左右，或 200~250 瓶（葡萄，每瓶 3~4 株苗）左右，且污染率低。按工作性质进行操作人员分工，实行岗位责任制，或定额管理、计件工资，是提高劳动生产率的有效措施。

2. 减少设备投资，延长使用寿命 商业化生产中必须投资的设备，如超净工作台、高温高压灭菌锅、培养架等，应正确使用，及时维修，延长使用寿命。对非必须使用的设备，如酸度计、可调控温室等，可使用替代品，以降低生产成本。

3. 降低消耗 试管苗生产中使用量最大的是培养器皿，如用 150 mL 的玻璃三角瓶，投资量大、消耗多（如每月损耗为 5% 左右），而使用耐高温高压的塑料培养器皿或罐头瓶，可降低生产成本。另一项支出是日光灯管，由于照明时间长（有时是 24 h 照明），易损坏。水电费，特别是电费也是一项大的支出。应尽量利用自然光照和温度，培养室可建成自然采光的节能培养室。此外，充分利用培养室空间，合理安排培养架和培养瓶，减少使用面积，尽量使用低耗能的方法来保持室内合适温度。

4. 降低污染，提高繁殖系数和成活率 污染严重影响繁殖速度、增加成本，所以试管苗商业化生产中污染率应控制在 5% 以内。此外，提高繁殖系数和成活率，提高试管苗质量，也是降低成本、增加效益的有效措施。

5. 简化培养基 培养基中各种成分的费用是琼脂＞蔗糖＞植物生长调节剂＞大量元素＞有机成分＞微量元素。试管苗快繁生产中，可用白糖代替蔗糖，自来水代替蒸馏水，其他培养基成分的去除可通过试验来确定。但多种化学药品构成的植物培养基在试管苗成本中所占比例并不大，如葡萄培养中培养基成本仅占总成本的 3% 左右，马铃薯占 1.78%。

四、商业化生产应注意的问题

（一）污染

污染是指在组培过程中，由于真菌、细菌等微生物的侵染，在培养容器中滋生大量菌斑，使培养材料不能正常生长和发育的现象。污染不仅使当代的试管苗数量减少，且严重影响繁殖系数。

1. 污染发生原因 污染通常是由以下原因引起：①培养基及各种接种器皿灭菌不彻底；②外植体灭菌不彻底；③操作时人为带入；④环境不清洁；⑤超净工作台区域不清洁。培养材料的细菌性污染是指在培养基表面或材料表面出现黏液状物质、菌落或混浊的水渍状物质，有时甚至出现泡沫发酵状的现象。细菌污染中以芽孢杆菌（*Bacillus* sp.）最普遍、最严重，常由于高温高压灭菌锅未排尽冷空气、灭菌压力或温度不够、持续时间不够等原因造成。培养材料的真菌性污染是指在培养材料表面或培养基上出现菌丝，继而很快形成黑、白、黄、绿等颜色的孢子，这种污染多是空气、瓶口及瓶塞的真菌孢子引起的。

2. 控制污染的措施 针对引起污染的原因，控制方法有：①灭菌前充分排尽灭菌锅内冷空气，当灭菌锅压强达 $1.03×10^5$～$1.38×10^5$ Pa、温度为 121～126 ℃时，应保持灭菌时间 20～30 min。②接种器具每次使用后应用酒精灼烧或灭菌器灼烧。③污染的外植体材料应及时淘汰，如果种源有限，对外植体材料可进行二次灭菌。④操作人员接种时应用 75% 的酒精擦拭双手和培养瓶表面。操作区内，不要放入过多待用培养瓶，防止气流被挡住。⑤接种环境应定期用福尔马林等熏蒸灭菌，经常用紫外灯照射灭菌。⑥应定期对超净工作台初过滤器清洗和更换，使用前应提前 15～20 min 打开，并用 75% 酒精擦拭整个工作台。

（二）遗传稳定性

植物组织和细胞培养中，细胞、组织和再生植株均会出现各种变异，且具普遍性，涉及的植物性状也相当广泛。

1. 影响遗传稳定性的因素 影响遗传稳定性的因素有：①基因型。培养材料的基因型不同，发生变异的频率也不相同。如甘蔗 2 个品系再生植株的变异频率分别为 12.1% 和 34.8%。②继代次数。试管苗继代培养次数和时间是造成遗传变异的关键因素，一般随着继代次数和时间增加，变异频率呈上升趋势。如香蕉诱导不定芽产生过程中，继代 5 次时的变异率为 2.14%，10 次为 4.2%，20 次后则为 100%，因而香蕉继代培养不能超过一年；蝴蝶兰连续培养 4 年后，植株退化，不开花，因此原球茎应两年更换一次茎尖。③器官发生方式。离体器官的发生方式中，以茎段、茎尖等形成的丛生芽、单芽、不定芽的方式繁殖，不易发生变异或变异率极低。如葡萄茎段快繁，经过 5～8 年继代培养，其变异频率仍与常规方法相同，数万株中只有一株产生变异；菊花茎尖、腋芽培养，变异率较低，而花瓣诱导的变异率较高。

2. 降低遗传变异的措施 降低遗传变异的措施有：①选用不易发生遗传变异的基因型材料。②缩短继代时间，限制继代次数。继代一定时间后，重新开始外植体的起始培养。③采用不易发生遗传变异的增殖途径。④采用适当的植物生长调节剂和较低的浓度，减少或不使用易引起诱变的物质，及时剔除生理和形态异常苗。

（三）玻璃化

玻璃化是试管苗的一种生理失调症状，表现为试管苗叶片、嫩梢呈水渍透明或半透明状。玻璃化苗的叶片纵向皱缩卷曲，脆弱易碎，叶表缺少角质层蜡质，仅有海绵组织，没有功能性气孔。玻璃化苗由于体内含水量高，干物质、叶绿素、蛋白质、纤维素和木质素含量低，角质层、栅栏组织发育不全，因而光合能力和酶活性降低，组织畸形，器官功能不全，分化能力降低，生根困难，移栽后不易成活。

1. 影响玻璃化苗发生的因素 玻璃化苗是在芽分化启动后的生长过程中，由糖类、氮代谢和水分状态等发生生理异常所引起的。主要因素：①培养基的琼脂和蔗糖浓度。琼脂和蔗糖浓度与试管苗玻璃化程度呈负相关，即琼脂或蔗糖浓度越高，试管苗的玻璃化比例越低。琼脂和蔗糖浓度影响着培养基的渗透势，渗透势不适时，试管苗的玻璃化程度增加。琼脂浓度还影响着培养瓶内空气湿度，高湿条件下，试管苗生长快，玻璃化发生频率相对较高。②培养温度。培养温度与玻璃化程度呈正相关，即培养温度越高，玻璃化程度越高。温度影响着试管苗的生长速度，一定范围内的高温会使试管苗的生产和代谢受到影响，促进玻璃化现象的产生。③植物生长调节剂浓度。高浓度的细胞分裂素可促进芽分化，也使玻璃化发生比例提高。细胞分裂素与生长素的比例失调会使试管苗正常生长所需的激素水平失衡，导致玻璃化发生。但不同植物发生玻璃化的激素水平是不一致的。如香石竹在 6-BA 为 0.5 mg/L 时，就有玻璃化现象发生；而非洲菊在不定芽诱导培养中，6-BA 的浓度可达 5～10 mg/L，不定芽增殖时，6-BA 的浓度只能是 1 mg/L。④乙烯浓度。非受伤的物理和化学胁迫可加速乙烯的合成，促使玻璃化现象发生。⑤光照。植物在光照时间 10～12 h/d、光照度 1 500～2 000 lx 的条件下，能够正常生长和发育。当光照不足再加上高温，易引起试管苗过度生长，加速玻璃化现象发生。⑥含氮量。培养基含氮量高，特别是铵态氮含量高，易引起玻璃化现象发生。

2. 玻璃化苗发生机理 试管玻璃化苗的产生是由于内源激素乙烯在代谢调节中所起的关键性启动作用。试管苗在胁迫培养环境中，如水势不当、通气不畅、生长调节剂浓度过高、温度过高等，都会导致乙烯的产生。培养瓶空气中过剩的乙烯，抑制了试管苗体内乙烯的生物合成，但诱发了其他激素质和量的改变及酶类变化，如降低苯丙氨酸解氨酶和酸性过氧化物酶的活性，从而发生蛋白质、纤维素和木质素的合成障碍及降解，叶绿素分解黄化，壁压降低，细胞过分吸水，导致玻璃化苗形成。另外，培养瓶中因乙烯而致气体组成的改变，也影响着磷酸戊糖途径、光呼吸途径的进行。当磷酸戊糖途径受阻时，细胞壁再生受抑制，戊糖化合物减少，核酸、蛋白质合成受阻；当光呼吸途径被抑制时，减弱了光呼吸对光合的保护作用，过剩的同化力损坏了光合细胞器，降低了光合作用，阻碍了乙酸醇的转化，加重了乙酸醇对植物的毒害作用，从而导致试管苗玻璃化的发生。

3. 防止玻璃化苗发生的措施 防止玻璃化苗发生的措施有：①提高培养基硬度，降低培养基水势；②提高培养基中蔗糖含量或加入渗透剂，降低培养基渗透压；③利用透气性好的瓶塞材料，降低培养瓶中过饱和湿度，增加气体交换；④减少培养基中含氮化合物、生长调节剂的用量；⑤增加光照度，适当降低培养温度，并进行昼夜变温处理；⑥一些添加物或抗生素可减少或防止玻璃化发生，如马铃薯汁、活性炭可降低油菜玻璃化苗频率，CCC、PP_{333}可减轻重瓣丝石竹（*Gypsophila paniculata*）玻璃化现象的发生，聚乙烯醇可防止苹果砧木试管苗玻璃化，青霉素G钾可防止菊花试管苗玻璃化，青霉素可降低芥菜试管苗玻璃化频率等。

（四）褐化

褐化（browning）是指培养材料向培养基中释放褐色物质，致使培养基和培养材料逐渐变褐而死亡的现象。褐化的发生是由于组织中多酚氧化酶（polyphenol oxidase）被激活，酚类化合物（phenolic compound）被氧化形成褐色的醌类物质。醌类化合物在酪氨酸酶（tyrosinase）的作用下，与培养材料组织中的蛋白质发生聚合，引起其他酶系统失活，导致代谢紊乱，生长受阻。

1. 影响褐化发生的因素 影响褐化发生的因素有：①植物种类和品种。植物体内所含单宁（tannin）及其他酚类化合物的数量不同，发生褐化的频率和严重程度也相差很大。一般木本植物酚类化合物的含量较草本植物的高，因此木本植物更易发生褐化，增加了组织培养难度。如核桃单宁含量很高，极易褐变，接种初期就会褐化，继而在形成愈伤组织后会因褐化而死亡。②外植体年龄、大小和取材时间。外植体越老化，木质素含量越高，越易褐化。外植体材料越小，越易发生褐化。生长季节的外植体含有较多的酚类化合物，也易发生褐化。③外植体损伤。外植体切口越大，酚类物质的被氧化面越大，褐化程度越严重。消毒时灭菌剂也可使外植体受伤而引起褐化，如次氯酸钠能使不易发生褐化的植物产生褐化。④光照。外植体取材前进行母株遮光处理，可有效抑制褐化发生，因为氧化过程中的许多反应受酶系统控制，而酶系统的活性又受光照影响。⑤温度。温度对褐化的发生影响很大，低温可减轻褐化发生，因为低温能够抑制酚类化合物氧化，降低多酚氧化酶活性。⑥培养时间过长。接种材料转移不及时，常导致褐化发生，甚至全部死亡。⑦培养基成分。培养基中无机盐浓度和细胞分裂素浓度过高，易导致材料褐化。

2. 防止褐化的措施 防止褐化的措施有：①在冬春季节选择适当的外植体，即外植体应具有较强分生能力。②选择适宜的培养基，调整植物生长调节剂用量。③控制温度和光照，在不影响正常生长和分化的前提下，应适当降低温度，减少光照。④培养基中添加抗氧化剂和其他抑制剂或吸附剂。如抗坏血酸（ascorbic acid）、硫代硫酸钠、柠檬酸、半胱氨酸及其盐酸盐、亚硫酸氢钠、氨基酸、聚乙烯吡咯烷酮、活性炭等，或用抗坏血酸和柠檬酸等抗氧化剂进行材料的冲洗处理。⑤加快继代转瓶速度。如山月桂（*Kalmia latifolia*）茎尖接种12～14 h后转入液体培养基，然后每天继续转移一次，连续一周，可完全控制褐化发生。

（五）黄化

黄化是指试管苗幼苗整株失绿，全部或部分叶片黄化、斑驳的现象。这种现象在植物组织培养中常见。

1. 影响黄化发生的因素　影响黄化发生的因素有：①培养基成分。培养基中铁元素含量不足，矿物质营养不均衡，植物生长调节剂配比不当，糖用量不足或已耗尽。②培养条件。培养瓶通气不良，乙烯含量升高，温度不适，光照不足。③pH。pH变化过大。④抗生素类。培养基中添加了一些抗生素类物质，如青霉素、链霉素、头孢霉素等。

2. 控制黄化发生的措施　控制黄化发生的措施有：①检查培养基配制过程，保证培养基成分正确添加；②调节培养基组成和pH；③控制培养室温度，增加光照，使用透气瓶塞改善瓶内通气情况；④减少或不用抗生素物质。

小结

　　植物离体快速繁殖（或快繁）也称为微繁，是指利用植物组织培养技术对外植体进行离体培养，使其短期内获得遗传性一致的大量再生植株的方法。植物离体快繁是植物组织培养技术在农业生产中应用最广泛、产生经济效益最大的研究领域，涉及的植物种类繁多，技术日益成熟并程序化。繁殖速度突破了植物自然繁殖的界限，成就了人们工厂化育苗的梦想。植物离体快繁与传统营养繁殖相比，其特点表现在：①周年繁殖，繁殖效率高；②培养条件可控性强；③占用空间小；④管理方便，易于自动化控制；⑤便于种质保存和交换。

　　植物离体快繁的器官发生类型有五种，即短枝发生型、丛生芽发生型、不定芽发生型、胚状体发生型和原球茎发生型。快繁程序包括四个过程，即阶段Ⅰ——无菌培养系的建立、阶段Ⅱ——繁殖体的增殖、阶段Ⅲ——芽苗的生根、阶段Ⅳ——小植株的移栽驯化。影响植物离体快繁的因素很多，主要有外植体、培养基、培养条件、继代培养和移栽。

　　植物离体快繁最重要的用途是进行植物的商业化生产，即将植物无性繁殖从田间移入室内，以每年数万倍、数十万倍，甚至数百万倍的速度繁殖植物，进行商业化销售。植物离体快繁的商业化应用始于20世纪70年代的美国兰花工业，80年代已被认为是能够带来经济利益的产业。植物离体快繁的商业化过程包括繁殖植株的生产规模及工艺流程、商业化生产及效益分析、降低商业化生产成本的措施和商业化生产应注意的问题。

复习思考题

1. 植物离体快繁器官发生的类型有哪些？试分别阐述它们的特点。
2. 试述植物离体快繁的全过程。
3. 简述牡丹试管苗根再生的组织细胞学变化。
4. 试管苗与正常植株相比较，其根系结构和叶表皮组织有何差异？
5. 试述提高试管苗移栽成活率的途径。
6. 降低植物离体快繁商业化生产成本的措施有哪些？
7. 植物离体快繁商业化生产中应注意哪些问题？

主要参考文献

曹孜义，刘国民，1999. 实用植物组织培养技术教程. 兰州：甘肃科学技术出版社.

戴逢斌，刘丽萍，李艾佳，等，2019. 多基因型黑果枸杞高效快繁体系的建立. 生物技术通报，35（4）：1-7.

戴小英，秦政，朱培林，2016. 白花泡桐组培工厂化生产育苗成本核算. 南方林业科学，44（4）：55-58.

贺丹，王政，何松林，2011. 牡丹试管苗生根过程解剖结构观察及相关激素与酶变化的研究. 园艺学报，38（4）：770-776.

洪波，仝征，李邱华，等，2006. 地被菊花 Fall Color 体细胞胚途径再生、遗传转化及转基因植株的抗寒性检测. 中国农业科学，39（7）：1443-1450.

黄鑫，2018. 两个品种铁线莲的组织培养及工厂化生产成本控制研究. 哈尔滨：东北林业大学.

金青，马绍鋆，蔡永萍，等，2009. 霍山石斛类原球茎诱导及其发育过程研究. 园艺学报，36（10）：1525-1530.

林颖，龙自立，张璐，等，2012. 猕猴桃胚乳再生植株体系的优化. 核农学报，26（2）：257-261.

莫饶，黄承和，黄东益，等，2008. 优质、高效、节能香蕉试管苗工厂化生产技术体系的探讨与实践. 安徽农业科学，36（32）：13995-13997.

沈睿，李婉怡，张莉莉，等，2015. 金线莲快繁技术体系的优化. 安徽农业科学，43（6）：68-69.

王胜男，郝理，张懿，等，2018. 京白梨高效组培快繁技术研究. 中国南方果树，47：54-57.

熊丽，吴丽芳，2003. 观赏花卉的组织培养与大规模生产. 北京：化学工业出版社.

宿飞飞，吕典秋，邱彩玲，等，2012. 脱毒马铃薯组培工厂化育苗成本核算. 中国马铃薯，24（2）：120-124.

张超，詹园凤，王广东，等，2009. 文心兰的茎尖原球茎诱导与植株再生. 园艺学报，36（10）：1525-1530.

张倩，王华芳，2012. 牡丹试管苗生根与移栽技术研究进展. 园艺学报，39（9）：1819-1828.

Beroto M, Curir P, 2007. *In vitro* culture of tree peony through axillary budding//Mohan Jain S, Häggman H. Protocols for micropropagation of woody trees and fruits. Dordrecht: Springer, 477-497.

Bouza L, Jacques M, Miginiac E, 1994. Requirements for *in vitro* rooting of *Paeonia suffruticosa* Andr. cv. 'Mme de Vatry'. Scientia Horticulturae, 58（3）：223-233.

Hudson T Hartmann, Dale E Kester, Fred T Davies, et al, 1997. Plant propagation: principles and practices. 6th ed. New Jersey: Upper Saddle River.

Robert N Trigiano, Dennis J Gray, 2000. Plant tissue culture concepts and laboratory exercises. 2nd ed. Boca Raton: CRC Press.

第九章
脱病毒苗木培育

植物病毒可引起植物病害，严重危害着植物的生产。植物很容易受到一种或多种病毒侵染，生长发育受到影响。自 Morel 等（1952）首次利用茎尖培养（stem tip culture 或 apical meristem culture）法获得第一株大丽花脱毒苗以来，该技术已在马铃薯、大蒜、甘薯、芋、姜、草莓、香蕉等植物中得到广泛应用。

第一节 植物病毒危害及脱病毒机理
一、植物病毒的分布与危害

（一）植物病毒概述

植物病毒是一种极其微小、形状固定的有机体，大小介于 10～300 nm，如"烟坏孔"病毒仅 16 nm，所以病毒只能在电子显微镜下才能被看清楚。植物病毒分类主要是依据病毒的基本性质，即构成病毒基因组的核酸类型（DNA 或 RNA）、核酸是单链还是双链、是否存在脂蛋白包膜、病毒形态、核酸分段状况（即多分体现象）、内含体特征等。病毒粒子形状千差万别，但却非常固定，只是大小上有差异，主要有线状、弹状、球状以及蝌蚪状等。

（二）植物病毒的分布

1. 地理分布 植物病毒在不同地理范围的分布差别很大。不同地区同一种植物感病的病毒种类和优势小种不同，即便是同一植物群体，由于毒源的随机性、病毒转移的多样性等原因，病毒的分布也不均匀，个体间感染病毒的机会和程度差异较大。如侵染大蒜的主要病毒有洋葱黄矮病毒（onion yellow dwarf virus，OYDV）、韭葱黄条斑病毒（leek yellow stripe virus，LYSV）、香葱潜隐病毒（shallot latent virus，SLV）、大蒜普通潜隐病毒（garlic common latent virus，GCLV）、洋葱螨传潜隐病毒（onion mite-borne latent virus，OMBLV）等 10 余种。OYDV 在五大洲蒜产区广泛传播，感病率自欧洲 52% 到亚洲 86% 不等。用双抗体夹心酶联免疫吸附法（double antibodies sandwich enzyme-linked immunosorbent assay，DAS-ELISA）等方法检测多个国家的大蒜，发现均受 LYSV 感染，感染率为 20% 左右。SLV 仅存在于亚洲和欧洲的一些国家，如印度尼西亚、中国、荷兰、法国、德国。GCLV 和 OMBLV 在世界范围内均有传播。我国大蒜主产区栽培品种（系）28% 感染 LYSV、25% 感染 OMBLV、22% 感染 OYDV、13% 感染 GCLV、12% 感染 SLV。OYDV 和 OMBLV 在各地区的发生率普遍较高，分别达 50%～63% 和 50%～75%，且中高纬度地区偏高。SLV 侵染率为 0～50%，低纬度地区样品中未检测出该病毒。王东等（2012）研究了云南省的马铃薯 A 病毒（potato virus A，PVA）在滇西北、滇中、滇东北和滇南马铃薯种植区的分布情况，发现滇中马铃薯种植区 PVA 检出率最高，滇东北地区检出率较低，而滇南红河哈尼族彝族自治州未检测到 PVA。

2. 体内分布 不同种类的植物病毒侵染了同一种植物后，它们在体内的分布有较大差别；同种植物病毒侵染了不同种的植物后，其在不同植物体内的分布也有较大差别。植物病毒具有系统侵染（systemic infection）的特点，即病原物可以从侵入点扩展到寄主的大部分或全株。研究发现，植物体中除生长点外的各个部位均可带毒，但不同器官和组织的带毒量差别较大，表明植物病毒在寄主体内呈不均匀分布。一般情况下，绝大多数植物病毒不能侵染到植物分生组织，分生组织尤其是茎的顶端分生组织往往不带毒，即使有极少数植物病毒偶尔能侵染分生组织区域，也仅仅是个别病毒粒子，该区域的带毒量非常低。

（三）病毒对植物的危害

1. 症状 植物病毒病的症状分为内部症状和外部症状。内部症状主要指植物组织和细胞的病变，如组织和细胞增生、肥大，细胞和筛管（sieve tube）坏死及各种类型内含体（粒状、线状、风轮状、圆柱状）出现等；外部症状主要指一定环境条件下，植物正常生理代谢受到干扰，叶绿素、花色素及激素等改变，光合作用及其他生理机能等受到影响，植株出现异常状态，如植株矮小、叶片失绿或变色、分蘖及枝芽增加、果或叶畸形等，导致减产。

2. 危害 由细菌、真菌、病毒三大类病原物引致的植物病害在全世界给农业生产造成重大损失，而植物病毒病害仅次于真菌病害位列第二。植物病毒还可引起毁灭性病害，如1978年大麦黄矮病毒（barley yellow dwarf virus）病大发生，使加拿大曼尼托巴地区小麦损失约1 700万美元；椰子死亡类病毒（coconut cadang-cadang viroid，CCCVd）在40年间毁坏了3 000多万株椰子树，且每年继续损失约50万株；20世纪90年代，非洲乌干达由于非洲木薯花叶病毒（cassava mosaic virus）入侵，给木薯产品的质量和产量带来了毁灭性破坏，同时也造成了饥荒和死亡。植物不同品种（系）对病毒侵染的敏感性差异显著，有些品种侵染病毒后症状虽明显，但对产量影响不大，大田种植多年，仍保持生长优势，该类品种可能对病毒病具有耐病性。如有的脱毒蒜品系开放种植7年后，虽病毒病症状明显，但与其未脱毒对照相比，仍有明显的生长优势和增产增收效果。可见培育耐病毒的品种（系）进行脱毒，可以延长脱毒蒜种应用年限，降低生产成本。

二、植物病毒的传播方式与脱病毒机理

（一）病毒传播方式

1. 传播特性 病毒是专性寄生物（obligate parasite），生存发展必须在寄主间转移。植物病毒从一植株转移或扩散到其他植株的过程称为传播（transmission）。根据自然传播方式，病毒分为介体传播（vector transmission）和非介体传播（no-vector transmission）。介体传播是指病毒依附在其他生物体上，借其活动而进行传播及侵染。常见的传播介体有动物和植物两类；非介体传播是指病毒传递过程中没有其他有机体介入的传播方式，包括汁液接触的机械传播（mechanica transmission）、嫁接传播（grafting transmission）和花粉传播等，植物病毒随种子、无性繁殖材料和其他农产品传带而扩大分布的情况也是一种非介体传播。有的植物病毒主要靠介体（一种或多种）有效传播，有的则可通过介体或非介体有效传播。

病毒在寄主体外的存活期比较短，也没有主动侵入寄主无伤组织的能力，因此对植物的侵染不像真菌那样主动和有效，只有被动传播。植物病毒的有效传播，近距离主要靠活体接触摩擦，远距离则依靠寄主繁殖材料和传毒介体的传带。有些病毒只有一种传播方式，但许多病毒传播不止一种方式，其中任何一种方式均可能在流行中起重要作用，所以对传播模式的了解是植物病毒学的基础性工作。不同科、属的病毒在传播方式上存在明显差异（表9-1）。机械传播和蚜虫传播的病毒属最多，都在10个以上；种子、叶蝉、叶甲、花粉传播的属有4~6个；线虫真菌飞虱、粉虱、蓟马和螨类传播的属较少，在3个以下。不同传播方式间也存在一定关系，如甲虫可传的病毒都可以机械传播，蚜传病毒大多也可以机械传播，叶蝉、飞虱、粉虱、蓟马可传的病毒大多没有其他传播方式，花粉可传病毒均可通过种子传播。

表 9-1 植物病毒属及其自然传播方式

传播方式	病毒属名
蚜虫	香石竹潜隐病毒属，黄化线条病毒属，大麦黄矮病毒属，苜蓿花叶病毒属，花椰菜花叶病毒属，黄瓜花叶病毒属，蚕豆病毒属，伴生病毒属，马铃薯Y病毒属，耳突病毒属，植物弹状病毒属
叶蝉	双联病毒Ⅰ、Ⅱ亚组，玉米细线病毒属，玉米褪绿斑驳病毒属，呼肠孤病毒A亚组，植物弹状病毒属
飞虱	呼肠孤病毒B、C亚组，纤细病毒属
叶甲	雀麦花叶病毒属，豇豆花叶病毒属，南方菜豆花叶病毒属，芜菁黄花叶病毒属
粉虱	双联病毒属Ⅲ亚组
蓟马	番茄斑萎病毒属
螨类	黑麦草花叶病毒
线虫	蠕传病毒属，烟草脆裂病毒属
真菌	烟草坏死病毒属，大麦黄花叶病毒属，甜菜坏死病毒属
种子	潜隐病毒属，等轴易变环斑病毒属，大麦条纹花叶病毒属，烟草脆裂病毒属，苜蓿花叶病毒属，蠕传病毒属
花粉	潜隐病毒属，等轴易变环斑病毒属，大麦条纹花叶病毒属，豇豆花叶病毒属
机械	香石竹潜隐病毒属，苜蓿花叶病毒属，花椰菜花叶病毒属，黄瓜花叶病毒属，蚕豆病毒属，番茄丛矮病毒属，烟草花叶病毒属，马铃薯X病毒属，马铃薯Y病毒属，耳突病毒属，香石竹斑驳病毒属，甜菜坏死病毒属，烟草坏死病毒属，雀麦花叶病毒属，豇豆花叶病毒属，南方菜豆花叶病毒属，芜菁黄花叶病毒属

实际植物病毒病害发生的流行过程中，病毒的传播是一个相当复杂的问题，受气象、自然环境、农业生产等条件的影响。可根据当时当地农业生产状况（品种种植布局等）、气象与自然环境等具体情况，结合历史上发生规律及各种相关因素的未来变化预测等，对某种具体的植物病毒可能的主要传播方式及传播模式做出科学预测，有效指导防病工作。

2. 介体传播 植物病毒的介体种类很多，主要有昆虫（insect）、螨类（mite）、线虫（mematode）、真菌、菟丝子（$Cuscuta\ chinensis$）等，其中 80% 依赖于昆虫。目前已知的昆虫介体有 400 多种，其中约 200 种属于蚜虫类，130 多种属于叶蝉类，蚜虫为最主要介体。随着全球气候的变暖，外来生物入侵加剧，植物病毒病的发生也日趋严重，尤其是近年来由褐飞虱传播的水稻矮缩病毒（rice dwarf virus，RDV）病和烟粉虱传播的番茄黄化曲叶病毒（tomato yellow leaf curl virus，TYLCV）病在世界范围内暴发流行，给农业生产造成巨大损失。

（1）蚜虫。约有 200 种蚜虫传播 160 多种植物病毒。有的蚜虫传播 2~3 种病毒，有的可传播 40~50 种病毒（如蚕豆蚜和马铃薯蚜），而桃蚜则可传播 100 种以上病毒。在这 160 多种植物病毒中，有的只由一种蚜虫传播，有的可由多种蚜虫传播，如黄瓜花叶病毒（CMV）可由 75 种蚜虫传播。蚜虫传播的植物病毒主要包括马铃薯 Y 病毒属（$Potyvirus$）、花椰菜花叶病毒属（$Caulimovirus$）、黄瓜花叶病毒属（$Cucumovirus$）、苜蓿花叶病毒属（$Alfamovirus$）等，这些病毒也都容易用汁液摩擦进行传播。因为病毒基本上存在于薄壁细胞中，特别是表皮细胞和栅栏细胞内，很少在韧皮组织内。

（2）叶蝉和飞虱。叶蝉亚目（Cicadellidae）只有 21 个属中的 49 种是病毒传播介体。飞虱仅飞虱亚目（Delphacidae）中存在植物病毒介体。介体的寄主主要是禾本科植物，重要的病毒病害有水稻矮缩病、小麦丛矮病和玉米粗缩病等。

（3）土壤中介体。土壤中的传播介体为线虫或真菌。已知 5 个属 38 种线虫传播 80 种植物病毒，多数为蠕传病毒属（$Nepovirus$）和烟草脆裂病毒属（$Tobravirus$）。线虫在土壤中移动很慢，传播距离有限，每年仅 30~50 cm，这些病毒的远距离传播主要依靠苗木，大多数可通过感病野生杂草的带毒种子传播。传毒的真菌主要是壶菌目（Chytridiales）和根肿菌目（Plasmodio-phorales）。壶菌目的油壶菌可传 12 种病毒，如烟草坏死病毒（tobacco necrosis virus，TNV）、莴苣巨脉病毒（lettuce big-vein virus，LBVV）、黄瓜坏死病毒（cucumber necrosis virus，CuNV）等；根肿菌目真菌可传 17 种病毒，如多黏菌传递甜菜坏死黄脉病毒（beet necrotic yellow vein virus，BNYVV）和麦类黄花叶病毒。

3. 非介体传播 非介体传播也是植物病毒的主要传播途径，传播方式有机械传播、无性繁殖材料和嫁接传播、种子或花粉传播。

（1）机械传播。田间接触或室内摩擦接触均称为机械传播。机械传播对某些病毒很重要，如烟草花叶病毒属（*Tobamovirus*）和马铃薯 X 病毒属（*Potexvirus*）病毒只有此种传播方式。有些病毒在某些种植条件下易于传播，如黄瓜花叶病毒（CMV）在温室或大棚蔬菜、花卉中易接触传播。引起花叶症状的病毒或由蚜虫、线虫传播的病毒较易行机械传播，而引起黄化症状的病毒或存在于韧皮部的病毒难以或不能进行机械传播。

（2）无性繁殖材料和嫁接传播。该种传播方式在以球茎、块根、接穗芽等为繁殖材料的作物中特别重要，母株受侵染则无一幸免，故成为重要检疫对象。嫁接可以传播任何种类的病毒、植物菌原体病害。

（3）种子和花粉传播。约有 1/5 的已知病毒可以种子传播，寄主以豆科、葫芦科（Cucurbitaceae）、菊科植物为多，茄科植物很少。种子带毒的危害主要表现在早期侵染和远距离传播。早期侵染提供初侵染来源，在田间形成发病中心，尤其是和蚜虫非持久性传毒方式结合极有可能造成严重危害，如莴苣花叶病毒（lettuce mosaic virus，LMV）种子带毒率虽不足 0.1%，但加上蚜虫传播则可造成绝收。特别是病毒在种子中可长期存活，故是重要的检疫对象。

由花粉直接传播的病毒数量并不多，现在知道的只有十几种，多数是木本寄主，如危害樱桃的桃环斑病毒、樱桃卷叶病毒（cherry leaf roll virus，CLRV），危害悬钩子（*Rubus palmatus*）的悬钩子环斑病毒（raspberry ringspot virus）、黑悬钩子潜隐病毒（black raspberry latent virus）、悬钩子丛矮病毒（raspberry bushy dwarf virus）以及酸樱桃黄化病毒（sour cherry yellows virus）等。这些花粉也可以由蜜蜂（*Apis mellifera*）携带传播。

（二）植物脱病毒的机理

植物病毒在植物体内的分布是不均匀的，在茎尖中呈梯度分布。受侵染的植株中，茎的顶端分生组织无毒或含毒量极低，较老组织的含毒量随着与茎的顶端分生组织的距离加大而增加。分生组织无毒或含毒量极低的原因可能是：①植物体内，植物病毒自身不具有主动转移能力，其移动是被动的。病毒可通过维管束组织系统长距离转移，转移速度较快，转移病毒数量也大，但分生组织中不存在维管束。病毒也可通过胞间连丝在细胞间移动，但移动速度很慢，转移病毒数量也有限，难以追赶上活跃生长的茎顶端分生组织。②旺盛分裂细胞中，代谢活性很高，植物病毒无法进行复制。③植物体内可能存在着病毒钝化（inactivation）系统，它在旺盛分裂生长的分生组织中比其他任何组织区域都具有更高活性。④茎尖活跃生长的分生组织区域存在高水平内源生长素，可抑制病毒增殖。故茎尖组织培养主要用于脱除病毒以及类病毒、类菌质体、细菌和真菌等病原物。如利用组织化学免疫定位法研究甘薯羽状斑驳病毒（sweet potato feathery mottle virus，SPFMV）和甘薯褪绿矮化病毒（sweet potato chlorotic stunt virus，SPCSV）侵染植株后的分布情况，发现在单一感染 SPFMV 和复合感染 SPFMV 和 SPCSV 的植物体中，SPFMV 在第 4、5 叶原基中被发现，在第 1、2、3 叶原基和生长点中都没有被发现；在单一感染 SPCSV 和复合感染 SPFMV 与 SPCSV 的植物体中，SPCSV 仅在第 5 叶原基中观察到，而在第 1 叶原基至第 4 叶原基和生长点中均未发现。

植物细胞分裂和病毒繁殖之间是存在竞争的。旺盛分裂细胞中植物核蛋白合成占优势，细胞伸长生长期间病毒核蛋白合成占优势，因此分离茎尖分生组织进行离体培养是能够获得脱病毒植株的；热处理也可以加速植物细胞的分裂，钝化病毒活性，使植物细胞在与病毒繁殖的竞争中取胜；如果顶端细胞含有病毒时其液泡较大，在超低温（−80 ℃以下）保存过程中易形成冰晶而致死，而分生组织胞质浓、含水量少，故超低温保存后也能获得脱病毒再生植株。

三、植物脱病毒的意义

1. 脱病毒的重要性 我国有许多优良的传统品种，由于长期栽培，导致病毒病害日益严重，难以控制，尤其对无性繁殖作物危害更甚，已成为目前生产上的严重问题。目前对病毒病还缺乏有效的防治药剂，使用农药可以防治真菌、细菌性病害，却不能防治病毒性病害，因为病毒与其寄主植物代谢关系密切及其本身的生物学特点，上述药剂在抑制病毒的同时也毒害了寄主植物。施用某些植物生长促进剂、增施肥料等，仅能暂时使病毒病症状减轻或隐蔽，不能解决根本问题，且增加生产成本；高温处理使某些病毒失活，但对主要危害植物的病毒，如线状或杆状病毒无作用；某些有性繁殖的作物可以通过种子繁殖排除大多数病毒，但无性繁殖作物则不能用这种方法。因此，应用植物组织培养技术获得脱毒植株，是目前生产上最有效的防治病毒病的方法，特别是无性繁殖植物就显得更为重要。

2. 脱病毒的经济意义 应用植物脱毒技术可使品种复壮，明显提高作物产量、品质。研究发现，植物经脱毒后，生长势增强，产量和质量显著提高，且产量的提高幅度最高可达300%。如大蒜脱毒后植株生长繁茂，株高、茎粗比未脱毒对照植株明显增加，叶面积增加58.2%～95.5%，叶色浓绿，叶绿素增加18.7%～47.1%，蒜头增产32.3%～114.3%，达到出口标准的大蒜头率（直径>5 cm）增加25%～50%，蒜薹增产65.9%～175.4%，消除了因病毒感染引起的褪绿斑点；甘薯脱毒后营养生长旺盛，分枝多，叶面积大，光合速率高，薯块膨大早、膨大快，早结薯多，薯块整齐，皮色鲜艳，大、中薯率高，商品价值高，增产幅度为16.7%～158.15%；马铃薯脱毒后比对照叶面积增加114.3%～257.1%，茎粗增加11.1%～180.0%，生长旺盛，结薯期提前，产量增加30%～60%；苹果脱毒苗生长快，结果早，结果大，产量高；香蕉、柑橘和番木瓜（*Carica papaya*）脱毒后产量品质均有所提高；康乃馨、菊花等脱毒后叶片浓绿，茎秆粗壮、挺拔，花色纯正鲜艳。此外，脱毒苗木生产属技术与劳力密集型生产活动，可增加社会就业机会。

第二节 植物脱病毒方法及茎尖脱毒技术

植物脱病毒的方法有多种，包括物理、化学和生物学方法，其中茎尖脱毒法因效果最理想而得到广泛应用。脱除病毒的植株称为脱毒植株或无毒植株（virus-free plant），即经过人工脱毒处理已经脱除了目标病原物的植株。脱毒率通常是指脱毒植株占用于脱毒操作植株的百分数。

一、植物脱病毒方法

（一）物理方法

1. 热处理法 热处理法是利用病毒和寄主植物对高温的耐热性的差异，选择适当高温可部分或完全钝化植物组织中的病毒，很少或不伤害寄主组织细胞。热处理可通过热水或热空气进行，前者处理休眠芽效果较好，后者处理活跃生长的茎尖效果较好。热空气处理即把旺盛生长的植物移入热疗室中，35～40 ℃处理一定时间（几分钟到数周不等），如果连续的高温处理会伤害寄主组织，可采用高、低温交替办法。热处理后应立即把茎尖切下嫁接于无病虫害健康砧木上或进行组织培养。热处理的温度和持续时间十分重要。如菊花热处理的时间由 10 d 增加到 30 d，植株脱毒率由 9% 增加到 90%，处理 40 d 或更长时间则不再增加植株脱毒率，却会显著减少能形成植株的茎尖数。延长处理时间可能钝化了寄主植物组织中的抗性因子，反而降低了处理效果。为脱除马铃薯芽眼中的卷叶病毒（PLRV），须采用 40 ℃、4 h 和 6~20 ℃、20 h 两种温度交替处理，否则仅在 40 ℃下处理，芽会死亡；为了钝化黄花烟草（*Nicotiana rustica*）中的烟草花叶病毒（CMV）而又不伤害寄主，最好是 40 ℃、16 h 和 22 ℃、8 h 或 40 ℃、48 h 和 35 ℃、48 h 交替处理。

2. 冷冻疗法 冷冻疗法（cryotherapy）是利用超低温（ultralow temperature）冷冻技术处理植物的离体茎尖组织，使其脱除病毒的方法。植物茎尖细胞的组成是异质性的，包括分化细胞和未分化细胞。分生组织穿顶和第 1、2 叶原基中的细胞小，含小液泡且核质比率高，而分生组织基部和第 3、4 叶原基的细胞较大，含大液泡且核质比率低。超低温处理时，液泡大、水量多的细胞，不易脱水而被形成的冰晶破坏致死；液泡小或不含液泡的细胞，胞质浓，超低温处理后易成活。这些存活的细胞保持着活跃的细胞分裂和组织结构，可再生出完整植株（图 9-1）。茎尖经受冷冻疗法后，生长点基部的部分细胞和更多发达的叶原基被杀死，这些细胞通常被植物病原菌感染，尤其是病毒。而生长点细胞和最原始的第 1、2 叶原基在经受冷冻后存活，这些细胞没有或者含有非常少量的病原菌。这种存活模式已在多种植物中观察到，如香蕉、巧克力秋英（*Cosmos atrosanguineus*）、覆盆子（*Rubus idaeus*）和马铃薯等。有关低温冷冻处理方法等参见第十二章。

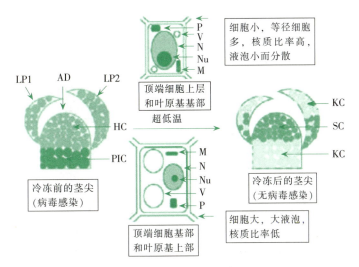

图 9-1 茎尖分生组织与已经分化的细胞超低温保存前后示意图
LP. 叶原基　KC. 死细胞　M. 线粒体　N. 细胞核　Nu. 核仁　SC. 活细胞
V. 液泡　P. 原生质体　PIC. 感染细胞　HC. 健康细胞　AD. 顶端区域
（引自许传俊等，2011）

（二）化学方法

抗病毒化学药剂能够不同程度地脱除植物病毒，主要是因为其抑制了病毒核酸和蛋白质的合成或改变了寄主代谢方式。采用与茎尖培养相结合的脱毒方法，可以较容易地脱除多种病毒，且接种的茎尖可大于 1 mm，提高存活率。目前，用于植物脱毒的抗病毒药剂主要包括嘌呤和嘧啶类似物、氨基酸、抗生素等，主要有 9-（2-羟二氧）甲基鸟嘌呤、2-硫尿嘧啶、叠氮胸苷、2,4-二氧六氢三氮杂苯（DHT）和类似嘌呤碱基代谢物质的利巴韦林。如墨兰（*Cymbidium sinensis*）的原球茎顶端分生组织经过 20 mg/L 的利巴韦林处理，获得了 100% 的脱病毒苗；用

25 mg/L 利巴韦林处理，37%柑橘脱除了印第安柑橘属环斑病毒（Indian citrus ringspot virus, ICRSV），而叠氮胸苷和 DHT 对脱除该病毒几乎没作用。

(三) 生物学方法

1. 茎尖脱病毒法 该法是目前应用最广、效果最为理想的方法，特别是其与物理方法和化学方法的有机结合，使植株脱毒效果更为有效，且植株再生率显著提高。该法的详细内容将单独介绍。

2. 愈伤组织脱病毒法 无论外植体所有组织细胞都带毒，还是部分细胞带毒，经诱导产生的愈伤组织总会有部分薄壁细胞不带毒。因愈伤组织结构松散，薄壁细胞间联系不紧密，细胞分裂旺盛，增殖与生长速度快，所以，新增殖的愈伤组织细胞常不带病毒。由这些不带毒的胚性薄壁细胞再生的植株也不带毒。如感染烟草花叶病毒（TMV）的叶片的暗绿色组织不含毒或含毒浓度很低，切取其 $1\sim3\ mm^2$ 的外植体进行培养，50% 再生植物为脱毒苗。在马铃薯茎尖愈伤组织再生植株中有 46% 不含马铃薯 X 病毒（potato virus X, PVX），比由茎尖组织培养脱毒直接产生的植株高得多。

3. 微体嫁接离体培养脱病毒法 该法是 20 世纪 70 年代发展起来的一种培养脱毒苗木的方法。特点是把极小（<0.2 mm）的茎尖接穗（scion）嫁接到实生苗砧木上（种子实生苗不带毒），然后连同砧木一起在培养基上进行培养。接穗在砧木的哺育下很容易成活，故可培养很小的茎尖，易于消除病毒。该技术已在柑橘、苹果上获得成功。以苹果为例，介绍该法的操作：①砧木（品种为'Golden Delicious'）种子低温层积（lamination）处理后灭菌，接种在 MS_A 固体培养基上，25℃暗培养 15 d，使其发芽；②将发芽的上胚轴切下（带 2 片子叶），插入带滤纸桥（滤纸桥中间有孔，使上胚轴通过小孔而固定）的试管中，试管中放 MS_B 液体培养基，适于茎尖（接穗）生长；③接穗为'Griffith'品种 0.2 mm 大小的茎尖分生组织，采用劈接法（cleft graft）将接穗插入两片子叶中间组织。接穗在砧木的哺育下生长发育。苹果微体嫁接成活率和茎尖大小的关系如表 9-2 所示。

表 9-2　苹果微体嫁接茎尖大小与脱毒成功率

茎尖大小/mm	嫁接茎尖/个	成功茎尖/个	成功率/%
茎原锥（0.08~0.03）	20	3	15
茎原锥带 2 片叶原茎（0.1~0.2）	20	13	65
茎原锥带 4 片叶原茎（0.3~0.4）	20	15	75
茎原锥带 6 片叶原茎（0.6~0.8）	20	18	90

微体嫁接脱除病毒的关键：①剥离技术。一般取小于 0.2 mm 的茎尖嫁接可以脱除多数病毒。②培养基。应考虑砧木和接穗对营养组成的不同要求，方能收到良好效果。③接穗取材时间。不同季节接穗嫁接成活率不同，苹果 4~6 月取材嫁接成活率较高，10 月到次年 3 月前取材成活率低。

4. 珠心组织脱病毒法 1976 年，Millins 通过珠心组织培养获得了柑橘、葡萄的脱病毒植株。因为病毒通过维管组织移动，而珠心组织与维管组织没有直接联系，一般不带或很少带毒，故可以通过珠心组织培养获得脱病毒植株。

二、植物茎尖脱病毒技术

植物茎尖脱病毒的主要原理是依赖病毒在植株体内分布的不均匀性。感染病毒的植物，其未分化的分生组织细胞一般是不含病毒的，且生长点区域（0.1~2.0 mm）带病毒的情况与植物种类、病毒类型等因素密切相关（表 9-3）。同一种病毒在不同种（或品种）植物的茎尖中分布不同，不同种病毒在同一种（或品种）植物的茎尖中分布不同。脱毒成功率与所用茎尖分生组织的大小成反比，为了提高脱毒率，需切下足够小的茎尖分生组织（0.2~0.5 mm）。如研究发现利用茎尖培养脱除葡萄病毒 A（grapevine virus A，GVA），当茎尖为 0.2 mm 时，存活率为 75%，脱毒率为 12%；当茎尖为 0.1 mm 时，存活率为 0；当茎尖为 0.4 mm 时，存活率为 100%，脱毒率为 0。

表 9-3　植物茎尖中病毒的分布及已脱毒的品种数

（引自袭文达，1986）

植物种类	病毒	茎尖长度/mm	脱除病毒的品种数
甘薯	斑纹花叶病毒	1.0~2.0	6
	缩叶花叶病毒	1.0~2.0	1
	羽状花叶病毒	0.3~1.0	2
马铃薯	马铃薯 Y 病毒	1.0~3.0	1
	马铃薯 X 病毒	0.2~0.5	7
	马铃薯卷叶病毒	1.0~3.0	3
	马铃薯 G 病毒	0.2~0.3	1
	马铃薯 S 病毒	0.2 以下	5
大丽菊	花叶病毒	0.6~1.0	1
香石竹	花叶病毒	0.2~0.8	5
百合	各种花叶病毒	0.2~1.0	3
鸢尾	花叶病毒	0.2~0.5	1
大蒜	花叶病毒	0.3~1.0	1
矮牵牛	烟草花叶病毒	0.1~0.3	6
菊花	花叶病毒	0.2~0.5	3
草莓	各种花叶病毒	0.2~1.0	4
甘蔗	花叶病毒	0.7~0.8	1
春山芥	芜菁花叶病毒	0.5	1

（一）外植体

茎的顶端分生组织是指茎的最幼龄叶原基上方的部分，最大直径约为 0.1 mm，最大长度约为 0.25 mm（图 9-2）。茎尖外植体是指顶端分生组织及其下方的 1~2 个幼叶原基。通过仅仅对茎的顶端分生组织的培养，消除病毒的概率高，但基本不能获得再生植株。多数脱毒植株都是通过培养茎尖外植体（0.25~1.00 mm）得到的。为了降低供试植株材料的自然带毒水平或带毒量，将其种在温室无菌土中，采取相应的保护性栽培管理措施，如浇水时将水直接浇在土壤上而不浇在叶片上，定期喷施内吸性杀菌剂等，可获得带毒量较少的外植体。

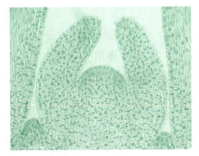

图 9-2　茎顶端结构

茎尖外植体区域是无菌的，但其茎尖外表面往往是带菌的，切取外植体前需对茎芽材料进行表面消毒。茎芽材料带菌情况很复杂，受植物种类、季节、生长期、生长环境、栽培管理等因素影响。叶片包被紧实的芽（如菊花、菠萝、姜和兰花等）只需在75%酒精中浸蘸数秒即可；叶片包被松散的芽（如蒜、麝香石竹、马铃薯等）要用0.1%次氯酸钠溶液表面消毒10 min。

（二）茎尖剥离

茎尖外植体过小，其剥离需在超净工作台上借助体视显微镜进行（图9-3A）。剖取茎尖时，把茎芽置于体视显微镜下，一手用细镊子将其按住，另一手用解剖针（或刀）将叶片和叶原基剥掉。当半圆球形顶端分生组织暴露后，用解剖刀将带有1~2个叶原基的分生组织切下，接种于培养基上（图9-3B）。剥离茎尖时，要防止由于超净工作台的气流和体视显微镜上钨灯的散热使茎尖变干，可使用冷光源，或在衬有湿滤纸的无菌培养皿内进行解剖，且茎尖暴露时间应尽量短。由茎尖长出的新茎芽可直接形成完整植株，或对无根茎芽进行根的诱导，不能生根的茎芽可嫁接到健康砧木上，以获得脱毒植株。

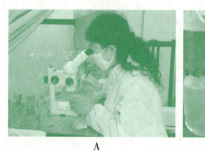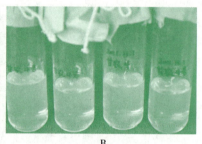

A　　　　　　　　　　B

图9-3　马铃薯体视显微镜下茎尖剥离及其培养

A. 体视显微镜下剥离茎尖　B. 剥离的不同大小的茎尖

（三）影响脱病毒效果的因素

培养基、外植体及其生理发育时期、培养条件、热处理等因素都影响着离体茎尖的再生能力和脱毒效果。

1. 培养基　较大的茎尖外植体（>0.5 mm）在不含植物生长调节剂的培养基中也能生成完整植株，但加入少量（0.1~0.5 mg/L）的生长素或细胞分裂素或二者兼有常常是有利的。被子植物茎尖分生组织不是生长素的来源，其可能是由第2对幼叶原基形成的，因此，在仅含生长点和1个叶原基的组织培养中，外源激素是必不可少的。选用生长素时应避免使用2,4-D，它常能诱导外植体形成愈伤组织。茎尖培养一般使用固体培养基，但在固体培养基能诱导外植体愈伤化的情况下可进行滤纸桥液体培养。

2. 外植体　在最适培养条件下，外植体的大小决定茎尖外植体的接种存活率和脱毒效果。如木薯茎尖长0.2 mm时，能形成完整植株，小的茎尖则形成愈伤组织或只能长根。由于不同植物及同一植物要脱去不同病毒所需茎尖大小是不同的（表9-3），茎尖应小到足以根除病毒，大到足以发育成一个完整的植株。叶原基的存在与否影响着形成植株的能力，如大黄（*Rheum officinale*）离体顶端分生组织培养时，必须带2~3个叶原基，叶原基可能向分生组织提供生长和分化所必需的生长素和细胞分裂素。重复切取茎尖外植体进行培养也是一种获得脱病毒苗的十分有效的手段，重复切取茎尖外植体的次数越多，脱毒效果越好，但所需时间较长。

茎尖最好取自生长活跃的芽上。如培养菊花的顶芽茎尖比培养腋芽尖效果好，但每个枝条只有一个顶芽，为增加脱毒植株总数，即使腋芽比顶芽表现差，也可采用腋芽。取芽的时间也很重要，表现周期性生长习性的树木更是如此，如温带树种应在春季取材。茎尖培养效率与外植体存活率、茎发育程度、茎生根能力及脱毒程度相关。冬季培养的麝香石竹茎尖产生的茎最易生根，而夏季得到脱毒植株频率最高。

3. 培养条件 茎尖组织培养中，光照培养的效果常比暗培养好。如在 6 000 lx 光照培养条件下，59%的多花黑麦草茎尖能再生植株，暗培养时只有 34%。某些植物茎尖培养的不同阶段对光的需求不同，有些还需要一定时期的完全暗培养。如马铃薯茎尖培养初期的最适光照度为 1 000 lx，4 周后增加到 2 000 lx，茎长 1 cm 时，增加到 4 000 lx；天竺葵茎尖培养需要一个完全黑暗时期，这可能有助于减少酚类物质的抑制作用。茎尖培养的温度一般为（25±2）℃。

（四）综合方法

单独使用茎尖脱毒方法仍然不能取得好的结果时，可以与上述的物理和化学方法联合使用，如茎尖培养结合热处理脱毒法（图 9-4）、茎尖培养结合冷冻疗法、茎尖培养结合利巴韦林等脱毒法，脱毒效果将显著提高。某些病毒［如烟草花叶病毒（TMV）、马铃薯 S 病毒（potato virus S，PVS）和巨细胞病毒（cytomegalovirus，CMV）等］能侵染正在生长的茎尖分生组织区域。如马铃薯 S 病毒（PVS）和马铃薯 X 病毒（PVX）是两种常见的马铃薯病毒，单独热疗或单独茎尖培养都不易消除，PVS 比 PVX 更难消除，而采用 32~35 ℃处理马铃薯块茎 3~13 周，再剥离茎尖，可提高脱毒株率 33%（PVS）和 83%（PVX）。

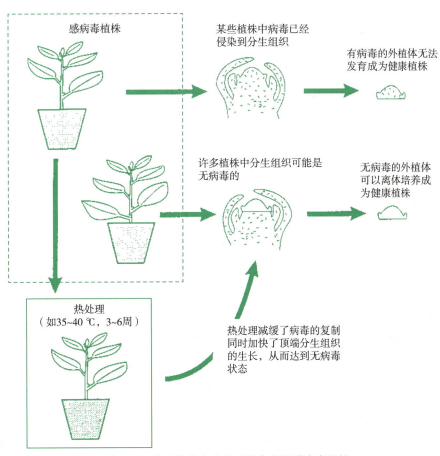

图 9-4 茎尖培养和热处理结合获得脱病毒植株

第三节 脱病毒植株的检测和繁殖

经过脱毒处理获得的植株，用作原原种或原种使用前，需检测脱毒效果，确定脱毒苗的质量。由于培养物中很多病毒具有延迟复苏特性，常在最初的一两次病毒检测中呈阴性，因此，制种初期（一般约前 18 个月，具体根据不同植物、不同病毒等因素确定）需对植株进行多次检验。脱毒植株还可重新感染，故繁殖过程中须重复检验。检测方法有直接观察法（direct observational method）、指示植物观察法（indicative plant observational method）、血清检测法（serum detectional method）、核酸检测法（nucleic acid detectional method）和电子显微镜观察法（electronic speculum observational method）。目前，生产上广泛使用的是血清检测法中的酶联免疫吸附法（enzyme-linked immuno sorbent assay，ELISA），核酸检测技术因具有更为快速、灵敏、准确的特点，已越来越得到人们的广泛应用。

一、脱病毒植株的检测技术

（一）直接观察法

脱毒苗在试管或田间生长时，其叶色浓绿、均匀一致、长势好，而带毒株则长势弱，叶片表现褪绿条斑、扭曲、花叶或明脉、脉坏死、卷叶、花叶褪绿斑点（甘薯、香石竹），植株矮化（大蒜）、束顶、矮缩（马铃薯）等。症状诊断时要注意区分病毒病症状与植物的生理性障碍、机械损伤、虫害及药害等表现的差异。

（二）指示植物观察法

指示植物是指接种某种病毒后能快速表现特有症状的寄主植物。主要的指示植物有苋色藜（Chenopodium amaranticolor）、昆诺阿藜（Chenopodium guinoa）、灰藜（Chenopodium quinoa）、巴西牵牛（Ipomoea setosa）、Occiduntail 烟、千日红（Gomphrena globosa）等。有些植物如甘薯，需要通过嫁接接种到巴西牵牛上；有些病毒如马铃薯卷叶病毒（PLRV），需用蚜虫吸毒接种。如果植株带毒，指示寄主植物应表现带毒症状。如大蒜普通潜隐病毒（GCLV）在昆诺藜上表现为局部褪绿或中部坏死的绿色环斑，在灰藜上表现为局部坏死斑，在苋色藜上表现为绿色环斑，在 Occiduntail 烟上表现为严重脉坏死或局部斑；甘薯羽状斑驳病毒（SPFMV）和甘薯潜隐病毒（sweet potato latent virus，SwPLV）在巴西牵牛上表现为皱缩花叶或明脉，在苋色藜上或昆诺藜上表现枯斑。

对指示植物侵染的方法有摩擦接种和介体接种，其中多用摩擦法。摩擦接种法操作步骤：①由受检植株上取一定量叶片，自来水洗涤除去表面杂质，滤纸吸去残留水分，用剪刀剪成适当大小的样品块置研钵中，加入一定量的缓冲液（0.1 mol/L 磷酸钠），研碎材料；②在指示植物叶片上撒上少许金刚砂，将受检植物的叶片汁液轻轻涂于其上，适当用力摩擦，使叶片表面细胞受到侵染，但又不损伤叶片，约 5 min 后用水轻轻洗去接种叶片上残余汁液；③接种过的指示植物置于温室或防虫网罩内，与其他植物间隔开一定距离。指示植物显症时间一般为 6～8 d 或更长，取决于病毒性质、接种量、指示植物及环境条件等。

（三）血清检测法

血清学反应（serological reaction）是指抗原（antigen）与抗体（antibody）之间发生的特异性反应（specific reaction），是以蛋白质为基础的检测方法，包括琼脂双扩散法、酶联免疫吸附法（ELISA）、直接组织斑免疫技术（immunological detection of direct tissue blotting，ID-DTB）、胶体金免疫层析法（gold immuno-chromatography assay，GICA）等，其中琼脂双扩散法应用较少，在此不进行详细介绍。血清检测法利用抗原和抗体的体外结合，产生特异性沉淀（试管沉淀、微量沉淀、凝胶扩散），应用荧光素、酶标记（荧光抗体、酶联免疫吸附）或在电子显微镜下直接观察抗原和抗体结合（免疫电子显微镜）等方法来提高反应的灵敏度。血清检测的关键技术在于有高效价抗血清（antiserum）、高效率试验体系和高精密度结果判定仪器。将植物病毒提取并纯化后，注射到小动物（兔子、小鼠、鸡等）体内，一定时间后取血，就可获得抗血清。目前有商业的试剂盒产品，使血清学检测易于操作，广泛应用于生产。

1. 酶联免疫吸附法 ELISA 是由 Engvall 等在 1971 年研究成功的，由 Voller 等在 1976 年首次将此法应用在植物病毒检测上，发现其非常灵敏，病毒检出浓度为 1～100 ng/mL。该方法的原理是将抗体和酶形成结合体，酶标抗体与相应抗原反应时形成酶标记的免疫复合物，当酶遇到相应的底物时产生颜色反应，颜色深浅与抗原量呈正相关（图 9-5）。常规的 ELISA 测定法有间接法、DAS·ELISA 和抗原竞争法。该方法已广泛应用于各种植物病毒的检测上，整个检测过程为 2 d。具体操作过程见各类试剂盒的使用说明书。

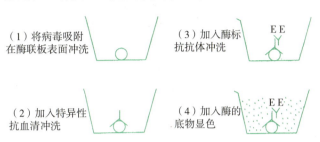

图 9-5 ELISA 间接法示意图

2. 直接组织斑免疫技术 IDDTB 是直接将感病组织在硝酸纤维素膜（nitrocellulose membrane）或尼龙膜上印迹后，用酶标单抗体进行标记、显色检测的一种技术。如鞠振林等（1993）用 IDDTB 检测植株病组织中的马铃薯 X 病毒（PVX）和芜菁花叶病毒（turnip mosaic virus, TuMV）获得较好结果。与 ELISA 相比，此方法操作流程简单，耗时较短，整个检测过程只需 1.5～2 h。邸垫平等（2002）用该法研究了玉米矮花叶病毒（maize dwarf mosaic virus, MDMV）对玉米的侵染及其运转规律。但其发展速度和使用机会不如 ELISA。

3. 胶体金免疫层析法 GICA 又称为免疫层析试验（ICA），是 20 世纪末在免疫渗滤技术基础上建立的一种免疫学检测技术。由于胶体金颗粒具有高电子密度和结合生物大分子的特性（如蛋白质、毒素、抗生素等），可将其作为示踪标志物，应用于抗原抗体反应中，再利用抗原抗体反应来检测抗原。其原理是以硝酸纤维素膜或尼龙膜为载体，当干燥的硝酸纤维素膜一端浸入样品后，在毛细管作用下，样品沿着该膜向前移动，当移动至固定有抗体的区域时，样品中相应的抗原即与该抗体发生特异性结合，通过胶体金的颜色显示出来，从而实现特异性的免疫检测。该方法操作简单，不需要特殊处理样品，样品用量较小，检测时间短，整个检测过程只需 10～20 min 就可完成。但其灵敏度不及 ELISA。

（四）核酸检测法

有时仅检测蛋白并不能肯定病毒有无生物活性，如豆类、玉米种子中的病毒失去侵染活性，但仍保持血清学阳性反应，因此核酸检测技术也是一种十分有效的检测方法。该方法包括双链 RNA 技术、核酸杂交技术、聚合酶链式反应（polymerase chain reaction, PCR）技术和基因芯片（gene chip）技术，其中核酸杂交技术和 PCR 检测技术比较常用。在 PCR 检测技术中，根据使用模板类型和扩增方式等的不同，又可分为 8 种，即反转录 PCR（reverse transcription PCR, RT-PCR）技术、多重 RT-PCR 技术、免疫捕获 RT-PCR（IC-RT-PCR）、实时荧光定量 RT-PCR 技术、竞争荧光 RT-PCR 技术、杂交诱捕 RT-PCR 酶联免疫（HC-RT-PCR-ELISA）技术、简并引物 PCR（PCR with degenerate primer）技术、巢式 PCR（nest PCR）技术。裴光前等（2011）利用 ELISA 和 RT-PCR 技术进行了葡萄卷叶病毒（grapevine leaf roll virus, GLRV）的检测，总检测率达 81%，并检测到 6 种葡萄卷叶病毒，但不同病毒检测率差异很大，变异幅度为 3.4%～62.1%。另外，基因芯片技术近年来也得到了长足进步，马新颖等（2007）利用该技术从荷兰进口植物唐菖蒲和郁金香（*Tulipa gesneriana*）中检出南芥菜花叶病毒（arabis mosaic virus, ArMV）（图 9-6），且同时也利用 ELISA 和 RT-PCR 技术对其进行了检测，发现结果是一致的。

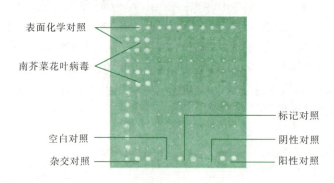

图 9-6　唐菖蒲和郁金香中南芥菜花叶病毒（ArMV）基因芯片检测
(引自马新颖等，2007)

（五）电子显微镜观察法

自 20 世纪 40 年代建立了电子显微镜（分辨率可达 0.1 ng）技术以来，采用电子显微技术检测植物病毒已成为比较重要的病毒鉴定和检测手段。先进性表现在取样比较简便、需时短。如孟春梅等（2008）利用电子显微镜负染色法（negative staining）在带毒蝴蝶兰叶片组织中观察到了长约 475 nm 的线状病毒粒子和长约 300 nm 的杆状病毒粒子，通过 ELISA 检测确定它们分别为建兰花叶病毒（cymbidium mosaic virus，CymMV）和齿兰环斑病毒（odontoglossum ringspot virus，ORSV），它们是兰科植物中发生最广泛的 2 种病毒。

1. 超薄切片技术　植物病毒基因组的翻译产物有些会与病毒的核酸、寄主的蛋白等物质聚集起来，形成一定大小和形状，称为内含体（inclusion）。内含体可分为细胞核内含体（nuclear inclusion）和细胞质内含体（cytoplasmic inclusion）。细胞核内含体可存在于核质、核仁或者核膜之间。细胞质内含体一般是由蛋白或病毒粒体构成的晶体结构（crystal structure），少有纤维状的内含体（只有在电子显微镜下才能看到）。核仁内含体多为不定形（amorphous）或晶体状。核膜间病毒或病毒诱导的物质积累导致核围内含体（perinuclear inclusion）产生，这种内含体的存在通常是短暂的。细胞质内含体在形状、大小、组成或结构方面差异很大，大的可在光学显微镜下看到，小的则只能在电子显微镜下观察。主要分为不定形内含体、定形内含体（如六角形内含体、四边形内含体等）、假晶体、晶体内含体或风轮状内含体等（图 9-7）。不同属的植物病毒往往产生不同类型、不同形状的内含体。

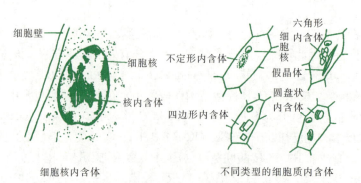

图 9-7　光学显微镜下几种植物病毒诱导的细胞内含体类型
(引自 Stevens，1983)

2. 负染色技术　负染色技术是通过重金属盐在样品四周的堆积而加强外围电子密度，使样品显示负反差，衬托出样品形态和大小。与超薄切片（正染色）技术相比，负染色技术快速简易，分辨率高，目前广泛用于生物大分子、细菌、原生动物、亚细胞碎片、细胞器、蛋白晶体的观察及免疫学和细胞化学的研究工作中，尤其是病毒鉴定及结构研究必不可少的一项技术。

3. 免疫电子显微镜技术　免疫电子显微镜技术是免疫学和电子显微镜技术的结合。该技术将免疫学中抗原抗体反应的特异性与电子显微镜的高分辨能力和放大本领结合在一起，可以区别出形态相似的不同病毒。在超微结构和分子水平上研究病毒等病原物的形态、结构和性质，配合胶体金免疫标记还可进行细胞抗原定位研究，从而将细胞亚显微结构与其机能代谢、形态等各方面研究紧密结合起来。

二、脱病毒植株的繁殖

经检验的脱毒植株可以通过离体培养扩繁和保存。脱毒植株由于并不具备额外的抗病性，可被重新感染，所以田间繁殖时一般种在温室或防虫网内的蛭石等无毒基质中。生产上，一般原原种和原种的生产必须在专用的防虫纱网棚室或温室中进行，防止脱毒植株再次被感染。建造防虫纱网棚室或温室的目的是防治蚜虫等介体昆虫的侵入而导致病毒传播，这是繁殖以脱毒为目的的无毒苗木所必需的。防虫纱网棚室或温室以35～400目耐用质轻的尼龙网作为覆盖物。大规模繁育生产用种时，可在高海拔隔离区内进行，这些地区基本无蚜虫，可以减少被重新感染的机会。由茎尖培养得到的植株一般很少或没有遗传变异，但仍要检查其种性和遗传稳定性。

小结

脱毒苗木培育技术已广泛应用于农业生产，取得了显著的经济和社会效益。植物一生中可受到多种病原物侵染，引致植物病害，影响农业生产。植物病毒病害导致的损失仅次于真菌病害位列植物病害的第二位。病毒侵染植物后，尤其是依靠营养体繁殖的植物，病毒通过营养繁殖体有效传递造成代代累积，可导致植物的产量和品质下降。植物病毒在植物体内呈不均匀分布，一般情况下分生组织不带毒或带毒量很少，采取物理、化学和生物学方法可脱去植物材料所带的病毒，获得脱毒苗木，用于农业生产。

脱毒植株在用作脱毒原原种或原种使用前，需针对特定的病毒进行检验，常用的检测方法有直接观察法、指示植物观察法、血清检测法、核酸检测法和电子显微镜观察法，其中血清检测法中的ELISA应用最为广泛，已有商用试剂盒。脱毒植株并不具备额外的抗病性，可被重新感染，在保存和繁殖过程中，应减少重新感染的机会。

复习思考题

1. 试述植物病毒在植物体内的分布。
2. 植物病毒的传播方式有哪些？
3. 常用的植物脱毒方法有哪些？植物脱毒的机理是什么？
4. 影响茎尖组织培养脱毒效果的因素有哪些？
5. 植物病毒检测方法有哪些？血清检测方法的机理是什么？
6. 如何保存脱病毒植株？

主要参考文献

范建芝,井水华,杨淑娟,等,2012. 低温疗法脱除植物病毒研究进展. 山东农业科学,44 (11):106-111.

韩盛,向本春,2006. 植物病毒分子检测方法研究进展. 石河子大学学报(自然科学版),24 (5):550-553.

胡文权,2010. 植物病毒史源拾取. 农药市场信息(19):51-53.

黄健,2019. 农作物病虫害识别与防治. 北京:气象出版社.

李胜,杨宁,2015. 植物组织培养. 北京:中国林业出版社.

马新颖,汪琳,任鲁风,等,2007. 从荷兰进口植物中检出南芥菜花叶病毒. 植物保护学报,34 (2):217-218.

马雪青,王永刚,周贤婧,等,2010. 马铃薯病毒研究新进展. 食品工业科学,31 (10):429-434.

孟春梅,黎军英,吴建祥,等,2008. 感染 CymMV 和 ORSV 的蝴蝶兰细胞超微病变观察. 电子显微学报(增刊):149-150.

裴光前,董雅凤,张尊平,等,2011. 我国葡萄主栽区卷叶病相关病毒种类的检测分析. 果树学报,28 (3):463-468.

史晓斌,谢文,张友军,2012. 植物病毒病媒介昆虫的传毒特性和机制研究进展. 昆虫学报,55 (7):841-848.

王东,张磊,董家红,等,2012. 云南马铃薯 A 病毒分布及其外壳蛋白分子变异分析. 西南农业学报,25 (2):525-530.

王文重,张抒,于德才,2009. 马铃薯病毒分子检测技术研究进展. 中国马铃薯,23 (1):40-43.

许传俊,黄珺梅,曾碧玉,等,2011. 植物组织培养脱毒技术研究进展. 安徽农业科学,39 (3):1318-1320,1335.

袁学军,2016. 植物组织培养技术. 北京:中国农业科学技术出版社.

Andret-Link P,Fuchs M,2005. Transmission specificity of plant viruses by vectors. Journal of Plant Pathology,87:153-165.

Feng C H,Yin Z F,Ma Y L,et al,2011. Cryopreservation of sweetpotato (*Ipomoea batatas*) and its pathogen eradication by cryotherapy. Biotechnology Advances,29 (1):84-93.

Hohn T,2007. Plant virus transmission from the insect point of view. Proc. Natl. Acad. Sci. USA,104 (46):17905-17906.

Wang Q C,Valkonen J P T,2008. Elimination of two viruses which interact synergistically from sweetpotato by shoot tip culture and cryotherapy. Journal of Virological Methods,154 (1-2):135-145,250.

Wang Q C,Valkonen J P T,2009. Cryotherapy of shoot tips:novel pathogen eradication method. Trends in Plants Science,14 (3):119-122.

第十章
植物体细胞无性系变异

遗传变异（genetic variation）是作物品种改良的重要基础。由于现有种质资源的不断萎缩，作物遗传育种的可持续发展已成为遗传学家和育种学家关注的焦点。早在多年前，人们就发现植物组织培养过程中会产生遗传改变。但组织培养的初衷是进行特定基因型的克隆，并不希望产生变异。直到 1981 年，Larkin 和 Scowcroft 首次提出体细胞无性系变异（somaclonal variation）这一术语，并对其进行重新评价，从此激起众多学者的研究兴趣。

第一节 植物体细胞无性系的变异及其应用

一、体细胞无性系的变异和筛选

体细胞无性系变异是指培养物在离体培养阶段发生了变异，进而再生植株也发生了遗传性改变的现象。该现象广泛存在于各种再生途径（体细胞胚胎发生途径和器官发生途径）的组织培养中，涉及的变异现象主要包括以下两个方面。

（一）形态特征、生长习性和抗性等的变异

Heinz 和 Mee（1969，1971，1977）最先在甘蔗体细胞再生植株中观察到了形态特征、生长习性及抗性等的变异。其中形态特征的变异有叶耳长度、有无茸毛等；生长习性的变异有分蘖能力、直立性、茎秆直径、长度、质量以及茎秆糖含量等。他们从体细胞无性系中筛选到抗斐济病和霜霉病的株系或兼抗的再生植株，并发现群体的抗病性增强。马铃薯体细胞无性系变异的研究也比较深入，已报道了许多有关形态特征、生长习性和抗性等的变异。从马铃薯'布尔班克'品种的一系列再生体细胞无性系中，经过多年大田筛选，发现它们的形态特征（如块茎形状和大小、表皮色泽等）和生长习性（如光周期、成熟期等）均已发生变异。进行抗病性鉴定时，发现 500 个无性系中有 5 个对早疫病（由 *Alternaria solani* 引起）抗性增强；800 个无性系中有 20 个对晚疫病的抗性提高，还有至少 4 个无性系表现为多抗。类似的变异在其他研究中也有报道，包括块茎色泽、形状、芽眼深度、质量、成熟期及抗疮痂病（由 *Streptomyces scabies* 引起）等性状变异。

培养禾谷类作物的未成熟组织，获得的再生植株也发生了变异（图 10-1）。观察这些再生植株的种子后代特性，能够确定这些变异的遗传性。如在墨西哥小麦品系 Yaqui 50E 的再生植株中观察到大量的体细胞无性系变异，包括数量性状如高度、分蘖数等和质量性状如籽粒颜色、α 淀粉酶、麦醇溶蛋白等。尽管大部分的变异性状会在再生植株自交后表现分离，但仍有一些变异性状是不分离的，因此认为前者的变异基因型是杂合态的，后者是纯合态的。此外，相似的变异如株高、分蘖数、谷粒数/分蘖、单粒重、白化苗分化率等，在水稻、玉米及其他禾谷类作物中也有报道。一些具有重要经济价值的体细胞变异株系已用于生产，表明体细胞无性系变异可作为作物育种遗传变异的一个重要来源，是植物细胞工程育种的一项重要内容。

图 10-1 通过不成熟胚培养获得不同变异类型的小麦群体
A. 从单个植株产生的 R_2 群体，出现有芒到无芒类型的变异 B. 由单个胚产生的不同高度的小麦植株

(二) 染色体变异

植物细胞的染色体在愈伤组织阶段稳定性较差，通过对愈伤组织再生植株的根尖细胞学的研究，可以明确这种染色体变异程度。这在许多作物中都已展开了研究，特别是对小麦和马铃薯的研究较为深入。

1. 染色体数目变异　许多研究表明，组织培养中广泛存在着染色体数目变异。如四倍体马铃薯（$2n=4x=48$）叶片、茎段和块茎的再生植株中，大约有 10% 的非整倍体；甜瓜属（*Cucumis*）可育的异源双二倍体杂种植株 *Cucumis hytivus*（$2n=38$）是陈劲枫等（1997）将栽培黄瓜（$2n=14$）与野生种酸黄瓜（*Cucumis hystrix*，$2n=24$）种间杂交的杂种胚进行培养，筛选到的体细胞无性系的染色体数目变异类型（图 10-2）。

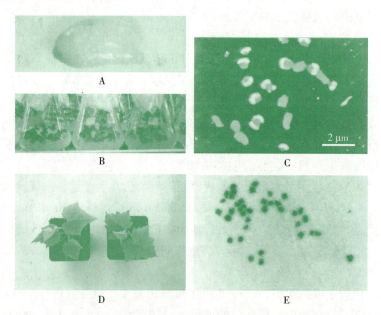

图 10-2 通过体细胞变异筛选获得的双二倍体植株
A. 种间杂交获得的胚 B. 胚胎拯救获得的试管苗 C. DNA 原位杂交鉴别种间杂种不同基因组染色体，12 条带荧光者来自野生种（浅色），7 条红色染色体来自栽培黄瓜（深色） D. 二倍体（左）和双二倍体（右）幼苗比较
E. 双二倍体植株的染色体计数（$2n=38$）
（引自陈劲枫等，1997）

2. 染色体结构变异　在一种二倍体马铃薯（*Solanum tuberosum*）中，除了观察到染色体数目变异外，还发现了缺失和互换等结构变异；在一粒小麦（*Triticum monococcum*）的悬浮培养

细胞中，双着丝点染色体可在细胞群体中繁殖长达一年；单冠毛菊（*Haplopappus tenuisectus*）培养细胞系中双着丝点染色体在有丝分裂中形成桥-断裂-融合；在三倍体黑麦草试管苗中发现染色体相互易位、缺失、倒位；六倍体小麦幼胚培养获得的再生植株中，有70%的植株具有正常六倍体（hexaploid）染色体组（$2n=6x=42$），但观察到染色体结构变异，包括缺失、互换、着丝粒合并、等臂染色体结构等（图10-3）。

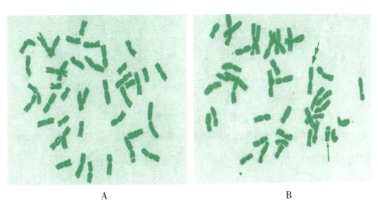

图10-3 小麦根尖细胞的有丝分裂观察
A. 正常植株的染色体构型（$2n=6x=42$） B. 具有正常染色体数的体细胞无性系突变株，单箭头所指的为较大片段缺失的第16染色体，双箭头所指为正常第16染色体
（引自Karp和Maddock，1984）

体细胞产生的变异具有以下优点：①适用于各种可进行组织培养的作物；②持续快速提供变异源；③可以消除优良品种的一个或几个缺陷；④提供新型变异株系。但体细胞变异也存在不足：①继代培养多次，植株再生能力减弱；②一些变异经自交或杂交后，表现不稳定；③变异没有可预见性，往往会产生一些不符合育种需要的变异。

（三）筛选和鉴定

对体细胞无性系变异的筛选，可在个体水平上进行，即对再生植株群体进行筛选；也可在细胞水平上进行，即离体筛选细胞群体。目前，离体筛选的研究成果已开始应用于育种实践。如对马铃薯'布尔班克'品种的10 000多个原生质体的无性系进行筛选，得到了一个性状突出且很稳定的变异系。它的变异性状包括生长习性、成熟期、对光周期的反应、块茎整齐度、块茎表皮颜色和产量等性状。从甘蔗组织培养再生群体中筛选到更抗眼点病、斐济病和霜霉病的突变体。在T细胞质雄性不育玉米中筛选到抗玉米叶疫病（由*Helminthosporium maydis* T小种引起）的再生植株。在含有两种病理毒素的培养基上筛选烟草原生质体愈伤组织，得到兼抗两种病原（*Pseudomonas syringae* 和 *Alternaria alternata*）的烟草变异体。体细胞无性系变异体的筛选大致可分为3个步骤：起始材料的选择、突变细胞的选择和突变性状的鉴定。

1. 起始材料的选择 离体条件下先诱导外植体形成愈伤组织，进而继代培养获得小细胞团或细胞悬浮培养物，然后进行突变体的筛选。也可从器官或细胞培养物中游离出单个的原生质体进行突变体筛选。

2. 突变细胞的选择 虽然各种来源的细胞都可产生突变体，但最常用的材料还是原生质体和悬浮培养的细胞。两者相比，利用原生质体来产生突变体相对更有利，因为它是单细胞，容易被选择剂选择，避免获得嵌合体式的突变体。但是至今尚有不少植物还没有建立起原生质体分离和植株再生体系。此外，也有不少采用愈伤组织或幼胚为材料从中选择突变体的报道。常用的选择方法有直接选择法和间接选择法。研究已经证明，许多物质对于培养的高等植物细胞是有毒害的，如生物毒素、除草剂、高浓度重金属离子及盐类等。通过在培养基中添加上述物质作为选择剂，就有可能从培养细胞中直接筛选出具有各种抗性的突变细胞。对于那些难于或不能用直接选择法分离的突变体，可用间接选择法。如在离体培养细胞中直接选择抗旱的材料是困难的，有人认为通过选择抗羟脯氨酸类似物的突变体可作为抗旱突变体。因为抗羟脯氨酸类似物的突变体可过量合成脯氨酸，这往往是植物适应干旱的一种反应。

3. 突变性状的鉴定 在选择培养基上，有些细胞可能没有与选择剂接触，未受到选择剂作用而残留下来，或者虽经选择，但只是外遗传变异的细胞（参见本章第二节），所以在选择培养基上并非所有能够生长的细胞都为突变细胞。常用的鉴别方法是，将选择出来的细胞或组织置于正常培养基上继代培养几次，如果仍能表现出所选择的目标性状，即可初步确定为突变细胞或组织。鉴别从变异细胞或组织再分化形成的植株是否为突变植株时，可用再生植株进行鉴定，也可用再生植株开花结实后的种子繁殖后代进行鉴定。

对体细胞无性系变异的进一步检测可以在表现型和基因型2个水平上进行。表现型变异可通过形态发生或蛋白标记分析，如再生植株农艺性状观察、同工酶分析等。基因型变异影响到染色体数目（倍性），则通过细胞计量术或染色体计数进行检测；倒位、缺失、易位和基因突变则可以通过核酸分子标记，如 RFLP、RAPD、SSR、AFLP 和选择性扩增多态微卫星位点（selective amplified microsatellite polymorphic loci，SAMPL）等检测 DNA 序列的改变。如 Mo 等（2009）利用 AFLP 技术检测了继代时间不同的蓝桉（*Eucalyptus globulus*），发现随着培养时间的延长，体细胞变异率升高。Gao 等（2009）用覆盖水稻12条染色体的120个 SSR 引物，对从7个不同的栽培种中产生的8个突变体进行分析，发现突变体 HX-13 在白叶枯病的抗性方面超过野生种'Minghui63'；同时采用转座子显示（transposon display）方法，发现8个突变体中有2个新的转座子插入进来。Carlos 等（2010）用酶切扩增片段多态性序列（cleaved amplified polymorphic sequence，CAPS）和一种能够识别已知序列存在的限制性酶识别位点与这些序列的单核苷酸多态性（single nucleotide polymorphism，SNP）的偏分离情况的软件对可可的再生植株进行检测，发现通过体细胞胚胎发生途径产生的后代仍存在着低的变异率。

二、体细胞无性系变异的应用

体细胞无性系变异的种类多，范围大，把这些变异引向选育方向，就能为育种者提供新的育种材料，这对于近亲繁殖而遗传基础狭窄的作物是十分重要的。

（一）改良作物品种、拓宽种质资源

体细胞无性系变异能够产生丰富的农艺性状变异，这些变异可以提高作物育种效果，且合理利用体细胞无性系变异筛选性状、改良优品种，要比重新创造一个优良品种简化得多。如自然加倍的双单倍体水稻种子产生的800个来自愈伤组织的无性系，发现只有28.1%的再生植株性状正常（与原品种性状一致），其他植株的种子育性、植株高度、抽穗期等性状则变异较大。估算出对性状具有影响能力的突变是以每次细胞分裂0.03~0.07个突变的诱导率在培养过程中发生的；通过烟草花药培养获得的近等基因系（near isogenic line，NIL），其内部表现整齐一致，但彼此之间却发生了程度各不相同的变异。其中一些表现出干重产量超过原品种10%的特性。利用烟草自交系 Coker 139 花药培养得到双单倍体，这些体细胞无性系中存在着很明显的性状变异。对于单个缺陷的品种的改良，体细胞无性系变异的利用前景更为广阔。如'Q101'甘蔗是澳大利亚栽培品种，它主要的缺点就是对眼点病高感，Larkin 和 Scowcroft（1983）开展了对'Q101'甘蔗的培育工作。经过8个多月的培养，检测了260个体细胞无性系对眼点病毒素的敏感性，发现有很高比例的无性系（8.9%）表现为高抗或近乎免疫，从而得到抗眼点病的改良甘蔗品种。

性状优良的体细胞无性系变异不仅可用于开发出新的有利用价值的种质资源，还可以直接作

为新品种推出。如 Heszky 和 Simon-kiss（1992）将一个优良的水稻体细胞无性系冠名以"DAMA"，作为新品种推向市场，这个品种不仅抗稻瘟病，而且烹饪性状良好；Ogura 和 Shimamoto（1991）从水稻'越光'（'Koshihikari'）品种的原生质体再生后代中筛选出有价值的体细胞无性系，随即作为新品种'Hatsuyume'推向市场，该品种比'Koshihikari'晚熟一周，矮化，抗倒伏，增产9%~10%。其他成功的例子还有很多。

（二）加强外源基因向栽培种的渐渗

Larkin 等（1989）和 Banks 等（1995）重新评价了远源杂交中细胞培养对外源基因渐渗的作用价值，认为将体细胞杂种、单体异附加系和异代换系等材料进行组织培养，能使它们发生遗传交换，提高外源基因向栽培种渐渗。Larkin 等（1989）在组织培养小麦-黑麦单体异附加系的过程中，观察到黑麦的抗禾谷类孢囊线虫病的抗病基因被导入小麦；Banks 等（1995）在小麦-中间偃麦草（*Thinopyrum intermedium*）的单体异附加系组织培养过程中，发现抗大麦黄矮病毒的抗病基因导入了小麦。此外有研究表明，通过细胞培养诱导的染色体交换，并非源于染色体的同源性，也不是在减数分裂期间发生，而是在有丝分裂期间发生的。所以，在组织培养体系中经常会发生非同源染色体互换和非倒置互换。如 Lapitan 等（1984，1988）在小麦-黑麦杂种的细胞培养中，观察到了 1R 和 4D、3R、2B 之间发生的染色体互换现象。

远缘杂交是创造物种变异的重要手段，进行远缘杂种的离体培养能有效提高杂种的变异率，特别是当两个亲本的基因组只具有少量同源性或根本无同源性时，更能促进亲本间发生染色体交换、断裂与修复，最终导致基因重组，将外源染色体片段转入栽培品种中。如大麦与芒颖大麦草（*Hordeum jubatum*）的杂交种在正常生长过程中，染色体是不发生联会的，但在组培过程中，却出现染色体配对异常情况。

三、体细胞无性系变异的缺点及局限性

1. 缺点 在植物组织培养过程中，特别是在一些珍贵园艺或林木植物的离体快速繁殖生产中，体细胞无性系变异是降低再生植株一致性的最大影响因素之一。有多种方式可以减少体细胞无性系变异的发生概率：①减少继代次数；②采用新的外植体重新培养；③减少2,4-D的使用，这种植物生长调节剂会提高变异的概率。

2. 局限性 有以下局限性影响了体细胞无性系变异的广泛应用：①变异没有可预见性，常产生不适变异；②所选择的变异都是随机且遗传不稳定的，在经杂交或自交后变异性状会发生变化；③某些变异引起的多重表型不一定是真实的；④变异真实性需要广泛的田间试验；⑤不适用于产生复杂的农艺形状，如产量、品质等。

第二节 体细胞无性系变异机理及影响因素

一、体细胞无性系变异机理

植物体细胞无性系变异形成的机理，一直是无性系变异研究所关注的焦点。由于高等植物突变体再生可育植株较难，所以虽然有关变异体的报道较多，但明确的遗传分析却不多。目前一些可能的机理包括：①预先存在的变异表达；②染色体变化；③点突变；④DNA复制和缺失；⑤转座因子的活化；⑥DNA甲基化；⑦胞质DNA的变化；⑧外遗传变异。

（一）预先存在的变异表达

某些体细胞无性系变异是由于外植体细胞中预先存在变异的表达。一般来说，除非培养单细胞或原生质体，否则对不同类型细胞组成的多细胞外植体进行培养，总会产生再生植株表型的不一致。预先存在的变异有2种形式：①来源于不同组织、染色体倍性存在差异的细胞，或称多细

胞外植体（multicellular explant）。如韧皮部细胞、薄壁细胞、木质部细胞等。这些细胞在不同组织内的分化和生长是非同步的，当外界条件改变（如不同植物生长调节剂条件下）时，这些细胞的发育方向就会改变，从而产生变异。②嵌合体。Harmann（1983）认为，嵌合体的存在主要是由于"构成组织的细胞遗传背景不同，或者是分生组织中含有变异细胞"，故组织培养中的嵌合体能够产生高频率的突变体。如来源于有刺黑莓的无刺嵌合体在组织培养后，获得半数短刺或者无刺的再生植株。

（二）染色体变化

1. 染色体数目变化　组织培养中产生非整倍体的原因主要有多级纺锤体出现、染色体不分离或滞后以及核裂等。一个分裂的细胞中如果出现三级或多级纺锤体，必然导致染色体不均等分离，造成染色体数目变异。如检查小麦花粉培养获得的愈伤组织及再生花粉植株根尖细胞染色体时，发现由于三级纺锤体的形成使部分细胞成为非整倍体。如果染色体不分离或染色体滞后现象出现于细胞分裂后期，则当细胞进入分裂末期时，不分离的染色体就留在一个子细胞中，形成染色体数多于母体细胞的超倍体细胞，而另一个细胞则成为亚倍体细胞，落后染色体可能丢失或也进入某一个细胞中。如检查玉米愈伤组织的染色体时，发现落后染色体和染色体分裂不同步将导致非整倍体和多倍体（polyploid）的形成。核裂经常导致双核出现，其出现频率较高的材料，多倍体、亚多倍体和非整倍体细胞出现的频率也高。

2. 染色体交换　染色体交换最早是在果蝇（*Drosophila melanogaster*）中发现的，后在烟草、番茄、鸭跖草、大豆及棉花中也报道过。环境因子及某些试剂可能有助于提高体细胞染色体交换频率，从而引起变异。在许多作物的原生质体再生植株中，发生的一些纯合隐性突变体可能就是由于这种机制造成的。非同源染色体间的不对称交换也会产生体细胞突变体。在一些体细胞的减数分裂过程中，会出现一些姐妹染色单体间进行非对称交换，从而引起缺失和重复现象。染色体重组可能影响发生在染色体断裂位点上的基因及邻近基因，特别是那些受调控的转录基因也将受到影响。一些重组单元或转座子（transposon）出现在不同位点上，由于位置效应而影响到远距离基因的功能。隐性变化不仅导致一些基因及其功能的丢失，同时也会造成一些基因表达沉默。

（三）点突变

Brettell（1986）从645株由玉米未成熟胚培养的愈伤组织再生植株中，发现有一株突变体。它是从同一个未成熟胚发生的愈伤组织再生出的5株中检出的唯一的一株。该株的乙醇脱氢酶（alcohol dehydrogenase，ADH）电泳表现为新类型，并且是杂合的，在自交后代中分离为新类型和正常类型。通过分析纯合的突变型，鉴定出在外显子b上有一对碱基突变，于是ADH1蛋白中一个缬氨酸残基取代了一个谷氨酸残基。Magha等（2006）以除草剂为选择剂，从原生质体培养中分离出耐受磺酰脲类（sulfonylurea）除草剂和咪唑啉酮类（imidazolinone）除草剂的甘蓝型油菜自交突变体，其培养种子萌发的幼苗对氯磺隆的耐受能力比敏感的对照高250～500倍，这是由于单个显性基因的突变所引起的。温室生长1个月后植株叶片中的乙酰乳酸合酶活力改变，对氯磺隆的抗性比野生型高100倍。Evans和Sharp（1983）发现在230个再生番茄植株中有13个出现单基因突变，包括隐性和显性基因。在小麦的试管苗中同样也发现这一现象。Chaleff和Mauvais（1984）在烟草细胞培养中获得了一株抗杀虫剂的突变株，其抗性可作为单一显性基因及不完全显性遗传。Shahin和Spivey（1987）在番茄原生质体培养中获得了抗番茄枯萎病植株，呈单一显性基因遗传。Conner和Meredith（1985）在烟草原生质体培养中分离出一株耐铝盐突变系，受单一显性基因控制。现代基因组重测序研究发现，水稻体细胞无性系变异的核酸点突变概率仅为0.31%，且多为单核苷酸替换突变（Ngezahayo等，2007）。

（四）DNA 复制和缺失

高等植物组织中的基因在分化过程中或受到环境压力的影响，会进行自我复制，造成这类基因的 mRNA 和蛋白在植物体内增加。这类 DNA 序列的拷贝数增加或衰减至少会影响部分体细胞的变异。这种变异可能是单个碱基的突变，也可能是染色体的变化。在马铃薯、小麦及野生大麦中已报道了一些重复序列衰减的现象。Arnholdt-Schmitt（1995）发现胡萝卜再生植株中出现重复 DNA 片段拷贝数的变化。经 T-DNA 转化的细胞长期培养后也观察到扩增现象。基因拷贝数的变化可能没有引起基因反应，但却改变了植株的表型。

Landsmann 和 Uhrig（1985）在马铃薯再生植株中检测到核糖体 RNA 基因的缺失。亚麻生长在逆境条件下也发现核糖体 DNA 的缺失。这表明组培生长条件与逆境一样，对植株的生长有着相似的作用。绵枣儿属（*Scilla*）一个三倍体种——西伯利亚绵枣儿（*Scilla sibirica*），其球茎愈伤组织培养细胞中的染色质消减有 3 种类型：①染色质消失导致大部分细胞是二倍体；②染色质剧烈减少，导致染色体数目呈多样性；③出现大量微小染色体，不能再生植株。从原生质体培养出的愈伤组织只有后两种类型的细胞。用苯基苯乙烯酮合酶（chalcone synthase，CHS）基因探针作 DNA 印迹分析，显示拷贝数大幅度减少。原生质体培养物的第②型细胞的再生植株，若生长在恒定条件下，其染色质未见进一步明显改变，但在田间生长一年后，其总 DNA 增加了 15%，而卫星 DNA 和与 CHS 基因杂交的序列则不相称地增加了 30%～40%。

（五）转座因子的活化

转座因子（transposable element）可通过自身复制一拷贝，插入基因组新位置（靶点）上，使靶点处的基因失活；另一方面，转座因子也具有十分重要的进化意义，可造成直接的或间接的基因重排。直接的效应包括转座引起的复制单元融合、基因缺失、倒位或易位；间接效应指插在不同染色体上或同一染色体不同位置上的同一种转座因子可作为微型同源区域而允许重组发生，从而导致缺失、基因扩增、倒位及易位。Martin 等（1987）用突变体研究了花色素苷生物合成的遗传调控。金鱼草花色素苷生物合成途径的 2 个结构基因 *nivea* 和 *pallida* 中存在转座因子。在 *nivea* 中转座因子 Tam_3 插入或切割，影响花瓣和花筒颜色，从正常的全深红色变成深红斑、红晕、淡红色和白色这 4 种稳定的突变体表型。Peschke 等（1987）对 301 个大麦组培再生植株进行测交，获得了 1 200 株后代，鉴定出其中 10 个再生植株来源于 2 个独立胚，并且含有 1 个活跃的 Ac（activator）转座因子，而在外植体材料中没有发现任何活跃的 Ac 转座因子。再生植株中转座因子活性恢复暗示着一些体细胞无性系变异可能是转座因子的插入或切割造成的。玉米的 Spm 转座因子、烟草的 Tnt_2 转座因子在组培过程中也会被激活，引起部分体细胞的变异。

（六）DNA 甲基化

一些学者提出一种假设，认为大多数组织培养中的突变可能直接或间接地与 DNA 甲基化状态改变有关。当 DNA 处于高度甲基化时，基因的活性就受到抑制，而当甲基化程度降低时可提高基因活性。甲基化的改变可能引起染色质结构的改变、异染色质的延迟复制、染色体断裂及基因表达的变化，因此 DNA 甲基化程度的增加或减少可用来阐述质量性状和数量性状的变化、转座因子活性的变化、由染色体断裂引起的突变等。在特异位点上甲基化变异引起基因表达的变化可能是正向的（如激活转座子），也可能是负向的。在玉米愈伤组织及再生植株、水稻再生植株中都发现一定频率的 DNA 甲基化及碱基序列的改变，并且 DNA 多态性显著增加。如含有 IAA 和肌醇的培养基会增加胡萝卜的 DNA 甲基化水平。在组培过程中也可能使 DNA 去甲基化，并且这种变化可以遗传给后代。

（七）胞质 DNA 的改变

线粒体基因组的变异频率显著高于叶绿体基因组。最经典的例子是由胞质 DNA 控制的雄性不育性（CMS）。Li 等（1988）报道可育的野生烟草原生质体培养两次之后分离出 CMS 植株，鉴定后发现有线粒体 DNA 缺失，失去一种 40 kb 线粒体 DNA 编码的多肽；单倍体烟草愈伤组织培养物加链霉素选择出的抗链霉素突变植株，其叶绿体 DNA 有改变，呈非孟德尔式遗传。

（八）外遗传变异

外遗传变异（epigenetic variation）也称发育变异（developmental variation），即由于外部影响导致基因表达的改变，从而引起表型上的变异。常见的外遗传变异为组织培养中的复幼（rejuvenization）现象。在离体培养环境下，取自成龄植株的外植体会由于适应环境而一步步向幼龄方向变化。因而组织培养物可以是从成龄向幼龄状态的任何一种发育状态，再生植株也会因培养物所到达的发育阶段不同而表现出不同的发育状态，这种状态可能经过一段时间后保持，也可能消失。如桉属（*Eucalyptus*）再生植株着生无柄叶片，这种典型的幼龄习性会随着时间的推移而停止表达。这种暂时的变化在细胞和组织培养、植株再生及离体快繁过程中会经常发生。如持续继代培养可能分离出一些在颜色、形状、生长势及绿化等方面有不同特征的愈伤组织，但这种变化是可逆转的；一些离体快繁植株在生长习性、花的发育等方面也表现出差异，但不是永久性的变异。另一个外遗传变异的例子是组织或细胞的适应化作用（或驯化），即失去对生长素、细胞分裂素或维生素的异养（或需求），变为自养。其他的外遗传变异包括移栽后极强的生长优势，这可能与幼态性逆转或病原脱除有关。短暂矮化（transient dwarf）也可能属于外遗传变异，这可能与体内残存有组织培养中的植物生长调节剂有关，在大田或温室生长一两个季节后会恢复正常的生长习性。

二、体细胞无性系变异的影响因素

在植物组织培养过程中，愈伤组织诱导和生长阶段、植株再生阶段均较易出现体细胞无性系

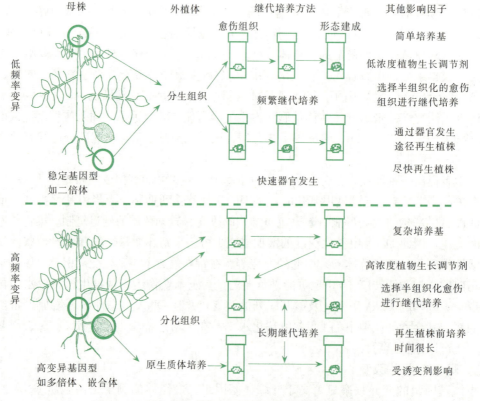

图 10-4 组织培养过程中影响体细胞无性系变异的因子

变异。这些遗传变异一方面源于植株既存的细胞变化，另一方面源于培养过程中培养环境的影响（图10-4）。

(一) 外植体

外植体的类型、生理状态等因素会明显影响体细胞无性系变异的频率。一般而言，培养特异化程度高或衰老的组织，产生变异的概率大，分生组织或幼龄的外植体则发生变异的较少。如菊科植物花瓣再生的植株比花梗再生植株形成更多花，变异频率也更高；天竺葵茎秆再生植株的表型与对照无差异，而根和叶柄的再生植株在形态上则较易产生变异。

(二) 物种和基因型

有的物种体细胞无性系发生的变异频率比较低，要想通过体细胞无性系变异得到新的材料就需要做大量的筛选。Chen（2006）利用 AFLP 技术对观赏植物合果芋（*Syngonium podophyllum*）品种'白蝴蝶'和'Regina Red Allusion'的体细胞无性系的变异进行检测，发现它们的变异率分别为1.2%和0.4%；五个大蒜品种经愈伤组织培养以后，由体细胞胚胎发生途径产生再生植株，对其中35株进行 RAPD 分析，发现变异频率随品种而异：两个无性系 Solen White 和 California Late 的变异率接近1%，另外三个无性系 Chineses、Long Keeper 和 Madena 约为0.35%；将两个菠萝品种'Kew''Queen'和一个杂交种'Kew×Queen'的腋芽作为外植体进行再生，发现由叶缘和叶肉再生的植株变异频率有差异，'Kew×Queen'杂种的再生植株变异率较高，并且变异株在田间的表型和经济性状都有差别。

另外，源植株的倍性也是一个重要因素，多倍体和染色体数目较多的植物，其变异频率比二倍体和单倍体高。因为多倍体染色体组可以缓冲染色体数目变异引起的不平衡，它们的突变体比单倍体和二倍体更易成活。但单倍体和二倍体更利于变异基因的表达。在进行二倍体、四倍体和六倍体小麦细胞悬浮培养的比较后，发现二倍体最稳定，六倍体最不稳定。

Lee 和 Phillips（1988）指出：异染色质滞后复制（late-replicating）的特性会加剧离体培养过程中染色体的断裂，因此认为富含异染色质的基因型更易发生体细胞无性系变异。然而 Bebeli 等（1993）的研究并未发现这种关系，他们比较了两个分别在 7R 染色体长臂和 6R 染色体短臂上有和没有异染色质的小黑麦品系，在 R_2 代中观察到显著变异，但主要存在于缺乏异染色质的品系中；Reed 和 Wernsman（1989）的研究指出在不同的基因型中可能具有不同的扩增位点；Peschke 和 Phillips（1991）认为，在组培中携带转座因子的基因型比不携带转座因子的基因型稳定性差，但 William（1991）的研究认为不是所有的变化都与转座因子运动有关。

(三) 培养基构成

1. 基本培养基 基本培养基的某些成分会使培养物倍性改变。如用 MS 培养基或含有一半磷酸盐浓度的 MS 培养基培养胡萝卜细胞，倍性不正常的细胞要比正常二倍体细胞生长占优势。而在仅含有1/4氮素的 MS 培养基上继代培养多次，二倍体细胞的比例又会不断增加。

2. 植物生长调节剂 植物生长调节剂可能是起一种诱变剂的作用，但更多的证据表明，它是通过影响外植体在组织培养中细胞分裂、非器官化生长程度及特异细胞类型的优先增殖等过程来引起体细胞无性系发生变异的。另有证据表明，即便不经愈伤组织阶段，植物生长调节剂的异常浓度也会引起体细胞无性系变异，如油棕及非洲大蕉（*Musa basjoo*）微繁过程中，过量使用细胞分裂素会引起芽原基异常。2,4-D 能增加紫露草（*Tradescantia reflexa*）雄蕊茸毛变异频率，使其由粉红色变成蓝色；也能提高葱属（*Allium*）植物的根尖细胞内姐妹染色单体的交换频率；甚至在无性繁殖作物——高凉菜（*Kalanchoe laciniata*）的培养过程中，虽然缺乏愈伤组织阶段，但由于使用了2,4-D，也观察到了变异的芽原基。

细胞分裂素可以改变组织培养中细胞变异频率，低浓度下可以降低悬浮培养细胞的倍性变异频率，高浓度下则可以提高多倍体细胞变异频率。在诱导水稻愈伤组织遗传变异的过程中，30 mg/L 的 6-BA 比 2 mg/L 的 6-BA 效果明显；Torrey（1961）认为 KT 和其他培养基成分可能激活了正常休眠的多倍体细胞分裂；Sacristan（1967）研究指出培养基中生长素与细胞分裂素的比例不同，会改变烟草中不同倍性细胞的比例，这可能是生长素与细胞分裂素的比例不平衡产生的结果。

（四）继代培养时间

长时间的继代培养，会使愈伤组织和细胞的变异频率增加，再生能力降低甚至完全丧失。Nehra 等（1990）报道，草莓叶片的愈伤组织经过 24 周的培养，就会完全丧失再生能力；单冠毛菊经过 4 个月继代培养，二倍体约占 13%，继代培养几年后，倍性变化更丰富，有 $3x\sim9x$ 等，其中以偶数倍染色体数目为主的愈伤组织可占细胞群体的 60%～70%；McCoy 等（1982）发现，随着燕麦细胞培养的继代时间延长，异形二价染色体、环状染色体和染色体滞后等异常现象出现概率增加，植株表达这些变异的频率也升高。就燕麦品种'Tippicanoe'而言，培养时间由 4 个月延长到 20 个月，变异频率会由 11% 升高到 50%。Muller 等（1990）发现，虽然普遍认为叶绿体基因组要比核基因组和线粒体基因组更加保守和稳定，但是培养时间延长后，叶绿体 DNA 的多态性水平也会增加。同时，延长继代时间还会导致水稻叶绿体基因组的染色体片段缺失，这些缺失与质体形态学变异是相关的。这不是培养物衰老导致的，而是培养时间延长，突变连续积累造成的。

另外，再生植株的方式、变温、选择压和外植体的诱变等都会增加体细胞变异的频率。

小结

体细胞无性系变异是指培养物在培养阶段发生变异，进而导致再生植株发生遗传改变的现象。它广泛存在于各种再生途径（体细胞胚胎发生途径和器官发生途径）的组织培养之中。体细胞无性系的变异主要包括形态特征、生长习性、抗性以及染色体变异。体细胞无性系变异在农业生产上主要应用于改良作物品种、拓宽种质资源、加强外源基因向栽培种的渐渗。植物体细胞无性系变异的机理研究尚不明确，可能与以下 8 方面因素有关：①预先存在的变异表达；②染色体变化；③点突变；④DNA 复制和缺失；⑤转座因子的活化；⑥DNA 甲基化；⑦胞质 DNA 的变化；⑧外遗传变异。影响体细胞无性系变异的因素较多，主要包括外植体类型、物种和基因型、培养基、继代培养时间等。进一步的研究应当致力于体细胞无性系变异的机理上，定向产生符合农艺性状的体细胞无性系变异，降低扩繁和转基因过程中体细胞无性系变异的发生。

复习思考题

1. 简述植物体细胞无性系的变异类型及优缺点。
2. 简述影响植物体细胞无性系变异的基本因素。
3. 体细胞无性系变异产生的可能机理有哪些？
4. 利用植物体细胞无性系变异现象，设计获得耐盐（或耐高温、抗病等）优良番茄株系的基本程序。

主要参考文献

胡盼盼，赵霞，李刚，等，2016. 草莓组培苗体细胞无性系变异研究. 中国农学通报，32（16）：77-82.

邹雪，肖乔露，文安东，等，2015. 通过体细胞无性系变异获得马铃薯优良新材料. 园艺学报（3）：480-488.

Ahloowalia B S, 1983. Spectrum of variation in somaclones of triploid ryegrass. Crop Sci., 23: 1141-1147.

Arnholdt-Schmitt B, 1995. Physiological aspects of genome variability in tissue culture, II Growth phase- dependent quantitative variability of repetitive BstN1 fragments of primary cultures of Daucus carota L. Thero. Appl. Genet., 91: 816-823.

Brettell R I S, Dennis E S, Scowcroft W R, et al, 1986. Molecular analysis of a somaclonal variant of maize alcohol dehydrogenase. Mol. Gen. Genet., 202: 235-239.

Carlos M, Rodrĺguez López, Hector Sicilia Bravo, et al, 2010. Detection of somaclonal variation during cocoa somatic embryogenesis characterised using cleaved amplified polymorphic sequence and the new freeware Artbio. Mol. Breeding, 25: 501-516.

Chaleff R, Mauvais C, 1984. Aceto lactase synthase is the site of action of two sulfonylurea herbicides in higher plants. Science, 224: 1443-1445.

Chen J, Henny R J, Devanand P S, et al, 2006. AFLP analysis of nephthytis (Syngonium podophyllum Schott) selected from somaclonal variants. Plant Cell Rep., 24: 743-749.

Chen J F, Kirkbride J R, 2000. A new synthetic species of Cucumis (Cucurbitaceae) from interspecific hybridization and chromosome. Brittonia, 52: 315-319.

Chen J F, Staub J E, Tashiro Y, et al, 1997. Successful interspecific hybridization between Cucumis sativus L. and Cucumis hystrix Chakr. Euphytica, 96: 413-419.

Conner A J, Meredith C P, 1985. Large scale selection of aluminum-resistant mutants from plant cell culture: expression and inheritance in seedlings. Thero. Appl. Genet., 71: 159-165.

Evans D A, Sharp W R, 1983. Single gene mutation in tomato plants regenerated from tissue culture. Science, 221: 949-951.

Gao D Y, Vallejo Veronica A, He B, et al, 2009. Detection of DNA changes in somaclonal mutants of rice using SSR markers and transposon display. Plant Cell Tiss. Organ Cult., 98: 187-196.

George E F, 1993. Plant propagation by tissue culture Part 1: the technology. London: Exegetics Ltd.

Jain S M, Brar D S, Ahloowalia B S, 1988. Somaclonal variation and induced mutations in crop improvement. Dordrecht: Kluwer Academic Publishers.

Landsmann J, Uhrig H, 1985. Somaclonal variation in Solanum tuberosum detected at the molecular level. Thero. Appl. Genet., 71: 500-505.

Lapitan N L V, Sears R G, Gill B S, 1988. Amplification of repeated DNA sequences in wheat×rye hybrids regenerated from tissue culture. Thero. Appl. Genet., 75: 380-388.

Larkin P J, Scowcroft W R, 1981. Somaclonal variation—a novel source of variability from cell cultures for plant improvement. Thero. Appl. Genet., 60: 197-214.

McClintock B, 1950. The origin and behavior of mutable loci in maize. Proc. Natl. Acad. Sci. USA, 36: 344-355.

Mo X Y, Long T, Liu Z, et al, 2009. AFLP analysis of somaclonal variations in Eucalyptus globules. Biologia Plantarum, 53 (4): 741-744.

Nacheva L R, Gercheva P S, Andonova M Y, et al, 2014. Somaclonal variation: A useful tool to improve disease resistance of pear rootstock 'Old Home×Farmingdale' (OHF 333) (Pyrus communis L.). Acta Horticulturae, 1056 (1056): 253-258.

Ngezahayo F, Dong Y B, 2007. Somaclonal variation at the nucleotide sequence level in rice (Oryza sativa L.) as revealed by RAPD and ISSR markers, and by pairwise sequence analysis. Journal of Applied Genetics, 48 (4): 329-336.

Orton T J, 1980. Chromosomal variability in tissue cultures and regenerated plants of Hordeum. Thero. Appl. Genet.，56：101-112.

Orton T J，1980. Haploid barley regenerated from callus cultures of *Hordeum vulgare* × *H. jubatum*. J. Hered.，71：780-782.

Peschke V M，Phillips R L，Genggenbach B G，1987. Discovery of transposable element activity among progeny of tissue culture-derived plants. Science，238：804-807.

Rutherford R S，Snyman S J，Watt M P，2014. *In vitro* studies on somaclonal variation and induced mutagenesis：progress and prospects in sugarcane (*Saccharum* spp.) - a review. Journal of Pomology & Horticultural Science，89 (1)：1-16.

Shahin E，Spivey R，1987. A single dominant gene for *Fusarium* wilt resistance in protoplast-derived tomato plants. Thero. Appl. Genet.，73：164-169.

第十一章
植物遗传转化

转基因育种（transgenic breeding）技术自 20 世纪 80 年代诞生以来，已成为植物改良的重要手段，其可在较短时间内有针对性地改良现有品种的农艺性状，实现种质创新。遗传转化是转基因育种的关键步骤之一，是指通过适宜的载体介导，把外源 DNA 导入受体组织或细胞中，将其整合到基因组中，并再生完整植株的过程。由此可见，遗传转化包括携带目的基因的载体系统、受体组织或细胞、转化组织或细胞再生完整植株。另外，获得的转基因植株（transgenic plant）还需从大量的正常植株中被检出，故还应包括转基因植株的检测技术。

第一节 植物遗传转化的受体及表达载体

一、植物遗传转化的受体

适宜的植物遗传转化受体（recipient）是植物转基因育种成功的先决条件。作为遗传转化的受体需符合：①能够高效率地接受外源基因（foreign gene），并能使其稳定地插入受体植物基因组中；②必须具有脱分化和再生能力，并可获得再生植株；③能够稳定地将外源基因遗传给后代。新鲜的块茎、茎段、叶片（子叶）、叶柄、原生质体、愈伤组织、胚状体和胚性悬浮细胞系等均可作为转基因的受体材料。

1. 叶片（子叶）、叶柄、茎段受体 叶片（子叶）、叶柄、茎段是植物遗传转化常用的受体材料，因其取材方便、重复性好、具有再生能力，已广泛应用于许多植物的遗传转化。基本做法是：取幼嫩新鲜的植物叶片（子叶）、叶柄、茎段，剪成 1~2 cm 小段或直径 3~5 mm 叶盘，加入含有目的基因的根癌农杆菌，轻轻摇晃 10~20 min，使切口边缘感染根癌农杆菌。然后将受体材料置于无菌滤纸上吸去多余菌液，放入含分化培养基的培养皿中暗培养 2~3 d，再将材料转入加有选择剂的分化培养基上，待分化出芽后，将芽转移到含有选择剂的根诱导培养基中，小植株长成后进行移栽（图 11-1）。该类受体存在嵌合体和不同基因型间再生频率差异较大等问题。

2. 块茎、块根、鳞茎受体 马铃薯、百合、甘薯等植物的转化受体材料可采用块茎（图 11-2）、块根、鳞片和小叶等，其直接分化芽率比较高，是遗传转化良好的受体材料。做法与根癌农杆菌介导的转化叶片（子叶）、叶柄、茎段受体的方法相近。这些受体具有再生时间短、转化再生植株育性好、外植体来源广等优点，但也存在嵌合体和不同基因型间再生频率差异较大等问题。

3. 原生质体受体 原生质体具有遗传上的一致性，易于接受各种外来遗传物质，也是适宜的转化受体材料。Marton 等（1979）首创了原生质体与农杆菌共培养法（co-cultivation），即将农杆菌与正在再生新细胞壁的原生质体作短暂共培养，使农杆菌与受体细胞间接触并发生遗传物质转化；再将原生质体按其培养的要求转移到适宜的选择培养基上，诱导愈伤组织并再生完整植株。因此，原生质体与农杆菌共培养法也可以看作是一种在人工条件下诱发农杆菌对单个细胞侵

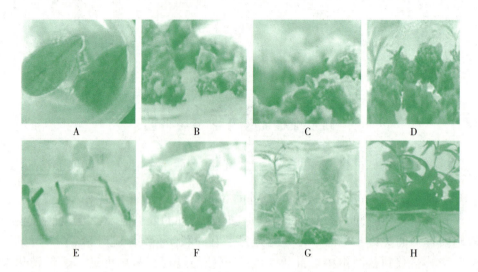

图 11-1 石榴（*Punica granatum*）两种外植体再生方法在遗传转化中的优势比较
A. 叶片 B. 叶片离体培养 21 d 后的状态 C. 叶片愈伤组织分化不定芽（75 d） D. 叶片不定芽生长（105 d）
E. 茎段 F. 茎段愈伤组织再生不定芽（105 d） G. 茎段不定芽生长（135 d） H. 茎段幼苗生根（147 d）
（引自陈延惠等，2012）

染的一种体外转化方法。原生质体与农杆菌共培养法最大的优点是获得的转化植株来自同一个转化细胞，减少了嵌合体发生，故在应用方面具有重要价值。但原生质体培养存在许多技术上的难题，转化植株再生的成功率也极显著地低于其他方法，且操作复杂。

原生质体也常在植物瞬时表达实验中作为受体。原生质体瞬时表达主要应用在基因亚细胞定位分析、基因启动表达分析及双分子荧光互补等需要在植物体内表达来分析基因和蛋白表达特性的实验。首先利用酶解液分离拟南芥、烟草、水稻和柑橘等植物叶片的原生质体，经纯化后再与含目的基因的农杆菌共培养，脱菌处理后培养一段时间再进行荧光或染色观察。这种瞬时表达的优点是可以在植物体内利用原生质体内细胞器的完整性和功能性进行外源基因表达分析，不必诱导产生细胞壁，快捷简便；缺点是受限于载体种类，不能够完全稳定遗传，不能成为完整转基因植株。

图 11-2 马铃薯薯片不定芽再生
（引自王丽等，2008）

4. 胚状体、悬浮细胞、愈伤组织受体 胚状体是良好的转基因受体，其突出的优点在于胚状体的单细胞起源性，因而可以有效地避免嵌合现象；悬浮细胞也具有原生质体的某些特点，如在均一培养条件下能保持性状稳定，单个细胞易于操作等，但它因具有细胞壁，较原生质体摄取 DNA 难；愈伤组织具有易于接受外源基因的能力，其转化率较高，扩繁量大，可获得较多转化植株。此外，多种组织、器官均可诱导愈伤组织，供试材料广泛。

体细胞胚胎发生所用的材料可以是茎尖、叶片、叶柄、茎或块根等，但大多数研究表明，茎尖分生组织是诱导体细胞胚胎发生的最理想材料，尤以只包含 1~2 个叶原基的茎尖（约 0.5 mm）最为合适。以甘薯体细胞胚胎转化为例说明其一般流程（图 11-3）：①外植体准备。大田或盆栽甘薯经常规消毒灭菌后，获得无菌组培苗并继代扩繁。②体细胞胚胎发生。取茎尖分生组织置于诱导培养基上诱导胚状体形成。③将胚状体与农杆菌共培养后，转到选择培养基上诱导次生胚状体，从中鉴定出转化胚状体。④转化的胚状体萌发及转化植株再生。

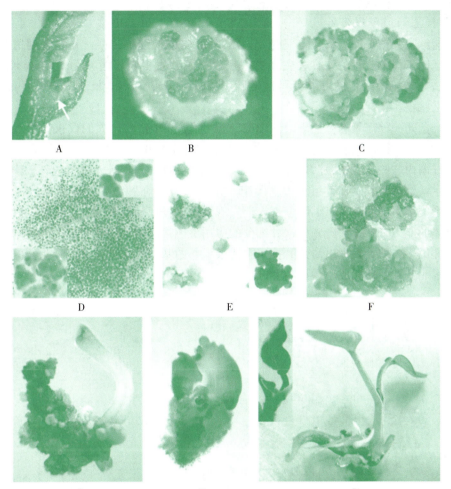

图 11-3 甘薯体细胞胚胎发生以及遗传转化流程

A. 茎尖（箭头指示 0.5 mm 挑取部分） B. 诱导的与非胚性愈伤组织共存的初生胚状体 C. 初生胚状体继代纯化后的胚性细胞团 D. 利用胚性细胞团建立的悬浮培养，左下角为放大的胚性细胞团，右上角是农杆菌共培养后得到的 GUS 阳性胚性细胞团 E. 抗性愈伤组织筛选及瞬时 GUS 表达（右下）
F. 抗性细胞团逐步发育成心形胚，并由紫红色向绿色转变 G. 抗性鱼雷形胚及长管状鱼雷形胚
H. 抗性胚状体的 GUS 验证 I. 转化胚状体萌发再生成苗，左上角示意为转 GUS 阳性苗的鉴定
(GUS. β-葡糖醛酸糖苷酶)
(引自杨俊等，2011)

5. 活体接种 活体接种（*in vivo* inoculation）是在活体条件下给受体植物造成创伤，用携带外源基因的农杆菌感染植株伤口，使外源基因导入受体植物的方法。活体受体的关键是必须在植株上形成新鲜伤口，并使用感染力强的工程菌。

二、植物遗传转化的表达载体

植物表达载体（plant expression vector）是携带目的外源基因进入植物细胞进行扩增和表达的媒介，故亦称工程载体。根据载体的遗传特性和功能，主要分为农杆菌 Ti 质粒载体和植物病毒载体两大类。农杆菌 Ti 质粒载体可将外源基因整合进植物染色体基因组，使外源基因在植物中稳定表达；植物病毒载体为瞬时表达系统，病毒载体的 DNA 一般不整合到植物细胞核基因组上，病毒载体介导的遗传转化主要运用于两个领域：一是将病毒诱导的基因沉默（virus-induced gene silencing，VIGS）运用于基因功能的研究，二是高效表达外源蛋白。此外，还有 RNA 干扰表达载体,可用于基因功能鉴定和功能基因表达调控等领域。

(一) 农杆菌 Ti 质粒载体

农杆菌能够将其核外的环状质粒上的 T-DNA 区向植物细胞转移,并整合到植物细胞的基因组上。在基因工程中应用的农杆菌主要有根癌农杆菌和发根农杆菌(Ag. rhizogenes),前者含有 Ti 质粒,野生型菌株侵染植物后可诱发肿瘤(tumour);后者含有 Ri 质粒,可以诱导被侵染植物形成毛状根。

根癌农杆菌是一种需氧的革兰氏阴性细菌。20 世纪 70 年代前,人们仅仅认为它是一种引起植物产生肿瘤的病原菌。根癌农杆菌以潜伏状态存在于土壤里,植物受伤后细胞分泌许多化合物,根癌农杆菌由这些化合物激活,然后由伤口进入植物体。一旦进入植物内,根癌农杆菌就会刺激肿瘤产生,这通常发生在茎组织中(图 11-4)。农杆菌在肿瘤中不断繁殖,当植物死亡后菌就被释放到土壤中,循环得以继续。当人们发现根癌农杆菌具有将 DNA 片段转移进植物细胞和植物染色体的能力时,很快看到了这种细菌的应用价值。目前,根癌农杆菌介导的植物转化系统已成为研究最多、理论机理最清楚、技术方法最成熟的基因转化途径。迄今为止的转基因植物多数是利用根癌农杆菌转化成功的。

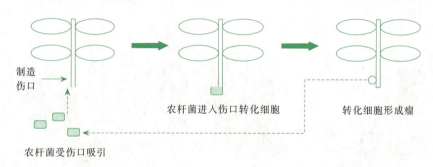

图 11-4 根癌农杆菌的致瘤过程

1. 根癌农杆菌转化的分子机制 根癌农杆菌的转化过程包括:①识别并附着在寄主细胞上;②对植物信号感应;③毒性(virulence,vir)基因激活;④转运 T-复合体形成;⑤T-DNA 从细菌细胞中输出;⑥成熟 T-复合体形成;⑦T-DNA 进入植物细胞核;⑧T-DNA 整合到植物基因组。根癌农杆菌能引起肿瘤发生的现象是 Ti 质粒(图 11-5)作用的结果。Ti 质粒的 vir 区和 T-DNA 区非常有趣,vir 区含有一些编码引发并控制根癌农杆菌质粒 DNA 转化进植物基因组的基因。但并不是整个质粒转化,仅是质粒上的 T-DNA 转化进植物细胞的细胞核,并插入基因组上,这与细菌、细菌之间转移质粒的结合过程相似。从细菌转化到植物细胞的 DNA 是一个复合物,并且需要 vir 区许多基因来激发活性。简单地说,特殊的蛋白识别左右边界(LB、RB)的 T-DNA 序列,并从边界区切下单链 DNA,被 DNA 结合蛋白包被,形成转运 T-复合体(含有 12 个 vir 蛋白)的一部分,这个复合体可以从细菌细胞进入植物细胞。它通过蛋白通道从细菌里出来并进入植物细胞,通过菌毛(fimbria)在细胞间移动。菌毛是一种柔软的、蛋白质形成的管子,菌毛的装配是由 vir 蛋白引起的。一些复合体中的蛋白发挥功能使复合体进入细胞核,一旦进入细胞核,T-DNA 就插入植物染色体上。农杆菌侵染植物细胞和 T-DNA 插入原理如图 11-6 所示。这一过程的机制还并不十分清楚,但可能与寄主在 DNA 复制与修复过程中起作用的酶有关。细菌 T-DNA 转化植物细胞的过程很精密,需要 vir 区基因、一些细菌染色体基因和寄主植物的蛋白的共同作用。最初,科学家们认为转化基因这一过程是农杆菌特有的,但随着研究的深入,发现了许多病原菌可以将 DNA 和蛋白质转移进寄主植物、动物或真菌细胞。

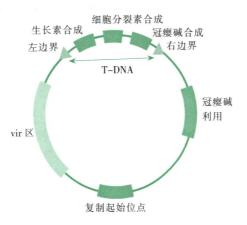

图 11-5 农杆菌 Ti 质粒的结构

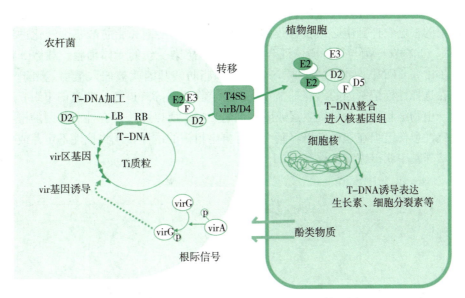

图 11-6 农杆菌侵染植物细胞和 T-DNA 插入原理
(引自 Yuan 等，2012)

Ti 质粒的 T-DNA 区包含许多根癌农杆菌生命周期所必需的基因。一些基因参与生长素和细胞分裂素的合成，这些激素可以引发植物细胞不受控制的生长（与组织培养中的愈伤组织形成相似）。另外一些基因编码合成冠瘿碱（opine）的酶，冠瘿碱是一种在肿瘤中作为根癌农杆菌的碳源和能源的小分子化合物。冠瘿碱的合成是细菌的一个很聪明的诡计——每种根癌农杆菌产生只有自己能分解代谢的冠瘿碱。由于大多数土壤细菌和真菌不能利用冠瘿碱作为碳源和氮源，所以根癌农杆菌就可以独占这些化合物。

很明显，用未改造的根癌农杆菌来进行转基因植物的培育是不合适的，植物将会产生肿瘤，并不会正常生长。所以人们对它进行了许多改造，尤其是改造了 Ti 质粒。大多数生物技术学家采用双元载体系统（图 11-7），这一方法采用两种质粒，一种含有 T-DNA 的左右边界区（载体 1），而另一种含有 vir 区（载体 2）。采用两种较小的质粒是因为它们易于操作，在细菌中可以高拷贝复制，并且更容易转化细菌细胞。载体 1 包含 T-DNA 的左右边界，但不含在 Ti 质粒中存在的其他基因。所有 T-DNA 左右边界之间的基因都被去除了，就不会形成肿瘤。但是，只要外源 DNA 片段插入左右边界中后，vir 蛋白就会识别边界，将外源 DNA 切下并整合到植物基因组上。此外，载体1在左右边界之间还含有用于筛选转基因植株的标记基因，如抗生素基因、除草剂基因（如 Neo^r）等。

用双元载体向植物转化外源基因（以多不饱和脂肪酸基因 PUFAx 为例）的步骤如下：①将克隆载体上的多不饱和脂肪酸基因连接到载体1，转化大肠杆菌。由于多克隆位点在左右边界之间，所以多不饱和脂肪酸基因就会被插入左右边界之间。这一步使用大肠杆菌

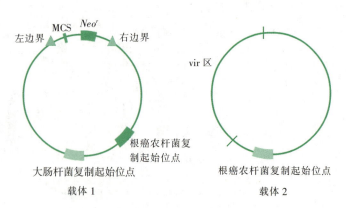

图 11-7　植物双元表达载体

是由于它比根癌农杆菌更容易生长和鉴定。②从大肠杆菌中提取载体1，转化根癌农杆菌，获得工程菌。由于载体1具有允许在根癌农杆菌中复制的复制起始位点，所以它可以在根癌农杆菌中复制。所使用的根癌农杆菌中必须含有载体2，它含有将多不饱和脂肪酸基因转化进植物所必需的 vir 区基因。③将农杆菌与目标受体混合，使农杆菌感染受伤的受体细胞。载体2将会产生可以帮助载体1中 T-DNA 转化的蛋白质，多不饱和脂肪酸基因就被插入植物基因组中。④转化后的受体需在选择性标记基因的培养基上（抗生素、除草剂等）进行抗性愈伤组织、不定芽或胚状体的诱导。植物细胞很容易受抗生素或除草剂的影响，所以那些没有外源基因的植物细胞会被杀死。⑤将抗性愈伤组织在选择性培养基上进行再生植株的诱导，或将抗性不定芽或抗性胚状体转移至选择培养基中获得完整植株（图 11-8）。

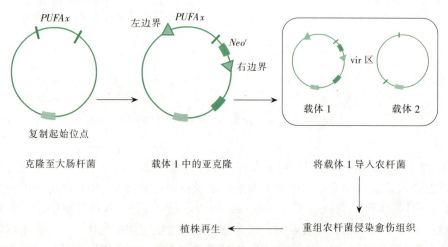

图 11-8　用农杆菌双元载体系统转化植物组织

2. 影响农杆菌 T-DNA 转移的因素

（1）农杆菌菌株。不同的农杆菌菌株有不同的寄主范围，并有其特异侵染的最适寄主。一般而言，3 类农杆菌菌株的侵染能力强弱的排列顺序是农杆碱型菌株＞胭脂碱型菌株＞章鱼碱型菌株。

（2）农杆菌菌株生长时期。高侵染活力的菌株一般处在指数生长期，即在波长 600 nm 处光密度值为 0.3～1.8，一般用光密度值为 0.3～0.5 的菌液侵染受体。

（3）基因活化的诱导物。vir 区基因的活化是农杆菌 Ti 质粒转移的先决条件。酚类化合物、

单糖或糖酸、氨基酸、磷酸饥饿和低 pH 都影响着 vir 区基因的活化。操作过程中，加入乙酰丁香酮（acetosyningone，AS）可提高侵染效率。诱导剂使用方法有：①农杆菌菌液培养时加入，即制备工程菌侵染液 4~6 h 前加入，也可以在农杆菌制成侵染液时加入；②农杆菌与受体共培养时加入；③农杆菌菌液培养和共培养时均加。AS 使用浓度一般为 5~200 μmol/L，培养基 pH 为 5.1~5.7，共培养温度为 15~25 ℃。此外，D-半乳糖酸浓度为 100 μmol/L，葡萄糖酸为 10 mmol/L，葡萄糖为 10 mmol/L，磷酸根为 0~0.1 mmol/L。

(4) 外植体类型和生理状态。转化只发生在细胞分裂的一个较短时期内，即只有处于细胞分裂 S 期的细胞才具有被外源基因转化的能力。因此，细胞具有分裂能力是转化的基本条件。适宜的外植体预培养可为其创造最佳接受外源基因的时间，不同的外植体最佳预培养时间不同，一般为 2~3 d。外植体预培养有以下作用：①促进细胞分裂，使受体细胞处于更容易整合外源 DNA 的状态。②驯化作用，使外植体适应试管培养。③有利于外植体与培养基平整接触。因为外植体在开始培养时，由于其迅速生长而出现上翘和卷曲，使农杆菌与其不能充分接触。

(5) 外植体与农杆菌共培养时间。一般为 2~4 d，共培养时间过长，容易引起污染，过短又会造成转化效率低。

(二) 植物 RNA 干扰载体

RNA 干扰（RNA interference，RNAi）是指一些小的双链 RNA（double-stranded RNA，dsRNA）能高效、特异地阻断体内特定基因表达，促使 mRNA 降解，使细胞表现出特定基因缺陷表型过程。由于要诱发植物中的 RNA 干扰机制，须要求导入的外源基因片段具有正反相连的 RNA 干扰结构，这就使得植物 RNA 干扰表达载体的构建较复杂和烦琐。但其构建技术还是比较成熟的，目前已有多篇关于利用植物 RNA 干扰表达载体改良植物性状或研究基因功能的报道。

RNA 干扰载体的作用机理是：当双链 RNA 进入细胞后，被一种 dsRNA 特异的核酶内切酶——Dicer 酶识别，将其切割成 21~23 bp 的干扰小 RNA（small interfering RNA，siRNA）。siRNA 的 3′端突出 2~3 个核苷酸，5′末端为磷酸基团，3′末端为羟基基团，这可能是 siRNA 区别于其他 RNA 而被识别的结构特征。siRNA 又与 Dicer 酶结合，形成 RNA 诱导的沉默复合体（RNA induced silencing complex，RISC），在 ATP 的参与下被激活。活化的 RISC 将双链 RNA 解旋成两个互补的单链 RNA，然后在反义 siRNA 的引导下，RISC 与靶 mRNA 结合，利用 Dicer 酶将靶 mRNA 切割，使其失去功能。RISC 在切割靶 RNA 后又产生更多的 siRNA，然后 siRNA 又会形成更多的 RISC，这种放大效应将最终清除所有的靶 RNA。衡量构建植物 RNA 干扰表达载体方法的优劣主要有 2 点：①方法是否简便、快捷，成功率是否高；②构建过程中对未经改造的原载体和要导入的目的片段的限制是否较少。

研究者们发现利用病毒介导法诱导基因沉默（virus-induced gene silencing，VIGS）现象也是 RNA 干扰的结果，即在病毒载体中插入目标基因片段，侵染寄主植物后，植物会表现出目标基因功能丧失或表达水平下降的表型（图 11-9）。其作用机制为：含有目的基因片段的病毒载体在被侵染的植物组织中大量复制，病毒载体中的目的基因片段在 RNA 引导的 RNA 聚合酶（RNA-directed RNA polymerase，RdRP）作用下合成大量的 dsRNA；dsRNA 在 Dicer 酶作用

图 11-9 病毒介导法获得的叶绿色合成基因沉默的烟草植株
左．转基因植株　右．对照植株

下产生 21~25 个核苷酸的 siRNA；然后 siRNA 的反义链与 RISC 结合，特异性识别细胞中的目

的基因的单链 mRNA，造成目的基因 mRNA 特异性降解，导致目的基因在 RNA 水平上的沉默。

第二节 植物遗传转化方法

转基因植物获得的一个重要瓶颈就是外源基因导入植物细胞。目前，外源基因导入植物细胞的方法有：①农杆菌载体介导转化法（vector-mediated transformation by *Agrobacterium*）。利用含有目的基因的农杆菌侵染植物细胞，进行目的基因转移。②载体直接转化法（gene transfer via vector）或无载体基因导入法（vectorless gene transfer）。通过物理和化学方法将插入目的基因的载体或外源基因直接导入植物细胞。③活体转化法（transformation *in vivo*）。通过植株的活体组织，如花粉管通道、子房等受体，实现外源基因的导入。其中根癌农杆菌介导转化法是应用最广泛的方法，其次为载体直接转化法中的基因枪法。

一、农杆菌载体介导转化法

（一）根癌农杆菌载体介导转化法

目前最常用的根癌农杆菌介导转化流程为：根癌农杆菌与植物各类受体材料进行短时间共培养后，洗去大部分农杆菌，放在含有适当抑制剂和选择剂的培养基上培养，一方面抑制或杀死农杆菌，另一方面筛选出具有某一标记（或报告）基因的转化细胞，最后将转化细胞诱导分化成株。例如，甘薯转基因植株获得的最可行方法是基于胚性悬浮细胞团为材料的农杆菌介导转化法，其基本流程如下：过夜培养的农杆菌以适当接种量（如 1 : 50）振荡培养至波长为 600 nm 处光密度值在 0.5~1.0 后离心收集菌体，利用胚性愈伤组织悬浮培养用的液体培养基清洗一遍后将菌体均匀分散至添加乙酰丁香酮（AS，200 μmol/L）的胚性愈伤组织培养基中调节光密度值至 1.0。移取胚性悬浮细胞团浸没于上述菌液中，侵染 10 min 左右（抽真空可以提高侵染效率），然后控干菌液并平铺于共培养培养基表面的滤纸上，共培养培养基是含 200 μmol/L AS 的愈伤组织诱导培养基或基本培养基。农杆菌只有在创伤部位生存 16 h 之后，菌株才能诱发肿瘤，这一时期称为细胞调节期。因此，共培养时间必须长于 16 h。共培养 3~4 d 后，冲洗愈伤组织表面残留菌体，可随机选取部分愈伤组织作报告基因——β-葡糖醛酸糖苷酶（β-glucuronidase，GUS）基因的瞬时表达（图 11-3E 右下）分析，然后转移至含适量抗生素的再生培养基上进行筛选（图 11-3E），待观察到心形胚、鱼雷形胚、子叶形胚和长下胚轴鱼雷形胚大量出现后，将抗性胚状体转移至含适量抗生素的再生培养基上完成植株再生（图 11-3F~I）。

但是多数单子叶植物对未经诱导的农杆菌不敏感，其主要原因是它们不能产生诱导 vir 区基因表达的信号分子。添加一些含酶化合物诱导农杆菌，就可实现水稻等的遗传转化。

（二）发根农杆菌载体介导转化法

发根农杆菌的 Ri 质粒可诱发植物产生大量的根，这一作用过程与 Ti 质粒的致瘤过程相似，也是通过 T-DNA 的转移发挥作用的。利用发根农杆菌的 Ri 质粒系统与植物受体进行共培养，可诱发受体产生许多不定根，这种不定根生长迅速，不断分枝成毛状，故称其为毛状根。Pawlicki-Jullian 等（2002）用发根农杆菌 8196 转化苹果砧木'Jork 9'并获得了转基因植株，这些转化植物的生根能力获得了极大改善。一些木本植物转化的再生植株移栽田间后生根能力明显增强，表现出根系更发达，抗旱性提高。如武娇等（2008）利用发根农杆菌 8196 和 R1601 诱导山定子（*Malus baccata*）试管苗基部 1.5 cm 的茎段，发现发根再生植株的生根能力及根系生长显著增强（图 11-10），推测原因是山定子导入了 *rolA*、*rolB*、*rolC* 基因，增强了细胞对生长素的敏感性，使植株在较低的生长素水平下生根能力显著提高，极大地提高了植株根冠比，有利于根系对水分和营养物质吸收。但再生植株呈现矮化、节间缩短及黄化现象，推测其与发根农杆菌 Ri 质粒上的 *rolD* 和 *rolA* 基因有关。发根农杆菌的转化步骤与根癌农杆菌基本相同。

图 11-10　发根农杆菌介导山定子遗传转化及发根再生植株

(引自武娇等，2008)

(三) 超声波辅助农杆菌介导转化法

为了克服农杆菌转化率不高、重复性差的缺点，人们使用超声波辅助农杆菌介导转化法 (soni-cation assisted agrobacterium-mediated transformation，SAAT)，以提高转化效率。该法是在受体材料与农杆菌混合处理时，将盛有混合液的三角瓶浸于超声波洗器内的水溶液中 (温度 20 ℃)，用不同功率和时间的超声波处理。1997 年，Trick 等首次采用此法将外源基因转入大豆和豇豆中，其转化效率显著高于单纯的农杆菌载体介导转化法。

超声波 (ultrasonic) 是一种频率为 50~20 000 Hz 的能在生物体内传播的声波，其生物学效应主要是机械作用 (mechanical action)、热化作用 (thermalization) 和空化作用 (cavatation)。机械作用可使细胞微细结构发生改变甚至击穿；空化作用可使反应体系发生空泡湮灭过程，导致空泡周围细胞壁和质膜破损或发生可逆的膜透性改变，使得细胞内外有可能发生物质交换。影响转化的因素主要是超声波强度和处理时间以及保护剂。缓冲液中加入适当二甲基亚砜和鲑鱼 (*Oncorhynchus keta*) 精子 DNA 可以对载体 DNA 有保护作用，提高转化效率。

二、载体直接转化或无载体基因导入法

(一) 基因枪法

基因枪法又称微弹轰击法 (microprojectile bombardment)，由 Sanford 等 (1987) 发明，也是目前应用比较广泛的转化方法。其基本流程是：将外源 DNA 包裹在微小的钨粉或金粉颗粒的表面，借助高压动力使其射入受体细胞或组织，微粒上的 DNA 进入细胞后整合到植物基因组中并得以表达。按照动力来源可将基因枪分为火药动力基因枪、高压气体动力基因枪 (图 11-11) 和高压放电动力基因枪。基因枪法已经在烟草、豆类和多数禾本科农作物、果树、花卉和林木等植物上应用。受体材料主要有愈伤组织、胚状体、叶片等。轰击后，需要在植物组织培养条件下，通过标记基因或报告基因对受体材料进行筛选，获得转基因组织或细胞后，再完成植株再生过程 (图 11-12)。

图 11-11　高压气体动力基因枪

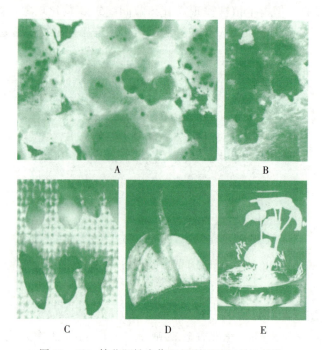

图 11-12 棉花胚性愈伤组织利用基因枪法转化

A. gus 基因的瞬间表达　B. 转化愈伤组织染成蓝色　C. 转化体胚染成蓝（上行为对照，下行为染蓝的转化体胚）
D. 转基因植株叶片切口边缘染成蓝色　E. 转基因植株

（引自郭余龙等，2005）

基因枪介导的基因转移具有无寄主限制、靶受体类型广泛、可控度高、操作简便等优点。但是也有自身的缺点，如转化效率不高，大多在 0.1%～1.0% 范围内；外源基因序列常是拷贝插入，易导致基因沉默；转入的基因有时是呈非孟德尔遗传；费用较高等。影响转化的主要因素是受体材料预处理过程（如高渗浓度和处理时间）和基因枪轰击参数（微弹制备方式、轰击高度、微弹用量、轰击次数）等。

（二）其他物理通道式转化法

植物细胞壁是外源遗传物质直接进入细胞的主要天然障碍。为了提高植物遗传转化的效率，人们一直倾向于发明简单、高效、可操作性强的转化方法，这些方法都是通过打破植物细胞壁，且在不伤害细胞的前提下形成外源物质进入受体细胞的通道。

1. 低能离子束转化法　1991 年，余增亮在已经发现的低能离子注入可以造成植物细胞壁刻蚀并产生局部穿孔现象的基础上，提出了低能离子束介导外源 DNA 转化的设想，并在几种植物上得到了证实。在此后 20 多年中，低能离子束介导转化技术在水稻、小麦、烟草、棉花、甘蓝、西瓜等物种上获得了成功。尤其在水稻上应用的最早，创造了很多有价值的水稻新种质和转基因水稻新品系。该法的基本原理是：①一定能量和剂量的离子束对植物细胞壁的溅射作用，在局部产生刻蚀和穿孔并引起细胞膜透性改变，为外源遗传物质进入细胞提供可修复的微通道；②注入的荷电离子使微通道积累正电荷，减弱了对带负电荷的外源 DNA 的静电排斥力引起跨膜电场的改变，从而促进外源 DNA 吸附和进入；③离子束的直接和间接作用造成细胞内 DNA 链损伤，诱导和激发受体细胞 DNA 修复和重接，有利于外源遗传物质整合到受体基因组中；④离子刻蚀和溅射在离子注入机真空中进行，受体部分水分被排出体外，将其迅速浸入含有外源遗传物质溶液中，由于吸胀作用，外源遗传物质更容易进入受体。

2. 电击法　电击法（electroporation）又称高压电穿孔法，它是利用高压电脉冲在细胞质膜上形成瞬间微孔，使 DNA 直接通过微孔或者作为微孔闭合时伴随发生的膜组分重新分布进入细胞质并整合到寄主细胞中。标准操作程序是：将高浓度的含有克隆基因的质粒 DNA 加到原生质体悬浮液中，然后置于 200～600 V/cm 电场中进行电脉冲刺激。经过如此电穿孔处理的原生质体培养 1～2 周后，选择捕获了转化 DNA 的细胞继续培养，以便获得再生植株。与 PEG 等化学物质介导的原生质体融合法相比，其外源 DNA 整合拷贝数较低，对受体细胞的选择性不强。但要获得对特定的寄主细胞的最佳转化条件（如电场强度、电击时间等）需要大量的前期工作。

3. 脉冲电泳法 原生质体摄取外源 DNA 还可借助脉冲电泳（pulsed field gel electrophoresis）法，即将原生质体或部分脱壁的细胞与外源 DNA 混合，置于脉冲电场中。在电脉冲作用下，受体细胞表面形成可修复的损伤，脉冲电场中的 DNA 就可以借助电泳向受体细胞中转移。影响转化效率的因素主要有受体的预处理过程、脉冲电压和周期以及外源 DNA 形态等。

4. 激光微束法 激光（laser）是一种很强的相干单色电磁射线，用微米级的激光微束照射培养细胞，细胞膜系统和胞内的某些结构可吸收特定波长的激光，导致某种程度的损伤。膜上这种只有 0.3～0.5 nm 的小孔在短时间内能够自我愈合，可使加入培养物中的外源 DNA/RNA 流入细胞，实现基因的转移。1984 年，激光微束首先用于动物细胞的 DNA 转化试验，以后又用于植物原生质体、花粉和微生物等。此法的优点是较常规的显微操作定位更准确，操作简单而且对细胞损伤较小，无宿主限制；对受体细胞正常的生命活动影响小，不需加抗生素防止污染；穿透力强而且深度和方向可调节。缺点是需要昂贵的仪器设备。转化效率与电击法、基因枪法相比较低且稳定性也较差。影响转化的因素主要是脉冲波长（强度）和时间、高渗液处理时间和浓度，其他因素同电击法。

（三）聚乙二醇等化学物质转化法

借助化学物质聚乙二醇（polyethylene glycol，PEG）、聚乙烯醇（PVA）和多聚-L-鸟苷酸等细胞融合剂的作用，使细胞膜表面电荷紊乱，干扰细胞间识别，使细胞膜之间或 DNA/RNA 与膜之间形成分子桥，促使细胞膜相互间的融合（接触和粘连）和外源 DNA/RNA 进入原生质体，从而使原生质体获得转化。故此法受体为原生质体。Krens 等（1982）首次通过此法在烟草中获得成功的转化植株。此后许多人在双子叶和单子叶植物上也获得了成功。

1995 年以来，人工合成的有机高分子物质——聚乙烯亚胺（polyethyleneimine，PEI），因携带高密度正电荷，具有很强的结合与浓缩 DNA 的能力，可以作为非病毒基因载体与 DNA 结合，形成纳米级的 PEI-DNA 基因载体复合物（图 11-13），有利于细胞通过内吞作用将外源基因携带入细胞，较大程度地提高了细胞的转化效率并发现 PEI-DNA 复合物的转化效率随其 N/P（氮磷比）的加大而提高。当 N/P=5 时，PEI-DNA 复合物转化拟南芥原生质体细胞的效率达到最高（图 11-14），且明显高于 PEG 介导的转化效率。当 N/P 大于 5 时转化效率反而下降，破碎和变形的细胞增多。

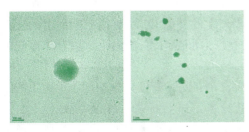

图 11-13 PEI-DNA 复合物透射电子显微镜下负染色图像
（引自李颖等，2009）

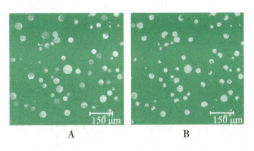

图 11-14 N/P=5 时 PEI-DNA 复合物转化的荧光照片
A. 表达绿色荧光蛋白的细胞　B. 叶绿体自发荧光
（引自李颖等，2009）

原生质体的种类、PEG 浓度、溶液 pH、载体大小与浓度、转化反应条件、渗透压等因素都会影响 PEG 介导法转化效率。目前，在水稻、拟南芥、玉米、猕猴桃、柑橘等物种上建立了 PEG 介导的原生质体瞬时转化体系，模式植物拟南芥、水稻中达到了 90% 以上的转化成功率，其他物种一般在 15% 左右。

（四）微注射转化法

1. 显微注射法 显微注射法（microinjection）是一种借助显微镜将外源 DNA 或 RNA 直接注射到受体细胞中的方法（图 11-15）。适用于此种方法的植物样品有原生质体、游离细胞、愈伤组织、分生组织和胚胎组织等。对于植物较大的子房或胚囊，无须进行细胞固定，在田间即可进行活体操作，称为子房注射转化法（ovary injection transformation）。注射针大小、注射时间、注射部位、注射深度、所注射 DNA 的量等都影响转化效率。其突出优点是转化频率高，可达 60% 以上，但操作困难，需要经过特殊训练的专门技术人员才能进行。

图 11-15 微注射法转化植物

2. 碳化硅纤维导入法 碳化硅纤维（SiC fiber）导入法也是一种 DNA 直接导入方法。应用直径为 0.6 μm、长度为 10~80 μm 的碳化硅纤维，将 DNA 附着到纤维上。借助涡旋作用，纤维穿刺受体细胞，产生可修复的损伤，并可将 DNA 导入受体细胞。这种转基因方法的优点是简单快速且成本较低，但细胞损伤有可能导致细胞的生长分化受到影响。

三、活体转化方法

植物活体组织侵染的方法主要有花粉管通道转化法（pollen-tube pathway transformation）、子房注射转化法、Florap dip 等，将外源 DNA 或载体 DNA 直接导入受体植株的特定组织，以获得转基因植株。

（一）花粉管通道转化法

花粉管通道法是利用花粉管伸长进入胚囊的过程，使外源 DNA 沿花粉管渗入，经过珠心通道进入胚囊，转化尚不具备正常细胞壁的卵、合子或早期胚胎细胞。此法也是植物遗传转化的重要手段，确定导入的准确时期和适宜的方法是提高转化成功率的关键。从胚胎学研究的角度来看，外源 DNA 导入的最适宜时期应限定在精卵融合至合子分裂前这段时间，即以花粉管延伸到胚珠时开始侵染外源 DNA 为宜；若导入过晚，花粉管通道老化，变得收缩和干瘪，且胚胎已形成，珠心组织呈封闭状态，外源 DNA 很难进入；若导入过早，花粉管还未伸长或未到达胚珠，DNA 溶液中的水分蒸发会大大降低转化效率。如'清香'核桃授粉 14~20 h 后，花粉管通道已打开，此时是利用花粉管通道转化法导入外源 DNA 的最适宜时期（图 11-16）。当花粉管在花柱内向胚囊伸长时，花柱也可以被横向切断，滴加在断口上的外源 DNA 可以被断面上的任何细胞吸收，其中也有花粉管，如果含外源 DNA 的花粉管进入胚囊并参加受精，基因转化就可能发生。

由于花粉管在花柱中生长较为集中，通过花柱基部之后，花粉管便分散朝向子房腔里的胚珠方向延伸，所以最适的外源 DNA 导入部位也是从花柱基部进行横切，在其切面上滴加外源 DNA 溶液。但师校欣等（2012）发现，核桃花粉管导入时切除柱头滴加 DNA 的处理出现了子房枯萎现象（图 11-17）。子房脱落情况早于未切割花柱的处理，结实率偏低。如果应用柱头切除滴加法，柱头切除时间为关键因素之一，不宜过早，可在授粉后 14~20 h 进行，切去柱头后立即滴加外源 DNA 溶液。

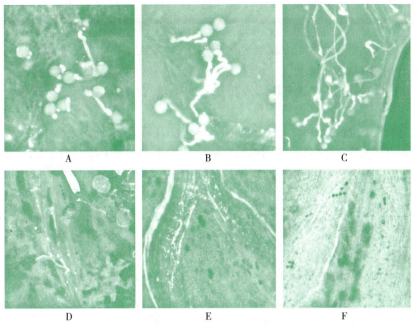

图 11-16　'清香'核桃花粉管在子房中的生长动态
A. 花粉粒在柱头萌发（授粉后 2 h）　B. 花粉管形成并伸长（授粉后 4 h）
C. 多数花粉管到达花柱 1/2 处（授粉后 12 h）　D. 花粉管到达花柱基部（授粉后 18 h）
E. 花粉管进入子房（授粉后 24 h）　F. 花粉管由珠孔进入胚珠内部（授粉后 40 h）
（引自师校欣等，2012）

图 11-17　外源载体 DNA 溶液导入对核桃子房发育的影响
A. 切割柱头滴加　B. 柱头直接滴加　C. 子房注射　D. 注射后正常膨大子房
E. 滴加后萎蔫子房　F. 注射后萎蔫子房
（引自师校欣等，2012）

（二）子房注射转化法

子房注射转化法是简便易行的植物转基因方法。利用该法将甜瓜反义酸性转化酶基因导入厚皮甜瓜自交系果实中，330 株甜瓜转化植株中有 2 株为阳性转基因植株，转化率为 0.6%；将抗虫基

因 *EQKAM* 转入黄瓜中,坐果率为 65.2%,转化率为 0.11%;将 *aiiA* 基因转入南瓜中,坐果率为 77.7%,转化率为 0.25%。转化时间是影响子房注射法转化率的关键因素,同花粉管通道转化法一样,要选择精子进入胚囊后至合子形成前这段时间,在雌雄配子结合前后,细胞壁与膜的屏障作用较弱,胚囊强烈地吸取其周围的物质,同时在受精过程中精子和卵子结合有利于外源基因的进入和整合。因此,在这段时间内将外源基因导入胚囊,可提高整合频率,避免嵌合现象。

(三) Floral-dip 转化法

该法是农杆菌介导的,利用植物花蕾期的花序侵染含有表面活性剂的工程菌液,通过表面活性剂的吸附和渗透作用,强化和刺激细胞转化的方法,也是在活体状态下完成细胞的遗传转化,并已在拟南芥、苜蓿、萝卜、大豆等植物中得到应用。

第三节　植物转基因鉴定及基因组编辑技术

一、转基因植株鉴定方法

如何在数以千万计的转化植株或细胞中,快速、有效地检测出转基因阳性植株或细胞,外源基因是否整合到了植物染色体上,整合的方式如何,整合到染色体上的外源基因是否正确表达等问题,都成为转基因植株研究的重要课题。目前,转基因植株的鉴定方法包括选择性标记基因鉴定法(selected marker gene identification)、报告基因鉴定法(reporter gene identification)、分子生物学鉴定法(molecular biology identification)和性状鉴定法(character identification)。分子杂交是进行核酸序列分析、重组子鉴定及检测外源基因整合表达的强有力手段,它具有灵敏性高、特异性强的特点,是当前鉴定外源基因整合及表达的权威方法。

(一) 选择性标记基因鉴定法

选择性标记基因是指其编码产物能够使转化的细胞、组织具有对抗生素或除草剂的抗性,或者使转化细胞、组织具有代谢的优越性,在培养基中加入抗生素或除草剂等选择剂的情况下,非转化的细胞死亡或生长受到抑制,而转化的细胞能够继续存活,从而将转化的细胞、组织从大量的细胞或组织中筛选出来的一类基因。植物基因工程所应用的选择性标记基因具有 4 个特征:①编码一种正常植物细胞中不存在的产物,如酶和蛋白质等;②基因较小,易构成嵌合基因;③能在转化体中得到充分表达;④容易检测,并能定量分析。常用的标记基因主要有 3 类。一类是编码抗生素抗性的基因,如新霉素磷酸转移酶(neomycin phosphotransferase)基因Ⅰ(*npt*Ⅰ)、新霉素磷酸转移酶基因Ⅱ(*npt*Ⅱ)、潮霉素磷酸转移酶(hygromycin phosphotransferase)基因(*hpt*)、氯霉素乙酰转移酶(chloramphenicol acetyltransferase)基因(*cat*)等,该类基因在多种转基因植物的选择性筛选中发挥了重要作用(图 11-18);第二类是编码除草剂抗性的基因,如草铵膦乙酰转移酶基因(*bar*)、5-烯醇丙酮酰莽草酸-3-磷酸合成酶基因(*epsps*)、草甘膦氧化还原酶(glyphosate oxidoreductase)基因(*gox*)等,它们在转抗除草剂基因的研究中起着重要作用(图 11-19);第三类是与糖代谢和激素代谢途径相关的基因,如与糖代谢途径相关的基因有 6-磷酸甘露糖异构酶(6-phosphomannose isomerase)基因(*pmi*)等,与激素代谢途径相关的基因

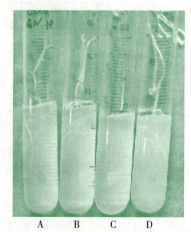

图 11-18　马铃薯转基因植株在卡那霉素 (Kan) 选择培养基上生根情况

A、B. 转基因植株在含 Kan 培养基上生根
C. 非转基因植株在含 Kan 培养基不生根
D. 非转基因植株在不含 Kan 培养基上生根
(引自王丽等,2008)

有异戊烯基转移酶（isopentenyl transferase）基因（*ipt*）等。第三类基因如果来自植物基因组，就转基因植株的安全性来说，是最为有利的。

图 11-19 转基因烟草抗草甘膦试验

A、C. 非转基因烟草　B、D. 转基因烟草　A′、C′. 涂草甘膦 3 d 后的非转基因烟草
B′、D′. 涂草甘膦 3 d 后的转基因烟草
（A、A′、B、B′. 芽端涂草甘膦　C、C′、D、D′成熟叶片涂草甘膦）
（引自徐志超等，2012）

（二）报告基因鉴定法

报告基因是指其编码产物能够被快速地测定，用来判断外源基因是否成功地导入受体细胞、组织或器官，并检测其表达活性的一类特殊用途的基因。报告基因实质是起判断目的基因是否成功被导入受体细胞且表达的标记基因的作用，故当报告基因被用来区分转化和非转化的细胞、组织、器官时，也可将其称为标记基因。作为理想的植物报告基因应具备以下特征：①编码产物是唯一的，并且对受体细胞无毒害；②表达产物及产物的类似功能在未转化的细胞内不存在，即无背景；③产物表达水平稳定，便于检测等。转基因植物常用的报告基因主要有 β-葡糖醛酸糖苷酶基因（*gus*）、胭脂碱合酶（nopaline synthase）基因（*nos*）、章鱼碱合酶（octopine synthase）基因（*oes*）、荧光素酶（luciferase）基因（*luc*）和绿色荧光蛋白（green fluorescent protein）基因（*gfp*）等，其中 *gus*（图 11-20）和 *gfp* 是最为常用的报告基因。

1. β-葡糖醛酸糖苷酶基因染色鉴定　β-葡糖醛酸糖苷酶（基因 *gus* 编码）是能催化 β-葡萄糖苷酯类物质水解的一种的酸性水解酶，来自大肠杆菌 K12 菌株，其水解产物具有发色团或形成荧光物质。当使用含 *gus* 的载体对植物原生质体进行转化时，采用 5-溴-4-氯-3-吲哚基-β-D-葡萄糖醛酸环己基铵盐（X-gluc）作为 β-葡糖醛酸糖苷酶的底物，用组织化学的方法检测，产物为蓝色化合物。该方法可观察到外源基因在特定器官、组织或者单个细胞内的表达特点。

2. 荧光信号检测鉴定　绿色荧光蛋白（GFP）最早由下村修等在 1961 年从发光水母中发现并分离的，是由约 238 个氨基酸组成的蛋白质，利用激光共聚焦显微镜从蓝光到紫外光都能使其激发出绿色荧光。在检测转化含有 *gfp* 载体的原生质体时，采用绿色荧光检测方法更加快捷高效，同时可以观察响应蛋白在细胞内的空间表达位置。

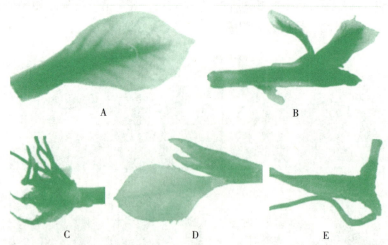

图11-20 *gus* 在转基因植株和未转基因植株中表达的组织化学分析
A~C. 转基因植株（A. 叶；B. 茎；C. 根）　D、E. 未转基因对照（D. 叶；E. 根）
(引自孙清荣等，2008)

（三）分子生物学鉴定法

1. PCR 技术鉴定　由于敏捷、快速、简便，PCR 技术已成为转基因个体鉴定的常用方法。其几小时内很容易使皮克水平的 DNA 起始物达到纳克乃至微克水平。经琼脂糖凝胶电泳、溴化乙锭（ethidium bromide）或 DNA 染色剂染色后观察。但需注意 PCR 检测中假阳性（质粒残留）。

2. DNA Southern 印迹杂交鉴定　证明外源基因在植物染色体上整合情况的最可靠方法是 DNA Southern 印迹杂交（Southern blotting）。只有经过分子杂交鉴定为阳性的植株才可以称为转基因植物。利用 Southern 印迹杂交，可以确定外源基因在植物中的组织结构和整合位置、拷贝数以及转基因植株 F_1 代外源基因的稳定性。Southern 印迹杂交还可以清除操作过程中的污染以及转化愈伤组织中质粒残留所引起的假阳性信号，准确度高。但 Southern 印迹杂交程序复杂，成本高，且对试验技术条件要求较高。具体操作步骤见相关试剂盒使用说明书。

3. RNA Northern 印迹杂交鉴定　转录水平上的检测方法主要就是 Northern 印迹杂交（Northern blotting），它以 RNA 和探针杂交的技术检测基因在转录水平上的表达。与 Southern 印迹杂交相比，Northern 印迹杂交更接近性状表现，更具有现实意义，被广泛用于转基因植物的表达检测上。但 RNA 提取条件严格，在材料内含量不如 DNA 高，不适用于大批量样品的检测，可采用 RNA 实时定量 RT-PCR 检测方法，以弥补其不足。具体操作步骤见相关试剂盒使用说明书。

4. 蛋白质 Western 印迹杂交鉴定　Western 印迹杂交（Western blotting）是集蛋白质电泳、印迹和免疫测定为一体的检测方法。它具有很高的灵敏性，可以从植物细胞总蛋白中检出 50 ng 的特异蛋白质，若是提纯的蛋白质，可检出 1~5 ng。Western 印迹杂交检测目的基因在翻译水平的表达结果，可知被检植物细胞内目的蛋白是否表达、表达的浓度及大致的分子质量，能直接显示目的基因在转化体中是否经过转录、翻译最终合成蛋白而影响植株的性状表现。一般来讲，Western 印迹杂交的结果与性状表现有直接关系。

（四）性状鉴定

外源功能基因转入受体材料后，只要正常表达，就能赋予受体材料相应的新性状，因此通过观察受体材料是否具有外源功能基因编码的性状，也可鉴定出转基因植株。如高玉尧等（2012）对转基因和非转基因辣椒植株的抗病毒病特性进行了鉴定，发现 T_0 代转基因辣椒植株对黄瓜花叶病毒（CMV）具有显著的抗性（图 11-21）。图 11-20 中转基因植株抗除草剂表现也是直接观察鉴定。

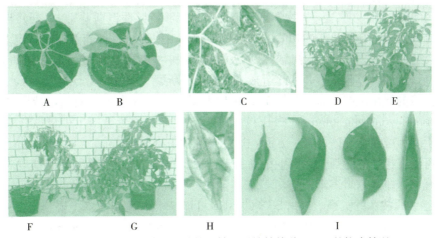

图 11-21 辣椒非转基因植株和转基因植株接种 CMV 的抗病情况
A、C、D、F、H、I. 非转基因植株　B、E、G. 转基因植株
(引自高玉尧等，2012)

二、转基因植物的安全性

转基因技术和常规杂交育种都是通过优良基因重组获得新品种，但是常规育种是模拟自然现象进行的，而转基因技术可以把任何生物甚至人工合成的基因转入植物，这种事件在自然界是不可能发生的。所以人们无法预测将基因转入一个新的遗传背景中会产生何种作用，故而对其后果存在疑虑。随着转基因生物（transgenic organism，GMO）的发展，关于转基因生物的安全性在全球范围内也展开了争论。目前，科学工作者还无法就转基因农产品对人体健康和生态环境是否会产生危害以及危害程度等问题在短时间内给出一个翔实的定论。

目前，就转基因农作物安全性问题而言，主要存在 2 个问题：①食用转基因农产品对人体健康可能带来的隐患。转基因农产品中的一些报告基因、抗性基因和过表达基因会影响其他基因的表达，导致一些转基因食品出现了原来不存在的明显致过敏原，特定体质的人群食用后会产生严重的过敏反应。另外，由于转基因农产品通常都插入了外源基因的片段，人们怀疑长期食用这些食品会不会使人也得到这些基因并改变人类的特征。②对生态环境和遗传多样性的影响。转基因农产品与其他传统的农产品以及野生产品相比，品种上并没有本质上的生殖隔离，所以在没有采取有效的空间隔离措施的情况下，转基因成分会轻而易举地扩散到可能的所有物种中，这种现象在植物中尤其严重。即使不发生遗传物质转移，过分强大的转基因品种将严重挤压其他品种的空间，导致后者种质资源逐步萎缩和毁灭，特别是意想不到的基因重组可能催生对人类危害极大的新物种。

因此，我们对转基因植物的正确态度是既要大力发展转基因技术，尽可能使其为人类服务，推动经济快速发展，也要对现在已经认识到的潜在风险有足够的防范。

三、植物基因组编辑技术

基因组编辑（genome editing）技术是以序列特异性核酸酶（sequence-specific nuclease，SSN）为工具对基因组 DNA 序列进行定点修饰的一项新技术。自 20 世纪 80 年代起源以来，基因组编辑技术已在全世界掀起了研究热潮。与常规的植物转基因技术一样，植物基因组编辑技术可以人工改变目标植物的基因组序列，形成可遗传的性状，是植物基因功能研究与作物改良的新工具。

(一) 基因组编辑技术的原理及类型

1. 基因组编辑技术的原理 生物学家创造性地将能够特异性识别 DNA 序列并与之结合的蛋白质功能域分离出来，并与核酸内切酶的功能域相融合，创造出一种能够切割特定 DNA 序列的 SSN，因此人工 SSN 包含 2 个结构域：DNA 结合域和内切酶结构域。前者负责识别特定的 DNA 位点，后者负责切割 DNA，借此造成 DNA 双链断裂（double-strand break，DSB），从而触发被切割位点的修复机制。通常真核生物对 DSB 的修复往往是不精确的，特别是非同源末端连接（non-homologous end joining，NHEJ）修复机制，断裂位置会产生少量核苷酸的插入或删除，从而产生基因敲除突变体；另一方面，通过同源重组（homologous recombination，HR）的修复方式，可以在特定的切割位点产生精确的定点替换或者插入突变体，最终实现对基因组特定位点的靶向修饰，即基因组编辑。

2. 基因组编辑技术的类型 根据 SSN 的不同，目前基因组编辑技术主要分为 3 种类型：锌指核酸酶（zinc finger nuclease，ZFN）、类转录激活因子效应物核酸酶（transcription activator-like effector nuclease，TALEN）技术和成簇的规律间隔的短回文重复序列及其相关联的系统（clustered reg-ularly interspaced short palindromic repeat/CRISPR-associated, system，CRISPR/Cas 系统）。

ZFN 是最先用于基因编辑技术的人工核酸酶，包括由锌指蛋白（zinc finger protein，ZFP）构成的特异性 DNA 结合域和特异性核酸内切酶 FokⅠ。研究者通过改造 DNA 结合域，靶向定位于不同的 DNA 序列，再由 DNA 切割域进行特异性切割。由于锌指单元同其靶序列的对应性并不特异，ZFN 表现出较明显的脱靶效应（off-target effect），同时因为蛋白质本身体积庞大的性质及其环境依赖性结合的属性，锌指 DNA 结合蛋白的识别特异性 DNA 的效率较低，且其基因工程化构建也较为复杂。另外，持续表达 ZFN 会对细胞产生毒性。

TALEN 为第二代基因组编辑核酸酶。类转录激活因子效应物（TALE）是黄单胞杆菌属（*Xanthomonas*）植物病原菌通过Ⅲ型分泌系统分泌到寄主细胞中的一种毒性蛋白，可以识别植物特定基因启动子序列，启动感病基因表达。通过将一段人造 TALE 与 FokⅠ连接起来，即组成了 TALEN。TALEN 技术很大程度上避免了功能蛋白脱靶，因为它们可以高度特异性地结合 DNA 靶位点，产生的脱靶效应较弱。与 ZFN 技术相比，TALEN 的设计和构建相对简单，也不易受周围连接环境的影响，因此具有较强的特异识别性。但是 TALEN 编码质粒的装配却是一个冗长的、高强度工作的过程。

CRISPR/Cas9 为最新一代的基因组编辑技术。CRISPR/Cas 系统是在细菌的天然免疫系统内发现的，由 CRISPR 基因座（CRISPR locus）、前导序列（leader sequence，LS）以及一类基因家族 Cas 基因构成。CRISPR/Cas 系统工作的核心在于人工设计的小导向 RNA（small guide RNA，sgRNA），sgRNA 是由 crRNA（CRISPR RNA）与反式激活 crRNA（trans-activating CRISPR RNA，tracrRNA）通过碱基配对结合而成。在 sgRNA 的引导下核酸内切酶可以对设计的目标基因 DNA 进行定点切割，造成 DNA 双链断裂，细胞实行自主修复机制，从而实现特定位点的定向编辑。相比于 ZFN 与 TALEN 等基因编辑技术，CRISPR/Cas 系统具有特异性较强、使用范围广、拓展性强、操作简单、成本低廉等优势。但由于 sgRNA 与靶位点通过核苷酸配对相互识别，个别核苷酸位点改变并不会对该系统的突变活性造成显著影响，因此 CRISPR/Cas 系统的特异性较 TALEN 稍差。

(二) 植物基因组编辑技术的应用与前景

传统的植物转基因方法是通过农杆菌或基因枪的方式将设计好的核酸序列随机插入植物的基因组中，因此有可能造成外源基因不可控的表达，甚至影响基因组内其他基因的表达等，这是转基因作物培育和推广的主要限制因素之一。相比于传统的植物转基因方法，基因组编辑技术实现了对目标基因的精准修饰，优势非常明显：①靶向编辑基因组的特定位点，精确性高；②技术操作简便，成本相对低廉；③突变的效率非常高，甚至在 T_0 代就可以得到纯合突变体。因此，该技术在植物功能基因研究和基因工程育种方面具有重大的应用前景。

迄今至少 3 项利用基因组编辑技术创制的植物产品在美国已被认定为非转基因范畴，包括 ZFN 技术创制的低肌醇六磷酸的玉米品系、通过 TALEN 技术创制的耐冷藏低丙烯酰胺的马铃薯以及通过 TALEN 技术创制的高油酸的大豆。加拿大也通过了一个由基因组编辑技术育成的抗除草剂油菜品种。目前，我国对于基因组编辑植物是否属于转基因尚无规定，急需出台相关政策、规定来正确引导基因组编辑技术的研究。

小结

转基因育种技术自 20 世纪 80 年代诞生以来，已成为植物改良的重要手段，其可在较短时间内有针对性地改良现有品种的农艺性状，实现种质创新。遗传转化是转基因育种的关键步骤之一，是指通过适宜的载体介导，将外源 DNA 导入受体组织或细胞中，使其整合到基因组中，并再生完整植株的过程。适宜的植物遗传转化受体是植物转基因育种成功的先决条件，新鲜的块茎、茎段、叶片（子叶）、叶柄、原生质体、愈伤组织、胚性愈伤组织和胚性悬浮细胞系等均可作为转基因的受体材料。植物表达载体是携带目的外源基因进入植物细胞进行扩增和表达的媒介，亦称作工程载体，主要有农杆菌 Ti 质粒载体和植物病毒表达载体两大类。此外，还有 RNA 干扰表达载体，其可用于基因功能鉴定和功能基因表达调控等领域。转基因植物获得的一个重要瓶颈就是外源基因导入植物细胞。目前，外源基因导入植物细胞的方法有农杆菌载体介导转化法、载体直接转化或无载体的基因导入法、活体转化法，其中根癌农杆菌载体介导转化法是应用最广泛的方法，其次为基因枪法。转化植株需通过选择性标记基因、报告基因、分子生物学和性状观察等方法进行鉴定，其中分子杂交是进行核酸序列分析、重组子鉴定及检测外源基因整合表达的强有力手段，具有灵敏性高、特异性强的特点，是当前鉴定外源基因整合及表达的权威方法。

尽管人们对转基因农作物的安全性问题一直存在着争议，主要是食用转基因农产品对人体健康可能带来的隐患和对生态环境与遗传多样性有影响的担忧。但目前科学工作者还无法就转基因农产品对人体健康和生态环境是否会产生危害以及危害程度等问题在短时间内给出一个翔实的定论。因此，我们对转基因植物的正确态度是既要大力发展转基因技术，尽可能使其为人类服务，推动经济快速发展，也要对现在已经认识到的潜在风险有足够的防范。相比于传统的植物转基因方法，基因组编辑技术优势非常明显，可以实现对目标基因的精准修饰，在植物功能基因研究和基因工程育种方面具有重大的应用前景。

复习思考题

1. 植物遗传转化所用受体材料有哪些？试比较它们的优缺点。
2. 原生质体瞬时表达与遗传转化的区别有哪些？
3. 植物表达载体常用的有几类？其中农杆菌 T-DNA 载体的转化机理是什么？
4. 植物遗传转化方法有哪些？比较农杆菌载体介导转化法和基因枪法的优缺点。
5. 以一种禾本科作物为供试材料，试述基因枪法的遗传转化方法。
6. 植物花粉管通道转化法是植物活体转化方法，试比较该方法与农杆菌载体介导转化法的优缺点。

7. 转基因植株的鉴定方法有哪些？为什么说分子生物学鉴定法是最可靠的方法？
8. 简述转基因植株分子生物学鉴定的主要内容。
9. 以某一种植物的受体材料为例，试阐述获得该植物的转基因植株具体步骤。
10. 简述植物基因组编辑技术的主要类型。

主要参考文献

陈延惠，谭彬，李洪涛，等，2012. 石榴2种外植体再生方法在遗传转化研究中的优势比较. 果树学报，29（4）：598-604.

高玉尧，陈长明，陈国菊，等，2012. Cry2Aa2和PamPAP双价表达载体的构建及其对辣椒的遗传转化. 园艺学报，39（7）：1285-1292.

宫雪超，于丽杰，高金秋，2007. 转基因植物的检测与鉴定. 牡丹江师范学院学报（自然科学版）（1）：15-17.

郭余龙，鲁秀敏，祝钦泷，等，2005. 基因枪法转化棉花胚性愈伤组织获得转基因植株. 农业生物技术学报，13（2）：162-166.

李斌，黄艳，杨阳，2011. 关于转基因安全性问题的几点思考. 科学创新导报，25：253-254.

李邱华，洪波，仝征，等，2008. 新铁炮百合遗传转化体系的建立及Zm401基因的导入. 农业生物技术学报，16（1）：96-102.

李颖，崔海信，宋瑜，等，2009. PEI介导外源基因进入植物细胞的瞬时表达. 中国农业科学，42（6）：1918-1923.

刘莉莉，刘丹，丛郁，等，2008. 超声波辅助对农杆菌介导新红星苹果遗传转化中gus基因瞬间表达的影响. 江苏农业学报，24（2）：213-215.

卢雅薇，沈文涛，唐清杰，等，2007. 植物病毒载体系统研究进展. 遗传，29（1）：29-36.

马建，魏益凡，厉志，等，2009. 植物RNA干扰表达载体构建方法的研究. 安徽农业科学，37（18）：8364-8366.

马三梅，王永飞，2005. 标记基因和报告基因的辨析. 农业与技术，25（3）：79-80.

单奇伟，高彩霞，2015. 植物基因组编辑及衍生技术最新研究进展. 遗传，37（10）：953-973.

师校欣，杜国强，王晓蔓，等，2012. 花粉管通道法遗传转化核桃的研究. 园艺学报，39（7）：1243-1252.

孙清荣，孙洪雁，赵衍，等，2008. 梨韧皮部特异表达启动子At SUC2驱动下的GUS基因的转化和表达. 园艺学报，35（4）：487-492.

王翠艳，丁东风，于晓菊，等，2010. Floral dip法在大豆遗传转化中的应用研究. 南开大学学报（自然科学版），43（1）：34-38.

王丽，杨宏羽，张俊莲，等，2008. 根癌农杆菌介导马铃薯试管薯转化体系的优化及AtNHX1基因的导入. 西北植物学报，28（6）：1088-1094.

王振东，王晓华，孟鹏，等，2009. 植物病毒表达载体pCIYVV/CP/W的构建及GFP表达研究. 安徽农业科学，37（28）：13510-13513.

武姣，孔瑾，王忆，等，2008. 发根农杆菌介导山定子遗传转化及发根再生植株. 园艺学报，35（7）：959-966.

徐旋，2018. 柑橘原生质体瞬时转化体系优化及利用CRISPR/CaS9技术定点突变山金柑基因. 武汉：华中农业大学.

徐志超，陆晓菌，杜娟，等，2012. Leafy启动子控制下5-烯醇式丙酮酰-莽草酸-3-磷酸合酶基因（CP4EPSPS）的表达增强芽对草甘膦的抗性. 农业生物技术学报，20（1）：23-29.

阎新甫，2003. 转基因植物. 北京：科学出版社.

杨福，梁正伟，王志春，2009. 低能离子束介导水稻遗传转化的研究进展. 生物技术通报（4）：59-61.

杨俊，张敏，张鹏，2011. 甘薯遗传转化及其在分子育种中的应用. 植物生理学报，47（5）：427-436.

杨威，2016. 柑橘原生质体瞬时表达体系的建立及应用. 武汉：华中农业大学.

张言朝，葛宇，于杨，等，2012. 南瓜子房注射法遗传转化的研究. 中国蔬菜（16）：27-31.

Canizares M C, Nicholson L I Z, Lomonossoff G P, 2005. Use of viral vectors for vaccine production in plants. Immunol. Cell Biol., 83 (3): 263-270.

Cao J, Yao D, Lin F, et al, 2014. PEG-mediated transient gene expression and silencing system in maize mesophyll protoplasts: a valuable tool for signal transduction study in maize. Acta. Physiol. Plant, 36: 1271-1281.

Dutt M, Erpen L, Grosser J W, et al, 2018. Genetic transformation of the 'W Murcott' tangor: comparison between different techniques. Scientia Horticulturae, 242: 90-94.

Hamamoto H, Sugiyama Y, Nakagawa N, et al, 1993. A new tobacco mosaic virus vector and its use for the systemic production of angiotensin-I-converting enzyme inhibitor in transgenic tobacco and tomato. Bio. Technology, 11 (8): 930-932.

He R, Yu G, Han X, et al, 2017. *ThPP1* gene, encodes an inorganic pyrophosphatase in *Thellungiella halophila*, enhanced the tolerance of the transgenic rice to alkali stress. Plant Cell Reports, 36 (12): 1929-1942.

Miao Y, Jiang L, 2007. Transient expression of fluorescent fusion proteins in protoplasts of suspension cultured cells. Nat. Prot., 2: 2348-2353.

Otani M, Shimada T, Kimura T, et al, 1998. Transgenic plant production from embryogenic callus of sweetpotato [*Ipomoea batatas* (L.) Lam.] using *Agrobacterium tumefaciens*. Plant Biotech., 15: 11-16.

Sheen J, 2001. Signal transduction in maize and *Arabidopsis* mesophyll protoplasts. Plant Physiology, 127: 1466-1475.

Yang J, Bi H P, Fan W J, et al, 2011. Efficient embryogenic suspension culturing and rapid transformation of a range of elite genotypes of sweet potato [*Ipomoea batatas* (L.) Lam.]. Plant Science, 181 (6): 701-711.

Yoo S, Cho Y, Sheen J, 2007. *Arabidopsis* mesophyll protoplasts: a versatile cell system for transient gene expression analysis. Nat. Protoc., 2: 1565-1572.

Yuan Z C, Williams M, 2012. A really useful pathogen, *Agrobacterium tumefaciens*. Plant Cell, 24 (10): 1-11.

第十二章
植物种质资源离体保存

植物种质资源离体保存（germplasm conservation *in vitro*）是指对离体培养的小植株、器官、组织或细胞等，采用限制、延缓或停止其生长的方法进行保存，需要时可恢复其生长，并能再生完整植株。植物种质资源保存方式有原生境保存（conservation *in situ*）和非原生境保存（conservation *ex situ*），后者包括移地保存（种质资源圃或植物园保存）、种质库（种子）保存和离体（试管）保存等。离体保存的优点：①试管可保存大量无性系，所占空间少；②排除病毒、病虫危害，便于交流利用；③需要时可快速繁殖；④节省人力和物力；⑤可避免自然灾害引起的种质丢失。

随着种质资源离体保存技术的不断发展和完善，许多国家都致力于建立种质资源离体保存库。当然，种质资源离体保存也有一些值得注意的不足之处：①限制或延缓生长时，需定期转移；②易受微生物污染或发生人为差错危险；③多次继代培养有可能造成遗传变异，材料分化和再生能力逐渐丧失。

第一节　植物限制生长离体保存方法

限制生长离体保存（conservation *in vitro* by restricting growth）是以组织培养技术为基础，通过改变试管苗或组织的生长环境，使培养物生长势降至最小限度，延长继代间隔，有效保证种质的遗传稳定性，实现种质资源中期保存的方法。限制生长的方法有低温（low temperature）、高渗透压（hyperosmosis）、使用生长延缓剂（growth retardant）（或抑制剂）、低氧分压（low oxygen partial pressure）等，通过控制培养条件，可使试管苗或组织等继代间隔时间超过1年，甚至更长。

一、低温保存法

低温保存是限制生长离体保存中应用最广泛的方法，是通过降低温度，减弱甚至几乎完全停止培养物生命活动，达到抑制其生长的目的。一般在1~9℃（一些热带和亚热带植物在10~20℃）下培养，并同时提高培养基渗透压。这种条件下，试管苗的生长受到限制，继代间隔时间达到数个月至1年以上，这对中、短期种质贮存是非常合适的。一旦要利用这些种质，只需把试管苗转移到常温（正常）下培养，即可迅速恢复生长。Galzy（1969）首次报道了9℃下可使葡萄分生组织再生的小植株几乎停止生长，只需1年继代转移1次。具体做法是：在附加高浓度K^+和0.1 mg/L IAA的培养基上，20℃条件下，每天12 h光照，可培养分生组织再生形成小苗。将小苗移到无生长素、含低浓度K^+的Knop培养基上培养，当小苗生长到10 cm时，把小苗切成带叶茎段，转移到新鲜培养基上，在20℃的光照条件下再生小植株。随后把这些小植株移到9℃条件下保存。每年材料继代转接1次，可使之保存15年之久。需要利用这些种质时，把小植株转移到20℃条件下即可恢复生长。Galzy采用该方法成功地保存了800个葡萄种质资源，每种样品有 6 个重复，全部仅占用了 2 m² 的面积。这种保存方法目前已在数百种植物上得到应用。如李的 GF43 试管苗在 8、16、25 ℃ 三种温度下保存，发现 8 ℃下植株生长极为缓慢，极度矮化，叶面积只有 25 ℃下生长叶片的 1/4，根系生长正常，无褐变发生；16 ℃下生长较缓慢，培养 7 个月时高度只相当于 25 ℃下培养第 1 个月的水平，叶面积比 25 ℃下生长的叶片稍小，在 7 个月培养期内基本无黄叶产生，到第 8 个月时有少量黄叶出现，根系生长正常，无褐变发生；25 ℃下生长速度最快，2 个月时植株已长至 4.5 cm 高，第 4 个月时出现黄叶，6~7 个月时大部分中下部叶均黄化并有脱落，根系褐化严重。4 ℃低温和黑暗条件下，铁皮石斛（Dendrobium officinale）试管苗可持续保存 1 年后，成活率仍达 100%，且恢复生长正常。冬凤兰在置入 5 ℃低温保存前，原球茎需有逐步适应低温的过程，即先于常规条件下培养 12~15 d，再于 12 ℃、1 000 lx光照条件下继续培养 3~5 d，最后在 5 ℃、500 lx条件下保存。经过连续 18 个月的保存，原球茎缓慢增殖，呈浅绿色，表面有少量茸毛，基本不分化，成活率为 90%（图 12-1A）；需要增殖时，将其先经过 3~5 d常规培养，再转接到恢复增殖培养基上，其能迅速生长并增殖，经过 30 d 的培养后，原球茎可分化出小苗（图 12-1B）。

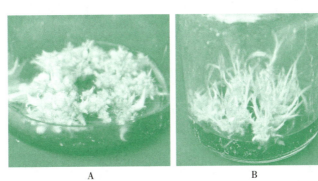

图 12-1　冬凤兰 5 ℃、500 lx下培养的原球茎及正常条件下恢复生长
A. 5 ℃、500 lx下培养的原球茎　B. 正常条件下原球茎恢复生长
（引自罗远华等，2008）

一些热带和亚热带植物，可在相对低温（20 ℃左右）条件下保存。如柑橘试管苗可以在普通培养室的温度（25 ℃）和光照条件下长期处于生长停滞状态，并连续不进行转接保存 3 年以上（仅需注意不要使培养基干枯），当转移到新鲜培养基上可迅速恢复生长；20 ℃下保存，不需继代，可保存 8 年；15 ℃下保存，继代间隔时间反而明显缩短，并发生落叶等症状。梨（Pyrus serotina）和西洋梨（Pyrus spp.）的茎尖分生组织在 5 ℃下保存 64 周后，存活率几乎达 100%，而 0 ℃下保存 4 周后即死亡。

二、高渗透压保存法

该法是通过提高培养基渗透压，影响离体培养物吸收作用从而减缓其生长，达到抑制培养物生长速度的保存方法。离体培养物正常生长所使用的培养基蔗糖浓度为 2%~4%，提高蔗糖浓度到 10% 左右，就可达到抑制其生长的目的。此外，还可采用甘露醇、山梨醇（sorbitol）等惰性物质（不易被培养物吸收）来提高培养基的渗透压，可使离体培养物的限制生长作用维持得更久。一般可用 2%~3% 蔗糖加 2%~5% 甘露醇处理，但需注意渗透压太高可能导致培养物死亡。如马铃薯试管苗在 MS+60 g/L 蔗糖+10（或 20）g/L 甘露醇或 MS+80 g/L 蔗糖+10（或 20）g/L 甘露醇的培养条件下均能使试管苗连续保存 9 个月，其中 80 g/L 蔗糖+20 g/L 甘露醇组合保存 9 个月时，试管苗存活率最高，达 83.3%，并能诱导试管薯形成。百合科的大花卷丹（Lilium leichtlinii var. maximowiczii）小鳞茎诱导的试管苗在提高 MS 培养基中蔗糖浓度至

90 g/L 和 110 g/L 时，可以抑制其生长，保存试管苗 10 个月。保存过程中株高生长缓慢，但生长正常，而根长势较快。在蔗糖浓度为 90 g/L 基础上，再添加 30 g/L 甘露醇，能进一步抑制试管苗根生长。6 个月后，转移到正常培养基上培养均能恢复生长，其鳞片在诱导培养基上能正常分化，采用在培养基中添加高浓度蔗糖和甘露醇可以使大花卷丹试管苗保存 1 年以上（图 12-2）。文心兰试管苗在（24±3）℃，保存前 6 个月光照度 2 000~2 500 lx、后 6 个月光照度 500~1 000 lx，光照时间 12 h/d 条件下，培养基为 MS+0.5 mg/L 6-BA+0.1 mg/L NAA+30 g/L 蔗糖+10~50 g/L 甘露醇。发现甘露醇浓度为 10~30 g/L 时，保存 6 个月的存活率均为 100%，比对照提高了 10 个百分点；甘露醇浓度为 40~50 g/L 时，存活率明显下降，尤其甘露醇浓度为 50 g/L 时，存活率只有 42.2%，此时植株老叶大部分黄化，并出现脱落。30 g/L 甘露醇保存 12 个月的存活率达 76.7%~80.0%，且试管苗在增殖、生根培养基上均能正常恢复生长。

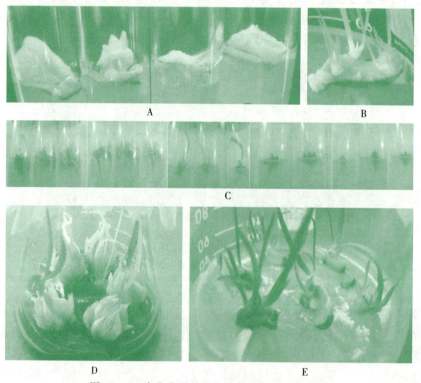

图 12-2 大花卷丹的组织培养及限制生长保存
A. 大花卷丹鳞片在添加不同浓度植物生长调节剂的培养基中诱导 30 d 后 B. 大花卷丹鳞片诱导 60 d 后，在添加 1.0 mg/L 6-BA 和 0.2 mg/L NAA 的培养基中生长情况 C. 大花卷丹试管苗保存 6 个月后在添加不同浓度甘露醇培养基中的生长状况 D. 限制生长保存后的大花卷丹试管苗恢复生长后的状况 E. 鳞片再诱导后生长状况
（引自傅伊倩等，2012）

此外，也可以通过增加培养基中琼脂的用量来提高渗透压，如猕猴桃离体种质保存研究中，在离体茎尖培养成功后，把琼脂的浓度由原来的 0.55% 提高到 0.8%~0.9%，可使继代间隔时间延长至 3~6 个月，采用此法已成功保存了 10 多个种 40 多份猕猴桃离体种质。

三、生长抑制剂（或延缓剂）保存法

生长抑制剂（或延缓剂）保存法是在培养基中添加植物生长延缓剂或抑制剂，利用激素调控技术来延缓或抑制细胞生长，改变培养材料生长速度，延长培养物在试管中保存时间的方法。该方法已成功地应用于多种植物，常用的生长抑制剂有脱落酸（ABA）、矮壮素（CCC）、多效唑（paclobutrazol，PP_{333}）、青鲜素（MH）、二甲铵基琥珀酸酰胺（dimethyamino succinamic）（又称丁酰肼、B9）等。

通过在培养基中添加不同浓度的甘露醇、PP_{333} 和 ABA 对半夏（*Pinellia ternata*）试管苗保存的时间进行了研究，发现对照试管苗保存 150 d 时，老化严重，225 d 时全部死亡（图 12-3A）；培养基中添加 2%~4% 甘露醇保存 300 d 时，存活率为 100%，此时植株增殖球茎芽多且颜色翠绿、生长健壮（图 12-3B）；添加的 PP_{333} 浓度为 2 mg/L 时，保存效果最好，植株生长健壮，无愈伤组织生成（图 12-3C、D），保存 300 d 时，存活率为 100%，但浓度大于 2 mg/L 时，植株形态明显改变，表现为叶、芽收缩肥大，整体畸形严重，出现愈伤组织，无根分化，存活时间短（图 12-3E、F）；添加的 ABA 浓度以 2、4 mg/L 保存效果较好，保存 300 d 时，存活率分别为 86.7% 和 90%，但有少量愈伤组织和轻微褐化现象（图 12-3G），浓度大于 4 mg/L 时，试管苗褐化、枯死现象严重（图 12-3H）。总体来说，ABA 不太适合半夏试管苗的延缓生长保存。保存 300 d 后，将生长较好的试管苗转接至增殖、生根培养基上均能恢复正常生长，与正常继代试管苗相比，其叶型、株型、平均根数和繁殖系数等没有发生变异，生根状况良好，根粗壮（图 12-3I）。

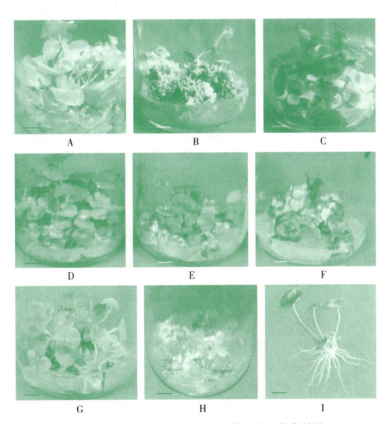

图 12-3 半夏试管苗在不同培养基中的保存效果

A. 对照全部死亡 B、C. 分别为在添加了 2% 甘露醇和 2 mg/L PP_{333} 培养基中保存 300 d 的试管苗
D~F. 分别为在添加了 2、4、8 mg/L PP_{333} 的培养基上保存 150 d 的试管苗 G、H. 分别为在添加了 2、6 mg/L ABA 的培养基中保存 300 d 的试管苗 I. 保存植株恢复生长 30 d 的再生植株

（标尺为 1 cm）

（引自王爱华等，2012）

文心兰试管苗离体保存中（培养条件与渗透压处理相同），发现培养基中添加 10~40 mg/L CCC 的试管苗存活率最高，保存 6 个月的存活率达 90%，且试管苗生长健壮；当 CCC 浓度为 50 mg/L 时，存活率明显下降，试管苗生长不良、叶尖开始枯黄，表现出明显的抑制效应；保存至 12 个月时，培养基中添加 30 mg/L CCC 的试管苗存活率最高，达 76.7%，试管苗健壮、

叶色浓绿、根系发达，而培养基中不添加 CCC 保存 12 个月的试管苗细弱，叶色黄化，部分植株死亡。香果树（*Emmenopterys henryi*）的带芽茎段在 9 ℃和 25 ℃条件下，利用 MS＋2 mg/L KT＋2 mg/L 6-BA＋0.1 mg/L NAA 及附加不同浓度（0、0.1、0.5、1、2、4、8 mg/L）的植物抑制生长调节剂［CCC、MH、B9、烯效唑（S3307）和 ABA］，研究保存效果，发现最适的 CCC、MH、B9、S3307、ABA 浓度分别为 2、1、1、0.5、2 mg/L。与常温条件相比，低温条件下添加 5 种植物抑制生长调节剂的成活率更高，最适浓度普遍降低。

四、其他限制生长离体保存法

1. 低氧分压法 低氧分压法通过降低培养容器内氧分压，改变培养环境的气体状况，抑制离体培养细胞生理活动，从而延缓衰老，达到离体保存目的。该法在原理上类似于果蔬类的贮藏保鲜方法，其最简单的方法是在保存材料上覆盖一层矿物油，如液态石油、石蜡、硅酮油等，使供给培养材料的氧气量降低。Dorion（1994）研究发现，桃及桃×柠檬（*Citrus limon*）杂种茎尖在低氧（0.20%～0.25%）条件下保存 1～2 年，不仅全部存活而且后期再生能力强。

2. 干燥保存法 降低培养物的水分，其生命活动就会被延缓，这与传统的种子干燥贮存法类似，即保存过程中培养物脱水和限制糖的供给量。如对胡萝卜体细胞胚、愈伤组织进行脱水处理（将离体材料放在滤纸上，置于空气流动的无菌箱中风干 4～7 d），然后置于培养基中加生长延缓剂或限制蔗糖的条件下保存，在不含蔗糖而其他条件正常的培养基上可以保存 2 年。

3. 降低光照法 适当减弱光照度或缩短光周期，由于光合作用减弱，导致生长缓慢而利于保存。理想的光照条件应是既能控制植物以最小量生长，又能维持其自养而不致死亡。在马铃薯和甘薯的限制生长保存中都发现弱光照有利于保存。另外，香果树在光照和黑暗条件下，带芽茎段保存的最适 CCC、MH、B9、S3307、ABA 浓度分别为 4、4、2、1、4 mg/L。与光照培养比较，黑暗条件下添加 5 种植物抑制生长调节剂的成活率更高，离体保存后的试管苗没有发生遗传变异。

五、限制生长条件下的细胞结构变化

逆境环境下植物细胞结构会发生相应的变化，限制生长也是一种逆境环境，故该条件下植物细胞结构也会发生一些明显变化。周红玲等（2011）研究了枇杷'早钟 6 号'在含 5 mg/L PP_{333} 的 MS 培养基上，试管苗分别保存 6、9 个月后成熟叶片的细胞结构变化，并以 MS 正常培养基上同样保存时间的试管苗为对照。研究发现正常培养基中，尚未开始限制生长离体保存的枇杷试管苗叶肉细胞的细胞膜、细胞核、叶绿体、线粒体结构完整，每个叶肉细胞有 2～5 个叶绿体，其体积大，呈橄榄形，并与细胞壁紧紧连在一起。叶绿体内部光合系统结构复杂，基粒类囊体个数多，基质片层密集，叶绿体中亲锇颗粒或淀粉粒很少（图 12-4A～D）。离体保存 6 个月时，试管苗叶肉细胞中叶绿体变为扁圆形或圆形，叶绿体游离细胞膜，位于细胞中央，且叶绿体间联系在一起，基粒类囊体明显膨大，其被膜和基粒片层模糊并伴有大量脂质小球和淀粉粒，部分叶绿体解体。线粒体数目明显增多，淀粉粒明显增大，部分线粒体解体，叶绿体和线粒体之间出现了镶嵌现象，但细胞膜结构完整（图 12-4E～H）。离体保存 9 个月时，叶肉细胞的结构改变很大，细胞膜出现部分破裂，细胞内含物外泄。细胞内淀粉粒明显增大、增多，且形状各异，每个细胞淀粉粒的数目 2～10 个。叶绿体被淀粉粒挤压变形，叶绿体被膜、基粒片层和类囊体模糊，个别叶绿体解体消失。有的细胞叶绿体解体仅剩淀粉粒，有的细胞淀粉粒也解体。叶肉细胞内脂类物质消失。细胞内观察不到线粒体和细胞核，或者二者已经消失（图 12-4M～P）。

限制生长保存 6 个月时，枇杷试管苗叶肉细胞的叶绿体形状为纺锤形或扁圆形，叶绿体与细胞膜仍紧密联系在一起或向细胞中央略有少许游离，叶绿体也联系在一起。叶绿体内亲锇颗粒明显增多，有较少淀粉粒。叶绿体的类囊体扭曲变形，但无明显膨大现象。有的叶绿体形态变形，基质空间增大、基粒片层扭曲。叶绿体和线粒体之间出现了镶嵌现象。叶绿体被膜和基粒片层模糊并伴有大量脂质小球。线粒体数量略有增多且聚集在一起。有的线粒体已经解体。细胞核的形态结构未见异常，细胞膜结构完整（图12-4I~L）；限制生长保存9个月时，叶肉细胞结构完整，无细胞膜破裂现象发生，叶绿体为游离细胞之中的纺锤形颗粒，或被淀粉粒挤压成模糊一片或少数已经解体。叶肉细胞的亲锇颗粒和淀粉粒结构完整，叶绿体被膜、基粒片层和类囊体模糊。每个细胞内淀粉粒有2~7粒，且形态各异。线粒体数目明显减少。叶绿体和线粒体紧密联系在一起或二者镶嵌在一起。细胞核的形态结构未见异常，细胞膜结构完整（图12-4Q~T）。

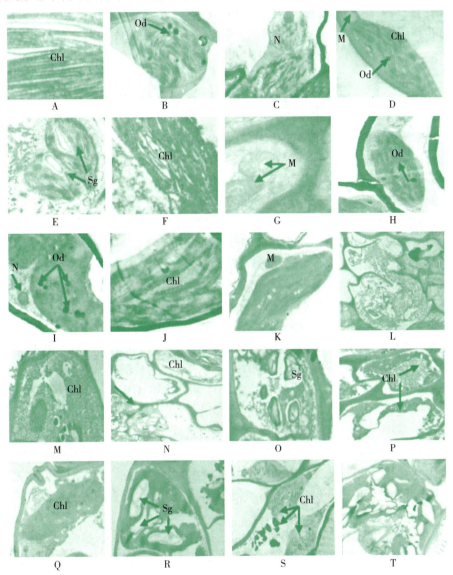

图12-4　离体保存过程中枇杷试管苗叶肉细胞超微结构的变化

A~D. 尚未开始限制生长保存的试管苗叶绿体超微结构（放大倍数分别为30 000×、10 000×、8 000×、8 000×）

E~H. 对照离体保存6个月试管苗叶绿体超微结构（放大倍数分别为12 000×、30 000×、10 000×、6 000×）

I~L. 限制生长保存6个月试管苗叶绿体超微结构（放大倍数分别为12 000×、15 000×、8 000×、3 000×）

M~P. 对照离体保存9个月试管苗叶绿体超微结构（放大倍数分别为3 000×、2 000×、4 000×、8 000×）

Q~T. 限制生长保存9个月试管苗叶绿体超微结构（放大倍数分别为4 000×、8 000×、2 500×、3 000×）

Chl. 叶绿体　M. 线粒体　N. 细胞核　Sg. 淀粉粒　Od. 亲锇颗粒

（引自周红玲等，2011）

第二节　植物超低温离体保存

20世纪70年代，人们把冷冻生物学和植物离体微繁结合起来，发展了离体冷冻保存（freezing conservation in vitro）或超低温离体保存（ultralow temperature conservation in vitro）技术，即在低于－80 ℃的低温条件下对植物器官、组织或细胞进行离体保存的技术。在这样的低温条件下，植物材料的代谢和生长基本停止，但可有效保持其遗传稳定性，同时又不会丧失其形态发生的潜能，是一种不需要继代就能够长期保存植物种质的有效方法。使用的保存材料有茎尖（芽）、分生组织、胚胎、花粉、愈伤组织、悬浮细胞、原生质体等。冷源有干冰（－79 ℃）、超低温冰箱（－150～－80 ℃）、液氮（－196 ℃）、液氮蒸汽箱（－140 ℃）等，其中液氮最为常用。

一、超低温离体保存原理

1. 细胞冰冻与伤害理论　在降温过程中，生物细胞随着温度的降低，细胞外介质结冰，但细胞内尚未结冰，造成细胞内外蒸气压差。只要降温速率不超过脱水的连续性，细胞内的水分就会不断向细胞外扩散，使细胞的原生质体皱缩，导致细胞内含物的冰点降低。这种逐渐除去细胞内水分的过程称为保护性脱水（protective dehydration），能有效地阻止在细胞质或液泡中结冰。但也往往会造成溶液效应（solution effect），即在细胞冷冻保存时，由于细胞外面的水变为冰，引起细胞外渗透压升高，导致细胞脱水，进一步使细胞内环境发生改变，蛋白质变性，酶系统失活，细胞受损，表现为细胞内有害物质积累，蛋白质分子间形成二硫键，破坏蛋白质和酶的结构，膜的完整性受到伤害。此外，如果细胞内结冰，还会造成机械伤害（mechanical wounding）。这是冰冻伤害的两因素假说，冰冻保存过程中的处理也是以此为基础，以避免产生这两种伤害为目的。

2. 溶液的玻璃化理论　溶液经晶核形成和晶核生长过程而固化。溶液在降温时，如果没有均一晶核或晶核生长缺乏足够时间，就首先形成过冷溶液，它是低于冰点而不结冰的液态。继续降温，均一晶核开始形成，这时候的温度称为均一晶核形成温度，也称过冷点（undercooling point）。如果降温速度不够快，就会形成尖锐的冰晶；若降温速度足够快，均一晶核很少或几乎没有形成，或均一晶核生长缺乏足够的时间，溶液就进入无定形的玻璃化状态，即一种透明的"固态"，称为玻璃态（glassy state）。玻璃态是指物质从液态冷却时，由于冷却速度太快或结晶速度太慢等动力学原因，被冻结在液态的分子排布状态的一种形态，此时的温度称为玻璃化形成温度。在玻璃化形成过程中，既没有溶液效应对细胞的损伤，也没有因冰晶形成对细胞造成的机械伤害。

因此，植物种质超低温保存时，需注意：①选择胞内自由水少、抗冻能力强的材料；②采取预处理措施，提高材料抗冻能力；③尽量减少冰晶形成，避免组织细胞过度脱水；④在解冻（thawing）过程中避免冰晶重新形成及温度冲击导致的渗透冲击（osmotic stress）等。

二、超低温离体保存方法

超低温离体保存有一套比较复杂的技术程序，基本程序包括植物材料（培养物）选取、材料预处理、冷冻处理、冷冻贮存、解冻、再培养环节（图12-5）。如果冷冻、解冻环节没有掌握好，就会造成细胞损害，表现为细胞内的大冰晶形成导致细胞器和细胞本身瓦解，细胞内溶解物浓度达到毒害水平，细胞活性溶解物漏出，造成细胞伤害等。因此，必须掌握好整个技术程序的各个环节。

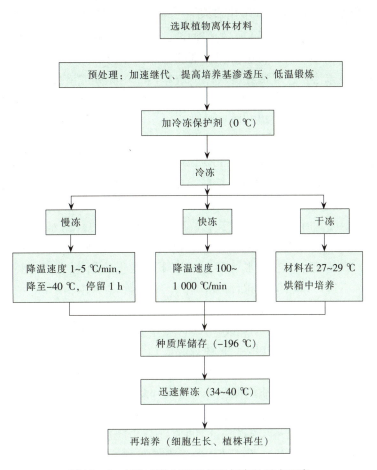

图 12-5 植物离体材料超低温保存的基本程序

(一) 植物材料（培养物）选取

植物材料（培养物）主要有 3 类：①愈伤组织、悬浮细胞、原生质体；②花粉和花粉胚；③茎尖、茎尖原基、胚、幼植株。选择遗传稳定性好、容易再生和抗冻性强的离体培养物为保存材料，是超低温离体保存成功的关键因素。悬浮细胞和愈伤组织不是理想的保存材料，因为其遗传性不稳定，再生能力较差；茎尖、茎尖原基、胚等有组织结构的保存材料，遗传稳定性好，易于再生，且其细胞体积小、液泡小、含水量较低、细胞质较浓、抗冻能力好，是理想的保存材料。

(二) 材料预处理

预处理目的是使材料适应将遇到的低温和提高新分裂出细胞的比例，因为新分裂的细胞小，胞内自由水含量少。预处理常采用的方法有加速继代、低温锻炼和加入冷冻保护剂（cryoprotectant）。加速继代可以增加分裂细胞比例，减少细胞内自由水含量，从而提高抗寒能力。低温预处理是将离体培养物置于一定的低温环境中，使其接受低温锻炼，从而提高其抗寒能力。材料冷冻时加入冷冻保护剂，其在水溶液中会产生强烈水合作用，提高水溶液的黏滞性，降低细胞内盐浓度和冰晶形成，使细胞免受冻害；冷冻保护剂还可能直接或间接地作用于细胞膜，减少冰冻对它的有害影响。目前常用的冷冻保护剂有甘油、DMSO、脯氨酸、糖类、聚乙二醇（PEG）、乙酰胺、糖醇等。对植物来说，DMSO 是最好的保护剂，其适宜添加的浓度是 5%～8%。浓度太高（10%～15%）会干扰 RNA 和蛋白质代谢（但有些植物可容忍到 5%～20% 的浓度）。实际操作时，为了使保护剂的毒性效应降低至最低，人们常把几种冷冻保护剂混合使用，使它们相互协调、共同作用，降低保护剂的毒性，提高细胞存活率和再生能力。为了防止细胞的渗透冲击，保护剂应慢慢加入（30～60 min）。使用甘油时，因其渗透性低，还需要延长时间（30～90 min）；脯氨酸对于许多植物来说也是较好的保护剂，最适浓度为10%。使用保护剂处理材料时，材料应在0 ℃左右静置半小时后，再进行保护剂的添加操作。

冷冻前材料预处理方法：选取适宜材料并预培养，即在固体或液体培养基上培养一段时间，使细胞达到旺盛的分裂生长状态；把培养物放在提高蔗糖浓度、添加DMSO和（或）脯氨酸，温度接近0 ℃的条件下培养数日，以利冷冻处理。

（三）冷冻处理

冷冻处理通常有3种方法：慢冻法（slow-freezing method）、快冻法（fast freezing method）和干冻法（dry-freezing method）。材料冷冻时，细胞外的溶液水分子首先形成冰晶核，其增长速度与溶液成分、降温速度有关，一般在-60～-26 ℃范围内冰晶核增长最快，形成大的冰晶体后速度降低，到-140 ℃时完全停止增长。快冻时，细胞内的自由水来不及扩散到周围溶液中，在细胞内形成冰晶，对细胞损害最严重；慢冻时，细胞内外水气压平衡，细胞内自由水可扩散到外界冰晶表面，细胞发生保护性脱水，但温度下降太慢，细胞过度脱水，又会发生溶液效应，不利细胞存活。不过，添加保护剂后，情况都有所改善，细胞存活率会明显提高。

1. 慢冻法 慢冻法应用较为普遍，投入液氮前先有一个低温过程。基本操作步骤：先以1～5 ℃/min速度降温，降至-40～-30 ℃或-100 ℃时，平衡约1 h，此时细胞内的水分减少到最低限度，然后将样品放入液氮（-196 ℃）中保存。该法可以使细胞内的自由水充分扩散到外面，避免在细胞内部形成冰晶，即使体积较大、含水量较高的植物材料，也可以得到较好的保存效果。此法适合大多数植物离体种质的保存，对茎尖和悬浮培养物尤其适用，但要严格控制降温速度。如草莓茎尖降温速度需要严格控制在0.5～1.0 ℃/min范围，否则影响其存活率；经过低温锻炼的苹果茎尖的降温以0.1～0.2 ℃/min的速度分步冷冻为好，在10 ℃停留15 min，达-40 ℃时再停留1 h，随后迅速将冷冻管置于液氮中保存。

2. 快冻法 预处理过的材料以100～1 000 ℃/min速度降温，直至-196 ℃冷冻保存。这种冷冻方法比每分钟降几十度的方法好，因为可使冰晶增大的临界温度很快过去，使细胞内形成的冰晶达不到致死细胞的程度。如Sakai（1978）以草莓茎尖为材料，在60 ℃/min的中速下冷冻，材料不能成活，但采用超速冷冻，茎尖材料则能存活。20世纪90年代初发展起来的玻璃化冷冻保存法，也是采用快冻法，即将预处理过的材料直接投入液氮中快速冷冻，降温速度约1 000 ℃/min。玻璃化冷冻保存法经进一步改良，衍生出包埋玻璃化超低温保存法、微滴玻璃化法等。包埋玻璃化超低温保存法兼具玻璃化和包埋脱水超低温保存的优点，具有对材料的毒害性小、所需设备简单、易于操作、脱水时间短、恢复生长快等优点，在植物种质资源保存上显示出巨大的应用潜力。李海兵等（2010）利用该法对怀山药（*Dioscorea opposita*）的4个基因型材料培养60 d的试管苗茎尖进行冷冻保存及再生能力的研究（图12-6）。首先对试管苗进行低温锻炼，取其茎尖进行预培养、海藻酸钠包埋、装载、脱水（用玻璃化保护剂），然后在液氮中冷冻保存24 h后对其化冻洗涤和恢复培养。研究发现将低温下锻炼7 d的怀山药试管苗带芽茎段放入预培养基中，低温下培养3 d，然后在室温下用3%的海藻酸钠和0.5 mol/L $CaCl_2$ 包埋，包埋珠用MS+0.2 mol/L蔗糖+2 mol/L甘油+50 g/L二甲基亚砜在0 ℃下装载1 h，用30%甘油+15%乙二醇+10%二甲基亚砜+15%聚乙二醇+0.4 mol/L蔗糖在0 ℃下脱水1 h，迅速投入液氮，24 h后立即用40 ℃水浴快速化冻，再用MS+0.5 mol/L蔗糖溶液洗涤2次，转入再生培养基中培养，可获得再生植株（图12-6B），且4个基因型材料的再生频率为13.11%～64.29%。

3. 干冻法 干冻法是通过把样品放入一种炉里或在真空中，使其物理脱水（physical dehydration），提高抗冻性，然后再放入液氮中。不容易产生脱水损伤的植物材料，采用此方法有利

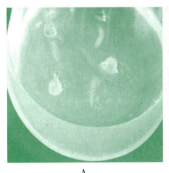 

图 12-6　怀山药采用包埋玻璃化超低温保存后植株的再生
A. 包埋珠的萌发（光照下培养 10 d）　B. 再生植株（光照下培养 60 d）
（引自李海兵等，2010）

于提高冷冻保存后的存活率。如豌豆幼苗在 27～29 ℃的炉中干燥，水分由 72%～77%降至 27%～40%，它们在液氮下保存，取出后全部成活；经过干燥脱水至不同含水量的枇杷（*Eriobotrya japonica*）离体花粉进行超低温（−196 ℃）保存，发现花粉含水量的高低是保存成败的关键，选择含水量为 13%左右的花粉比较合适，其在液氮中保存 2、4、8 h 后，发芽率无显著差异。包埋脱水法（encapsulation dehydration）是 20 世纪 90 年代初发展起来的另一种超低温保存方法，是在包埋法的基础上进一步进行物理脱水，然后浸入液氮保存的方法，这种保存方法已经在几十种植物上成功应用。

（四）冷冻贮存

冷冻在−196 ℃下的材料长期贮存时，需要一个液氮冰箱，用来防止液氮挥发。一个冰箱大约保存 4 000 个容量为 2 mL 的小瓶，每周消耗 20～25 L 液氮。人们发现液氮贮存不是无期限的，随着贮存时间的延长，细胞活力会有一定的下降。因此，该冷冻贮存技术仍需改进。

（五）解冻

解冻是从液氮中将材料取出，使其融化，以便再培养，恢复其生长。解冻速度是解冻技术的关键，有快速解冻和慢速解冻。解冻速度慢，细胞内容易发生再结晶，导致细胞死亡。解冻速度快，再结晶过程来不及发生，细胞存活率高。故快速解冻法是较理想的解冻方法。

1. 快速解冻　将冷冻材料取出后，迅速放入 35～40 ℃（该温度下解冻速度一般为 500～700 ℃/min）温水浴中解冻，并小心摇动（因为冷冻后的组织脆弱，易受损伤），待材料中的冰晶完全融化为止。如怀山药冷冻保存茎尖的解冻温度（37、39、40、42 ℃）显著影响着超低温保存后材料恢复生长的成活率，随着解冻温度的提高，冻存后材料的成活率也显著提高。解冻温度为 40 ℃时，成活率达最高值，为 48.41%；解冻温度低于或高于 40 ℃时，成活率均下降。另外，保存样品的容量和大小需要按照标准制备，否则温度升降不易精确控制。

2. 慢速解冻　少数超低温保存的材料只有采用慢速解冻才能存活，即把材料置于 0 ℃或 2～3 ℃的低温下慢慢融化，如木本植物的冬眠芽。简令成（1985）认为，这是因为木本植物的冬眠芽在慢速冷冻的过程中，经受了一个低温锻炼，细胞内的水分已最大限度地渗透到细胞外；若解冻的速度太快，细胞吸水过猛，细胞膜就会受到强烈的渗透冲击而破裂，进而导致植物材料的死亡。

（六）再培养

解冻后，有的材料需用培养基洗几遍（去保护剂），然后接种到新鲜培养基上进行再培养，有的材料洗涤后反而培养不活，应直接接种于新鲜培养基上。如玉米冷冻细胞不宜洗涤，应立即进行液体培养，或将融化后的样品直接置于琼脂培养基上培养，1 或 2 周后培养物即可正常生长；香蕉超低温离体保存后也不需经过专门的洗脱保护剂步骤。再培养时往往不一定能100%成活，有一部分组织或细胞被冻死，多数情况下存活率为20%~80%，因而需测定培养物的活力。测定方法有FDA染色法、三苯四唑氯化物（TTC）还原法、伊凡蓝染色法等。

第三节 离体保存材料的遗传变异

植物种质资源离体保存的目的是要能保持其遗传完整性（genetic integrity），即保持种质的原始状态。已有研究表明，植物离体保存过程中有不同程度的变异，需了解其变异规律及影响变异的因素，确保最大限度地保持离体保存种质的遗传完整性。

一、遗传完整性变化

种质保存成功与否的重要标志就是是否保持了其遗传完整性，即在种质保存过程中要保持最低程度的遗传变异（genetic alteration），在重新繁殖后能保持最大的遗传相似性（genetic resemblance）。在离体保存过程中，由于长期的频繁继代，离体保存材料变异的可能性通常会增加，表现为染色体畸变和基因突变。如王爱华等（2012）对在添加甘露醇（2%）、PP_{333}（2 mg/L）和ABA（2 mg/L）的培养基上保存300 d后再恢复生长的半夏试管苗进行简单序列重复区间（inter-simple sequence repeat，ISSR）的检测，发现培养基中添加2%甘露醇或2 mg/L PP_{333}保存的半夏试管苗，在所用检测范围内没有检查出多态性标记（图12-7A），但培养基中添加2 mg/L ABA保存的再生材料出现了1条新增标记和1条缺失标记（图12-7B），位点变异率为1.7%，涉及6个植株，个体突变率达30%。但陈辉等（2006）却发现，百合试管苗在含CCC（10~40 mg/L）或ABA（1~3 mg/L）或高蔗糖（50~90 g/L）培养基上进行限制培养后，将其转移到正常培养基上恢复生长1个月后，植株形态正常，且可溶性蛋白质、过氧化物酶同工酶及酯酶同工酶电泳条带与对照植株间无差异；赵喜亭等（2012）对4种山药（$Dioscorea\ opposita$）试管苗的茎尖包埋玻璃化超低温保存后的恢复生长植株的形态、生理和同工酶酶谱进行研究，与对照相比，发现恢复生长植株的过氧化物歧化酶（SOD）和蛋白水解酶（proteolytic enzyme）的同工酶条带数目及强度均未发生变化，保持了酶蛋白的稳定性。

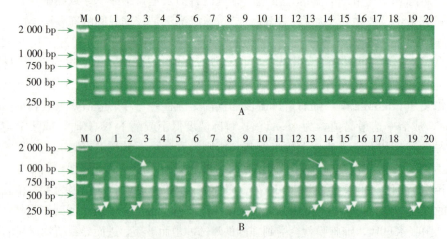

图12-7 半夏试管苗限制生长后恢复生长植株遗传变异的ISSR检测
A. 1~10为保存在2%甘露醇培养基上的无性系，11~20为保存在2 mg/L PP_{333}培养基上的无性系
B. 保存在2 mg/L ABA培养基上的无性系
（双箭头表示新增标记，单箭头表示缺失标记；0为田间材料，M为标准分子质量标记。）

（引自王爱华等，2012）

二、影响遗传完整性的主要因素

影响离体保存种质遗传完整性的因素有很多，主要有外植体类型、培养基成分、保存方法、保存时间等。为了提高离体保存种质的遗传完整性，需考虑外植体在遗传上要能代表保存材料的遗传特性。培养基中尽量减少易导致染色体畸变和基因突变物质的使用量，特别是 2,4-D、ABA 等植物生长调节剂。因为高浓度的 2,4-D 通常会明显增加组织和细胞的染色体畸变频率；ABA 在保存种质时也易引起试管苗早衰，并发生遗传变异。此外，还应减少离体种质保存时的继代次数。在检测遗传完整性的过程中，要注意区分遗传性与非遗传性变异。

小结

植物种质资源离体保存是指对离体培养的小植株、器官、组织或细胞等材料，采用限制、延缓或停止其生长的方法进行保存，需要时可恢复其生长，并能再生完整植株。植物种质资源离体保存方法主要有限制生长离体保存和超低温离体保存。利用限制离体培养物的生长速度来保存种质，是离体种质保存的一种常用策略。限制离体培养物生长速度的方法有低温、提高渗透压、使用生长延缓剂（或抑制剂）、干燥、降低氧分压等。通过控制培养条件，可使试管苗或组织等继代间隔时间超过 1 年，甚至更长。超低温离体保存的原理有细胞冰冻与伤害理论和溶液的玻璃化理论，将要保存的离体种质经过一定方法进行处理，将其保存在液氮（$-196\ ℃$）中。在液氮中几乎所有的细胞代谢活动、生长过程都停止了，因而排除了遗传性状的变异，同时也保存了细胞的活力和形态发生潜能。超低温离体保存有一套比较复杂的技术程序，其基本程序包括植物材料（培养物）的选取、材料的预处理、冷冻处理、冷冻贮存、解冻和再培养。种质保存成功与否的重要标志就是是否保持了其遗传完整性。影响离体保存种质遗传完整性的因素很多，主要有外植体的类型、培养基成分、保存方法、保存时间等。

复习思考题

1. 限制生长离体保存方法有哪些？有何优缺点？
2. 超低温离体保存的原理是什么？它的基本操作程序有哪些？
3. 离体保存种质为什么会发生遗传变异？可能出现哪些变异？

主要参考文献

陈辉，陈晓玲，陈龙清，等，2006. 百合种质资源限制生长法保存研究. 园艺学报，33（4）：789-793.
傅伊倩，孔滢，刘燕，2012. 大花卷丹的组织培养及限制生长保存. 植物生理学报，48（3）：277-28.
洪森荣，尹明华，2009. 5 种植物生长抑制剂对香果树种质离体保存的影响. 亚热带植物科学，38（4）：18-21.
赖钟雄，陈振光，何碧珠，1997. 四季橘离体胚培养种质保存. 作物品种资源，19（4）：44-46.
李海兵，周娜，赵姣，等，2010. 怀山药种质资源的包埋玻璃化超低温保存与植株再生. 植物学报，45（3）：379-383.
李建国，张守梅，陈厚彬，等，2010. 应用茎尖滴冻法超低温保存香蕉资源研究. 果树学报，27（5）：

745-751.

罗远华, 冷青云, 莫饶, 等, 2008. 冬凤兰非共生萌发和低温离体保存. 安徽农业科学, 36 (19): 8068-8069, 8119.

马瑞娟, 俞明亮, 许建兰, 等, 2004. 温度对 GF43 李离体保存中老化作用的影响. 园艺学报, 31 (5): 660-662.

齐恩芳, 王一航, 李高峰, 等, 2011. 渗透压对马铃薯种质试管保存的影响效应. 长江蔬菜（学术版）(14): 20-23.

王爱华, 文晓鹏, 2012. 半夏缓慢生长法保存及体细胞变异的 ISSR 检测. 西北植物学报, 32 (8): 1698-1703.

王培忠, 装崎君, 顾寒琳, 等, 2007. 植物种质资源超低温保存原理与研究进展. 吉林林业科技, 36 (4): 17-20.

文彬, 2011. 植物种质资源超低温保存概述. 植物分类与资源学报, 33 (3): 311-329.

叶秀仙, 黄敏玲, 吴建设, 等, 2011. 甘露醇和生长抑制剂对文心兰离体保存的影响. 福建农业学报, 26 (1): 76-82.

Bachiri Y C, Gazeau J, Cmorisset H, et al, 1995. Successful cryopreservation of suspension cells by encapsulation-dehydration. Plant Cell, Tissue Org. Cult., 43: 241-248.

Chen S L, Yu H, Luo H M, et al, 2016. Conservation and sustainable use of medicinal plants: problems, progress, and prospects. Chin. Med., 11: 37-46.

Fabre J, Dereuffre J, 1990. Encapsulation-dehydration: a new approach to cryopreservation of *Solanum* shoot tips. Cryo Letters, 11: 413-426.

González-Benito M E, Clavero-Ramírez I, López-Aranda J M, 2004. The use of cryopreservation for germplasm conservation of vegetatively propagated crops. Spanish Journal of Agricultural Research, 2 (3): 341-351.

Huang C N, Wang J H, Yan Q S, et al, 1995. Plant regeneration from rice (*Oryza sativa* L.) embryogenic cell suspension cells cryopreserved by vitrification. Plant Cell Rep., 14: 730-734.

Kaviani B, 2011. Conservation of plant genetic resources by cryopreservation. AJCS, 5 (6): 778-800.

Lynchl P, Souch G, Trigwell S, et al, 2011. Plant cryopreservation: from laboratory to genebank. J. Mol. Biol. Biotechnol., 18 (1): 239-242.

Matsumoto T, Sakai A, Takahashi AC, et al, 1995. Cryopreservation of *in vitro*-grown apical meristems of wasabi (*Wasabia japonica*) by encapsulation vitrification method. Cryo Letters, 16: 189-196.

Sakai A, Engelmann F, 2007. Vitrification, encapsulation-vitrification and droplet-vitrification: a review. CryoLetters, 28: 151-172.

Sarasan V, Cripps R, Ramsay M M, et al, 2006. Conservation in vitro of threatened plants-Progress in the past decade. In Vitro Cell Dev. Biol. Plant, 42: 206-214.

Schumacher H M, Westphal M, Heine-Dobbernack E, 2015. Cryopreservation of plant cell lines. Methods in Molecular Biology. DOI: 10.1007/978-1-4939-2193-5_21.

各论

植物组织培养

- 第十三章　蔬菜组织培养 / 227
- 第十四章　果树组织培养 / 243
- 第十五章　观赏植物组织培养 / 264
- 第十六章　大田作物组织培养 / 276
- 第十七章　林木组织培养 / 303
- 第十八章　药用植物组织培养 / 315

第十三章
蔬菜组织培养

蔬菜组织培养是指将蔬菜的器官、组织和细胞等在适宜的人工培养基和无菌条件下进行离体培养的技术。蔬菜的各种组织器官，如茎尖、侧芽、叶片、胚轴、花茎、鳞茎、球茎等，都可作为外植体进行离体培养。蔬菜组织培养在快速繁殖、茎尖脱毒、花药培养、胚胎培养、种质资源离体保存等众多领域中已显示出应用前景。本章以大蒜、胡萝卜和草莓三种蔬菜为例，阐述植物组织培养技术在蔬菜上的应用。

第一节 大　蒜

大蒜是一种花粉败育型的百合科葱属植物，是我国一种重要的出口蔬菜。商业化生产用种主要靠无性繁殖，由于病毒侵染、传代等导致大蒜品种老化、退化严重，产量和商品性降低，给生产造成很大损失。因此，进行大蒜品种改良、提高鳞茎质量、改进繁殖方法等的研究十分重要。自 1973 年 Harvanek 和 Novak 对大蒜愈伤组织芽的形成进行了研究后，相继在大蒜愈伤组织培养和植株再生、茎尖培养、芽和根的分化、重要种质的保存、体细胞胚培养及悬浮细胞培养等方面做了较深入的研究。

一、大蒜脱病毒苗培育

大蒜病毒病在世界各地普遍发生，是大蒜"种性退化"的主要原因。单独感染大蒜花叶病毒（garlic mosaic virus，GMV）、大蒜潜隐病毒（garlic latent virus，GLV）、洋葱黄矮病毒（onion yellow dwarf virus，OYDV）和大蒜褪绿条斑病毒（garlic chlorosis streak virus，GCSV）可使鳞茎产量降低 20%～60%，混合感染则降低 80%，尤其是后两种病毒最具毁灭性。目前防治大蒜病毒病的有效方法是利用组织培养手段进行脱毒。

（一）大蒜脱病毒方法

大蒜多种器官可用于组织培养脱毒（图 13-1）。目前脱除大蒜病毒的方法主要有茎尖培养、花序轴（rachis）培养、茎盘（stem disc）培养、体细胞胚培养 4 种。脱毒后，植株生长势强，鳞茎增大，产量可提高 55%～114%，蒜薹产量可提高 66%～175%。

1. 茎尖培养脱病毒 病毒在大蒜鳞茎中分布并不均匀。一般而言，植株内病毒数量随远离分生组织顶端部位的距离而增加，在顶端分生组织中含病毒数量极少甚至无病毒。

（1）培养方法。大蒜鳞茎先在 4 ℃下贮藏 30 d 左右，打破休眠。蒜瓣表面消毒后，剥取 0.2～0.9 mm 长的带一个或不带叶原基的茎尖（图 13-1B），接种在附加一定植物生长调节剂的培养基（MS、B_5、LS）上，培养基含蔗糖 30 g/L、琼脂 8 g/L，pH 5.8～6.0。培养温度 (25 ± 1)℃，光照度 1 200～2 000 lx，每天光照 12 h。培养 40 d 后，开始分化，形成侧芽，100 d 后形成丛生芽。茎尖增殖的芽数因基因型和培养基的植物生长调节剂水平而异。附加 2.0 mg/L 6-BA+0.6 mg/L NAA 对芽的增殖效果最好。

（2）影响茎尖脱毒的主要因素。影响茎尖脱毒的主要因素有：①培养基。茎尖培养在 B_5、MS 和 LS 等培养基中均有成功的报道。适当调整培养基中无机盐成分，如 Co^{2+}、Cu^{2+}、K^+ 和 Ca^{2+} 浓度，可促进茎尖分生组织生长、分化。诱芽培养基以 MS 和 B_5 最好，B_5 与适当浓度 6-BA 和 NAA 配合能提高芽分化率和生根率，如 B_5＋3 mg/L 6-BA＋0.1 mg/L NAA＋30 mg/L 腺嘌呤＋0.5 mg/L KT 有利于大蒜茎尖形成多芽；GS＋0.05 mg/L NAA＋0.01 mg/L 6-BA＋0.2% 活性炭可促进芽生根。②茎尖大小。通常为 0.1～0.9 mm，利用 0.3～0.5 mm 茎尖培养可使大蒜花叶病毒脱毒效率达 70%。③热处理或茎尖培养结合热处理。将幼苗置于 30 ℃、

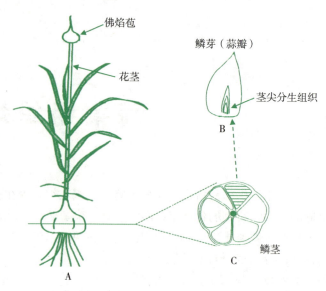

图 13-1　大蒜植株和组织器官
A. 大蒜植株　B. 蒜瓣纵切结构　C. 鳞茎横切面结构

16 h/d 光照条件下，处理 1 周后升温至 36 ℃，2 周后再升温至 38 ℃ 维持 2～3 周，然后进行茎尖剥离和培养，脱毒率为 85%～100%；或将鳞茎在 37 ℃ 恒温下干热处理 4 周，脱毒率为 84%～100%；以 50～52 ℃ 热水浸泡鳞茎 30 min，也可以明显提高茎尖脱毒效果，但也有人认为此处理仅能脱除极少数病毒。

2. 花序轴培养脱病毒　多数病毒不能通过分生组织和种子传播，因此，采用花序轴离体培养也可达到脱毒目的，且花序轴顶端分生组织具有很强的腋芽萌发潜力，离体培养操作简便，是一种高效培育大蒜脱毒种苗的技术。当大蒜进入生殖生长期后，于晴天在田间采摘蒜薹，用消毒后的工具剪取蒜薹总苞段，70% 酒精表面消毒 1 min，再在 0.1% 的氯化汞中灭菌 12 min，无菌水冲洗 4～5 次后，剥去外层苞叶，横切花序轴顶部，去除花茎部分，将花序轴接种于固体培养基上。花序轴起始培养的培养基为 B_5＋0.1 mg/L NAA＋2 mg/L 6-BA，pH 6.5；继代培养基为 MS＋2 mg/L 6-BA＋0.1 mg/L NAA＋0.05 mg/L GA_3＋20 g/L 蔗糖，pH 6.2。花序轴培养需要较高的 pH 和较高浓度的细胞分裂素以及一定浓度的 GA_3，这与其大量腋芽原基的萌发生长有关。

3. 茎盘培养脱病毒　带或不带有茎尖的鳞茎基部也是大蒜组培脱毒的理想外植体。基部营养叶离体培养形成的鳞茎有感染病毒的危险，为此 Ayabe 和 Sumi（1998）建立了一种大蒜组培脱毒方法——茎盘培养法。茎盘培养脱病毒的主要操作流程为：将带有茎盘的鳞茎基部切成立方体小块，放在 70% 的酒精中消毒 5 min，去掉贮藏叶和营养叶，剩下约 1 cm 厚的茎盘，每个茎盘分为 4 份，接种到 LS 固体培养基上，置于 25 ℃、3 000 lx、16 h/d 光照条件下培养。大约 1 周后茎盘外植体表面出现多个圆顶状结构，并长出愈伤组织，2 周后分化出绿芽，3 周后茎长至 1 cm 左右。在不加任何植物生长调节剂的培养基中，平均每个茎盘可分化 15 个芽，明显高于加植物生长调节剂的培养基，说明植物生长调节剂对茎盘分化具有抑制作用，且 NAA 的抑制作用强于 6-BA。当 NAA 浓度达到 1 g/L 时，愈伤组织基本不能分化出绿苗。形态学观察表明，NAA 促进愈伤组织形成，6-BA 则促进鳞茎基部营养叶伸长。低温预处理天数与形成的鳞茎数目成正比，作为外植体的茎盘须在 4 ℃ 低温下处理至少 4 周，当处理时间达到 8 周以上时，1 个鳞茎平均可分化出 25 个芽，其中 95% 的芽可以形成鳞茎，室温条件下则达不到此效果。与茎尖

培养脱病毒相比，茎盘培养脱病毒法的特点是分化效率高，周期短，大约3周后外植体表面可直接分化出多个小鳞茎；鳞茎的分化不需植物生长调节剂。

另外，茎盘培养早期表面长出的多个圆顶状结构，组织学观察表明，这种结构的内部细胞和形成过程均与大蒜鳞茎的茎尖培养相似。在相同的环境条件下，将分离的圆顶状结构接种到LS固体培养基上，同样能够分化出脱毒绿苗，长成完整植株。茎盘圆顶培养具有较高的繁殖效率，每个小鳞茎可产生15~20个脱毒植株，而且维持无毒的有效期超过3年。

4. 体细胞胚培养脱病毒 上述这些脱毒技术在实际生产中都是较好的方法，但繁殖系数仍相对较低，且费力耗时。为加速脱毒大蒜的微繁，人们利用大蒜外植体的非分生组织生产脱毒试管苗或试管鳞茎，并利用体细胞胚培养来繁殖大蒜，其具有数量多、速度快、结构完整、遗传性稳定等优点。将体细胞胚进行丸粒化，制成人工种子，还可实现大蒜种苗规模化、工厂化，对生产实践和理论研究都是一个重大突破，具有广阔的发展前景。

目前，从大蒜的茎尖、茎尖周围组织、叶原基、幼嫩叶、成熟叶、花梗、花药、根尖和茎盘等几乎所有的组织器官的离体培养都可以获得愈伤组织。在适宜的培养基上均可获得体细胞胚（图13-2A）和再生植株（图13-2B、C）。

（1）愈伤组织和胚状体诱导的影响因素。

①营养条件。大蒜胚性愈伤组织诱导的基本培养基有MS、B_5、LS、N_6、AE、BDS及其改良培养基。大多数学者认为，大蒜在NO_3^-/NH_4^+和NO_3^-、NH_4^+浓度均较高的条件下有利于愈伤组织生长和分化。如高述民（2001）认为增加NH_4^+/NO_3^-比例，体细胞胚形成率和胚/愈伤组织块比均增加。同时，还证实有机成分对大蒜出胚影响较大，有机成分中一定浓度的维生素B_1可提高体细胞胚形成率和胚/愈伤组织块比，较高浓度的维生素B_6可能亦有一定的促胚效应。采用蔗糖或葡萄糖对大蒜愈伤组织的诱导无明显差异，体细胞胚培养所需蔗糖通常为3%左右。酪蛋白水解物比乳蛋白水解物更有利于诱导胚状体形成。

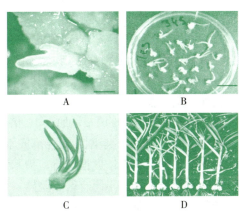

图13-2 大蒜体细胞胚脱毒过程
A. 大蒜体细胞胚 B. 体细胞胚再生不定芽
C. 大蒜丛生芽 D. 脱毒苗的田间植株
（引自 Ayabe 等，2001）

②外植体。外植体来源及其所处的发育阶段（生理状态）是影响胚性愈伤组织和体细胞胚形成的重要因子。根尖、发芽叶基、茎盘带茎尖是较为合适的外植体。根尖的胚性愈伤组织诱导率一般在60%以上，有的甚至达93%~100%。虽然茎盘（带茎尖）、叶基部的胚性愈伤组织诱导率比根尖低，但也在50%左右。王洪隆（1994）报道叶基部胚性愈伤组织诱导率达91%，中部和上部的胚性愈伤组织发生率明显降低。发芽叶单独培养不能形成愈伤组织，只有发芽叶与贮藏叶一起培养才能诱导愈伤组织的形成，这可能是贮藏叶为发芽叶培养提供了必要的植物激素和生物活性因子。但郑海柔等（1990）利用发芽叶单独培养却诱导出胚状体，且诱导率达80%以上。外植体的大小对胚性愈伤组织的诱导也有极大的影响，2~3 mm的茎盘可诱导出胚性愈伤组织，5~6 mm茎盘则不能诱导出胚性愈伤组织，可能是外植体太大，本身内部环境协调性好，外界环境对它的影响不大而引起的。

③植物生长调节剂。大蒜的胚性愈伤组织诱导一般在含有生长素和细胞分裂素的固体培养基上进行。外植体不同，对植物生长调节剂的要求有差异。茎尖和叶片在含1~2 mg/L IAA或0.05~0.1 mg/L 2,4-D的培养基上有较高的诱导率；2,4-D和KT对诱导花梗愈伤组织是必

需的，而 NAA 是诱导花药愈伤组织的必要前提；花药在含 2 mg/L NAA 的 B_5 培养基上诱导效果较好。一般来说，1~5 mg/L 的 2,4-D 促进黄白色愈伤组织的形成，1~5 mg/L 的 NAA 则促进绿色愈伤组织的形成。

（2）愈伤组织的分化。不同来源的愈伤组织分化能力不同，从叶原基诱导的愈伤组织比茎尖诱导的更易分化。松脆型的愈伤组织比致密型的愈伤组织更有利于芽的分化。愈伤组织的分化随培养基和愈伤组织的来源不同，而对植物生长调节剂的要求不同。不定芽的发生在 B_5 培养基中需要高浓度的 KT（2~4 mg/L）；在 LS 培养基中，则需较低浓度的 6-BA（0.25 mg/L）。从花茎诱导出来的愈伤组织在无 2,4-D 存在时即可分化出芽和根。根尖形成的根瘤分生组织可在 0.5~1.0 mg/L NAA+1.0 mg/L KT 的 MS 培养基上再生出完整植株。

（二）大蒜病毒检测

目前，普遍应用的植物病毒检测方法有形态观察法、指示植物法、电子显微镜技术、血清学技术和 RT-PCR 技术。

1. 形态观察法　大蒜病毒病主要表现为花叶、扭曲、矮化、褪绿条斑和叶片开裂等症状。根据这些症状在田间的表现，直接剔除病株，保留正常生长植株。但对症状不甚明显的大蒜潜隐病毒病，不宜用此方法。

2. 指示植物法　鉴定大蒜病毒用的寄主主要是茄科、藜科（Chenopodiaceae）、十字花科和百合科等植物，它们对某种病毒有化学专一性反应，因此可作为指示植物。利用蚕豆（*Vicia faba*）和千日红等寄主植物可分离出 GLV 和 GMV 的毒原；利用苋色藜可检测到 GLV-G；通过人工接种鉴定，在昆诺藜上可观察到大蒜普通潜隐病毒（GCLV）的病斑。具体操作为：取贮藏叶（或培养长出的叶）约 1 g，加入 10 倍的 pH 7.0 的磷酸缓冲液，在研钵中研碎，制成病毒汁液，再将 500~600 目的金刚砂撒在藜或蚕豆等指示植物的叶上，蘸取病毒汁液进行摩擦接种，两周后观察结果。当病毒浓度很低时，指示植物并不能检测出来，而且由于指示植物的症状表现因病毒株系及气候条件的不同有很大差异，对病毒的鉴定造成一定困难，所以不同国家和地区都需要筛选适合于当地条件的指示植物。另外，指示植物如无特异性，无法有效地检测复合侵染中的各个病毒。

3. 血清学检测　自 1992 年 Messiaen 等利用血清反应首次在大蒜中检测出 GMV 后，血清沉淀反应、ELISA 定性和定量分析病毒的应用日益广泛。

（1）血清反应测定。试管沉淀法在血清学技术发展初期应用较多，现一般用来测定血清的效价。凝胶扩散通常用于分析抗血清和毒原的关系。大蒜的主要病原 GMV、GLV 和 TMV 就是利用琼脂糖双扩散法鉴定出来的。

（2）ELISA 法。ELISA 法已被广泛应用于大蒜病毒的定性和定量检测。该法用于测定液相内的微量蛋白质或其他微量物质，这种固液抗原-抗体反应体系不仅能保证抗原、抗体反应的特异性及定量关系，而且由于标记酶酶促反应的放大作用，其灵敏度高达纳克甚至皮克水平。近年来此项技术得到不断改进，形成了多种商用试剂盒，使病毒检测变得更为高效。

4. RT-PCR 法　RT-PCR 法是根据病毒 3′末端核苷酸序列设计的寡核苷酸引物，进行 PCR 扩增，经 3% 的琼脂糖凝胶电泳，产生特异性的 DNA 片段，通过对 RT-PCR 产物分析，区分出各种大蒜病毒，为证明大蒜受到多种病毒复合侵染提供依据。其优点有：①比 ELISA 法更灵敏，特异性更好，结果更可靠；②与 dsRNA 电泳技术相比，可检测皮克数量级的植物病毒及大规模样品。因此该技术在大蒜病毒检测方面具有广阔的应用前景。目前报道的利用 RT-PCR 技术检测的大蒜病毒有韭葱黄条斑病毒（LYSV）、大蒜普通潜隐病毒（GCLV）、大蒜潜隐病毒（GLV）、洋葱黄矮病毒（OYDV）等。对表达产物的分析表明，大蒜病毒家族 3′末端具有高度保守序列，可作为选择性扩增的靶标。

二、大蒜单倍体育种

利用花药培养技术可获得大蒜的单倍体植株,并通过人工染色体加倍获得纯合二倍体或多倍体,筛选和保存优良突变,并利用多倍体的相对巨大性和某些营养成分含量高的特点改良大蒜品质,培育大蒜新品种。另外,花药培养所产生的非单倍体植株也可为大蒜育种提供新种质。

(一)大蒜材料处理及培养

1. 取材和消毒 在春季大蒜抽薹时,选取田间生长健壮的带有 1~2 cm 花茎的花苞,用 1%醋酸洋红染色,观察花粉发育时期。当花粉发育到单核期时采集花苞。先用流水冲洗干净,再用70%酒精进行表面消毒 1 min,然后在超净工作台上用 0.1%氯化汞消毒 6~10 min,无菌水冲洗3~5次。

2. 接种和培养 用镊子和解剖针小心剥开花苞,将花药接到 N_6 基本培养基上。愈伤组织诱导的植物生长调节剂浓度为 3 mg/L 2,4 - D+2 mg/L 6 - BA。愈伤组织继代的培养基为 N_6+0.5 mg/L 2,4 - D+1 mg/L 6 - BA。在 25 ℃、16 h/d 光照条件下,接种 25 d 后形成愈伤组织。在分化培养基上,B_5 培养基的出芽率高于 LS 和 MS 培养基,并且较高含量的 KT(2~3 mg/L)有利于不定芽的形成。

(二)大蒜单倍体植株鉴定

大蒜单倍体植株可通过染色体观察进行鉴定。李懋学等(1996)研究发现,大蒜染色体制片比较困难,按常用的预处理溶液浓度处理,染色体虽能缩短,但往往出现粘连而不易分散,表现出受毒害的特征。后来发现用 25~50 mg/L 的放线菌酮(cycloheximide)在室温下处理整体幼苗 0.8~1.0 cm 长的根尖 5~6 h,能获得非常满意的结果。卡诺液(Carnoy's fluid)固定外植体 2 h 以上,置 70%酒精里保存于冰箱中,制片时用 1 mol/L 盐酸在 60 ℃ 水浴中解离 8 min,0.5%苏木精染液(hematoxylin)染色 4 h 后镜检。

三、大蒜原生质体培养

有关葱属原生质体培养的报道较少,原因是葱属是较难离体培养的植物,其原生质体培养则更是困难,通常只能进行 1 次或 2 次的细胞分裂。对原生质体培养中细胞分裂难以持续下去的原因至今不清楚,这与大蒜自身毒素硫化物[蒜氨酸(alliin)、蒜素(allicin)]的存在是否有一定相关性尚不清楚。

(一)大蒜原生质体分离

用于大蒜原生质体分离的外植体有花粉粒、幼小植株的基部叶及愈伤组织等。从田间植株上取回的叶片和花粉粒等材料先进行表面灭菌。分离原生质体的酶一般含 1%(质量体积分数)纤维素酶、0.2%果胶酶、1.0%(质量体积分数)离析酶、1.0%半纤维素酶。原生质体供体材料要与酶液充分接触,应将叶片下表皮去掉,并将去表皮的一面向下放入酶液,以保证原生质体的释放。愈伤组织则可直接放入酶液处理。处理需在黑暗条件下进行,其间偶尔轻轻摇晃,或在酶解结束时在摇床上进行短时间低速振荡,促进酶解,有助于原生质体的释放。如杨茹等(2011)发现,来自鳞茎果肉的悬浮细胞系在 2.0% Cellulase Onozuka R-10+0.2% Pectinase Y-23+0.55 mol/L 甘露醇+5 mmol/L $CaCl_2$+5 mmol/L MES 的酶液中,酶解 5 h,大蒜原生质体分离效果最好(图 13-3)。

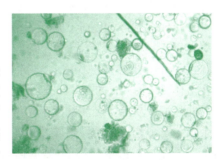

图 13-3 大蒜原生质体
(引自杨茹等,2011)

(二)大蒜原生质体培养

将分离纯化后的大蒜原生质体转入适宜的培养基中培养。从组培苗茎原基获得的原生质体在 4 d 内可开始进行细胞分裂，在 B_5＋1 mg/L 6-BA＋1 mg/L NAA＋0.1％水解酪蛋白的培养基上培养 5 周后，形成愈伤组织，愈伤组织于 B_5＋40 mg/L 腺苷＋10％椰子汁的培养基上形成不定芽，转至无植物生长调节剂的 B_5 培养基上可长成小植株。从幼叶和愈伤组织中获得的原生质体分别在 5～6 d 和 2～3 d 内可开始分化。

第二节 胡 萝 卜

胡萝卜为伞形花科（Umbelliferae）植物。胡萝卜离体培养易产生胚状体，并容易获得再生植株，因而生物技术在胡萝卜育种上的应用十分广泛，已成为人工种子深入研究的模式植物。本节主要介绍胡萝卜体细胞胚胎发生、体细胞杂交和遗传转化的基本方法。

一、胡萝卜体细胞胚胎发生

体细胞胚胎发生最早是由 Reinert 和 Steward 等各自于 1958 年发现的，他们分别从固体培养基的胡萝卜愈伤组织和悬浮培养的细胞系中得到了体细胞胚。

(一)胡萝卜体细胞胚胎发生体系的建立

1. 培养步骤 现在许多植物都已应用体细胞胚胎发生途径获得再生植株，但这些植物的体细胞胚胎发生的细胞学和组织学研究都出自胡萝卜这一模式植物，其培养的主要步骤如下（图 13-4）：

（1）愈伤组织的诱导和继代。诱导愈伤组织所用的外植体可为无菌苗的下胚轴（长 0.5 cm）或消毒叶柄（长 0.5～1.0 cm）、储藏根（横切面 0.5 cm²）。诱导愈伤组织的培养基为 MS＋0.1～1.0 mg/L 2,4-D＋30 g/L 蔗糖＋8 g/L 琼脂。在温度 26 ℃、黑暗条件下培养 4～8 周，即可获得愈伤组织。愈伤组织可转到相同成分的悬浮培养基上进行继代培养，每 50 mL 液体培养基中加 2.5～3.0 g 愈伤组织，摇床转速为 80～160 r/min，每隔 14～18 d 继代培养一次，光照 1 000 lx（图 13-4E_1），也可在固体培养基上进行继代培养（图 13-4F）。

（2）体细胞胚的诱导。继代 4 次以上的愈伤组织，用不锈钢的孔径为 32、63、125 μm 的过滤筛过滤。将保留在 32 μm 过滤筛上的细胞团悬浮在液体培养基中，在 1 000 r/min 转速下离心，

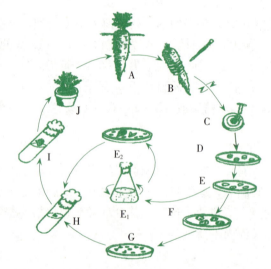

图 13-4 胡萝卜繁殖和体细胞胚胎发生过程
A. 带储藏根的胡萝卜植株 B. 灭菌后的储藏根，切成 1～2 mm 的切片 C. 用打孔器取形成层组织 D. 预培养
E. 愈伤组织诱导（E_1. 悬浮培养；E_2. 体细胞胚诱导）
F. 愈伤组织继代培养 G. 体细胞胚诱导
H～J. 体细胞胚植株再生
（引自 Torres，1988）

重复此过程 5 次后，沉淀物用于体细胞胚诱导。体细胞胚诱导培养基是不含 2,4-D 的培养液，其余成分与愈伤组织诱导培养基相同。加入 5 mmol/L 的 Ca^{2+} 有利于胚胎发生。培养 10～18 d，将上述悬浮培养物移入 1/2 MS 固体培养基中使体细胞胚成苗（图 13-4H）。

（3）体细胞胚胎发生的主要阶段。胡萝卜的胚性培养物是在无植物生长调节剂的培养基中形成的，而单细胞不能在无植物生长调节剂的培养基上直接分化形成胚状体。因此认为体细胞胚胎发生至少经历两个阶段，即需要生长素阶段和不需要生长素阶段。在球形胚出现之前，先形成胚

性细胞团，它们是在含有生长素的培养基上形成的（0 期）；胚性细胞团转到无植物生长调节剂的培养基上进行体细胞胚诱导，细胞缓慢增殖（1 期）；胚胎发生细胞团某部分细胞在体细胞胚生长发育培养基上迅速分裂，形成球形胚（2 期）；球形胚在成苗培养基上经历心形胚和鱼雷形胚，发育形成再生植株（3 期）。

2. 影响体细胞胚胎发生的主要因素

（1）外植体。基因型往往是体细胞胚胎发生的决定因素。外植体的来源及其所处的发育阶段（生理状态）是影响体细胞胚胎发生的重要因子。一般来说，下胚轴、叶柄和储藏根等都是较理想的外植体。

（2）植物生长调节剂。生长素和细胞分裂素在胚性愈伤组织和体细胞胚胎发生的诱导阶段起作用，而脱落酸是在体细胞胚发育成熟阶段起作用。生长素类，尤其是 2,4-D，是胚性细胞诱导的决定因子，但它抑制胚性细胞的发育。处于 0 期的细胞如不经 2,4-D 预培养，0 期的细胞则丧失全能性，不能形成体细胞胚。ZT 对胡萝卜悬浮培养细胞的体细胞胚胎发生的各个阶段均有促进作用。到了 2 期，细胞分裂素主要是通过促进细胞分裂而有利于体细胞胚的形成。培养基中加入一定浓度的 ABA 可增强胚性愈伤组织的形成和体细胞胚胎的发生，ABA 对胡萝卜体细胞胚的成熟也非常重要，可以防止畸形胚的产生。

（3）营养条件。用于胡萝卜体细胞胚胎发生的常见培养基有 B_5、MS、SH 或改良的 MS 培养基。许多研究认为，还原型氮对胡萝卜体细胞胚的启动和成熟特别重要。氮是植物生长时组织定量吸收的主要元素，由于氧化型氮的吸收是耗能的，补充还原氮将对植物的生长更有效。除 NH_4^+ 的形式外，还原型氮还有多种形式，如椰子汁、水解酪蛋白以及多种氨基酸等。

金属离子在胡萝卜体细胞胚胎发生的过程中也是一个重要的因子。Ca^{2+} 能提高胡萝卜形成体细胞胚的量。K^+ 是维持阴阳离子平衡的主要阳离子，也是最常见的有机离子结合者，细胞质中的许多酶的构象、活性以及胞质的渗透势都离不开 K^+。

（4）环境因子。影响体细胞胚胎发生的环境因子有：①光。胡萝卜体细胞胚胎发生过程中，完全黑暗或连续光照都能产生正常的成熟胚。高强度的白光、蓝光抑制胡萝卜悬浮细胞的体细胞胚胎的发生和生长，而红光或绿光条件下体细胞胚的产率最高。②细胞密度。由于细胞间存在信息交流和相互作用，因此，悬浮培养的细胞密度会影响体细胞胚胎发生的频率。高细胞密度（10^5 个/mL）是单细胞形成胚性细胞团所必需的，而较低密度（2×10^4 个/mL）对胚性细胞团发育成体细胞胚更有利。③气体。生物反应器中培养的胡萝卜细胞，氧气浓度强烈地影响着随后的体细胞胚胎发生。20%~40%的氧气浓度能大大提高鱼雷形胚和子叶形胚的产生频率。当氧气浓度增加到 7%时，心形胚产生的量就会增加。④发育的同步性。为了一次性获得大量的体细胞胚，必须使发酵罐里悬浮培养的体细胞胚处于相同的发育时期。通过不断地筛选和密度梯度离心以及优化培养条件可解决胡萝卜体细胞胚不同步发育的难题，实现从单细胞到再生完整植株的同步化。

（二）胡萝卜人工种子

大量繁殖体细胞胚并制成人工种子，可为植物的无性繁殖开辟一条崭新的途径。Kitto（1981）用聚环氧乙烷（polyethylene oxide）包埋胡萝卜胚状体，首次制造出胡萝卜人工种子，经过各种处理，其存活率可提高到 58%。目前，利用胡萝卜胚状体制成的人工种子，在无菌条件下成苗率可达 98%，从而使胡萝卜人工种子在生产和应用上成为可能。

1. 人工种皮 最早的人工种皮是 Kitto（1981）报道的聚环氧乙烷，它虽解决了胚状体的保护问题，但难以包埋单个胚状体，也不能提供足够的营养。后来发现褐藻酸盐（alginate）（钙）是人工种子的理想包埋材料，但褐藻酸盐对水具有通透性，易粘连和失水。现在发现海藻酸钠（sodium alginate）和藻朊酸钠较适合作胡萝卜的人工种皮。

2. 人工种子包埋 胡萝卜人工种子包埋通常采用水凝胶法，即用吸管将一个胚状体吸到吸管尖端膨大部位，在此膨大部位盛有海藻酸钠或褐藻酸钠凝胶，再把它们一起挤入 $CaCl_2$ 或 $Ca(NO_3)_2$ 溶液中进行络合。海藻酸钠浓度为 0.5%～5%（质量体积分数），络合剂浓度为 30～100 mmol/mL，络合时间以 30 min 为佳。

3. 人工种子贮藏和萌发 人工种子可浸入石蜡中保存，也可装入铝箔保存。铝箔袋贮藏运输和销售方便，但贮存时间短。经干燥处理的人工种子在 20 ℃下贮存，可保存 2 个月以上。胡萝卜人工种子在无菌条件下，经过一定的处理，有较高的萌发率和再生率（60%～90%）。但目前在有菌条件下的萌发率仍很低，不超过 10%，因此有待于进一步研究，使人工种子能够大规模用于实践。

二、胡萝卜原生质体培养及体细胞杂交

胡萝卜原生质体培养成功地应用于产生种内、种间、属间杂种。20 世纪 70 年代和 80 年代广泛开展了胡萝卜属与欧芹属（*Petroselinum*）体细胞杂交，随后也有胡萝卜与大麦、水稻进行体细胞杂交的成功例子。

（一）胡萝卜原生质体分离

1. 外植体材料 胡萝卜幼苗的叶、肉质根和悬浮培养细胞所产生的胚性细胞都可用来分离原生质体，尤以胚性细胞或胚状体为佳。

2. 原生质体分离 从田间植株上取回的叶片、肉质根等材料首先进行表面消毒，对于试管苗的下胚轴、悬浮细胞、胚性细胞等可省去灭菌步骤。分离原生质体的酶一般含 1%～10%纤维素酶、0.1%～1.0%离析酶、1.0%半纤维素酶、1.0%崩溃酶（driselase），有时同时使用这几种酶，有时只用其中的两种，但必须含有纤维素酶和离析酶中的一种。酶处理需在黑暗条件下进行，其间偶尔轻轻摇晃，或在酶解结束时在摇床上进行短时间低速振荡，这样可以促进酶解，有助于原生质体的释放。

3. 原生质体纯化 酶解结束后，通常采用过滤和离心的方法去除其中的细胞碎片及细胞团以得到纯净的原生质体。滤网孔径一般为 50 μm 左右。收集到的滤液以 500 r/min 的转速离心 1～5 min，使完整的原生质体下沉。用吸管吸去上清液，加入原生质体清洗液［8%（质量体积分数）甘露醇和 0.1%（质量体积分数）$CaCl_2 \cdot 2H_2O$］清洗两遍，并再次离心。最后用原生质体培养基再清洗一次即可进行培养。如果原生质体不纯（含有较多细胞碎片），为了得到完整均一的原生质体，还必须用高浓度的蔗糖进行漂浮纯化或用 Ficoll 的不连续梯度分离出不同大小和类型的原生质体悬浮液层。

（二）原生质体培养

1. 培养基 原生质体培养基往往要根据原生质体的特殊要求，在细胞培养基的基础上适当加以调整，加入保持原生质体稳定、促进细胞壁再生的成分，才能取得满意结果。不同来源的胡萝卜原生质体的适宜培养基见表 13-1。

表 13-1 胡萝卜原生质体培养的适宜培养基

（引自孙勇如，1990）

原生质体的来源	酶液	基本培养基	植物生长调节剂
悬浮培养细胞	0.5% Cellulase Onozuka P 1500 0.25% Rhozyme HP150	B_5	0.1 mg/L 2,4-D
肉质根	5%纤维素酶、0.1%果胶酶	B_5	0.1 mg/L 2,4-D 和 NAA
愈伤组织	5%纤维素酶、2% Macerozyme R-10	B_5	0.5 mg/L 6-BA
球形胚	2% 崩溃酶	LS	0.1 mg/L 2,4-D
肉质根	1%纤维素酶、0.5%果胶酶	改良 NT	2.0 mg/L 2,4-D 和 0.25 mg/L KT

2. 培养方法 常用的原生质体培养方法有固体培养、液体培养和固-液双层培养。胡萝卜原生质体培养通常采用固体培养法,琼脂含量为0.8%~1.2%。

(三) 胡萝卜体细胞杂交

随着多种植物原生质体培养的成功及融合方法的改进,体细胞杂交获得了巨大成功。图13-5是胡萝卜与大麦原生质体融合与筛选过程的示意图以及体细胞杂种的表现。

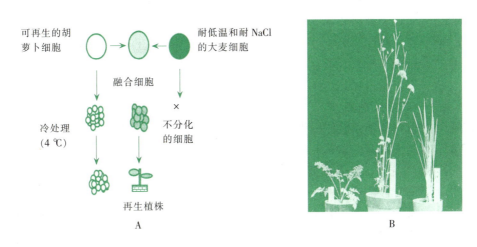

图13-5 胡萝卜与大麦原生质体融合和再生植株
A. 体细胞融合过程 B. 体细胞杂种及其亲本
(引自Kisaka等,1997)

1. 原生质体融合 胡萝卜原生质体融合的常用方法有PEG法和电融合法。PEG法操作程序比较复杂,各个操作细节都影响杂交效果。对融合影响较大的因素有原生质体的生理状态、纯度、密度、PEG浓度(15%~45%)和质量、Ca^{2+}浓度、处理时间、洗液的成分和诱导融合的程序等。Ca^{2+}、Mn^{2+}可促进融合,Mg^{2+}、Na^+和K^+无效。Senda等(1979)发现在两根毛细玻璃微电极间加上一个强度为5~12 μA、时间为几个毫秒的电脉冲可以使接触在一起的原生质体发生黏合,同时利用不对称的电极结构,产生不均匀的电场,使黏合的原生质体质膜瞬间破裂,从而与相邻的原生质体连接闭合,产生融合体。司家刚等(2002)成功利用电融合法,通过原生质体非对称融合获得胡萝卜种内胞质杂种。

2. 体细胞杂种筛选与鉴定

(1) 体细胞杂种筛选。常用方法有3种:①机械分离法。利用流式细胞仪分离杂种细胞。效果较好、效率高,但仪器昂贵,应用不广泛。②抗药性互补法。这是最常用的方法。如Kathari等(1986)利用抗除草剂磷酸甘氨酸(30 mol/L)、5-甲基色氨酸(0.46 mol/L)、硒酸钠(0.2 mol/L)和硒代胱氨酸(0.1 mol/L)对胡萝卜突变体进行了体细胞杂种筛选并获得成功;Harms等(1981)利用抗S-(2-氨乙基)-L-半胱氨酸(ACE)与抗铃兰铵盐(AZC)突变体互补,筛选杂种细胞也取得较好结果。③核失活互补法。通过诱变方式,建立具有营养缺陷或抗性的突变细胞系。当两个不同的营养缺陷型的原生质体融合后,由于双亲的营养缺陷(隐性性状)互补,杂种细胞表现正常,或是两个单抗的细胞系经融合而抗性(显性性状)互补,产生双抗的杂种细胞,这样,通过相应的培养基就可以将杂种细胞选择出来。一般用碘乙酰胺(iodoacetamide, IOA)或碘乙酸处理受体,使细胞核失活,单独培养不能生长和分裂。而供体由于受到射线辐射,大部分染色体受到损伤,不能生长,只有融合体发生互补作用才能生长,从而挑出杂种。Tanno-Suenage(1988,1991)利用此方法获得了胡萝卜胞质杂种。

(2) 杂种植株鉴定。当获得了再生植株后，必须对其做进一步鉴定，以证明杂种的真实性。胡萝卜体细胞杂种植株鉴定的方法除了传统的形态学、细胞学以及生物化学方法外，近年来发展的分子生物学对杂种进行鉴定已成为强有力的手段，在胡萝卜的杂种鉴定中已有很多成功报道。

三、胡萝卜遗传转化

目前已建立起来的多种植物基因转化系统中，载体转化系统是应用最多、技术最成熟、成功实例最多的一种转化系统，其中尤以 Ti 质粒转化载体在国内外应用最为广泛。胡萝卜作为体细胞胚胎发生的模式植物，容易受到农杆菌侵染，利用胡萝卜不同外植体进行遗传转化的研究已有较多报道，下面主要介绍农杆菌载体介导转化法。

（一）胡萝卜外植体的准备

基因型和外植体对胡萝卜遗传转化频率有较大影响，在叶柄、子叶、下胚轴和根这 4 种外植体中，叶柄的转化频率最高。胡萝卜种子用 70% 的酒精表面消毒 30 s，然后用 2% 的次氯酸钠灭菌 15 min，无菌水冲洗 3 次后接种到 MS 培养基上，在 24～26 ℃下培养 1 周获取各种外植体。如以胚性愈伤组织与农杆菌共培养，可用 1 周苗龄的无菌苗下胚轴为外植体，切成 1 cm 长，接种到 B_5＋0.1 mg/L 2,4-D＋30 g/L 蔗糖培养基中悬浮培养，放置到 120 r/min 的摇床上，获得的悬浮细胞用孔径 100 μm 的过滤网过滤，并悬浮在新鲜培养基上。

（二）菌株培养

挑取平板培养基（LB 或 YEB）上带有目的基因和选择性标记（或报告）基因的农杆菌菌株的单菌落，接种于含 0.5～100 mg/L 巴龙霉素（paromomycin）或卡那霉素、25 mg/L 利福平（rifampicin）的 LB 或 YEB 培养基上。28 ℃振荡暗培养过夜到细菌生长对数期，用培养基稀释菌液，再振荡培养 4～6 h，将菌液稀释至在 600 nm 波长下的光密度值为 0.3～0.35。

（三）胡萝卜外植体与菌株共培养

1. 悬浮细胞与农杆菌共培养 悬浮细胞用孔径 100 μm 的过滤网过滤后，收集到的滤液以 500 r/min 的转速离心 1～5 min，然后重新悬浮在 50 mL 的新鲜培养基中，在共培养培养基中加入 500 μL 含 100 μmol/L 乙酰丁香酮的农杆菌菌液。共培养 2 d 后，收集悬浮细胞进行低速离心，再用培养液洗涤 1 次。然后在无菌条件下进行 β-葡糖醛酸糖苷酶（GUS）检测，呈阳性的组织或细胞继续培养，淘汰非阳性的组织和细胞。

2. 组织器官与农杆菌共培养 从无菌苗上切取的外植体在农杆菌液中悬浮培养 5 min，然后转到共培养培养基（MS＋0.2 mg/L 2,4-D＋2% 蔗糖＋0.8% 琼脂）上培养 2～7 d。共培养后在筛选培养基 [MS＋0.2 mg/L 2,4-D＋500 mg/L 头孢噻肟钠（cefotaxime sodium）＋100 mg/L 卡那霉素] 上培养 2 周后，转到新鲜的筛选培养基（头孢噻肟钠降为 250 mg/L）上培养 4 周，最后胚性愈伤组织在无 2,4-D 的筛选培养基上培养 8～10 周就可获得再生植株。

（四）植株再生

液体培养的细胞经过几次继代后，有的长成 1～2 g 大小的细胞团，将其分成小块转接到 B_5 液体培养基中，添加 0.1 mg/L 2,4-D、10 mg/L 庆大霉素（gentamicin）和 200 mg/L 头孢噻肟钠，进一步分化成胚状体。长成胚状体后，将经过过滤离心的胚状体接种到无激素的 B_5 液体培养基中，内含 200 mg/L 头孢噻肟钠，2 周后转到半固体培养基（其中含 1.5% 蔗糖、10 mg/L 庆大霉素和 200 mg/L 头孢噻肟钠）中，在光照 16 h/d、温度 24～26 ℃条件下，培养 4 周后长出胚性愈伤组织并开始组织分化，进一步培养获得转基因植株。

（五）胡萝卜转基因植株的检测

获得再生植株后，关键的一步是对遗传转化的植株进行鉴定和分析，以确定外源基因在受体细胞基因组中的整合、外源基因插入的拷贝数和插入部位，以及在转录和翻译水平上的表达情况。研究认为转基因植株应有的证据为：①有严格的阴性和阳性对照；②转化当代提供外源基因整合和表达的分子生物学证据；③外源基因控制性状的证据（如抗虫或抗病等）；④有性繁殖作物需提供目的基因控制表型性状传递给后代的证据，无性繁殖作物需有进一步稳定繁殖一代的证据。在对转基因植株进行鉴定和分析时，应注意有些转化体可能"逃脱"选择压力（如一定浓度的抗生素和除草剂等条件）的选择以及外源基因在受体植物中的稳定性问题，分子杂交技术是证实外源基因在植物染色体上整合的可靠方法。

第三节 草 莓

草莓是蔷薇科（Rosaceae）草莓属（*Fragaria*）多年生草本植物，传统繁殖方式主要有匍匐茎（stolon）繁殖和分株繁殖，效率较低，不利于优良品种推广，且长期无性繁殖易积累多种病毒，导致品种退化，产量和品质下降。将植物组织培养技术应用于草莓生产，不仅能够在较短时间内提供大量整齐一致的良种苗和脱毒苗，而且能更有效地培育出抗病高产良种。自20世纪60年代以来，草莓在茎尖培养、叶片培养、花药培养、胚培养、原生质体培养等方面取得了很大进展。

一、草莓脱病毒苗培育

草莓病毒病是指草莓感染上不同的病毒后引起发病的总称，在栽培上表现的症状大致可分为黄化型和缩叶型。草莓病毒分布广且种类较多，我国已鉴定明确的草莓病毒有7种，其中经济危害严重的病毒主要有4种：草莓斑驳病毒（SMoV）、草莓皱缩病毒（SCV）、草莓镶脉病毒（SVBV）和草莓轻型黄边病毒（SMYEV）。这些病毒主要是由蚜虫传播，通过组织培养则可脱除各种病毒，解除草莓病毒病的危害。

（一）草莓脱病毒技术

脱除草莓所携带病毒的方法主要有茎尖培养、茎尖培养和热处理相结合、花药培养等。

1. 茎尖培养脱病毒 小于0.3 mm的茎尖脱毒效果较0.3 mm的好，但成活率不如0.3 mm的；小于0.5 mm的茎尖也可获得脱病毒植株，1~3 mm的茎尖没有脱毒效果。草莓茎尖分生组织（0.2~0.4 mm）可一次性培养出试管苗，出苗率为83%~90%，脱毒率为100%。综合考虑，以切取带有1~2个叶原基的生长点（0.3~0.5 mm）为宜。

（1）取材和消毒。在草莓匍匐茎发生最多的季节（6~8月）剪取5 cm左右长的顶梢，剪去叶片，自来水冲洗干净。在超净工作台上用70%酒精浸蘸3~5 s，0.1%~0.2%的氯化汞或6%~8%的次氯酸钠灭菌2~10 min，无菌水冲洗3~4次后，体视显微镜下用解剖针剥去茎尖外面的幼叶和鳞片，露出生长点，切取带有1~2个叶原基的茎尖用于接种（图13-6A）。

（2）接种和培养。草莓茎尖培养常以MS、1/2 MS、White等为基本培养基，所需植物生长调长剂浓度较低，以0.2~0.5 mg/L 6-BA、0.01~0.05 mg/L NAA较好。培养过程中应根据芽的生长状况来调整培养基中6-BA含量。起始培养可在MS+0.5 mg/L 6-BA+0.1 mg/L GA_3+0.2 mg/L IBA中进行。分化培养基和增殖培养基可用MS+0.5~1.0 mg/L 6-BA+30 g/L 蔗糖+7~8 g/L 琼脂，pH 5.8~6.0。培养条件：温度25~30 ℃，光照度1 500~2 000 lx，每天光照10 h，培养20 d后开始分化成丛生芽（图13-6B）。

（3）生根和驯化。草莓生根培养以1/2MS为基本培养基，不添加6-BA，只附加生长素，多使用0.2~1 mg/L IBA或0.5~1 mg/L IAA。生根培养至试管苗根长2~3 cm时，将瓶盖除去，在温室里放置3~4 d进行锻炼。锻炼后，将苗从瓶中取出，洗去基部培养基，移栽到盛有营养土或蛭石的塑料营养钵内，再覆塑料薄膜拱棚保湿，保持相对湿度85%以上、温度

22~25 ℃，7~10 d 后，试管苗长出新叶、发出新根，可逐渐将小拱棚揭开，经过驯化 20~30 d 后的试管苗可移栽至大田（图 13-6C）。

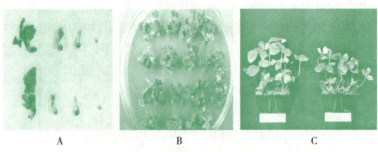

图 13-6 草莓茎尖脱毒过程
A. 茎尖的分离过程　B. 再生的丛生芽　C. 驯化的脱毒苗
（引自 Torres，1988；Passey 等，2003）

2. 热处理和茎尖培养相结合脱病毒

（1）材料准备。用于热处理的盆栽草莓苗，根系要生长健壮，最好在定植后 1~2 个月进行。草莓苗最好带有成熟的老叶，以增加其对高温的抵抗力。为了保湿，需增加空气湿度，可将花盆用塑料薄膜包上。

（2）热处理。将盆栽小苗或试管苗放入人工气候箱中，每天在 40 ℃下处理 16 h、35 ℃下处理 8 h，变温处理 4~5 周后分离茎尖进行培养可达到脱毒目的；或者在 38 ℃恒温、相对湿度 60%~70%下，处理 12~50 d，时间因病毒种类而定。或将草莓盆栽小苗或试管苗在 35 ℃下热处理 7 d 后逐步升温至 38 ℃，在相对湿度 40%~68%、光照度 4 000~5 000 lx 条件下热处理 35 d 后，将长出的新茎尖进行组织培养，可获得 100%脱毒苗。但是，草莓植株耐热性差，热处理盆栽苗受热易死亡，脱毒效果差，应用比较困难，而试管苗进行热处理可以显著提高脱毒效果。

3. 花药培养脱病毒　花药培养获得脱毒苗是大泽胜次（1974）等首次发现的。他在花药培养中未能获得单倍体植株，但发现所得的再生植株比母株生长更旺盛，后经鉴定证明花药培养植株均为脱毒植株，脱毒率达 100%。现在，花药培养已作为培育草莓无病毒苗的主要方法之一。花药培养之所以能获得脱毒植株，可能是在形成愈伤组织和由愈伤组织诱导植株的过程中能除掉病毒。

（1）取材和消毒。春季草莓现蕾时，取单核期花蕾（直径约为 4 mm），于 4~5 ℃低温下处理 24 h，然后在超净工作台上，将花蕾浸入 70%酒精中 30 s，再用 10%漂白粉或 0.1%氯化汞消毒 10~15 min，无菌水冲洗 3~5 次。用镊子小心剥开花冠，取下花药放到培养基上，切勿将花丝、花冠以及其他二倍体组织作为接种材料。

（2）接种和培养。草莓花药培养诱导愈伤组织的培养基为 MS+1.0 mg/L 6-BA+0.2 mg/L NAA+0.2 mg/L IBA；植株再生培养基为 MS+1.0 mg/L 6-BA+0.05 mg/L IBA。一般花药培养 20 d 后即可诱导出小米粒状乳白色的愈伤组织。有些品种不经转接，在接种 50~60 d 后就有部分愈伤组织直接分化出绿色小植株。不同品种花药愈伤组织的诱导率不同，植株再生频率也有差异。附加少量 0.1~0.2 mg/L 2,4-D 可提高诱导率和分化率。

（二）草莓脱病毒苗检测

脱病毒苗检测方法有指示植物小叶嫁接鉴定法、电子显微镜鉴定法和分子生物学鉴定法。

1. 指示植物小叶嫁接鉴定法　嫁接前 1~2 个月，先将生长健壮的指示植物苗单株栽于盆中，成活后注意防治蚜虫。从待测植株上采集幼嫩成叶，除去左右两侧小叶，将中间小叶留有 1~1.5 cm 的叶柄削成楔形作为接穗。同时在指示植物上选取生长健壮的 1 个复叶，剪去中央小叶，在两叶柄中间向下纵切 1.0～1.5 cm 的切口，将待检测的接穗插入指示植物的切口内，用细棉线包扎结合部，罩塑料薄膜袋（图 13-7），或放在高相对湿度（大于 80%）的室内，温度为 20～25 ℃。

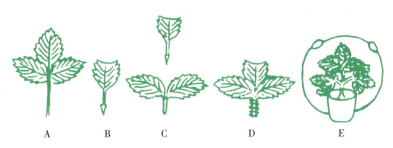

图 13-7 草莓小叶嫁接法
A. 待检测复叶 B. 待检测接穗 C. 指示植物 D. 嫁接 E. 套袋保湿
（引自刘庆昌等，2003）

若待检测植株有病毒，嫁接后 1.5～2 个月时，在指示植物新展开的叶片、匍匐茎上将出现病症。常用于草莓病毒检测的指示植物为 EMC（east malling clone of *Fragaria vesca*）系〔从欧洲草莓（*Fragaria vesca*）中选出的敏感型指示植物〕、UC（Frazier's runnering alpine seedling）系（由 Frazier 中选育出的指示植物，有一系列型号，生长势较 EMC 旺盛）和深红草莓中的 'King' 和 'Ruden'。草莓斑驳病毒在指示植物 UC_5 的叶片上出现褪绿斑驳，有时产生形状不整齐的黄色斑纹；在 EMC 上则产生黄白色斑点，叶脉透明，幼叶褪绿扭曲。草莓轻型黄边病毒在 UC_4 上叶脉坏死，老叶枯死或变红；在 EMC、UC_5、UC_{10} 上表现叶缘失绿、植株矮化。草莓镶脉病毒在 UC_5 上叶片向背面反卷，叶柄短缩；在 UC_6 上叶片沿叶脉出现带状褪绿斑，后期变为坏死条纹或条斑。草莓皱缩病毒在 UC_4、UC_5、UC_6 上会致叶片皱缩，扭曲变形，发病严重时，匍匐茎、叶柄上出现褐色坏死斑、花瓣上产生褐色条纹。

2. 电子显微镜鉴定法 应用电子显微镜可直接观察草莓细胞中有无病毒粒子的存在以及病毒颗粒的大小、形状和结构，从而判断草莓组培苗的带毒情况。但由于观察结果与病毒粒子浓度、病毒粒子形状等因素有关，如果方法和时机不当，会引起误差。因此，最好结合指示植物鉴定法和分子生物学法，互相验证和补充，使结果更可靠。

3. 分子生物学鉴定法 分子生物学检测方法主要有核酸检测法和蛋白检测法。核酸检测法包括 PCR 技术、双链 RNA（dsRNA）技术、多重 RT-PCR 技术等。蛋白检测法主要是 ELISA 技术等，目前已有 14 种草莓病毒或类病毒可以用 ELISA 技术进行检测，该方法较指示植物法迅速、准确，是目前鉴定草莓脱毒苗的最有效方法。

二、草莓无性系变异

对培养材料施加一定的选择压力，可使其遗传物质发生改变。这些变异给蔬菜品种改良提供了丰富的育种资源，逐渐成为利用生物技术进行蔬菜育种的重要内容。

（一）诱变的草莓外植体类型

1. 悬浮细胞 离体培养中的各种培养材料均可用于体细胞突变体筛选，而悬浮细胞是突变体筛选的理想培养材料。由于悬浮细胞分散性好，可以均匀地接触诱变剂和选择剂，选择效果好。同时，悬浮细胞形成的无性系可能是单细胞来源，避免了嵌合现象。但悬浮细胞培养较为复杂，对有些分化能力低的细胞，即使得到了抗性细胞系，也无法形成再生植株，从而影响了突变体在草莓育种中的应用。

2. 愈伤组织 愈伤组织是体细胞突变体筛选较为理想的材料，特别是胚性愈伤组织，能使突变体的分化能力保持较长时间。现已从草莓花药和叶片愈伤组织分化的再生植株中选育出 3 个草莓新品种；以不同抗炭疽芽孢杆菌（Bacillus anthracis）引起的炭疽病的草莓品种的茎尖为外植体，所得的再生植株对炭疽病的抗性有明显提高；利用草莓愈伤组织培养，也培育出早熟变异株系。

3. 单倍体细胞 单倍体细胞也是进行突变体筛选的理想材料。如 Svensson 等（1994）对草莓花药培养条件进行了研究，认为环境条件和培养基成分影响小孢子分裂及愈伤组织形成，在通过改变培养条件而获得的 105 个无性系植株中，有 92 株为八倍体（$8x$）、2 株为七倍体（$7x$）、7 株为十六倍体（$16x$）、4 株为混倍体（$4x\sim 8x$）；韩雪梅等（1997）也发现，多倍体供试母本（$2n=8x=56$）在花粉母细胞减数分裂时，染色体配对往往不规则，致使多数配子的染色体数很不正常，加上在花药培养过程中激素的种类和水平也可能对再生植株染色体数目造成影响，因而再生植株中从 $2x$ 至 $8x$ 的各种不同倍数的染色体组成都存在。

（二）草莓诱变方法

对培养材料进行诱变处理可增加变异概率，常用的诱变方法有化学诱变和物理诱变。

1. 化学诱变 化学诱变主要利用草莓培养材料与化学诱变剂相结合使培养材料发生变异，此方法为草莓育种及加快野生草莓利用提供了一条有效途径。如用聚氟苯基丙氨酸处理花药培养诱导的愈伤组织和再生植株，出现了染色体数目变异的植株；用除草剂西玛津及绿黄隆对草莓愈伤组织及茎尖培养物进行诱变，获得可耐受西玛津浓度高达 80 mg/L 的愈伤组织再生株系；利用草莓叶片再生植株技术，以草莓枯萎病病原真菌为选择剂，筛选抗性愈伤组织并诱导成株，将这些再生植株栽培于含病原菌的土壤中，同时人工接种病原孢子液来鉴定植株的抗病性，获得了抗病体细胞无性系。可见，开展抗性突变体筛选研究，有可能在短期内获得抗病、抗逆或抗除草剂的草莓新品种（系）。

2. 物理诱变 物理诱变主要是利用 ^{60}Co γ 射线或等离子束辐射草莓茎尖试管苗。如通过不同剂量 ^{60}Co γ 射线辐射草莓离体培养的茎尖，将分化出的芽丛立即用于继代繁殖，每隔 25 d 继代一次或直接诱导生根，可发现经过辐射处理的草莓茎尖组培植株能大大扩大突变谱。株高、株径、叶形、叶色、花器、育性、果实大小的突变体均只在辐射组出现，且株高、株径、单株果数和前三果均重 4 个主要农艺性状的辐射优变频率均明显高于劣变频率，说明利用辐射诱变可以改良栽培草莓的农艺性状。辐射对不同性状的诱变效应不同，芽梢的连续继代可能促进突变嵌合体的扩大和分离，从而获得突变体。草莓茎尖辐射诱变中株高和果重的突变性状具有较高的遗传传递力，可对这两个突变性状着重进行选择。

三、草莓种质资源保存

草莓种质资源的离体保存主要有冷冻保存和常低温缓慢生长保存。

（一）草莓冷冻保存

切取离体培养草莓幼茎上 0.3~0.4 mm 的分生组织，预先培养在含有冷冻保护剂二甲基亚砜的 MS 培养基上，以每分钟降 0.5~1.0 ℃ 的慢速冷冻至 −40 ℃，再将材料放入液氮中保存。解冻后冲洗去除冷冻保护剂，再经 7~10 d 培养开始生长，逐渐形成新梢。草莓茎尖若以慢速（1 ℃/min）或中速（60 ℃/min）冷却到 −196 ℃ 则不能存活，但可以忍受超速（1 000 ℃/min）冷却。草莓茎尖解冻通常用快速解冻法，即在 37~40 ℃ 的水浴中进行，约 90 s 后，再转入冰槽中保存，重新培养时从冰槽中取出即可。至 2016 年，德国国家草莓基因库已经成功利用冷冻保存技术完成了 183 个草莓品种和德累斯顿-皮尔尼茨堡野生草莓基因库收集的 270 个草莓品种的超低温保存。对草莓种质资源进行冷冻保存在我国已有一定的研究，但技术尚不够完善，有待进一步探索。

（二）草莓常低温缓慢生长保存

6月草莓抽生匍匐茎后，取匍匐茎的茎尖灭菌，接种在1/2MS＋7 g/L琼脂培养基（pH 5.8）上，形成完整植株后，取不带根的无菌苗转入MS＋0.5 mg/L 6-BA的培养基（pH 5.8）上进行增殖培养。增殖培养阶段条件：温度（25±1）℃，光照时间16 h/d，光照度2 500 lx。形成丛生芽后转入低温冰箱［（4±1）℃］中保存，此时光照度为500 lx，每份种质保存3瓶，每瓶有丛生芽40～50个。定期检查丛生芽成活率。在培养基中添加适宜浓度的多效唑（1.0～1.4 mg/L）或甘露醇（0.5%～1%），可延缓草莓试管苗的生长，延长保存期。赵密珍等（2006）用1/4MS＋0.5 mg/L 6-BA＋15 g/L 蔗糖＋12.5 g/L琼脂的培养基在常温下保存草莓试管苗11～13个月。

将低温保存的丛生芽分割成单芽转入MS＋2 mg/L 6-BA＋0.05 mg/L NAA的培养基上进行正常培养，单芽可持续正常发育，40～45 d形成无根苗。当培养基中不含植物生长调节剂或仅含NAA时，单芽基部产生水渍状愈伤组织，且生长缓慢，形成的苗往往纤细、弱小，不能正常成活。

小结

大蒜是一种花粉败育型的百合科葱属植物，目前脱除大蒜病毒的方法概括起来有茎尖培养、花序轴培养、茎盘培养和体细胞胚培养4种方式。脱毒植株检测的手段包括形态观察、指示植物、电子显微镜技术、血清学检测、RT-PCR技术。利用花药培养技术可获得大蒜的单倍体植株，为大蒜育种提供了新途径。

由于胡萝卜离体培养比较容易产生胚状体，所以它已成为人工种子研究的模式植物。影响胡萝卜体细胞胚胎发生的主要因素有外植体、植物生长调节剂、营养条件及环境因子等。体细胞杂交是建立在原生质体培养基础上的技术，目前已获得了胡萝卜与其他植物的体细胞杂种植株。胡萝卜的遗传转化主要应用农杆菌载体介导转化法。

长期以匍匐茎繁殖和分株繁殖的草莓品种易积累多种病毒而发生品种退化，导致产量和品质下降。草莓病毒病主要是由蚜虫传播引起的。通过植物组织培养的方法可以脱毒，解除草莓病毒的危害，因此组培脱毒是草莓组织培养的重要内容。脱除草莓病毒的方法有茎尖培养脱毒、茎尖培养和热处理相结合脱毒、花药培养脱毒。指示植物小叶嫁接鉴定法、电子显微镜鉴定法和分子生物学鉴定法可用于草莓脱毒苗的检测。此外，在草莓无性系变异育种、种质资源离体保存等方面也进行了较广泛的研究。

复习思考题

1. 阐述大蒜和草莓组培脱毒的方法和病毒检测手段。
2. 影响大蒜愈伤组织植株再生的因素有哪些？
3. 农杆菌载体介导转化法转化胡萝卜主要有哪些程序？

主要参考文献

刘庆昌，吴国良，2003. 植物细胞组织培养. 北京：中国农业大学出版社.
王德元，2002. 蔬菜生物技术概论. 北京：中国农业出版社.

赵密珍，王壮伟，钱亚明，等，2006. 不同培养基对草莓种质离体保存的影响. 果树学报，23（1）：27-30.

Ayabe M, Sumi S, 2001. A novel and efficient tissue culture method-"stem-disc dome culture"-for producing virus-free garlic (*Allium sativum* L.). Plant Cell Rep., 20：503-507.

Fereol L, Chovelon V, Causse S, 2002. Evidence of a somatic embryogenesis process for plant regeneration in garlic (*Allium sativum* L.). Plant Cell Rep., 21：197-203.

Freddi Hammerschlag, Sandra Garces, Margery Koch-Dean, 2006. *In vitro* response of strawberry cultivars and regenerants to *Colletotrichum acutatum*. Plant Cell, Tissue and Organ Culture, 84：255-261.

Hardegger M, Sturm A, 1998. Transformation and regeneration of carrot (*Daucus carota* L.). Molecular Breeding, 4（2）：119-127.

Hassan M N, Haque M S, Hassan M M, et al, 2014. An efficient protocol for somatic embryogenesis of garlic (*Allium sativum* L.) using root tip as explant. Journal of the Bangladesh Agricultural University, 12（1）：1-6.

Passey A J, Barrett K J, James D J, 2003. Adventitious shoot regeneration from seven commercial strawberry cultivars (*Fragaria*×*ananassa* Duch.) using a range of explant types. Plant Cell Rep., 21：397-401.

Svensson M, Johnsson L B, 1994. Anther culture of *Fragaria* × *Ananassa*：environmental factors and medium components affecting microspore division and callus production. Journal of Horticultural Science, 69（3）：417-426.

Teruaki S, Kurata K, 1999. Relationship between production of carrot somatic embryos and dissolved oxygen concentration in liquid culture. Plant Cell, Tissue and Organ Culture, 57：29-38.

Tokuji Y, Fukuda H, 1999. A rapid method for transformation of carrot (*Daucus carota* L.) by using direct somatic embryogenesis. Bioscience Biotechnology & Biochemistry, 63（3）：519-523.

Torres K C, 1988. Tissue culture techniques for horticultural crops. New York：Van Norstrand Reinhold.

Toyoda H, Horikoshi K, 1991. Selection for fusarium wilt disease resistance from regenerants derived from leaf callus of strawberry. Plant Cell Reports, 167-170.

第十四章
果树组织培养

果树是世界上十分重要的经济作物,由于其生产周期长、占地面积大、受环境条件制约等原因,果树新品种选育及苗木离体繁殖效率较低。植物组织培养的成熟与发展,为果树苗木离体快繁和遗传改良开辟了高效的途径。本章以苹果、葡萄、柑橘、香蕉为例,阐述了植物组织培养技术在果树上的应用。

第一节 苹 果

苹果属于蔷薇科(Rosaceae)苹果属(*Malus*),全世界苹果属植物约有35种,原产我国的有23种。自20世纪70年代以来,苹果茎尖培养技术日趋成熟,在脱病毒苗生产、矮化砧和无性系快繁方面得到广泛应用。80年代后,随着遗传转化技术的发展,苹果新品种选育也由个体水平逐步向细胞及分子水平过渡,为苹果品种改良和苗木繁育开辟了一条高效的新途径。

一、苹果脱病毒与离体快繁

(一)苹果脱病毒

1933年,人们首次报道了苹果的花叶病症状,目前世界上报道的苹果病毒病有39种,现我国已明确鉴定的主要苹果病毒有6种,即苹果锈果类病毒(apple scar skin viroid,ASSVd)、苹果花叶病毒(apple mosaic virus,APMV)、苹果皱果病毒(apple green crinkle virus,AGCV)、苹果褪绿叶斑病毒(apple chlorotic leaf spot virus,ACLSV)、苹果茎痘病毒(apple stem pitting virus,ASPV)和苹果茎沟病毒(apple stem grooving virus,ASGV)。苹果病毒病在我国苹果主产区分布广,其中潜隐性病毒带毒率高达40%~100%,且多为数种病毒复合侵染。因此,苹果脱毒具有十分重要的意义。脱毒方法主要有茎尖培养、热处理结合茎尖培养、微体嫁接培养、抗病毒剂处理脱毒。

1. 茎尖培养脱病毒 从母株上截取2~3 cm的新梢顶端,灭菌后在体视显微镜下切取0.1~0.2 mm大小茎尖,接种在茎尖培养基上,培养后获得小苗。茎尖脱毒是脱除ACLSV、ASGV、ASPV和APMV的有效方法。取一次茎尖,4种病毒的脱毒率分别为95.16%、97.56%、97.56%和100%;取两次茎尖,4种病毒的脱毒率均可达100%。但切取的0.1~0.2 mm茎尖培养难度较大,若茎尖大于0.2 mm,则难以脱除病毒,所以与其他方法结合更有效。

2. 热处理结合茎尖培养脱病毒 将已解除休眠还未萌发的植株置于温室内,在20~25 ℃条件下诱导芽萌发,待长到5~6片叶时,在32 ℃和35 ℃下,分别预处理1周,然后在(38±0.3)℃、相对湿度80%的条件下处理25~35 d,得到生长健壮的5~10 cm长的新生嫩枝。切取1 cm左右的新生嫩枝顶端,用70%酒精消毒30~60 s,再用0.1%氯化汞消毒10 min,最后用含0.5%维生素C和0.3%柠檬酸的无菌溶液冲洗3次。在超净工作台上利用体视显微镜剥取生长点,切取2 mm茎尖接种到含有6-BA和IBA的MS分化培养基上进行培养。培养条件:温度

25 ℃，光照度 1 000～1 500 lx，光照时间 12～16 h/d。试管苗长至 2～3 cm 时，转移到生根培养基中诱导生根，根系发达后进行驯化移栽。该方法可全部脱去 ACLSV 和 ASGV 等潜隐病毒。

3. 微体嫁接培养脱病毒 无菌条件下切取带 1～2 个叶原基的微尖，嫁接在试管中去顶的无毒砧木苗上，可得到完整脱毒植株，其解决了某些木本植物茎尖培养发根困难、生长缓慢的问题。利用该方法能够快速获得大量脱病毒苗，且当年能成定植苗，缩短育苗周期。

4. 抗病毒剂处理脱病毒 化学处理对植物病毒可起到抑制侵染和增殖、诱导寄主产生抗病性及促进植物生长的作用。目前最常用的脱毒药剂为嘌呤和嘧啶类似物、氨基酸、抗生素等，脱毒效果较好的是利巴韦林，但药害严重，易导致后代变异，且很难恢复生长。将中药板蓝根和西药利巴韦林分别加入 MS 培养基中，培养苹果茎尖，发现它们对苹果褪绿叶斑病毒、茎沟病毒均有很好的脱除作用。

（二）苹果脱病毒植株检测

普遍应用的检测方法有指示植物法、血清学法和核酸分子生物学技术。

1. 指示植物法 检测苹果褪绿叶斑病毒、茎痘病毒和茎沟病毒，可分别采用'苏俄'苹果、'光辉'和'弗吉尼亚'小苹果，检出率分别为 95%、100%、95%，在温室内鉴定 10 周即可完成。

2. 血清学法 血清学法是目前苹果脱毒植株检测常用方法，主要有：①ELISA 法，可以检测多种苹果病毒。②单克隆抗体技术。以单克隆抗体为基础的血清学方法是一种非常有用的病毒诊断工具。使用单克隆抗体减少了假阳性出现。在检测苹果褪绿叶斑病毒时比用 ELISA 检测至少灵敏了 0.1 ng/mL。③印迹免疫法。现已用免疫组织印迹法在'李和'苹果的幼苗中检测到苹果褪绿叶斑病毒、茎沟病毒和茎痘病毒。血清学法检测病毒的基础是利用病毒外壳蛋白的抗原性，但是类病毒缺乏外壳蛋白，如苹果锈果病毒，且目前多数果树病毒未能制备出特异抗血清，因此，血清学法在应用范围上有很大局限。

3. 核酸分子生物学技术 核酸分子生物学技术包括：①核酸分子杂交技术。该技术是苹果病毒检测常用方法，主要有点杂交、Southern 印迹杂交、原位杂交和 Northern 印迹杂交。②双链 RNA（dsRNA）法。植物受病毒感染后，体内的核糖核酸由单链 RNA（ssRNA）变成 dsRNA，dsRNA 对 RNA 氧化酶具有抗性，而未受感染者不存在这种双链分子。通过凝胶电泳分析，检测 dsRNA 的数目和大小，则可确定病毒类群。其具有快速、敏感、简便等优点，既可有效地检测已知和未知的病毒，又不受寄主和组织的影响，同样也可以检测类病毒。③RT-PCR 技术。该技术在检测植物病毒方面具有很高的灵敏度和特异性，检测水平可达飞克，远远高于 ELISA 的纳克水平和分子杂交技术的皮克水平。如苹果潜隐性病毒在苹果组织中的含量往往很低，尤其是苹果茎痘病毒在叶中的含量极少，常不易检测出来。而 RT-PCR 在苹果潜隐性病毒检测上效果好，具有广泛应用前景。④酶联免疫与 PCR 相结合方法（PCR-ELISA）。PCR-ELISA 是在液态条件下，将已经免疫酶化的 PCR 扩增产物用酶联免疫分析仪读数并分析结果，不需电泳分析。这种高灵敏的鉴定方法已经用在诊断李和烟草中的茎痘病毒、苹果茎沟病毒等果树病毒中。

（三）苹果离体快繁

苹果育苗的传统方法是将栽培品种作为接穗嫁接在实生砧木上，而苹果茎尖培养具有快速繁殖和脱除病毒的优点，可快速获得大量苗木，在矮化砧木和优良品种的快速繁殖上得到广泛应用，对推动苹果矮化密植具有重要意义。苹果快繁的操作步骤如下：

1. 茎尖分离 在早春叶芽即将萌动前，将枝条切成带芽茎段，用流水冲洗 2 h，0.1% 氯化汞消毒 15 min，无菌条件下剥去外层鳞片和叶片，再用 0.1% 氯化汞消毒 5 min，无菌水冲洗 5 次。剥至茎尖，切取 1～3 mm 的顶端分生组织接种在培养基上进行培养。

2. 起始培养 起始培养的培养基为 MS+2 mg/L 6-BA。茎尖在起始培养基上开始膨大后，转入恒温箱中暗培养，培养温度 26～28 ℃，培养时间 36～56 d。培养基中还需加入聚乙烯吡咯烷酮（polyvinylpyrrolidone，PVP）、谷氨酰胺、抗坏血酸或活性炭等，以降低褐变率。

3. 继代增殖培养 影响该阶段试管苗分化的主要因素是培养基中植物生长调节剂的种类、浓度、配比及培养条件。培养基一般采用 MS+0.5 mg/L 6-BA+0.05 mg/L NAA，有的还添加 0.5 mg/L GA_3。继代培养光照度为 2 000 lx，光照时间 10 h/d，温度 25～28 ℃。

4. 生根和驯化移栽 当试管苗长至 2～3 cm 后，转移到生根培养基中诱导生根。生根培养基为 MS+0.5～10 mg/L IBA+3％蔗糖+0.5％琼脂。当分化出新根后再转入 1/2MS 培养基中继续培养，使根进一步伸长。根系发达后，打开瓶口炼苗 3～5 d，然后移栽驯化。驯化期间一定要弥雾保湿，待长出新根和新叶后移栽在温室中。

二、苹果原生质体培养

苹果是多年生木本植物，生长周期长，高度杂合，采用传统的有性杂交进行新品种选育，周期长、效率低，且占用大量的土地资源。植物原生质体培养技术的发展为苹果的品种改良开辟了一条新途径。原生质体培养结合体细胞诱变和基因直接导入技术，可大大缩短育种周期，提高育种效率。

（一）苹果原生质体分离的材料

选择分离原生质体的适宜材料是成功的关键，主要应注意基因型、材料类型、材料生理状况等。

1. 基因型 不同基因型的原生质体分离难易程度、培养效果以及植株再分化能力有很大差别。实际应用中应多选些品种进行筛选，从成功的实例看，实生杂交后代和砧木较栽培品种易获成功。

2. 材料类型 苹果原生质体分离的材料有花药愈伤组织、珠心愈伤组织、子叶、叶片、茎尖、悬浮细胞。如果采用叶片来分离原生质体，则应选取幼嫩叶片，因成熟叶片很难分离出原生质体。茎尖培养获得的试管苗的原生质体产率高且活力强。

3. 材料生理状况 继代后不同时期的愈伤组织及悬浮系分离原生质体的效果有很大差异。继代 10～15 d 的苹果花药愈伤组织比继代 16～30 d 的愈伤组织分离得到的原生质体数量多、活力强。

（二）苹果原生质体的分离

1. 酶的种类和浓度 苹果原生质体分离采用的纤维素酶主要有 Cellulase Onozuka RS、Cellulase Onozuka R-10；半纤维素酶主要有 Hemicellulase、Rhozyme HP150；离析酶主要有 Maceozyme R-10；果胶酶主要有 Pectolyase Y23、Pectinase。分离苹果悬浮细胞原生质体时使用的酶液组成为 2％ Cellulase Onozuka RS 和 0.1％ Pectolyase Y23；分离苹果黄化茎尖和幼叶时为 2％ Cellulase Onozuka RS +1％ Hemicellulase +0.3％ Pectinase。

2. 渗透压等影响因素 原生质体分离时要选择适宜的渗透压，以能使细胞轻度质壁分离的浓度为宜。渗透压稳定剂可对脱去细胞壁的原生质体起到保护作用，一般采用甘露醇。在酶液中同时加入 1％PVP，可有效抑制苹果原生质体的褐变；加入适量的 PVP 或 MES 还能稳定酶解过程中的 pH；加入适量 $CaCl_2$ 具有保护质膜和提高原生质体稳定性的作用。

3. 原生质体分离与纯化 酶解处理时，材料与酶液的比例一般为 1∶10（质量比）。酶解处理在 25～28 ℃、低速振荡（30～50 r/min）、黑暗或弱光条件下进行。因供体材料以及酶液组成不同，酶解所需时间有很大差异。酶解处理时间一般不宜超过 12 h。酶解后应收集纯化原生质体（图 14-1A）。

（三）苹果原生质体培养

1. 培养方式 苹果原生质体培养主要采用液体浅层培养和固-液双层培养。在温度（26±1）℃、散射光下静置培养。但浅层培养易使原生质体聚集在一起。将海藻酸钠应用于苹果原生质体琼脂糖包埋培养中，培养 3 d 时，细胞就开始第 1 次分裂。该培养方法便于原生质体的定点观察。

2. 培养基种类及成分 采用 MS、KM8p、D_2 等培养基，碳源为甘露醇与蔗糖或葡萄糖与蔗糖。在培养基中加入复合有机成分有利于苹果砧木原生质体培养。高浓度 NH_4^+ 对原生质体的生长发育不利，故可用有机氮取代铵盐。如苹果砧木 M_9 和 MM_{106} 的叶肉原生质体在以水解酪蛋白代替 NH_4^+ 的改良 MS 培养基中，可持续分裂形成细胞团。

3. 原生质体植板密度 来源于苹果茎的原生质体的植板密度比来源于叶肉的原生质体的植板密度要高。低密度时，原生质体内含物外渗，原生质体易褐变或死亡。因此苹果原生质体培养要求至少 5×10^4 个/mL 的植板密度。

(四) 苹果原生质体再生植株

当培养的原生质体产生细胞壁并开始分裂后，要及时降低培养基渗透压。持续分裂形成小细胞团后，要转移到无渗透压稳定剂的同种培养基上培养。形成愈伤组织后，转移到诱导芽分化的培养基上，当芽长至 2~3 cm 时，转移到诱导根分化的培养基上，根系发达后进行驯化移栽。在'富士'苹果原生质体培养时，在 MS 培养基中加入 1.0~2.0 mg/L 6-BA 和 0.05~0.1 mg/L NAA（或 IAA）可诱导产生不定芽（图 14-1B~F）。NAA 有利于茎起源的原生质体植株分化，而 IAA 则有利于叶肉起源的原生质体植株分化。以噻苯隆（TDZ）替代 6-BA 可显著增加'嘎拉'F_1、'金帅'F_1、'Florina'和'M_{26}'分化不定芽的频率。在 MS 培养基中用 50 mg/L 水解酪蛋白代替 NH_4^+，并增加 B 族维生素类混合有机物，3 个基因型的苹果原生质体均可再生植株。诱导形成的芽在附加高浓度 IBA（3 mg/L）的 1/2MS 培养基中培养 1 周，再转至无植物生长调节剂

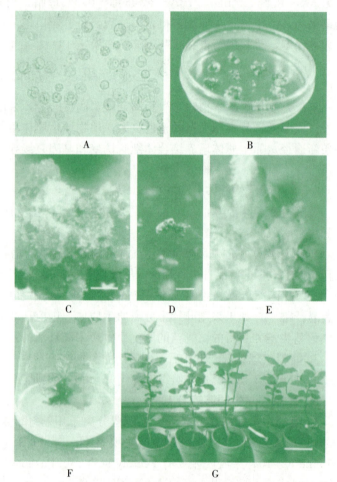

图 14-1 富士苹果（*Malus pumila* Mill.）原生质体再生植株过程
A. 悬浮细胞分离的原生质体 B. 培养 1 个月的愈伤组织
C. 1~2 月后形成的类芽组织 D. 愈伤上类芽组织的外观
E. 2 个月后形成的不定芽 F. 培养 1~2 月时，芽的增殖
G. 2 年后原生质体再生的植株
(引自 A. Saito 等，1999)

的 MS 培养基上 3 周后诱导出根，经驯化移栽，形成了原生质体再生植株（图 14-1G）。

三、苹果遗传转化

苹果因其童期长、自交不亲和、杂合程度高等原因，通过常规杂交育种对其品种改良相当困难。现培育的栽培品种主要来自西洋苹果的杂交后代，长期的人为定向选育使苹果品种的遗传性趋于一致，基因型范围越来越窄。转基因技术为苹果品种的遗传改良提供了一种新的技术方法，其能够拓宽基因资源，突破种间界限，缩短育种周期，提高育种效率，为苹果遗传育种研究、利

用各种遗传种质资源开辟了一条新途径。自1989年James等首次将 npt Ⅱ 基因导入苹果中以来，苹果转基因研究已取得了很大进展。

（一）苹果遗传转化方法

苹果遗传转化方法主要有农杆菌介导法、基因枪法和电击法。

1. 农杆菌介导法 苹果试管苗幼嫩叶片或茎段取材容易，易于离体再生。因此，利用农杆菌介导法进行遗传转化，已经成为苹果最为重要的一种遗传转化方法。

2. 基因枪法 Gerchva等研究了微弹轰击对苹果'皇家嘎拉'离体叶片再生的影响，但在苹果功能基因的遗传转化方面，未见相关报道。

3. 电击法 Hyung等通过电击法已成功将 gus 基因导入苹果主栽品种'富士'中，经检测 gus 基因在转基因植株体内稳定表达。电击法对植物细胞不产生毒性且使用效率高，但在果树上的应用并不多见。

（二）转基因苹果的应用

1. 抗病虫害品种 苹果导入的抗虫基因主要有来自苏云金芽孢杆菌（Bacillus thuringiensis, Bt）的蛋白基因和豇豆胰蛋白酶抑制剂（cowpea trypsin inhibitor, CpTI）的基因 CpTI，并已经获得抗虫转基因植株，如将基因 CpTI 转化苹果'绿袖'获得成功。此外，还有表达编码β-葡糖醛酸糖苷酶（GUS）、新霉素磷酸转移酶（NPT）、胭脂碱合酶（NOS）、抗真菌γ-硫堇蛋白（γ-thionin protein）、杀虫晶体蛋白（insecticidal crystal protein, ICP）的转基因苹果植株。

2. 矮化品种 植物激素是调节植物生长发育的微量活性物质，影响苹果植株的生长习性、分枝和休眠等。目前已克隆出一些与植物激素合成和代谢有关的基因，如异戊烯基转移酶基因 ipt 和 rolA（root loci A）～rolD（root loci D）基因等。如用 rolA 基因转化砧木'M_{26}'，获得的转化植株树体矮小，其中3个株系节间明显缩短，3个株系叶面积和叶、根干重均降低。

3. 易生根品种 有些苹果砧木采用扦插和压条繁殖时生根极其困难。为提高'M_{26}'砧木生根能力，将Ri质粒的T-DNA区导入砧木'M_{26}'中，使其生根能力大大提高。rolA～rolD 基因群中的 rolB 基因也能够在很多寄主植株上诱发毛状根形成。

4. 耐贮运品种 苹果贮藏过程中，由于果实熟化过程难以控制，易导致过熟、腐烂，造成了极大经济损失。ACC氧化酶基因、ACC合酶基因、多半乳糖醛酸酶（polygalacturonase, PG）基因已从多种植物上被克隆到。在苹果上，用反义ACC氧化酶和合成酶基因、反义PG基因转化苹果'皇家嘎拉'，可提高苹果耐贮运性。

5. 耐逆品种 将抗寒基因转录因子CBF转入营养系砧木'M_{26}'和栽培品种'嘎拉'中，转化植株经4℃低温胁迫处理后，植株体内游离脯氨酸的积累量在低温胁迫18 h后骤然增加，增加幅度明显高于未转化株。

第二节 葡　　萄

葡萄属于葡萄科（Vitaceae）葡萄属（Vitis）植物，是多年生藤本浆果果树。葡萄科共有14个属968种，具有经济价值的有20多种。全世界栽培面积达693万 hm^2，2017年产量超过世界水果产量的10%，仅次于西瓜、香蕉和苹果。植物组织培养技术已广泛应用于葡萄的生产、育种、种质资源保存等方面。

一、葡萄离体快繁与脱病毒

葡萄传统繁殖方法为扦插、嫁接和压条，虽简捷方便，但繁殖速度慢，病毒易积累，长期应用会导致葡萄品种严重退化，对葡萄生产极为不利。植物组织培养能保持母本特性并在短期内繁殖大量苗木。

(一) 葡萄离体快繁

葡萄离体快繁体系的建立主要利用带芽茎段和茎尖材料。离体快繁包括外植体选择与处理、增殖与再生、生根、炼苗移栽。

1. 外植体选择与处理

(1) 茎段。取健康植株嫩梢上部茎段，去掉叶片，自来水冲洗 2～3 h。无菌环境下，用 70% 酒精振荡浸洗 20 s，再用 0.1% 氯化汞加一滴 0.1% 吐温振荡灭菌 5～10 min，无菌水冲洗 4～5 次，剪除两端接触药液部分，剪成 1～2 cm 单芽茎段，接种到培养基上，培养温度 (26±2)℃、光照度 2 000 lx、光照时间 12 h/d。

(2) 茎尖。葡萄一年生枝条用肥皂水刷洗干净，自来水冲洗 30 min。无菌条件下剪取 5～6 cm 单芽茎段，用 75% 酒精浸泡数秒，再用 0.1% 氯化汞消毒 5～6 min，无菌水冲洗 3～5 遍。体视显微镜下剥去鳞片与幼叶，切取约 1 mm 长茎尖，接种在分化培养基上。

2. 增殖与再生

(1) 茎段启动培养。启动培养所用的基本培养基有 MS、B_5 或改良 B_5、GS。附加的植物生长调节剂一般为 IAA 和 6-BA，以不同的浓度组合。葡萄外植体启动所用植物生长调节剂浓度较低，如 IAA 一般为 0.05～0.2 mg/L，6-BA 为 0～0.5 mg/L。可见其启动主要是内源激素和营养积累的效应。

(2) 茎尖植株再生。茎尖在 1/2MS+1.0 mg/L 6-BA+0.2 mg/L IAA+1.0 mg/L KT 培养基上膨大变绿并形成大量丛生芽，丛生芽在 B_5+0.5 mg/L KT+0.5 mg/L 6-BA+0.5 mg/L IAA 培养基上丛生芽可伸长。

3. 生根 当芽长到 2～3 cm 高时，移入生根培养基中进行生根培养。生根培养基的组成为 1/2MS 附加一定浓度的 IBA 或 NAA 与 KT 的组合。IBA 浓度不宜过高或过低。过高会在芽基部产生大量愈伤组织，抑制根形成；过低会出现芽的基部不发根或生根条数少的现象。当苗长到 6～7 cm、有 3～5 条根时，进行炼苗移栽。

4. 试管苗驯化移栽 葡萄试管苗移栽比较困难，移栽前须进行驯化。高成活率的驯化移栽方法为：①光培炼苗。将培养瓶转入温室，去掉瓶塞，在自然光下炼苗 5～7 d，当瓶口长出油亮的叶片、幼茎变淡红色时即可出瓶 (图 14-2A)。②沙培炼苗。将经过光培的试管苗栽入沙床，覆上塑料薄膜。沙床温度 25 ℃ 左右，相对湿度 12% 左右。最初 3 d，棚内温度保持在 25 ℃ 左右、相对湿度 80%～95%、光照度 $0.7×10^4$～$1.0×10^4$ lx。以后逐渐通风，10 d 后除去所覆薄膜 (图 14-2B)。③温室营养袋炼苗。将沙培苗在空气相对湿度不低于 70%、温度 20～25 ℃、无直射光条件下栽入肥土：沙：腐熟有机肥体积比为 1：1：0.2 的营养钵中。最初几天对温、光、湿的管理与沙培苗相同。④大田苗圃移栽。选疏松肥沃、排灌水方便、日照良好地块作苗圃，将营养袋苗移栽苗圃即可。

A　　　　　　　　　　B

图 14-2　葡萄试管苗移栽前的光培炼苗和沙培移栽驯化

A. 光培炼苗　B. 沙培移栽驯化

(二) 葡萄脱病毒苗培育

1. 茎尖培养 一般葡萄茎尖大小控制在 0.3～0.4 mm 时，脱毒率才能达到 60% 以上。具体做法是：在春季芽萌动后，经常规灭菌处理后，在无菌的超净工作台上，在体视显微镜下取 0.3～0.4 mm 的茎尖生长点接种在附加 1.5～2.0 mg/L 6-BA 和 20 g/L 蔗糖的 MS 培养基上培养，经分化增殖后，再经生根培养长成幼苗，经检测无病毒后即可作为原种母树，扩大繁殖后用于生产。

2. 热处理结合茎尖培养 将预备脱毒的葡萄砧木或栽培品种的盆栽苗放在 25～28 ℃ 下促其抽枝快长，待新梢长出 2～3 片叶后，室温升至 37～40 ℃，光照度升至 4 000～6 000 lx，相对湿度控制在 60%～80%，经过 30～35 d 后，取新梢端。将其按常规方法灭菌处理后，在无菌的超净工作台上，在体视显微镜下切取新梢顶端 0.5～1.0 mm，接种在附加 2 mg/L 6-BA 和 20 g/L 蔗糖的 MS 分化培养基上培养，成苗后经检测无毒，即可大量繁殖应用，脱毒率可达 80%。

3. 茎尖微芽嫁接培养 葡萄先在温室内培养以促其生长，然后取其新梢端消毒，在无菌的超净工作台上，在体视显微镜下切取 0.14～0.16 mm 的茎尖，嫁接在预先消毒后培养在暗室内的试管中的砧木上，然后放入有滤纸桥的液体培养基中，罩上塑料罩或纸罩。温度控制在 25～28 ℃，光线由弱到强，并随时用 1/4MS 培养液滴灌，促其生长。这样培养出的脱病毒母本经检测无毒后，即可进入脱病毒母本园和采穗圃，再经大量繁殖后便可提供无病毒繁殖材料。

4. 抑制剂结合茎尖培养 病毒抑制剂能抑制病毒发生，与茎尖培养结合能脱除植株体内的病毒。如将 50～100 μmol 利巴韦林加入培养葡萄茎尖的 MS 培养基中，即使要取的茎尖稍大于 1 mm，也可以获得较高脱毒率。这种方法目前需要找到更强力的病毒抑制剂。

5. 脱毒苗鉴定 葡萄脱毒苗鉴定方法：①指示植物嫁接法。用对病毒敏感的葡萄品种 'LN-33''巴柯''品丽珠'和'圣·乔治'等作指示植物。嫁接成活后一个月开始观察症状反应，直到秋季落叶。第 2 年继续观察。②抗血清法。③电子显微镜检测法。④分子生物学鉴定等。

二、葡萄胚胎及花药培养

葡萄胚胎培养包括胚培养和胚珠培养。胚胎培养对于培育优质无核品种具有重要作用，而花药培养则可诱导不同倍性植株，对开展无核葡萄育种也具有重要意义。

(一) 葡萄胚胎培养

1. 胚培养 葡萄胚培养分为成熟胚、幼胚和未成熟的胚状体培养。

（1）成熟胚培养。取成熟的浆果，常规消毒后在无菌条件下取出种子接种于 Nitsch 附加一定量 GA_3 和 IAA 的培养基中。待种子萌发长出真叶后，转移到 1/4MS+1 mg/L IAA 的培养基上成苗。低温预处理和切喙处理能有效促进种胚萌发。

（2）幼胚培养。幼胚培养分为直接培养和间接培养。直接培养即盛花后 30 d，采集幼果，在 (5±1)℃ 低温下处理 40 d，消毒后在无菌条件下从果实中取出种子，剥出幼胚接种到培养基上培养；间接培养即选择无核葡萄中假单性结实品种，在合子胚败育前，进行离体胚珠培养，阻止幼胚败育，使幼胚长大后再剥离幼胚进行培养。

（3）未成熟胚的胚状体诱导和植株再生。即从未成熟胚诱导产生胚状体的葡萄胚培养途径。如以'康拜尔早生'等品种的浆果软化期前的未成熟合子胚为外植体，在含 2,4-D 与 6-BA 的 Nitsch-Nitsch（1969）或 MS 培养基中诱导愈伤组织，在含 0.5 mg/L 6-BA+0.03 mg/L NAA 的 Nitsch-Nitsch 或 MS 培养基中诱导胚性愈伤组织，体细胞胚在无植物生长调节剂的 1/2MS 培养基中萌发并形成正常小植株。

2. 胚珠培养 由于发育早期的幼胚在培养初期仅含有 4～50 个小细胞，剥出幼胚直接培养往往不能成功。胚珠培养是使胚在珠被中进一步长大，然后取出、继代、发芽、形成植株的方法。确定胚珠接种的适宜时间是胚珠培养成功的前提。大部分研究表明，胚珠培育最佳接种期是花后 40~55 d。Nitsch 或 Nitsch-Nitsch（1969）是适合胚发育的基本培养基。胚萌发和成苗培养用 1/2MS 培养基。在胚发育阶段一般加入 GA_3 和 IAA 来打破胚的休眠。附加低浓度（5~7 mg/L）秋水仙素对离体胚发育也有良好促进作用。胚珠培养 60~80 d 后，将幼胚取出移入添加 1.0 mg/L 6-BA+0.2 mg/L NAA 的 1/2MS 培养基中萌发并直接成苗。也可在添加 0.5 mg/L 6-BA+0.01 mg/L NAA 的 1/2MS 培养基上长出大量不定芽，再分离单芽转到 0.5 mg/L 6-BA+0.2 mg/L IBA 的 1/2MS 培养基上成苗。

（二）葡萄花药培养

花药所处的发育时期是影响体细胞胚再生成败的关键因素。一般说来，从处于小孢子单核期的葡萄花药中比较容易诱导出体细胞胚。Cersosimo 等（1990）培养葡萄花药形成了愈伤组织，通过胚或器官的形成，再生了与母本植株具有遗传相似性的二倍体植株；Perl 等（1995）将 4 个无核葡萄的花药在 MS+0.2 mg/L 6-BA+2 mg/L 2,4-D 培养基上培养，产生了胚性愈伤组织，转到 MS 附加吲哚-3-天冬氨酸（indole-3-aspartic acid，IASP）和萘氧乙酸（naphthoxyacetic acid，NOA）培养基上诱导产生了体细胞胚；曹孜义等（1993）将二倍体欧亚种'Grenach'的花药在添加植物生长调节剂的 B_5 培养基上培养，通过提高糖浓度和加倍盐浓度，首次获得了三倍体葡萄。

用培养花药及未受精子房的方法诱导体细胞胚胎的发生，为倍性育种、突变体选育、细胞工程及基因工程奠定了基础。但葡萄花药培养产生体细胞胚的频率很低，仅为 0.5%~3.0%。体细胞胚的诱导及其频率高低与材料基因型、培养基及培养条件有关。通过改进培养基（B_5+0.5 mg/L 2,4-D+2.0 mg/L 6-BA，添加 $AgNO_3$ 50 mg/L）和用固-液双层培养均能促进葡萄花药胚性愈伤组织的产生。如将欧洲葡萄、沙地葡萄以及欧洲葡萄和沙地葡萄杂种的透明的浅绿色花药进行培养，在 N_{69} 或 MS 培养基上诱导产生了体细胞胚，并再生出正常植株。

三、葡萄原生质体培养

关于葡萄原生质体培养的研究，国内外都做了大量工作，但大多数研究中只形成小细胞团或愈伤组织，直到 1990 年才从欧亚种葡萄'赤霞珠'悬浮细胞来源的原生质体获得了再生植株。

1. 葡萄原生质体分离的材料　基因型是影响葡萄原生质体培养的重要因素。所用的材料类型对原生质体的产量和质量也有很大影响，愈伤组织和细胞悬浮系是分离原生质体的较理想材料。材料在黑暗条件下预培养 16~72 h，能提高葡萄原生质体的产量和活力。

2. 葡萄原生质体的分离　用于分离葡萄原生质体的常用酶及浓度为：纤维素酶 0.1%~1%，果胶酶 0.1%~0.5%。葡萄原生质体分离时，通常将酶液和所用的材料混合在一起，材料与酶液之比为 1:10（质量比）。酶解在恒温（25~28 ℃）、黑暗或弱光下进行，低速摇动（35~40 r/min）能够加速原生质体释放。酶解时间因材料和酶液的不同而有差别，通常 4~20 h。酶解完毕后收集、纯化原生质体。

3. 葡萄原生质体的培养　葡萄原生质体培养多采用 B_5、MS、CPW-13M 和 D_2 基本培养基。渗透压与原生质体活力有密切关系，一般采用的渗透压稳定剂为 0.5 mol/L 甘露醇，如果用葡萄糖取代甘露醇，原生质体分裂率是后者的 2.6~3.0 倍。葡萄原生质体培养中常用的细胞分裂素为 6-BA（0.5~2.0 mg/L）。不同品种对生长素的反应不同，有些需 NAA（2.0 mg/L），有些需 2,4-D（0.2~1.0 mg/L）。培养基中加入一些有机物，对原生质体的分裂也会起积极的作用。葡萄原生质体采用固体包埋法培养能显著提高原生质体的分裂频率。

4. 葡萄植株再生　原生质体在培养过程中形成的细胞团转至增殖培养基形成愈伤组织后，

胚状体的诱导就成为原生质体植株再生的关键问题。胚状体诱导的基本培养基有 Nitsch-Nitsch、Nitsch 和 B_5，附加的植物生长调节剂有 NAA、TDZ 和 6-BA。

四、葡萄遗传转化

葡萄遗传背景复杂、生命周期长，限制了有性育种的开展，转基因育种为葡萄育种开辟了一条新途径。葡萄育种的目标主要集中在提高抗性和改良品质这两个方面。

(一) 葡萄遗传转化所用的基因

早期葡萄遗传转化导入的多为报告基因，近年成功地导入了有重要经济价值的目的基因。

1. 转病毒外壳蛋白基因 葡萄转基因研究最早的是病毒外壳蛋白基因的遗传转化。葡萄再生频率低和葡萄组织对卡那霉素选择的敏感性是葡萄遗传转化的关键难点，目前葡萄遗传转化成功报道的主要集中在山葡萄。葡萄的转基因报道已经比较多，取得了一些阶段性成果，如转葡萄扇叶病毒（GFLV）外壳蛋白基因的葡萄砧木，既检测不到重组 GFLV，也不会对环境中原 GFLV 种群结构和遗传多样性产生影响。转葡萄病毒 A 运动蛋白正反义基因结果表现不同，转正义基因植株发育异常，转反义基因植株形态发育正常。这个结果预示着转病毒运动蛋白反义基因在葡萄抗病毒病转基因育种领域具有广阔的应用前景，因为反义基因不会翻译成相应的蛋白。

2. 转抗真菌病害基因 利用不同来源的几丁质酶基因进行葡萄的遗传转化，如转水稻几丁质酶基因 *RCC2* 可以抑制白粉病菌（*Uncinula necator*）菌丝生长、分生孢子繁殖和形成，从而提高转基因葡萄对白粉病的抗性，同时对黑痘病菌（*Elsinoe ampelina*）也表现出一定的抗性；转葡萄芪合酶 1 基因可以提高转基因葡萄试管苗对灰霉病菌（*Botrytis cinerea*）的抗性。

3. 转抗细菌病害基因 主要是利用抗菌肽基因、肽基-甘氨酸-亮氨酸（peptidyl-glycine-leucine，PGL）基因等进行遗传转化。如转 *mag2*、*MSI99* 的'霞多丽'葡萄不仅表现出对冠瘿病有抗性，而且对白粉病也表现一定的抗性。此外也有一些抗非生物胁迫转基因育种方面的工作。

4. 转品质改良基因 现在已经获得了转 *DefH9-iaaM* 基因的转基因葡萄，转基因植株叶片形态与非转基因葡萄相似；通过基因沉默技术，使多酚氧化酶基因沉默，从而降低无核葡萄干的褐化；或者通过转花青素生物合成体系中的 *UFGT* 基因及其调节基因、异种植物基因 *DFR* 的转化，改变葡萄果色或使葡萄产生花葵素（pelargonidin）。

可以预料，随着越来越多的葡萄和其他生物功能基因被克隆，转基因技术在葡萄抗病、抗非生物胁迫、品质改良育种上会得到更广泛的应用。

(二) 葡萄遗传转化

1. 遗传转化方法 葡萄遗传转化方法包括农杆菌介导法和农杆菌介导法结合基因枪法。根癌农杆菌介导法为葡萄遗传转化中应用最多的一种方法，首例转基因葡萄就是通过这种方法获得的。如以 3 个酿酒葡萄品种的花药与子房诱导的体细胞胚为试材，与携带葡萄扇叶病毒（GFLV）*CP* 基因的农杆菌共侵染获得转基因植株。单独运用基因枪法对葡萄进行遗传转化的报道很少，基因枪法与根癌农杆菌介导法相结合，对葡萄进行遗传转化较为有效。如以无核葡萄未成熟合子胚中诱导产生的体细胞胚为试材，先用基因枪轰击 2 次，然后与农杆菌共培养，获得转基因植株；或用 1 μm 金弹轰击由'无核白'试管苗叶片产生的体细胞胚，轰击 2 次后再与农杆菌共培养，溶菌酶 *Shirva-1* 基因或番茄斑点病毒的 *CP* 基因被导入植株体内。由此可见，基因枪法结合农杆菌介导法能大大提高遗传转化效率。

2. 影响遗传转化的主要因素

(1) 外植体类型。转基因植株的获得依赖于合适的转化受体及转化细胞的有效再生，选择易于再生的外植体建立有效的再生体系是十分必要的。葡萄常用的转化受体是合子胚、体细胞胚、胚性愈伤组织、悬浮细胞。体细胞胚比叶片好，其具有很强的接受外源 DNA 的能力，转化率高；体细胞胚来源于叶片，且通过次生胚途径形成，一般起源于单细胞，也是较好的转化受体；胚性细胞悬浮系作为受体系统，容易获得均一的、再生率高的转化植株。

（2）农杆菌菌株。农杆菌菌株本身致病力及外界诱导致病力表达的因素是影响遗传转化的重要因素。脱毒的根癌农杆菌如 LBA4404、EHA101 等已成功应用于葡萄遗传转化中。菌系 GV3101（pTiTm4，pBI121.2）含有与野生型菌系 Tm4 一样的致瘤基因，通过此种菌系可大大提高转化效率。菌系 Tm4 中的 $T-6B$ 基因与正常生长有关，并可使黄花烟草再生出正常植株。据此，Berres 等（1992）在质粒中加入修饰过的 $T-6B$ 基因大大提高了转化效率。同时，他们还认为 LBA4404 菌系对葡萄茎段和叶的侵染是无效的，但 Gall 等（1994）和 Mullins（1990）则认为菌系 LBA4404 对葡萄体细胞胚或胚性愈伤组织的转化率较高，并获得了转基因植株，这可能是由于以体细胞胚为试材可使细胞与农杆菌充分接触，此外共培养条件、时间以及农杆菌浓度都是造成这种差异的原因。

（3）共培养后受体材料坏死。许多学者都报道过受体材料暴露在农杆菌液里会引起组织坏死（tissue necrosis）和细胞死亡（cellular death），这种坏死现象限制了转化的发生。植物激素可调节坏死现象，抗氧化剂则可以完全抑制坏死，并发现农杆菌的侵染性和杀死农杆菌的抗生素以及作为植物选择标记的抗生素都不是引起受体材料坏死的原因。

3. 植株再生　葡萄植株再生较困难，存在再生频率低、重复性差等问题，探索高效再生措施是葡萄遗传转化的重要前提条件。许多学者通过器官发生途径获得了较高频率的不定芽，但通过此种途径获得的葡萄转基因植株多为嵌合体。迄今为止，转基因葡萄植株均是通过体细胞胚胎发生途径获得的。基因型、外植体的种类和生理状况等都影响着体细胞胚胎的发生。

第三节　柑　橘

柑橘是世界上第一大果树。柑橘离体培养已有 60 多年历史，早期工作主要集中在柑橘离体胚培养。到 20 世纪 70 年代，柑橘的离体培养，无论广度还是深度都有了较大的进展，已成为木本植物离体培养的模式树种。

一、柑橘胚胎及花药培养

大多数柑橘具有多胚现象（polyembryony），多胚类柑橘的珠心胚往往会抑制合子胚发育，或者合子胚苗与珠心胚苗区别困难，故多胚现象成为柑橘杂交一大障碍。若在合子胚退化前而珠心胚未侵入胚囊时取出合子胚进行培养，可有效获得合子胚发育的真正杂种。另外，柑橘珠心胚培养可用于培育脱病毒苗，即使是单胚性种类，也可通过培养授粉后 3~4 个月除去合子胚的珠心组织培养获得脱病毒苗木。

（一）柑橘胚胎培养

1. 珠心及珠心胚培养

（1）胚性愈伤组织建立。采集开花后 2~6 周的幼果，经表面消毒，剥离大小 1 mm 左右、呈乳白色半透明体的胚珠，接种于 MT 培养基上，附加 5% 蔗糖、1% 琼脂、500 mg/L 麦芽提取液（malt extracting，ME），25 ℃、光照 12~16 h/d 下培养；或将授粉后 100~150 d 的幼果表面消毒后，取出幼胚接种于 MT 培养基（附加 1.0 mg/L 2,4-D、0.25 mg/L 6-BA）中进行培养，然后筛选胚性愈伤组织细胞系。

（2）诱导胚状体及再生植株。将愈伤组织移入 MT 培养基（附加 0.5 mg/L IBA）中，光照条件下培养的愈伤组织表面可产生胚状体，从珠心组织中可产生 1~40 个不定胚。在一些胚状体上还会产生白色愈伤组织，将这些愈伤组织继代培养，仍可保持其胚性生长特点。将心形胚或子叶形胚转入附加 1 mg/L GA₃ 的 MT 培养基中，先诱导根，然后分化茎叶，可形成完整植株。

2. 合子胚离体培养

(1) 合子胚分离时期。柑橘人工授粉杂交试验表明，授粉后 50 d，胚囊内只有一个球形合子胚，此时珠心胚尚未侵入胚囊；授粉后 55 d，已有少数珠心胚侵入胚囊；授粉后 60 d，有大量珠心胚侵入。因此，合子胚分离的合适时期是授粉后 50 d 左右。

(2) 培养方法。采集授粉后 50 d 左右幼果，表面消毒后取出种子，体视显微镜下准确分离合子胚，接种于附加 20 mg/L 腺嘌呤、400 mg/L LH、10%CM、10%蔗糖的改良 White 培养基上。在 25 ℃光照条件下培养 3 周左右，便可见单个绿色胚点；培养 4 周左右，胚分化明显，可见双子叶胚形成。将子叶形合子胚转入附加 0.25 mg/L ZT、10 mg/L GA₃、2%蔗糖的 MT 基本培养基中，诱导形成芽。待芽长 2~3 cm 时，转入附加 0.2 mg/L IBA 的改良 White 培养基中，诱导长根。或将子叶形合子胚转入改良 White 培养基，不附加蔗糖和生长素，培养 2 周后生出根，再转入附加 0.25 mg/L ZT、5 mg/L GA₃、2%蔗糖的 MT 基本培养基中，培养 1 周后便抽芽形成植株。

3. 胚乳培养 柑橘胚乳培养获得的三倍体植株，可能会产生无籽果实，若采用的是杂种胚乳，再生植株的性状则不同于同一杂交组合的杂种胚植株，这些都是柑橘杂交育种研究的新领域。目前已获得了柚、锦橙、凤梨甜橙及红江橙（改良橙）胚乳培养的三倍体植株。培养方法如下：

(1) 培养时期的选择。选择合适的胚乳细胞发育时期是柑橘胚乳培养成功的关键。胚乳发育时期因品种和栽培地区有一定差异。重庆地区，柚胚乳培养的时期为 7 月中旬、锦橙在 8 月上旬，即在授粉后 70~100 d，胚乳为完全细胞期，胚已分化为子叶形；在广州红江橙于授粉后 12~16 周，幼果直径为 3.2~4.5 cm，胚乳处于细胞形期。

(2) 胚乳愈伤组织的诱导。选用合适发育期幼果，表面消毒后切开幼果，取出种子。体视显微镜下剥去外珠被、内珠被、珠心组织和胚，仅剩下胚乳细胞接种。柚和锦橙采用的是 MT 基本培养基，附加 2 mg/L 2,4-D、5 mg/L 6-BA、0.1%CH，黑暗培养 20 d 后，便产生愈伤组织；若将 6-BA 浓度降至 0.25 mg/L 则愈伤组织生长迅速。红江橙使用的是 MT+1.0 mg/L 2,4-D+0.5 mg/L 6-BA+0.1%CH 培养基，其胚乳愈伤组织的诱导率可达 33.33%。若幼果先在低温（6~7 ℃）下处理，或将种子预培养 2~6 d，对胚乳愈伤组织的诱导有明显促进作用。胚的存在对胚乳愈伤组织的诱导有促进作用，但必须注意防止两者愈伤组织的相互混淆。根据对红江橙胚乳愈伤组织培养的观察发现，其胚乳愈伤组织的形态与胚及珠心来源的愈伤组织有明显区别，胚乳愈伤组织为致密的颗粒结构、乳白色、具光泽，珠心愈伤组织为疏松的颗粒、淡黄色，胚的愈伤组织有块状、淡绿色或米黄色。

(3) 植株再生的诱导。将胚乳愈伤组织转入分化培养基，以体细胞胚胎发生途径或不定芽途径诱导产生再生植株。柚和锦橙通过体细胞胚胎发生途径在 2MT+2~4 mg/L GA₃ 的培养基上，愈伤组织分化出绿色的不同类型胚状体，随后提高 GA₃ 浓度至 15 mg/L，诱导出三倍体植株。红江橙胚乳愈伤组织转至 MT+1.0 mg/L 6-BA 培养基上，未见器官分化，但培养 30 d 后转至 CMT（MT 培养基中硝酸铵成分被柠檬酸铵取代）+1 mg/L 6-BA 培养基中，或者 MT+10 mg/L GA₃ 培养基中培养 20 d 后，再转入 MT+1 mg/L 6-BA 培养基中，则形成芽原基和胚状体。如果将胚乳愈伤组织转入 MT+1 mg/L GA₃ 培养基中培养 30 d，可见淡黄色胚状体结构；经 CMT+10%CM 培养基培养后转入 MT+1 mg/L GA₃ 培养基中可形成大量胚状体，然后在 MT+1 mg/L 6-BA+0.2~0.5 mg/L GA₃ 培养基上继续发育，有部分子叶胚长成完整植株。胚乳再生植株培养中，诱导芽原基可形成芽抽出真叶，但芽苗难以长根。

(4) 胚乳植株的鉴定。胚乳植株主要通过根尖染色体观察。柑橘胚乳植株大多数为 $2n=3x=27$，但也有一些非整倍体植株，染色体数目接近三倍体。

(二) 柑橘花药培养

目前仅有四季橘（*Citrus mitis*）、枳壳（*Poncirus trifoliata*）和宜昌橙（*Citrus ichangensis*）杂种的花药培养获得了花粉植株。

1. 花药培养方法 从田间选取健康树上花粉发育期为单核靠边期的花蕾，在低温（3～4 ℃）条件下处理5～10 d。无菌条件下消毒后，取出花药，除去花丝，将花药平放于培养基上，置于20～25 ℃下培养。四季橘花药诱导培养基为 N_6＋1 mg/L 6-BA＋0.05 mg/L 2,4-D＋5%～10%蔗糖的琼脂培养基，枳壳用 MS＋0.02 mg/L IAA＋0.2～2 mg/L KT 培养基，并适当提高蔗糖浓度。在上述培养基中培养20～30 d后，可以看到少数花粉粒进行了第1次有丝分裂，形成二核或四核花粉细胞；培养40～60 d时，可见形成少数花粉胚状体；培养80～100 d时，花药中可见到大小不同的细胞团或胚状体。将胚状体转接入 N_6＋0.1～0.2 mg/L IBA＋0.1 mg/L IAA＋500 mg/L LH＋5%～10%蔗糖培养基中，在20～25 ℃光照条件下培养，部分胚状体形成小植株。为了使胚状体萌发成苗并长出良好的根系，可把小苗转至改良 MS＋0.1～0.2 mg/L IBA＋低浓度蔗糖培养基上，培养20～30 d便可长成健壮的植株。

2. 影响花药培养的因素

（1）材料的选择。柑橘品种间花药培养的差异十分明显，供试的柑橘品种很多，但只有四季橘、苏柑、枳壳以及宜昌橙杂种获得成功，它们均是长期采用种子实生繁殖的。不同开花期的花药，对诱导胚状体的效应也有差别。早期比后期好，强壮树体上的花蕾比老树上的花蕾诱导率高。

（2）低温处理效应。低温处理对花粉胚的发育有促进作用，即花药离体培养前，将其置于3 ℃下处理5～10 d，花粉胚状体诱导率（1.66%）比对照（0.94%）明显提高。

（3）蔗糖和植物生长调节剂浓度。采用 N_6 培养基，把蔗糖浓度从原来的5%提高到10%，可以抑制花药壁愈伤组织产生，促进花粉胚胎发育；在1～4 mg/L 6-BA 浓度下，2,4-D 为0.05～0.1 mg/L 时适于花粉胚发育，其浓度超过1.0 mg/L 时，则促进愈伤组织形成，无胚胎发生。

（4）温度。四季橘花药离体培养中，在20～25 ℃的光照下，出现胚状体，且在黑暗条件下，胚状体诱导率更高；当温度为26～30 ℃时，无论光照或黑暗均无胚胎发生。

二、柑橘原生质体培养与融合

柑橘原生质体培养始于20世纪70年代。从柑橘珠心培养的胚性愈伤组织中分离出原生质体，并诱导其获得胚状体及再生植株，至今已有40多个柑橘种和品种获得了原生质体再生植株。柑橘原生质体融合的体细胞杂种的获得是在80年代，至今已有100多个柑橘属间、种间和品种间成功地获得了体细胞杂种或胞质杂种。

（一）柑橘原生质体分离与培养

1. 胚性细胞系培养 目前柑橘原生质体培养只能从胚性愈伤组织培养中再生植株，不能从叶肉组织或非胚性愈伤组织培养再生原生质体植株，且柑橘原生质体融合中，必须有一个亲本的原生质体是来自胚性细胞系。因此，柑橘胚性细胞系的建立是十分重要的。胚性细胞系的培养通常采用胚珠诱导珠心愈伤组织。选取开花后适宜大小的幼果，表面消毒后剥离胚珠，接种于 MT 培养基中，并附加不同浓度麦芽膏和6-BA，从胚珠上可形成胚状体。继代培养胚状体，从胚状体基部可形成少量白色的、松散的愈伤组织，经过不断继代培养可筛选获得浅黄色、生长势中等的胚性愈伤组织。

2. 原生质体分离

（1）胚性愈伤组织原生质体分离。将胚性愈伤组织转入液体 MT 基本培养基中悬浮培养

（110 r/min），每隔 15 d 继代一次。继代培养 3 次后，当细胞进入指数生长期旺盛生长时（培养 12 d 左右），取 1 g 悬浮培养细胞放在 15 mm×60 mm 培养皿中，加入 5 mL 混合酶液［酶液组成为 0.75%纤维素酶、0.5%离析酶、0.1%果胶酶，并将酶剂溶于原生质体洗涤液（50 mmol/L 氯化钙、0.7 mmol/L 磷酸二氢钾、0.7 mmol/L 甘露醇、3.0 mmol/L MES，pH5.8）］中，在 27 ℃下保温浸解 11～12 h，便可得到大量原生质体。

（2）叶肉原生质体分离。取试管内播种 2～3 周的无菌苗展开叶片，经原生质体洗涤液浸泡 20 min，吸去洗涤液。用解剖刀将叶片切成 1～2 cm 宽条，加入含 1.0%纤维素酶、0.75%离析酶、0.1%果胶酶的酶液，在 27 ℃下、低速摇床（25 r/min）上浸解 8～10 h。当叶肉原生质体游离出来后，分别用 145、75、35 μm 孔径尼龙网筛逐级过滤，收集滤液，再离心 4～6 min（1 000 r/min），弃上清液，用原生质体洗涤液重新悬浮备用。

3. 原生质体培养 取纯化的原生质体悬浮于 MT 培养基中，在 5 cm 直径培养皿中平铺一薄层原生质体悬浮液，再继续加入原生质体悬液，植板密度为 $8×10^4～8×10^5$ 个/mL，培养皿用薄膜封口。在 (26±1)℃连续黑暗条件下培养，约经 1 周培养后可见到细胞分裂，2 周时可见细胞群落，6 周时有些细胞团形成绿色胚状体。将胚状体转移到 1 mg/L GA_3 的 MT 培养基上，培养再生植株。

（二）柑橘原生质体融合及再生植株

1. 原生质体融合 目前柑橘原生质体融合多采用 PEG 法诱导融合。进行原生质体融合时，常在培养皿中进行小滴原生质体混合液处理，即首先在直径 2.5 cm 培养皿中滴一滴不同品种的等量原生质体混合液（约 0.1 mL），静置 10 min。待原生质体沉积到皿底后，缓缓于原生质体滴的两侧各加入 1 滴（约 0.2 mL）40%的 PEG 融合液，使 3 滴液体缓慢地混合一起。室温下静置 15～20 min，然后用滴管轻轻地加入 2 滴高 Ca^{2+}、高 pH 溶液于 PEG 融合液的液滴中央，静置 10～15 min，再缓缓加入 2 滴 MT 培养基于液滴中央，随后每隔 5 min 加入数滴培养基，每次逐渐增加体积，同时吸去部分融合液，最后原生质体培养在约 0.5 mL MT 培养基中。

2. 融合原生质体培养 柑橘原生质体融合过程很快，从融合开始到形成杂种细胞仅 2～10 min，但叶肉原生质体需 20 min，且不同原生质体间的融合多数是同步。融合处理的原生质体应立即用 MT 培养基培养，在普通光照培养箱中进行，培养温度 (26±1)℃，培养的前 5 d 保持黑暗，随后转入弱光下培养。培养 20 d 左右细胞分裂缓慢，出现停滞现象。如果继续保留在原培养基中，细胞很少能持续分裂，这时需要添加适量的降低渗透压的新鲜培养基。在培养 30～40 d，细胞团有 20 多个细胞时，需要将细胞团连同培养液转到直径为 9 cm 的培养皿中，在含有 500 mg/L 麦芽浸出物的 MT 固体培养基上进行双层培养，液体培养基约 1.5 mL，以覆盖面上为宜。在双层培养 1 周后，多数细胞团开始转绿，此条件下继续培养 2 周后，绿色胚状体可布满培养基上。当胚状体直径 1 cm 左右时，可转移诱导芽苗在适宜培养基上形成小植株，并通过嫁接进行小苗繁殖。

3. 融合体鉴定 用 PEG 诱导原生质体融合的频率有 10%左右，需注意杂种细胞的早期选择。目前所采用的选择方法都是利用亲本原生质体在选择培养基上的发育障碍和杂种原生质体的功能互补进行的，实际应用中仍有局限性，需进一步研究。发育形成的再生植株可通过染色体、同工酶、RAPD 分析等方法进行鉴定。柑橘体细胞融合的胚状体的染色体变异较大，除四倍体和二倍体外，还有相当高频率（20%）的非整倍的胚状体。但通过再生过程的选择，大量变异被"筛掉"，故再生植株绝大部分是正常的异源四倍体。过氧化物同工酶分析中，同样也表明存在着广泛的变异。对沃尔卡姆柠檬和酸橙（*Citrus aurantium*）的体细胞杂种植株叶片 DNA 进行 RAPD 分析，也鉴定出杂种植株。

三、柑橘微芽嫁接与脱病毒

柑橘病毒和类病毒为害相当严重,已知的有20多种,在柑橘产区严重威胁着柑橘生产。茎尖培养结合热处理是植物脱毒苗培育的有效途径,但柑橘成年树的茎尖培养难度很大,或难以大量抽芽,或难以诱导生根,柑橘实生苗的茎尖培养虽比较容易,但又存在童期长及变异等问题。为此,20世纪70年代建立的柑橘微芽嫁接技术,为柑橘接穗品种的脱病毒苗生产开辟了新途径。

(一)柑橘微芽嫁接

1. 砧木 将柑橘砧木种子在45 ℃温水中浸泡5 min,投入55~56 ℃热水中处理50 min,取出吸干水分,常规消毒处理后,剥去内、外种皮,接种于附加15% CM、2%~3%蔗糖、0.7%~1%琼脂的MS培养基上,置25~27 ℃黑暗条件下培养。2周后萌发出苗,作为砧木。在光照条件下培养砧木,则嫁接成活率会明显下降。

2. 接穗 接穗材料可用田间或温室内生长强健的新梢或离体培养中腋芽生长的新梢。接穗用湿热空气(50 ℃)处理45 min,以提高微芽嫁接脱毒效果。切取1 cm长芽条,去掉叶片,经表面消毒处理后在无菌条件下,借助体视显微镜剥取带2~3个叶原基的茎尖生长点(约0.2 mm),用于微芽嫁接。

3. 嫁接 在无菌条件下将砧木实生苗从试管内取出,切去过长的根至4~6 cm,去除子叶,上胚轴切除顶部,留1~1.5 cm。嫁接方法有T形切接法和侧接法等。T形切接法:在上胚轴切口垂直于茎1~1.5 cm处,切开一个T形切口,深达形成层。将微茎尖放置于砧木切口内,并使茎尖底部和砧木切口表面形成层形成紧密贴合(图14-3)。为了避免交叉感染,在每切接一个外植体后,需要更换消毒工具。

4. 嫁接植株培养 嫁接苗转植于新鲜培养基上,在27 ℃和16 h/d光照条件下,经2~4周培养后可抽生新芽,一般嫁接成活率为30%~50%。5~8周后将苗木移植于盆钵中。

5. 影响成活率的因素 影响嫁接成活率的因素有:①砧木苗龄。最佳苗龄为13~14 d,太早、太迟都不好,并且要求选用健壮、一致的砧木。②及时除去砧木腋芽。③切忌取即将自剪(自枯)的枝梢作接穗茎尖来源。④茎尖基部应切平,以利砧木和接穗愈合。

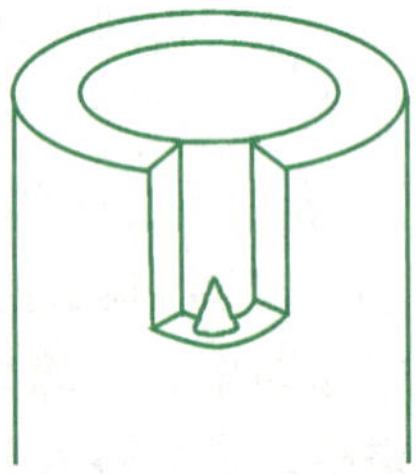

图14-3 T形切接法

(二)柑橘脱病毒苗鉴定及繁殖

1. 鉴定 微芽嫁接脱毒并不一定能脱除所有病毒,且脱毒苗可能产生变异。因此后代植株须经过脱病毒鉴定和农艺性状鉴定。脱毒苗鉴定常用指示植物鉴定法、酶联免疫吸附法(ELISA)、PCR检测法、电子显微镜检查法等;农艺性状检测则着重于与原亲本主要经济性状进行比较,同时注意发现新的优良性状变异。

2. 脱病毒苗繁殖 经鉴定选出的脱病毒苗木,可以用于建立原种母本园。主要柑橘生产国都按照前述程序获得了脱病毒良种种源,由政府指定专门机构,繁殖脱病毒苗木供生产用。如美国加利福尼亚州用这种方法建立了脱病毒品种母本园,育苗者必须按法律规定向政府申请注册,并从脱病毒母本园中取接穗繁殖。日本的脱病毒苗由广岛果树试验站培育、西班牙由苗木种子局向生产者提供脱病毒接穗等。我国柑橘产区也生产并推广种植柑橘脱病毒苗。

第四节 香 蕉

香蕉属于芭蕉科(Musaceae)芭蕉属(*Musa*)常绿多年生大型草本果树,是世界性的主要鲜果之一。香蕉栽培品种多为三倍体，具不育性和单性结实能力，无性繁殖潜力大。自 1960 年首先开始长梗蕉的胚培养以来，世界各香蕉生产国相继开展了多个领域的离体培养工作，已从香蕉茎尖、花序轴切片、花序顶端分生组织等培养中获得了再生植株，且香蕉苗的生产也进入了工厂化生产。

一、香蕉离体繁殖及工厂化生产

香蕉的离体繁殖方式主要是茎尖培养和花序轴切片培养。

（一）香蕉茎尖培养

1. 茎尖培养

（1）取材。香蕉假茎基部的球茎中央有个顶端芽，取顶端芽需除去假茎和球茎上的根和吸芽。顶端芽材料有限，故茎尖培养的材料实际上多为吸芽。在割蕉之后砍除假茎后留下的球茎很快发生大量吸芽，或将处于营养生长期的假茎上部砍去，也会刺激吸芽大量发生。把含茎尖的球茎修整成 3 cm×3 cm 见方、5～8 cm 长的材料带回实验室，先用自来水冲洗，75% 酒精擦洗一遍（数秒），再用 0.1% 氯化汞溶液、0.1% 饱和氯气水溶液或 1% 次氯酸钠溶液（加数滴 0.1% 吐温效果更好）灭菌 5 min。在超净工作台上用无菌水冲洗数次，剥去苞片露出茎尖。茎尖大小可小至 2 mm，大到 10 mm。

（2）培养基。常用基本培养基为 MS 培养基，也有人用 SM 或改良的 MS 培养基（MS 的矿质盐加 100 mg/L 肌醇和 1 mg/L 维生素 B_1，蔗糖为 4%）。诱导及增殖培养基常用的植物生长调节剂浓度和组合为：1～5 mg/L 6-BA 或 0.5～1 mg/L KT 单独使用；6-BA 或 KT 与适量 NAA（0.05～1 mg/L）或 IBA（0.5～2 mg/L）配合使用；在前两种组合中添加适量的腺嘌呤（Ad）（4～150 mg/L）。一般情况下单独使用 6-BA 或 KT 即可进行芽的分化和增殖，并且随浓度升高繁殖系数增大，但繁殖系数与芽的质量成反比。添加少量 NAA 或 IBA 有促进生长、提高芽分化率的作用。但香蕉的生根对 NAA 很敏感，加入 NAA 很容易促进生根但影响增殖率。Ad 有利于培育壮苗，有时还附加 CH、CM 等复合有机物以及活性炭（0.3% 左右），蔗糖浓度一般为 2% 或 3%，琼脂浓度为 0.7% 或 0.8%，pH 5.8。

（3）培养条件。温度多控制在 25 ℃，但也有 15、29 ℃ 等不同温度下获得较佳培养结果的报道。一般光照时间为 16 h/d，但也可用 12 h/d 光照或连续光照。光照度一般为 1 000 lx，也有人只用 150 lx。看来，香蕉茎尖初期培养对光、温要求不严格。

（4）芽的诱导。茎尖接种到培养基中（图 14-4A）7～10 d，体积增大 1～2 倍，并开始转绿，茎尖萌动（图 14-4B）；再培养 10 多天，基部侧面产生一些微小白色突起，随后突起逐渐增大形成芽。将这些芽切取下来（最好切除芽上部及周围苞叶，以促进增殖）转接于增殖培养基（可用诱导培养基或略加改动）中，经 15～25 d 培养后，每个芽又可形成 3～10 个 1.5～3 cm 长的新芽（图 14-4C）。若为了继续增殖，可将之切下再次继代培养，如此往复。如果要获得完整苗，则在芽长至 2～5 cm 时（25～35 d），转移至生根培养基。继代早期，一般弱光培养以

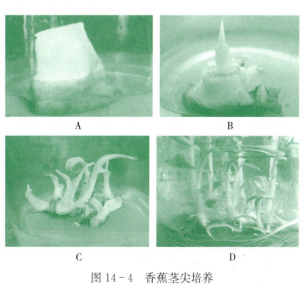

图 14-4　香蕉茎尖培养

利芽分化，中后期则增加光照度以壮苗。

（5）长根成苗。将无根芽切下转至单独添加 0.5~2 mg/L IBA，或配合添加 0.1~1 mg/L NAA 与 0.1~0.5 mg/L IBA 的 MS 基本培养基上培养生根，基本培养基成分也可减半。2~4 周后，即可生根发育成完整植株（图 14-4D）。NAA 对香蕉生根有明显促进作用。

（6）移栽。当小植株长至 2~4 片叶时，即可经炼苗后移栽于苗床。在一周内要特别注意保湿遮阴，成活后移至营养钵壮苗。当苗高 20~30 cm 时即可出圃移至大田，此阶段还可浇施营养液（如 White 大量元素）以促进幼苗的生长。

2. 热处理结合茎尖培养脱病毒　香蕉脱除病毒大多采用热处理结合茎尖培养方法。具体步骤：①取健康吸芽至盆里进行热处理（38~40 ℃，15 d 左右，但有人处理长达 100 d），消毒处理后在体视显微镜下取茎尖分生组织（0.2~0.5 cm）培养，可同时去除花叶心腐病和束顶病的病毒。或先建立无菌株系，再进行热处理、茎尖分生组织分离和培养。培养过程中再进行高温处理或再次取茎尖培养，可更彻底地脱除病毒。②经鉴定后为无病毒的试管苗，可增殖芽苗、生根及移栽。进行后代农艺性状的鉴定后，选出优质脱病毒无性系作为原种，进行良种快速繁殖。

（二）香蕉花序轴切片培养

花序轴是仅次于茎尖的香蕉离体培养常用外植体，其繁殖系数高于茎尖，但其试管苗的变异性较大。

1. 取材和消毒　取末端未结实的花序轴段长 10~15 cm，经常规消毒后横切成厚 2~3 mm 的薄片（也可再纵切成数片）。

2. 接种和培养　将花序轴接种于合适培养基中诱导脱分化和再分化。一般基本培养基为 MS+2%~3%蔗糖+0.7%~0.8%琼脂，pH 5.8，附加 2 mg/L 6-BA、2 mg/L IAA 和 200 mg/L CH，在 26~28 ℃、1 000 lx（14 h/d）的条件下培养一个多月，外植体体积增大 4~5 倍，并在子房与花序轴的结合处周围长出许多似芽组织，其可能起源于花序轴芽原基。及时将之转移到相同的新鲜培养基上，仍不断产生似芽组织，同时幼芽迅速生长，形成芽丛。在添加适当的附加成分时，还可以通过愈伤组织（如 MS+2,4-D）或胚状体发生（如 MS+1 mg/L 2,4-D+2 mg/L KT+0.01 mg/L IBA+150 mg/L Ad+10%CM）形成再生植株。不过，从愈伤组织再生不定芽需转至不含 2,4-D 而在含有 NAA 与 KT 或 6-BA 的培养基上进一步分化形成芽苗。

3. 生根成苗　将无根芽苗（或有发育不良的根系）转移至 1/2MS+1 mg/L NAA 的生根培养基上，1 周后长出根系，半个月后长成发达根系，幼株生长良好，即可将苗移出瓶外。

（三）香蕉脱病毒苗工厂化生产

由于香蕉离体繁殖的技术程序不复杂，设备投资不大，且繁殖速度相当快，所以其是脱病毒试管苗应用最为成功的果树种类之一。

1. 脱病毒苗工厂化生产的意义　香蕉传统繁殖方式为吸芽繁殖，病毒累积严重，其主要病害是束顶病和花叶心腐病，尤其是束顶病，已成为阻碍香蕉生产的毁灭性病害。香蕉束顶病的病原是香蕉束顶病毒（banana bunchy-top virus，BBTV），香蕉花叶心腐病的病原是黄瓜花叶病毒的一个株系。植株感染束顶病后表现为矮缩，不开花结果，或结果少而小，无商品价值；花叶心腐病则使病株矮缩甚至死亡，或生长弱，不能结实，它们对香蕉生产都造成了巨大损失。脱病毒香蕉试管苗技术的应用，可以使香蕉产量比传统繁殖苗增产 30%~50%，且工厂化大量生产脱病毒苗有利于优良品种（系）迅速推广。所以，香蕉脱病毒苗的工厂化生产及应用使香蕉生产方式发生了革命性的变化。

2. 脱病毒苗工厂化生产体系　香蕉脱病毒苗工厂化生产体系包括茎尖培养脱毒和工厂化扩繁，即将经鉴定的脱病毒苗作为原种进行继代增殖、长根壮苗、试管苗移植、大田种植、供给用户种植。扩大繁殖过程中，对用于进一步增殖的芽苗，应选生长健壮、形态正常者，以提高继代增殖的芽苗质量，防止劣质苗的"放大"。理论上讲，一个香蕉芽苗一年内可以扩增 4^{18} 个芽苗，可见其快速繁殖的潜力。将脱病毒原种继代增殖到一定代数后，就不再进行芽苗增殖，而是重新从无病母本园植株上取茎尖进行扩繁，这样就不会出现试管苗因变异而变劣的问题。

3. 试管苗工厂化生产需注意的问题

（1）病毒性病害的防除与控制。做好香蕉束顶病和花叶心腐病的检疫工作，即需注意从无病区（或母本园）采集吸芽；采取脱毒处理并进行脱毒苗检测；发现可疑症状，立即鉴定，及时毁除病株，防止病毒苗扩散；经脱毒后的试管苗仍有重新感染病毒病的可能，故移植苗圃应有严格隔离措施（如防蚜网）。

（2）品种选择。须慎重选择繁殖品种，否则会造成试管苗厂家或果农的巨大损失。

（3）防止外植体褐变。有的香蕉材料很容易变褐，严重的甚至接种后会使培养基变褐，影响其生长、分化，成为香蕉组培中的一大障碍。防治措施有：①选择处于旺盛生长状态的外植体；②适当降低培养基中无机盐、蔗糖浓度，选择适当植物生长调节剂水平；③接种后 1~4 周在黑暗或弱光（150 lx 左右）条件下培养，抑制酚类物质氧化；④培养基中加入适量维生素 C、PVP、硫代硫酸钠等抗氧化剂，以及活性炭等吸附剂；⑤采取连续转移办法，减轻醌类物质对外植体的毒害，控制褐变。

（4）降低污染率。把污染率控制在5%以内是试管苗工厂化生产成功的重要一关。

（5）确保试管芽苗高效增殖。加快试管苗的增殖并不断继代培养，同时又保持其遗传稳定性，是试管苗工厂化生产成功的关键。主要涉及最适培养基和光照。基本培养基的种类、无机及有机成分、糖浓度、植物生长调节剂的种类和浓度都影响着试管苗的分化和增殖，且不同品种间存在差异，必须通过试验摸索出最佳增殖培养基，既能保持一定增殖倍数，又能保证芽苗质量。光照对试管苗的增殖也有明显影响。对刚转移继代的芽（块）苗采用 7~14 d 暗培养或弱光培养，有利于芽的分化、增殖，然后应加强光照（2 000~4 000 lx，12 h/d），以促进芽苗生长健壮。

4. 降低成本

降低试管苗工厂化生产成本，提高经济效益，是香蕉试管苗工厂化生产持续下去的重大问题。一般采用的措施有：①核算成本。产品成本是衡量补偿生产耗费的一把尺子，通过成本分析，帮助生产经营者做出最好的技术决策和筛选最优技术方案，防止不必要的消费。②节省水电开支。水电费特别是电费在试管苗生产成本中占比例最大（占 1/3~2/3）。生产中应充分利用自然光照，少用或不用电灯光照，采用自来水或井水代替无离子水或蒸馏水，以节省水电费开支。③使用便宜的罐头瓶代替三角瓶等。④简化培养基。可用白糖代替蔗糖，使用纯度不高的植物生长调节剂等。⑤降低污染率。应将污染率控制在5%以内。另外，污染苗也可补救，先用4%的多菌灵溶液浸洗，然后假植于煤灰、沙子、泥土体积比为1:1:2的泥浆中，用塑料膜覆盖保湿，半个月后去掉薄膜，成活率可达85%以上。

二、香蕉悬浮细胞及原生质体培养与融合

香蕉细胞悬浮培养，尤其是建立胚性悬浮细胞系，不但可通过体细胞胚胎发生方式获得大量试管苗进行快速繁殖或制作人工种子，还是制备原生质体的优良材料及基因转化的优良受体系统。现在已经有多个香蕉品种建立了悬浮细胞培养体系，并成功获得再生植株或原生质体再生植株。近年来在香蕉原生质体融合方面的研究也取得了突破性进展，为香蕉育种开辟了新途径。

（一）香蕉悬浮细胞培养

1. 愈伤组织诱导 悬浮细胞的材料来源主要是愈伤组织。可从不同的外植体培养中诱导愈伤组织，包括茎尖分生组织、未成熟雄花、未成熟合子胚、无根芽丛、基生叶鞘和根状茎组织。如将茎尖置于附加 2 mg/L 2,4-D、0.2 mg/L ZT 和 2 g/L 结冷胶的 MS 培养基上，温度

(26±1)℃，暗培养即可诱导出愈伤组织；将未成熟雄花切片移入 MS（大量元素、微量元素以及维生素）+4.1 μmol/L 生物素+18 μmol/L 2,4-D+5.7 μmol/L IAA+5.4 μmol/L NAA+87 mmol/L 蔗糖+7 g/L 琼脂的培养基中，pH 5.7，5~6 个月后可见易碎、紧密、黄白色的胚性愈伤组织。

2. 胚性悬浮细胞培养 愈伤组织经过连续的悬浮培养，可获得悬浮细胞系。该类培养物中有 5 种类型的细胞团：第Ⅰ类为单独的细胞以及一些小的细胞团；第Ⅱ类为胚性细胞；第Ⅲ类为胚性细胞外围周边的细胞增殖区；第Ⅳ类为原表皮层的大量组织上类似原胚的细胞；第Ⅴ类为分生组织细胞的中心区域及淀粉细胞外围区域的结节。

3. 悬浮细胞培养再生植株 茎尖分生组织衍生的悬浮细胞，其增殖力强，且在培养物上会产生紧实的分生性芽丛。体视显微镜下取分生性芽丛的最上部，即"上突物"转移到 20 mL 的改良 MS 液体培养基（大量元素和铁盐减半，加 0.4 mg/L 维生素 B_1、10 mg/L 抗坏血酸、5 μmol/L 2,4-D、1 μmol/L ZT，不加肌醇）中，置于约 70 r/min 的摇床上，在温度（26±2）℃、连续光照条件下培养，8 周后转入新鲜的培养基中。此后，每 2~3 周再用培养基把悬浮培养物稀释 2~3 倍，直至悬浮培养物中出现胚性细胞丛（需 16~24 周），通过孔径为 0.5 mm 的网筛把"上突物"和大细胞组成的团块去掉，得到比较纯的胚性细胞丛。后者转入上述基本培养基（附加 100 mg/L 肌醇、不加植物生长调节剂）中，即可形成球形胚。球形胚转入含 1 μmol/L ZT 的培养基中可以发育为成熟胚，成熟胚在含 10 μmol/L 6-BA 的培养基中萌发为完整植株，萌发率为 10%~14.5%，萌发的香蕉小植株转入土壤中成活率高。ZT 促进萌发的效果比 6-BA 差。

（二）香蕉原生质体培养及融合

1. 材料来源 已有几种香蕉材料用以分离原生质体，包括幼叶及其叶基、花序轴愈伤组织、苞片、二倍体（AA）合子胚悬浮培养物。各个试验系统中的原生质体产率均不低，特别是苞片分离的原生质体产率还相当高，但是原生质体的质量似乎不理想，培养后至多在分裂数次后就死亡。所以，香蕉像其他的单子叶植物如禾本科的水稻、玉米一样，其原生质体培养是难顽拗性的。但采用茎尖分生组织作为悬浮细胞材料分离的原生质体已培养出再生植株。即取 ABB 群'Bluggoe'品种的茎尖分生组织培养悬浮细胞，原始培养物悬浮在改良 MS 液体培养基（大量元素和铁盐浓度减半，维生素 B_1 0.4 mg/L，抗坏血酸 10 mg/L，5 μmol/L 2,4-D，1 μmol/L 玉米素，不加肌醇，高渗透压前 pH 5.8）中，培养早期，悬浮细胞是异质性的。除了小的、细胞质浓的细胞外，还有大而半透明的细胞，但经每两周一次的多次继代培养后，细胞都变得小而圆，具浓厚细胞质、核大、液泡小的细胞，用这种悬浮细胞分离的原生质体培养已获得了再生植株。

2. 原生质体分离 把 1 mL 的悬浮培养物转入 6 mL 的酶混合液（酶混合液组成：纤维素酶、离析酶和果胶酶各 1%，7 mmol/L $CaCl_2 \cdot 2H_2O$、0.7 mmol/L NaH_2PO_4、3 mmol/L MES、10%甘露醇，pH 5.8。酶混合液经 0.2 μm 孔径的过滤器过滤除菌）中，置于黑暗中 40 r/min 振荡温育 24 h。温育后，原生质体液经 66×g 离心 5 min，用 20%~25%的蔗糖（质量体积分数）溶液纯化，或先用孔径 25 μm 的筛子过滤，再用 10 μm 的筛子过滤。用荧光染料染色后在倒置显微镜下确认去壁是否完全，计算原生质体得率。一般原生质体得率为每克愈伤组织得 10^6 个原生质体，成活率可达 90%~100%。

3. 原生质体培养 纯化后的原生质体以 3 种不同的方式培养。

（1）固体培养。原生质体以 10^5~10^6 个/mL 的密度培养于 1/2MS 矿质盐加 5%甘露醇、5 μmol/L 2,4-D、0.8%琼脂培养基上，培养 24 h 后即再生细胞壁。以 10^6 个/mL 密度接种的原生质体再生壁效果最好。

（2）饲养层培养。在每个直径 9 cm 的皮氏培养皿中先注入一层 20 mL 的 1/2MS 中加有 5%

甘露醇、5 μmol/L 2,4-D 和 2 g/L 凝固剂的固体培养基，再加一层由 1 mL 培养一周的悬浮培养物和 1 mL 加有 10% 甘露醇、200 mg/L 肌醇等的 1/2MS 培养基组成的饲养层，上铺一层灭过菌的滤纸，再植入 $10^5 \sim 10^6$ 个/mL 的原生质体。

饲养层培养效果比固体培养好，多于 50% 的细胞可持续分裂，培养第 8 天即有 75% 的细胞已经分裂，其中 10% 的细胞已进入第 2 次分裂。培养 5 周后，形成许多由数百个细胞组成的小愈伤组织，小愈伤组织的形成率为 20%～40%。

（3）条件培养。培养方法与饲养层培养类似，但不用饲养层，而用 1 mL 从培养 1 周的悬浮培养物经白色的 Whatman 滤纸过滤出来的条件培养基代替之。条件培养的效果也较好。

把至少含有 100 个细胞的细胞团或小愈伤组织转入不加看护细胞、植物生长调节剂和甘露醇的半固体培养基中培养，2 周后形成球形体，球形体进一步发育为体细胞胚，球形体发育为胚的比率为 10%～14%。胚培养 3 个月后，发育为完整小植株，小植株栽入温室，生长正常。

4. 原生质体融合与植株再生 2002 年，Matsumoto 等采用电融合结合水稻细胞饲喂培养方法，最早获得了'Maçā'（AAB 类群）和'Lidi'（AA 类群）2 个香蕉品种的原生质体融合再生植株。2005 年，Assani 等进行了'Gros Michel'（AAA 类群）和'SF265'（AA 类群）2 个品种胚性悬浮细胞原生质体的融合研究，比较了电融合法和 PEG 融合法的优缺点，发现 PEG 融合法效率比较高，但影响融合产物再生细胞体细胞胚胎发生和植株再生频率。而电融合法则有助于提高融合产物再生细胞的体细胞胚胎发生和植株再生频率。2009 年，为了将贡蕉（*Musa acuminata* cv. Mas）（AA 类群）的抗病基因转入过山蕉（*Mitrephora maingayi*）（AAB 类群）中，Wang 等采用 PEG 融合法进行了贡蕉和过山蕉的不对称原生质体融合，获得了 3 株杂种植株。即对来自悬浮细胞系的原生质体，利用 1.5 mmol/L 碘乙酰胺（IOA）处理过山蕉、50 W/m² 紫外线（ultraviolet light，UV）处理贡蕉 120 s，然后用 20%（质量体积分数）PEG 融合 2 种原生质体，获得了 47 株再生绿苗，并有 8 株在温室中生长（图 14-5）。利用 RAPD、ISSR 技术对杂种植株鉴定后发现，3 株为真杂种植株，其在田间具有旺盛的生命力。染色体分析发现，它们具有非整体染色体数目（2n=34）。

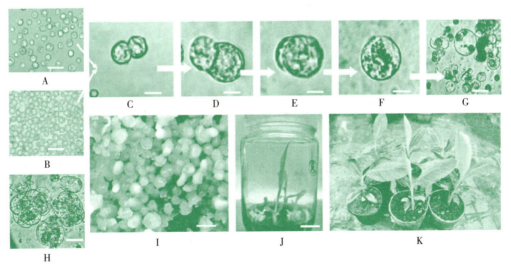

图 14-5 香蕉原生质体不对称融合及其植株再生

A. 过山蕉（AAB 类群）原生质体 B. 贡蕉（AA 类群）原生质体 C. 原生质体粘连 D~F. 2 个原生质体融合过程 G. 融合产物 H. 融合产物细胞分裂团 I. 融合产物形成的体细胞胚 J. 体细胞胚再生植株 K. 再生植株移栽到温室

（引自 Wang 等，2009）

小结

自20世纪70年代以来,苹果茎尖培养技术日趋成熟,在脱病毒苗生产、矮化砧和无性系快繁方面得到广泛应用。80年代后,随着遗传转化技术的发展,苹果新品种选育也由个体水平逐步向细胞及分子水平过渡,为苹果品种改良和苗木繁育开辟了一条高效的新途径。葡萄传统繁殖方法为扦插、嫁接和压条,虽简捷方便,但繁殖速度慢、病毒易积累,长期应用会导致葡萄品种严重退化,而植物组织培养能保持母本特性并在短期内繁殖大量苗木。胚胎培养对于培育优质葡萄无核品种具有重要作用,花药培养则可诱导不同倍性植株。此外,转基因育种也为葡萄育种开辟了一条新途径。葡萄原生质体培养的研究,直到1990年才从欧亚种葡萄'赤霞珠'悬浮细胞来源的原生质体再生了植株。柑橘是世界上第一大果树,其存在多胚性。珠心胚的干扰阻碍了合子胚发育,影响杂交育种。因此,柑橘早期合子胚培养、原生质体融合成为柑橘遗传改良的重要手段。柑橘的病毒性病害为害严重,利用茎尖微芽嫁接的方法培育脱毒苗,已成为柑橘种苗生产重要手段。香蕉的离体繁殖主要包括茎尖培养和花序轴培养,热处理结合茎尖脱毒是培育香蕉脱病毒苗木的有效方法,且香蕉脱病毒试管苗的工厂化生产已得到广泛应用。近年来,香蕉原生质体培养与融合方面也取得了突破性进展,为香蕉育种开辟了新途径。

复习思考题

1. 如何进行苹果和葡萄的离体快繁?它们的快繁过程有何不同?
2. 为什么苹果、葡萄、柑橘和香蕉均需要进行脱毒苗培育?它们脱除病毒采用的外植体有何不同?
3. 转基因苹果有哪些应用?它们有什么优点?
4. 简述柑橘微芽嫁接培育脱毒苗的方法。
5. 柑橘花药培养有哪些影响因素?
6. 香蕉工厂化育苗应注意哪些问题?

主要参考文献

高敏霞,叶新福,2015. 植物组织培养在核果类果树上的应用研究进展. 中国热带农业(3):107-108.
孙伟,焦奎,2002. 酶联免疫吸附分析法在植物病毒检测中的应用. 化学研究与应用,14(5):511-514.
王国平,洪霓,2005. 果树的脱毒与组织培养. 北京:化学工业出版社.
王军,2009. 生物技术与葡萄遗传育种. 中国农业科学,42(8):2862-2874.
王三红,杨梦悦,顾敏,等,2007. 农杆菌介导三价融合基因 Rirol 转化八棱海棠的研究. 果树学报,24(6):731-736.
薛建平,连勇,2013. 植物组织培养与工厂化种苗生产技术. 合肥:中国科学技术大学出版社.
张丽丽,2007. 农杆菌介导 β-1,3-葡聚糖酶基因转入嘎拉苹果的研究. 保定:河北农业大学.
Akym Assani1, Djamila Chabane, Robert Haïcour, et al, 2005. Protoplast fusion in banana (*Musa* spp.): comparison of chemical (PEG: polyethylene glycol) and electrical procedure. Plant Cell, Tissue and Organ Culture, 83:145-151.
Cote FX, Domergue R, Monmarson S, et al, 1996. Embryogenic cell suspension from the male flower of Musa

AAA cv. 'Grand nain'. Physiol Plant, 97: 285-290.

Dominguez A, 2000. Efficient production of transgenic citrus plants expressing the coat protein gene of citrus tristeza virus. Plant Cell Reports, 19 (4): 427-433.

Grosser J W, 2000. Somatic hybrids in *Citrus*: an effective tool to facilitate variety improvement. *In Vitro* Cellular and Development Biology Plant, 36 (6): 434-449.

Kazumitsu Matsumoto, Alberto Duarte Vilarinhos, Seibi Oka, 2002. Somatic hybridization by electrofusion of banana protoplasts. Euphytica, 125: 317-324.

Kundu J K, 2003. The occurrence of apple stem pitting virus and apple stem grooving virus within field-grown apple cultivars evaluated by RT-PCR. Plant Protect. Science, 39 (3): 88-92.

Lerma S L, Acuna P, Riberos A S, 2002. Multiplication rate and regeneration potential of somatic embryos from a cell suspension of banana (*Musa* AAA cv. 'Grande naine'). Infomusa, 11 (1): 38-44.

Menzel W, Jelkmann W. Maiss E, 2002. Detection of four apple viruses by multiplex RT-PCR assay with coamplification of plant mRNA as internal control. Journal of virological Methods, 99 (1-2): 81-92.

Menzel W, Zahn V, Maiss E, 2003. Multiplex RT-PCR-ELISA compared with bioassay for the detection of four apple viruses and time during the certification of plant material. Journal Virol Methods, 110 (2): 153-157.

Mohamed Elhiti, Wang H Y, Ryan S, et al, 2016. Generation of chemically induced mutations using *in vitro* propagated shoot tip tissues for genetic improvement of trees. Plant Cell, Tissue and Organ Culture, 124: 447-452.

Norzulaani Khalid, Yasmin Othman, Wirakamain Sai, et al, 2001. Evaluation of regeneration and transformation systems in *Musa acuminata* var. Pisang Mas (AA) and Pisang Berangan (AAA). Promusa, 10 (1): 15-16.

Pena Leandro, 2001. Constitutive expression of *Arabidopsis LEAFY* or *APETA1* gene in citrus reduces their generation time. Bio. Nature, 19 (3): 263-267.

Pineda CR, Toro Perea N, NarvaezJ, et al, 2002. Genetic transformation by *Agrobacterium tumefaciens* of embryogenic cell suspension of plantain 'Dominico harton' (*Musa* AAB Simmonds). Infomusa, 11 (2): 9-13.

Xiao Wang, Huang Xia, Gong Qing, et al, 2009. Somatic hybrids obtained by asymmetric protoplast fusion between *Musa silk* cv. Guoshanxiang (AAB) and *Musa acuminata* cv. Mas (AA). Plant Cell, Tissue and Organ Culture, 97: 313-321.

Zhu YM, Yoichiro Hoshino, Masaru Nakano, et al, 1997. Highly efficient system of plant regeneration from protoplasts of grapevine (*Vitis vinifera* L.) through somatic embryogenesis by using embryogenic callus. Plant Science, 123 (1/2): 151-157.

第十五章
观赏植物组织培养

观赏植物（ornamental plant）的组织培养常用于无性系快速繁殖、茎尖培养脱毒、新品种培育及次生代谢产物生产，其中次生代谢产物生产主要用于药物、色素等的生产，芳香原料也可用细胞悬浮培养生产。本章主要介绍兰花、香石竹、菊花、百合和月季的组培离体快繁技术。

第一节 兰 花

兰科是单子叶植物中最大的一个科，约有 450 个属 20 000 余种，其花色鲜艳，形态各异，备受人们喜爱。传统的兰花栽培方法主要靠分株繁殖，繁殖速度慢，贮藏和运输困难，易带病毒，阻碍了其在世界范围内的流通。兰花也可用种子繁殖，但常规种子发芽率极低（约为 5%），很难满足生产需要。植物组织培养用于兰花的离体快繁发展迅速，并已发展成为现代化的兰花工厂，遍布世界各地，繁殖着近 70 个属的数百种兰花。

一、兰花离体快繁及脱病毒植株检测

（一）兰花离体快繁

1. 取材和处理 兰花茎尖、叶片、花、种子等都可作为外植体用于培养，诱导再生植株。茎尖是细胞分裂最活跃的部分，组织培养的成功率较高。有些品种的兰花，如蝴蝶兰的茎尖深藏于叶片夹缝中，分离和消毒比较困难。兰花茎尖培养时，首先要从生长健壮的植株上切取 10 cm 长的茎尖，去掉苞叶，用加有适量洗涤剂的自来水冲洗，在超净工作台上用 75% 酒精消毒数秒，无菌水冲洗 4~5 次，再用 5% 的漂白粉消毒约 10 min 或用 0.1% 氯化汞消毒 4~5 min，无菌水冲洗 4~5 次后备用。在兰花叶片培养中，应选择带有嫩叶的花梗。

2. 接种与培养 在超净工作台上，借助体视显微镜用镊子将茎段幼叶剥下，暴露出生长点后，用解剖刀切取 0.5~0.8 mm 大小的茎尖外植体（应尽量小，以利脱病毒），接种于培养基上；也可将茎段切下的幼叶连同花梗上的幼叶一起，在无菌条件下切割成 0.3~0.5 cm² 小块，接种到培养基上。诱导兰花茎尖形成原球茎的培养基为 MS 或 B_5+0.5~1.0 mg/L NAA+0.1~1.0 mg/L 6-BA+10% 椰子汁；诱导叶片形成原球茎的培养基为改良 Kyoto+0.1 mg/L NAA+1.0 mg/L 6-BA+100 mg/L 肌醇+0.1 mg/L 烟酸+0.05 mg/L B 族维生素+20 mg/L 腺嘌呤+2% 蔗糖+0.2% 尿素；原球茎生芽培养基为 1/3 或 1/2MS、3/4 或 4/5 B_5，其余成分与诱导原球茎形成的培养基相同。根据兰花种类，可用固体培养基或液体培养基（液体培养基中蔗糖量应较多），凡原球茎切口处不变褐或变褐物质排出量较少的种类，可用固体培养基，易变褐种类最好用液体培养基。诱导原球茎的培养温度一般应低于 23 ℃，光照度为 1 500~2 000 lx。

茎尖经过 2~3 周培养，生长点开始呈绿色。茎叶先开始生长，然后生长点组织的基部开始肥大，形成原球茎。接种后的叶片培养约 30 d 即可见到原球茎形成。用液体培养基培养时，要求液体量尽量少，以正好漫过培养物为宜，振荡培养速度为 10 r/min。振荡有利于原球茎的形

成，因为冲洗原球茎周围组织，可以防止组织老化和枯死。

3. 原球茎增殖培养 形成的原球茎可以不断分割，进行继代培养，加速其繁殖，直到获得所需数量。继代培养所用的培养基同诱导培养，培养条件也一样。原球茎的生长大致有 4 种类型：①极易增殖。培养的原球茎很容易再生出新的原球茎。②增殖较慢，但易分化成苗。③分割的原球茎接种后停止生长。④分割的原球茎转接后不枯死，经几周变褐后又形成小的原球茎。对极易增殖型，应缩短培养周期，增加继代转接次数，加快繁殖速度，可用液体振荡培养使其形成大量的新的生长点，然后再分割接种在固体或液体培养基上，进行繁殖；对增殖较慢型，应改变培养基配方，特别应降低离子浓度。其他类型的材料应弃掉。原球茎增殖的初期阶段，分割后极易产生褐色物质，初次分割出的原球茎，应在离子浓度较低的培养基中培养。

4. 苗的分化和生长培养 增殖的原球茎不一定都能顺利分化成苗，不同品种所要求的诱导条件差别很大，苗的分化率及质量也差别很大，且影响因素很多。兰科植物与其他草本花卉不同，它不易受植物生长调节剂的影响，仅仅靠植物生长调节剂调整效果不明显，因此不能简单地用改变植物生长调节剂浓度的方法来诱导再生植株。一般是将原球茎转入离子浓度较低的培养基中，再加入一些如椰子汁等天然有机物质，效果会好，原球茎会很快再生成植株。新形成的小苗需移入较大培养容器内，生长到一定大小时才能移栽，一般是将 1 cm 高的幼苗转移到壮苗培养基上培养 3~6 个月，使其长到约 10 cm 高时方可移栽。这个阶段幼苗的生长代谢都较稳定，培养基成分可简单些，但培养基的离子浓度不能过高，否则会出现小老苗或畸形苗。

5. 幼苗移栽 从培养瓶中取出带有 3~4 片叶、3~4 条根、10 cm 高的试管苗，将根部培养基洗净，移植到泥炭或蛭石中，注意保湿、弱光，并定期浇水施肥，以促进生长。

（二）兰花离体快繁的影响因素

1. 培养基 兰花组织培养使用过的培养基有 10 余种，但常用的仍为 MS 培养基。基本培养基选择需考虑的关键问题是离子浓度，一般应用较低的离子浓度，且注意不同培养阶段要求的离子浓度不同。培养基中可添加植物生长调节剂、生物活性物质、氨基酸和天然有机物质。

2. 材料褐变 防止材料变褐是兰花组织培养成功的关键。变褐的主要原因是材料从伤口分泌出酚类物质，酚类物质在多酚氧化酶的作用下转变成醌类物质而引起褐变。2,4-D 的使用、灭菌技术、培养温度、光照条件对褐变都有影响。常采取防褐变的方法有：①降低培养基离子浓度或采用液体培养基。②材料消毒后用无菌水洗涤干净，并在无菌水中切取外植体，切后在无菌水中浸 1~2 min。③培养基中加入维生素 C、半胱氨酸等抗氧化剂和活性炭等吸附剂，以及其他褐变防止剂，减轻褐变。④培养温度保持在 15~20 ℃。在 25~30 ℃高温下培养，褐变物质渗出量大。⑤pH 5.5。⑥外植体先用液体培养基静置培养一段时间（不宜太长），伤口愈合成活后再转接到固体培养基上培养，也可以进行液体与固体的交替培养。

3. 原球茎的苗分化 兰花初代培养形成的原球茎一般可分化成苗，但有些种往往不分化出苗，或者产生畸形苗。除品种差异外，培养条件也很关键，可向培养基中添加香蕉汁、椰子汁等天然有机物质，或添加一定浓度的 IAA、KT、NAA 等，或降低培养基的离子浓度。

4. 变异 兰花组织培养中的变异主要与高浓度植物生长调节剂、长期继代培养、主芽部位和大小、自身芽变等有关。前三者可以在培养中加以改善和防止，自身芽变是无法避免的，这在兰花的良种繁殖上应十分注意。要慎重选择外植体、培养基和培养条件，在继代和扩繁过程中应及时淘汰变异材料，如利用核酸分子检测技术（如 RAPD）检测再生植株，快速检测其变异情况。当然，也可以利用兰花组织培养的变异特性，从中选育出新的优良兰花品种。

（三）兰花脱病毒植株的鉴定

已报道能够侵染兰花的病毒有番茄斑萎病毒属（*Tospovirus*）、马铃薯 X 病毒属、烟草花叶病毒属、黄瓜花叶病毒属等，总计有 29 种，被列为检疫性病毒的主要有建兰花叶病毒

(CymMV)、齿兰环斑病毒（ORSV）、建兰环斑病毒（cymbidium ringspot virus，CymRSV）、石斛兰花叶病毒（dendrobium mosaic virus，DenMV）、兰花斑点病毒（orchid fleck virus，OFV）、香果兰坏死斑病毒（vanilla necrosis virus，VNV）以及香果兰花叶病毒（vanilla mosaic potyvirus，VMV）；另外还有检疫性危险病毒番茄环斑病毒（tomato ringspot virus，TomRSV）也能侵染兰花。目前，国内外检测兰花病毒主要采用生物学检测、电子显微镜检测、血清学检测和分子生物学检测等方法。如利用三抗夹心酶联免疫吸附法（three antibodies sandwich-elisa，TAS-ELISA）检测 CymMV，DAS-ELISA 检测 ORSV；或应用抗 CymMV 的单克隆抗体，建立检测蝴蝶兰病样的免疫斑点法和组织印迹法。

二、兰花合子胚培养及转基因

兰花种子的胚发育不全，没有胚乳，不易发芽，不利于兰花的有性繁殖和有性杂交育种。兰花种子培养实际上是一种合子胚培养，可用人工合成培养基促使种子无菌萌发，得到较高发芽率，获得大量无菌实生苗。兰花的转基因研究目前进展不多，转化方法主要为农杆菌介导法。

（一）兰花合子胚培养

1. 种子灭菌 为保证种子的灭菌效果，可在蒴果开裂时采下，用纸包好，保存在干燥器内。如保存在冷藏室，5~6 年的种子仍能发芽。经过保存的兰花种子带菌少，可用饱和漂白粉水溶液处理 20 min，或按常规灭菌方法进行处理。

2. 无菌培养 把无菌的兰花种子接种在培养基上。培养基可用 KC、Kyoto 和 MS，添加 20~35 g/L 蔗糖、10 g/L 琼脂，必要时可加复合肥料、苹果汁，甚至植物生长调节剂（0.04~10 mg/L KT，1~3 mg/L IAA）。在 20~25 ℃下培养，14~15 d 种子开始膨大，约 6 周种子开始变绿，以后发育为原球茎，再从其上长出根，经 2~3 个月长出叶片，形成完整植株，9~10 个月长成可移栽的小苗。

（二）兰花转基因

兰科植物对根癌农杆菌或发根农杆菌不敏感，缺乏合适的载体，故基因工程起步较晚，但近年来发展迅速。人们利用农杆菌对蝴蝶兰原球茎进行了基因转化研究，以 *npt* Ⅱ 和 *gus* 基因作为标记，初步建立了蝴蝶兰的农杆菌转基因体系；将带有 *npt* Ⅱ 标记基因的载体通过基因枪进行大花蕙兰原球茎的转化，获得了抗卡那霉素的转基因植株，通过 PCR 分析证实，*npt* Ⅱ 基因存在于转基因植株中；利用基因叠加（gene stacking）载体进行兰花转化，如 Chan 等（2005）首次将兰花花叶病毒的外壳蛋白 cDNA 和甜椒的类铁氧还蛋白 cDNA 通过农杆菌介导，进行兰花原球茎转化，筛选获得了对 CymMV 和胡萝卜软腐欧文氏菌（*Erwinia carotovora*）具有抗性的转基因兰花植株。

第二节 香 石 竹

香石竹又名康乃馨、麝香石竹，其品种繁多，色彩丰富，花型多样，且许多品种兼具芳香。香石竹主要靠侧芽扦插繁殖，长期的营养繁殖使病毒病危害严重，切花质量变劣，鲜花产量降低。危害香石竹的病毒已发现有数种，如香石竹花叶病毒（carnation mosaic virus）、香石竹斑驳病毒（carnation mottle virus）、香石竹线条病毒（carnation streak virus）、香石竹潜伏病毒（carnation latent virus）、香石竹环斑病毒（carnation ring spot virus）、香石竹蚀环病毒（carnation etched ring virus）、香石竹脉斑驳病毒（carnation vein mottle virus）等。茎尖组织培养繁殖脱毒苗，是综合防治的重要环节之一。同时，由于种苗来源较少，采用组织培养繁殖香石竹也是很有必要的。

一、香石竹离体快繁

1. 取样与接种 选取田间或盆栽生长健壮植株上带有 2 对大叶和可见的 2~3 对嫩叶，采回后剥去大叶，只留未展开嫩叶，自来水冲洗，滤纸吸干多余水分，在超净工作台上用 70% 酒精消毒 30~60 s，无菌水洗涤 3~4 次，0.1% 氯化汞（按体积加入适量 0.1% 吐温）灭菌 6~10 min，无菌水冲洗 8~10 次，彻底除去氯化汞，无菌滤纸吸干水分。在超净工作台上借助体视显微镜剥取茎尖外植体，即用解剖刀轻轻剥去外层嫩叶，使茎尖裸露，用解剖刀切下 0.3~0.4 mm 茎尖外植体，迅速接种到培养基上，防止茎尖外植体失水干燥。此外，香石竹的花瓣和子房也可以培养出再生植株，并且香石竹试管苗具有瓶中开花的现象。

2. 培养基 茎尖培养时，不同研究者采用的培养程序有差别，培养基及植物生长调节剂用量也有所不同。MS 添加 10 μmol/L KT 的液体培养基是香石竹茎尖培养的最适培养基；采用改良的 White 培养基，将无机盐浓度提高 5 倍，加入 2 mg/L NAA，2~3 个月后，茎尖长成中央呈绿色的愈伤组织块，并有根生出。切割这样的组织块，转到附加 1 mg/L NAA 的同样培养基上继代培养，可分化出许多生长点；将这种组织块切割成约 50 mg 小块，转接到无植物生长调节剂的 MS 培养基上，可长出完整植株。将茎尖培养在 MS+0.01 mg/L NAA+0.5 mg/L KT 的培养基上，可形成多芽体，然后用 MS 液体培养基附加 2.0 mg/L KT+0.2 mg/L NAA，在水平旋转摇床上继代培养，多芽体分离浮动，形成更多更大的多芽体，进行芽苗增殖。但平时大多采用 MS+0.5 mg/L 6-BA+0.2 mg/L NAA 的培养基诱导嫩茎增殖。

花瓣和子房表面消毒后，接种到 MS+1 mg/L 6-BA+1.5 mg/L 2,4-D+1.5 mg/L NAA+5% 蔗糖的琼脂培养基上，约 15 d 后长出嫩黄绿色愈伤组织，并逐渐长大。将花瓣愈伤组织转入 MS+3 mg/L 6-BA+1.5 mg/L 2,4-D+1.5 mg/L NAA 或 MS+6 mg/L 6-BA+1 mg/L NAA 的培养基上继续培养，20 d 后愈伤组织转为深绿色，并分化出暗绿色芽，进一步长成有根幼苗；子房产生的绿色愈伤组织转入 MS+6 mg/L 6-BA+1 mg/L NAA 的培养基上，约 30 d 分化出浅绿色纤细丛生芽，以后逐渐生根，形成完整的再生植株。

人们所采用的生根培养基也不同。一般情况下，切成单个或小丛的香石竹嫩茎，很容易在加有少量 NAA 和 IBA（0.1~1.0 mg/L）的 MS 或 1/2MS 等培养基上生根。将分离的茎尖放到 1/3MS 液体培养基中，在旋转摇床（180 r/min）上振荡培养。约 30 d 后会在液体培养基里浮现无数侧枝，将这些侧枝转移到固体培养基上生根，获得的小植株移栽到土壤或其他基质中，可正常开花。

香石竹试管苗瓶中开花所需要条件：将无菌小幼苗或茎尖芽接种在 1/2MS 大量元素和微量元素+0.2 mg/L NAA+0.5% 活性炭+3% 蔗糖+0.7% 琼脂的培养基上，pH 5.8，在 22~28 ℃、光照时间 10 h/d、光照度 1 000 lx 的人工气候箱中培养。2 个月后可分化出相当数量的花芽，分化率约 56%。3~4 个月后花开放。若用 1/4MS 和全量 MS 培养基，分别加入上述各物质，花芽分化率分别达 70% 和 4%，但 1/4MS 培养基上的幼苗纤弱，可见无机营养元素对花芽的质量有明显的影响。在 White 培养基上也见到花芽分化，但难以形成正常植株，全是丛生芽或小苗。

3. 培养条件 香石竹性喜光，好温凉，组织培养时以 20~25 ℃ 为宜，光照度以 800~3 000 lx 为宜，光照时间通常以 16 h/d 较好，确有必要时可采用 24 h 连续光照。如果温度高、光照度弱、光照时间又少，不利于丛生苗健壮生长，常产生一些细弱的无效苗。在不利条件下，试管苗还会变成玻璃化苗，提高光照度、适当延长光照时间和降低培养温度有助于克服玻璃化现象。

二、香石竹脱病毒苗培育

1. 热处理结合茎尖培养脱病毒 采用38~40 ℃高温处理香石竹苗6~8周，再切取1 mm长的茎尖，可脱去香石竹条斑病毒、花叶病毒和环斑病毒等；香石竹在38 ℃下培养30 d，能去除香石竹斑驳病毒，2个月即可脱去所有病毒；但也有报道，在36~42 ℃下处理70 d能脱去香石竹斑驳病毒，但不能脱去条斑病毒；在38 ℃下处理140 d，也不能脱去蚀环病毒，但结合茎尖培养就能脱去该病毒。

香石竹茎尖培养中，当小苗达到一定数量后，就要将其中一部分移植出来用于病毒鉴定。检测技术主要有电子显微镜鉴定法、血清学技术和分子生物学技术。通过病毒鉴定的植株及增殖材料，将成为脱毒原原种，一部分可大量繁殖，另一部分作低温保存。脱毒材料在MS+2~3 mg/L 6-BA+0.2 mg/L NAA或其他培养基上进行快速繁殖，每月可增殖8~10倍。继代时可将嫩茎分丛，或将嫩茎切成带芽茎段，转接到新鲜培养基上增殖。

2. 茎尖大小对脱病毒效果和成活率的影响 Hollings等（1964）在脱去香石竹斑驳病毒的报道中指出：即使切取0.1 mm长的茎尖，仍有1/3的茎尖再生植株不能完全脱毒，脱毒率仅为66%；若切取1 mm或更长的茎尖，则完全不能脱毒。由于过小的茎尖成活率极低，所以通常热处理后再切取0.25~0.5 mm长的茎尖较好，待获得茎尖再生植株并通过病毒学鉴定后，可扩大繁殖。

香石竹的茎尖在培养期间，叶原基的生长有阶段性。侧生分生区的细胞有很强活性，它的分生活动能促使叶原基形成。当形成的叶原基达到一定大小时，才从侧生分生区再形成新的、较小的叶原基。因此分离茎尖时，最后一对叶原基的大小不同，茎顶端的形态也就不一致，表现为：①有叶原基围绕着的圆顶形的顶端组织；②叶原基几乎看不见，贴着顶端有不同大小的叶原基；③具有最后一对较大叶原基的顶端。培养这些形态不同的茎尖，其形态发生能力差异较大：小于或等于0.09 mm的茎尖无形态发生能力；0.2 mm的茎尖只有限生长；当茎尖带有叶原基和顶端分生组织，长为0.35 mm时，能生长的茎尖达52%；但同样0.35 mm长的茎尖，带有最后一对较大叶原基，而没有顶端分生组织，能生长的茎尖则达94.2%。如果切取的茎尖是0.5 mm，并带有幼叶而不带顶端分生组织，同带有幼叶又带有顶端分生组织的茎尖相比，后者能生长的茎尖百分率低。顶端分生组织易在培养中引起强烈的愈伤组织生长，从而导致茎尖不能正常发育和延缓发育。所以，带有最后一对幼叶而无顶端分生组织的约0.35 mm的茎尖，是大小最适宜的培养材料。

3. 脱病毒苗的保存与种植 通过严格的病毒学鉴定的脱毒植株，用于生产脱毒原原种，在繁殖过程中应采取周密的保护措施防止病毒再次侵染。如果脱毒苗具有严格的保护措施，在培育的5~8年，每年都做病毒学鉴定，仍未发现有带毒植株。脱毒苗在栽培繁殖过程中，保护措施主要应考虑土壤、粪肥和灌溉水消毒，防止蚜虫传毒等。原原种应种植在防蚜虫网室里，以防再感染。大规模生产地由于长年种植，环境中病毒潜伏，很容易发生再度感染。由于组培快繁能迅速提供大量脱毒苗，可根据情况及时淘汰与更新生产用植株。

第三节 菊　　花

菊花是菊科菊花属（*Chrysanthemum*）的多年生宿根（perennial root）草本植物，是销售额稳居第1位的四大鲜切花之一。菊花组织培养主要用于新种质材料及新品种的快速繁殖、优良品种的脱毒复壮。

一、菊花离体快繁

1. 外植体的选取与接种 菊花茎尖、茎段、侧芽、叶、花序梗、花序轴、花瓣等器官都能产生再生植株。以离体快繁为目的,外植体最好采用茎尖或侧芽,其次是花序轴;以育种为目的,可采用花瓣;以脱毒为目的,需用茎尖;以形态发生学研究为目的,可用各种器官。

以花序轴为材料,应选取具该品种典型特征、无病虫害、饱满壮实的健康花蕾,最好是将要开放而尚未开放的花蕾,这时花瓣外有一层薄膜包围着,里面仍无菌,易进行表面消毒,也便于花序轴剥离;以茎尖为材料,茎尖嫩叶不要去得太多太净,以免伤口面过大,灭菌时受伤严重,过多的叶可在接种前切去;以茎段为材料,茎段去叶,留一段叶柄。采集的材料经初步切割后,自来水冲洗5~15 min,置无菌烧杯中,在超净工作台上用0.1%氯化汞灭菌8~12 min(可按情况及经验加入0.1%吐温,每100 mL可加1~15滴。吐温多,灭菌时间可适当缩短),其间轻轻摇动。然后用无菌水冲洗5~8次,置无菌培养皿中切割并接种到培养基上。如果是脱毒,则需在超净工作台上借助体视显微镜剥取0.5 mm大小的茎尖用于培养。切下的茎尖要立即接种到培养基上,最好是放在培养基凝固时产生的冷凝水的表面上。花蕾在吸干水分后,剥去花序轴外层的花被,得到透镜状或半球形的花序轴,视其大小,切成2~4块并接种。从这样的花蕾上拨下的舌状花、管状花也可切成小块或小段用于接种。茎段灭菌后,将其断面及叶柄再切去一小段,适当分割后接种到培养基上。接种方式很重要,接种时通常将材料按生物学特性,正放在培养基上,并稍用力下压使之密切接触培养基,尤其是茎尖,不可倒置或侧置接种。

2. 培养基及培养条件 适于菊花组织培养的培养基种类很多,如White、B_5、N_6、Morel、MS等,现在大多采用MS培养基。植物生长调节剂的添加配比有 3 mg/L 6-BA+0.01~0.1 mg/L NAA,或 2 mg/L 6-BA+0.2 mg/L NAA,或 3~10 mg/L 6-BA+0.1 mg/L NAA,或 2 mg/L KT+0.02 mg/L NAA等。菊花对植物生长调节剂要求不严格,适用范围很广。菊花培养适宜的温度范围也较宽,一般为22~28 ℃,以24~26 ℃最好。光照时间为12~16 h/d,光照度以1 000~4 000 lx为宜。

3. 分化及继代培养 菊花各种器官的外植体经4~6周培养后,茎尖可产生新芽,茎段侧芽可萌发并产生丛芽或经愈伤组织生长再分化芽。最初分化芽数量较少,但随继代次数增加而很快增多。因品种而异,4~6周为1个周期,增殖率均在5~10倍甚至更多。增殖方式多用丛生芽或茎段微扦插两种方法。茎段微扦插方法是以各种再生途径产生的嫩茎为材料,将其剪成一节带一叶的茎段,将其基部插入MS或MS+0.1 mg/L NAA的培养基中培养,4~5周后,腋芽长成新的小植株,重复上述过程,生根的小植株也可出瓶种植。采用具分化能力的愈伤组织在MS+2 mg/L KT+0.02 mg/L NAA的液体培养基中振荡培养增殖,其鲜重每3 d增加1倍。把愈伤组织转移到MS+0.5~2.0 mg/L KT(或再加10 mg/L GA_3)培养基上,6~12周即可形成植株。在4.5 ℃条件下贮藏6个月或重复继代培养,均可保持再生能力。

4. 生根和移栽 菊花芽生根一般较容易,通常在增殖培养基上长时间不转瓶,即可见根的发生。生根方法:①无根嫩茎组培生根。切取3 cm左右嫩茎,接入1/2MS+0.1 mg/L NAA(或IBA)培养基上,2周即可生根成苗。幼苗移栽成活率高,但应防止有害菌类的侵袭,造成烂根死苗。移栽初期保持高湿度、遮阳条件是必要的。生根培养基中糖的用量仍应保持30 g/L,其幼苗生根数、根长及株高等均优于15 g/L的糖浓度培养的试管苗。②无根嫩茎直接插到基质中生根。直接剪取2~3 cm无根苗,插到用促生根溶液浸透的珍珠岩或蛭石中,12 d后生根率达95%~100%。直接扦插生根要求基质疏松通气,珍珠岩优于蛭石。组培苗移栽2~3周成活,长出新根和叶,以后按苗大小逐步上盆、换盆或地植,并按常规栽培要求管理。组培苗的生长势比常规扦插苗好,尤其是茎尖繁殖的无性系。

二、菊花脱病毒苗培育

多年来菊花一直采用营养繁殖，病毒逐步积累，影响植株生长势、花形、花色、花的大小和产花量。侵袭菊花的病毒有 10 余种，其中菊花矮化类病毒（chrysanthemum stunt viroid, CSVd）和番茄不孕病毒（tomato aspermy virus, TAV）可通过将植株种植在 35～38 ℃条件下 2 个月，达到脱毒效果。但要脱去或削弱菊花褪绿斑驳类病毒（chrysanthemum chlorotic mottle viroid, CChMVd）、菊花 B 病毒（chrysanthemum virus B, CVB）等，仅用热处理难以奏效，必须结合茎尖培养。通常先将植株栽培在高温条件下一段时间，再剥取茎尖培养，效果较好。菊花的茎尖培养以取 0.5 mm 的长度为宜。

脱毒植株的鉴定方法常用指示植物法、嫁接法、抗血清法、电子显微镜观察法、分子生物学法等。如果检测已脱去了主要病毒，便可迅速组培繁殖。原原种应通过组织培养保存或在设有严格的消毒制度与隔离条件的温室或保护区里栽培，防止再度遭到病毒的侵染。由原原种繁殖产生的苗木为原种，在生产条件下栽培的原种或由原种扦插繁殖的一级种，生产性能都很好，一般可在生产中利用 2～3 年。由于组织培养繁殖的效率极高，在有条件的情况下，可以每年都栽培原种菊花苗，这样即使组培苗在栽培过程中受到蚜虫和土壤线虫等媒介的传染，病毒病在当年也不可能造成明显的危害。

第四节 百 合

百合是百合科百合属（*Lilium*）多年生草本植物，约有 80 种，大多可供观赏或兼有药用、食用等用途。百合的传统繁殖方法主要有分球、分珠芽、鳞片扦插和鳞片包埋，其繁殖系数低，难满足生产需要；同时经多代繁殖，种性退化，病毒侵染，影响百合产量和质量。而通过植物组织培养，可以去除病毒和更换品种。

一、百合离体快繁

1. 外植体及其灭菌　百合的鳞片、鳞茎盘、珠芽、叶片、茎段、花器官各部分和根等都可用作外植体，并能分化出苗。各种材料培养时，先洗净其表面，然后依次用 70% 酒精消毒 30～60 s，无菌水漂洗 3～5 次，饱和漂白粉上清液或 0.1% 氯化汞灭菌 10～20 min（视材料成熟程度而异），无菌水漂洗 4～8 次，切割成 5～8 mm 长的小块或切段进行接种。花器官等培养时，常取未开放的花蕾，消毒后切开，取其内部材料接种。

2. 培养基和培养条件　一般用固体培养基，常用配方是 MS+30 g/L 蔗糖或白糖，各种植物生长调节剂种类和浓度根据外植体类型不同按需加入。

（1）无菌实生苗培养。用 1/2MS 培养基，不加植物生长调节剂，种子即可萌发为无菌实生苗。

（2）鳞片和叶片培养。用 MS+0.1～1.0 mg/L 6-BA+0.1～1.0 mg/L NAA，鳞片或叶片都可产生小鳞茎状突起，继而分化成苗。在高 NAA、低 6-BA 的培养基上，可一次形成完整植株，但幼苗根部有肿胀现象。相反，高 6-BA、低 NAA 时，能形成大量小鳞茎状突起，从中分化出芽而无根。这样的芽可转入生根培养基 MS+1.0 mg/L IAA+0.2 mg/L 6-BA（或用 NAA、IBA 代替 IAA），使其生根形成壮苗。

（3）茎段、花柱和珠芽培养。接种于 MS+1.0 mg/L IAA+0.2 mg/L 6-BA 培养基中，可直接分化出芽。在花器官中以花丝和花托为材料，优于花柱和子房。麝香百合（*Lilium longiflorum*）花器官培养的植株，生长约 6 个月以后，即可开花。

（4）根培养。以毛百合（Lilium dauricum）根为材料，在 MS+0.5~1.0 mg/L NAA 培养基上，形成肿胀的粗根，将其切成小段，转到 MS+2 mg/L 6-BA+0.2 mg/L NAA 的培养基上培养，便能分化出苗。而轮叶百合（Lilium distichum）在上述培养基上不形成肿胀的根段。毛百合试管苗经 5~6 个月后，能形成直径 17 mm 左右的鳞茎，移栽后成活情况良好，一些品种移栽后一年半，即开出大而美丽的花朵。

（5）胚培养。为防止杂种胚与胚乳间不亲和而造成胚败育，采取胚培养的方法可获得杂种植株。培养时仍以 MS 培养基较好，蔗糖浓度视胚的种类而异，常为 20~40 g/L，pH 5.0。NAA 用量宜为 0.001~0.01 mg/L，加入适量 6-BA 有利幼胚成活，高浓度 6-BA 会抑制胚根产生，促进胚组织愈伤化。通常先用 MS+1 mg/L 6-BA+0.1 mg/L NAA 培养，促进愈伤组织生长，然后将长大的愈伤组织转移到 1/2MS 不加任何植物生长调节剂的培养基上，约 2 个月后，可形成大量不定芽，延长培养时间，就会生根，形成完整杂种植株。培养条件：温度 20~25 ℃，光照度 800~1 200 lx，光照时间 9~14 h/d，pH 5.6~5.8。

3. 影响小鳞茎形成的因素　影响小鳞茎形成的因素主要有：①鳞片生理状态。采自不同生长季节的鹿子百合（Lilium speciosum）鳞片，在 LS+0.03 mg/L NAA 培养基上培养 6 周，发现春季的鳞片分化能力最好，秋、夏次之，冬季最差，几乎不能再生小鳞茎。②鳞片不同部位。鳞片下部形成小鳞茎能力最强，中部其次，上部几乎无能力。

4. 百合离体快繁实例　天香百合、鹿子百合、杂种百合和麝香百合等大量繁殖的具体方法是：把最初培养得到的小鳞茎，每 2 个月用 MS+0.1 mg/L NAA+9%蔗糖+0.5%活性炭的琼脂培养基继代培养 1 次，2 个月后将得到的小鳞片切割，转移到 MS+10 mg/L KT 的琼脂培养基上培养，给予 25 ℃和 2.5 W/m^2 的连续光照。再过 2 个月后，在原小鳞片的表面再生出大量的鳞片状组织。将这些再生的小鳞片组织转接到 100 mL MS 的液体培养基中，置于 25 ℃、0.5 W/m^2 连续光照条件下，在转速为 180 r/min 的旋转摇床上继续培养 1 个月。研究已证明上述条件最适宜小鳞片快速增长。然后将小鳞片用 20 mm×90 mm 培养皿培养，每皿放 50 mL 培养基，培养基为 MS+0.1 mg/L NAA+9%蔗糖+0.5%活性炭+0.8%琼脂，每皿接种小鳞片 10 个。经培养可产生大量小鳞茎，其鲜重有不足 0.3 g 的及 0.3~0.7 g 的，其中不足 0.3 g 的小鳞茎所占比例较高。形成的小鳞茎可进行田间种植。

二、百合破除休眠

温度和培养基中的糖浓度是影响百合组培小鳞茎破除休眠的两个重要因素。

1. 温度对破除休眠的影响　将未经低温处理的组培百合小鳞茎移栽到土壤里，无论培养时糖浓度如何，其抽叶生长和抽出花薹都会受到抑制。使用 90 g/L 糖培养的鹿子百合或天香百合的组培小鳞茎，移栽后既不抽叶也不抽薹。用不同温度分别处理组培再生的小鳞茎 100 d 后，再进行移栽，发现 5 ℃低温能有效破除休眠，而 15 ℃以上则不能。

2. 培养基中糖浓度对破除休眠的影响　将普通百合的再生小鳞茎移栽到土壤中，发现含糖 30 g/L 培养基上产生的小鳞茎，其鳞叶抽生受到促进，但含糖 90 g/L 培养基上产生的小鳞茎则没有这种现象，而杂种百合鳞叶却均是由含糖 90 g/L 的培养基上产生的小鳞茎形成的。从含糖 30 g/L 的培养基上获得的小鳞茎，在 5 ℃下处理 50 d 后，可破除休眠，而来自培养基含糖 90 g/L 的小鳞茎则不能，但两者都有根的形成。前者在 5 ℃下处理 70 d 后，100%萌出鳞叶；后者处理 80 d 后才有 37%破除休眠，若要更好地破除休眠，则至少需要 120 d 的低温处理。含糖 30 g/L 培养基上长出的小鳞茎，低温处理 70 d 后有抽薹植株，培养基含糖 90 g/L 的则要 100~140 d 才行，但抽薹的比例比 30 g/L 的高。

麝香百合在含糖 90 g/L 培养基上产生的小鳞茎要比含糖 60 g/L 培养基上产生的大，前者鲜重小于 0.4 g 的为 64%，0.4~0.8 g 的为 31.3%，大于 0.8 g 的为 4.7%；后者鲜重小于 0.4 g 的为 76.6%，0.4~0.8 g 的为 19.0%，大于 0.8 g 的为 4.4%。土壤中栽培 1 年后，所收获的鳞茎大约有 70% 的鲜重在 5~19.9 g。不论培养时培养基中糖浓度有何差别，大约有 40% 的植株开花。百合杂种在种植的第 1 年可开花，其他种如天香百合和鹿子百合，种植 2~3 年才能开花。

第五节　月　季

月季属于蔷薇科（Rosaceae）蔷薇属（Rosa）植物，因其花色丰富、色彩艳丽、芳香宜人、姿态优美而深受人们喜爱，为世界四大鲜切花之一。经过育种家的不断培育，目前现代月季栽培品种约有 33 000 种，多为欧美选育。月季新品种的培育多来源于杂交育种，因此在种苗生产过程中以无性繁殖为主。植物组织培养技术具有繁殖速度快、繁殖系数高、繁殖方式多、繁殖后代整齐一致，能保持原有品种的优良性状，可获得脱毒苗等优点，现已广泛应用于月季种苗的生产、新品种培育及种质资源保存等方面。

一、月季离体快繁

（一）外植体及灭菌

月季组织培养中一般采用带芽茎段作为外植体进行培养，但也可以用芽、叶片、叶柄、叶盘等作为外植体。研究发现分别采用月季枝条的顶部、中部和基部腋芽作为外植体进行组织培养，中部的腋芽培养效果最好，长势旺盛，诱导率和增殖率高，顶部和基部的芽萌发时间较晚，且基部优于顶部。灭菌是月季组织培养过程中的重要环节之一，常使用次氯酸钠、酒精、高锰酸钾、甲酚皂溶液、漂白粉、抗生素等化学药品处理。灭菌时将外植体材料用自来水冲洗 1~2 h，滤纸吸干多余水分。将初步处理后的茎段置于烧杯中，在超净工作台中消毒，先用 75% 酒精浸泡消毒 30~60 s，无菌水清洗 3~4 次，再用 2% NaClO 处理 8~15 min（视材料成熟程度而异），无菌水清洗 4~8 次，也可在消毒过程中加入适量 0.1% 吐温（每 100 mL 添加 1~15 滴），最后将经消毒处理的外植体接种到初代培养基上进行芽诱导培养。

（二）培养基和培养条件

月季组织培养通常分为初代培养、继代培养、生根培养和移栽驯化四个步骤。其培养基成分均包括凝固剂、碳源、营养源、植物生长调节剂。影响月季组培的植物生长调节剂主要有细胞分裂素 6-BA、ZT、ZR 和 TDZ 等，生长素 NAA、IAA、IBA、2,4-D 等和赤霉素 GA_3。细胞分裂素有抑制顶端优势的作用，因此能促进侧枝的萌发和生长，主要是影响腋芽的增殖。生长素最主要的作用是促进生长，促进作用因浓度而异，较低浓度促进生长，较高浓度抑制生长。除了生根培养外，其他阶段的培养基通常以 MS 作为基本培养基，也有少数用到改良 MS、B_5、MT、White、改良 White、N_6 等。

1. 不定芽诱导阶段　初代培养中植物生长调节剂通常以细胞分裂素和生长素结合使用，6-BA、NAA、GA_3 是使用最普遍的类型。其中 6-BA 的有效浓度为 0.5~3.0 mg/L，也有研究发现可以在初代培养基中添加 4.0 mg/L 或 5.0 mg/L 的 6-BA；NAA 的有效浓度一般为 0.01~0.5 mg/L。

2. 不定芽增殖阶段　继代培养基中常用的植物生长调节剂有 NAA、6-BA、GA_3、IBA，少数也用到 KT、TDZ、IAA、ZT、ETH。6-BA 的有效浓度为 0.1~3.0 mg/L，NAA 的有效浓度为 0.005~0.5 mg/L，少数用 1.0~2.0 mg/L，IBA 的有效浓度为 0.01~0.3 mg/L。促进月季侧芽的萌发与生长需要细胞分裂素和生长素的共同配合，最常用的生长素是 NAA。6-BA 浓度关系到不定芽的增殖，低浓度有利于增殖，浓度过高则阻碍不定芽增殖。合适浓度的 NAA 有利于芽和叶生长，但浓度过高会诱导产生大量愈伤组织，不利于侧芽的直接分化和生长。有研究发现，当加入相同浓度的 6-BA 后，月季芽的增殖速度会随着 NAA 浓度的升高而加快，但增殖速度会在 NAA 浓度超过 0.1 mg/L 后，随着浓度的升高有所下降。

3. 生根培养阶段 1/2MS 是月季组培生根培养较常用的培养基。用于月季生根的植物生长调节剂主要为 NAA、IBA、IAA 等生长素，其中 NAA 为较常用的生长素，其有效浓度为 0.01~1.0 mg/L，IBA 有效浓度为 0.01~1.0 mg/L，IAA 使用较少。

月季培养适宜的温度范围较广，为 20~25 ℃，光照时间为 10~16 h/d，适宜的光照度为 1 000~4 000 lx。

(三) 影响离体快繁的主要因素

影响月季组织培养技术的因素有很多，主要有以下 3 点：①外植体及继代培养过程中易发生褐化现象。②接种过程中易产生污染。③组织培养过程中出现的玻璃化现象。

褐化是影响植物组织培养的主要因素，在月季组织培养中褐化现象存在较为普遍，也是组织培养过程中的难题之一，有效地解决褐化问题是组织培养成功的关键所在。褐化产物会使外植体、培养基等变褐，影响外植体的生长和分化。影响褐化的因素是非常复杂的，有植物的种类、基因型、外植体部位及生理状态等。植物组织培养过程中，没有固定的方法可以防止褐化的发生，对不同基因型的外植体可以采取不同的方法。目前，理论上克服褐化的方法有：①在选取外植体时对材料进行暗培养或选取外植体前对母体进行遮阳处理。②可适当降低培养基中的蔗糖浓度、激素水平。③在培养基中加入褐化抑制剂与吸附剂，常见的抑制剂有半胱氨酸、柠檬酸、苹果酸、植酸（phytic acid，PA）、抗坏血酸、抗坏血酸氧化酶、氯化钠、亚硫酸盐、脂肪氧化酶等。植酸抗褐化效应的原理是植酸对金属离子有螯合作用，对多酚氧化酶中的铜离子进行螯合，进而引起酶失活。抗坏血酸对褐化有一定的抑制作用，抑制作用是消耗性的，研究发现抗坏血酸的作用原理是使邻苯醌还原成邻苯二酚。褐化抑制剂对外植体材料也会有一定的影响。常用的吸附剂有 2 种即活性炭（AC）和聚乙烯吡咯烷酮（PVP）。吸附剂不同对外植体的影响也不同，其通过使用范德华力和氢键将有毒物质吸附出来。吸附剂在吸附有毒物质时偶尔还会吸附生长调节剂，所以要通过试验探究每种植物材料使用吸附剂的情况，针对不同的情况进行不同的处理。

月季组织培养污染的原因主要有外植体、继代操作和环境污染几个方面。传统的方法是用 75%酒精、NaClO 等进行消毒，于福科等（2002）把刚采回的月季枝条在冰箱中放置 7 d 再接种，经观察发现污染现象有所降低。在蔷薇属部分植物组织培养过程中，将 pH 调至 3.9~4.3，可有效防止大量的细菌污染。在不影响苗木正常生长的前提下，去除培养基中的有机物也是减少污染的一条有效途径。

目前导致月季玻璃化的根本原因还没有确定，需进一步研究，但可能与以下原因有关：①琼脂和蔗糖。琼脂和蔗糖浓度低，培养基硬度差，玻璃化现象发生较严重。②6-BA。提高培养基中 6-BA 的浓度可促进芽的分化，有研究表明培养基中的 6-BA 浓度对玻璃化的影响显著，6-BA 浓度和玻璃苗产生率呈正相关。③培养瓶内的空气湿度和通气条件。培养瓶中的空气湿度大，培养瓶口密封过严会使瓶内空气与外界气体交换不畅，当瓶内丛生芽较多不能及时更换培养基时，都会产生玻璃化现象。

克服试管苗玻璃化的常见措施有：①增加培养基的硬度；②提高培养基中的蔗糖浓度；③改善培养瓶与外界环境的通气条件；④适当降低培养基中生长素的浓度；⑤改善培养瓶的温度，昼夜有一定的温差。

(四) 月季离体快繁实例

'多情玫瑰'的离体快繁方式：将其半木质化枝条除去叶柄、皮、刺等附属物，剪成适当长的茎段，加入洗涤剂浸泡 30 min，流水冲洗 1~2 h，清洗干净后置于烧杯中。在超净工作台上，先用 75%酒精浸泡 30 s，无菌水清洗 3~5 次，再用 2%NaClO 处理 10 min，无菌水清洗 5~6

次。将材料放在无菌滤纸上，吸去多余水分，切去茎段首末两端，随后切成带单个腋芽约 1 cm 长的茎段，接种在 MS 培养基中。20 d 后转接到 MS＋1.0 mg/L 6-BA＋0.01 mg/L NAA＋30 g/L 蔗糖培养基中继代培养，每 30 d 继代一次。生根培养采用 1/2MS＋0.4 mg/L NAA＋20 g/L 蔗糖＋6.0 g/L 琼脂培养基。移栽基质为蛭石∶珍珠岩∶草炭＝1∶1∶1（体积比），移栽前在自然光条件下生长 4~5 d，再开口炼苗 2~3 d 并保持相对湿度在 80%，出瓶时将根部的培养基洗净。移栽后浇一次透水，用遮阳网遮阳 2~3 d，温度保持在 25 ℃，覆盖塑料膜保持相对湿度在 80%。移栽 15 d 后，每周喷洒 1/2MS 营养液 1 次。

二、月季脱病毒苗培育

（一）月季茎尖培养脱病毒

月季生产常见的黑斑病、白粉病等病害以及蚜虫、叶螨等虫害，均可用化学药剂进行防治，而病毒病害已成为当前生产上的制约因素，其使月季生长受到抑制或形态畸变，表现为叶片皱缩、花叶、杂斑等许多症状，导致品质变劣，切花产量大幅度下降。侵染月季的主要病毒包括李坏死环斑病毒（prunus necrotic ringspot virus，PNRSV）、苹果花叶病毒（apple mosaic virus，ApMV）、南芥菜花叶病毒（arabis mosaic virus，ArMV）、草莓潜隐环斑病毒（strawberry latent ringspot virus，SLRSV）等。

1. 取样与消毒 可选取供体植株上的带顶芽或侧芽的茎段作为外植体。消毒方法：剪取顶芽梢段或带侧芽的茎段 3~5 cm，剥去较大的叶片，用自来水冲洗干净，在 75% 酒精中浸泡 30 s 左右，无菌水冲洗 3~5 次，用 1%~3% 次氯酸钠或 5%~7% 漂白粉溶液消毒 10~20 min，无菌水冲洗 3~5 次。

2. 茎尖剥离和接种 将已消毒的芽放在带滤纸的培养皿上，在体视显微镜下剥去幼叶，切下带 1~2 个叶原基的生长点，随后将切下的茎尖顶部向上转至含有少量（0.1~0.5 mg/L）生长素或细胞分裂素的 MS 培养基中。

3. 脱病毒植株检测 对于脱毒种苗的检测可以采用直接检测法、指示植物法、血清学法、分子生物学鉴定法、电子显微镜检查法。

（二）影响脱病毒效果的主要因素

茎尖组织培养脱毒效果包括茎尖成苗率和脱毒率，成苗率和脱毒率一般情况下较低，影响这两方面的主要因素如下：①品种。品种不同，其茎尖成苗率和成苗时间有很大差异。②培养基配方。茎尖组织正常生长与钾离子和铵离子浓度有密切关系，培养过程中适当提高这两种盐浓度，有利于茎尖成活。③母体材料病毒侵染的程度。只被单一病毒侵染的植株脱毒较容易，而复合侵染的植株脱毒较难。④起始培养的茎尖大小。在切取茎尖时越小越好，但太小不易成活，过大又不能保证完全除去病毒。剥离任何可以去掉的叶片，但不带叶原基的茎尖分生组织成苗困难，而分离过大的茎尖分生组织，不利于脱毒。一般取不带叶原基的生长点培养脱毒效果最好，带 1~2 个叶原基的茎尖培养可获得 40% 左右的脱毒苗，而带 3 个以上的叶原基的茎尖培养获得脱毒苗的频率就大大降低。⑤外植体的生理状态。顶芽的脱毒效果比侧芽好，生长旺盛季节的芽比休眠或快进入休眠的芽的脱毒效果好。另外还应防止脱毒苗再度感染病毒。

（三）脱病毒苗的保存与种植方法

通过检测的脱毒种苗称为脱毒株系，其并不是有额外的抗病性，在病毒存在的情况下它们有可能很快被重新感染。所以一旦培育得到脱毒苗，就应很好地隔离与保存。脱毒苗应种植在防虫网内，防止蚜虫等昆虫进入。栽培基质、肥料、灌溉用水也应进行消毒，栽培环境要整洁并及时喷施农药防治虫害，以保证植物材料在与病毒严密隔离的条件下栽培。如果脱毒苗种植保护措施得当，可保存利用 5~10 年。另外还可以把经过检验脱毒的脱毒苗通过离体培养进行繁殖和保存。

小结

组织培养可用于观赏植物的离体快繁、生产脱病毒苗木、培育新品种或新的种质材料。兰花花色鲜艳，形态各异。传统的兰花分株繁殖方法效率低，易造成病毒累积，利用离体快繁技术，可大大提高兰花繁殖速度，满足生产需要。兰花茎尖、叶片、花器官、种子等都可作为外植体用于组培。香石竹又名康乃馨，品种繁多，是世界著名的四大鲜切花之一。传统的香石竹侧芽扦插繁殖方法生产效率低，易造成病毒累积。目前，生产上主要是通过茎尖培养脱毒和离体快繁来获得大量的生产用种苗。菊花位于世界四大鲜切花之首，其茎尖、茎段、侧芽、叶片、花序梗、花瓣等都可用作外植体，进行离体快繁。百合是多年生草本植物，常规的小鳞茎分植繁殖方法效率低，易造成病毒累积，影响品质。百合的鳞片、鳞茎盘、珠芽、叶片、茎段、花器官和根等都可用作外植体进行离体快繁，组培小鳞茎休眠的破除与低温和培养基糖浓度有关。月季为世界四大鲜切花之一，新品种的培育多来源于杂交育种，种苗生产以无性繁殖为主。植物组织培养技术也已广泛应用于月季新品种培育、种质资源保存和种苗生产。

复习思考题

1. 试述可用于兰花组织培养的外植体种类和离体快繁的步骤。
2. 兰花组织培养的关键技术是什么？
3. 香石竹茎尖培养脱毒的操作技术及注意事项有哪些？
4. 试述菊花离体快繁技术。
5. 简述百合离体快繁技术。
6. 简述月季离体快繁技术。

主要参考文献

崔德才，徐培文，2003. 植物组织培养与工厂化育苗. 北京：化学工业出版社.

丁秋露，赵昆军，2010. 兰花组织培养和分子生物学研究进展. 生物学杂志，27（2）：76-79.

董晓辉，孟春梅，黎军英，等，2009. 单抗免疫斑点法和组织印迹法检测侵染蝴蝶兰的建兰花叶病毒. 微生物学通报，36（10）：1614-1617.

林志楷，郭莺，刘黎卿，2010. 兰花病毒检测技术研究进展. 亚热带植物科学，39（3）：87-92.

柳爱春，刘超，赵芸，等，2009. 利用ELISA检测两种兰花病毒的研究. 浙江农业学报，21（2）：91-95.

马雪，陈雪，张金艳，等，2012. 树状月季'2004-4'的组织培养及快繁体系的建立化. 作物杂志，159（2）：62-64.

明艳林，郑金龙，郑国华，等，2010. 兰花抗病毒基因工程研究进展. 亚热带植物科学，39（1）：92-96.

王金刚，张兴，2008. 园林植物组织培养技术. 北京：中国农业科学技术出版社.

闫海霞，邓俭英，李立志，等，2012. 月季组织培养研究进展. 广东农业科学，12：53-56.

赵珊，王继华，王丽花，等，2010. 香石竹坏死斑点病毒的鉴定与检测. 西南农业学报，23（1）：103-106.

赵永钦，张娜，吴新新，等，2012. 凤尾兰花丝诱导的组培再生体系的建立及遗传稳定性分析. 草地学报，20（5）：921-926.

Chan Y L，Lin K H，Liao L J，et al，2005. Gene stacking in *Phalaenopsis orchid* enhances dual tolerance to pathogen attack. Transgenic Research，14：279-288.

第十六章
大田作物组织培养

大田作物是人类生活的物质基础，其产量的高低、品质的优劣直接关系着人类的生存。提供产量高、种类丰富、营养价值高的农产品是育种研究者的职责。植物组织培养技术在大田作物的品种改良、良种繁育、无性繁殖、脱毒苗生产、种质创新中起着十分重要的作用。本章主要介绍马铃薯、油菜、大豆、棉花及禾本科作物中的玉米、小麦和水稻。

第一节 马铃薯

马铃薯为茄科（Solanaceae）茄属（*Solanum*）植物，栽培马铃薯为同源四倍体（autotetraploid）。马铃薯生产中存在着栽培种基因库狭窄，抗病和抗逆基因缺乏；无性繁殖使病毒逐代积累，产量和品质下降；杂种后代选育群体量增大，基因分离复杂，育种效率低等问题。植物组织培养技术在马铃薯育种和微型薯（minituber）生产等方面的应用卓有成效，取得了许多引人注目的成绩。

一、马铃薯组织和器官培养

（一）马铃薯茎尖培养与脱病毒

马铃薯因病毒侵染而退化，严重影响着马铃薯的生产。危害马铃薯的病毒有 20 多种，我国马铃薯产区主要的危害病毒有马铃薯 X 病毒（PVX）、马铃薯 Y 病毒（PVY）、马铃薯 A 病毒（PVA）、马铃薯 S 病毒（PVS）、马铃薯卷叶病毒（potato leaf roll virus，PLRV）和马铃薯纺锤块茎类病毒（potato spindle tuber viroid，PSTVd）。PLRV 和 PVY 能使块茎减产 50%～80%，PSTVd 可减产 20%～30%。目前，生产马铃薯的国家都利用茎尖培养技术进行马铃薯脱病毒植株的培养。

1. 取材 直接从田间采下的顶芽或腋芽，接种时污染率高，多将带顶芽茎段（6～8 cm）切下后，置实验室营养液中生长，2～3 周后除去顶芽，促腋芽生长。腋芽长至 1～2 cm 时，剪取腋生枝灭菌，剥离茎尖接种。也可将马铃薯块茎放置在较低温度和较强光照条件下促萌发，取其粗壮顶芽灭菌，剥离茎尖接种。

2. 培养基和培养条件 适宜的基本培养基为 MS、MA、Morel 等，添加少量（0.1～0.5 mg/L）生长素（如 NAA）或生长素与细胞分裂素（如 6-BA）配合使用。培养条件为温度 20～26 ℃，起始培养的光照度为 1 000 lx，4 周后为 2 000 lx，茎尖长至 1 cm 后为 4 000 lx。

3. 脱病毒效果 茎尖培养的脱毒效果取决于：①茎尖大小。合适的茎尖应为带 1～2 个叶原基的顶端分生组织。如带 1 个叶原基茎尖再生的植株，可全部脱除 PLRV，80% 脱除 PVA 和 PVY，50% 脱除 PVX。但叶原基的存在是马铃薯茎尖成活的必要条件，因为茎尖生长和发育所需的内源激素是由叶原基提供的。②病毒种类和感染数量。不同病毒被脱除的难易程度差异较大，主要是因为其分布的范围不同。例如 PLRV、PVY 分布在茎尖 1～3 mm 内；PVX 在

0.2～0.5 mm 内；PVS 在 0.2 mm 以下。脱毒从易到难的排序为 PLRV、PVA、PVY、奥古巴花叶病毒（potato aucuba mosaic virus，PAMV）、马铃薯 M 病毒（potato virus M，PVM）、PVX、PVS、PSTVd。当然，此顺序会随品种、培养条件、病毒不同株系等发生变化。另外，采用热处理与茎尖培养相结合的方法，可显著提高脱毒效果。

4. 病毒鉴定 马铃薯病毒检测技术经历了传统生物学检测、免疫学检测和分子生物学检测三个阶段。免疫学检测技术快速、灵敏，适用于大量样品的检测，是目前主要的检测方法，并有商用检测试剂盒。分子生物学检测技术灵敏度高、特异性强，也是检测病毒的理想方法。

5. 试管苗移栽 经鉴定为脱毒的试管苗进行茎段快繁后，在温室中经过炼苗，即可移栽至日光温室或大棚的基质中，再覆盖小拱棚，在保温保湿的小环境中小苗很快发出新根和新叶，除去小拱棚，配合适宜的栽培管理措施，最终获得脱毒的微型薯，即原原种。在网棚等隔离条件下，利用其在大田中进行原种及合格种薯繁殖，供商品薯生产需要。

（二）马铃薯试管薯生产

试管薯（microtuber）是在组培条件下，通过控制培养基成分和培养条件，诱导马铃薯脱毒植株的腋芽顶端膨大而形成的小薯块。试管薯具有大种薯生长发育的特性，且已脱毒，种薯微型化，可长期保存，利于种质交换。试管薯的生产步骤：①单茎节培育壮苗。脱毒的试管苗茎段（1～2 片叶）在 MS 固体培养基中生长，形成壮苗。培养条件 22 ℃、16 h/d 光照、光照度 3 000 lx。②壮苗增殖。壮苗茎切段在固体 MS 培养基上进行增殖扩繁。③试管薯诱导。壮苗在 MS 液体培养基上培养 20～25 d 时，将壮苗培养瓶中的培养基倒出，添加新的糖含量高的 MS 液体培养基［附加 8%蔗糖＋1.5 mg/L 6-BA＋0.15%活性炭，或再添加 50～100 mg/L 香草醛（vanillin）］中，黑暗条件下培养 3 个月左右，即可形成试管薯。

（三）马铃薯花药和小孢子培养

四倍体栽培马铃薯通过花药和小孢子培养，使其染色体降倍，可获得双单倍体（DH）植株。对双单倍体植株再次进行花药和小孢子培养，又可产生单单倍体（monohaploid）植株，然后进行双单倍体或单单倍体植株的染色体加倍，其目的是：①短期内获得纯合四倍体材料；②增加隐性基因的表达概率；③利于野生种遗传资源的引进；④为不分离实生种子的选育提供亲本。

1. 花药发育时期 马铃薯单倍体（包括双单倍体、单单倍体）植株的诱导频率受多种因素影响，其中花药发育时期是一个重要影响因子。单核期花药的胚状体诱导频率最高，为 37.4%～41.8%，此时花蕾大小一般为 4～6 mm。对花药进行适当预处理，也可提高单倍体植株诱导频率。如 4 ℃诱导 48～72 h 或 10 ℃诱导 7～10 d 的预处理有利于花粉植株的形成；35 ℃条件下黑暗处理 48 h，单倍体植株诱导效果好于低温处理。

2. 获取花粉粒

（1）机械法。花药接种在固体或液体培养基上预培养 7～10 d 时取出，置表面皿上，加入与培养液等渗的蔗糖溶液，用注射器内径轻压花药挤出花粉。用不锈钢网（孔径为 70 μm）过滤培养液，再低速离心（500 r/min）3～5 min，弃上清液。加入蔗糖溶液振荡，使花粉悬浮，离心并弃上清液，重复 3～4 次，再用培养液清洗一次。取花粉粒溶液计数后进行培养。

（2）花药漂浮自然释放法。花药接种在液体培养基中，在 100 r/min 的摇床上振荡培养，花药裂开，释放花粉。

3. 花药和小孢子培养

（1）花药培养。经预处理的花药通过适当的灭菌处理，无菌条件下取出花药，接种在适宜的培养基中培养。

（2）小孢子培养。机械法获得的花粉粒，以密度 5×10^4 粒/mL 接种在液体培养基中浅层静置培养；自然释放法获得的花粉粒，当花药中的花粉粒已释放后，将花药从培养瓶中取出，对含有花粉粒的液体培养基进行浅层静置培养。

4. 植株再生 花药和花粉通过培养，可形成胚状体（图16-1）或愈伤组织，进一步诱导可产生再生植株。对再生植株的气孔保卫细胞及叶绿体数（L_1胚层）、花粉母细胞减数分裂（L_2胚层）、根尖细胞有丝分裂（L_3胚层）进行观察，可确定是否获得了单倍体植株。一般情况下，诱导产生单倍体植株的频率很低，为1%左右。利用接种后经35℃的高温处理24 h或培养基中添加50~100 μmol/L $AgNO_3$，可显著提高胚状体的诱导频率。因为$AgNO_3$可抑制乙烯产生，促使花药中胚状体形成。

图16-1 马铃薯花药诱导产生的胚状体

花粉细胞能否脱分化形成愈伤组织或胚状体并再生植株，与花粉细胞是否处于启动状态有关。只有处于启动状态的花粉才能进一步发育，而花粉的启动是在花药中进行的，即花粉的脱分化启动必须由离体培养的花药提供必需的物质，它们对花药壁组织具有依赖性。此外，利用对氟苯丙氨酸（para-fluorophenylalanine，PFP）能稳定培养细胞的单倍性，甚至能促进单倍体的发生，对花药或花粉诱导产生的愈伤组织倍性的稳定也起重要作用。

5. 培养基及培养条件 花药（小孢子）培养的基本培养基为MS，诱导培养基中附加2.0 mg/L NAA+1.0 mg/L 2,4-D+0.5 mg/L KT+5%马铃薯块茎提取液+6%蔗糖+0.7%琼脂+0.3%活性炭；分化培养基中附加0.5 mg/L IAA+2.0 mg/L 6-BA+2.0 mg/L KT+5%蔗糖+0.5%活性炭+0.7%琼脂；培养温度为25℃左右，诱导阶段的光照为自然散射光，分化阶段则为2 000 lx，12~16 h/d或连续光照。

6. 染色体加倍 花药（小孢子）培养产生的双单倍体或单单倍体植株可通过染色体加倍，获得四倍体植株或纯合的二倍体植株。利用秋水仙素对马铃薯进行染色体加倍的方法很多，如秋水仙素直接浸泡茎段、块茎芽眼、植株生长点、腋芽生长点等。

（四）马铃薯胚胎培养

马铃薯种间杂交是将野生资源和近缘栽培种基因引入栽培马铃薯的途径之一。但杂种胚常常发育不良或胚与胚乳间不亲和，致使胚早期败育，无法获得杂种。胚胎培养是产生种间杂种的有效途径，此外，利用未授粉子房培养，诱导孤雌生殖（parthenogenesis），也可形成单倍体植株。

1. 幼胚培养 受精10 d以上的浆果籽粒（含胚及胚乳）经灭菌处理后，接种在MS+2 mg/L IAA+0.25 mg/L GA_3+50~80 mg/L 蔗糖+0.7%琼脂的培养基中，在23~27℃下，先进行25 d暗培养，再进行1 000~3 000 lx的连续光照，可使杂种胚发育成熟，形成杂种植株。

2. 子房培养 未授粉子房经过培养可形成愈伤组织，进一步分化形成单倍体植株。子房培养的愈伤组织诱导率很高，达70%~100%，但愈伤组织的绿苗诱导率却很低，仅为2.8%~3.3%。愈伤组织能否诱导形成绿苗，品种是关键，培养基组成也是重要的影响因素。

二、马铃薯细胞培养

马铃薯细胞培养为突变体的筛选、原生质体的分离和培养、遗传转化等提供了良好的试验体系。

（一）马铃薯悬浮细胞培养

马铃薯悬浮细胞系的建立步骤为：试管苗培养、愈伤组织诱导和继代、愈伤组织细胞的悬浮培养。高质量悬浮细胞系的建立主要受诱导愈伤组织的试管苗苗龄、培养基、愈伤组织继代次数等因素影响。20 d苗龄的试管苗产生的愈伤组织继代培养3~5次，可建立良好的悬浮细胞系，如选取 4~5 周的马铃薯'底西瑞'品种的试管苗 0.1~0.5 cm 叶柄进行诱导，获得了色泽新鲜、生长旺盛、质地疏松且增殖率高的淡黄色愈伤组织。MS 培养基中添加 2 mg/L 2,4-D 和 0.4 mg/L 6-BA，可提高愈伤组织的分裂和生长速度。用于悬浮培养的愈伤组织被夹碎后，置于液体培养基（MS+2 mg/L 2,4-D+1 mg/L NAA+250 mg/L CH+3% 蔗糖）中，在 120 r/min、(24±2)℃、弱光或黑暗条件下培养，每 5 d 继代一次（新旧培养基体积比以 3∶1 为宜，否则细胞会大量解体和死亡）。悬浮培养细胞的生长为典型的 S 形曲线。一般最初生长缓慢，3~4 周后分裂速度加快，分散程度增加。良好的细胞悬浮培养物为淡黄（绿）色，细胞团由数个到 10 多个细胞组成，细胞团边缘的细胞分裂旺盛，细胞质浓厚。细胞质浓厚的细胞可持续分裂，高度液泡化细胞、细长形细胞则无分裂能力。

（二）马铃薯单细胞培养

马铃薯单细胞培养成功的关键是悬浮细胞系要生长旺盛，具有分化能力。悬浮细胞分离的方法有静置法和过滤法，过滤网的孔径应小于 100 目（孔径为 150 μm）。分离的单细胞可进行平板、液体浅层、固-液双层及看护培养，前 3 种培养方法的细胞植板密度应为 1×10^5~1×10^6 个/mL，看护培养的细胞植板密度可降为 1×10^3 个/mL。单细胞持续分裂形成 5 mm 大小的愈伤组织块后，可将其转移至分化培养基中诱导绿芽，进一步长成小植株。

三、马铃薯原生质体培养与融合

马铃薯原生质体的培养始于 1973 年，1977 年获得成功，目前已建立了分离和培养原生质体较完善的方法。体细胞融合方法经历了化学融合到电融合的过程，获得了多种体细胞杂种植株。

（一）马铃薯原生质体培养

1. 原生质体分离的材料　试管苗叶片、实生种子子叶和下胚轴都是获得马铃薯原生质体常用的供体材料。在 3 000 lx 连续光照、(25±2)℃下培养的无菌实生苗子叶和下胚轴，或在 3 000~4 000 lx 的 16 h/d 光照、18~20 ℃下培养 3 周的试管苗叶片（上部 3~4 片），分离的原生质体产量高、质量好。但需注意，实生种子具杂合性，不能保持原品种特性。另外，花粉是原生质体分离的一种特殊体系，因花粉原生质体具有单倍体和原生质体的双重优点。

2. 原生质体分离、培养和植株再生

（1）原生质体分离。将叶片、子叶、下胚轴等材料在直径 9 cm 的培养皿中剪成 0.3~0.5 cm 的段或片，加入 10 mL 酶液，25 ℃全黑暗条件下酶解 14~16 h；或材料加入酶液后（0.5 g 组织加 6 mL 酶液），在小抽滤瓶（20 mL）中真空抽滤 5~10 min，直到组织中无气泡排出时为止。然后置于直径 6 cm 的培养皿中，在 40 r/min、(28±0.5)℃、200 lx 弱光下解离 17~20 h，可产生游离的原生质体（图 16-2A）。

（2）原生质体漂洗和纯化。分离出的原生质体用 400 目（孔径为 38.5 μm）尼龙网过滤，除去较大组织，然后离心（500 r/min，3~5 min）收集原生质体，并用蔗糖或甘露醇配制的洗液悬浮清洗，反复 3 次，最后用原生质体培养基洗涤 1 次。

（3）原生质体培养。用原生质体培养液调整原生质体密度为 2×10^4~1×10^5 个/mL，吸 3 mL 液体置于直径 6 cm 的培养皿中，浅层静置培养［300 lx 或暗培养，(25±2)℃］，48 h 可观察到第 1 次细胞分裂（图 16-2B）；1 个月左右，形成 1 mm 左右肉眼可见愈伤组织（图 16-2C~F）。

（4）愈伤组织培养。将愈伤组织转移至含固体培养基的直径为 6 cm 的培养皿中，在 1 000 lx 连续光照、(25±2)℃条件下培养 1 个月。

（5）植株再生。将愈伤组织转移至分化培养基中，在 2 000 lx 连续光照下，诱导芽分化。待芽长至 1 cm 时，切下转入生根培养基，促使完整小植株形成（图 16-2G、H）。

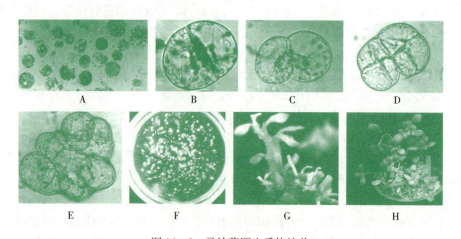

图 16-2 马铃薯原生质体培养
A. 游离的原生质体 B. 48 h 后第 1 次分裂 C. 55~70 h 后完成第 1 次分裂
D. 4 d 后进行第 3 次分裂 E. 9~10 d 后形成多细胞团 F. 1 个月后形成愈伤组织
G. 愈伤组织培养 30~40 d 后分化苗 H. 正常生长的原生质体植株
(引自戴朝曦等，1994)

花粉原生质体的分离和培养虽然有一些进展，如研究了不同成熟期花粉、酶解液组成、渗透压稳定剂等对花粉原生质体分离和培养效果的影响，但大量分离和培养花粉原生质体仍存在着许多困难，至今未获得再生植株。

3. 培养基及酶液组成　在原生质体培养及其植株再生的不同阶段中，使用的基本培养基和植物生长调节剂是不同的，如已使用的基本培养基有 CL、V-KM、RA、CM 等。其中 RA 培养基在原生质体培养中有较好的通用性，即在多种基因型不同的材料、双单倍体材料、单单倍体材料及二倍体材料培养中，都能使原生质体很好存活，并诱导其细胞分裂和发育成愈伤组织。原生质体培养基为 RA+1 mg/L NAA+0.4 mg/L 6-BA+0.025 mol/L 肌醇+0.025 mol/L 山梨醇+0.025 mol/L 木糖醇+0.175 mol/L 甘露醇+0.05 mol/L 蔗糖+0.05 mol/L 葡萄糖+40 mg/L 硫酸腺嘌呤，pH 5.6；愈伤组织培养基为 RA+0.1 mg/L IAA+0.5 mg/L 6-BA+0.1 mg/L KT+0.6% 琼脂，pH 5.7，其他同原生质体培养基；分化培养基为 RA+1 mg/L IAA+2.5 mg/L ZT+100 mg/L 肌醇+0.2 mol/L 甘露醇+0.25% 蔗糖+80 mg/L 硫酸腺嘌呤+0.7% 琼脂，pH 5.8；继代培养基为 MS 无机盐及维生素+1 mg/L IAA+1 mg/L 6-BA+10 mg/L GA_3+100 mg/L 肌醇+2 mg/L 甘氨酸+0.08 mg/L 甘露醇+0.25% 蔗糖+0.7% 琼脂，pH 5.8；生根培养基为 MS+0.5 mg/L IAA+1 mg/L 6-BA+1 mg/L KT+100 mg/L 肌醇+2 mg/L 甘氨酸+3% 蔗糖+0.7% 琼脂+0.5% 活性炭，pH 5.8。

原生质体分离的酶液组成包括离析酶、纤维素酶、渗透压稳定剂、质膜稳定剂等。不同研究者所用的浓度和成分有一定差异，使用效果较好的酶液组合有：①1/10RA 培养基+1% Cellulase Onozuka R-10+0.5% 离析酶 R-10+2% 聚乙烯吡咯烷酮+3 mmol/L 吗啉代乙烷磺酸+0.3 mol/L 蔗糖，pH 5.6；②MS 培养基+0.7% Cellulase Onozuka R-10+0.17% 半纤维素酶+0.17% 果胶酶+3 mmol/L $CaHPO_4 \cdot 2H_2O$+0.55 mol/L 山梨醇等。

4. 再生植株的变异　原生质体再生植株常表现出广泛的遗传变异，在形态、块茎数量和大小、染色体数目等方面都表现出变异。如有些原生质体株系块茎产量高于亲代 80%，块茎数量为亲代的两倍。另外染色体出现非整倍体变异的频率也很高，有些株系甚至高达 94%。

（二）马铃薯体细胞融合

自 1980 年第 1 株马铃薯体细胞杂种植株诞生以来，体细胞融合技术在不断改进，获得了许多体细胞杂种。

1. 原生质体融合

（1）PEG融合法。用原生质体培养基调整双亲原生质体密度为$1×10^6$个/mL，按1∶1比例混合；将2 mL原生质体混合液移入60 mm×15 mm培养皿中，用滴管缓慢滴加2 mL融合液（30% PEG+10 mmol/L $CaCl_2 \cdot 2H_2O$+0.7 mmol/L KH_2PO_4+0.1 mol/L 葡萄糖，用1 mol/L HCl和KOH调整pH至5.6），边加边轻微摇动，使其与原生质体悬浮液充分混合，静置15 min；缓慢加入2 mL 0.08 mol/L $CaCl_2$溶液（pH为10，用1 mol/L KOH调整），混合物静置培养10 min；加入5 mL原生质体培养基，在750 r/min转速下离心5 min，去上清液，沉淀物用原生质体培养基重复洗涤两次后进行培养。

（2）电融合法。将两亲本原生质体分别以$1×10^6$个/mL的密度悬浮于与原生质体等渗的甘露醇（0.55 mol/L）融合液中，按1∶1比例混合。用滴管将悬浮液加入融合室电极内，选定正弦波频率，逐步加大其峰-峰电压。显微镜下观察，当形成2~3个原生质体细胞串时，施加瞬时高压直流电脉冲。所用电压大小及脉冲宽度的标准是能使细胞串轻微振动而又不使其断裂。融合完毕后，在500 r/min的转速下离心5 min，去融合液，将沉淀的原生质体用原生质体培养基进行悬浮，稀释到10^3~14^4个/mL的密度后进行培养。

2. 杂种细胞筛选

（1）组织培养法。利用特定分化培养基进行筛选。融合后的原生质体形成的愈伤组织在分化苗阶段，不同基因型对培养基有严格要求，而杂种具有杂种优势，对培养基适应能力较强。据此，用两亲本都不能分化苗的培养基培养融合愈伤组织，能生长的愈伤组织则为杂种细胞。

（2）形态特征法。根据杂种愈伤组织在基本培养基上生长快，且外部形态特征与亲本有明显差异的特性进行筛选。

（3）机械法。将两种不同颜色细胞融合而成的杂种细胞，在倒置显微镜下，用显微操作器将具有两种颜色的细胞分别吸取出来进行单独培养。

（4）抗性互补法。利用不同抗性亲本融合后产生的杂种细胞具有双重抗性，而在选择培养基上能生长的特性进行筛选。如抗生素和除草剂的突变互补、抗氨基酸类似物的突变互补等。

（5）流式细胞仪法。

3. 杂种植株鉴定 筛选的马铃薯杂种细胞是否为真的杂种植株，还需进一步鉴定。鉴定方法有：①形态特征。进行马铃薯农艺性状、田间抗病虫性、育性等鉴定。②细胞学。进行染色体数目、单位面积上气孔数等鉴定。③同工酶。对过氧化物酶同工酶等进行鉴定。④DNA分子标记鉴定。利用分子标记技术进行鉴定，如RFLP、RAPD、AFLP等，它们各具特色，为不同的研究目标提供了丰富的技术手段。

四、马铃薯遗传转化

（一）马铃薯根癌农杆菌介导的体系

马铃薯遗传转化受体材料涉及叶片、茎段、试管薯和微型薯等，其中试管薯具有不需灭菌、易获得、转化效率高等优点，被广泛用于马铃薯的遗传转化研究中。王丽等（2008）建立的试管薯转化体系：不经预培养的试管薯切薄片用波长在600 nm时，光密度值为0.5的菌液侵染8~10 min，然后在黑暗条件下（28℃）经过2 d共培养，将转化材料转入含50 mg/L Kan+400 mg/L 头孢噻肟（cefotaxime，cef）的分化培养基（MS+1.0 mg/L IAA+0.2 mg/L GA_3+2.0 mg/L ZT+0.5 mg/L 6-BA）上，在25℃、2 000 lx连续光照下培养（其间每2周换一次新鲜培养基），在抗性分化培养基上生长40 d，可获得30%~35%的卡那霉素抗性绿苗。卡那霉素抗性植株经PCR-Southern印迹杂交检测证明，外源基因已整合到马铃薯基因组中。

(二) 马铃薯遗传转化的影响因素

马铃薯遗传转化的影响因素很多，包括基因型、外植体类型和生理状态、培养基组成、农杆菌活性、共培养时间、标记基因选择等。研究者对这些因素进行了大量的优化试验，获得了适宜不同实验室的高效转化体系，使转化率得到显著提高。此外，在培养基中添加乙酰丁香酮，也可以获得转高的转化率，但它对试管薯转化体系影响不大。

(三) 马铃薯遗传转化所用的基因

马铃薯遗传转化早期使用的主要是抗病毒病基因，涉及 PVY、PVX 和 PLRV 等的外壳蛋白基因，目前转化的抗性基因扩展到抗晚疫病、抗青枯病、抗虫害等，涉及几丁质酶（chitinase，Chi）基因、雪花莲凝集素（*Galanthus nivalis* aggregation，GNA）基因、半夏凝集素（*Pinellia ternata* agglutinin，PTA）基因、杀菌肽（cecropin）基因、苏云金芽孢杆菌（Bt）基因或 *P2300-pa-8e* 抗虫基因等；马铃薯转化中使用的另一类基因是非生物胁迫的抗逆基因，涉及来自梭梭（*Haloxylon ammodendron*）的转录调控基因 *HaNAC1*、菠菜的甜菜碱醛脱氢酶基因 *SoBADH*、拟南芥的钠氢逆向转运蛋白基因 *AtNHK* 等。基因工程在马铃薯中应用的最重要工作是对其品质进行改良，涉及淀粉含量提高基因、还原糖含量调控基因、淀粉结构改变基因、块茎损伤抑制褐变基因等以及相应的启动子。

第二节 油 菜

油菜为十字花科（Cruciferae）芸薹属（*Brassica*）植物，包括甘蓝型油菜（*Brassica napus*）、白菜型油菜［*Brassica rapa*（*campestris*）］和芥菜型油菜（*Brassica juncea*）三种类型。利用植物组织培养技术进行自交不亲和系和细胞核雄性不育系种苗繁殖、突变体筛选、单倍体育种、原生质体培养、新品种选育等研究都取得了一定的成绩。

一、油菜组织和器官培养

(一) 油菜离体培养体系的建立

1. 外植体类型 油菜组织培养常用的外植体有下胚轴、子叶和子叶柄，它们具有较高的植株再生频率。此外，茎段、叶片、花序轴、花托、花柄、薹茎段、花丝等外植体也用于离体植株的繁殖。

2. 培养基和培养条件 常用的基本培养基为 MS 和 B_5 培养基。不同基因型材料所用植物生长调节剂种类、浓度及配比有一定差异。实际应用中，诱导愈伤组织和不定芽分化多采用不同浓度 6-BA 和 NAA 的组合，其中 6-BA 浓度为 4~6 mg/L，NAA 浓度为 0.1~0.6 mg/L。IAA、KT、2,4-D 等也与 6-BA 或 NAA 配合使用；诱导生根的植物生长调节剂为 0.5 mg/L IBA、0.05~0.5 mg/L NAA 或 0.2 mg/L IAA。此外还发现，培养基中添加 $AgNO_3$ 可提高外植体再生植株的频率。油菜离体培养条件为温度（25±2）℃、光照度 1 500~2 000 lx、光照时间 10~16 h/d。

3. 植株再生 植株再生途径有：①愈伤组织途径。三种油菜类型中，甘蓝型油菜愈伤组织形成最快，但老化也快。芥菜型油菜愈伤组织形成较迟，但生长旺盛，不易老化。②不定芽途径。子叶柄外植体可直接再生不定芽。白菜型油菜和芥菜型油菜不定芽再生能力都低于甘蓝型油菜。不定芽在生根培养基中培养 7~15 d 开始生根，形成完整植株。添加一定浓度的烯效唑和多效唑可抑制试管苗生长，促使其节间缩短，植株表现矮壮，利于试管苗的移栽成活。

4. 影响因素

(1) 基因型。甘蓝型油菜再生能力强于白菜型油菜和芥菜型油菜，这与它们基因组成有关。

甘蓝型油菜的基因组为 AACC，白菜型油菜的基因组为 AA，芥菜型油菜的基因组为 AABB。而 CC 基因组对油菜的再生能力起重要作用。

（2）外植体类型。外植体的来源直接影响着芽的分化。下胚轴和子叶是应用最多的外植体，花丝外植体的芽分化频率类似下胚轴，也是较好的外植体。

（3）植物生长调节剂。油菜组织培养中以 6-BA 和 NAA 的组合为最佳选择。

（4）$AgNO_3$。$AgNO_3$ 可改变油菜植株再生方式，抑制愈伤组织生长和不定根发生，促进外植体直接成芽。如 $AgNO_3$ 可使子叶柄微管薄壁细胞直接参与形成芽原基并发育成苗。因为 $AgNO_3$ 是乙烯活性抑制剂，Ag^+ 存在时，乙烯不能干扰多胺合成，因乙烯生物合成与多胺合成是相互抑制的，Ag^+ 通过促进多胺的合成提高茎芽分化和体细胞胚胎发生的频率。

（二）油菜花药和小孢子培养

油菜花药和小孢子培养始于 20 世纪 70 年代，相继获得了 3 种类型油菜的花药或花粉单倍体植株。

1. 花药发育时期和小孢子游离

（1）花药发育时期。最适于培养的小孢子发育时期为单核期或二核早期。此期间小孢子与花蕾形态指标的关系随芸薹属的种、品种及栽培条件而异。一般情况下，主花序和上部第 1 分枝花序的花蕾以 2~3 mm 大小为宜。观察单核晚期小孢子的超微结构发现，此时期花粉外壁已形成，细胞核偏向细胞一侧，中央为大液泡，细胞质浓厚，靠近细胞壁周围，细胞质中可见自体吞噬现象。内质网长且较发达，顶端膨大为泡状，核糖体和线粒体较丰富，可见高尔基体。细胞中还具有丰富的质体，不含淀粉，但有少量黑色嗜锇圆形颗粒。

（2）预处理。花药接种前，进行 1~5 d 的低温（4~5 ℃）预处理，对花粉的发育、胚状体的产量都有促进作用，可促使花粉细胞脱分化，提高胚状体诱导率。花药接种后进行 35 ℃高温处理 1 d，然后在 30 ℃下培养 6 d，也可显著提高胚状体的诱导频率。

（3）小孢子游离。灭菌后的花蕾加入含 10%~13% 蔗糖的 B_5 培养液研磨，经 300 目尼龙网过滤，收集滤液离心（800~1 000 r/min，3~5 min），将沉淀用 B_5 培养液稀释后再离心，连续 3 次后，吸去 B_5 培养液，将沉淀的小孢子悬浮于过滤灭菌的 NLN（含 13% 蔗糖）液体培养基中，放入直径 6 cm 培养皿中培养，石蜡膜封口。

2. 花粉愈伤组织形成及植株再生
花粉失去花药的依附后，停止发育或死亡，但花粉细胞密集处有极少数细胞分裂、发育，最后形成细胞团。单核中、晚期的花粉细胞培养 10 d 后开始有丝分裂，25~40 d 时形成愈伤组织。此时愈伤组织已撑破原花粉外壁，细胞数目增多，体积增大。油菜花粉愈伤组织呈球形，细胞排列整齐、紧密。愈伤组织经过多次继代培养后，表层分生组织向外突起形成生长锥及叶原基，进一步培养产生绿苗。

3. 小孢子胚状体发生及植株形成
小孢子培养 2~3 d 后，具胚状体发生能力的细胞的核移向中央，大液泡部分可能完全消失，线粒体丰富，内质网上附着大量核糖体，细胞核周围存在大量呈复合状态的淀粉，淀粉的积累可能是小孢子胚早期发育的重要标志。培养 2 d 的小孢子可见第 1 次细胞分裂，形成的 2 个子细胞特征相同。培养 3 d 的细胞，可见第 2 次分裂，形成 T 形排列的细胞。4 d 后，形成仍包裹在花粉壁中的多细胞原胚。10 d 后，形成圆球有胚柄或无胚柄或长形顶端凹陷的小胚。18 d 后，形成鱼雷形胚或子叶形胚。3 周后的胚状体转移至固体培养基上，1 d 后子叶由黄转绿，两极开始萌动。25 d 后胚状体发育成具有 1~3 片真叶的小植株，或形成叶状或茎状绿色结构。

4. 培养基和培养条件

（1）培养基。基本培养基有 B_5、MS、Miller 和 Nitsch，效果最好的是 B_5 培养基。植物生长调节剂组成未见一致的报道。诱导愈伤组织的植物生长调节剂配比为 1.5 mg/L KT＋2 mg/L

2,4-D，附加蔗糖浓度为6%，琼脂为0.7%。诱导胚状体的培养基为附加2,4-D、NAA+6-BA各0.1 mg/L，蔗糖浓度10%的液体培养基；或附加0.1 mg/L 2,4-D+0.1 mg/L NAA+10%蔗糖的液体培养基。小孢子培养的基本培养基有NLN（R. Lichter，1982）、KR、1/2MS、GS、K等，蔗糖浓度为13%，NLN使用效果最好。不同研究者使用的植物生长调节剂浓度和配比有一定差异。在不含植物生长调节剂的NLN培养基中也获得了小孢子胚状体，因此有学者认为植物生长调节剂可能并不是甘蓝型油菜形成小孢子胚状体的必需条件。一些研究者在NLN培养基中添加了不同浓度的6-BA和NAA，发现6-BA在0.01～0.255 mg/L范围内产生的胚状体数量随6-BA的浓度升高呈线性增加。NAA在0.136～1.85 mg/L范围内对胚状体产生的数量无影响。此外，0.1 mg/L或0.5 mg/L 2,4-D可促进小孢子分裂和胚状体产生。胚状体形成植株的基本培养基为B_5、MS、1/2MS，蔗糖浓度为2%，不加植物生长调节剂，或添加0.1 mg/L 6-BA。

（2）培养条件。22～32 ℃条件下均可产生胚状体。诱导胚状体的最有利持续培养温度为30～32 ℃，产生的胚状体数量多，但低温培养，胚的质量较好。变温处理（30 ℃培养1～14 d或32 ℃培养3 d，然后25 ℃培养）对促进胚的发生也十分有效，并可得到优质高产的胚状体。小植株形成的培养温度为25 ℃，或10 ℃低温下处理10 d后，再在25 ℃下培养；胚状体的诱导在黑暗条件下进行，小植株形成时的光照时间为16 h/d，光照度为2 000～4 000 lx。

5. 染色体加倍 小孢子植株群体中，20%～30%可自发加倍，其原因可能来源于核内有丝分裂。利用秋水仙素可对单倍体小孢子植株进行人工染色体加倍，如利用0.1%～0.34%浓度的秋水仙素注射花蕾，或浸泡单倍体植株的根，砍去植株地上部使其重新生长。或再生小植株转入附加10～500 mg/L秋水仙素的B_5培养基中，培养一定时间后移栽。待开花时根据花的形态和花粉发育情况判断其倍性，并对其染色体数目进行鉴定。研究发现，秋水仙素浓度为500 mg/L处理4～8 d时，加倍效率最高（50%）。

（三）油菜胚胎培养

油菜远缘杂交时，由于胚和胚乳的不适应或胚乳不发育，造成杂种胚不能正常发育而死亡。但油菜雄性不育系的选育、甘蓝型黄籽油菜的人工合成及抗性和品质育种中，常常需用远缘杂交。适时摘取正在发育的杂种胚、胚珠进行培养可避免远缘杂交的失败，获得杂种植株。但有些杂交组合的杂种胚发育至心形期即败育，无法取出培养，因此授粉子房的培养也受到了重视。

1. 杂种幼胚培养 采摘授粉3～4周幼果（胚呈Y形，黄绿色）灭菌处理后，无菌条件下破开幼果，取出幼嫩种子，用解剖针在体视显微镜下划破种子，取出幼胚（幼胚浮在种子内部液态物质中），放入LSM培养基中，在20～25 ℃、充足光照条件下培养。5～7 d后胚长大、萌发，2～3个月后成为小植株。如果杂种胚是授粉后4周的大胚，则形成一株杂种植株；如果为授粉后2～3周的嫩胚，则可形成许多小植株，小植株分株后在S培养基中生长。

2. 子房培养

（1）未授粉子房培养。未授粉子房灭菌处理后，在诱导培养基（甘蓝型油菜为B_5+2 mg/L 2,4-D+0.5 mg/L KT；白菜型油菜为MS+2 mg/L 2,4-D+1 mg/L 6-BA；芥菜型油菜为N_6+2 mg/L 2,4-D+0.5 mg/L KT）上形成愈伤组织，诱导率为30%～36%。将其转移至分化培养基（芥菜型油菜和甘蓝型油菜为B_5+6～10 mg/L 6-BA；白菜型油菜为8 mg/L或16 mg/L 6-BA）中，经一个多月的培养形成幼苗。

（2）授粉子房培养。采摘授粉后4～12 d（授粉后采摘的时间因杂交组合、年份、地域等有差异）的子房，灭菌处理后接种在诱导培养基［MS+0.5 mg/L 6-BA+3%蔗糖或B_5+0.2～1 mg/L（6-BA、NAA、2,4-D）+5%蔗糖+0.7%琼脂］上，在25～27 ℃，光照16 h/d、800 lx条件下，经20～40 d培养后，剥取幼胚接种在1/2MS培养基上培养成苗，再转移至生根培养基（GS+2%蔗糖+0.7%琼脂+0.05 mg/L NAA）中，使其生根。研究发现，水解酪蛋白和 NAA 对杂种胚发育的作用不明显，6-BA 能促进杂种胚的发育和形成。白菜型油菜作父本的杂交组合的子房易于培养。

3. 胚珠培养 采摘授粉 15~38 d 的角果灭菌处理，无菌条件下撕开角果，切取单个胚珠（连同子房壁和胎座）置于诱导培养基（B_5+1 mg/L ZT 或 6-BA，或 B_5+1 mg/L 6-BA+0.2 mg/L 2,4-D）上，在 24~26 ℃、光照 10 h/d 条件下，经 40~50 d 培养后，可形成带根绿苗。

二、油菜原生质体培养与融合

1974 年，首次获得了甘蓝型油菜叶片原生质体的再生植株。目前，三种类型油菜均已获得原生质体再生植株。原生质体融合技术在 20 世纪 70 年代开始尝试，目前已在芸薹属植物育种中得到应用，产生了许多有价值的种内和种间体细胞杂种。

（一）油菜原生质体培养

1. 外植体材料 游离原生质体常用的材料为试管苗叶片和无菌苗下胚轴。采用低温（15 ℃）下生长的无菌苗，有利于获得高活力原生质体；由田间抽薹至开花前的薹茎段髓部组织也可获得大量有活力的原生质体。此外，涉及的游离材料还有子叶、幼根、茎皮层、叶柄、愈伤组织和悬浮细胞培养物等。

2. 原生质体分离和培养 无菌苗幼叶 2~3 cm 长时或下胚轴 1.5 cm 长时，取叶片切成宽 1 mm 细条或下胚轴切成长 2~3 mm 小段，置于酶液中。24~26 ℃黑暗条件下静置酶解 6~10 h，50 r/min 摇床上再酶解 1.5 h，300~500 目尼龙筛过滤酶解悬浮液。滤液在 500~800 r/min 下离心 3~5 min，沉淀原生质体。加入洗涤液离心洗涤 2 次，用培养基离心洗涤 1 次，获得纯化的原生质体。然后进行原生质体活力（0.1%伊文蓝或 0.1%酚藏花红染色法）和数量（血细胞计数板）检测。影响原生质体产量和活力的主要因素依然是酶液配比和材料基因型。

调整原生质体密度为 $2×10^5 \sim 1×10^6$ 个/mL，在（25±2）℃黑暗条件下，用直径 3 cm 培养皿进行液体浅层或固-液双层培养（加入 2~3 mL 原生质体悬液），用石蜡膜封口，每周加入 1/3 体积的新鲜培养液。原生质体培养 24 h 后形成新壁，2~3 d 开始第 1 次细胞分裂（均等分裂方式），3~5 d 开始第 2 次细胞分裂，15~20 d 成为多细胞团，继而形成肉眼可见小愈伤组织，1 个月时愈伤组织达 1~2 mm。愈伤组织转至固体培养基上增殖（弱光），然后在分化培养基中诱导芽分化。继代增殖的愈伤组织在分化培养基中诱导芽形成。不定芽 2 cm 时，切下后转入生根培养基中诱导生根。培养条件为温度（25±1）℃、光照度 2 000~3 000 lx、光照时间 10~16 h/d。

3. 培养基和酶液 原生质体培养及植株再生所用的酶液和培养基有酶解液、洗涤液、分化培养基及生根培养基。基本培养基有 MS、DPD、BG_2、CPW、K_8、Nitsch 等。培养基的植物生长调节剂种类、配比和浓度没有一致的结果，但原生质体培养所用的植物生长调节剂必须是生长素和细胞分裂素按一定比例组合的。培养基中需添加一定浓度的甘露醇、葡萄糖、蔗糖作渗透压稳定剂。葡萄糖能使细胞获得持续的分裂能力，0.3 mol/L 蔗糖+0.1 mol/L 葡萄糖作渗透压稳定剂效果好。酶液中含有纤维素酶和果胶酶等，其组成也不一致，具有较好分离效果的组合有：①1% Cellulase Onazuka R-10+0.1%果胶酶+10 mmol/L $CaCl_2 \cdot 2H_2O$+0.7 mmol/L KH_2PO_4+0.3 mmol/L MES+0.45 mol/L 葡萄糖；②MS+1%蔗糖+0.7 mmol/L KH_2PO_4+0.5 mmol/L $CaCl_2 \cdot 2H_2O$+0.5 mol/L 甘露醇+1.5%纤维素酶+0.1%果胶酶。

（二）油菜细胞融合

油菜原生质体融合方法与马铃薯的相同，采用 PEG 融合法和电融合法对原生质体进行了对称和不对称融合。通过物理特性差异辨别和挑选的方法获得了以下几种植株。

1. 细胞质基因转移植株 线粒体基因组控制着雄性不育性，叶绿体基因组控制着叶片低温褪绿和对除草剂三氮杂苯的抗性，通过种内品种（系）间融合，可进行这些细胞器基因组的转移。如用低温下叶片能保持正常绿色和抗三氮杂苯的甘蓝型油菜品种分别与具有萝卜胞质雄性不育（Ogu cytoplasmic male sterility，Ogu CMS）的甘蓝型油菜不育系进行对称融合，获得的融合后代具有雄性不育系和低温下叶片的正常绿色的特性，进而培育出在低温下保持正常绿色、抗三氮杂苯、具Ogu CMS的杂种植株。这一工作是原生质体融合技术应用于芸薹属作物改良的开始。后来，又获得了抗三氮杂苯的'Polima'雄性不育系（Pol CMS）。

2. 抗逆基因转移植株 甘蓝型油菜存在抗黑腐病基因，利用原生质体融合技术已将其转移到甘蓝中；利用体细胞杂交技术已将野生种的抗黑斑病基因导入芥菜型油菜中；萝卜和白芥（Sinapis alba）对甜菜孢囊线虫（Beet cyst nematode，BCN）病有很大耐受性，用萝卜或白芥与甘蓝型油菜融合，杂种表现出对BCN高水平的抗性。

3. 其他基因转移植株 将 Trachystoma ballii 中的不易裂荚基因转入芥菜型油菜中；Moricandia arvensis 具有低 CO_2 补偿点，是一种 C_3-C_4 中间类型植物，将 Moricandia arvensis 与甘蓝型油菜融合，有些杂种的 CO_2 补偿点介于双亲之间，有望提高油菜光合性能。

4. 人工合成芸薹属作物复合种和新物种 首先对白菜型油菜和甘蓝进行了原生质体融合，人工合成了甘蓝型油菜；黑芥（Brassica nigra）和甘蓝融合，人工合成了埃塞俄比亚芥（Brassica carinata）；白菜型油菜与拟南芥融合，得到拟南芥油菜（Arabidopsis brassica），又用拟南芥与甘蓝型油菜融合，也获得体细胞杂种植株。

三、油菜遗传转化

（一）油菜遗传转化的方法

用于油菜外源基因的遗传转化方法较多，主要有农杆菌介导法和直接导入法（如基因枪法、PEG介导法、电击法、激光微束穿刺法、显微注射法和花粉管通道法），其中农杆菌介导法的应用最为普遍。转化受体材料涉及子叶柄、下胚轴、茎段、叶片等，其中3～5 d苗龄的子叶柄和4～6 d的下胚轴再生能力最强，取材方便，易分化。小孢子作为受体利用基因枪法进行转化，也获得了理想的转化效果，且该技术在法国、加拿大等油菜主产国已成为一种常规的育种技术。谭小力等（2009）利用适宜的转化体系将蓝细菌血红蛋白基因 CHB 导入油菜中，该转化体系为：将种子用75%酒精处理2 min，再用15% 84 消毒液（含0.2% 吐温-20）处理6 min，无菌水冲洗3～5次；将无菌的油菜种子接种在1/2MS固体培养基上，先黑暗培养2 d，再于25 ℃光照培养箱中培养2 d。从萌发4 d的油菜苗上切取约1 cm长的子叶作为外植体，用在波长为600 nm下光密度值为0.4、含有200 μmol/L乙酰丁香酮的农杆菌（含目的基因载体）液侵染子叶10 min，然后将子叶转移到共培养培养基（MS+4 mg/L 6-BA+0.04 mg/L NAA+5 mg/L $AgNO_3$+8 g/L 琼脂+30 g/L 蔗糖）上黑暗培养2 d。将共培养过的外植体转移到筛选培养基［MS+4 mg/L 6-BA+0.04 mg/L NAA+500 mg/L 羧苄青霉素（carbenicillin）+5 mg/L $AgNO_3$+20 mg/L 潮霉素（hygromycin）+8 g/L 琼脂+30 g/L 蔗糖］上筛选培养2周，然后将具有抗性的绿色小苗转移到生长培养基（MS+2 mg/L 6-BA+500 mg/L 羧苄青霉素+5 mg/L $AgNO_3$+8 g/L 琼脂+30 g/L 蔗糖）上培养1周。将生长到一定大小的绿色小苗转移到生根培养基（MS+1 mg/L IBA+500 mg/L 羧苄青霉素+5 mg/L $AgNO_3$+8 g/L 琼脂+10 g/L 蔗糖）上进行2周生根培养，再将带根的绿色小苗转移到土壤中生长至成熟。

（二）油菜遗传转化的基因

油菜的转基因育种主要集中在品质改良、抗性育种和杂交体系中不育系的建立等。品质改良涉及脂肪酸组分的改良和种子贮藏蛋白的遗传改良，如利用CRISPR/Cas9技术，对控制油菜种子中油酸含量的油酸脱氢酶基因 FAD2 及亚麻酸含量的基因 FAD3 进行定点编辑，并通过对转基因后代的连续自交和回交，获得了不带有转基因元件的高油酸低亚麻酸突变体，转 FAD2 靶基因的 T1、T2 和 T3 突变体种子中油酸含量显著提高，最高超过 80%（野生型平均为 66.43%），而亚麻酸含量显著下降。转 FAD3 靶基因的突变单株在 T2 代种子中亚麻酸含量显著下降。将脂肪酸延长酶 1 基因（BnFAE1）反义表达载体导入油菜，T3 代转基因油菜种子芥酸含量下降 60.8%~90.1%，油酸含量大量增加，总脂肪酸含量不变；并利用 RNA 干扰技术使油菜基因 FAD2 转录水平显著下降，从而导致转基因油菜 T3 代种子中油酸含量增加了 13.90%~32.20%。从小豆蔻中克隆到 3-酮类酰基辅酶合成酶基因（KCS），在油菜中异源表达，使芥酸含量下降，神经酸含量高达 30%，应用于医药及工业生产。将赖氨酸富含蛋白基因（LRP）导入甘蓝型油菜，种子赖氨酸含量提高了 16.7%。抗性育种使用到的基因涉及抗除草剂基因、抗病虫害基因及抗非生物逆境基因，如抗草甘膦的 epsps 基因，2 个抗草铵膦基因（1 个来自土壤细菌 Streptomyces hygrocopicus 的 bar，另一个是来自 Streptomyces viridochromogenes 的 pat）等均被导入油菜，提高了油菜抗除草剂的能力。甘蓝型油菜的磺酸基转移酶基因（BnaSOT12a）可提高转基因拟南芥植株对 NaCl 胁迫的耐受能力。

第三节 大 豆

大豆属于豆科（Leguminosae）大豆属（Glycine），是世界上主要的粮食和油料作物，也是人类的主要食用蛋白和工业原料的来源。大豆因其愈伤组织难以分化、原生质体再生困难、基因型依赖性强等因素的影响，缺乏高效、稳定、通用的再生体系，是公认的难再生和难转化的植物。

一、大豆组织和器官培养

大豆组织培养工作所用外植体主要有子叶节、胚尖、上胚轴、下胚轴和小真叶等。

（一）大豆子叶节培养

子叶节具有较强分生能力，是目前大豆组织培养最常用的外植体之一。子叶节培养过程：①获取子叶节。挑选健康大豆种子，用洗涤剂、自来水、蒸馏水冲洗后，置 70% 酒精中缓慢摇动数秒，0.1% $HgCl_2$ 消毒 4~20 min，无菌水冲洗 4~5 次；或将种子放于通风橱内密闭的干燥器内，加入 96 mL 5% 次氯酸钠和 4 mL 6 mol/L 盐酸于反应液容器中，消毒 8~24 h。消毒种子用无菌水浸泡，待种子充分吸水、种皮软化后接种于 B_5 培养基上，5~6 d 取出试管苗，去掉种皮和大部分下胚轴，保留靠近子叶 3~5 mm 的下胚轴，将两片子叶从下胚轴中线处切开，除去顶芽和腋芽，得到子叶节外植体。②培养。将子叶节接种到丛生芽诱导培养基（B_5+3 mmol/L MES+1.67 mg/L 6-BA）上，7 d 后切掉剩余的下胚轴和子叶，将出芽部分接入茎伸长培养基（MS 无机物+B_5 有机物+3 mmol/L MES+50 mg/L 天冬氨酸+100 mg/L L-焦谷氨酸+0.1 mg/L IAA+0.5 mg/L GA_3+1 mg/L 玉米素）中，每 2 周继代 1 次。待丛生芽长到 3~5 cm 时，将其切下浸入 1 mg/mL IBA 中 1~4 min，转入生根培养基（MS+50 mg/L 天冬氨酸+100 mg/L L-焦谷氨酸），在 16 h/d 光照条件下培养，当根长至 2~3 cm 时，进行驯化移栽。

（二）大豆胚芽尖培养

将消毒吸胀好的种子放在 MSB_5（MS 无机物+B_5 有机物）培养基中暗培养 2 d，转到附加植物生长调节剂（0.2 mg/L 6-BA+0.2 mg/L IBA）的 MSB_5 培养基中培养 5~10 d。取上述操作获得的试管苗，切除子叶和第 1 片真叶，得到暴露的胚芽尖分生组织。将胚芽尖外植体接种在 MSB_5 培养基上培养 24 h 后，将胚芽尖向上插入 MSB_5+6 mg/L 6-BA 培养基中，在 25 ℃、光照 18 h/d 条件下培养 10 d 后，继代到新鲜培养基）上，待丛生芽长到 2~3 cm 时，转到生根培养基1/2MSB$_5$＋0.2 mg/L 6-BA＋1.0 mg/L IBA 上，在光照 16 h/d 下，培养至长成植株。

（三）大豆胚轴培养

未成熟种子取自植株开花后 4~6 周，采集种子长 7~8 mm 的豆荚，或利用成熟种子。种子经 70% 酒精 1~2 min 和 2% 二氯异氰尿酸 15 min 消毒后，无菌水洗 3 次。无菌条件下未成熟种子直接剥去种皮，去掉子叶，取出幼嫩胚轴用于培养；成熟种子则吸胀水分后，在含 7 g/L 琼脂的 MS 培养基上萌动 1~2 d，再剥去种皮，去掉子叶，取出胚轴。获得的胚轴均置于诱导培养基上，26 ℃ 下暗培养 2 周，再转移到分化培养基（同大豆子叶节培养中的茎伸长培养基）上，在 26 ℃、16 h/d 光照条件下培养 4~8 周，待再生芽长至 1~2 cm 时，切下再生芽置生根培养基上，在 26 ℃、16 h/d 光照条件下诱导生根，经 2~4 周即可获得根系发达的再生苗，并可进行驯化移栽。所用培养基同大豆子叶节培养。

二、大豆细胞及原生质体培养

（一）大豆细胞培养

大豆的单细胞再生植株的研究较少，主要是通过幼胚子叶的愈伤组织分离悬浮细胞，经培养获得再生植株。取授粉后约 20 d 的幼荚，取出幼胚切碎，接种于 MS＋1.5 mg/L 2,4-D＋2% 蔗糖培养基上，置 25~28 ℃、12 h/d、2 000~3 000 lx 条件下，约 40 d 可形成黄色和浅黄色的愈伤组织。取愈伤组织放入 MS＋0.5 mg/L 2,4-D＋5% 椰乳的液体培养基中，在 140 r/min 下振荡培养，相继用 100 目和 300 目的尼龙网过滤，可获得悬浮培养的细胞。这些细胞绝大多数为圆形或椭圆形，生长速度较快。悬浮培养的细胞经过约 4 次继代后出现浅黄色或绿色小块愈伤组织，可见到有小圆形细胞密集的分生区。愈伤组织长大后转入 MS＋0.11 mg/L ZT＋3% 蔗糖的分化培养基上，约 1 个月后，愈伤组织分化出芽，将芽转入无植物生长调节剂的 MS 培养基上，再经 1 个月长出发达根系，芽的顶端长出多片幼叶，形成完整的大豆植株。

不同基因型的大豆细胞分化能力差别较大，来自下胚轴的悬浮细胞的再生能力与来自幼胚子叶的悬浮细胞也存在一定差别。另外，植物生长调节剂类型对大豆细胞分化有很大影响，单独用玉米素诱导分化可获得再生植株，但采用 6-BA、NAA 和 IAA 这 3 种植物生长调节剂的不同比例配合都没有分化成功。

（二）大豆原生质体培养

1988 年，卫志明等首次用栽培大豆未成熟子叶游离原生质体获得了再生植株。随后，其他学者也相继获得了再生植株。从 50~85 d 苗龄的大豆生长植株上取幼嫩豆荚，经 75% 酒精消毒，分离出幼嫩子叶，将其切成 0.5~1.0 mm 厚的薄片，置于 CPW-13M ［CPW（细胞清洗液）＋13%（质量体积分数）甘露醇] 溶液中 2 h，使质壁分离，再移至 4% 纤维素酶＋2% 半纤维素酶＋0.3% 果胶酶＋9% 甘露醇的 CPW-9M 溶液中，25 ℃ 下酶解 18 h，用 45 mm 孔径的尼龙筛过滤原生质体酶液，除去组织碎片，通过离心、洗涤得到纯化的原生质体。用附加 0.2 mg/L 2,4-D＋1.0 mg/L NAA＋0.5 mg/L ZT 的 KP8 培养基（Kao，1977）制备成原生质体悬浮培养液，在 25 ℃ 黑暗条件下培养。10 d 后，把培养物移至弱光（500~1 000 lx）下培养，每隔 10~15 d 加入相同成分的 KP8 培养基稀释一次。6 周后，将原生质体起源的细胞团转移至 KP8 固体培养基上，再经 2 周培养即可发育成大量直径为 2~3 mm 的愈伤组织。将愈伤组织移入 MSB$_5$＋1~2 mg/L 2,4-D＋0.1~0.5 mg/L 6-BA 培养基上，可发育成暗绿色、结构致密、坚硬光滑的愈伤组织。将这种愈伤组织转入 MSB$_5$＋0.1~0.8 mg/L NAA＋6-BA、KT、ZT 各 0.3~0.5 mg/L＋500 mg/L CH 培养基上，15 d 后可分化出茎芽。待无根苗长到 3~5 cm 时，将其切下转入生根培养基（1/2MS＋0.2 mg/L IBA）上，约 15 d 可形成发达根系。

三、大豆遗传转化

大豆的遗传转化方法有农杆菌介导法、直接导入法和活体介导法等。其中，农杆菌介导法和基因枪法是大豆最常用的遗传转化方法。但是，由于大豆组织培养有一定难度，尽管许多研究者致力于优化大豆转化系统，但转化频率仍然很低，且受基因型影响大，重复性很差。经过多年研究，目前已建立起适宜的转化体系。1994 年，美国 Monsanto 公司的抗除草剂（抗草铵膦）大豆首次获得商业种植批准；1997 年，杜邦公司的高油酸（70%）转基因大豆也获得了美国食品药物监督管理局批准推广种植。2011 年，全球共有 19 个转基因大豆品种获得批准可商业化种植。目前转基因大豆占全球转基因作物种植面积的 50%。

现以农杆菌介导子叶节的转化方法为例，说明大豆的遗传转化。将灭菌的大豆种子接入萌发培养基中，暗培养 3 d 后置于光下培养；种子萌发后第 4 天取含有目的基因的冻存农杆菌，按 1:1 000 的比例接种于含有相应筛选物质的 YEB 液体培养基中，28 ℃振荡培养 24~36 h，进行第 1 次活化。然后取部分培养液和 YEB 培养基按 1:100 的比例振荡培养 8 h，进行第 2 次活化。当波长为 600 nm 的光密度值为 0.6~0.8 时，将农杆菌菌液分装到 50 mL 离心管中（每管约 40 mL），4 000 r/min 下离心 5 min，弃上清液，用等体积的液体培养基重新悬浮培养。取 5 d 苗龄的试管苗，去掉种皮，保留距子叶 3 mm 的下胚轴，经切割后获得子叶节外植体。将切好的子叶节外植体放入制备好的侵染液中，大约每 40 mL 菌液放 40 个子叶节外植体，侵染 30 min，其间摇动 3~4 次。侵染后的外植体在无菌滤纸上吸干菌液，近轴面向下放置在共培养的培养基上，24 ℃黑暗培养 3~5 d 至外植体周围长出菌落。将共培养后的子叶节外植体取出，放入三角瓶中，用液体不定芽诱导培养基清洗 3 次，除去外植体表面农杆菌，在滤纸上去掉分化出的芽，转入没有筛选剂的不定芽诱导培养基中恢复培养 14 d，以利外植体修复生长。恢复培养后，取出外植体，将下胚轴部分去掉，将子叶和生长点转入有筛选剂的芽诱导培养基上，大约 14 d 继代一次；不定芽诱导后期将子叶也去掉，把外植体转入芽延伸培养基中，大约每 14 d 继代一次，直到芽长 3~5 cm，将其切下，去除愈伤组织，浸入 1 mg/mL IBA 中 1~4 min，转入生根培养基中进行生根培养。当根长至 2~3 cm 时，从生根培养基中移出，用无菌水清洗干净根部，移栽到营养钵中，覆膜保湿培养，并逐步移去覆膜，即可获得转基因植株。上述提到的各类培养基请参考植物组织和细胞培养所用的培养基。

第四节 棉 花

棉花为锦葵科（Malvaceae）棉属（*Gossypium*）植物，是世界性的经济作物和纤维作物。自 1971 年首次从陆地棉（*Gossypium hirsutum*）胚珠的珠孔端诱导出愈伤组织，1979 年首次从克劳茨基棉（*Gossypium klotzschianum*）细胞悬浮培养中获得体细胞胚，1983 年首次在继代培养了 2 年的陆地棉子叶愈伤组织中得到体细胞胚并再生出植株以来，棉花组织培养和转基因育种发展很快，为棉花遗传改良提供了十分重要的技术支持。

一、棉花组织和器官培养

（一）棉花离体培养体系的建立

1. 外植体 已从陆地棉、海岛棉（*Gossypium barbadense*）、戴维逊氏棉（*Gossypium davidsonii*）、草棉（*Gossypium herbaceum*）、拟似棉（*Gossypium gossypioides*）、亚洲棉（*Gossypium arboreum*）等棉种和不同外植体中获得了再生植株，建立了棉花组织、细胞和原生质体三个培养系统。涉及的外植体主要有幼胚、胚轴、子叶、叶片、茎段、叶柄、花药（花粉），其中易诱发愈伤组织或再生植株的外植体为幼胚和下胚轴。

2. 形态发生及植株再生 外植体经过愈伤组织诱导、器官发生或体细胞胚胎发生、器官生长或胚状体萌发而成为再生植株。棉花愈伤组织分为胚性和非胚性愈伤组织，胚性愈伤组织由颗粒状、大小近乎相等的圆球形多细胞构成，细胞间结合紧密，几乎观察不到空隙，而细胞团间结合疏松，空隙较大，容易分离；非胚性愈伤组织细胞细而长，形似纤维状细胞，且大多是单个存在，细胞间存在空隙，很少有多细胞团存在。棉花的器官发生途径形成了单极性的不定芽或不定根，然后在芽下方形成不定根或在不定根上方形成不定芽，二者间发育出维管组织形成完整植株。不定根和不定芽来源于愈伤组织中的很多细胞，而且不是同时发生的，且其发生条件有时也不一样。棉花的体细胞胚胎发生途径与有性合子胚的发育途径相似，可能来源于单个体细胞，其胚芽（芽端）和胚根（根端）是同时发生的，在适宜条件下可形成再生植株。另外，体细胞胚胎发生又有2条途径，即正常途径和异常途径。异常途径是指棉花体细胞胚在发育过程中出现异常发育现象，产生畸形胚，且数量较大。

3. 培养基和培养条件 愈伤组织诱导和增殖常用的培养基为 MSB_5，也用 MS、LS、BT 和 White 等培养基，而体细胞胚萌发和植株再生则常用 SH 培养基。培养基中一般添加植物凝胶和生物凝胶作固化剂，以葡萄糖为碳源。在愈伤组织诱导过程中附加的植物生长调节剂有 2,4-D、ZT、IBA、IAA、KT、NAA、6-BA、2ip、TDZ、GA_3 等。其中 2,4-D、IBA、KT、IAA、ZT 最常用。IAA 是诱导胚性愈伤组织和胚状体的重要激素。培养基适宜的 pH 为 5.8~6.2，培养温度以 28~30 ℃为宜，培养基中加入谷氨酰胺也十分有利于胚胎发育和萌发。

（二）棉花胚珠培养

棉纤维是由棉胚珠表皮细胞分化发育而成，是研究植物细胞分化伸长、细胞壁发生及纤维素生物合成等的重要工具和优良模型。20 世纪 70 年代初，人们首先应用离体胚珠在不同的植物生长调节剂、养分和培养条件下培养，证明开花后 2 d 无植物生长调节剂培养时纤维可产生并继续发育，而开花前 3~4 d 胚珠不产生纤维，但当加入植物生长调节剂后可形成纤维，并发现离体胚珠在产生纤维同时还产生愈伤组织。因为愈伤组织阻碍纤维发生，因而要尽力设法避免。进一步对胚珠完整性、发育时间等因素进行了研究，发现完整胚珠和切块胚珠都能形成纤维，且开花前 9 d 的胚珠也可形成纤维，但要等到开花当天或近开花时纤维细胞才伸长，此时细胞对促进伸长的因子敏感。后来又证实，由胚珠产生的胚性愈伤细胞也能诱导形成纤维细胞。

胚珠培养方法：开花后 1~2 d 的花铃，无菌条件下剥去苞片、萼片、花冠及雄蕊，将幼铃用 0.1% $HgCl_2$ 灭菌 15 min，或 70% 酒精浸泡 10~20 min。剥取胚珠，接种于含 50 mL 培养基 [Beasley 和 Ting 基本培养基（不含糖）+20 mmol/L 蔗糖+5 μmol/L NAA+1 μmol/L GA_3] 的 100 mL 培养瓶中，每瓶接 20~25 粒，于 23~34 ℃、黑暗条件下培养，每 14 d 继代 1 次，继代培养基为上述培养基再添加 5 g/L 活性炭。培养 28 d 时，随机取出部分种子置于载玻片上，用水流将纤维冲直，测量长度。如'新陆早 19 号'在胚珠离体培养发育早期（前 8 d），纤维发育迅速，其伸长长度绝对值相对较高，第 20 天时已接近纤维最终长度。但生长 10 d 以内的纤维强度很低，影响长度测量的准确度。培养前 15 d 离体胚珠生长的轮廓面积增长较快，15 d 以后增长变缓，第 20 天接近轮廓最大面积。

二、棉花原生质体培养与融合

棉花原生质体培养起始于 1974 年，首次仅从陆地棉花后 2 d 的纤维游离出原生质体，经过培养得到了小细胞团。直到 1989 年，才以下胚轴诱导的胚性愈伤组织为材料获得了陆地棉原生质体再生植株。迄今已对多种棉花的不同外植体，如子叶、叶片和茎等器官进行了原生质体分离和培养的研究，其中陆地棉、海岛棉、克劳茨基棉、戴维逊氏棉4个种获得了再生植株。2004年，首次通过电融合法进行了陆地棉和克劳茨基棉种间原生质体的融合，并获得了再生植株。2017年，棉花保卫细胞原生质体得到了有效分离。

（一）棉花原生质体培养

1. 外植体及悬浮细胞培养 棉花游离原生质体常用的材料为下胚轴培养获得的愈伤组织及进一步培养的悬浮细胞。棉籽消毒后，无菌条件下发芽4 d，切取试管苗下胚轴0.5~1 cm，在愈伤组织诱导培养基（MS+0.1 mg/L 2,4-D+0.1~0.5 mg/L KT，用1.6 g结冷胶和0.75 g氯化镁固化）上，经过3~5 d培养，肉眼可见外植体膨大，2周内可见愈伤组织，4周时可见外植体被愈伤组织覆盖；将愈伤组织转移到液体悬浮培养基（不加植物生长调节剂的MS培养基）中，分离筛选直至形成大小基本一致的淡黄绿色颗粒状的细胞团，然后再在液体培养基上继代，每2周一次。进行原生质体分离前几周，每周继代一次，用于分离原生质体的细胞系均需继代培养1年以上，且需保持一定的胚胎发生能力。培养条件：温度（28±1）℃，光照时间16 h/d，光照度2 000 lx，转速110~120 r/min。

2. 原生质体分离和培养 取继代后3~7 d的胚性细胞团，放入过滤灭菌的混合酶液（1%~1.5%Cellulase Onazuka R-10+0.5%~0.7%半纤维素酶Sigma+0.5%~0.7% Macerozyme R-10溶解在pH 5.8的CPW-9M溶液中）中，在（28±2）℃摇床（50 r/min）上、黑暗条件下酶解12~16 h，400目不锈钢筛过滤。滤液在800 r/min下离心5~10 min，沉淀用23%蔗糖漂浮纯化。再用CPW-9M和培养基各洗涤1次，即获得纯净原生质体。调整原生质体密度为5×10^8个/mL，在28 ℃黑暗中进行液体浅层或琼脂糖包埋培养。培养基为K3无机盐+改良KM-8P有机化合物+0.05~0.1 mg/L 2,4-D+0.2~0.5 mg/L 2ip+30 g/L葡萄糖+90 g/L甘露醇。每3~4周用新鲜的培养基（甘露醇用量减少一半）稀释1次，共进行2次稀释以降低渗透压，形成愈伤组织后转移到半固化培养基上进行分化。

通过上述方法分离的原生质体为1×10^7~1.5×10^7个/g，成活率在90%以上。培养1~2 d后，有些细胞体积增大、变形；3~5 d后可见到第1次细胞分裂，此后细胞便能持续分裂；培养2~3周后能观察到数十个细胞的细胞团，此时第1次添加降低甘露醇浓度的改良K3培养基以促进细胞团增殖；再过约3周，肉眼可见到小浅黄色愈伤组织，此时再进行第2次加液，待最大的愈伤组织长到0.5 cm左右，转至改良MS固体培养基（固化剂为1.6 g/L结冷胶+0.75 g/L MgCl$_2$）上进行分化培养，一个月后就能看到少数胚状体形成，以后在相同的培养基上每月继代1次，一般两三次后就能形成大量的胚状体。胚状体中除少数发育正常外，多数为畸形，有的还再次愈伤组织化。挑选发育正常，根、茎、叶完整的小植株转入幼苗生长培养基上培养。

（二）棉花体细胞融合

棉花原生质体电融合是比较理想的融合方法，并取得了成功。孙玉强（2011）研究发现，通过电融合得到陆地棉和多个野生棉的体细胞杂种。再生植株形态上介于融合双亲之间，但偏向于野生棉亲本，且再生植株的染色体组成为六倍体或近六倍体的非整倍体。分子生物学鉴定发现，杂种植株具双亲扩增条带。杂种植株在温室内可以开花并结铃，部分再生植株还可在室外开花并结铃。

三、棉花遗传转化

（一）农杆菌介导法

棉花遗传转化方法较多，农杆菌介导法仍为主要方法。李燕娥等（2000）和刘传亮等（2004）分别建立了十分高效的棉花遗传转化体系。转化方法为：①外植体准备。去壳种子用

0.1% HgCl₂ 消毒 5 min，光照培养 7～9 d，取下胚轴备用。②农杆菌活化。农杆菌菌株为 LBA4404，携带 35S 启动子、标记基因为 npt Ⅱ，目的基因为 7～20 kb。采用 LB 或 YEB 培养基，取波长 600 nm 时光密度值为 0.5 左右的菌液。③侵染和共培养。将 0.5～0.7 cm 长的下胚轴转入波长 600 nm 时光密度值为 0.5 左右的菌液中侵染 5～10 min（其间轻轻晃动），倒出菌液，并用无菌滤纸吸去多余菌液，将下胚轴放入培养皿（加有愈伤组织诱导培养基，pH 5.8）中，培养皿用封口膜封口，在 22～27 ℃黑暗下共培养 2 d。④愈伤组织诱导。经共培养的胚轴在添加选择压（如 500 mg/L 头孢霉素等）的愈伤组织诱导培养基上培养，常规条件下培养 2 个月（1 个月换 1 次同样培养基）。愈伤组织诱导培养基有 3 类，即改良 B29 培养基＋0.1 mg/L IAA＋0.1 mg/L KT＋0.1 mg/L 2,4-D；LX 培养基＋0.1 mg/L KT＋0.1 mg/L 2,4-D；L4 培养基＋0.1 mg/L IAA＋0.1 mg/L ZT＋0.1 mg/L 2,4-D。不同基因型材料可选用不同的培养基。⑤胚性愈伤组织及胚状体诱导。诱导出的愈伤组织转入增殖或诱导培养基［MS 盐（大量元素、微量元素及铁盐）＋无植物生长调节剂或低浓度植物生长调节剂（0.01 mg/L 不同种类及浓度配比）＋谷氨酰胺、天冬氨酸、酪氨酸各 0.5 g/L＋0.5～2.5 g/L 维生素 B₅，pH 5.8］上，常规条件下培养。每隔 1 个月左右转 1 次相同培养基，直至愈伤组织分化。第 1 次转入增殖培养基后，部分愈伤块褐化死亡，正常愈伤块增殖也不快；第 2 次继代后，愈伤组织增殖速度加快；经继代 3～5 次后，有的愈伤块分化成米粒状颗粒，并进一步分化成胚状体。⑥再生苗诱导。将胚状体转入 MS 盐类＋0.5～2.5 g/L 维生素 B₅＋3% 蔗糖＋1～2 g/L 活性炭＋0.1 mg/L IAA＋0.005～0.2 mg/L 6-BA（如需生根，还需添加 IAA）培养基上进行再生苗诱导，经 1 个月时间，再生苗形成。⑦嫁接移栽。在装有营养土的盆中种上普通棉花种子（抗病、植株生长旺盛），待棉苗有 1～3 叶时（即砧木苗），用劈接法将转基因再生棉株嫁接到砧木苗上。全株或嫁接部位保湿 7 d 左右。与基质移植法相比较，嫁接法缓苗时间缩短了 20～30 d，成活率提高了 25%～90%。

（二）棉花遗传转化的基因

目前应用于棉花育种的目的基因主要有抗虫基因、抗除草剂基因、抗病基因、抗逆基因、品质改良基因等，其中抗虫基因主要为 Bt 杀虫晶体蛋白基因和蛋白酶抑制剂基因，特别是 Bt 抗虫棉最为成功。抗除草剂基因主要有来源于细菌的抗草甘膦基因，其分为 2 类，一类可以使棉花产生过量的 5-烯醇丙酮酰莽草酸-3-磷酸合成酶（5-enolpyruvglshikimate-3-phosphate synthetase，EPSPS），使草甘膦无法抑制全部的 EPSPS，从而保持棉花叶片正常功能；另一类是对 EPSPS 编码基因产生突变，从而产生对草甘膦的抗性。后者抗草甘膦的能力要明显高于前者，因此后者在生产中的应用已非常广泛，对草甘膦的使用已无任何限制。沈志成（2011）从耐辐射奇异球菌（Deinococcus radiodurans）的 R1 菌株中克隆了抗草甘膦基因 epsps，并对该基因进行突变改良，获得了改良基因 G10evo，过量表达 G10evo 显著提高了棉花株系对草甘膦的抗性；从假单胞杆菌（Pseudomonas putid）G6 基因组中筛选出 epsps-G6，通过农杆菌介导法和花粉管通道法转入陆地棉栽培种，创造了我国具有自主知识产权的转基因抗草甘膦棉花种质系。此外，还有来源于土壤微生物克雷伯氏菌（Klebsiella ozaenae）中编码腈水解酶（nitrilase）的基因 bxn，可以降解溴苯腈，从而对其解毒；抗病基因主要有几丁质酶基因 Chi、β-1,3-葡聚糖酶（β-1,3-glucanase，GLU）基因、半夏凝集素（PTA）基因、多聚半乳糖醛酸酶抑制蛋白（polygalacturonase-inhibiting protein 1，PGIP1）基因等；品质改良基因有使棉花纤维中产生脂肪聚酯复合物的多羟基丁酸酯（polyhydroxybutyrate，PHB）基因，可提高棉纤维保暖性；兔角蛋白（keratin-associated protein，KAP）基因，导入常规棉花中，可改良棉花纤维品质特性等。

第五节 禾本科作物

禾本科（Gramineae）植物曾一度被认为是对离体培养响应性较低的一类植物，与双子叶植物相比，能够成功诱导再生植株形成的外植体源也相当有限，其中幼胚是比较理想的外植体。本节以主要作物玉米、小麦和水稻为例，阐述禾本科作物的组织培养研究情况。

一、玉米、小麦和水稻的组织和器官培养

（一）幼胚培养

1. 玉米幼胚培养

（1）取材。胚龄是影响玉米幼胚愈伤组织诱导的重要因素。不同玉米品种适宜的胚龄是不同的，一般授粉后 11~14 d 的幼胚，或幼胚长 1.2~1.5 mm 时为宜，但有些品种幼胚长 1.8 mm 时为好。

（2）愈伤组织诱导。幼胚接种 72 h 开始萌动，愈伤组织自盾片上或周围发生，1 周后达 0.3~0.5 cm，不同品种之间有差异。玉米愈伤组织分为胚性愈伤组织和非胚性愈伤组织。非胚性愈伤组织在适宜培养基中经过继代培养，可转变为胚性愈伤组织。胚性愈伤组织有 2 种类型，即Ⅰ型和Ⅱ型。Ⅰ型愈伤组织多为白色、坚硬、结构致密、干燥、复杂多样、生长较缓慢、不易长时间保持胚性；Ⅱ型愈伤组织则为淡黄色或黄色、结构松散、易碎、呈颗粒状、生长较快、能长时间保持胚性。

（3）植株再生。胚性愈伤组织在分化培养基中经 3~4 周培养，可形成绿芽。绿芽长成 5~10 cm 小苗时，转入生根培养基中可形成完整植株。器官发生时愈伤组织表面可直接长出绿芽点，逐渐长大形成苗，或从盾片下抽出绿芽，类似种子萌发。胚胎发生时愈伤组织先形成盾片，盾片单个或丛生，盾片间有明显裂沟，发育后期的盾片中部纵向凹陷。胚芽鞘结构随后从盾片纵向凹陷中长出，进一步可见丛生状胚状体。

（4）培养基。常用基本培养基有 MS、N_6、8114 等。培养基渗透压和植物生长调节剂对细胞分化方向有很大影响，如 2% 蔗糖浓度下形成的愈伤组织常为水渍状，该浓度下继代培养的愈伤组织仍保持原水渍状态，但将其转至 5% 蔗糖浓度下培养，则产生大量致密的愈伤组织和胚状体。可能是蔗糖浓度的提高使愈伤组织细胞（特别是表层细胞）原生质体变得浓厚，打断了部分细胞间的胞间连丝，使其与周围组织形成一定生理隔离，利于胚胎发生。2,4-D 在禾本科植物愈伤组织诱导中起决定作用，浓度为 1~2 mg/L，添加低浓度（0.2 mg/L）的细胞分裂素，能有效提高玉米愈伤组织的分化能力。

（5）培养条件。25~28 ℃下，黑暗或散射光中进行愈伤组织诱导和继代，在光照度 2 000 lx、光照 12~14 h/d 条件下诱导分化和小植株形成。

2. 小麦幼胚培养　取开花 14~16 d、具盾片、长度小于 2 mm 的幼胚（成苗率较高），盾片向上接种于诱导培养基（MS 盐+0.5 mg/L 维生素 B_1+150 mg/L 天冬氨酸+1.5 mg/L 2,4-D+20 g/L 蔗糖+2.5 g/L 琼脂或 MS 大量和微量元素+B_5 有机物+2 mg/L 2,4-D+1 mg/L ABA+30 g/L 蔗糖+2.4 g/L 琼脂）中，(26±1)℃下暗培养或光下（光照 14 h/d，光照度 1 000 lx）培养，5~7 d 即可产生愈伤组织。愈伤组织有 2 种形态：淡黄致密和白至灰色松软。前者一般由盾片部位产生，具有很高的分化潜能；后者一般由胚部位产生，极少分化出芽苗。愈伤组织经继代培养后，在分化培养基（MS+1 mg/L IAA+1 mg/L KT）中产生绿苗。

3. 水稻胚培养　将大田采集的子房在超净工作台上用 70% 酒精进行数秒的表面消毒，0.1% $HgCl_2$ 浸泡 10 min，无菌水冲洗 3~4 次。无菌条件下利用体视显微镜解剖，即用刀片沿子房纵

轴切开子房壁，镊子夹出胚珠，剥去珠被，取出完整幼胚或成熟胚，接种在培养基上进行培养。幼胚经过培养，多在盾片处出现白色愈伤组织，其生长速度超过了成熟胚愈伤组织。愈伤组织如在诱导培养基中延长培养时间，再移至分化培养基中培养，分化苗的时间可相对缩短。对 7 d 胚龄和成熟胚诱导成苗的植株进行比较，发现从移栽到抽穗的时间两者无明显差异。

胚龄与成苗率呈明显的正相关，胚龄愈小，成苗愈难，如 4、5、6、7 d 胚龄的胚，成苗率分别为 8%、12%、49% 和 62%。基因型、基本培养基、2,4-D 等因素对水稻胚愈伤组织的诱导及形态发生有很大影响。如在粳稻 30 多个品种的成熟胚培养时发现，MS 或 N_6 基本培养基上附加 2 mg/L 2,4-D+1 mg/L KT 有利于愈伤组织诱导，诱导率达 90% 以上。成熟胚愈伤组织的诱导率随 2,4-D 浓度的升高而降低，但由成熟胚形成的愈伤组织对 2,4-D 的忍耐力强，在 1~10 mg/L 浓度下，愈伤组织都有很大的生长量，即使在 20 mg/L 的浓度下，愈伤组织也能生长。镜检发现，高浓度 2,4-D 诱导出的愈伤组织大部分壁厚、液泡大、胞质稀，这种愈伤组织不利于组织分化，1~3 mg/L 的 2,4-D 对成熟胚培养有益。培养 15 d 后，不同品种所诱导的愈伤组织的生长速度差异明显，说明基因型对愈伤组织的生长也有影响。有机添加物如酵母浸出物对提高粳稻成熟胚愈伤组织的生长速度和改善其质量十分有利，适当提高培养基中氮浓度也可促进细胞分裂，形成具有强分化力的愈伤组织。添加山梨醇和噻苯隆（TDZ）也会促进水稻离体形态发生与植株再生。用 NB+3.0~3.5 mg/L KT+0.5~1.0 mg/L NAA+5.0 mg/L ABA 培养基，可使籼稻（*Oryza sativa* subsp. *indica*）成熟胚愈伤组织分化率达 70%~80%。另外，附加 3~5 mg/L ABA 可促进胚性愈伤组织的形成及胚状体发生，提高植株再生能力。蔗糖使用浓度为 30~50 g/L。

（二）花药和小孢子培养

1. 玉米花药和小孢子培养

（1）花药发育时期。适宜培养的小孢子发育时期为单核中期和靠边期，其形态指标为顶部距剑叶叶尖 5~10 cm，此时花药长度为 4 mm。

（2）小孢子游离。雄穗经低温预处理（如 7 ℃下处理 14 d）和表面消毒后，置于经过灭菌处理且低温（4 ℃）保存的研钵中，加入 4 ℃下保存的小孢子提取液 5~10 mL，快速研磨 30 s，100 目不锈钢筛过滤。滤液在 80×g 下离心 3 min，沉淀加 2 mL 提取液摇匀，放入含 Percoll 20%~30% 的梯度提取液的顶部，在 250×g 下离心 3 min，发育适宜期的小孢子则处于 20% 和 30% 的界面处，吸取后加 5 mL 诱导培养基，在 100×g 下离心和漂洗 2~3 次，以 50 万~60 万个/mL 的密度接种到直径 6 cm 培养皿内（每皿 2 mL），石蜡膜密封后置（27±1）℃的摇床（80~100 r/min）上培养。

（3）愈伤组织或胚状体诱导和植株再生。花药接种 30 d 左右，开始出现愈伤组织或胚状体，35~45 d 时最多。愈伤组织或胚状体多从棕黄色的花药一侧或背部突破药壁长出，少数从花药一端长出。有的花药形成胚状体；有的开始是胚状体，以后在其上形成愈伤组织；有的愈伤组织和胚状体同时产生。愈伤组织在分化培养基中形成绿芽，进一步发育成小植株。胚状体在适宜条件下即可形成完整植株。玉米小孢子发育途径有营养细胞发育途径、生殖细胞发育途径、营养细胞和生殖细胞同时发育途径，其中营养细胞发育途径是小孢子发育成胚的主要途径。培养 5~7 d 的单核花粉，经第 1 次有丝分裂，形成两个不均等核，营养核大且位于细胞中央（少数位于一端），呈球形或心形发育，原始胚达到一定体积，撑破花粉壁，进入花药室，进一步发育成熟，胚状体突破药壁，但类似胚柄的器官仍与药壁紧密相连。

（4）培养基和培养条件。花药培养常用基本培养基为 N_6 和正 14。愈伤组织诱导培养基的植物生长调节剂种类多为 2,4-D（2 mg/L）、NAA（1 mg/L）、KT（1 mg/L）和 6-BA（1~2 mg/L），植物生长调节剂组合有 2 mg/L 2,4-D+1 mg/L KT 或 2 mg/L 2,4-D+1~2 mg/L 6-BA+1 mg/L NAA

等，添加 12%～15%蔗糖、0.5%活性炭、0.5%琼脂。此外，诱导愈伤组织的培养基中添加适量氨基酸、水解酪蛋白、水解乳蛋白，也可增加诱导频率。分化培养基的组合为 2 mg/L KT+0.5 mg/L IBA+5%蔗糖+0.5%活性炭、1 mg/L KT+3%蔗糖+0.6%琼脂或 2 mg/L 6-BA+0.2 mg/L NAA+3%蔗糖+0.6%琼脂等。小孢子提取液为 1/2 玉培+6%蔗糖+1 g/L 肌醇+0.1 g/L 丝氨酸+0.1 g/L 谷氨酰胺+2.5 g/L MOPS（生物缓冲剂），诱导培养基为玉培+12%蔗糖+0.1 mg/L 三碘苯甲酸+0.1 g/L 谷氨酰胺+0.1 g/L 丝氨酸，分化培养基为 MS+2.5%蔗糖+1 mg/L KT。愈伤组织诱导时的培养条件为温度（27±1）℃，黑暗或散射光下培养；分化绿芽时的培养条件为温度 20～25 ℃，光照度 700 lx，光照时间 10 h。

2. 小麦花药培养

（1）花药发育时期和预处理。适宜培养的花药发育时期为单核中、晚期。小麦幼穗多在 3～5 ℃低温下处理 48 h 至 3 d，以利花粉启动分裂。一些基因型材料的小孢子发育对环境条件等因素的变化（如低温、离心等）很敏感，正是这种敏感性，使一部分小孢子在离体时或在前处理时改变其正常发育途径，具有了胚胎发生潜能，形成花粉胚。花药培养的最佳接种密度为 40～80 个/mL。

（2）愈伤组织或胚状体形成及植株再生。离体花药经 24 h 培养后，小孢子进行第 1 次均等或不均等分裂，然后进行第 2 次有丝分裂，出现三核和四核小孢子。培养 4～5 d 时，不正常花粉出现的频率显著提高，这种异常花粉才能发育成花粉胚。7 d 后花药中存活花粉经 A 途径或 B 途径发育成多细胞花粉。多细胞花粉的原生质浓厚，具有明显的质壁分离状态，平均直径为 41.7 μm。15 d 后多细胞花粉撑破花粉壁，出现愈伤组织或不同发育时期的花粉胚，进一步在分化培养基中形成绿苗。花药离体培养的最初几天，包括绒毡层在内的药壁可能向花粉输送大分子物质或其降解物，药壁可能起着吸收、贮存、转化、转运的代谢库作用，因而在一定时间内使药壁保持活力对花药培养效率的改善具有重要作用。

（3）培养基和培养条件。常用的基本培养基为 N_6、葵培养基、C_{17}、W_{14}、MS，诱导培养基添加的植物生长调节剂种类和浓度多为 2 mg/L 2,4-D+0.5 mg/L KT，蔗糖浓度为 9%～11%。分化培养基为 1.5 mg/L KT+0.5 mg/L IAA+3%蔗糖或 1 mg/L NAA+1 mg/L KT+3%蔗糖。愈伤组织或花粉胚诱导条件为 26～29 ℃下暗培养或自然光照（12 h/d）下培养。分化培养的条件为温度 23～28 ℃，光照时间 10 h/d，光照度 800 lx。

3. 水稻花药培养

单核靠边期是水稻接种培养的最适宜时期。这时的外部特征是剑叶已全部伸出，叶枕距 4～10 cm，幼穗的颖壳宽度已接近于成熟时的大小，颖壳呈淡绿色，雄蕊伸长达颖壳的 1/3～1/2，花药呈淡绿色。取这个时期的花药接种，5～7 d 后花药渐渐变为淡褐色，随后花药裂开，愈伤组织由裂口处长出。单核靠边期历时极短，在适宜的温度条件下，经 4～8 h 即进入二核期。一般处于二核期或二核后期的花药已不适宜于诱导愈伤组织。水稻小孢子愈伤组织经多次继代培养后，其染色体数目虽发生了变化，但不同倍性水平的细胞比例比较固定。此外，花药培养的再生植株中还会出现许多非整倍体植株。

由 N_6 无机盐、MS 有机盐、4 mg/L NAA 和 2 mg/L KT 组成的培养基被认为是水稻花药培养的最佳培养基，有的材料绿苗分化率可达 55%以上。水稻花药培养一般分为暗培养阶段和光培养阶段。暗、光培养的温度都以 26～28 ℃为宜，但籼稻的暗培养则以 24～25 ℃最佳，过高会产生大量白化苗，且诱导的愈伤组织结构疏松，分化能力较差。培养方法有多次成苗和一次成苗 2 种方式，籼型品种一次成苗的绿苗分化率较多次成苗的高，粳型品种则相反。

水稻花药培养会产生大量的白化苗，有的甚至可达 80%～90%。白化成为水稻花药培养研究和育种的重要障碍，因此白化苗的成因及其控制途径的研究就成为人们关注的问题。白化苗与绿苗一样，在适宜的条件下可经脱分化、再分化而获得再生植株，而且它的形成是单向、不可逆的。在营养生长阶段，除叶绿体外，似无其他明显的生理缺陷。花粉白化苗的形成主要发生在花粉的脱分化阶段，此时是基因突变的敏感期。所以在愈伤组织形成时，温度等条件对愈伤组织的质量有着重要影响，温度较高，增加染色体的断裂和丢失，从而增加白化苗的频率，尤其是在愈伤组织旺盛分裂阶段，温度升高的影响就更为严重。

4. 染色体加倍 玉米花药培养染色体加倍方法有2种，一种是单倍体植株长至2~5片真叶时，用0.1%秋水仙素和0.5%二甲基亚砜混合液（1:1）进行滴心处理（每次1~2滴，早晚各1次，处理3 d）；另一种是在胚状体阶段或愈伤组织阶段，在培养基中添加秋水仙素（50 mg/L），经24 h处理。再生植株的倍性可通过根尖染色体数目、叶片气孔保卫细胞长度（长度小于29 μm为单倍体，大于29 μm为二倍体）来确定。小麦花药试管苗可进行自然加倍，其加倍率为2.21%~7.64%；也可在培养基中加入适量（50~100 mg/L）秋水仙素，将花药培养一定时间（7 d）后，再转移至不含秋水仙素的培养基上培养，可诱导小孢子第1次有丝分裂时进行染色体加倍，形成双倍体花粉植株。

（三）其他组织或器官培养

1. 小麦叶培养 小麦叶曾被认为缺乏细胞全能性，致使小麦组织培养的外植体源具有局限性，取材时间受到极大限制。目前已由小麦叶外植体获得离体再生植株，具体方法为：①种子试管苗。灭菌处理后的种子接种在培养基（无植物生长调节剂）中，置（25±1）℃下暗培养3 d（苗高1 cm左右）和光培养1 d（苗高2 cm），进行或不进行低温（4 ℃，24 h）处理。②外植体。取10 mm以内的幼叶基部材料，接种在诱导培养基中，在（25±1）℃下暗培养或光照培养箱（12 h光照）中培养。③愈伤组织诱导。培养4~6 d后，在切口处产生肉眼可见的小块愈伤组织。愈伤组织起源于维管束鞘部位细胞的分裂，并且是先从靠近韧皮部的位置开始，继而扩展至整个周圈及束内。维管束以外的细胞未见分裂。④植株再生。愈伤组织转至分化培养基中经20~30 d培养，大部分愈伤组织产生绿点，分化出根，但无芽。少数愈伤组织上的绿点出现芽梢状突起和绿芽，进而形成完整植株。⑤培养基。基本培养基为MS、N_6、PRL-4，诱导培养基中添加2 mg/L 2,4-D，分化培养基中添加2 mg/L 6-BA、0.1 mg/L 2,4-D或0.1 mg/L 2,4-D+0.05 mg/L KT。

2. 小麦幼穗培养 小麦幼穗发育过程分为9个时期，其中护颖分化期的愈伤组织诱导率和分化率最高。将护颖分化期的幼穗接种在诱导培养基［C_{17}或MS，或N_6+1 mg/L KT（或6-BA）+0.5 mg/L 2,4-D，或N_6+2 mg/L 2,4-D+6%蔗糖］中，置（26±1）℃恒温箱中暗培养，幼穗3 d后开始膨大变形，10 d左右幼穗陆续产生乳白色愈伤组织颗粒。接种后20 d，将愈伤组织转入光照条件下（光照度2 000 lx，光照时间11 h/d）培养，愈伤组织呈不规则突起，表面圆滑，细胞排列紧密，体积较小，近圆形，具分生细胞特征。光照1周后，愈伤组织体积迅速扩大、出现绿斑，随后分化出绿苗，或将出现绿斑的愈伤组织移置分化培养基（MS+3%蔗糖，或MS+1.5~2.0 mg/L KT+0.3~0.5 mg/L IBA）中，诱导绿苗形成。

3. 水稻幼穗培养 幼穗1~2 mm长时，愈伤组织诱导率最高；3~4 mm时，分化胚状体或根芽的比例最高。由幼穗愈伤组织表面出现的致密结节状物，在1~2.5 mg/L 2,4-D的LS培养基上可发育成植株，但在无2,4-D的培养基上先变为白色，然后再出现盾片或类似盾片的胚结构，这种胚胎有明显的胚芽鞘和胚根的两级组织，大约80%的胚胎表现出早熟萌发并再生成小植株。水稻幼穗培养出现白化苗的频率很低，仅为4%左右。幼穗培养过程中形成的愈伤组织可能来源胚囊内的单倍体细胞，从而得到单倍体植株，也可能来源于珠被或子房壁的二倍体细胞，从而获得二倍体或四倍体植株，这就解释了水稻幼穗培养时会出现不同倍性植株的原因。人们已将幼穗的愈伤组织分离成单细胞，进行悬浮培养，建立了细胞呈圆形、核较大、细胞质浓、具有较高分裂能力的水稻悬浮细胞系，并获得了再生植株。

二、玉米、小麦和水稻的原生质体培养

目前成功的报道中,原生质体的来源主要是胚性愈伤组织和悬浮细胞系。选用具有胚胎发生能力的悬浮细胞作为原生质体的来源,对禾本科植物原生质体培养的成功是十分重要的。

(一)玉米原生质体培养

1. 悬浮细胞系的建立 继代培养的 II 型胚性愈伤组织团块(<2 mm)转入液体培养基(N_6 无机盐+MS维生素和肌醇+2 mg/L 2,4-D+200 mg/L 水解酪蛋白+1 g/L MES+3%蔗糖)中进行悬浮培养[25~27 ℃,黑暗或散射光下振荡(80~150 r/min)],3~4 d继代培养一次。在悬浮细胞培养中,愈伤组织的密度和换液时新旧培养液的比例对悬浮细胞系的建立影响较大。适宜的愈伤组织密度是细胞密实体积:培养液=1:(5~10)(体积比)。换液时应保留1/3~2/3的原培养液。

2. 原生质体分离 继代2 d的1 mL自然沉降悬浮细胞与10 mL酶液混合,在26~27 ℃条件下于摇床(60~70 r/min)上保温6 h,或恒温箱(30 ℃)中保温4~5 h(中间轻摇2~3次),进行原生质体游离。混合液经过400目不锈钢网过滤,或顺序通过孔径200、75、37 μm的不锈钢网过滤,离心(50×g,5 min)后收集原生质体,甘露醇溶液洗涤3次,原生质体培养液洗涤1次后悬浮在培养液中。如果游离原生质体的悬浮细胞系由细胞质浓厚的小细胞团(小于100个细胞)组成,酶解后大约有95%的细胞可被完全去壁成为原生质体。自然静置沉淀的1 mL悬浮细胞可游离出大约10^6个原生质体。

3. 原生质体培养和植株再生 取1~2 mL原生质体悬浮液(密度为1.4×10^5~3×10^5个/mL)置直径3.5~4.5 cm培养皿中,石蜡膜封口,于25~27 ℃、光照度1 000~2 500 lx、光照9 h/d或16 h/d条件下静置培养,中间添加降低糖浓度的培养基2次,每次0.3~1 mL。培养1~2 d后,少数原生质体体积增大,一些球形原生质体再生新细胞壁后变为卵圆形。4~6 d后,原生质体再生细胞进行第1次分裂,随后可见由这些启动分裂的细胞形成的多细胞团,3周后发育成肉眼可见的小块愈伤组织。4~6周后愈伤组织直径达1~2 mm。待愈伤组织直径达4 mm左右时,转入分化培养基中,经2~3周培养,有胚状体和芽的形成,再将其转入无植物生长调节剂的MS培养基中,可形成完整小植株。

4. 酶液和培养基组成 酶液组成:用甘露醇缓冲液(0.62 mmol/L KH_2PO_4+1.5 mmol/L $CaCl_2 \cdot 2H_2O$+7.4 mmol/L KNO_3+0.75 mmol/L $MgSO_4 \cdot 7H_2O$+0.45 mol/L 甘露醇+5 mmol/L MES)配制3% Cellulase Onozuka-RS、1% Macerozyme R-10、1%离析软化酶(Y-23),pH 5.6;或3%纤维素酶+0.5%离析酶+0.1%离析软化酶+0.3%葡聚糖硫酸钾(含硫量18%)+1 mmol/L $CaCl_2$+0.6 mol/L 甘露醇,pH 5.4。原生质体培养使用的培养基有Z_2、N_6、K,愈伤组织分化培养基有Z_3、Z_4、MS(添加2 mg/L ZT+3%~6%蔗糖)。

(二)小麦原生质体培养

1. 悬浮细胞系的建立 选择淡黄致密的愈伤组织1~2 g加入30 mL液体培养基(MS+2 mg/L 2,4-D)中,于23~25 ℃、120 r/min散射光下进行悬浮培养,每3~5 d继代一次,6~7周后建立起分散性好、生长旺盛、100~200个细胞团组成的悬浮细胞系,此时所有细胞都质浓、壁薄、呈圆球状,最适合游离出高质量的原生质体。

2. 原生质体游离和培养 选择继代第3天的悬浮细胞系离心收集,加入8倍于培养细胞体积的混合酶液,于28 ℃、30 r/min恒温水浴摇床上酶解7~9 h,或在25~27 ℃、黑暗、静置条件下酶解7~9 h。400目镍网过滤后离心(500 r/min,1~3 min),收集原生质体,用洗涤液漂洗2次,再用原生质体培养基洗1次,测定原生质体总量。游离获得的原生质体,一般个体均匀、质膜光亮、内含物丰富、液泡系不发达、呈浅黄不透明状态。将原生质体以1×10^5~5×10^5

个/mL 的密度接种于直径 6 cm 培养皿中，在 25 ℃黑暗条件下，进行液体浅层或 0.2%～0.8%低熔点琼脂糖包埋培养，需不断添加新鲜培养基。原生质体第 1 次分裂出现的时间及频率与培养密度有密切关系，密度为 $1×10^5$ 个/mL 时，第 1 次分裂出现在培养后第 7～8 天；$2.5×10^5$ 个/mL 时，出现在第 5～6 天；$5×10^5$ 个/mL 时，出现在第 3～4 天。密度过低或过高，分裂频率下降；$3×10^5$ 个/mL 最适宜，此密度下培养 7 d 时，细胞分裂频率达 17.35%，14 d 时达 46.3%，并形成小细胞团。

3. 愈伤组织分化和植株再生 愈伤组织长至 1 mm 大小时，转入分化培养基上诱导分化，或先继代增殖至 2 mm，再转入分化培养基中。1 mm 大小的愈伤组织在分化培养基上生长缓慢，继代后可形成绿色芽点；2 mm 愈伤组织在第 7 天可出现芽点，3～4 周分化成芽，芽长至 1 cm 时，转入无植物生长调节剂的 MS 或 1/2MS 生根培养基上，7 d 后形成根，发育成完整植株。

4. 酶液及培养基组成 酶液组成：3%纤维素酶+0.2%果胶酶+1%$CaCl_2·2H_2O$+0.1%$MgSO_4·7H_2O$+0.05% KH_2PO_4+11%甘露醇，pH 5.6；或 2%纤维素酶+0.2%果胶酶+1 470 mg/L $CaCl_2·2H_2O$+95 mg/L KH_2PO_4+600 mg/L MES+0.55 mol/L 甘露醇，pH 5.7。悬浮细胞培养所用培养基为 MS+2 mg/L 2,4-D+250 mg/L CH+300 mg/L 谷氨酰胺+3%蔗糖，或 MS_2L。洗涤液是去掉 2 种酶，其他成分与酶液组成一致。原生质体培养液为 KM-8P 或 MS+1%蔗糖+0.5 mol/L 葡萄糖+250 mg/L CH+20 ml/L CM+8 mL/L 小牛血清+0.8%琼脂糖+1 mg/L 2,4-D+0.2 mg/L KT+0.5 mg/L NAA。愈伤组织增殖培养基为 MS+5%蔗糖+250 mg/L CH+300 mg/L 谷氨酰胺+2 mg/L 2,4-D+0.8%琼脂。愈伤组织分化培养基为 MS+3%蔗糖+250 mg/L CH+300 mg/L 谷氨酰胺+6 mg/L KT+0.8%琼脂。

（三）水稻原生质体培养

自 1985 年首次报道由粳稻原生质体培养获得再生植株以来，已有 30 多个水稻品种（系）的原生质体培养获得成功，但籼稻的原生质体培养难度明显大于粳稻。水稻原生质体培养一般是由胚或幼穗等材料诱导胚性愈伤组织后建立悬浮细胞系，再由之分离原生质体。获得的原生质体经 30 d 左右的培养即出现小细胞团，50 d 出现颗粒状愈伤组织。愈伤组织在含有 KT、ZT 的 MS 培养基上可形成再生植株。水稻原生质体培养的关键是使用易于分裂和分化的基因型材料。另外，应选择生长速度快、分裂频率高、细胞质浓厚并呈黄色、液泡小的细胞系。水稻原生质体在液体培养基中的漂浮情况与其生活力有一定的关系，漂浮的原生质体具有正常超微结构且具活力，沉淀的原生质体则变形和损伤，活力降低或无活力。

三、玉米、小麦和水稻的遗传转化

（一）玉米遗传转化

玉米的遗传转化方法有农杆菌介导法、基因枪法、电击法、碳化硅纤维介导法及定点打靶等。尽管早期的转基因玉米主要来源于基因枪法，但农杆菌介导法目前已成为玉米遗传转化的主流方法，使用的受体主要是幼胚或幼胚诱导的愈伤组织。

1. 农杆菌介导法 目前，玉米转化受体材料按组织来源主要分为幼胚和非幼胚 2 类，前者包括直接用幼胚或幼胚诱导的胚性愈伤组织作转化受体，后者包括直接用茎尖分生组织转化和利用成熟胚、叶片、茎尖等诱导的胚性愈伤组织等作为受体。其中幼胚和幼胚诱导的胚性愈伤组织进行转化操作简单，植株再生比较容易，是玉米转化中最常用的受体材料。其基本操作流程包括剥胚（或诱导愈伤组织）、农杆菌侵染、共培养、筛选生根、植株再生、温室移栽等几个阶段（图 16-3）。为了提高玉米转化效率，研究者对玉米幼胚转化系统进行了各种优化设计，如选择感染性强的菌株（如 EHA101 和 LBA4404），侵染阶段去掉硝酸银，侵染培养基 pH 以 5.2 为宜，在共培养阶段添加乙酰丁香酮、硝酸银、半胱氨酸，共培养 3 d，恢复培养 4 d，恢复培养、筛选培养阶段培养基中都添加硝酸银等。

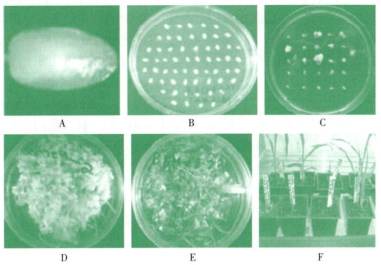

图 16-3　以幼胚为受体的农杆菌介导的玉米转化基本步骤
A. 剥取幼胚（1.2～1.8 mm）　B. 侵染幼胚（10 min）　C. 共培养（20 ℃暗培养 3 d）
D. 稳定转化选择（28 ℃暗培养 4～6 周）　E. 转基因植株再生（25 ℃暗培养 2～3 周）
F. 转基因植株移植（温室炼苗）
（引自吴锁伟等，2012）

2. 遗传转化的基因　玉米遗传转化主要在对玉米螟、食根害虫、除草剂抗性及玉米营养品质提高等方面，弥补了玉米遗传改良中传统育种方法的局限性。转基因玉米在全球转基因植物中种植面积位居第二，仅次于转基因大豆。在抗性改良方面，目前用于玉米转基因研究的抗虫基因主要有苏云金芽孢杆菌的 δ 内毒素基因和植物来源的抗虫基因（如蛋白酶抑制剂基因、淀粉酶抑制剂基因、凝集素基因、几丁质酶基因等），培育出能正常遗传的转 δ 内毒素基因玉米，并进入商业化推广。在除草剂抗性方面，目前已商业化应用的抗除草剂基因有修饰过的 EPSPS 基因、芳氧基链烷酸酯双加氧酶（aryloxyalkanoate dioxygenase，AAD）基因和草铵膦乙酰转移酶（phosphinthricin acetyltransferase，PAT）基因。此外，富含赖氨酸基因、高 β 胡萝卜素含量基因等改良品质的基因也被转入玉米中。

（二）小麦遗传转化

1. 农杆菌介导法　基因枪法被认为是小麦的一种快速转化方法，并最早被应用，于 1992 年首次获得了用 gus 和 bar 转化的抗除草剂 Basta 的小麦可育转基因植株，随后多个基因利用该法被转入。但基因枪法存在多种问题，特别是多拷贝和基因沉默等问题，使得人们在致力于寻找新途径。尽管农杆菌介导的小麦遗传转化一直是世界上研究此项问题中的一道难题，但经过多年的研究，已取得了突破性进展，在 1997 年获得了首例由农杆菌介导的转基因植株。目前，农杆菌介导的转化体系在不断被优化，转化频率也在不断提高，其中应用最多的转化受体材料仍然是幼胚及其所诱导的愈伤组织。张月婷等（2012）建立的小麦农杆菌介导方法是：选取小麦开花后 12～15 d、体被白色茸毛的幼嫩颖果，用 70%酒精表面消毒 30 s，无菌水冲洗 1 次，随后用 0.1%HgCl₂ 灭菌 5 min，再用无菌水冲洗 3～5 次，每次 2 min。用解剖针剥取直径为 0.5～1.0 mm 的幼胚，盾片向上放置在诱导培养基（MS 无机+B₅ 有机+100 mg/L 肌醇+200 mg/L 脯氨酸+300 mg/L 水解酪蛋白+2 mg/L 2,4-D+30 g/L 麦芽糖+7 g/L 琼脂）上，25 ℃、黑暗条件下诱导愈伤组织 10～20 d。将含转化质粒的农杆菌菌液按 1:50 的比例接种到 YEB 液体培养基中，于 28 ℃、200 r/min 振荡培养，待培养至 600 nm 波长下光密度值为 0.6～0.8 时，离心（4 500 r/min，10 min）收集菌体，用侵染培养基重悬菌体，以农杆菌菌液侵染愈伤组织，其间用超声波处理 30 s，侵染 30 min。取出侵染的愈伤组织在无菌滤纸上吸干表层菌液，于 23 ℃、黑暗条件下干燥共培养 3 d，再将愈伤组织转至恢复培养基中，25 ℃条件下暗培养 2~3 周。在含选择压的分化筛选培养基中筛选 2 轮，每轮 2 周。将分化出的绿苗转移至含选择压的生根筛选培养基中筛选 2~3 轮，每轮 2 周。再将抗性苗转至不含选择压的生根壮苗培养基中，培养 2~3 周。从分化阶段开始均在 25 ℃、光照条件下培养。将长出健壮根的绿苗在 4 ℃条件下春化 2 周，室温下炼苗 5 d 后移栽至土壤中，16 h/d、19 ℃条件下培养，再经鉴定，获得转基因植株。

2. 遗传转化的基因 涉及的基因有报告基因（*gus*、*hpt*）、抗性基因［抗除草剂基因 *bar*、抗草甘膦基因 *CP4* 和 *gox*、黄花叶病毒复制酶基因 *Nib8*、雪花莲凝集素基因、几丁质酶基因和 β-1,3-葡聚糖酶双价基因等］、改良品质基因（高分子质量谷蛋白亚基因 *1Ax1*、*1Dx5*、*1Dy10* 等）等，许多基因通过多种方式转入小麦基因组中，为小麦的遗传改良奠定了基础。

（三）水稻遗传转化

20 世纪 80 年代中后期，由于原生质体培养技术的迅猛发展，以水稻原生质体为受体的 PEG 介导法和电击法占据了主要地位，1988 年获得了第 1 批转基因水稻，标志着水稻基因工程的成功开端。但原生质体转化系统严重依赖于原生质体的再生能力，受到了品种基因型的制约，而且建立原生质体转化系统的工作量大，直接用于水稻育种研究不实际。为解决这一问题，人们开始尝试其他方法，应用最广、获得转基因植株最多的是基因枪法。用此方法，1991 年 Christou 等获得了用 *gus* 和 *bar* 基因或者 *gus* 和 *hph* 基因转化的转基因水稻植株；1992 年 Cao 等获得了对除草剂 Basta 具有抗性的转基因水稻植株。随后的短短几年中，携带着各种目的基因的质粒通过基因枪转化系统转入水稻并获得转基因植株的报道大量出现。但基因枪法相对于成功的农杆菌介导法来说，转化频率仍相对低，实验成本较高，而且导入的外源基因拷贝数往往较多，在后代中容易丢失，对片段较大的外源基因也难以导入。20 世纪 90 年代初期，Raineri 等（1990）和 Chan 等（1992）尝试用农杆菌转化水稻，分别获得了转化细胞和转基因植株，但这些报道由于存在着试验设计上的问题或缺少必要的分子证据，难被大家所公认。然而自 Chan 等（1993）获得有确凿分子证据的可遗传的农杆菌转化水稻植株及后来 Hiei 等（1994）利用"超双元"载体和在共培养培养基中加入乙酰丁香酮等适宜的转化条件，大大提高了农杆菌介导的水稻转化频率后，人们开始改变了对农杆菌转化水稻难以成功的片面理解，不少实验室建立了水稻农杆菌转化系统。Dong 等（1996）和 Hamid Rashid 等获得了转基因籼稻植株，他们都有确凿的分子证据来证明外源基因已经整合到水稻基因组上。近年来，水稻农杆菌转化系统已得到广泛应用，建立了一套比较成熟的水稻农杆菌介导的转化方法，随着农杆菌转化水稻各种参数的不断优化，该方法将会在水稻转化研究中发挥愈来愈重要的作用。

> **小结**
>
> 植物组织培养技术广泛应用于大田作物的品种改良、良种繁育、无性繁殖、脱毒与生产等。马铃薯为同源四倍体，生产中存在着栽培种基因库狭窄，抗病和抗逆基因缺乏；无性繁殖使病毒逐代积累，产量和品质下降；杂种后代选育群体量增大，基因分离复杂，育种效率低等问题。植物组织培养技术在马铃薯育种和微型薯生产等方面的应用卓有成效，取得了许多引人注目的成绩。油菜利用植物组织培养技术进行自交不亲和系与细胞核雄性不育系种苗繁殖、突变体筛选、单倍体育种、原生质体培养、新品种选育等研究都取得了一定的成绩。大豆组织培养所用外植体主要有子叶节、胚尖、上胚轴、下胚轴和小真叶

等，利用其获得了再生植株、原生质体再生植株及转基因植株。自1983年首次在继代培养了2年的陆地棉子叶愈伤组织中得到体细胞胚并再生出植株以来，棉花组织培养和转基因育种发展很快，为棉花遗传改良提供了十分重要的技术支持。禾本科植物曾一度被认为是离体条件下难以作出反应的一类植物，与双子叶植物相比，能够成功诱导再生植株形成的外植体源相当有限。但随着研究的不断深入，目前用于禾本科植物组织培养的外植体类型也很多，它们（玉米、小麦和水稻）组织培养的内容涉及组织和器官的培养、原生质体培养和细胞融合、转基因研究。

复习思考题

1. 如何获得马铃薯脱毒苗？
2. 简述马铃薯花药培养的技术路线。如何进行花粉植株的染色体加倍？
3. 如何建立马铃薯高效再生体系？
4. 影响油菜离体培养体系建立的主要因素有哪些？
5. 如何利用子叶节或下胚轴获得大豆或棉花的转基因植株？
6. 玉米愈伤组织的类型有几种？它们有哪些特征？
7. 试述小麦叶在离体条件下是如何产生再生植株的。
8. 试分析水稻试管苗白化的原因及解决该问题的对策。

主要参考文献

陈志贤，李树君，1987. 棉花细胞悬浮培养胚胎发生和植株再生某些特性的研究. 中国农业科学，20（5）：6-11.

陈志贤，李淑君，岳建雄，等，1989. 从棉花胚性细胞原生质体培养获得植株再生. 植物学报，31（12）：966-969.

崔婷婷，2017. 利用基因组编辑技术创造油菜脂肪酸变异新资源. 武汉：华中农业大学.

戴朝曦，孙顺娣，1994. 马铃薯实生苗子叶及下胚轴原生质体培养研究. 植物学报，36（9）：671-678.

黄洁琼，2016. 农杆菌活体转化技术的优化与高抗草甘膦棉种质的创制. 杭州：浙江大学.

黎裕，王天宇，2018. 玉米转基因技术研发与应用现状及展望. 玉米科学，26（2）：1-15，22.

李娜，程贯召，李学红，等，2012. 玉米转基因育种研究进展. 江苏农业科学，40（11）：85-89.

李燕娥，焦改丽，吴家和，等，2000. 棉花农杆菌介导高效转化体系. 中国棉花，27（5）：10-11.

刘传亮，武芝霞，张朝军，等，2004. 农杆菌介导棉花大规模高效转化体系的研究. 西北植物学报，24（5）：768-775.

陆国清，王春玲，郝宇琼，等，2018. 转 G10eve 基因棉花的获得及草甘膦抗性初探. 棉花学报，30（1）：21-28.

亓毅飞，詹少华，林毅，等，2005. 棉花离体培养纤维的研究进展. 植物学通报，22（4）：471-477.

秦永华，刘进元，2006. 棉花组织培养与植株再生. 分子植物育种，4（4）：583-592.

上官小霞，吴霞，梁运生，等，2008. 兔角蛋白基因转化棉花及其纤维品质的改良. 中国生态农业学报，16（2）：451-454.

沈志成，2011. 一种抗草甘膦基因的用途：200910098129X. 04-06.

孙玉强，2011. 棉花原生质体培养和原生质体对称融合研究. 华中农业大学学报，30 (6)：784-786.

谭苗苗，2016. 转 g10evo 基因抗草甘膦大豆的研究. 杭州：浙江大学.

谭小力，孔凡明，张丽丽，等，2009. 蓝细菌血红蛋白基因的克隆及其向甘蓝型油菜中的转化. 作物学报，35 (1)：66-70.

涂世伟，郭万里，蒋立希，等，2012. 油菜遗传转化方法的研究进展. 浙江师范大学学报（自然科学版），35 (3)：338-345.

王丽，杨宏羽，张俊莲，等，2008. 根癌农杆菌介导马铃薯试管薯转化体系的优化及 AtNHX1 基因的导入. 西北植物学报，28 (6)：1088-1094.

王萍，王罡，吕文河，等，2002. 大豆体细胞胚胎发生影响因子的研究. 中国农业科学，35 (6)：606-609.

王晓春，刘尚前，罗永华，2009. 大豆再生体系和遗传转化研究进展. 大豆科学，28 (4)：731-743.

吴锁伟，张丹凤，方才臣，等，2012. 玉米高效农杆菌转化体系的研究进展及其影响因素分析. 玉米科学，20 (5)：59-64, 70.

武秀明，刘传亮，张朝军，等，2008. 棉花体细胞胚胎发生的研究进展. 植物学通报，25 (4)：469-475.

杨帆，赵君，2011. 马铃薯品种底西瑞（Desiree）悬浮细胞系的建立和培养条件的优化. 内蒙古农业大学学报，32 (4)：128-131.

杨佑明，徐楚年，周海鹰，等，2002. 基因型在胚珠继代培养过程中对棉纤维发育的影响. 棉花学报，14 (5)：259-263.

叶兴国，陈明，杜丽璞，等，2011. 小麦转基因方法及其评述. 遗传，33 (5)：422-430.

张宝红，刘方，姚长兵，等，2000. 棉花组织培养体细胞胚胎发生的扫描电镜观察. 作物学报，26 (1)：125-128.

张宝红，王清连，丰嵘，等，1996. 棉花体细胞胚发生模式和植株再生. 农业生物技术学报，4 (1)：44-50.

张宝江，范玲，罗淑萍，等，2007. 新陆早 19 号胚珠培养体系的建立. 新疆农业科学，44 (3)：382-384.

张俊莲，王蒂，2005. 我国马铃薯育种方式的变迁及其转基因育种研究进展. 中国马铃薯，19 (3)：163-167.

张玲，谢崇华，李卫锋，2002. 水稻成熟胚组织培养研究. 杂交水稻，17 (2)：44-46.

张月婷，廖玉才，黄涛，等，2012. 农杆菌介导的小麦转化体系的优化. 华中农业大学学报，31 (1)：23-27.

赵翔，朱金东，孔培涛，等，2017. 棉花保卫细胞原生质体的有效分离与活性鉴定. 植物生理学报，53 (4)：729-735.

Abdollahi M R, Moieni A, Mousavi A, et al, 2011. High frequency production of rapeseed transgenic plants via combination of microprojectile bombardment and secondary embryogenesis of microspore-derived embryos. Molecular Biology Reports, 38 (2)：711-719.

Cheng M, Fry J E, Pang S Z, et al, 1997. Genetic transformation of wheat mediated by *Agrobacterium tumefaciens*. Plant Physiol., 115 (3)：971-980.

Frame B R, McMurray J M, Fonger T M, et al, 2006. Improved *Agrobacterium*-mediated transformation of three maize inbred lines using MS salts. Plant Cell Reports, 25 (10)：1024-1034.

Henzi M X, Christey M C, McNeil D L, 2000. Factors that influence *Agrobacterium rhizogenes*-mediated transformation of broccoli (*Brassica oleracea* L. var. *italica*). Plant Cell Reports, 19 (10)：994-999.

Geng P P, La H G, Wang H Q, et al, 2008. Effect of sorbitol concentration on regeneration of embryogenic calli in upland rice varieties (*Oryza sativa* L.). Plant Cell, Tiss. Organ Cult., 92：303-313.

Sidorov V, Duncan D, 2009. *Agrobacterium*-mediated maize transformation: immature embryos versus callus. Methods in Molecular Biology, 526 (2)：47-58.

Taylor D C, Francis T, Guo Yiming, et al, 2009. Molecular cloning and characterization of a KCS gene from *Cardamine graeca* and its heterologous expression in *Brassica* oilseeds to engineer high nervonic acid oils for potential medical and industrial use. Plant Biotechnology Journal, 7 (9)：925-938.

Wang J, Chen L, Liu Q Q, et al, 2011. Transformation of LRP gene into *Brassica napus* mediated by *Agrobacterium tumefaciens* to enhance lysine content in seeds. Genetika, 47 (12)：1616-1621.

第十七章
林木组织培养

林木包括针叶树（coniferous tree）和阔叶树（broad-leaved tree）两大类，主要特点是多年生、茎干高度木质化，常为高大乔木。林木组织培养难度较大，但也已取得了许多成绩，如离体快速繁殖、原生质体培养及细胞融合、遗传转化等。重要的林木，如杨树、针叶树类和相思树（*Acacia confusa*）等，都已利用组织培养技术进行了大规模的工厂化试管育苗。

第一节 杨 树

杨树为杨柳科（Salicaceae）杨属（*Populus*）植物的统称，传统上分五派（组），即白杨（*Populus tomentosa* Carr.）派、青杨（*Populus cathayana*）派、黑杨（*Populus nigra*）派、大叶杨（*Populus lasiocarpa* Oliv.）派和胡杨（*Populus euphratica*）派，雌雄异株。杨树分布广泛，适应性强，其自然分布带主要在北半球的欧洲、亚洲、北美洲的温带和寒带区域。我国杨树资源丰富，现已成为世界上杨树人工林面积最大的国家。杨树速生丰产、实用性强，是重要的造林树种之一，在工业上也有广泛用途，是制作纸张、板材等的重要原料。

杨属植物的组织培养研究始于20世纪60年代，已有数十种杨属植物获得再生植株，其中部分种类（品种）已成功应用于苗木试管离体快繁进行工厂化生产。此外，杨树转基因、原生质体培养及融合、胚挽救、花药培养等研究，也为品种选育开辟了一条高效途径。

一、杨树组织和器官培养

（一）杨树离体培养体系建立

1. 外植体 常用的外植体有茎段、顶芽、腋芽、茎尖、叶片等；此外，下胚轴、花序轴、根、形成层等材料也可用于离体培养。外植体材料可以直接取自田间，也可取自试管苗，休眠枝经水培后萌发所获取的外植体也是较好的组培材料。

2. 培养基和培养条件 常用的培养基为MS和WPM。蔗糖用量2~3 g/L。NAA和IBA广泛用于杨树生根，6-BA在杨树芽的诱导中应用最广。杨树组织培养中通常采用12~16 h/d光照培养，光强影响某些杨树的形态发生，弱光或暗培养能促进愈伤组织分化和根的再生。培养温度通常为25 ℃。

3. 成苗途径 杨树外植体极易被诱导形成愈伤组织，愈伤组织又可通过体细胞胚胎发生或器官分化途径形成完整植株，大多数杨树愈伤组织是通过器官发生途径再生植株的。生长素与细胞分裂素的配比对愈伤组织的诱导和分化至关重要。如箭胡毛杨（*Populus* × *Jianhumao*）和三倍体毛白杨（*Populus tomentosa*）愈伤组织诱导中，0.5 mg/L 6-BA和0.1 mg/L NAA的配比，愈伤组织诱导率最高；欧美黑杨（*Populus euramericana*）在附加1.2 mg/L 6-BA和0.5 mg/L NAA的MS培养基上培养，可诱导形成愈伤组织，并从愈伤组织上直接再分化出芽。

4. 生根与移栽 杨树不同种类生根的难易程度有极大差异。如黑杨派无性繁殖相对容易，组培苗扦插生根也相对容易。白杨派、胡杨派生根相对困难，需诱导生根后再移栽。生根用的基本培养基多为1/2MS培养基；植物生长调节剂多用IBA或IAA、NAA；细胞分裂素对根的产生有抑制作用，但若将分化培养基中诱导出的不定芽直接转入生根培养基中，可能由于细胞分裂素不足，导致芽苗发黄枯死，宜采用逐步降低细胞分裂素的过渡培养法。此外，凝固剂、不定芽继代次数等都会影响生根率。杨树试管苗炼苗移栽过程中，常使用蛭石、珍珠岩、草木灰等作为栽培基质，把有根的完整植株取出，洗去根部附着的培养基，覆膜保持一定的湿度与光照，一段时间后移入温室，最后定植在造林地。

（二）杨树离体快繁

杨树中的一些树种扦插难生根，如胡杨派和白杨派的大多数种及其杂种。某些种由于很少结实或不结实，实生繁殖困难，如三倍体毛白杨。利用植物组织培养快繁技术，可以在短时间内获得大量苗木，为杨树优良树种和特殊育种材料的离体快速繁殖开辟了一条高效途径。目前，我国已建立了河北杨（*Populus hopeiensis*）、大叶杨（*Populus lasiocarpa*）、响叶杨（*Populus adenopoda*）、胡杨、银白杨（*Populus alba*）等杨属植物的组织培养快繁体系，三倍体毛白杨已成功应用组培技术开始工厂化育苗生产。

杨树离体快繁主要通过2种途径来实现。①腋芽培养途径。即利用茎尖以及带芽茎段离体培养，通过芽生芽方式快速繁殖。此方式器官发生诱导率高，遗传稳定，变异率低。如中国山杨（*Populus davidiana*）和美洲山杨（*Populus tremuloides*）杂种利用腋芽培养快速繁殖程序：首先将带腋芽茎段接种到启动培养基（NT+0.5 mg/L 6-BA+0.01 mg/L NAA）上诱导腋芽萌发；之后将萌发嫩枝切成带芽小段接种到增殖培养基（WPM+0.5 mg/L 6-BA+0.05 mg/L NAA）中增殖培养；最后将增殖获得的无根苗转入生根培养基（WPM+1.0 mg/L 6-BA+0.1 mg/L NAA）中壮苗生根。②不定芽再生途径。外植体多选茎段、叶片、叶柄。如欧美黑杨的离体快繁程序：首先将一年生半木质化的茎段接种到培养基（MS+1.5 mg/L 6-BA+0.2 mg/L NAA）上进行愈伤组织诱导和芽的再分化；之后进行芽的继代增殖培养（MS+1.0 mg/L 6-BA+0.1 mg/L NAA+2.0 mg/L GA$_3$）；最后将不定芽转入生根培养基（MS+2.0 mg/L IBA）中壮苗生根。不定芽途径虽然繁殖系数高，但培养过程中易发生变异，不利于保持亲本性状。

（三）杨树胚胎培养

通过胚的离体培养已获得银白杨×旱柳（*Salix matsudana*）、银白杨×白榆（*Ulmus pumila*）、旱柳×钻天杨、旱柳×美洲黑杨（*Populus deltoides*）、小叶杨（*Populus simonii*）×美洲黑杨、小叶杨×胡杨、小叶杨×椅杨（*Populus wilsonii*）等的远缘杂种。

1. 培养程序 取不同发育时期的蒴果，经表面消毒后，在超净工作台上剥离幼胚或胚珠，接种于培养基上，使胚在体外继续发育，最终萌发成苗。

2. 影响因素 胚发育时期是影响离体胚培养的关键因素。在杂种胚尚未败育之前，胚龄越大，胚培养成功率越高。如黑杨雌花授粉后25 d及以后，将杂种胚珠离体培养在MS培养基上，均可获得实生苗，且离体胚萌发率与授粉后时间成正比。杂交组合亲和性对杂种胚的萌发率也有显著影响，如亲和力高的组合美洲黑杨×美洲黑杨胚的萌发率显著高于亲和力低的组合美洲黑杨×加杨（*Populus canadensis*）胚的萌发率。杨树胚胎培养大多采用MS或1/2MS为基本培养基。

（四）杨树花药和小孢子培养

杨树由于长期异花授粉，植株高度杂合，诱导单倍体在育种中应用，可大大提高选择效率和选择的准确性。杨树花药培养于1975年首先在黑杨上获得成功，此后在加杨、美洲黑杨、小青杨（*Populus pseudo-simonii*）、胡杨、辽杨（*Populus maxuimowiczii*）、毛果杨（*Populus trichocarpa*）、小黑杨（*Populus simonii* × *Populus nigra*）等植物中获得成功。

1. 培养程序 冬末早春时期，从生长健壮的雄株上采取花枝，室内水培催芽。待花芽膨大后，摘下花芽，剥掉芽鳞和苞片，浸入10%次氯酸钠溶液中消毒10 min，无菌水冲洗，在超净工作台上剥离花药，接种于培养基上，25～27 ℃黑暗培养，诱导愈伤组织。待愈伤组织长到直径3 mm大小时，转移到分化培养基上，23 ℃/16 ℃昼夜温度，8～9 h/d光照，诱导愈伤组织再分化成苗。

2. 影响因素 花药离体接种后，诱导形成的愈伤组织在时间和质地上有较大差异。接种20 d后出现的紧密型愈伤组织大多为花粉愈伤组织，越接近自然花期采枝，且取花粉处于单核靠边期的花药离体培养，花粉愈伤组织诱导率越高。适当预处理（如低温），可明显提高花粉愈伤组织诱导。培养基及其附加物也影响花粉愈伤组织的诱导和分化，通常基本培养基为MS，诱导培养基需添加适量生长素，分化培养基多为大量元素减半的MS培养基，并添加适量生长素和细胞分裂素。

二、杨树原生质体培养

杨树原生质体培养开始于20世纪80年代，Saito首先从欧美黑杨叶片中分离出原生质体，但原生质体未能进一步分裂、增殖。之后人们以银白杨×大齿杨（*Populus grandidentata*）杂种、欧洲黑杨×毛白杨杂种、欧洲山杨（*Populus tremula*）、毛白杨、小青杨等为材料，获得原生质体再生植株，并利用电融合技术，得到了美洲黑杨×胡杨、美洲黑杨×青杨（*Populus cathayana*）、青杨×胡杨杂种愈伤组织。

用于杨树原生质体分离的材料多为试管苗叶片、继代的愈伤组织或悬浮培养细胞。原生质体分离后可采用多步蔗糖漂洗法纯化，有利于去掉酶解去壁产生的有毒物质。原生质体分离效果受多种因素影响，如酶制剂组合、酶解温度和时间等。以新疆杨（*Populus alba* var. *pyramidalis* Bunge）试管苗叶片为材料，筛选出适宜的原生质体游离条件为：CPW+KM-8P+3.0% Cellulase R-10+0.5%～1.5% Macerozyme R-10+0.5%半纤维素酶+0.1%～0.5% Pectolyase Y 23+0.6 mol/L 甘露醇，酶解温度27 ℃，酶解时间8 h，蔗糖等密度离心纯化，获得原生质体产量的鲜重达$1.57×10^7$个/g，活力79.41%。

杨树原生质体培养多采用富含有机成分的KM-8P和V-KM培养基，培养方法多为液体浅层培养，密度为$5×10^3$～$2.5×10^5$个/mL。到目前为止，杨树原生质体再生植株大多数是通过愈伤组织器官分化途径获得的。原生质体获得愈伤组织后，其不定芽、不定根的诱导可参照该植物的愈伤组织分化培养进行。

三、杨树遗传转化

（一）杨树遗传转化的方法

目前，杨树的遗传转化主要有农杆菌介导法和DNA直接导入法，前者最为常用。农杆菌多使用胭脂碱型菌株C58或章鱼碱型菌株LBA4404，侵染时间一般为10～60 min，预培养以及转化中附加一定的酚类物质，如AS（乙酰丁香酮）能有效提高转化效率。用胰蛋白酶抑制剂基因（*CpTI*）转化新疆杨的方法：①外植体。苗龄4周的试管苗的第3～5片叶。②预培养。将叶片去叶缘，剪成0.7 cm²叶盘，置于叶盘分化培养基中预培养2 d。③农杆菌侵染。使用LBA4404菌株，在波长600 nm菌液光密度值为0.4时，将叶盘浸入菌液侵染15 min，其间轻微振荡。④共培养。倒出菌液，并用无菌滤纸吸去多余菌液，将叶片置于分化培养基中，黑暗培养3 d后，无菌水洗3次，转入附加头孢霉素的分化培养基上诱导生芽。⑤诱导生根。当芽长至1.5 cm，移入附加抗生素的生根培养基中诱导生根。⑥检测。经筛选获得了转基因植株，对转基因植株进行 PCR 鉴定或 PCR-Southern 印迹杂交检测，证实 *CpTI* 基因已整合进杨树基因组中，对部分转基因植株进行饲虫试验，显示饲喂转基因杨树叶片可明显抑制杨尺蠖（*Apocheima cinerarius* Ershoff）幼虫生长发育。

DNA 直接导入法也可用于杨树的遗传转化，主要有基因枪法、PEG 法和电击法。如利用基因枪法转化黑杨悬浮细胞，*gus* 瞬时活性在细胞核和细胞质中分别达到 58.9% 和 41%；用 PEG 法得到 *gus* 在杨树细胞中的瞬时表达；用电击法将新霉素磷酸转移酶基因与乙酰乳酸合成酶基因导入杂交杨（*Populus tremula* × *Populus alba*）叶肉原生质体，筛选获得了转基因植株。以上方法各有其优缺点，基因枪法受体材料的选择范围广，但设备较昂贵；PEG 法和电击法需要以原生质体为受体，杨树原生质体培养技术还不成熟，限制了它们的应用。

（二）杨树遗传转化的应用

杨树是林木基因工程的模式树种，自从 1986 年 Parson 等证实了杨树可以进行遗传转化以来，杨树的基因工程迅速发展，主要集中在杨树的抗性（抗虫、抗病、抗除草剂）、耐性（耐盐碱、耐高温、耐干旱及耐冻害）以及品质性状的改良等方面。

1. 抗虫基因工程　将 Bt 基因转入银白杨×大齿杨、欧洲黑杨、741 杨、美洲黑杨×小叶杨等杨树中，成功获得了高抗虫性的转基因植株；将广谱抗虫基因豇豆胰蛋白酶抑制剂基因（*Cp-TI*）导入毛白杨，获得了转基因植株；将 Bt 基因和 PI 基因构建的双元表达载体成功导入 741 杨中，获得对鳞翅目害虫高抗性的植株；将切割蛋白（protein-cutting）酶基因转入杨树，获得高抗食叶害虫植株。

2. 抗病基因工程　科研工作者已成功从杨树中克隆出类似于几丁质酶的损伤激活基因，并成功转化；将抗菌肽基因转入杂交杨树中，转化植株表现出对多种病菌有明显抗性；用草酸盐氧化酶基因转化杂交杨，转化植株的抗病和抗胁迫能力明显提高。将杨树花叶病毒的外壳蛋白（PMV-cp）基因导入杨树，表现出对 PMV 侵染起到一种类似于免疫学的抗性。

3. 抗除草剂基因工程　抗除草剂基因工程是杨树抗性基因工程研究的开端。1987 年 Fillatti 首先将草甘膦抗性基因 *aroA* 通过根癌农杆菌导入银白杨×大齿杨杂种中，获得了具有抗除草剂效应的转基因植株。随后杨树抗除草剂基因工程迅速发展起来，将乙酰乳酸合成酶突变基因、*bar* 等抗除草剂基因导入杨树，转基因杨抗除草剂能力明显提高。

4. 抗非生物胁迫基因工程　科研工作者已从胡杨中克隆到几个耐盐基因片段，并进行转化。用双价耐盐基因 *mtID/gutD* 转化 84K 杨，获得了阳性植株，表现出对 NaCl 有明显抗性。将菠菜碱脱氢酶、磷酸山梨醇脱氢酶基因导入杨树，获得了耐盐杨树植株。将超氧化物歧化酶、谷胱甘肽还原酶、查尔酮合成酶等基因导入杨树，增加了转基因杨的抗氧化能力和耐冻性。此外，还开展了杨树抗二氧化硫和臭氧污染的转基因工程研究。

5. 品质改良基因工程　从多种植物中成功克隆出与木质素生物合成有关的基因，已将部分参与木质素生物合成的酶编码基因反义导入美洲山杨、欧洲山杨和欧洲山杨×银白杨等树种中，转基因植株木质素含量明显下降，木质素组成有所改变，更容易被工业降解。

此外，杨树转基因研究还包括对生殖发育、生长发育的调控等。如将林木不育基因 *DT-A* 转入银灰杨（*Populus canescens*）×大齿杨中，会获得雄性不育植株，能够解决杨树飞絮问题；将生长素、细胞分裂素、赤霉素合成相关基因导入杨树，改变其生长发育特性，能够提高杨树的生长速率和生物产量、促进难生根树种扦插生根以及改进木材品质。

杨树遗传转化中存在的问题有抗虫、抗病等转基因植株多为单基因抗性，抗性范围窄；转化率低，是杨树基因工程育种中仍存在的主要问题，农杆菌介导法在杨树基因工程中应用广泛，但转化率较低，已转化细胞分化再生植株困难；缺乏受体系统也是制约杨树基因工程育种的一个主要因素。

第二节 针 叶 树

针叶树组织培养始于20世纪70年代。1974年，Gautheret首次在长叶松（*Pinus palustris* Mill）胚培养中获得完整植株。1975年，Sommer等从长叶松成熟合子胚的离体培养中经器官发生获得再生植株。自此以后，针叶树的离体培养，特别是体细胞胚胎发生研究取得了令人瞩目的进展。目前已从冷杉属（*Abies*）、落叶松属（*Larix*）、云杉属（*Picea*）、松属（*Pinus*）、杉木属（*Cunninghamia*）、黄杉属（*Pseudosuga*）和北美红杉属（*Sequoia*）等属的40余种针叶树上诱导出了体细胞胚胎或体细胞胚胎的再生植株，部分种类实现了人工种子的商业化生产。同时，也从20余种针叶树上分别经器官发生和腋芽增殖途径获得了幼芽或再生小植株。

一、针叶树离体植株再生

(一) 针叶树体细胞胚胎发生及植株再生

利用体细胞胚胎发生进行针叶树树种的营养繁殖，可在更短的时间内得到更多的营养繁殖物，以及获得更大的潜在遗传获得量（genetic gain）。更重要的是，对体细胞胚胎的研究可以模拟揭示合子胚的发育机制。胚性培养物还是全能性原生质体的重要来源，也是针叶树遗传转化的良好受体系统。

根据不同时期体细胞胚胎的形态特征，将针叶树的体细胞胚胎分为胚性胚柄细胞团（embryonal suspensor mass，ESM）、早期原胚（early stage proembryo，ESP）、后期原胚（late stage proembryo，LSP）和子叶形胚4个时期。体细胞胚胎形成分为直接和间接体细胞胚胎发生。尽管针叶树体细胞胚胎发生植株再生过程复杂，不同树种间再生频率差异很大，但培养过程却相似，均包括4个步骤：①胚性培养物诱导；②胚性培养物保持和增殖；③体细胞胚胎成熟；④体细胞胚胎萌发形成小植株。

1. 胚性培养物诱导 诱导胚性培养物一般在含有较高浓度的生长素（如10 mg/L 2,4-D）和较高浓度的细胞分裂素（如5 mg/L 6-BA）的固体培养基上进行。胚性培养物的诱导是外植体细胞重排其发育方向、由分化状态转化为脱分化状态的过程，其与外植体年龄、生理状态、培养基组成、植物生长调节剂种类和浓度、培养条件等有关。外植体多采用种子及幼年亲本，有些针叶树采用成年树木进行成熟外植体的复壮，其关键是需要适当的外植体预处理方法和最佳培养条件，能使外植体复壮或改变其形态发育习性，使其处于最佳发育状态。合子胚发育时期也是胚性培养物诱导的一个重要影响因素。诱导针叶树胚性愈伤组织常用的基本培养基为BMS、DCR、GD、LM、LP、MNCI、MS、WPM和SH等。

2. 胚性培养物保持和增殖 胚性愈伤组织等胚性培养物的保持和增殖通常在组成成分与胚性愈伤组织诱导时相同，但降低了植物生长调节剂浓度的固体或液体培养基上进行。在固体培养基上增殖时约3周继代1次，在液体培养基上则需每周换1次培养液。增殖的胚性愈伤组织转移到成分相同但渗透压更高的培养基上，有助于形成粗壮的后期原胚。与固体培养相比，液体培养条件下的胚性愈伤组织增殖速率更快，因液体培养为胚性培养物的增殖提供了更适宜的环境。但液体培养要求更为精细，长时间的继代容易产生畸形现象，影响体细胞胚胎正常发育。对于落叶松，在继代与增殖阶段，胚柄包着胚性团形成胚性细胞系，培养物中有一系列大小不同的胚性团，只有保持适宜的培养条件，胚性团才能不断地无序分裂，细胞系才能得以正常继代。张清国等（2010）对落叶松未成熟合子胚诱导的16个胚性细胞系的研究表明，落叶松胚性细胞系随继代培养时间的增加，体细胞胚胎分化能力逐渐下降，细胞染色体数目变异率逐步增加；不同细胞系间体细胞胚胎分化能力及稳定性差异明显，分化能力较高的细胞系染色体数目变异概率相对较小。

3. 体细胞胚胎成熟　目前，对体细胞胚胎成熟机理的了解还很少。从已有的报道来看，能够正常成熟的体细胞胚胎在早期体细胞胚胎中所占比例很低，且不同基因型间差异很大。ABA在促进针叶树体细胞胚胎成熟过程中有重要作用，对促进体细胞胚胎成熟和贮藏产物的形成很有效，可以促进体细胞胚胎分化，提高正常体细胞胚胎发生频率；抑制早熟体细胞胚胎的发生，降低不正常体细胞胚胎的发生频率；提高体细胞胚胎分化的同步化程度；抑制体细胞胚胎分裂，防止裂生多细胞胚胎的产生，因而促进胚胎单个化和进一步发育成熟。所以，针叶树体细胞胚胎成熟培养基中需添加一定浓度的ABA，且体细胞胚胎成熟与ABA浓度、作用时间及培养条件有关。改善培养容器内的气体环境，适当提高CO_2浓度也有利于提高由早期体细胞胚胎到成熟体细胞胚胎的转化率。PEG也有促进针叶树体细胞胚胎成熟的作用。

4. 体细胞胚胎萌发形成小植株　针叶树体细胞胚胎的萌发是指体细胞胚胎成熟后生长发育形成再生植株的过程，包括根、子叶和胚轴的伸长。促进体细胞胚胎萌发的方法是将体细胞胚胎转移到无植物生长调节剂或附加极低浓度的植物生长调节剂、渗透压降低的萌发培养基上。从胚性愈伤组织的诱导直至子叶形胚的形成，一般都是在黑暗或极弱光照条件下进行；成熟体细胞胚胎的萌发则一般需要光照。在普通光照培养条件下，1～2月后体细胞胚胎萌发形成可以移植的小植株，此时移至经过消毒的珍珠岩和泥炭等比例混合的基质中，注意保湿保温。

（二）针叶树器官发生及植株再生

针叶树无性系建立的另一种途径是通过器官发生或腋芽增殖，获得幼芽或再生小植株。器官发生途径也包括直接和间接途径。针叶树的间接器官发生途径难度较大，所以直接器官发生途径是其主要途径，培养程序包括：①诱导不定芽；②芽的增殖；③生根；④再生植株的发育和移栽。

1. 直接器官发生途径再生植株

（1）诱导不定芽。外植体的脱分化启动是关键的一步。外植体能否直接诱导形成不定芽与外植体的生理状态、培养基组成、植物生长调节剂浓度和培养时间有关。目前，多采用附加NAA和6-BA的诱导培养基，不同发育状态所需的植物生长调节剂配比不同。如采用1～2 d吸胀的种子胚和10～12 d幼苗顶端为外植体时，进入营养生长的顶端部位要比胚芽要求较高浓度的植物生长调节剂，这样能够改变其发育方向。外植体转入培养基20～30 d后，会在其基部产生绿色芽点。诱导过程中外植体易出现褐变死亡现象，可适量加入一些抗氧化剂，如活性炭、抗坏血酸、PVP等缓解。

（2）不定芽的增殖。其主要影响因素是植物生长调节剂中的细胞分裂素浓度，最常用的是6-BA。在一定的浓度范围内，随着细胞分裂素浓度的增加，芽苗增殖率也明显增加。超过此范围，则随浓度的增加，表现出抑制作用。植物生长调节剂一方面可诱导不定芽的形成，另一方面又抑制其生长。为了得到健壮的芽苗，需将增殖的芽丛转到无植物生长调节剂培养基上，以利不定芽伸长。

（3）生根。将伸长的不定芽转入附加NAA或IBA及6-BA的生根培养基（一般生长素与细胞分裂素的比值高于1）上，4～8周后，生出根原基。生长素与细胞分裂素的比例对不定芽基部是产生愈伤组织还是生根起决定性作用。

（4）再生植株的发育和移栽。移栽成活率与环境的湿度、温度及幼苗质量等相关。由于气候的原因，大多数针叶树的当年播种苗需要采取留床、截根留床或移植等方法继续培育，才能达到出圃标准。移植过程中，应注意：①选地。选疏松沙壤土或轻壤土移植，成活率高。如果培育移植苗的前茬地是针叶树苗地，成活率较高，而前茬若是蔬菜、荞麦（*Fagopyrum esculentum*）、谷子（*Setaria italica*）等，则成活率较低。对于落叶松、红松（*Korean pine*）等针叶树种，土壤中的速效态氮素含量对移植苗成活率有影响。如落叶松移植区土壤速效态氮素超过 30 mg/L，红松移植区的超过 40 mg/L，会降低成活率。②整地。用于移植的圃地要整平耙细，为幼苗扎根创造良好条件。③季节和时间。春秋两季均可进行移植。但部分树种，如榛子松，春季移植比秋季移植成活率高。要适时早移栽，在苗木未萌动前移植，成活率高。④温度和湿度。移栽成活率低的最重要原因是幼苗过度失水，这种失水状态可能与再生小苗叶片表面蜡质的缺乏或蜡质层较薄等有关。在实验条件下已被普遍采用的再生植株移栽程序是：在培养室内，将小苗移入花盆并用烧杯或塑料袋罩上，定时喷雾保持高湿度环境，4 周后将小苗移入温室。

2. 影响植株再生的因素

（1）外植体的选取。针叶树离体培养较阔叶树相对困难，一般采用合子胚和幼年型外植体较易成功。成年型外植体常用低温、植物生长调节剂等进行预处理，以提高其诱导率。同一树种不同外植体或同一外植体的不同发育时期的材料培养效果都有差异。外植体多采用不定芽、苗尖、幼苗顶芽、茎段、松科的针叶束、胚等。

（2）培养基及培养条件。基本培养基为 MS、WPM、LS、BL、WH，附加 2%～3%蔗糖、0.7%～0.8%琼脂，pH 5.6～5.7。基本培养基的选择，因品种而异，不同品种甚至同一品种不同基因型间都有差异。器官发生的不同阶段对激素水平的要求也不同，采用适宜的生长素和细胞分裂素配比可以高频率地诱导不定芽、不定根的发生，一般生长素与细胞分裂素的比值大于 1 时有利于根的生长，小于 1 时有利于芽的生长。培养温度为（24±5）℃，光照时间 12 h/d 以上，光照度 1 000～2 000 lx。

二、针叶树原生质体培养及遗传转化

（一）针叶树原生质体培养

1972 年，Rona 等首次分离得到假挪威槭的原生质体；1987 年，Gupta 和 Durzan 从火炬松原胚细胞中分离出原生质体，并形成了体细胞胚胎和再生植株，这是针叶树原生质体培养的一个突破性进展。针叶树细胞融合方面进展缓慢，目前获得了美洲落叶松（*Larix decidua*）和欧洲落叶松（*Larix eurolepis*）原生质体融合的成熟体细胞胚胎，但目前尚未有针叶树类体细胞杂种植株的报道。

针叶树种的原生质体培养难度很大，影响的因素主要是分离原生质体的材料来源、生理状态、酶制剂的种类和纯度、基本培养基成分和植物生长调节剂等。幼嫩的组织、悬浮细胞和愈伤组织是分离原生质体的适宜材料。但是，对于林木树种来说，取材的局限性很大，因此通过诱导并建立具有分化能力的愈伤组织或悬浮培养细胞系来分离原生质体，在针叶树原生质体培养中具有较大的意义。酶液组成随材料不同而有所差异，常用的是纤维素酶、半纤维素酶、离析酶及果胶酶，在酶液中加入一定量（0.5%）的牛血清白蛋白（bovine serum albumin，BSA）。培养基的选择一般建立在组培经验的基础上，通常采用 LP、LM、DCR、改良 MS。植物生长调节剂一般选用 NAA 和 6-BA 的组合，有时也需要加入一定浓度的 2,4-D。高渗透压条件下富集没有胚柄的针叶树胚性细胞的方法，能提供大量高质量的胚性细胞，并游离产生胚性原生质体，适合于已知的各种基因转化技术。

（二）针叶树遗传转化

针叶树遗传转化比较困难，主要原因不在于细胞转化技术本身，而在于无法使转化的细胞形成完整的植株。随着针叶树的体细胞胚胎发生体系的建立，其遗传转化工作也得以开展。目前，针叶树遗传转化的方法有基因的直接转化法和农杆菌介导法。落叶松对农杆菌非常敏感，又很容易进行无性繁殖，再生效率很高，它是针叶树转基因的模式树种。其他已研究成功的转基因针叶树种还有黑云杉（*Picea mariana*）、挪威云杉、欧洲赤松（*Pinus sylvestris*）、辐射松、西藏长叶松（Pinus roxburghii）等。目前研究主要集中于具有重要经济价值的云杉属和松属。针叶树的遗传转化中存在着需要进行大量基础性研究的问题，如：①从各个独立的转化系统中归纳出一种普遍可行的针叶树基因工程模式系统；②由原生质体水平如何得到再生转化植株；③如何稳定提高转化效率等。

第三节 相 思 树

相思树类属于豆科含羞草亚科（Mimosoideae）金合欢属（Acacia），全世界约有1 200个种，主要分布于热带、亚热带干旱地区，部分分布在湿润、半湿润地区。我国除台湾相思（Acacia confusa）及云南相思（Acacia yannanensis Franch）外，现广泛栽种的其他相思树，如大叶相思（Acacia auriculiformis）、马占相思（Acacia mangium）、厚荚相思（Acacia crassicarpa）、黑荆（Acacia mearnsii）等主要由澳大利亚和巴布亚新几内亚引入。相思树为种子繁殖，其种质资源缺乏，特别是缺乏良种，且树形、生长量、抗逆性等受种质资源严重影响。同一种质资源，用种子繁殖性状分离亦很严重。利用植物组织培养技术，建立无性繁殖体系，对相思树发展起着重要作用。

一、相思树外植体及其培养

（一）相思树外植体及灭菌

1. 外植体 外植体来源分为3类：①优良母树种子无菌萌发，利用胚芽、子叶、上下胚轴，或试管苗带顶芽的嫩茎、小叶、叶柄；②优良母树侧枝、基部萌发枝、树瘤处不定芽或伐桩萌芽枝，取其茎尖、嫩茎段或叶；③优良母树中上部枝条扦插，成活后取其侧枝。

2. 外植体灭菌 不同来源的外植体需采用不同的灭菌处理。

（1）幼苗茎段。将采回的枝条剪除叶状柄后，清水冲洗，无菌条件下用75%酒精灭菌30 s，0.1% $HgCl_2$ 灭菌3~5 min，无菌水冲洗3~5次。切成一定的长度后接种在培养基上。

（2）成年树枝条。野外采集外植体时，一般需在连续几天晴天之后，枝条上无露水时进行。但野外成年树上采集的外植体含菌量与种类较多，较难灭菌，灭菌时间也较难把握。一般的方法是：剪取无病虫害、健壮的母树枝条，剪除叶片，洗衣粉水中洗净，自来水冲洗，无菌条件下灭菌。如相思杂种'莞屏1号'（马占相思×大叶相思）的离体培养中，采用分段灭菌法效果比较理想。

（3）种子。有些相思树类的种子被较厚的蜡质包裹，从母树采回的种子洗净后，需经高温除去部分蜡质，才能使种子萌发。厚荚相思和马占相思种子的灭菌方法：将种子放入烧杯中，加入适量水煮沸，水自然冷却后，浸泡16~18 h。无菌条件下，用70%酒精消毒30 s，再用0.1% $HgCl_2$ 消毒12 min，无菌水冲洗4~5次，每次2~3 min，将种子转入装有无菌水的三角瓶中，浸泡18~20 h后接种。台湾相思种子灭菌方法：将种子洗净后用100 ℃开水烫15 min，水冷却后浸泡12 h，于超净工作台上用70%酒精消毒10 min，无菌水冲洗3次，再用0.1% $HgCl_2$ 消毒50 min，无菌水清洗3次，用无菌滤纸吸干后接种。种子经消毒处理后，可接种在不加任何植物生长调节剂的MS培养基上培养，萌发成苗。

（二）相思树启动与继代培养

相思树类一般通过直接诱导丛生芽或诱导愈伤组织产生不定芽，达到离体快繁目的。

1. 直接诱导丛生芽 直接诱导丛生芽是指将已灭菌的材料或无菌萌发的幼苗的不同器官接种到分化培养基中，诱导出芽体并生长至一定长度，切取转入增殖培养基，经过增殖及壮苗后，将无根苗转入生根培养基生根。相思树类需经过壮芽培养阶段，以提高发根率。丛生芽诱导、继代及生长的影响因素有以下几个方面。

(1) 外植体。外植体的大小影响丛生芽诱导。如大叶相思大小芽（大芽1~1.5 cm，带2~3个腋芽；小芽0.2~0.3 cm，仅含顶芽，不带腋芽）接种在培养基上，小芽获得丛生芽外植体的概率很小，其多变为直径1~2 mm的绿色圆点；大芽则在较短时间里从叶腋处长出丛生芽。外植体类型也影响着丛生芽的获得，如马占相思的试管苗子叶、胚芽、下胚轴、胚根接种在相同培养基上，只有胚芽生长良好，其他均脱分化形成愈伤组织，并经过继代培养没有转化为胚性细胞团或分化出芽。

(2) 无性系启动时间和增殖率。以马占相思30个优株无性系启动培养时间和增殖率为参数进行的聚类分析表明，30个无性系可分为快、中、慢3种增殖类型。快增殖型启动培养时间只需3~5个月，1年后月增殖率可达1.55以上，经过9次继代后，月增殖率稳定于2.18；中增殖型启动培养时间需5~7个月，1年后月增殖率最高为1.43；慢增殖型启动培养时间需37个月以上，1年后月增殖率不足1.1，需经12~15次继代才能达到1.78的月增殖率。

(3) 植物生长调节剂。诱导芽分化和芽苗增殖的培养基多数为MS培养基，一般附加的细胞分裂素为6-BA，生长素为NAA。如黑荆树中加入6-BA是嫩梢增殖必不可少的。但有些种类，如大叶相思、卷荚相思（Acacia cincinnata）加入0.5 mg/L KT更有利于芽的分化，厚荚相思加入IAA的效果好于NAA。培养基中含NAA或IBA，偏高浓度的细胞分裂素对芽丛分化有利，尤其在含IBA的培养基中作用更显著，但NAA对芽丛增殖率的影响优于IBA。适宜马占相思丛生芽生长的培养基是附加0.5 mg/L 6-BA+0.25 mg/L NAA的改良MS培养基，增殖倍数达4.8，其增殖速度不仅取决于细胞分裂素和生长素的浓度，也与两者的浓度配比密切相关。当6-BA为0.76 mg/L，NAA为0.16 mg/L，即两者比例为4.75时，取得的增殖效果最佳。一般情况下，当生长素浓度一定时，随着细胞分裂素浓度的增加，相思树生长速度逐渐减缓。如黑荆茎尖培养中，在细胞分裂素浓度较高的培养基中，不定芽增殖率也较高，但其生长速度减缓，说明不定芽的增殖与伸长在植物生长调节剂需求上存在着拮抗关系。如在'莞屏1号'中也发现，植物生长调节剂浓度越高，不定芽增殖越多，但不定芽长度越短；不加植物生长调节剂，外植体分化不定芽率及不定芽增殖倍数均最低，但不定芽最长且生长健康。但是，厚荚相思的第1次继代培养发现，当NAA水平较低时，随着6-BA浓度增加，小苗生长速度反而加快，可能与厚荚相思种子萌发形成芽苗时其组织内部含有较高浓度的GA有关，由于6-BA主要促进细胞分裂，GA主要促进细胞伸长生长，且GA对6-BA有强烈的增效作用，从而使茎的生长加快。

(4) 氮源。从卷荚相思的植株再生中可知，用麦芽糖代替部分蔗糖，效果很好。铵态氮与硝态氮质量比为1：3时，有利于不定芽的发生和生长。蔡玲等（2003）研究了氮源对5种相思树芽生长的影响，通过调节NH_4NO_3与KNO_3的配比（MS培养基中分别为1 900 mg/L与2 500 mg/L），筛选出适合不同种类芽生长的培养基配方，即当KNO_3含量不变（2 500 mg/L）时，MS培养基中NH_4NO_3含量分别为：马占相思1 700 mg/L、直干大叶相思1 600 mg/L、杂交相思1 800 mg/L、卷荚相思1 650 mg/L、厚荚相思1 750 mg/L。

(5) 继代培养。相思树幼树或小苗可见到真正的叶，即二回羽状复叶，长大以后真正的叶消失，变成柄状叶。在相思树类组培过程中发现，随着继代次数的增加，丛生芽中带羽状复叶的比例增加，即出现了幼化现象。在大叶相思和马占相思丛生芽诱导过程中，随着继代次数的增加，每个外植体的丛生芽诱导率不断增加，芽丛长满了密密麻麻的叶片和芽原基，有的长耳叶，有的成为幼态的羽状复叶，有的在耳叶上又长复叶。其中大叶相思既有羽状叶，也有耳叶，马占相思全部是羽状叶。6-BA与马占相思芽条的叶状柄和复叶的出现有微妙的关系；KT可使卷荚相思已退化为马耳形柄状叶的叶腋处分化出羽状复叶，把羽状复叶的小芽继代培养，能分化出许多丛生芽，经壮芽培养，当长到第3~5片叶时，羽状复叶又逐渐退化为马耳形柄状叶，其形态变化如同种子萌发时一样。此外，随着继代培养次数增加，繁殖系数也会提高，同时能使植物组织复壮。

2. 愈伤组织产生不定芽 通过诱导愈伤组织产生不定芽的途径报道较少，国内最初的报道是以大叶相思的下胚轴、茎尖、子叶为外植体进行研究，并获得完整植株。所用的基本培养基多为 MS 培养基，附加的植物生长调节剂种类与浓度有所不同。如肯氏相思（Acacia cunninghamia）以茎尖、嫩茎段和叶片为外植体，在附加 1.0 mg/L 6-BA 和 0.2 mg/L NAA 的 MS 培养基上，50 d 左右形成愈伤组织，将愈伤组织转入附加 0.5 mg/L 6-BA 和 0.2 mg/L NAA 的 MS 培养基上，40 d 左右愈伤组织上分化出丛生芽，分化率为 60%~70%。马占相思诱导产生愈伤组织用的是附加 9.05 μmol/L 2,4-D 和 13.95 μmol/L KT 的 MS 培养基；在附加 4.55 μmol/L TDZ 和 1.43 μmol/L IAA 的 MS 培养基上，愈伤组织形成绿色或紫绿色的坚实瘤状结构；随后转移到附加 0.045 μmol/L TDZ 的 MS 培养基上分化不定芽，在分化培养基上附加 7.22 μmol/L GA_3 上能够使芽伸长。也有报道认为高浓度的蔗糖有利于愈伤组织的诱导。

愈伤组织可以分化成不定芽再生植株，也可以经体细胞胚胎发生途径发育成完整植株，但较为困难。如大叶相思种子萌发的试管苗下胚轴为外植体，在附加 10^{-4} mol/L 2,4-D+10^{-6} mol/L 6-BA+0.5 g/L CH 的 B_5 固体培养基上培养 4 周，获得了胚性愈伤组织，其生长速度适中，外观呈浅黄色，结构松散、湿润、颗粒状，涂片观察，细胞呈球形且多具分生细胞团。将胚性愈伤组织在附加 10^{-4} mol/L 2,4-D 的 B_5 液体培养基中经 7 d 的诱导，再在附加 200 mg/L L-谷氨酰胺+0.5 g/L CH 的 B_5 液体培养基上培养 14 d，产生了球形胚。球形胚具有明显的两极，但只是根端发育，苗端并没有发育。

二、相思树不定根诱导及移栽

（一）相思树不定根诱导

相思树类不定根诱导前，一般都要经过壮芽培养，培养到一定高度的健壮芽苗或经过多次继代，使植物组织幼化复壮，再转到生根培养基上诱导生根。生根培养基应采用较低无机盐浓度，一般使用 1/2MS 培养基，不使用细胞分裂素或使用较低浓度，细胞分裂素 6-BA 被认为是生根的抑制剂，而生长素则是生根所必需的物质，多用 IBA 或 NAA。卷荚相思和厚荚相思生根培养基中多用 IBA；黑荆、肯氏相思和马占相思多用 NAA；'莞屏1号'和黑木相思（Acacia melanoxylon）等同时加入 IBA 和 NAA 可提高生根率。也有研究认为 IBA 与 NAA 的比例很重要，如在台湾相思根诱导过程中，IBA 与 NAA 质量比为 2:1 或 3:1 时较合适，该比例也适用于大叶相思。

对于木本成年树来说，芽苗的生根问题是最难克服的，可通过增加继代次数来改善，因继代次数的增加改变了材料的生理状态，使组织幼化、复壮。来自试管苗茎尖的芽苗生理年龄低，比来自成年树的芽苗容易生根；同样是来自成年树的芽苗，显幼态的羽状叶芽苗比叶状柄的生根率高。Monteuuis 等（2000）认为，将生理年龄较老来源的材料放在完全黑暗条件下，也可提高生根率。继代培养苗体内的激素水平与生根效果也有明显相关性，如厚荚相思继代培养处于较低浓度 6-BA 水平时，生根率较高。

（二）相思树试管苗移栽

当不定根长至 1.0~2.5 cm 时即可移栽。移栽前先打开瓶口在自然光环境中炼苗 2~3 d，将小苗取出，洗净根部培养基，切忌伤根（小苗的根可用 0.05% 的高锰酸钾浸泡数秒），而后移栽到用高锰酸钾消毒过的基质中。移栽初期应覆膜保湿，适当通风。不同基质对试管苗移栽成活率有影响，一般使用黄心土或在黄心土中加入一定比例的河沙增强通透性。但有些相思树类移栽成活后长势不佳，有人认为与根部没有形成根瘤有关，因此建议应采取同种类的林地土壤作为移苗基质或在接种生根的同时接种根瘤菌。

小结

　　林木包括针叶树和阔叶树两大类，主要特点是茎干高度木质化，其组织培养通常难度较大，一般针叶树比阔叶树更难。杨树组织培养技术相对成熟，其离体再生途径一般是器官发生。目前已有数十种杨属植物获得再生植株，多个杨树种类的离体快繁技术已经应用于生产，原生质体培养及融合、胚挽救、花药与小孢子培养、转基因等研究都取得了一定成绩。针叶树的体细胞胚胎分为胚性胚柄细胞团、早期原胚、后期原胚和子叶形胚4个时期，其体细胞胚胎形成分为直接和间接方式。尽管针叶树体细胞胚胎发生植株再生过程复杂，不同树种间体细胞胚胎植株再生频率差异很大，但培养过程相似，均包括4个步骤：①胚性培养物诱导；②胚性培养物保持和增殖；③体细胞胚成熟；④体细胞胚胎萌发形成小植株。目前已从冷杉属、落叶松属、云杉属、松属、黄杉属和北美红杉属等属的40余种针叶树上诱导出了体细胞胚胎或体细胞胚胎的再生植株，也从20余种针叶树上分别经器官发生和腋芽增殖途径获得了幼芽或再生小植株。相思树类一般通过直接诱导丛生芽，或诱导愈伤组织产生不定芽，达到离体快繁目的。对于相思树这类木本成年树来说，芽苗的生根问题是最难克服的，可通过增加继代次数来改善。继代次数的增加改变了材料的生理状态，使组织幼化、复壮。来自无毒苗茎尖的芽苗生理年龄幼态，比来自成年树的芽苗容易生根；同样是来自成年树的芽苗，显幼态的羽状叶芽苗比柄状叶的生根率高。相思树离体再生途径一般是器官发生。相思树多个种类的离体快繁技术已经应用于生产。

复习思考题

1. 简述杨树离体快繁的技术路线。
2. 杨树遗传转化的主要应用有哪些？
3. 针叶树的体细胞胚胎发生研究有何进展？与器官发生途径有何差异？
4. 影响相思树离体培养的因素有哪些？

主要参考文献

白卉，卢慧颖，曹焱，等，2010. 中国山杨与美洲山杨杂种腋芽离体快速繁殖与规模化生产. 植物生理学通讯，46（1）：57-58.

蔡玲，王以红，吴幼媚，等，2003. 五种相思树组织培养研究. 广西林业科学，32（1）：24-26.

纪纯阳，2015. 杨树基因工程育种研究进展. 江苏林业科技，42（2）：50-54.

景艳春，康向阳，王君，等，2007. 新疆杨叶肉原生质体游离和纯化的研究. 西北植物学报，27（3）：509-514.

刘岩，周军，段安安，等，2011. 杨树组织培养的研究进展. 安徽农业科学，39（4）：2116-2119.

苏齐珍，赖钟雄，叶玲娟，等，2010. 不同种类相思树试管苗内源激素的HPLC测定. 中国农学通报，26（3）：216-221.

王金祥，万小荣，李玲，等，2001. 台湾相思的组织培养. 华南师范大学学报（自然科学版），3：45-48.

王颖，刘春朝，2002. ABA 促进针叶树体细胞胚胎发生. 植物生理学通讯，38（3）：273-278.

席梦利，施季森，2006. 杉木成熟合子胚器官发生和体胚发生. 林业科学，42（9）：29-33.

张清国，梁国鲁，韩素英，等，2010. 落叶松胚性细胞系分化能力及染色体变异的研究. 林业科学研究，23（6）：877-882.

赵华燕，卢善发，晁瑞堂，2001. 杨树的组织培养及其基因工程研究. 植物学通报，18（2）：169-176.

赵鑫，詹立平，刘桂丰，2004. 杨树基因工程抗性育种研究进展. 东北林业大学学报，32（6）：76-78.

朱永兴，张岩，吴昊，等，2015. 杨树多基因遗传转化体系的建立及优化. 中国农学通报，31（1）：43-46.

诸葛强，王婕琛，陈英，等，2003. 豇豆胰蛋白酶抑制剂（CpTI）抗虫转基因新疆杨的获得. 分子植物育种，1（4）：491-496.

Dyachok J, Tobin A, Price N, et al, 2000. Rhizobial nod factors stimulate somatic embryo development in *Picea abies*. Plant Cell Reports, 19: 290-297.

Jain S M, 2000. Options for genetic engineering of floral sterility in forest trees. Molecular Biology of Woody Plants, 1: 135-154.

Jansson S, Douglas C J, 2007. *Populus*: a model system for plant biology. Annu. Rev. Plant Biol., 58: 435-458.

Malabadi R B, Nataraja K, 2007. Genetic transformation of conifers: applications in and impacts on commercial forestry. Transgenic Plant Journal, 1 (2): 289-313.

Monteuuis O, Bon M C, 2000. Influence of auxins and darkness on in vitro rooting of micropropagated shoots from mature and juvenile *Acacia mangium*. Plant Cell, Tissue and Organ Culture, 63 (3): 173-177.

Rishi A S, Nelson N D, Goyal A, 2001. Genetic modification for improvement of *Populus*. Physiol. Mol. Biol. Plants, 7: 7-21.

Stasolla C, Kong L, Yeung E C, et al, 2002. Maturation of somatic embryos in conifers: morphogenesis, physiology, biochemistry and molecular biology. *In Vitro* Cell Dev., 38: 93-105.

Taylor G, 2002. *Populus*: *Arabidopsis* for forestry. Do we need a model tree? Ann. Bot., 1: 681-689.

Xie D, Hong Y, 2001. *In vitro* regeneration of *Acacia mangium* via organogenesis. Plant Cell, Tissue and Organ Culture, 66 (3): 167-173.

第十八章
药用植物组织培养

药用植物（medicinal plant）含有生物活性成分，可用于防病、治病。全球有40万～50万种植物，但仅有极少部分进行过化学成分及活性测试研究。我国现已发现11 000多种药用植物，种类和数量均居世界首位。药用植物多为野生，由于过度采挖，已出现资源枯竭现象，通过工业化手段来生产某些重要的药用植物及其活性成分已受到重视。目前，药用植物组织培养主要应用于：①微繁种苗；②通过悬浮细胞培养，从细胞或培养基中直接提取药物，或通过生物转化、酶促反应来生产药物。

药用植物细胞培养表明，在适宜的培养条件下，每种植物细胞内都含有与天然植物相同的药用成分，如糖类、苷类、萜类、生物碱、挥发油、有机酸、氨基酸、蛋白质和植物色素等，并且药用成分的含量是天然植物体含量的几倍到几十倍，这就为药用植物细胞的工业化生产提供了基础。此外还发现，亲本植物能够合成的次生代谢产物都可利用毛状根培养来生产，这也是生产次生代谢产物的有效途径。

第一节 红豆杉

红豆杉为红豆杉科（Taxaceae）红豆杉属（Taxus）植物的总称，有14个种，我国有4个种及1个变种，即东北红豆杉（Taxus cuspidata）、云南红豆杉（Taxus yunnanensis）、西藏红豆杉（Taxus wallichiana）、中国红豆杉（Taxus chinensis）和南方红豆杉（Taxus chinensis var. mairei）。我国还从国外引进栽培了曼地亚红豆杉（Taxus media），它是以欧洲红豆杉（Taxus baccata）为父本、东北红豆杉为母本的天然杂交种，又称杂种紫杉，其枝叶中紫杉醇含量较高，可全株利用。目前，紫杉醇主要从红豆杉植物中提取，但含量低、资源有限、生长缓慢，故离体快速繁殖、紫杉醇直接分离等生物技术都具有较好的应用前景。

一、红豆杉组织和器官培养

（一）红豆杉植株再生及移栽

1. 外植体与处理 一般选择紫杉醇含量高的外植体，如幼茎、形成层、树皮，其中幼茎效果最好。取新生幼茎，清水冲洗后放超净工作台上，70%酒精浸泡30～60 s，无菌水清洗3次，5%次氯酸钠浸泡5～8 min，无菌水清洗3～5次，无菌滤纸吸去材料表面水分，接种在培养基上。

2. 愈伤组织诱导 外植体培养2～3周后开始形成愈伤组织，幼茎愈伤组织的诱导率多在70%以上。但由嫩枝诱导而来的愈伤组织，需经10次继代培养，才能形成生长及性状比较均一稳定的无性系。

3. 分化及植株再生 愈伤组织分化和增殖途径有2种，即愈伤组织诱导不定芽和外植体直接形成不定芽。

(1) 芽分化。云南红豆杉嫩枝在附加 2.0 mg/L 2,4-D＋1.0 mg/L NAA＋0.25 mg/L KT＋2 000 mg/L LH 的 6,7-V 培养基中培养 60 d，可从愈伤组织上分化出不定芽，或者在外植体基部长出不定芽，分化率为 30%。愈伤组织结构较紧密，生长较快，较易诱导芽分化。东北红豆杉在诱导芽时，以未展开的芽苞为外植体生长旺盛，不定芽分化数量多。MS 培养基中加入 NAA 有利于东北红豆杉不定芽的发生，当 NAA 浓度达到 1~2 mg/L 时，外植体生芽数最多；NAA 与 6-BA 配合使用时，最适浓度为 1.0 mg/L NAA＋0.1 mg/L 6-BA。

(2) 根形成。将云南红豆杉不定芽长成的嫩枝切取 2~3 cm，转接在附加 0.5 mg/L IBA＋2 000 mg/L 活性炭＋100 mg/L $Ca(NO_3)_2 \cdot 4H_2O$ 的 White 培养基中培养，45 d 后可长出根。生根率为 85%，每株有 3~5 条，根系健壮且生长较快，根形成后 20 d 可长达 10 cm。将东北红豆杉的不定芽转移到 1/2MS 培养基上，培养 60 d 后才开始分化出不定根。培养基中植物生长调节剂种类与浓度影响东北红豆杉试管苗不定根发生，IBA 可促进其试管苗生根，并在一定浓度范围内（4~6 mg/L），不定根发生率随 IBA 浓度升高而增加。东北红豆杉母树年龄也与试管苗不定根的发生关系密切，来自树龄较小的母树上的芽诱导形成的小苗，生根率高，如母树 1 年生，试管苗生根率达 83%，而母树 30 年生，试管苗生根率仅为 41%。

4. 植株移栽 云南红豆杉的移栽是当再生植株的根长为 2 cm 时，将培养瓶移到与外界气温一致的室内接受自然光照射，3~5 d 后将植株取出移栽。移栽基质为黄沙与泥炭按体积比 2∶1 混合。东北红豆杉再生植株的不定根长到 1.5 cm 时，将其从瓶中取出，然后将其浸入浓度为 1.2 g/L 的多菌灵水溶液中药浴 20 min。移栽基质为苔藓与河沙，先将基质在高温、高压条件下灭菌，冷却至常温后把经过药浴的小苗移栽到盛有基质的秧盘中，将秧盘置于恒温、恒湿培养箱内驯化。培养条件为第 1 周 25 ℃、相对湿度 90%，第 2 周 23 ℃、相对湿度 80%，第 3 周 20 ℃、相对湿度 65%。驯化期间每周喷一次浓度为 1.2 g/L 的多菌灵水溶液。经过 3 周驯化，小苗便可适应外界条件。苔藓中成活率为 91%，河沙中为 73%，可能是苔藓保湿透气性好，pH 偏低（4.7）的缘故，因为东北红豆杉适生于半阴坡林冠下的偏酸（pH 4.5~6.0）土壤环境。

5. 培养基及培养条件 用于愈伤组织诱导和继代培养的培养基有多种，主要是 MS、B_5、White、SH、6,7-V 等，因品种和取材部位的不同，所用培养基的种类也不相同。适于愈伤组织诱导的培养基为 MS、B_5、6,7-V，且 MS 还比较适宜愈伤组织生长。如幼叶及幼茎作为外植体时，在 MS 培养基上培养 7 d 即有愈伤组织发生，但愈伤组织易褐化，B_5、N_6 培养基诱导的愈伤组织结构紧密、褐化情况少。植物生长调节剂主要有 2,4-D、NAA、KT，浓度分别为 1.0~2.0 mg/L、1.0 mg/L、0.1~0.25 mg/L。其中，2,4-D 比 NAA 更有利于愈伤组织形成。2,4-D/NAA 高于 0.4 mg/L 时，不利于南方红豆杉愈伤组织诱导。培养基中加入 LH（2 000 mg/L），可增加愈伤组织诱导率；添加 10% 椰子汁可提高愈伤组织生长势和诱导率。继代培养时，细胞会向培养基中分泌一些酚类化合物，导致细胞褐化，生长缓慢，可在培养基中加入活性炭、聚乙烯吡咯烷酮、植酸等，防止褐化发生。

诱导愈伤组织培养基的 pH 为 5.5~6.0，继代培养基的 pH 为 4.8~7.8。东北红豆杉愈伤组织培养时，pH 在 7.0 左右愈伤组织生长情况最好，但其次生代谢产物量却远低于条件为 pH 6.0 以下的。光照条件下，愈伤组织结构紧密，生长较慢，易分化芽和根；暗培养下，愈伤组织结构分散，生长较快，但不能分化芽，较难分化根，不过暗培养的愈伤组织诱导率高于光照培养。适合愈伤组织诱导的培养温度为 20~26 ℃，继代培养温度为 24~26 ℃。

(二) 红豆杉胚培养

1. 外植体预处理与接种 红豆杉种子为生理休眠性种子，休眠期较长，生产上一般将其变温层积处理 1 年以后播种，但效果仍不理想，有研究认为将中国红豆杉种子用自来水冲洗 9 d，萌发率可达 100%。在红豆杉的胚培养时发现，胚培养前，先将种子在 4 ℃ 下贮藏 4~6 个月，可促进中国红豆杉种子后熟，提高成苗率。胚培养方法：先将种子去掉假种皮，蒸馏水浸泡 3 h，70%酒精灭菌 2 min，5%次氯酸钠灭菌 30 min，无菌水冲洗 4～5 次，无菌滤纸上剥离胚，接种于含培养基的培养皿中。

2. 试管苗形成　接种在培养基上的胚先进行 25 ℃暗培养。培养 1 d 颜色变白；2～3 d 后增大；5～7 d 少数胚轴开始伸长，子叶颜色变绿并伸长、开张；10 d 后大部分胚均萌发变绿，此时可移至光照（12 h/d）条件下培养；2 周后将芽较长者（2 cm）移至试管内继续培养；20～30 d 后根长可达 5 cm，大部分长出侧根，同时长出嫩芽，形成完整幼苗。不萌发的种胚不能诱导出愈伤组织。胚培养所用培养基为 McCown＋1 000 mg/L CH＋1 mg/L YE＋5 000 mg/L 活性炭＋0.08 mg/L 维生素 B_1＋3%蔗糖＋0.7%琼脂，或 McCown＋0.5 g/L LH＋0.1 g/L 维生素 C＋4 g/L 活性炭＋0.5 mg/L 6-BA＋0.1 mg/L 2,4-D＋30 g/L 蔗糖＋8 g/L 琼脂。中国红豆杉的胚用 B_5 培养基培养时与 McCown 培养基差异不大，但短枝红豆杉的胚用 B_5 培养基培养时萌芽率显著降低。幼苗的生长阶段可用 1/4McCown，适当降低大量元素含量有利于幼苗生长。6-BA 对 2 种红豆杉种胚的萌发促进作用大。

3. 愈伤组织的诱导　种子发芽后，将生长至 0.5～1 cm 长的淡绿色种胚转入愈伤组织诱导培养基（B_5＋0.5 mg/L KT＋0.05 mg/L 2,4-D＋0.01 mg/L 6-BA＋0.01 mg/L NAA，或 B_5＋0.01 mg/L 6-BA＋0.25 mg/L 2,4-D＋20 g/L 蔗糖＋0.5 g/L LH）中，培养 6 d 后，幼胚愈伤组织发生率为 100%。愈伤组织早期生长迅速，培养 30 d 直径可达 0.6 cm，之后生长停止。在红豆杉愈伤组织的诱导及继代培养过程中，常常发生培养细胞褐化现象，这是由于多酚氧化酶使植物组织细胞中含有的单宁及多酚物质氧化为醌类物质所致。使用看护培养和条件培养可使愈伤组织成活率提高。经过 12 代左右的继代培养，成活率和细胞生长速率都明显提高。

二、红豆杉悬浮细胞培养

一定的培养条件下，培养的植物细胞可大量合成并积累某些次生代谢产物，故利用植物细胞大规模培养生产次生代谢产物，甚至进行工厂化生产，是解决一些天然药物短缺的较好方法，如培养红豆杉细胞提取紫杉醇。目前，制约红豆杉组织培养工业化进程的关键因素是紫杉醇含量低与培养细胞生长缓慢。

（一）红豆杉悬浮细胞培养

悬浮细胞培养体系是通过将愈伤组织接种在液体增殖培养基中，在摇床上振荡培养建立起来的。将灭过菌的液体培养基装入 250 mL 或 500 mL 三角瓶中，取培养 15～20 d 生长良好的细胞，接种于液体培养基中，置于旋转摇床上，在 25 ℃、120～130 r/min 条件下培养。如云南红豆杉细胞培养 18～21 d 时，紫杉醇产量最大。在细胞悬浮培养过程中，形成大小不等的细胞团，细胞团从外到里具有三个明显区域：①表层细胞，含大量淀粉颗粒；②中层细胞，由增殖能力旺盛的细胞组成；③中心细胞，出现分化现象。

（二）影响红豆杉悬浮细胞培养与紫杉醇代谢的因素

1. 外植体和接种量　云南红豆杉和中国红豆杉茎段形成的愈伤组织，其紫杉醇含量普遍比东北红豆杉和杂种红豆杉高。细胞接种量不应低于 2 g/L（干重），细胞生长速率在接种量为 6 g/L 时达最高，此后便开始下降，因此细胞接种量以每 100 mL 0.5～0.8 g 细胞为宜。

2. 培养基　细胞培养与愈伤组织培养所用的培养基基本一致，多数采用 B_5、MS 培养基。B_5 培养基较适宜细胞生长，MS 培养基则有利于紫杉醇产生。悬浮培养中使用的碳源多为蔗糖，最适浓度为 20 g/L，但高浓度的蔗糖含量可提高次生代谢产物产量。如 B_5 培养基加 30 g/L 蔗糖，在悬浮培养后期因碳源缺乏限制了细胞生长。果糖是紫杉醇合成的最适碳源，甘露醇和山梨醇虽然不能促进细胞生长，但可刺激紫杉醇合成。植物生长调节剂的种类与使用比例对于不同种的红豆杉效果不同。单独使用低浓度的 2,4-D（0.5～1.0 mg/L）更适合紫杉醇合成，而较高浓度的 2,4-D（1.0～2.5 mg/L）则较适合细胞生长。使用 NAA 时，紫杉醇的产量变化与使用 2,4-D 的结果相差不大，而使用 IAA 时，能比 2,4-D 更能有效地提高紫杉醇产量。KT 和 6-BA 单独使用均不能促进细胞生长，但 6-BA 在缓解褐化上有一定作用。因此，合理使用植物生长调节剂对细胞培养十分重要。如中国红豆杉细胞培养中，细胞生长时 2,4-D、NAA、6-BA 的最适配比为 0.23:1:0.62，KT 与 2,4-D 为 1:（5～10），紫杉醇含量可达较高水平。

3. 培养基中添加前体物和有机添加物　一些氨基酸等小分子物质与紫杉醇分子结构有关，如苯丙氨酸参与紫杉醇分子侧链合成，苯甲酸本身即是侧链的一个组成成分。因此，在细胞培养液中加入苯丙氨酸、苯甲酸、苯甲酰甘氨酸和丝氨酸都能显著提高紫杉醇产量。另外在培养基中加入适当浓度的有机添加物，如椰子汁、水解酪蛋白、水解乳蛋白，也可增加细胞的生长量及紫杉醇含量。

4. 培养基中添加诱导子　植物次生代谢产物的合成有多条代谢途径，通过改变培养条件，可以定向诱导目的产物合成。如在培养基中引入诱导子，可以提高次生代谢产物产量，同时促进产物分泌到培养基中，故利用诱导子提高植物培养细胞中目的产物含量一直是国内外研究的热点。研究较多的诱导子有茉莉酸甲酯诱导子、水杨酸诱导子、铜离子诱导子、真菌诱导子等。茉莉酸甲酯对培养物中紫杉醇含量的增加具有明显促进作用，也对紫杉醇的一系列前体物质及其类似物的含量均有较大影响；水杨酸作为一种重要的细胞信使和植物抗毒素物质，可以诱导呼吸方式实现从细胞色素呼吸途径到交替呼吸途径的转变，为植物病理反应提供物质、能量以及信号传导的基础，并诱导紫杉醇大量合成；Cu^{2+} 能促进细胞内与紫杉醇合成相关酶的合成，且在细胞指数生长末期诱导效果最佳，如添加 $CuCl_2$ 可促进中国红豆杉悬浮细胞的紫杉醇形成；真菌诱导子是来源于真菌的一种确定的化学信号，在植物与真菌的相互作用中能够快速、高度专一和有选择性地诱导植物特定基因表达，进而活化特定的次生代谢途径，积累特定目的产物。如南方红豆杉细胞悬浮培养过程中，在细胞指数生长末期加入真菌诱导子 Fo［来源于尖孢镰刀菌（*Fusarium oxysporum*），主要成分为糖和多肽］，能够调控细胞次生代谢，使次生代谢途径中一些重要的酶被合成或其活力得到提高，一些特定的次生代谢途径，如苯丙烷类代谢途径和萜类代谢途径得到活化，最终导致目的产物——紫杉醇产量明显提高。采用固定化培养法模拟东北红豆杉和美丽镰刀菌（*Fusarium mairei*）的共生环境，结果美丽镰刀菌对东北红豆杉细胞的生长有强烈抑制作用，但能诱导紫杉醇等次生代谢产物向胞外分泌。目前有研究表明，添加稀土元素也能够促进多种细胞株系释放紫杉醇，如硝酸镧、硫酸铈铵、硝酸亚铈能显著促进紫杉醇的释放，硝酸亚铈还能够明显促进多种细胞的产紫杉醇能力，使培养物中紫杉醇的含量大幅度提高。

5. 培养基中添加抑制剂　在中国红豆杉悬浮培养细胞中添加单萜合成抑制剂 α-蒎烯、松油醇、樟脑等，除松油醇外，α-蒎烯、樟脑、α-蒎烯+松油醇以及 α-蒎烯+松油醇+樟脑都对红豆杉细胞生长有较大影响，对紫杉醇的生物合成也都有促进作用。三者同时添加将全面阻止能量和物流过多流向单萜 3 个旁路途径，使更多的能量和物流集中到由单萜合成二萜的途径，从而提高紫杉醇产量。添加 GA_3、细胞分裂素和嘧啶醇可以促进针叶红豆杉中紫杉醇的生物合成，这与一些代谢旁路被底物反馈抑制有关。甾体合成代谢抑制剂矮壮素也能提高紫杉醇含量。另外，加入胡萝卜素类化合物合成抑制剂 MPTA 等以及加入固醇类化合物合成抑制剂 TmAB、Alar 等，亦可以通过减少牻牛儿基牻牛儿基焦磷酸（GGPPi）的旁路代谢途径，间接提高紫杉醇生物合成途径的通量，从而达到提高产量的目的。

6. 培养条件　培养基的 pH 在 5～7 时对细胞产量影响不大。黑暗条件下细胞生长速度约为光照条件下的 3 倍，紫杉醇的产量也约为光照下的 3 倍。培养液中气体成分影响细胞悬浮培养生产紫杉醇的时间和产量，合适的气体组成和比例为氧气：二氧化碳：乙烯 $=10:0.5:5\times10^{-6}$；

指数生长前期的红豆杉悬浮细胞经过 30 min 电场诱导，细胞生长没有明显变化，但紫杉烷（taxane）的含量提高了近 30%。磁场可提高红豆杉细胞的抗酸胁迫能力、细胞活力、生物量和蛋白含量、胞外多酚氧化酶活力，抑制酚类物质积累。

目前，紫杉醇工业化生产仍在起步阶段，如何使红豆杉细胞工业化生产成为可能，还需要对紫杉醇的生物合成途径、代谢调控等方面进行更加深入的研究。

第二节 人 参

人参是一味名贵中药，但生长缓慢，一般需 5～7 年才能收获，并对生长条件要求严格。为此，人们希望通过植物组织和细胞培养等技术，在人为控制条件下通过工厂化生产获得具有生理活性的生物碱、皂苷类、萜类、甾体类等化合物。

一、人参组织和器官培养

（一）人参愈伤组织诱导及培养

1. 取材及灭菌 人参的根、茎、叶均可作为外植体诱导出愈伤组织，且嫩茎切段愈伤组织诱导频率比根切段更高。将根、嫩茎或叶等外植体用水冲洗干净。无菌条件下用 75% 酒精擦洗表皮，2% 次氯酸钠浸泡 15～20 min，无菌水冲洗 3～4 次，吸干水分。根切成 3～5 mm 薄片，嫩茎切成 7～16 mm 小段，叶片切成 3～5 mm² 小块，接种到培养基上，在 20～25 ℃条件下进行暗培养。

2. 愈伤组织生长特性 人参嫩茎切段接种后 4 d 就开始产生愈伤组织。起初茎切段表面部分呈泡状突起，然后隆起部分的表皮破裂，露出白色带微黄的松散或较坚实透明的糊状细胞团块。1 个多月后可从母体剥离，转移到新的培养基上继代培养。人参根切片发生愈伤组织的时间比茎切段要晚，多数自形成层区带发生，有时也由髓部发生，其形状往往呈马蹄形，色微黄白。一般根切片发生的愈伤组织要在发生后 2～3 个月才能从母体剥离，进行继代培养。

愈伤组织继代培养初期，生长甚为缓慢，并且在前半年左右时间内，愈伤组织上经常见到有细小的再生根形成。当愈伤组织转移到 2,4-D 浓度较高的琼脂培养基上时，随着继代培养时间延长、转移代数增多，再分化根的形成逐渐减少，而愈伤组织生长加快，至 1 年左右，再分化根在组织块上完全消失，组织生长速度逐渐加快，到 2～3 年后达高峰，并在一定时期内维持在相当高的生长速度水平上。继代培养 4 年后，其生长速度有所下降。愈伤组织一般每月继代一次，在每一次继代培养中，愈伤组织的生长是不均衡的。愈伤组织从转移后开始培养到细胞增长停止的一个培养周期中，细胞生长呈典型的 S 形曲线，即在人参愈伤组织 45 d 的培养周期中，延迟期为 2 d 左右，指数生长期为 5～20 d，在 15 d 时发生最大数量的细胞分裂，细胞体积减小，此时人参组织培养物每天的生长量为 13～14 g/L。25～28 d 为直线生长期，是培养物最大量积累时期，组织生物量达 350～400 g/L，此时细胞分裂活性下降，细胞体积增大，在细胞中观察到皂苷积累。30 d 生长进入缓慢过程，干物质百分率下降，人参皂苷积累稳定。此后进入静止期，此时细胞生长趋于停止，为了保持培养物的新鲜状态，需在直线生长后期将愈伤组织转移到新的培养基上，而培养物的收获可在减慢期进行。

3. 培养基及培养条件 常用的培养基有 MS 和 White。大豆粉、棉籽饼粉、玉米芽汁、大麦芽汁、椰乳、腐殖酸钠、牛肉提取物等天然补充物单独或相互配合使用，都能促进人参愈伤组织生长。如附加 10% 椰乳的 MS、White 和改良 FOX 三种培养基上的愈伤组织诱导率均高于 White 培养基，其中以附加 10% 椰乳的改良 FOX 培养基愈伤组织诱导率最高。SH 培养基上愈伤组织生长速度最快。诱导愈伤组织所用的培养基中还需添加外源激素，主要有 2,4-D 和 NAA。愈伤组织诱导培养基为 MS+3.0 mg/L 2,4-D+0.5 mg/L 6-BA+0.5 mg/L NAA+0.5 mg/L KT，愈伤组织生长培养基为 MS+3.0 mg/L 2,4-D+1 mg/L KT。另外，多胺类物质也是人参愈伤组织生长的重要因子，其中腐胺与精胺对愈伤组织的生长都起促进作用。愈伤组织形成过程中温度应控制在 20~25 ℃，在（23±1）℃时生长速度最快，光照对愈伤组织生长有抑制作用。

（二）人参胚状体及芽和根的诱导

1. 胚状体诱导 在 MS 培养基上，人参叶片、茎段和根的愈伤组织上均能诱导出胚状体，并且经过较长时间继代，这种胚状体的分化能力仍然能保持。由人参愈伤组织诱导形成的胚状体中有许多是畸形的，只有少数正常的胚状体可以发育形成植株。把正常的胚状体转移到含赤霉素的分化培养基上，在黑暗条件下可形成芽和黄化苗，若给予光照则长成正常苗。若不转移到分化培养基上，则不能形成完整植株，某些胚状体可再度愈伤化。通过胚状体诱导再生植株是人参离体快速繁殖的较好途径。

2. 芽和根的诱导 人参组织培养过程中，根比较容易分化，而芽的分化一般发生在根之后。由人参根、茎、叶等外植体诱导的愈伤组织均能分化形成根和芽。继代培养 2 年多的人参愈伤组织，在含 1.5 mg/L 2,4-D+5 mg/L 盐酸硫胺素+5 mg/L IAA 的 6,7-V 琼脂培养基上，分化出再生根和幼芽的疣状物。将这种疣状物转移到 0.5 mg/L 2,4-D+0.2~0.5 mg/L KT 的 6,7-V 琼脂培养基上，光照条件下培养，这些组织块的颜色部分变紫红色，部分转绿色，有些疣状物逐渐增大并形成单一或丛生的人参再生小苗，有的组织块再生的小苗有根。由愈伤组织分化形成的人参再生小苗均较矮小，最大高度为 5~6 cm，有 1 片三出复叶、1 片五出复叶或 2 片五出复叶。这些再生小苗转移操作适当，其基部附近形成芽苞并能继续发育增大。

（三）人参小孢子培养

人参小孢子培养在 1987 年获得成功，其目的是获得单倍体植株，克服常规育种周期长的缺点，加快人参育种进程。

1. 外植体及处理

（1）取材。不同发育时期的小孢子，即小孢子四分体期、单核早期、单核中期、单核晚期、双核期的小孢子，都可诱导出花粉愈伤组织，其中以单核中期的诱导频率最高。花粉愈伤组织的植株再生也是单核中期的频率最高。

（2）预处理。低温（6~9 ℃）处理可以明显提高诱导频率，但处理 12 d 以上，诱导频率反而下降。

（3）灭菌接种。将花蕾先浸入 70%酒精 20 s，再浸入 5%次氯酸钠中 10 min，无菌水冲洗 4~5 次。无菌条件下剥取花药，接种在培养基上。

（4）培养。将培养物置于 25~28 ℃下，进行散光或暗培养，诱导愈伤组织。在 22~26 ℃下，每天光照 10 h，进行器官分化。

2. 花药植株形成 花药在愈伤组织诱导培养基（MS+1.5 mg/L 2,4-D+0.5 mg/L KT+500 mg/L LH+6%蔗糖，或 MS+1.5 mg/L 2,4-D+0.5 mg/L 6-BA+1.0 mg/L IAA+6%蔗糖）上诱导频率最高。培养 25~30 d 时，愈伤组织可达 2 mm 左右，将其转入分化培养基（MS+2.0 mg/L KT+2.0 mg/L GA_3+0.5 mg/L IBA+1 000 mg/L LH+3%蔗糖）上进行培养，分化率为 6.8%。在分化培养基上，根的分化率比芽的分化率高。GA_3 和 CH 对绿苗分化有良好作用。花粉愈伤组织再生植株的细胞组织学观察表明，愈伤组织成苗存在三条途径：①愈伤组织表面形成芽苞，芽从里面破苞而出，形成苗后再诱导生根形成植株；②愈伤组织表面形成胚状体，胚状体直接发育成植株；③愈伤组织表面直接分化出变态苗。小植株转到 1/2MS 培养基上，能形成完整的具有 1 片三出复叶、1 片五出复叶或 2 片五出复叶的植株。

二、人参悬浮细胞培养

植物细胞悬浮培养是工业化生产的必经步骤。日本在20世纪70年代就开始了人参细胞大规模发酵培养工作,到80年代已筛选出人参皂苷含量高、稳定的高产愈伤组织细胞株。人参细胞悬浮培养需解决的问题是有细胞株的选择、加速细胞生长和提高有效成分含量的方法、有效成分的分离手段等。

(一) 人参悬浮细胞系选择及培养

选择生长快而旺盛的愈伤组织,接种于液体培养基中,进行悬浮振荡培养。待其生长旺盛时,静置0.5 h,取上清液,植板于培养皿平板上,培养15 d左右,选长势旺的细胞团,再进行液体振荡培养。如此反复多次,直至选出生长快、性状一致、有效成分含量高的细胞系。人参悬浮细胞培养方式有摇床培养和发酵罐培养。前者是把人参细胞接种在含液体培养基的三角瓶或圆瓶中,在摇床或转床上培养,通过摇床转动使人参细胞得到充足的氧气和营养;后者是把人参细胞接种在含液体培养基的无菌发酵罐内,通过搅拌和通气,使细胞获得充足的氧气和营养。

(二) 人参悬浮培养细胞的生长

人参愈伤组织在6,7-V培养液中开始第1代悬浮培养时,最初1周左右变化不大,但培养液颜色较刚接种时深,基本上仍为暗黄至橙黄色澄清液体;培养10~20 d时,培养液中游离的粒状细胞团逐渐增加,培养液颜色稍变浅并混浊;3周后,细胞培养物生长加速,粒状和直径在0.5 cm以下的小块细胞团显著增加,培养液变稠,呈淡黄色稀糊状,并有黏附瓶壁现象,或为鲜黄澄清液体充满嫩黄小细胞团块。以后各代细胞培养物的生长情况,基本上与第1代相同,只是以后各代培养物接种后恢复期减短,生长提早加速。经显微镜观察,细胞悬浮培养物是由几个或多数细胞聚集而成的粒状或小块状细胞团,并有或多或少的游离单细胞悬浮在培养液中。培养的人参细胞的大小和形状多种多样,如圆形、葫芦形、肾形、椭圆形、不定形的巨型细胞等。

人参细胞培养液的pH在培养过程中先迅速降低然后缓缓回升,后又趋于平稳。合成皂苷高峰在细胞指数生长期稍后出现,皂苷最佳收获期为细胞悬浮培养20~25 d。细胞生长和皂苷累积要求有一个稳定而又适宜的pH环境。细胞悬浮培养较固体培养时间短,组织的鲜重和干重以及皂苷含量比固体培养高,这无疑是有利于工业化生产的。然而工业化生产人参皂苷成本高,如何降低成本、选择优良细胞株、建立最优培养技术、最优提取工艺等都是急需解决的问题。

(三) 影响人参悬浮细胞生长的因素

1. 摇床种类和速度 摇床种类和速度对细胞培养物的生长有很大影响。在220 r/min转速下,细胞生长缓慢,很多细胞被击碎和损伤;在110 r/min转速下,细胞生长正常,培养物产量高;在80 r/min的往返摇床上,细胞也能正常生长,但培养物产量比在110 r/min的旋转摇床上低得多。

2. 继代培养次数 人参愈伤组织由固体培养转移到液体培养,愈伤组织块分散为小细胞团和游离单细胞,在培养液中悬浮生长,有一个适应过程。因此,细胞悬浮培养物的生长,在不同的继代培养代数中是不同的。第1代悬浮培养时,细胞生长较慢,产量较低,随着转移代数的增多,培养物生长加快,产量逐渐增高;第3代细胞培养物的生长速度和产量虽然都有较明显的提高,但培养物中的皂苷含量却有较大降低;培养物产量至第5代达到高峰,而培养物中皂苷含量除个别情况外,变化不甚明显。

3. 光 固体静置培养时,光线对人参愈伤组织培养物的生长有抑制作用,产量比暗培养下低。但在悬浮培养下,人参细胞培养物对光的反应与固体培养时正好相反。在光照条件下,细胞悬浮培养物生长快、产量高。不同颜色的光对细胞悬浮培养物生长的作用也不相同,白光效果最好,蓝、绿光次之,红光效果最差,红光下细胞培养物生长速度和黑暗培养相近。

4. 培养基 愈伤组织固体培养时的培养基,也适合于悬浮细胞培养。改良的MS培养基作为基本培养基效果较好。培养基中添加生长素可提高细胞产量和皂苷含量。如以起始培养基含 1 mg/L IBA 所得到的愈伤组织作为材料，做各种生长素试验时，以 IBA 和 KT 组合效果较好；而以起始培养基含 2,4-D 得到的愈伤组织作为材料，做各种生长素试验时，2,4-D 的效果最好。另外，在培养液中加入各类生物合成的中间体，也能增加有效成分产量，如添加皂苷生物合成的中间体 3-甲基-3,5-二羟基戊酸和法尼醇，皂苷含量可提高 2 倍以上。但是，人参组织培养研究的最终目标是工业化生产人参制剂，这就不能不考虑 2,4-D 对人体有一定的毒害作用（如对中枢神经的损害中毒现象）。因此，以药用为目标的药物培养应该将培养基中的 2,4-D 去除，并对培养基进一步筛选。培养基中只有维生素 B_1 是人参细胞生长必需的，而肌醇、烟酸、甘氨酸、维生素 B_6 对培养中皂苷、多糖产量均无不利影响。细胞培养生产人参寡糖素时可用去离子水和白糖代替重蒸水和蔗糖，以降低成本。

三、人参原生质体培养

1988 年，从人参幼茎的愈伤组织中分离原生质体获得成功，并发现进行原生质体培养时，需选用生长旺盛、分散性好的愈伤组织，反复添加新鲜培养液，提供充足的氧气以及注意培养液渗透势和 pH 的变化。以人参幼叶的悬浮培养细胞为例说明原生质体游离和培养的具体过程：将人参幼叶的悬浮培养细胞用混合酶液〔酶液为 2% Cellulase Onozuka R-10＋0.7% Pectolyase Y 23，用 $6×10^{-3}$ mol/L $CaCl_2$、$0.7×10^{-3}$ mol/L KH_2PO_4 溶液配制，渗透压稳定剂为 11% 甘露醇，pH 5.8；酶液用 0.45 μm 的微孔滤膜抽滤灭菌〕处理，悬浮培养物与酶液按 1:4 比例混合，于 (23±2)℃ 条件下黑暗处理 12 h，酶解后的混合液经过滤、离心及洗涤后，获得供培养用的原生质体。将原生质体培养在 MS＋1.0 mg/L 2,4-D＋0.1 mg/L NAA＋0.5 mg/L KT＋500 mg/L LH 的液体培养基中，游离的原生质体培养 1 d 后，大部分开始膨大变形，第 3 天出现再生细胞的第 1 次分裂，第 4 天出现第 2 次分裂，第 8 天形成小细胞团，第 15 天出现大细胞团，第 21 天形成肉眼可见的小愈伤组织，第 40 天获得直径 0.5~1 cm 的愈伤组织块。当出现肉眼可见的小愈伤组织时，将其转移到相应的琼脂培养基上培养，可促进愈伤组织生长。植物生长调节剂对原生质体细胞分裂有显著作用，在含有 1.0 mg/L 2,4-D＋0.5 mg/L KT 而缺乏 NAA 的培养基中，原生质体只能形成几个细胞的细胞团，不能形成愈伤组织；在附加 1.0 mg/L 2,4-D＋0.1 mg/L NAA＋0.5 mg/L KT＋500 mg/L LH 的培养基中，原生质体再生细胞分裂迅速。

四、人参毛状根培养

发根农杆菌是一种能使 Ri 质粒的 T-DNA 转入植物细胞，导致培养物出现毛状根的细菌。人参毛状根和常规组织培养产生的再生根相比，前者可产生大量分枝，并且主根在增长的同时不分化其他组织或器官；后者无分枝，主根易变成淡黄色球状团块。更为重要的是，毛状根的生长不需要植物生长调节剂，其生长速度快于常规再生根，皂苷含量超过再生根 1 倍，皂苷占组织干重的百分比是天然根的 2 倍。

（一）人参外植体的转化

1. 根愈伤组织毛状根培养系统建立 用纤维素酶和果胶酶预处理人参根愈伤组织，使愈伤组织形成原生质体。然后将它们与发根农杆菌一起培养，使细菌侵染发生。侵染 28 d 后，在无植物生长调节剂固体培养基上的愈伤组织块表面有根状物出现，这些根状物进一步长成主根。当主根长 1~2 cm 时，将它们与愈伤组织块分离，放进无植物生长调节剂培养液中旋转培养。这时培养液中主根上可产生许多不定根，并不断形成分枝，即为毛状根。

2. 人参根转化 取生长健壮的人参根，用 70% 酒精及 0.1% $HgCl_2$ 灭菌，无菌水冲洗 3 次。将人参根切成 0.2~0.3 mm 薄片，投入发根农杆菌 A_4 菌液中培养 6 h。然后转入无植物生长调节剂的 MS 固体培养基上，25 ℃、黑暗条件下共培养。6 周后，在根的切面上长出白色发根，将长至 1 cm 左右的发根切下，接种于含 500 mg/L 羧苄青霉素的 MS 培养基上杀菌。5～7 d 转移一次，直至完全无细菌为止。然后将根转至固体或液体培养基上增殖，可获得大量毛状根（图 18-1）。

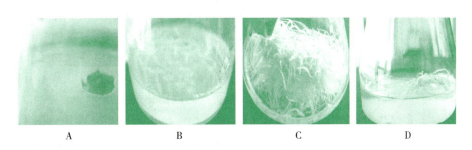

图 18-1 人参毛状根的诱导与筛选
A. A_4 菌株侵染 B. 筛选的人参毛状根 C. 毛状根在液体培养基上继代培养 D. 毛状根在固体培养基上继代培养
（引自部玉钢等，2010）

（二）转化根产生及鉴定

Ri 质粒 T-DNA 带有合成生长激素的基因和冠瘿碱合酶基因，转化的植物细胞可以产生冠瘿碱并能在不含植物生长调节剂的培养基上生长。根据冠瘿碱的有无和激素自主生长特性筛选转化根。转化需注意：①人参对不同发根农杆菌的敏感性不同，要选择合适的菌株；②外植体中分化程度低的幼嫩组织比分化程度高的成熟组织诱导成功率高，带叶幼茎的诱导成功率明显比其他外植体高；③在转化过程中最好加入一些活化因子（如 10% 胡萝卜汁），因活化因子能够活化发根农杆菌的致病区（vir 区），这也是发根农杆菌转化的决定性因素；④Ri 质粒转化人参时，对于先形成的愈伤组织及分裂态的细胞更容易整合，可提高外源基因的瞬时表达和转化率；⑤转化应在 20～23 ℃黑暗条件下进行；⑥选择合适的抗生素是保证外植体成活及转化成功的重要因素。因为有的抗生素能抑制农杆菌菌株，对外植体损伤小，外植体能成功转化。

第三节 石 斛

石斛属（*Dendrobium*）植物是兰科附生植物的重要代表，具有重要药用价值。过去我国的石斛药材主要来自野生资源，长期的过量采集使野生资源量急剧下降，难以满足日益增长的需求。由于石斛种子自然条件下繁殖率低，通常采用营养繁殖，但该方法生产周期长，存活率低，一定时期内提供的种苗量有限。因此，对石斛进行组织培养快速繁殖可解决苗木的供给问题。

一、石斛组织和器官培养

（一）石斛胚培养

石斛果实内种子量大，但种子无胚乳，自然条件下常需要某种真菌的帮助才能萌发，因此繁殖率很低，不易发育成植株，胚培养可以有效解决这一问题。

1. 外植体选择与处理 以种子作外植体进行培养的研究很多。种胚发育程度越高，越容易离体培养成苗，胚龄在 45 d 以下，萌发率很低，90 d 以上则有较高萌发率。取成熟蒴果［如铁皮石斛、曲茎石斛（*Dendrobium flexicaule*）］，无菌条件下用 70% 酒精表面消毒 1～2 min，5% 次氯酸钠浸泡 8～10 min，切开蒴果，将少许微尘状种子倾入三角瓶中，加入无菌水使种子呈悬浮状态，用吸管吸取悬浮液，接种在培养基上，并使种子均匀布满培养基表面。

2. 生长和分化 石斛种胚接种在 $1/2N_6+1\sim2$ mg/L NAA 培养基上培养，有 13%～65%的种胚出现特异的持续分裂，形成桑葚状或菠萝状胚状体群，经分离接种在 N_6、MS 等培养基上，很快形成正常的石斛试管苗。若将分离的胚状体还接种在上述培养基上，胚状体仍保持其分生增殖能力；将成熟铁皮石斛种子接种在 MS+0.2 mg/L NAA+10%椰子汁+3%蔗糖培养基上，萌发率达 89.8%。在自然光或 2 000 lx 光照度条件下，接种 3 d 后种子转绿，30 d 后陆续有种胚突破种皮，长成顶端有绿色的叶原基、球体基部有丝状毛的原球茎。暗培养有利于胚萌发，培养 10 d 后，种胚开始膨大，20 d 后陆续有胚突破种皮，长成顶端为黄色的叶原基。但应及时转入光照条件下培养胚萌发，否则形成的原球茎纤细瘦弱，出现白化现象。

此外，黄草石斛（Dendrobium chrysanthum Wall. ex Lindl.）种子（种胚）在合适的培养基上，$25\sim27$ ℃条件下暗培养，可先诱导出愈伤组织，每月继代 1 次，3 次后可将愈伤组织置于光照条件下培养（每天光照 12 h，光照度 1 000～1 500 lx），愈伤组织会逐渐变绿，再继续培养就可形成原球茎。原球茎增殖很快，同时原球茎无性系长期继代培养仍可保持较强的再生植株能力。原球茎在不含植物生长调节剂的 1/2MS 培养基上培养，2 个月可再生出完整小植株。

3. 培养条件 种子作为外植体所需的培养基以 N_6 为宜，MS、SH 等也可以。与其他培养基相比，N_6、MS、SH 可提高石斛种胚成苗率，对种胚苗茎粗生长有促进作用。培养基中加入 3%蔗糖，可使原球茎比对照更易增殖与保存。石斛种子在无植物生长调节剂的条件下也可以正常成苗，但使用植物生长调节剂有一定促进作用。如 NAA 在 0～1.0 mg/L 范围内随浓度升高，石斛种胚苗的株高增加、茎变粗、叶数和根数增多，鲜重增加，说明适量的 NAA 对石斛种胚苗生长发育起促进作用，但过高则抑制生长发育；6-BA 抑制石斛种胚苗生长发育，导致出现畸形苗。石斛种子萌发和生长发育的不同阶段，对天然有机添加物的需求不同。原球茎增殖时不需要附加天然有机添加物，但在原球茎分化阶段，马铃薯提取液有良好促进作用，香蕉提取液对幼苗生长是必要的。

（二）石斛茎尖培养

1. 外植体选择与处理 金钗石斛（Dendrobium nobile Lindl.）的组织培养以茎尖作为外植体效果较好。可用分株法从所要繁殖的植株上取材，以保持品种种性。取材前 2～3 周，最好把母株置于温室内培养，不要给它喷水。在接种前选择健壮无病茎尖剪下，常规灭菌后接种到愈伤组织诱导培养基上。

2. 生长和分化 经过 4～5 周培养，外植体形成愈伤组织。将愈伤组织切下转接到芽诱导培养基上。随着培养的继续，外植体会分化出原球茎，并萌发出不定芽。将培养材料切成数丛，转移到继代培养基上。当小苗长到 1～2 cm 高时将其切下，转移到生根培养基上。经过 5～6 周培养后，试管苗可达 3～4 cm，并形成健壮根系。如以铁皮石斛茎尖为外植体，在原球茎诱导培养基（1/2MS+0.5 mg/L 6-BA+0.05 mg/L NAA+0.1 mg/L KT+1.0 g/L LH）上接种 20 d 左右，外植体基部开始膨大，40 d 左右出现肉眼可见的乳白色突起，这些突起逐渐增大，成为圆形至卵圆形的乳白色拟原球茎，它是由位于顶端分生组织下的薄壁细胞脱分化形成的胚性细胞发育而来，进一步培养可形成幼苗。

3. 培养基及培养条件 愈伤组织诱导培养基为 MS+2.0 mg/L 6-BA+0.1 mg/L NAA；芽诱导培养基为 MS+0.5 mg/L 6-BA+0.05 mg/L NAA+1 mg/L 腺嘌呤+50 mg/L 椰乳；根诱导培养基为 1/2MS+0.5 mg/L NAA；继代培养基为 MS+0.5 mg/L 6-BA+0.05 mg/L NAA。所有培养基均要添加 30 g/L 蔗糖、8 g/L 琼脂，pH 为 5.6～5.8。培养温度 26～28 ℃，每天光照 10～12 h，光照度 1 500～2 000 lx。

(三) 石斛茎段培养

以铁皮石斛为例,阐述石斛的茎段繁殖程序。

1. 外植体选择与处理 从生长健壮的母株上采下长 5~7 cm 的当年生茎段,自来水冲洗 1 h,剥去外部叶片,先用 75% 酒精消毒 30 s,再用 10% 次氯酸钠溶液消毒 20 min,无菌水冲洗 6~8次,用无菌滤纸吸干表面水分,切成带 1~2 个腋芽的小段接种到侧芽诱导培养基(MS+0.1 mg/L 6-BA+3% 蔗糖+0.2% 琼脂,pH 5.8)上。

2. 芽诱导及增殖 外植体培养 30 d 左右从茎节处或基部处逐渐萌发出绿芽,继续培养至侧芽展开 2 片叶(图 18-2A),将侧芽从茎段上切下,转入丛生芽诱导及增殖培养基(MS+2.5 mg/L 6-BA+0.05 mg/L NAA+1 g/L 活性炭+3% 蔗糖+0.2% 琼脂,pH 5.8)上,进行丛生芽诱导培养。30 d 时在侧芽基部长出绿色丛生芽,将丛生芽转接到相同培养基上进行增殖培养,50 d 为 1 个继代增殖周期,一般 1 个侧芽可增殖出 2~3 个侧芽。随着继代次数增加,增殖速度逐渐加快,增殖系数可达 5~8 倍(图 18-2B)。

3. 壮苗及生根培养 将丛生芽转入壮苗培养基(1/2MS+0.5 mg/L 6-BA+0.05 mg/L NAA+100 g/L 椰子汁+1 g/L 活性炭+3% 蔗糖+0.2% 琼脂,pH 5.8)上,丛生芽逐渐长大成苗,再将丛生芽切成单个苗,接入生根培养基(1/2MS+1 mg/L IBA+1 g/L 活性炭+2% 蔗糖+0.2% 琼脂,pH 5.8)上,30 d 开始生根,50 d 时幼苗生根率达 95%(图 18-2C、D)。

4. 炼苗与移植 将试管苗移至自然光照下,先不开盖,用 50% 遮阳网遮光使其逐渐适应外界环境。1 周后揭去遮阳网,将小苗取出,洗净根部培养基,植入小颗粒兰石中,保持空气相对湿度在 70% 以上,环境温度 20~25 ℃,成活率达 98%(图 18-2E、F)。

上述培养条件为:温度 (25±2)℃,光照时间 12 h/d,光照度 2 000 lx。

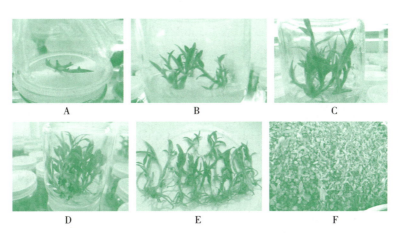

图 18-2 铁皮石斛茎段再生植株
A. 芽诱导 B. 芽增殖 C. 壮苗 D. 生根 E. 出瓶苗 F. 移植苗
(引自李洪林等,2012)

5. 其他石斛所需培养基及培养条件 金钗石斛茎段培养时,MS、B_5 培养基均能较好地诱导其分化,培养基中加入一定量的植物生长调节剂,有利于芽的诱导。如 MS 培养基附加 0.5 mg/L 6-BA+0.2 mg/L NAA 为诱导分化最佳,附加 3.0 mg/L 6-BA+0.5 mg/L NAA 为最适增殖;附加 0.3 mg/L IBA+0.1 mg/L NAA 对生根最适(生根率 95%)。霍山石斛茎段培养时,当 IBA 的用量高于 NAA 时,有利于诱导出芽;当 IBA 用量低于 NAA 时,有利于诱导生根。而 MS+1.0 mg/L IBA+0.5 mg/L NAA 或 MS+0.5 mg/L IBA+0.5 mg/L NAA 是带节间茎段较好的出芽培养基,MS+0.15 mg/L IBA+0.5 mg/L NAA 是适宜的生根培养基。因此根据调节 IBA 与 NAA 的比例可建立一套适合霍山石斛离体快繁的改良培养基系统。培养温度为 25～27 ℃，光照度 2 000 lx，光照时间 10～12 h/d。

（四）石斛其他营养器官培养

石斛的离体培养还可用叶片和幼根等作为外植体。石斛叶片在适宜的培养基上，能从叶脉处诱导愈伤组织，但诱导频率较低；采用石斛苗上长 0.4～0.6 cm 的根段，灭菌后在 N_6＋0.5 mg/L NAA 培养基上，可诱导愈伤组织，并分化原球茎或芽簇，将形成的原球茎分离，接在 N_6＋1.0 mg/L NAA 培养基上可迅速诱导出愈伤组织，并产生胚状体群或芽簇，分离后再转接到不含植物生长调节剂的 N_6 或 MS 培养基上，可培养大批石斛试管苗。或者将石斛根作为外植体接种在 N_6＋1.0 mg/L NAA＋1 mg/L 6-BA 或 N_6＋0.5 mg/L NAA＋0.5 mg/L 6-BA 培养基上，所形成的胚状体群或芽簇极易分离，转接在无植物生长调节剂的 N_6 或 MS 培养基上也能在短期内培养大批优质石斛试管苗。

（五）石斛试管苗移栽与管理

移栽前，打开瓶盖炼苗 2～3 d。当试管苗高约 3 cm 并有 3～4 条 1 cm 左右长的新根时，即可进行移栽。移栽前，洗净试管苗根上的培养基，用 0.1% 灭菌灵消毒，以防移栽后的石斛苗根腐烂。基质可采用经过灭菌处理的蛭石。移栽后最初几天，要将空气相对湿度保持在 85%～95%，先进行遮阳，遮光率为 60%，逐渐增加光照度。环境温度控制在 18～22 ℃。经 1～2 个月的管理，即可定植于由泥炭、碎砖屑以体积比为 3∶2 所配成的混合基质中。石斛喜湿润的土壤环境，在管理期间应多喷水。基质无须追肥。当小苗完全适应外界环境后，可每隔 1～2 周在其叶面喷施一次 1/4 的 MS 营养液作为追肥。石斛喜温暖，怕低温，最好将环境温度保持在 15～25 ℃。

二、石斛人工种子

（一）石斛原球茎诱导与培养

黄草石斛的人工种子是由原球茎经包埋形成的。具体过程：取黄草石斛的成熟蒴果经洗洁精洗涤，75% 酒精和 5% 次氯酸钠表面消毒，无菌剥离的种胚用 MS 液体培养基悬浮，然后接种在含有 0.5 mg/L NAA 的改良 N_6 固体培养基上，置 25 ℃、2 000 lx 连续光照条件下培养 30 d，再转入含有 0.5 mg/L ABA 的 MS 培养液内振荡培养（100 r/min），每 10 d 更换 1 次培养液。30 d 后用 6 目尼龙网筛选择长×宽为 (0.5～1.5) mm×(2.0～3.4) mm 的种胚原球茎备用。以铁皮石斛嫩茎为外植体诱导原球茎时，诱导培养基为 MS＋0.5 mg/L 6-BA＋0.5 mg/L NAA＋1.0 mg/L 2,4-D，原球茎增殖培养基为 MS＋3.0 mg/L 6-BA＋0.3 mg/L NAA。

（二）石斛人工种子制作

取黏土 100 目过筛。蛭石自然风干、粉碎，8 目网筛过筛，得 0.15～1 mm 蛭石粉。去除黏土与蛭石中的有机质和可溶性盐分。按质量比为 2∶1∶2 混合黏土、蛭石和 MS 培养液制成基质，可使制成的人工种子萌发率达 56.8%。在固形基质内添加 1% 活性炭和 0.5% 淀粉，能显著提高人工种子萌发率。如以腋芽、原球茎、不定芽为繁殖体，在制作霍山石斛人工种子时发现，麦芽糖是影响霍山石斛人工种子萌发的主要因素，适宜的处理组合为麦芽糖 4%、6-BA/NAA（质量比为 10∶1）、活性炭 0.1%、海藻酸钠 4%，将含有繁殖体的此配方溶液滴入 2% $CaCl_2$ 溶液中，进行离子交换反应，反应时间 10 min。以腋芽、原球茎、不定芽为繁殖体的人工种子萌发率分别为 65.6%、90.1% 和 75.2%，萌发后幼苗的存活率分别为 16.1%、80.6% 和 19.1%。

第四节 紫 草

我国具有多种紫草资源，其中以新疆紫草的药用有效成分萘醌类化合物含量最高，但资源有限，它主要生长在海拔 3 000 m 左右的高山地带，生长周期长达几年。利用植物组织培养技术由紫草细胞可直接生产紫草素（或紫草宁）。紫草培养细胞中紫草素的含量远高于紫草根中的含量，且周期短，国外已经实现了其工业化生产。

一、紫草细胞培养

采用分阶段使用不同培养基的两步培养法培养紫草细胞，即第一阶段用 LS 改良培养基 [463 mg/L $(NH_4)_2SO_4$ ＋ 2 830 mg/L KNO_3 ＋ 166 mg/L $CaCl_2 \cdot 2H_2O$ ＋ 185 mg/L $MgSO_4 \cdot 7H_2O$ ＋ 400 mg/L KH_2PO_4]，作为细胞增殖培养基；第二阶段用 M-9 培养基（White 改良培养基），作为生产紫草素培养基。M-9 培养基以硝酸盐为唯一氮源，磷酸盐浓度低，铜及硫酸盐浓度高。以 M-9 培养基培养，细胞倍增率较低，但细胞中紫草素含量高。

（一）细胞系建立

将新疆紫草成熟种子灭菌后，置于 LS＋1.0 mg/L KT＋1.0 mg/L 2,4-D 的琼脂培养基上，25 ℃条件下暗培养。种子萌发后用幼根诱导愈伤组织。将所得到的纯净愈伤细胞群以一定的密度接种在 1 mm 厚度的薄层固体培养基上，进行平板培养，使之形成细胞团，尽可能地使每个细胞团均来自一个单细胞，采用显微镜观察细胞颜色，初步筛选出色素含量高的细胞系。

（二）高产细胞系繁殖及继代培养

采用 LS＋0.2 mg/L IAA＋0.5 mg/L KT 液体培养基在 25 ℃下进行暗培养，转速为 100～110 r/min，对培养物进行色素鉴定，多次重复鉴定确定细胞的稳定性。将高产细胞系装入含有 80 mL 液体培养基（LS＋1.0 mg/L IAA＋0.5 mg/L KT）的 300 mL 三角瓶中，在 100～110 r/min 转速下振荡培养，使细胞增殖。培养初期，琼脂培养细胞产生的紫草素易变质，细胞外观不均一，但移入新鲜培养基后经过 14 d 培养，生长迅速的白色细胞大量增殖，以后每隔 15 d 移入新鲜的培养基中，即可获得均一的细胞团。细胞移植时，用不锈钢孔径为 40 μm 的筛网收集细胞，按 80 mL 培养基加 5 g 鲜重细胞的比例进行接种。

（三）紫草素的生产培养

目前国内紫草的细胞培养，多应用小体积反应器摸索培养条件。

1. 气升式生物反应器培养　采用两步培养法培养新疆紫草细胞以生产紫草素及其衍生物。先将继代培养 2～3 代、培养 10 d 的悬浮细胞滤去培养液，接入装有 LS＋1.0 mg/L IAA＋0.5 mg/L KT 培养基的反应器中培养 15 d 后，经反应器内的过滤装置滤掉培养基，换入 M-9＋0.75～1.0 mg/L IAA＋0.1～0.5 mg/L KT 培养基中培养 20 d 后收获。反应器培养过程中，培养基中各种无机离子被消耗，电导率、可溶性糖含量迅速下降。在生产培养基中，培养初期电导率也开始下降，但当色素合成达到高峰并有一部分分泌到培养基中后，电导率又开始回升。可溶性糖消耗很快，到后期已测不到其存在。通气率是一个影响细胞生长及色素合成的因素，气升式生物反应器是通过通气来提供细胞生长所需的氧，并起到混合作用，因此在不同通气率下植物细胞的生长及次生代谢产物的合成也会受到较大影响，通气率过高或过低，对细胞生长及色素合成均有不利影响。人们研制了适应植物细胞培养要求的低剪切力、周期长、培养基容积可变的新型气升式生物反应器及培养系统。如 30 L 气升式生物反应器最后的培养物总含量平均达到干重的 12.06%（最高达 14.58%），是国内第一个在 30 L 规模气升式生物反应器中培养新疆紫草细胞以生产紫草素及其衍生物获得成功的培养系统。

近几年来，研究人员又尝试添加吸附树脂进行细胞培养与分离相耦合的连续化操作，在对硬紫草细胞培养的研究中，AB-8 树脂的吸附及洗脱性能较好，对细胞生长没有影响，同时还可以适当提高色素产量，是一种比较理想的分离介质。

2. 固定化培养紫草细胞　固定化细胞培养加强了细胞之间的接触，有利于细胞进行次生代谢，提高产量；使细胞保持休眠状态，可以解决植物细胞在悬浮培养中容易变异的问题。植物细胞的固定化方法有凝胶包埋、吸附、泡沫固定及应用膜生物反应器等。凝胶包埋法因固定条件温和而被广泛应用。但凝胶作为固定化材料具有较大的传质阻力，如在海藻酸钙包埋法中，由于培养基中的磷酸根结合 Ca^{2+} 生成沉淀而对凝胶造成一定破坏。对紫草的研究表明，以微生物菌体制备的絮状生物作为活性载体，可提高操作的稳定性，同时还具有刺激细胞分泌次生代谢产物的作用。

3. 两相培养技术 两相培养是指在植物细胞培养体系中加入水溶性或脂溶性的有机化合物，或者是具有吸附作用的多聚化合物，使培养体系由于分配系数不同而形成上、下两相，细胞在其中一相中生长并合成次生代谢产物，这些次生代谢产物又通过主动或被动运输的方式释放到胞外，并被另一相所吸附。这样由于产物的不断释放与回收，可以减少由于产物积累在胞内形成的反馈抑制，提高产物含量，并有可能真正实现植物细胞的连续培养，从而大大降低生产成本。如在紫草培养细胞中加入正十六烷后，紫草素含量比对照提高了 7.4 倍。如果经海藻酸钙固定后的细胞再加入正十六烷，含量的提高就更加显著，并发现在培养的前 15 d 加入效果较好，15 d 以后加入则强烈抑制紫草素的合成。采用固-液两相系统进行紫草细胞悬浮培养，比较了安伯来特树脂（Amberlite XAD）的系列大孔吸附树脂，认为 XAD-2 吸附效果较好。在细胞生长高峰时每升培养基加入 30~40 g 树脂效果较好，可使紫草素含量提高 27%~30%。

二、影响紫草细胞生长和化学物质累积的因素

紫草细胞培养中，影响细胞生长和有用化学物质累积的因素有植物本身特性、选择及诱变、环境和培养条件（物理、化学因素）等。

1. 细胞株筛选与诱变 从愈伤组织中筛选具有优异生物合成能力的细胞株对细胞培养的成败起决定性作用。通常培养细胞容易发生变异，而愈伤组织又为具有不同生物合成能力的细胞混合体。因此，需从细胞小块、单细胞或原生质的克隆培养得到的大量细胞团中，筛选高色素含量的细胞团。此外，还可通过诱变，筛选高产的细胞突变体。

2. 组织来源及生长 首要因素是原植物的遗传特性，如应用次生代谢产物含量高的植物或器官作为外植体诱导出来的愈伤组织进行培养，其培养物中次生代谢产物的含量也高。

植物迅速生长时，并不累积或只累积很少的次生代谢产物，而在植物成熟甚至开始衰老时，才累积较多的次生代谢产物。人们把细胞生长与产物形成的关系概括为 3 个主要类型：①产物形成与细胞生长几乎是平行进行，烟碱的形成属于此类；②产物形成延迟到细胞生长衰减或终止，紫草素的形成属于此类；③产物形成的曲线落在生长曲线后面，如薯蓣皂苷元的形成。Fijita 等（1982）在研究紫草组织培养时，提出两步培养基法，紫草素衍生物生产率比仅培养在 White 培养基中的翻一番，而仅培养在 LS 培养基中的，却不能检出紫草素衍生物。严海燕等（2001）在硬紫草细胞培养中也发现，分裂高峰期以后，细胞合成紫草素的能力开始提升，细胞生长静止期紫草素合成能力达到饱和。紫草素合成曲线同细胞生长曲线均呈 S 形。在紫草细胞培养过程中，细胞将紫草素从胞内分泌到胞外，附着在细胞壁表面，影响了细胞对氧气和营养物质的吸收，抑制了细胞生长和紫草素合成。因此使用某些有机溶剂在培养过程中同步萃取紫草素，可降低产物的反馈抑制，提高紫草素产率。有些化合物只在高等植物的特殊器官或组织中合成和积累，如香精油贮存在多细胞腺体或特化了的腺毛中，树脂积累在多细胞的乳管中等，这类次生代谢产物的形成与细胞形态分化存在密切关系。这里所指的分化是指除器官形成外，未器官化的细胞和组织形态的变化，如胞腔大、原生质呈网状、胞壁次生加厚等都是分化的标志。

3. 培养基种类和植物生长调节剂 改良 B_5 培养基为硬紫草适宜的细胞生长培养基。生长培养基中 $CaCl_2$ 浓度为 250 mg/L、$MgSO_4$ 为 500 mg/L 时，愈伤组织生长和紫草素形成均较佳。

紫草素形成培养基中，$CuSO_4$ 浓度为 M-9 培养基中的 3 倍时，紫草素产量较高。细胞分裂素和生长素也是紫草素形成所必需的，1.1 mg/L 6-BA+0.1 mg/L IAA 为紫草素合成较佳的植物生长调节剂配比。在紫草素生产过程中，若能降低生长素浓度则可有效缩短细胞生长周期中的延迟期，较早地进入指数生长期和稳定期，便于细胞大量合成紫草素。此外，紫草素的形成能被 2,4-D 或 NAA 完全抑制，但几乎不受 IAA 的影响，因为 2,4-D 能阻断牻牛儿基氢醌的代谢，此物是紫草素生物合成过程中的一个中间代谢产物。激动素（KT）能延长根培养分生组织活性，对紫草素及其衍生物合成的抑制可被 IAA 所拮抗。产生紫草素的细胞株系中，内源性赤霉素类物质的含量明显地比不产生紫草素的株系少，且 10^{-7} mol/L GA_3 就能强烈地抑制紫草愈伤组织培养物产生紫草素。

4. 培养基氮素 NO_3^- 和 NH_4^+ 是主要氮源，尿素、酪蛋白水解物和简单氨基酸亦可作为氮源。氮素的数量和性质对细胞生长和次生代谢产物形成的作用因植物种类不同而异。紫草愈伤组织培养中，当培养基中总氮从 67 mmol/L 增至 104 mmol/L 时，紫草素衍生物的形成增加，但总氮继续增加，这些化合物的形成便减少；将 White 培养基与 LS、Blades、B_5、Nitsch-Nitsch 培养基中的氮源比较，发现 NO_3^- 和 NH_4^+ 对紫草素及其衍生物的生成有不同的影响。一定浓度的硝酸盐用于 White 培养基，利于紫草素的产生；用于 LS 培养基则有利于细胞生长。White 培养基在氮源（NO_3^- 和 NH_4^+）总浓度固定不变的情况下，改变 NO_3^- 或 NH_4^+ 的比例，铵盐浓度升高时，对紫草素及其衍生物的产生具有一定的抑制作用。高浓度的氮源在紫草愈伤组织培养中抑制紫草素的形成，如在基本培养基里添加 0.3% 的有机氮（蛋白质、酪素或酵母浸出液），能引起紫草素及其衍生物产量显著降低，但将椰乳加入滇紫草（*Onosma paniculatum*）细胞培养基中，发现能明显地促进紫草素合成，紫草素的含量为对照的 3~5 倍。将蛋白质合成抑制剂如链霉素加到培养基中，随着水溶性蛋白质含量的降低，紫草素及其衍生物的含量逐渐增加，表明细胞内 C/N 可能是紫草素及其衍生物产生的重要调节因子。

5. 培养基中其他无机营养物和碳源

（1）其他无机营养物。在紫草愈伤组织培养过程中，当 Ca^{2+} 浓度超过 3 mol/L 时，培养物的生长及紫草素的产量将随之下降。紫草愈伤组织的生长随 Fe^{2+} 浓度的升高，紫草素产量下降。Cu^{2+} 有强烈刺激紫草素及其衍生物形成的作用，但 Cu^{2+} 浓度超过 0.8 mol/L 时，则产量不再增加。如添加 Cu^{2+} 的新疆紫草细胞在培养 15 d 时形成的色素颗粒（紫草素及其衍生物）最多。形成紫草素及其衍生物的最适磷酸盐浓度为 0.12 mol/L。

（2）碳源。蔗糖是主要的有机碳源。一般地说，提高蔗糖浓度会增加培养物中次生代谢产物的产量。如蔗糖含量从 1% 增至 5%，然后保持在 7%~10%，每克鲜重中紫草素衍生物的产量增加了，但在高浓度蔗糖下每瓶愈伤组织的鲜重却减少了。用葡萄糖、果糖和蔗糖作为 LS 培养基的碳源，发现 3 种糖在一定的浓度范围内均能促进紫草愈伤组织的生长，但对紫草素及其衍生物的形成，前两种糖远不如蔗糖的效果好。蔗糖不仅是生长所必需的碳源，而且可以维持细胞的渗透压。

6. 培养基中维生素及其他添加物 培养基中含有多种水溶性维生素，它们影响细胞生长和产物形成，并可增加悬浮细胞的分散性。如加入 0.1 mmol/L 维生素 C，能促进紫草素生产。培养基中补加次生物质生物合成的前体，也可以提高最终产物的产量。如将 L-苯丙氨酸加入紫草组织培养基中，可使紫草素产量提高 3 倍以上。

7. 培养条件

（1）温度。紫草细胞体外生长最适温度为 25~30 ℃。

（2）pH。适宜紫草细胞悬浮培养的 pH 为 5~6。培养过程中由于有机酸的产生和 NH_4^+ 被利用而使溶液变酸，因硝酸盐的被利用和氨基酸的脱氨作用还可使溶液趋向碱性。

（3）光。紫草愈伤组织培养过程中，无论是白光还是蓝光，几乎都有完全抑制紫草素及其衍生物形成的现象，可能是培养物中有一种参与中间产物转化的黄色物质存在，该中间产物与紫草素及其衍生物的生物合成有关。用蓝光预处理的培养物中，加入黄嘌呤单核苷（FMN，是生物合成中与氧化还原酶系统有关的一种必需的辅酶），可提高紫草素及其衍生物合成的速度，但加入经蓝光处理的FMN溶液，则会抑制紫草素及其衍生物合成，因为经蓝光处理的FMN已被分解，产生一种不再有辅酶活性的化合物。

小结

药用植物含有生物活性成分，可用于防病、治病。植物组织培养的应用主要有两个方面：一是大量微繁种苗；二是通过悬浮细胞培养，从细胞或培养基中直接提取药物，或通过生物转化、酶促反应生产药物。紫杉醇可从红豆杉植物中提取，但含量低，且资源有限。采用植物组织和细胞培养技术，可进行红豆杉快速繁殖、紫杉醇的直接分离等。利用植物组织培养可以进行人参试管苗诱导、细胞悬浮培养和毛状根培养等，生产人参皂苷。对石斛进行快速繁殖是解决石斛药材紧张的有效措施。可以利用生物反应器培养紫草细胞直接获取紫草素。

复习思考题

1. 培养基中添加诱导子对红豆杉有效成分的积累有何影响？
2. 影响人参细胞悬浮培养物生长的因素有哪些？
3. 根据石斛的组织培养研究现状，如何才能有效解决石斛药材紧张的问题？
4. 如何通过铁皮石斛的茎段培养获得再生植株？
5. 如何利用生物反应器生产紫草素及其衍生物？
6. 影响紫草生产紫草素及衍生物的因素有哪些？

主要参考文献

范寰，商桂敏，元英进，2005. 酸胁迫作用下悬浮培养红豆杉细胞的磁场生物学效应. 过程工程学报，5（3）：345-348.

冯利，毛碧增，2010. 影响药用石斛组织培养的几个因素的研究进展. 药物生物技术，17（1）：87-90.

高文远，贾伟，2005. 药用植物大规模组织培养. 北京：化学工业出版社.

郜玉钢，孙卓，臧埔，等，2010. 人参发根的诱导及其分子检测. 安徽农业科学，38（17）：8970-8972.

李洪林，昝艳燕，杨波，2012. 铁皮石斛的组织培养. 亚热带植物科学，41（3）：76-77.

刘铁燕，刘昀等，赵彩凤，2002. 东北红豆杉愈伤组织诱导及组织培养研究. 东北师大学报（自然科学版），34（2）：67-71.

王博，潘利华，罗建平，2009. 水杨酸对霍山石斛类原球茎细胞生长及多糖合成的影响. 生物工程学报，25（7）：1062-1068.

薛莲，孟琴，吕德伟，2002. 用吸附法固定化培养紫草细胞. 植物生理与分子生物学学报，28（5）：369-374.

严海燕，曹日强，2001. 紫草组织培养中细胞发育时期与紫草宁形成关系的研究. 中草药，32（3）：264-266.

严海燕，曹日强，2002. 紫草愈伤组织培养中紫草素形成的影响因素. 华北农学报，17（2）：116-120.

张启香，付素，方炎明，等，2009. 铁皮石斛拟原球茎的发生过程. 浙江林学院学报，26（3）：444-448.

张长河，梅兴国，余龙江，等，2000. 红豆杉胚源细胞株的培养和紫杉醇的生产. 华中理工大学学报，28（1）：82-84.

张长平，李春，元英进，等，2002. 真菌诱导子对悬浮培养南方红豆杉细胞次生代谢的影响. 化工学报，53（5）：498-502.

郑裕国，薛亚平，2007. 生物工程设备. 北京：化学工业出版社.

周玉洁，程龙，陶文沂，等，2008. 美丽镰刀菌与固定化东北红豆杉的共生培养. 中国生物工程杂志，28（8）：84-90.

Furmanowa M, Glowniak K, 1997. Effect of picloram and methyl jasmonate on growth and taxane accumulation in callus culture of *Taxus*× *media* var. *hatfieldii*. Plant Cell Tissue and Organ Culture, 49 (1): 75-79.

Ketchum R E B, Gibson D M, 1996. Paclitaxel production in suspension cell culture of *Taxus*. Plant Cell Tissue and Culture, 46 (1): 9-16.

Mirjalili N, lindden J C, 1995. Gas phase composition effects on suspension cultures of *Taxus cuspidata*. Biotechnology and Bioengineering, 48: 123-132.

附　　录

附录 I　植物组织培养中常用培养基配方
（按英文字母排序）

AA 培养基
（Thompson 等，1986；用于水稻等植物的悬浮细胞培养）

成分	含量/(mg/L)	成分	含量/(mg/L)	成分	含量/(mg/L)
$CaCl_2 \cdot 2H_2O$	440	$Na_2MoO_4 \cdot 2H_2O$	0.25	盐酸硫胺素	0.5
KH_2PO_4	170	$MnSO_4 \cdot 4H_2O$	22.3	甘氨酸	75
$MgSO_4 \cdot 7H_2O$	370	$CuSO_4 \cdot 5H_2O$	0.025	L-谷氨酰胺	877
KCl	2 940	$ZnSO_4 \cdot 7H_2O$	8.6	L-天冬氨酸	266
KI	0.83	Na_2-EDTA	37.25	L-精氨酸	228
$CoCl_2 \cdot 6H_2O$	0.025	$FeSO_4 \cdot 7H_2O$	27.85	蔗糖	30 000
H_3BO_3	6.2	肌醇	100		

注：pH 为 5.6。

B_5 培养基
（Gamborg 等，1968；用于一般组织培养）

成分	含量/(mg/L)	成分	含量/(mg/L)	成分	含量/(mg/L)
KNO_3	2 500	$ZnSO_4 \cdot 7H_2O$	2	肌醇	100
$(NH_4)_2SO_4$	134	H_3BO_3	3	盐酸硫胺素	10
NaH_2PO_4	150	KI	0.75	盐酸吡哆醇	1
$CaCl_2 \cdot 2H_2O$	150	$Na_2MoO_4 \cdot 2H_2O$	0.25	蔗糖	20 000
$MgSO_4 \cdot 7H_2O$	500	$CuSO_4 \cdot 5H_2O$	0.025	烟酸	1
$FeNa_2$-EDTA	28	$CoCl_2 \cdot 6H_2O$	0.025	琼脂	10 000
$MnSO_4 \cdot 4H_2O$	10				

注：pH 为 5.5。

BL 培养基
（Brown and Lawrence，1968；用于花旗松外植体培养）

成分	含量/(mg/L)	成分	含量/(mg/L)	成分	含量/(mg/L)
NH_4NO_3	1 650	$MnSO_4 \cdot H_2O$	16.9	$CoCl_2 \cdot 6H_2O$	0.025
KNO_3	1 900	$ZnSO_4 \cdot 7H_2O$	10.6	天冬氨酸	100
KH_2PO_4	170	H_3BO_3	6.2	肌醇	100
$CaCl_2 \cdot 2H_2O$	440	KI	0.83	烟酸	0.5
$MgSO_4 \cdot 7H_2O$	370	$CuSO_4 \cdot 5H_2O$	0.025	蔗糖	30000
$FeSO_4 \cdot 7H_2O$	27.8	$Na_2MoO_4 \cdot 2H_2O$	0.25	琼脂	80000
Na_2-EDTA	37.3				

注：pH 值为 5.8。

C_{17} 培养基

(王培等，1986；用于小麦花药培养)

成分	含量/(mg/L)	成分	含量/(mg/L)	成分	含量/(mg/L)
NH_4NO_3	300	$MnSO_4 \cdot 4H_2O$	11.2	盐酸硫胺素	0.5
KNO_3	1 400	$ZnSO_4 \cdot 7H_2O$	8.6	盐酸吡哆醇	0.5
KH_2PO_4	400	H_3BO_3	6.2	烟酸	0.5
$CaCl_2 \cdot 2H_2O$	150	KI	0.83	生物素	1.5
$MgSO_4 \cdot 7H_2O$	150	$CuSO_4 \cdot 5H_2O$	0.025	蔗糖	90 000
$FeSO_4 \cdot 7H_2O$	27.8	肌醇	100	琼脂	7 000
$Na_2 - EDTA$	37.3	甘氨酸	2		

注：pH 为 5.8。

CHB 培养基或改良 N_6 培养基

(Chu 等，1990；用于小麦花药、小孢子与合子培养)

成分	含量/(mg/L)	成分	含量/(mg/L)	成分	含量/(mg/L)
KNO_3	1 415	H_3BO_3	5	盐酸吡哆醇	0.5
$(NH_4)_2SO_4$	232	KI	0.4	烟酸	0.5
NaH_2PO_4	200	$Na_2MoO_4 \cdot 2H_2O$	0.012 5	生物素	0.25
$CaCl_2 \cdot 2H_2O$	83	$CuSO_4 \cdot 5H_2O$	0.012 5	泛酸钙	0.25
$MgSO_4 \cdot 7H_2O$	93	$CoCl_2 \cdot 6H_2O$	0.012 5	维生素 C	0.5
$FeNa_2 - EDTA$	32	甘氨酸	1.0	谷氨酰胺	10 000
$MnSO_4 \cdot 4H_2O$	5	肌醇	300	麦芽糖或葡萄糖	0.21 (mol/L)
$ZnSO_4 \cdot 7H_2O$	5	盐酸硫胺素	2.5		

注：该培养基为液体培养基，用过滤消毒法灭菌；pH 为 5.4。

CM 培养基

(Chaturvedi 和 Mitra，1974；用于柑橘体细胞胚培养)

成分	含量/(mg/L)	成分	含量/(mg/L)	成分	含量/(mg/L)
KNO_3	1 500	H_3BO_3	6.2	盐酸吡哆醇	1.25
NH_4NO_3	1 500	$ZnSO_4 \cdot 7H_2O$	8.6	烟酸	0.5
KH_2PO_4	150	KI	0.83	维生素 H	0.1
$CaCl_2 \cdot 2H_2O$	400	$Na_2MoO_4 \cdot 2H_2O$	0.25	叶酸	0.1
$MgSO_4 \cdot 7H_2O$	360	$CuSO_4 \cdot 5H_2O$	0.025	维生素 B_2	0.1
$Na_2 - EDTA$	37.3	$CoCl_2 \cdot 6H_2O$	0.025	甘氨酸	2
$FeSO_4 \cdot 7H_2O$	27.8	维生素 C	5	肌醇	100
$MnSO_4 \cdot 4H_2O$	22.3	盐酸硫胺素	5	蔗糖	50 000

注：pH 为 5.6。

CPW 培养基

(Frearson 等，1973；用于原生质体培养分离、洗涤等)

成分	含量/(mg/L)	成分	含量/(mg/L)	成分	含量/(mg/L)
KNO_3	101	KI	0.16	$CaCl_2$	1 117.5
KH_2PO_4	27.2	$CuSO_4 \cdot 5H_2O$	0.025	$MgSO_4 \cdot 7H_2O$	246

注：pH 为 5.8。

DCR 培养基

(Gupta 和 Durzan, 1985; 用于松树组织培养)

成分	含量/(mg/L)	成分	含量/(mg/L)	成分	含量/(mg/L)
KNO_3	340	$MnSO_4 \cdot H_2O$	22.3	肌醇	200
$Ca(NO_3)_2 \cdot 4H_2O$	556	$Na_2MoO_4 \cdot 2H_2O$	0.25	甘氨酸	2.0
NH_4NO_3	400	KI	0.83	盐酸硫胺素	1.0
KH_2PO_4	170	$CuSO_4 \cdot 5H_2O$	0.25	盐酸吡哆醇	0.5
$CaCl_2 \cdot 2H_2O$	85	$CoCl_2$	0.025	烟酸	0.5
$MgSO_4 \cdot 7H_2O$	370	$NiCl_2$	0.025	蔗糖	30 000
H_3BO_3	6.2	$FeSO_4 \cdot 7H_2O$	27.8	琼脂	10 000
$ZnSO_4 \cdot 7H_2O$	8.6	$Na_2-EDTA \cdot H_2O$	37.3		

注: pH 为 5.8。

ER 培养基

(Eriksson, 1965; 用于多种植物组织培养)

成分	含量/(mg/L)	成分	含量/(mg/L)	成分	含量/(mg/L)
KNO_3	1 900	$MnSO_4 \cdot H_2O$	2.23	$ZnSO_4 \cdot 7H_2O$	8.6
NH_4NO_3	1 200	$Na_2MoO_4 \cdot 2H_2O$	0.025	甘氨酸	2
KH_2PO_4	340	$CoCl_2$	0.002 5	盐酸硫胺素	0.5
$CaCl_2 \cdot 2H_2O$	400	$NiCl_2$	0.002 5	盐酸吡哆醇	0.5
$MgSO_4 \cdot 7H_2O$	370	$FeSO_4 \cdot 7H_2O$	27.8	蔗糖	40 000
H_3BO_3	0.63	$Na_2-EDTA \cdot H_2O$	37.3		

注: pH 为 5.8。

Heller 培养基

(Heller, 1953; 用于植物细胞、组织和器官的培养)

成分	含量/(mg/L)	成分	含量/(mg/L)	成分	含量/(mg/L)
$NaNO_3$	600	$MgSO_4 \cdot 7H_2O$	250	H_3BO_3	1
KCl	750	$FeCl_3 \cdot 6H_2O$	1	KI	0.01
$NaH_2PO_4 \cdot H_2O$	125	$MnSO_4 \cdot 4H_2O$	0.1	$NiCl_2 \cdot 6H_2O$	0.03
$CuSO_4 \cdot 5H_2O$	0.03	$ZnSO_4 \cdot 7H_2O$	1	$AlCl_3$	0.03
$CaCl_2 \cdot 2H_2O$	75				

注: pH 为 5.7。

FHG 培养基

(Hunter, 1988; 用于大麦及其他禾谷类花药及花粉培养)

成分	含量/(mg/L)	成分	含量/(mg/L)	成分	含量/(mg/L)
KNO_3	1 900	$MnSO_4 \cdot 4H_2O$	22.3	$CoCl_2 \cdot 6H_2O$	0.025
NH_4NO_3	1 650	$ZnSO_4 \cdot 7H_2O$	8.6	肌醇	100
KH_2PO_4	170	H_3BO_3	6.2	盐酸硫胺素	0.4
$CaCl_2 \cdot 2H_2O$	440	KI	0.83	谷氨酰胺	730
$MgSO_4 \cdot 7H_2O$	370	$Na_2MoO_4 \cdot 2H_2O$	0.25	麦芽糖	62 000
$FeNa_2-EDTA$	40	$CuSO_4 \cdot 5H_2O$	0.025	聚蔗糖 400	20 000

注: 该培养基为液体培养基, 用过滤消毒法灭菌; pH 为 5.6。

GD 培养基

(Gresshoff 和 Doy，1972；用于松树组织培养)

成分	含量/(mg/L)	成分	含量/(mg/L)	成分	含量/(mg/L)
KNO_3	1 000	H_3BO_3	3	肌醇	10
$Ca(NO_3)_2 \cdot 4H_2O$	347	$ZnSO_4 \cdot 7H_2O$	3	甘氨酸	0.4
NH_4NO_3	1 000	$MnSO_4 \cdot H_2O$	10	盐酸硫胺素	1
KH_2PO_4	300	$Na_2MoO_4 \cdot 2H_2O$	0.25	烟酸	0.1
KCl	65	KI	0.8	盐酸吡哆醇	0.1
$MgSO_4 \cdot 7H_2O$	35	$CuSO_4 \cdot 5H_2O$	0.25	蔗糖	30 000
$FeSO_4 \cdot 7H_2O$	27.8	$CoCl_2$	0.25	琼脂	10 000
$Na_2-EDTA \cdot H_2O$	37.3				

注：pH 为 5.8。

GS 培养基

(曹孜义等，1986；用于葡萄试管苗培养)

成分	含量/(mg/L)	成分	含量/(mg/L)	成分	含量/(mg/L)
$(NH_4)_2SO_4$	67	$MnSO_4 \cdot H_2O$	5	盐酸硫胺素	10
KNO_3	1 250	$ZnSO_4 \cdot 7H_2O$	1	盐酸吡哆醇	1
$CaCl_2 \cdot 2H_2O$	150	H_3BO_3	1.5	烟酸	1
$MgSO_4 \cdot 7H_2O$	125	KI	0.375	肌醇	25
Na_2-EDTA	18.65	$CuSO_4 \cdot 5H_2O$	0.012 5	蔗糖	15 000
$FeSO_4 \cdot 7H_2O$	13.9	$CoCl_2 \cdot 6H_2O$	0.0125	琼脂	4 000~7 000

注：pH 为 5.9。

H 培养基

(Bourgin 和 Nitsch，1967；用于烟草花药培养和一般组织培养)

成分	含量/(mg/L)	成分	含量/(mg/L)	成分	含量/(mg/L)
NH_4NO_3	720	$MnSO_4 \cdot 4H_2O$	25	盐酸硫胺素	0.5
KNO_3	950	$ZnSO_4 \cdot 7H_2O$	10	盐酸吡哆醇	0.5
KH_2PO_4	68	H_3BO_3	10	叶酸	0.5
$CaCl_2 \cdot 2H_2O$	166	$Na_2MoO_4 \cdot 2H_2O$	0.25	生物素	0.05
$MgSO_4 \cdot 7H_2O$	185	$CuSO_4 \cdot 5H_2O$	0.025	蔗糖	30 000
$FeSO_4 \cdot 7H_2O$	27.8	肌醇	100	琼脂	8 000
Na_2-EDTA	37.3	甘氨酸	2		

注：pH 为 5.5。

HE 培养基

(Heller，1953)

成分	含量/(mg/L)	成分	含量/(mg/L)	成分	含量/(mg/L)
$NaNO_3$	600	$MnSO_4 \cdot 4H_2O$	0.1	$AlCl_3$	0.03
KCl	750	$ZnSO_4 \cdot 7H_2O$	1	$CuSO_4 \cdot 5H_2O$	0.03
NaH_2PO_4	125	H_3BO_3	1	$NiCl_2 \cdot 5H_2O$	0.03
$CaCl_2 \cdot 2H_2O$	75	KI	0.01	盐酸硫胺素	1
$MgSO_4 \cdot 7H_2O$	250	$FeSO_4 \cdot 6H_2O$	1	蔗糖	20 000

Hough 培养基

(Hough，1958；用于桃胚培养)

成分	含量/(mg/L)	成分	含量/(mg/L)	成分	含量/(mg/L)
$CaSO_4$	348.6	$MnSO_4 \cdot 4H_2O$	0.769	$FePO_4 \cdot 7H_2O$	2.49
$Ca(NO_3)_2 \cdot 2H_2O$	1 181	$ZnSO_4 \cdot 7H_2O$	0.44	EDTA	3.33
KH_2PO_4	136.1	H_3BO_3	0.571	MoO_3	0.015
$MgSO_4 \cdot 7H_2O$	493	$CuSO_4 \cdot 5H_2O$	0.039	蔗糖	20 000
$(NH_4)_2SO_4$	132.1	NaCl	58.5		

注：MoO_3 可替换为 $H_2MoO_4 \cdot H_2O$（含量为 0.026 mg/L）。

K_3 培养基

成分	含量/(mg/L)	成分	含量/(mg/L)
$NaH_2PO_4 \cdot H_2O$	150	铁盐	同 MS 培养基
$CaHPO_4$	50	维生素及有机成分	同 B_5 培养基
$CaCl_2 \cdot 2H_2O$	900	2,4-D	0.1
KNO_4	2 500	6-BA	0.2
NH_4NO_3	250	NAA	1
$(NH_4)_2SO_4$	134	木糖	250
$MgSO_4 \cdot 7H_2O$	250	蔗糖	0.4mol/L
微量元素	同 B_5 培养基		

注：pH 为 5.6。

KM-8P 培养基

(Kao 等，1975；用于禾谷类和豆科植物原生质体培养)

成分	含量/(mg/L)	成分	含量/(mg/L)	成分	含量/(mg/L)
NH_4NO_3	600	葡萄糖	68 400	丙酮酸钠	20
KNO_3	1 900	肌醇	100	柠檬酸	40
$CaCl_2 \cdot 2H_2O$	600	烟酸	1	苹果酸	40
$MgSO_4 \cdot 7H_2O$	300	盐酸硫胺素	1	延胡索酸	40
KH_2PO_4	170	盐酸吡哆醇	1	果糖	250
KCl	300	生物素	0.01	核糖	250
$FeNa_2$-EDTA	28	氯化胆碱	1	木糖	250
KI	0.75	维生素 B_2	0.2	甘露醇	250
H_3BO_3	3	抗坏血酸	2	鼠李糖	250
$MnSO_4 \cdot H_2O$	10	D-泛酸钙	1	纤维二糖	250
$ZnSO_4 \cdot H_2O$	2	叶酸	0.4	山梨醇	250
$Na_2MoO_4 \cdot 2H_2O$	0.25	对氨基苯甲酸	0.02	甘露醇	250
$CuSO_4 \cdot 5H_2O$	0.025	维生素 A	0.01	水解酪蛋白	250
$CoCl_2 \cdot 6H_2O$	0.025	维生素 D_3	0.01	椰子汁	20 mL/L
蔗糖	250	维生素 B_{12}	0.02		

注：pH 为 5.6。

Knudson C 培养基[1]

(Knudson,1925;用于兰科植物种子培养和萌发)

成分	含量/(mg/L)	成分	含量/(mg/L)	成分	含量/(mg/L)
$(NH_4)_2SO_4$	500	$MgSO_4·7H_2O$	250	蔗糖	20 000
KH_2PO_4	250	$FeSO_4·7H_2O$	25	琼脂	17 500
$Ca(NO_3)_2·4H_2O$	1 000	$MnSO_4·4H_2O$	7.5		

注:pH 为 5.8。

Knudson C 培养基[2]

(Knudson,1946;用于卡德利亚兰增殖培养)

成分	含量/(mg/L)	成分	含量/(mg/L)	成分	含量/(mg/L)
$(NH_4)_2SO_4$	1 000	$MnSO_4·4H_2O$	0.068	肌醇	18
KH_2PO_4	135	$AlCl_3$	0.031	烟酸	1.22
$Ca(NO_3)_2·4H_2O$	500	$NiCl_2$	0.017	盐酸硫胺素	0.34
KCl	1 050	叶酸	4.4	盐酸吡哆醇	0.21
$MgSO_4·7H_2O$	120	生物素	0.024	蔗糖	20 000
$CuSO_4·5H_2O$	0.019	泛酸钙	0.48	椰子汁	50～150
$FeC_6H_5O_7·3H_2O$	5.4	谷氨酸	15	或水解酪蛋白	100
H_3BO_3	1.014	天冬氨酸	13	KT	0.22
$ZnSO_4·7H_2O$	0.565	鸟嘌呤核苷酸	182	NAA	0.18
KI	0.099	胞嘧啶核苷酸	162	GA_3	0.35

注:pH 为 5.5。

Knop 营养液

(Knop,1865;用于多种植物生长)

成分	含量/(mg/L)	成分	含量/(mg/L)	成分	含量/(mg/L)
KNO_3	250	蔗糖	2 000	KH_2PO_4	250
$Ca(NO_3)_2·4H_2O$	1 000	$MgSO_4·7H_2O$	250		

注:pH 为 5.5～6.5。

KPR 培养基

(Kao,1977;用于原生质体培养)

成分	含量/(mg/L)	成分	含量/(mg/L)	成分	含量/(mg/L)
NH_4NO_3	600	蔗糖	250	盐酸吡哆醇	1
KNO_3	1900	果糖	125	盐酸硫胺素	10
$CaCl_2·2H_2O$	600	核糖	125	D-泛酸钙	0.5
$MgSO_4·7H_2O$	300	木糖	125	叶酸	0.2
KH_2PO_4	170	甘露糖	125	对氨基苯甲酸	0.01
KCl	300	鼠李糖	125	生物素	0.005
Sequestrene 330Fe	28	纤维二糖	125	氯化胆碱	0.5
KI	0.75	山梨醇	125	维生素 B_2	0.1
H_3BO_3	3	甘露醇	125	抗坏血酸	1
$MnSO_4·H_2O$	10	丙酮酸钠	5	维生素 A	0.005

(续)

成分	含量/(mg/L)	成分	含量/(mg/L)	成分	含量/(mg/L)
$ZnSO_4 \cdot 7H_2O$	2	柠檬酸	10	维生素 D_3	0.005
$Na_2MoO_4 \cdot 2H_2O$	0.25	苹果酸	10	维生素 B_{12}	0.01
$CuSO_4 \cdot 5H_2O$	0.025	延胡索酸	10	水解酪蛋白	125
$CoCl_2 \cdot 6H_2O$	0.025	肌醇	100	椰子汁	10 mL/L
葡萄糖	68 400	烟酸	1		

注:pH 为 5.7。

Kyoto 培养基
(Tsukamoto 等,1963;用于兰花组织培养)

成分	含量/(mg/L)	成分	含量/(mg/L)	成分	含量/(mg/L)
复合肥料(7:6:19)	3	10%~20%苹果汁	1 000	蔗糖	35 000
琼脂	15 000				

注:pH 为 5.3。

LS 培养基
(Linsmaier 和 Skoog,1965;用于一般组织培养)

成分	含量/(mg/L)	成分	含量/(mg/L)	成分	含量/(mg/L)
NH_4NO_3	1 650	Na_2-EDTA	37.3	$CuSO_4 \cdot 5H_2O$	0.025
KNO_3	1 900	$MnSO_4 \cdot 4H_2O$	22.3	$CoCl_2 \cdot 6H_2O$	0.025
KH_2PO_4	170	$ZnSO_4 \cdot 7H_2O$	8.6	肌醇	100
$CaCl_2 \cdot 2H_2O$	440	H_3BO_3	6.2	盐酸硫胺素	0.4
$MgSO_4 \cdot 7H_2O$	370	KI	0.83	蔗糖	30 000
$FeSO_4 \cdot 7H_2O$	27.8	$Na_2MoO_4 \cdot 2H_2O$	0.25	琼脂	8 000

注:pH 为 5.8。

Miller 培养基
(Miller,1963;用于一般组织培养)

成分	含量/(mg/L)	成分	含量/(mg/L)	成分	含量/(mg/L)
NH_4NO_3	1 000	$FeNa_2$-EDTA	32	盐酸硫胺素	0.4
KNO_3	1 000	$MnSO_4 \cdot 4H_2O$	4.4	盐酸吡哆醇	0.5
KH_2PO_4	330	$ZnSO_4 \cdot 7H_2O$	1.5	烟酸	0.5
KCl	65	H_3BO_3	1.6	蔗糖	30 000
$Ca(NO_3)_2 \cdot 4H_2O$	347	KI	0.8	琼脂	8 000
$MgSO_4 \cdot 7H_2O$	35	甘氨酸	2		

注:pH 为 5.8。

MS 培养基
(Murashige 和 Skoog,1962;广泛用于多种植物的各类组织培养)

成分	含量/(mg/L)	成分	含量/(mg/L)	成分	含量/(mg/L)
NH_4NO_3	1 650	$ZnSO_4 \cdot 7H_2O$	8.6	盐酸硫胺素	0.1
KNO_3	1 900	H_3BO_3	6.2	盐酸吡哆醇	0.5

(续)

成分	含量/(mg/L)	成分	含量/(mg/L)	成分	含量/(mg/L)
KH_2PO_4	170	$MnSO_4 \cdot 4H_2O$	22.3	肌醇	100
$CaCl_2 \cdot 2H_2O$	440	KI	0.83	甘氨酸	2
$MgSO_4 \cdot 7H_2O$	370	$Na_2MoO_4 \cdot 2H_2O$	0.25	烟酸	0.5
$FeSO_4 \cdot 7H_2O$	27.8	$CuSO_4 \cdot 5H_2O$	0.025	蔗糖	30 000
Na_2 - EDTA	37.3	$CoCl_2 \cdot 6H_2O$	0.025	琼脂	8 000

注：pH 为 5.8。

MT 培养基

(Murashige 和 Tucker，1969；用于柑橘组织培养)

成分	含量/(mg/L)	成分	含量/(mg/L)	成分	含量/(mg/L)
NH_4NO_3	1 650	$ZnSO_4 \cdot 7H_2O$	8.6	$MnSO_4 \cdot 4H_2O$	22.3
KNO_3	1 900	H_3BO_3	6.2	甘氨酸	2
KH_2PO_4	170	KI	0.83	盐酸吡哆醇	0.5
$CaCl_2 \cdot 2H_2O$	440	$CuSO_4 \cdot 5H_2O$	0.025	烟酸	0.5
$FeSO_4 \cdot 7H_2O$	27.8	$CoCl_2 \cdot 6H_2O$	0.025	肌醇	100
Na_2 - EDTA	37.3	$MgSO_4 \cdot 7H_2O$	370	蔗糖	50 000

注：pH 为 5.6。

N_6 培养基

(朱至清等，1975；用于禾谷类花药、原生质体培养和诱导玉米体细胞胚胎发生)

成分	含量/(mg/L)	成分	含量/(mg/L)	成分	含量/(mg/L)
KNO_3	2 830	Na_2 - EDTA	37.3	盐酸硫胺素	1
$(NH_4)_2SO_4$	463	$MnSO_4 \cdot 4H_2O$	4.4	盐酸吡哆醇	0.5
KH_2PO_4	400	$ZnSO_4 \cdot 7H_2O$	1.5	烟酸	0.5
$CaCl_2 \cdot 2H_2O$	166	H_3BO_3	1.6	蔗糖	50 000
$MgSO_4 \cdot 7H_2O$	185	KI	0.8	琼脂	8 000
$FeSO_4 \cdot 7H_2O$	27.8	甘氨酸	2		

注：该培养基在诱导玉米体细胞胚胎发生时在基本培养基中添加脯氨酸 690 mg/L；pH 为 5.8。

Nitsch 培养基

(Nitsch，1951；用于传粉后子房培养)

成分	含量/(mg/L)	成分	含量/(mg/L)	成分	含量/(mg/L)
$Ca(NO_3)_2 \cdot 4H_2O$	500	柠檬酸铁	10	$Na_2MoO_4 \cdot 2H_2O$	0.025
KNO_3	125	$MnSO_4 \cdot 4H_2O$	3	$CuSO_4 \cdot 5H_2O$	0.025
KH_2PO_4	125	$ZnSO_4 \cdot 7H_2O$	0.05	蔗糖	20 000
$MgSO_4 \cdot 7H_2O$	125	H_3BO_3	0.5	琼脂	10 000

注：pH 为 6.0。

改良 Nitsch 培养基

(Kanta 和 Maheshwari, 1964; 用于传粉后子房培养)

成分	含量/(mg/L)	成分	含量/(mg/L)	成分	含量/(mg/L)
$Ca(NO_3)_2 \cdot 4H_2O$	500	$ZnSO_4 \cdot 7H_2O$	0.05	盐酸硫胺素	0.25
KNO_3	125	H_3BO_3	0.5	盐酸吡哆醇	0.25
KH_2PO_4	125	$Na_2MoO_4 \cdot 2H_2O$	0.025	烟酸	1.25
$MgSO_4 \cdot 7H_2O$	125	$CuSO_4 \cdot 5H_2O$	0.025	蔗糖	50000
柠檬酸铁	10	甘氨酸	7.5	琼脂	7000
$MnSO_4 \cdot 4H_2O$	3	泛酸钙	0.25		

注: pH 为 6.0。

Nitsch-Nitsch 培养基

(Nitsch 和 Nitsch, 1969; 用于花药培养)

成分	含量/(mg/L)	成分	含量/(mg/L)	成分	含量/(mg/L)
$CaCl_2 \cdot 2H_2O$	166	H_3BO_3	10	盐酸硫胺素	0.5
$MgSO_4 \cdot 2H_2O$	185	$CuSO_4 \cdot 5H_2O$	0.025	盐酸吡哆醇	0.5
KNO_3	950	$Na_2MoO_4 \cdot 2H_2O$	0.25	烟酸	5
Na_2-EDTA	37.3	$ZnSO_4 \cdot 7H_2O$	10	甘氨酸	2
$FeSO_4 \cdot 7H_2O$	27.8	肌醇	100	蔗糖	50 000
$MnSO_4 \cdot H_2O$	18.9	生物素	0.2	琼脂	7 000
KH_2PO_4	68				

注: pH 为 6.0。

Norstog 培养基

(Norstog, 1963; 用于大麦胚培养)

成分	含量/(mg/L)	成分	含量/(mg/L)	成分	含量/(mg/L)
$Ca(NO_3)_2 \cdot 4H_2O$	290	KCl	140	$ZnSO_4 \cdot 7H_2O$	0.5
$MgSO_4 \cdot 7H_2O$	730	H_3BO_3	0.5	$CoCl_2 \cdot 6H_2O$	0.25
KNO_3	160	$CuSO_4 \cdot 5H_2O$	0.25	$MnSO_4 \cdot 4H_2O$	3
$FeC_6H_5O_7$ (1%)	10	$Na_2MoO_4 \cdot 2H_2O$	0.25	蔗糖	10 000
$NaSO_4$	200	$NaH_2PO_4 \cdot H_2O$	800		

注: pH 为 5.6。

NT 培养基

(Nagata 和 Takebe, 1971; 用于烟草和其他双子叶植物的原生质体培养)

成分	含量/(mg/L)	成分	含量/(mg/L)	成分	含量/(mg/L)
NH_4NO_3	825	Na_2-EDTA	37.3	$CuSO_4 \cdot 5H_2O$	0.025
KNO_3	950	$MnSO_4 \cdot 4H_2O$	22.3	$CoSO_4 \cdot 7H_2O$	0.03
KH_2PO_4	680	$ZnSO_4 \cdot 7H_2O$	8.6	肌醇	100
$CaCl_2 \cdot 2H_2O$	220	H_3BO_3	6.2	盐酸硫胺素	1
$MgSO_4 \cdot 7H_2O$	1 233	KI	0.83	蔗糖	10 000
$FeSO_4 \cdot 7H_2O$	27.8	$Na_2MoO_4 \cdot 2H_2O$	0.25	甘露醇	127

注: pH 为 5.8。

RA 培养基

(Shepard 等，1980；用于马铃薯原生质体培养)

成分	含量/(mg/L)	成分	含量/(mg/L)	成分	含量/(mg/L)
KNO_3	1 900	$ZnSO_4 \cdot 7H_2O$	4.6	烟酸	5
NH_4Cl	267.5	H_3BO_3	3.1	生物素	0.05
$CaCl_2 \cdot 2H_2O$	440	KI	0.42	叶酸	0.5
$MgSO_4 \cdot 7H_2O$	370	$Na_2MoO_4 \cdot 2H_2O$	0.13	水解酪蛋白	100
KH_2PO_4	170	$CuSO_4 \cdot 5H_2O$	0.013	甘氨酸	2
$FeSO_4 \cdot 7H_2O$	13.9	$CoSO_4 \cdot 7H_2O$	0.015	蔗糖	30 000
Na_2-EDTA	18.5	盐酸硫胺素	0.5	琼脂	10 000
$MnCl_2 \cdot 4H_2O$	9.9	盐酸吡哆醇	0.5		

注：pH 为 5.4。

RM 培养基

(Reinert 等，1967；用于兰花组织培养)

成分	含量/(mg/L)	成分	含量/(mg/L)	成分	含量/(mg/L)
$Ca(NO_3)_2 \cdot 4H_2O$	1 000	Na_2-EDTA	22.4	盐酸硫胺素	0.1
$(NH_4)_2SO_4$	400	$MnSO_4 \cdot 4H_2O$	7.5	盐酸吡哆醇	0.5
KCl	500	H_3BO_3	0.03	烟酸	0.5
$MgSO_4 \cdot 7H_2O$	400	$ZnSO_4 \cdot 7H_2O$	0.03	柠檬酸	150.0
KH_2PO_4	250	$CuSO_4 \cdot 5H_2O$	0.001	蔗糖	20 000
$FeSO_4 \cdot 7H_2O$	10.67	甘氨酸	2	琼脂	10 000

注：pH 为 5.4。

Rossini 培养基

(Rossini，1972；用于叶肉细胞培养)

成分	含量/(mg/L)	成分	含量/(mg/L)	成分	含量/(mg/L)
KNO_3	950	H_3BO_3	5	盐酸吡哆醇	0.5
NH_4NO_3	725	$ZnSO_4 \cdot 4H_2O$	5	烟酸	5
$CaCl_2$	169	$Na_2MoO_4 \cdot 2H_2O$	0.125	生物素	0.05
$MgSO_4 \cdot 7H_2O$	187	$CuSO_4 \cdot 5H_2O$	0.012 5	叶酸	0.5
KH_2PO_4	69	6-BA	0.1	肌醇	100
$FeSO_4 \cdot 7H_2O$	13.9	2,4-D	1	甘氨酸	2
Na_2-EDTA	18.6	盐酸硫胺素	0.5	蔗糖	10 000
$MnSO_4 \cdot 4H_2O$	12.5				

注：pH 为 5.0。

SH 培养基

(Schenk 和 Hildebrandt，1972；用于松树组织培养)

成分	含量/(mg/L)	成分	含量/(mg/L)	成分	含量/(mg/L)
KNO_3	2 500	$ZnSO_4 \cdot 7H_2O$	1	肌醇	1 000
$NH_4H_2PO_4$	300	$MnSO_4 \cdot H_2O$	10	盐酸硫胺素	5
$CaCl_2 \cdot 2H_2O$	151	$Na_2MoO_4 \cdot 2H_2O$	0.1	烟酸	5
$MgSO_4 \cdot 7H_2O$	400	KI	0.1	盐酸吡哆醇	0.5
$FeSO_4 \cdot 7H_2O$	15	$CuSO_4 \cdot 5H_2O$	0.2	蔗糖	30 000
$Na_2-EDTA \cdot H_2O$	20.1	$CoCl_2$	0.1	琼脂	10 000
H_3BO_3	5				

注：pH 为 5.8。

Steward 和 Hsu 培养基

(Steward 和 Hsu, 1978; 用于棉花杂种幼龄胚培养)

成分	含量/ (mg/L)	成分	含量/ (mg/L)	成分	含量/ (mg/L)
KNO_3	5 055	$ZnSO_4 \cdot 7H_2O$	8.6	IAA	8.75×10^{-3}
NH_4SO_4	1 200	$MnSO_4 \cdot H_2O$	16.9	盐酸硫胺素	1.35
$CaCl_2 \cdot 2H_2O$	441	$Na_2MoO_4 \cdot 2H_2O$	0.24	烟酸	0.49
$MgSO_4 \cdot 7H_2O$	493	KI	0.83	盐酸吡哆醇	0.82
KH_2PO_4	272	$CuSO_4 \cdot 5H_2O$	0.025	蔗糖	40 000
$FeSO_4 \cdot 7H_2O$	8.3	$CoCl_2 \cdot 6H_2O$	0.024	D-果糖	3 600
Na_2-EDTA	11	肌醇	180	琼脂	10 000
H_3BO_3	6.18				

注: pH 为 5.8。

T 培养基

(Bourgin 和 Nitsch, 1967; 用于烟草花粉植株和各类再生植株的壮苗培育)

成分	含量/ (mg/L)	成分	含量/ (mg/L)	成分	含量/ (mg/L)
NH_4NO_3	1 650	$FeSO_4 \cdot 7H_2O$	27.8	$Na_2MoO_4 \cdot 2H_2O$	0.25
KNO_3	1 900	Na_2-EDTA	37.3	$CuSO_4 \cdot 5H_2O$	0.025
KH_2PO_4	170	$MnSO_4 \cdot 4H_2O$	25	蔗糖	10 000
$CaCl_2 \cdot 2H_2O$	440	H_3BO_3	10	琼脂	8 000
$MgSO_4 \cdot 7H_2O$	370				

注: pH 为 6.0。

Tukey 培养基

(Tukey, 1934; 用于桃胚胎培养)

成分	含量/ (mg/L)	成分	含量/ (mg/L)	成分	含量/ (mg/L)
KNO_3	136	KCl	680	$MgSO_4$	170
$CaSO_4$	170	$FePO_4 \cdot 2H_2O$	170	蔗糖	10 000
$Ca_3(PO_4)_2$	170				

注: pH 为 5.8。

W_{14} 培养基

(欧阳俊闻等, 1989; 用于小麦花药培养)

成分	含量/ (mg/L)	成分	含量/ (mg/L)	成分	含量/ (mg/L)
KNO_3	2 000	$MnSO_4 \cdot 4H_2O$	8	甘氨酸	2
$NH_4H_2PO_4$	380	$ZnSO_4 \cdot 7H_2O$	3	盐酸硫胺素	2
KH_2PO_4	400	H_3BO_3	3	盐酸吡哆醇	0.5
$CaCl_2 \cdot 2H_2O$	140	KI	0.5	烟酸	0.5
$MgSO_4 \cdot 7H_2O$	200	$Na_2MoO_4 \cdot 2H_2O$	0.005	蔗糖	110 000
$FeSO_4 \cdot 7H_2O$	27.8	$CuSO_4 \cdot 5H_2O$	0.025	琼脂	5 000
Na_2-EDTA	37.3	$CoCl_2 \cdot 6H_2O$	0.025		

注: pH 为 6.0。

White 培养基

(White，1934 年；用于试管苗生根培养)

成分	含量/(mg/L)	成分	含量/(mg/L)	成分	含量/(mg/L)
KNO_3	80	$Fe_2(SO_4)_3$	2.5	盐酸吡哆醇	0.1
$Ca(NO_3)_2 \cdot 4H_2O$	200	$MnSO_4 \cdot 4H_2O$	7	烟酸	0.3
$MgSO_4 \cdot 7H_2O$	720	$ZnSO_4 \cdot 7H_2O$	3	甘氨酸	3
$NaH_2PO_4 \cdot H_2O$	16.5	H_3BO_3	1.5	蔗糖	20 000
Na_2SO_4	200	KI	0.75	琼脂	10 000
KCl	65	盐酸硫胺素	0.1		

注：pH 为 5.6。

改良 White 培养基

(White，1963 年；用于胚培养)

成分	含量/(mg/L)	成分	含量/(mg/L)	成分	含量/(mg/L)
KNO_3	80	$Fe_2(SO_4)_3$	2.5	盐酸吡哆醇	0.1
$Ca(NO_3)_2 \cdot 4H_2O$	288	$MnSO_4 \cdot 4H_2O$	6.65	盐酸硫胺素	0.1
$MgSO_4 \cdot 7H_2O$	737	$ZnSO_4 \cdot 7H_2O$	2.67	烟酸	0.3
$NaH_2PO_4 \cdot H_2O$	19	H_3BO_3	1.5	甘氨酸	3
Na_2SO_4	200	KI	0.75	蔗糖	20 000
KCl	65	$CuSO_4 \cdot 5H_2O$	0.001	琼脂	10 000
肌醇	100	MoO_3	0.000 1		

注：pH 为 5.6。

WPM 培养基

(McCown 和 Lloyd，1982；用于木本植物组织培养)

成分	含量/(mg/L)	成分	含量/(mg/L)	成分	含量/(mg/L)
NH_4NO_3	400	Na_2-EDTA	37.3	盐酸硫胺素	1
$Ca(NO_3)_2 \cdot 4H_2O$	556	H_3BO_3	6.2	盐酸吡哆醇	0.5
K_2SO_4	990	$Na_2MoO_4 \cdot 2H_2O$	0.25	烟酸	0.5
$CaCl_2 \cdot 2H_2O$	96	$MnSO_4 \cdot H_2O$	22.5	肌醇	100
KH_2PO_4	170	$ZnSO_4 \cdot 7H_2O$	8.6	蔗糖	20 000
$MgSO_4$	370	$CuSO_4 \cdot 5H_2O$	0.25	琼脂	10 000
$FeSO_4 \cdot 7H_2O$	27.8	甘氨酸	2		

注：pH 值为 5.8。

WS 培养基

(Wolter 和 Skoog，1966；用于木本植物组织生根)

成分	含量/(mg/L)	成分	含量/(mg/L)	成分	含量/(mg/L)
NH_4NO_3	50	$FeSO_4 \cdot 7H_2O$	27.8	盐酸硫胺素	0.1
$Ca(NO_3)_2 \cdot 4H_2O$	425	Na_2-EDTA	37.3	盐酸吡哆醇	0.1
KNO_3	170	H_3BO_3	3.2	烟酸	0.5
KCl	140	KI	1.6	肌醇	100
$NaH_2PO_4 \cdot H_2O$	35	$MnSO_4 \cdot H_2O$	9	蔗糖	20 000
$NaSO_4$	425	$ZnSO_4 \cdot 7H_2O$	3.2	琼脂	10 000

注：pH 为 5.8。

正14培养基

(母秋华等,1980;用于玉米花药培养)

成分	含量/(mg/L)	成分	含量/(mg/L)	成分	含量/(mg/L)
KNO_3	3 000	H_3BO_3	3	甘氨酸	2
$(NH_4)_2SO_4$	150	KI	0.75	盐酸硫胺素	10
$MgSO_4 \cdot 7H_2O$	450	$CuSO_4 \cdot 5H_2O$	0.025	盐酸吡哆醇	1
$CaCl_2 \cdot 2H_2O$	150	$CoCl_2 \cdot 6H_2O$	0.025	烟酸	1
KH_2PO_4	600	$Na_2MoO_4 \cdot 2H_2O$	0.25	蔗糖	150 000
$MnSO_4 \cdot H_2O$	10	$FeSO_4 \cdot 7H_2O$	27.8	琼脂	6 000
$ZnSO_4 \cdot 7H_2O$	2	Na_2-$EDTA \cdot 2H_2O$	37.3		

注:pH为5.8。

主要参考文献

曹孜义,齐与枢,王嘉长,等,1986.葡萄试管快速繁殖工厂化生产.农业科技通讯,3:24.

母秋华,1980.介绍一种花药培养基.遗传,2:28.

欧阳俊闻,贾双娥,张弛,等,1989.一个新的小麦花药培养基——W_{14}培养基//中国科学院遗传研究所.中国科学院遗传研究所研究工作年报1987—1988年报,北京:科学出版社.

王培,陈玉蓉,1986.C_{17}培养基在花药培养中应用的研究.Journal of Integrative Plant Biology,28 (1):38-45.

朱至清,王敬驹,孙敬三,等,1975.通过氮源比较试验建立一种较好的水稻花药培养基.中国科学(5):48-54.

Bourgin J P,Nitsch J P,1967. Production of haploids nicotiana from excised stamens. Annales De Physiologic Vegetable,9 (4):377.

Bourgin J P,Nitsch J P,1967. Obtention de Nicotiana haploides à partir d'étamines cultivées in vitro. Ann. Physiol. Vég.,9:377-382.

Brooks H J,Hough L F,1958. Vernalization studies with peach embryos. Proc. Amer. Soc. Hort. Sci.,71:95-102.

Brown C L,Lawrence R H. Notes:culture of pine callus on a defined medium. Forest Science,14 (1):62-64.

Chaturvedi H C,Mitra G C,1974. Clonal propagation of citrus from somatic callus cultures. Hort. Sci.,9:118-120.

Chu C C,Hill R D,Brule Babel A L,1990. High frequency of pollen embryoid formation and plant regeneration in Triticum aestivum L. on monosaccharide containing media. Plant Science,66 (2):255-262.

Eriksson T,1965. Studies on the growth requirements and growth measurements of cell cultures of Haplopappus gracilis. Physiol. Plant,18:976-993.

Frearson E M,Power J B,Cocking E C,1973. The isolation,culture and regeneration of petunia leaf protoplasts. Dev. Biol.,33 (1):130-137.

Gamborg O L,Miller R A,Ojima K,1968. Nutrient requirements of suspension cultures of soybean root cells. Exp. Cell Res.,50:151-158.

Gresshoff P M,Doy C H,Gresshoff P M,et al,1972. Haploid Arabidopsis thaliana callus and plants from anther culture. Australian Journal of Biological Sciences,25 (2):259-264.

Gupta P K,Durzan D J,1985. Shoot multiplication from mature trees of Douglas-fir (Pseudotsuga menziesii) and sugar pine (Pinus lambertiana). Plant Cell Reports,4 (4):177-179.

Heller G S,1953. Propagation of acoustic discontinuities in an inhomogeneous moving liquid medium. J. Acoust. Soc. Am.,25,938-947.

Kanta K, Maheshwari P, 1964. Intraovarian pollination in some Papaveraceae. Phytomorph, 13: 209-215.

Kao K N, 1977. Chromosomal behavior in somatic hybrids of soybean-nicotiana glauca. Mol. Gen. Genet., 150: 225-230.

Knop W, 1865. Quantitative untersuchungen über die ernährungsprozesse der pflanzen. Landwirtsch Vers Stn., 7: 93-107.

Knudson L, 1925. Physiological study of the symbiotic germination of orchid seeds. Botanical Gazette, 79 (4): 345-379.

Linsmaier E M, Skoog F, 1965. Organic growth factor requirements of tobacco tissue cultures. Physiol. Plantarum, 18: 100-127.

Maheshwari P, Kanta K, 1961. Intra-ovarian pollination in *Eschscholzia californica* Cham., *Argemone mexicana* L. and *A. ochroleuca* Sweet. Nature, 191 (4785): 304.

McCown B H, Lloyd G B, 1982. A survey of the response of *Rhododendron* to *in vitro* culture. Plant Cell, Tissue and Organ Culture, 2 (1): 77-85.

Michayluk M R, Kao K N, 1975. A comparative study of sugars and sugar alcohols on cell regeneration and sustained cell division in plant protoplasts. Zeitschrift Für Pflanzenphysiologie, 75 (2): 181-185.

Murashige T, Tucker D P H, 1969. Growth factor requirements of citrus tissue culture. Citrus Symp., 3: 1155-1161.

Murashige T, Skoog F, 1962. A revised medium for rapid growth and bioassays with tobacco tissue cultures. Physiol. Plant, 15: 473-497.

Nagata T, Takebe I, 1971. Plating of isolated tobacco mesophyll protoplasts on agar medium. Planta, 99 (1): 12-20.

Nitsch J P, 1951. Growth and development *in vitro* of excised ovaries. American Journal of Botany, 38 (7): 566-577.

Nitsch J P, Nitsch C, 1969. Haploid plants from pollen grains. Science, 163 (3862): 85-87.

Norstog K, Smith J E, 1963. Culture of small barley embryos on defined media. Science, 142 (3600): 1655-1656.

Reinert A, Mohr H C, 1967. Propagation of cattleya by tissue culture of lateral bud meristem. Proc. Am. Soc. Hort. Sci., 91: 664-671.

Rossini L, 1972. Division of free leaf cells of *Calystegia sepium in vitro*. Phytomorphology, 22: 21-29.

Schenk R U, Hildebrandt A C, 1972. Medium and techniques for induction and growth of monocotyledonous and dicotyledonous plant cell cultures. Canadian Journal of Botany, 50 (1): 199-204.

Shepard J F, Bidney D, Shahin E, 1980. Potato protoplasts in crop improvement. Science, 208 (4439): 17-24.

Stewart J M, HSU C L, 1978. Hybridization of diploid and tetraploid cottons through in-ovulo embryo culture. J. Heredity, 69: 404-408.

Toriyama K, Hinata K, 1985. Cell suspension and protoplast culture in rice. Plant Science, 41 (3): 179-183.

Tsukamoto Y, Kano K, Katsuura T, 1963. Instant media for orchid seed germination. Am. Orchid. Soc. Bull., 32: 354-355.

Tukey H B, 1934. Growth of the peach embryo in relation to growth of fruit and season of ripening. Proc. Amer. Soc. Hort. Sci., 30: 209-218.

White P R, 1934. Potentially unlimited growth of excised tomato root tips in a liquid medium. Plant Physiology, 9 (3): 585.

White P R, 1963. The cultivation of animal and plant cells. New York: Ronald Press.

Wolter K E, Skoog F, 1966. Nutritional requirements of *Fraxinus callus* cultures. American Journal of Botany, 53 (3): 263-269.

附录Ⅱ 植物组织培养基常用化合物相对分子质量

(引自李浚明和朱登云,2005)

化合物	分子式	相对分子质量	化合物	分子式	相对分子质量
大量元素			微量元素		
硝酸铵	NH_4NO_3	80.04	硼酸	H_3BO_3	61.83
硫酸铵	$(NH_4)_2SO_4$	132.15	氯化钴	$CoCl_2 \cdot 6H_2O$	237.93
氯化钙	$CaCl_2 \cdot 2H_2O$	147.02	硫酸铜	$CuSO_4 \cdot 5H_2O$	249.68
硝酸钙	$Ca(NO_3)_2 \cdot 4H_2O$	236.16	硫酸锰	$MnSO_4 \cdot 4H_2O$	223.01
硫酸镁	$MgSO_4 \cdot 7H_2O$	246.47	碘化钾	KI	166.01
氯化钾	KCl	74.55	钼酸钠	$NaMoO_4 \cdot 2H_2O$	241.95
硝酸钾	KNO_3	101.11	硫酸锌	$ZnSO_4 \cdot 7H_2O$	287.54
磷酸二氢钾	KH_2PO_4	136.09	乙二胺四乙酸二钠	$Na_2\text{-}EDTA \cdot 2H_2O$	372.25
磷酸二氢钠	$NaH_2PO_4 \cdot 2H_2O$	156.01	硫酸亚铁	$FeSO_4 \cdot 7H_2O$	278.03
			乙二胺四乙酸铁钠	$FeNa_2\text{-}EDTA$	367.07
糖和糖醇			维生素和氨基酸		
果糖	$C_6H_{12}O_6$	180.16	抗坏血酸(维生素C)	$C_6H_8O_6$	176.12
葡萄糖	$C_6H_{12}O_6$	180.16	生物素(维生素H)	$C_{10}H_{16}N_2O_3S$	244.31
山露糖	$C_6H_{14}O_6$	182.17	泛酸钙(维生素B_5之钙盐)	$(C_9H_{16}NO_5)_2Ca$	476.53
山梨醇	$C_6H_{14}O_6$	182.17	维生素B_{12}	$C_{63}H_{90}CoN_{14}O_{14}P$	1357.64
蔗糖	$C_{12}H_{22}O_{11}$	342.31	L-盐酸半胱氨酸	$C_3H_7NO_2S \cdot HCl$	157.63
生长素			叶酸(维生素M)	$C_{19}H_{19}N_7O_6$	441.40
ρ-CPA(ρ-对氯苯氧乙酸)	$C_8H_7O_3Cl$	186.59	肌醇	$C_6H_{12}O_6$	180.16
2,4-D(2,4-二氯苯氧乙酸)	$C_8H_6O_3Cl_2$	221.04	烟酸(维生素B_3)	$C_6H_5NO_2$	123.11
IAA(-3-吲哚乙酸)	$C_{10}H_9NO_2$	175.18	盐酸吡哆醇(维生素B_6)	$C_8H_{11}NO_3 \cdot HCl$	205.64
IBA(3-吲哚丁酸)	$C_{12}H_{13}NO_2$	203.23	盐酸硫胺素(维生素B_1)	$C_{12}H_{17}ClN_4OS \cdot HCl$	337.29
NAA(α-萘乙酸)	$C_{12}H_{10}O_2$	186.20	甘氨酸	$C_2H_5NO_2$	75.07
NOA(β-萘氧乙酸)	$C_{12}H_{10}O_3$	202.20	L-谷氨酰胺	$C_5H_{10}N_2O_3$	146.15
细胞分裂素/嘌呤			赤霉素		
Ad(腺嘌呤)	$C_5H_5N_5 \cdot 3H_2O$	189.13	GA_3	$C_{19}H_{22}O_6$	346.37
$AdSO_4$(硫酸腺嘌呤)	$(C_5H_5N_5)_5 \cdot H_2SO_4 \cdot 2H_2O$	404.37	其他化合物		
6-BA(6-苄基腺嘌呤)	$C_{12}H_{11}N_5$	225.26	ABA(脱落酸)	$C_{15}H_{20}O_4$	264.31
2ip(6-γ,γ-二甲基丙烯嘌呤)	$C_{10}H_{13}N_5$	203.25	秋水仙素	$C_{22}H_{25}NO_6$	399.43
KT(6-呋喃甲基腺嘌呤)	$C_{10}H_9N_5O$	215.21	间苯三酚	$C_6H_6O_3$	126.11
玉米素(异戊烯腺嘌呤)	$C_{10}H_{13}N_5O$	219.25			

附录Ⅲ 常用植物生长调节剂浓度单位换算表

(引自李浚明和朱登云,2005)

1. 质量浓度(mg/L)换算为物质的量浓度(μmol/L)

质量浓度/(mg/L)	物质的量浓度/(μmol/L)								
	NAA	2,4-D	IAA	IBA	6-BA	KT	ZT	2ip	GA_3
1	5.371	4.524	5.708	4.921	4.439	4.647	4.561	4.920	2.887
2	10.741	9.048	11.417	9.841	8.879	9.293	9.122	9.840	5.774
3	16.112	13.572	17.125	14.762	13.318	13.940	13.683	14.760	8.661
4	21.482	18.096	22.834	19.682	17.757	18.586	18.244	19.680	11.548
5	26.853	22.620	28.542	24.603	22.197	23.233	22.805	24.600	14.435
6	32.223	27.144	34.250	29.523	26.636	27.880	27.366	29.520	17.322
7	37.594	31.668	39.959	34.444	31.075	32.526	31.927	34.440	20.210
8	42.964	36.192	45.667	39.364	35.514	37.173	36.488	39.360	23.096
9	48.335	40.716	51.376	44.285	39.954	41.820	41.049	44.280	25.984

2. 物质的量浓度(μmol/L)换算为质量浓度(mg/L)

物质的量浓度/(μmol/L)	质量浓度/(mg/L)								
	NAA	2,4-D	IAA	IBA	6-BA	KT	ZT	2ip	GA_3
1	0.1862	0.2210	0.1752	0.2032	0.2253	0.2152	0.2192	0.2032	0.3464
2	0.3724	0.4421	0.3504	0.4064	0.4505	0.4304	0.4384	0.4064	0.6927
3	0.5586	0.6631	0.5255	0.6096	0.6758	0.6456	0.6567	0.6996	1.0391
4	0.7448	0.8842	0.7008	0.8128	0.9010	0.8608	0.8788	0.8128	1.3855
5	0.9310	1.1052	0.8759	1.0160	1.1263	1.0761	1.0960	1.0160	1.7319
6	1.1172	1.3262	1.0511	1.2192	1.3516	1.2913	1.3152	1.2190	2.0782
7	1.3034	1.5473	1.2263	1.4224	1.5768	1.5065	1.5344	1.4224	2.4246
8	1.4896	1.7683	1.4014	1.6256	1.8021	1.7217	1.7536	1.6256	2.7712
9	1.6758	1.9894	1.5768	1.8288	2.0273	1.9369	1.9728	1.8288	3.1176

附录 Ⅳ 植物组织培养常用词英汉对照

A

abscisic acid, ABA 脱落酸
accumulation 聚积性
acetosyringone, AS 乙酰丁香酮
activated charcoal, AC 活性炭
actively DNA synthesizing cell, ADSC DNA活跃合成细胞
adenine, Ade 腺嘌呤
adventitious bud 不定芽
adventitious bud organogenesis 不定芽发生型
adventitious embryo 不定胚
adventitious root 不定根
affinity chromatography bioreactor, ACBR 亲和层析生物反应器
albino seedling 白化苗
alcohol dehydrogenase, ADH 乙醇脱氢酶
alginate 褐藻酸盐
alkaloid 生物碱
allicin 蒜素
alliin 蒜氨酸
1-aminocyclopropane-1-carboxylate, ACC 1-氨基环丙烷-1-羧酸
1-aminocyclopropane-1-carboxylate oxidase ACC氧化酶
1-aminocyclopropane-1-carboxylate synthase ACC合酶
amplified fragment length polymorphism, AFLP 扩增片段长度多态性
androgenesis 雄核发育
antagonism 拮抗
anther 花药
anther culture 花药培养
antibiotics 抗生素
antibody 抗体
antigen 抗原
antiserum 抗血清
apical bud 顶芽
apical cell 顶细胞
apical dominance 顶端优势
apical meristem 顶端分生组织
aquaporin 水孔蛋白
arabogalactan protein, AGP 阿拉伯半乳聚糖蛋白
arginine decarboxylase, ADC 精氨酸脱羧酶
artificial seed 人工种子
ascorbic acid 抗坏血酸
asepsis 无菌
asymmetrical fusion 不对称融合
asymmetrical hybrid 不对称杂种
asymmetric somatic hybrid, ASH 不对称体细胞杂种
autotetraploid 同源四倍体
autotrophy 自养
autotrophy period 自养期
auxin 生长素
axillary bud, lateral bud 腋芽，侧芽

B

backcross, BC 回交群体
batch culture 分批培养
6-benzylaminopurine, 6-BA 6-苄基腺嘌呤
berberine 小檗碱
berry 浆果
biocatalysis 生物催化
biochemical reactor 生化反应器
bioreactor 生物反应器
biotransformation 生物转化
bovine serum albumin, BSA 牛血清白蛋白
broad-leaved tree 阔叶树
browning 褐化
bud 花蕾
bulb 鳞茎

C

Calcafluor white 卡氏白
callose 胼胝质
callus 愈伤组织
callus culture 愈伤组织培养
cambium 形成层
cambial cell 形成层细胞
capsule 蒴果
carbenicillin 羧苄青霉素
Carnoy's fluid 卡诺液
caryopsis 颖果
casein hydrolysate, CH 水解酪蛋白

catalase，CAT 过氧化氢酶
cavatition 空化作用
cDNA array cDNA芯片
cefotaxime，cef 头孢噻肟
cefotaxime sodium 头孢噻肟钠
cell 细胞
cell culture 细胞培养
cell density 细胞密度
cell fusion 细胞融合
cell line 细胞株
cell suspension culture 细胞悬浮培养
cell theory 细胞学说
cell vitality 细胞活力
cellular death 细胞死亡
cellular type endosperm 细胞型胚乳
cellulase 纤维素酶
cellulose 纤维素
chalaza 合点
chalcone synthase，CHS 苯基苯乙烯酮合酶
character identification 性状鉴定法
chimera 嵌合体
chloramphenicol acetyltransferase 氯霉素乙酰转移酶
chlorocholine chloride，CCC 矮壮素，氯化氯胆碱
chlorophyll 叶绿素
chloroplast 叶绿体
chloroplast DNA，ctDNA 叶绿体DNA
cleaved amplified polymorphic sequence，CAPS 酶切扩增片段多态性序列
cleft graft 劈接法
clone 无性繁殖系或克隆
clustered bud 丛生芽
clustered bud organogenesis 丛生芽发生型
clustering 群集现象
coat protein，CP 外壳蛋白
coconut milk，CM 椰乳，椰子汁
co-cultivation 共培养法
colchicine 秋水仙素
cold cathode fluorescent lamp，CCFL 冷阴极荧光灯
coleoptile 胚芽鞘
compact callus 致密愈伤组织
complete plantlet 完整植株
conditioned medium culture 条件培养基培养
conditioning effect 条件化效应
coniferous tree 针叶树
connective 药隔
conservation *ex situ* 非原生境保存

conservation *in situ* 原生境保存
conservation *in vitro* 离体保存
conservation *in vitro* by restricting growth 限制生长离体保存
container seedling 容器苗
contamination 污染
continuous culture 连续培养
corm 球茎
cortical cell 皮层细胞
cotyledon 子叶
cotyledon embryo 子叶形胚
cotyledonary sheath 子叶鞘
cowpea trypsin inhibitor，CpTI 胰蛋白酶抑制剂
critical density 临界密度
crown-gall nodule 冠瘿瘤
cryoprotectant 冷冻保护剂
cryotherapy 冷冻疗法
crystal structure 晶体结构
cultivation 培养
cutting propagation 扦插繁殖
cytokinin 细胞分裂素
cytoplasmic engineering 细胞质工程
cytoplasmic inclusions 细胞质内含体
cytoplasmic male sterility，CMS 细胞质雄性不育
cytoplast 胞质体

D

dedifferentiation 脱分化
determination 决定
developmental variation 发育变异
4′,6-diamidino-2-phenylindole，DAPI 4′,6-二脒基-2-苯基吲哚
dichloroisocyanuric acid 二氯异氰尿酸
2,4-dichlorophenoxyacetic acid，2,4-D 2,4-二氯苯氧乙酸
dicotyledon 双子叶植物
dielectrophoresis 双向电泳
differentiation 分化
dihaploid，double haploid，DH 双单倍体
dimethyl sulphoxide，DMSO 二甲基亚砜
3-[4,5-dimethylthiazol-2yl]-2,5-diphenyl tetrazolium bromide，MTT 四甲基偶氮唑盐
diosgenin 薯蓣皂苷配基
diploid 二倍体
direct observational method 直接观察法
direct pathway 直接途径

discontinuous gradient centrifugation 不连续梯度离心法
disodium ethylene diamine tetraacetic acid, Na$_2$-EDTA 乙二胺四乙酸二钠
distant hybrid 远缘杂种
domestication 驯化
dormancy 休眠
double antibodies sandwich-ELISA, DAS-ELISA 双抗体夹心酶联免疫吸附法
double polarity 双极性
double-stranded RNA, dsRNA 双链 RNA
doubling time 加倍时间
driselase 崩溃酶
dry-freezing method 干冻法

E

early stage proembryo, ESP 早期原胚
ecology *in vitro* 离体生态学
electrofusion 电融合法
electronic speculum observational method 电子显微镜观察法
electroporation 电击法
embryo culture 胚胎培养
embryo development index 胚发育指数
embryo rescue 胚抢救
embryo rescue technology 胚挽救技术
embryo sac 胚囊
embryogenesis 胚胎发生
embryogenic callus 胚性愈伤组织
embryogenic clump, EC 胚胎发生丛
embryoid 胚状体
embryoid organogenesis 胚状体发生型
embryo-like structure 类似胚胎的结构
embryonal suspensor mass, ESM 胚性胚柄细胞团
embryonic age 胚龄
encapsulation dehydration 包埋脱水法
endogenous hormone 内源激素
endopolyploid 核内多倍性
endosperm 胚乳
endosperm cell 胚乳细胞
endosperm culture 胚乳培养
5-enoylpyruvylshikimate-3-phosphate synthetase, EPSPS 5-烯醇丙酮酰莽草酸-3-磷酸合成酶
enzyme-linked immunosorbent assay, ELISA 酶联免疫吸附法
epidermal layer 表皮层
epidermal tissue 表皮组织
epigenetic variation 外遗传变异
equatorial plate 赤道板
ethidium bromide, EB 溴化乙锭
ethylmethane sulfonate, EMS 甲基磺酸乙酯
etiolation 黄化
Evans blue 伊凡蓝
ex situ conservation 非原生境保存
explant 外植体
exponential phase 指数生长期

F

fast-freezing method 快冻法
fed-batch culture 饲喂分批培养
feedback inhibition 反馈抑制
feeder cell 饲养细胞
feeder layer 饲养层
female flower 雌花
female gametophyte 雌配子体
fermentator 发酵罐
fertilization *in vitro* 离体受精
fibrovascular tissue 维管组织
filament 花丝
floation 漂浮法
floral axis 花茎
flow cytometry, FCM 扫描细胞光度仪,流式细胞仪
flower bud 花芽
fluorescein 荧光素
fluorescein diacetate, FDA 荧光素二乙酸酯
foreign gene 外源基因
freezing conservation *in vitro* 离体冷冻保存
friable callus 松散愈伤组织
frothy 泡沫球
fruitlet culture 幼果培养
fungus 真菌
furanchromone 呋喃色酮
fusant 融合体

G

gene chip 基因芯片
gene engineering 基因工程
gene gun 基因枪
gene transfer via vector 载体直接转化
generative nucleus 生殖核
genetic alteration 遗传变质

genetic gain 遗传获得量
genetic information 遗传信息
genetic integrity 遗传完整性
genetic resemblance 遗传相似性
genetic stacking 基因叠加
genetic transformation 遗传转化
genetic variation 遗传变异
genome editing 基因组编辑
gentamicin 庆大霉素
germplasm 种质资源
germplasm conservation *in vitro* 种质资源离体保存
gibberellic acid, GA 赤霉素
ginsenoside 人参皂苷
glassy state 玻璃态
globular embryo 球形胚
β-glucuronidase, GUS β-葡糖醛酸糖苷酶
glutamate dehydrogenase, GLDH 谷氨酸脱氢酶
glyphosate 草甘膦
glyphosate oxidoreductase 草甘膦氧化还原酶
gold immuno-chromatography assay, GICA 胶体金免疫层析法
grafting transmission 嫁接传播
gramineous plant 禾本科植物
green fluorescent protein 绿色荧光蛋白
green globular body, GGB 绿色球状体
growth 生长
growth index, GI 生长指数
growth regulator 生长调节剂
growth retardant 生长延缓剂
guard cell 保卫细胞

H

habituation 适应
hairy roots 毛状根
haploid 单倍体
heart-shaped embryo 心形胚
heat shock 热激
helobial type endosperm 沼生目型胚乳
hematoxylin 苏木精
hemicellulase 半纤维素酶
hemicellulose 半纤维素
herbaceous plant 草本植物
herbicide 除草剂
heterogeneity 异质性
heterokaryon 异核体
heteroplasmon 异质体
heterotrophy 异养
heterotrophy period 异养期
hexaploid 六倍体
homokaryon 同核体
hygromycin 潮霉素
hygromycin phosphotransferase 潮霉素磷酸转移酶
hyoscyamine 莨菪碱
hyperosmosis 高渗透压
hypocotyl 下胚轴

I

illumination 光照
illumination intensity 光照度
imidazolinone 咪唑啉酮类
immature embryo 幼胚
immature embryo culture 幼胚培养
immunological detection of direct tissue blotting, ID-DTB 直接组织斑免疫技术法
incompatibility 不亲和性
indicative plant observational method 指示植物观察法
indirect pathway 间接途径
indole-3-acetic acid, IAA 吲哚乙酸
indole-3-butyric acid, IBA 吲哚丁酸
inflorescence 花序
inoculum density 接种密度
inorganic compound 无机成分
insecticidal crystal protein, ICP 杀虫晶体蛋白
in situ 原位
in vitro 离体
in vitro pollination 离体授粉
in vivo 活体
in vivo inoculation 活体接种
inter-simple sequence repeat, ISSR 简单序列重复区间
intraovarian pollination 子房内授粉
inverse repeat sequence, IRS 反向重复序列
iodoacetamide, IOA 碘乙酰胺
iodoacetic acid 碘乙酸
isopentenyl transferase, ipt 异戊烯基转移酶
isozyme marker 同工酶标记

J

juvenile period 幼态期

K

kanamycin, Kan 卡那霉素

karyoplast 核体
kinetin, KT 激动素

L

lactalbumin hydrolysate, LH 水解乳蛋白
lag phase 延滞期
lamination 层积
lanolin 羊毛脂
laser 激光
late embryogenesis abundant, LEA 晚期胚胎丰富
late stage proembryo, LSP 后期原胚
lateral bud, axillary bud 侧芽，腋芽
late-replicating 滞后复制
leaf sheath 叶鞘
light-emitting diodes, LED 发光二极管
light quality 光质
linear phase 直线生长期
logarithmic phase 对数生长期
low oxygen partial pressure 低氧分压
low temperature 低温
luciferase 荧光素酶

M

macerozyme 离析酶
macronutrient 大量元素
male flower 雄花
maleic hydrazide 马来酰肼，青鲜素
malt extracting, ME 麦芽提取液
mannitol 甘露醇
manual control 人工控制
mass of shoot primordial, MSP 茎原基增殖
mature embryo 成熟胚
mature embryo culture 成熟胚培养
mature period 成熟期
mechanical action 机械作用
mechanical isolation 机械隔离
mechanical transmission 机械传播
mechanical wounding 机械伤害
medicinal plant 药用植物
medium 培养基
medulla 髓部
megaspore 大孢子
meristem 分生组织
meristem culture 分生组织培养
meristemoid 拟分生组织
mesohyl layer 中胶层

mesophyll 叶肉
microchamber culture 微室培养
micrografting 微嫁接
microinjection 显微注射法
micronucleus technology 微核技术
micronutrient 微量元素
microprotoplast fusion 微原生质体融合
microprojectile bombardment 微弹轰击
micropropagation 微繁
micropyle 珠孔
microspore 小孢子
microspore culture 小孢子培养
microtuber 试管薯
middle layer 中层
miniprotoplast 小原生质体
minituber 微型薯
mitochondria DNA, mtDNA 线粒体基因组
molecular biology identification 分子生物学鉴定法
monocotyledoneae 单子叶植物
monohaploid 单单倍体
morphogenesis 形态发生
multicellular explants 多细胞外植体
multipotency 专能性

N

2-(N-morpholine) ethane sulfonic acid, MES 2-(N-吗啡啉)乙磺酸
naphthoxyacetic acid, NOA 萘氧乙酸
naphthalene acetic acid, NAA 萘乙酸
natural extractive 天然提取物
near isogenic line, NIL 近等基因系
negative staining 负染色
neomycin phosphotransferase 新霉素磷酸转移酶
nitrilase 腈水解酶
nitrocellulose membrane 硝酸纤维素膜
no stain pollen NS花粉，不染色花粉
nodular structure 瘤状结构
nonactively DNA synthesizing cell, NDSC DNA不活跃合成细胞
nopaline synthase 胭脂碱合酶
normal bud 定芽
Northern blotting Northern印迹杂交
no-vector transmission 非介体传播
nucellar tissue 珠心组织
nuclear fusion 核融合
nuclear inclusion 核内含体

nuclear type endosperm 核型胚乳
nucleic acid detectional method 核酸检测法
nurse culture 看护培养

O

obligate parasite 专性寄生物
octopine synthase 章鱼碱合酶
offsets 吸芽
Ogu cytoplasmic male sterility, Ogu CMS 萝卜胞质雄性不育
ornamental plant 观赏植物
open plant tissue culture 开放式植物组织培养
opine 冠瘿碱
orchid industry 兰花工业
organ 器官
organ culture 器官培养
organ rudiment 器官原基
organ type 器官型
organic compound 有机成分
organogenesis 器官发生
organogenesis type 器官发生型
ornithine decarboxylase, ODC 鸟氨酸脱羧酶
oryzalin 氨磺乐灵
osmotic pressure 渗透压
ovary 子房
ovary culture 子房培养
ovary injection transformation 子房注射转化法
ovule 胚珠
ovule culture 胚珠培养

P

paclobutrazol, PP_{333} 多效唑
palisade cell 栅栏细胞
palisade tissue 栅栏组织
parafilm 石蜡膜
para-fluorophenylalanine, PFP 对氟苯丙氨酸
parenchyma 薄壁组织
parthenogenesis 孤雌生殖
PCR with degenerate primer 简并引物 PCR 技术
pectinase 果胶酶
pectin 果胶
pedicel 花梗
pelargonidin 花葵素
peptidyl-glycine-leucine, PGL 肽基-甘氨酸-亮氨酸
perennial root 宿根
pericycle 中柱鞘

perinuclear inclusions 核围内含体
peroxidase, POD 过氧化物酶
petiole 叶柄
phenolic compound 酚类化合物
phenosafranine 酚藏花红
phloem 韧皮部
phosphinothricin acetyltransferase 草铵膦乙酰转移酶
6-phosphomannose isomerase 6-磷酸甘露糖异构酶
photoperiod 光周期
phyllodium 叶状柄
physical dehydration 物理脱水
physiological isolation 生理隔离
physiological status 生理状态
phytagel 生物凝胶
phytic acid 植酸
phytochrome 光敏色素
phytohormone 植物激素
pinnately compound leaf 羽状复叶
plant cell culture 植物细胞培养
plant culture in vitro 植物离体培养
plant expression vector 植物表达载体
plant organ culture 植物器官培养
plant protoplast culture 植物原生质体培养
plant rapid propagation in vitro 植物离体快速繁殖
plant stem cell 植物干细胞
plant tissue culture 植物组织培养
plantlet 组培苗
plasmid 质粒
plate culture 平板培养
plating density 植板密度
plating rate 植板率
plantiotics 抑生素
plasma membrane 质膜
plasmodesma 胞间连丝
pluripotency 多能性
pluripotent stem cell 多潜能性干细胞
polarity 极性
pollen 花粉
pollen culture 花粉培养
pollen grain 花粉粒
pollen mother cell, PMC 花粉母细胞
pollen-tube pathway transformation 花粉管通道转化
polyamine, PA 多胺
polyembryony 多胚现象
polyethylene glycol, PEG 聚乙二醇
polyethylene oxide 聚环氧乙烷

polyethyleneimine, PEI 聚乙烯亚胺
polygalacturonase, PG 多半乳糖醛酸酶
polyhydroxybutyrate, PHB 多羟基丁酸酯
polykaryon 多核体
polymerase chain reaction, PCR 聚合酶链式反应
polyoxyethylene 聚氧乙烯
polypeptide expression system 多肽表达系统
polyphenol 多酚
polyphenol oxidase 多酚氧化酶
polyploid 多倍体
polytene chromosome 多线染色体
polyvinylpyrrolidone, PVP 聚乙烯吡咯烷酮
pomato 马铃薯番茄
potential embryogenic pollen 具潜能的胚胎发生花粉
precocious germination 早熟萌发
primary wall 初生壁
proembryo 原胚
propagation 繁殖
proplastid 原质体
protective dehydration 保护性脱水
protocorm 原球茎
protocorm-like body, PLB 类原球茎，拟原球茎
protocorm organogenesis 原球茎发生型
protoplast 原生质体
protoplast culture 原生质体培养
protoplast fusion 原生质体融合
pteridophyte 蕨类植物
pulsed field gel electrophoresis 脉冲电泳
putrescine, Put 腐胺

Q

quantitative trait loci, QTL 数量性状位点
quinone 醌类

R

rachis 花序轴
radicle 胚根
randomly amplified polymorphic DNA, RAPD 随机扩增多态性 DNA
rapid clone propagation 快速无性繁殖
rapid propagation 快速繁殖
recombinant inbred line, RIL 重组近交系
redifferentiation 再分化
regeneration 再生
rejuvenization 复幼
relative humidity, RH 相对湿度

reporter gene identification 报告基因鉴定法
reproductive organ 繁殖器官
restriction fragment length polymorphism, RFLP 限制性片段多态性
retard phase 缓慢期
reverse transcription PCR, RT-PCR 反转录 PCR
rhizobia 根瘤菌
RNA-directed RNA polymerase, RdRP RNA 引导的 RNA 聚合酶
RNA-induced silencing complex, RISC RNA 诱导的沉默复合体
RNA interference, RNAi RNA 干扰
root nodule 根瘤

S

S-adenosylmethionine, SAM S-腺苷甲硫氨酸
S-adenosylmethionine decarboxylase, SAMDC S-腺苷甲硫氨酸脱羧酶
saponin 皂苷类
sclerenchyma cell 厚壁细胞
scutum 盾片
secondary compound 次生物质
secondary meristem 次生分生组织
secondary wall 次生壁
sedimentation 沉降法
seed culture 种子培养
seedling exercising 炼苗
selected marker gene identification 选择性标记基因鉴定法
selective amplified microsatellite polymorphic loci, SAMPL 选择性扩增多肽微卫星位点
semi-continuous culture 半连续培养
senescence period 衰老期
separation layer cell 离层细胞
serological reaction 血清学反应
serum detectional method 血清检测法
shikonin 紫草素（宁）
short branch organogenesis 短枝发生型
SiC fiber 碳化硅纤维
silique 角果
simple sequence repeat, SSR 简单序列重复
single cell suspension culture 单细胞悬浮培养
single nucleotide polymorphism, SNP 单核苷酸多态性
slow-freezing method 慢冻法
small interfering RNA, siRNA 干扰小 RNA

small pollen　S花粉，小花粉
sodium alginate　海藻酸钠
solution effect　溶液效应
somaclonal variation　体细胞无性系变异
somatic cell　体细胞
somatic embryo　体细胞胚
somatic embryogenesis　体细胞胚胎发生
somatic hybridization　体细胞杂交
sorbitol　山梨醇
Southern blotting　Southern 印迹杂交
specific growth rate　比生长速率
specific reaction　特异性反应
spermidine，Spd　亚精胺
spermine，Spm　精胺
sponge cell　海绵细胞
stamen　雄蕊
stationary phase　静止期
stem　茎段
stem cell　干细胞
stem disc　茎盘
stem tip culture，apical meristem culture　茎尖培养
stem-tip grafting，STG　茎尖微芽嫁接
stigma　柱头
stock plant　母株
stolon　匍匐茎
stratum corneum　角质层
subculture　继代培养
superoxide dismutase，SOD　超氧化物歧化酶
suspensor　胚柄
symmetrical fusion　对称融合
symmetrical hybrid　对称杂种
synchronous culture　同步培养
synergid　助细胞
synthetic seed　合成种子
systemic infection　系统侵染

T

tannin　单宁
tapetum　绒毡层
taxane　紫杉烷
taxol　紫杉醇
test-tube fertilization　试管受精
test-tube plantlet　试管苗
tetraploid　四倍体
thawing　解冻
thermalization　热化作用

thin cell layer culture　薄层组织培养
γ-thionin protein　γ-硫堇蛋白
three antibodies sandwich-ELISA，TAS-ELISA　三抗体夹心酶联免疫吸附法
tissue　组织
tissue culture　组织培养
tissue necrosis　组织坏死
torpedo-shaped embryo　鱼雷形胚
totipotency　全能性
totipotent stem cell　全能干细胞
tracheid　假导管
transferred DNA，T-DNA　转移 DNA
transformation *in vivo*　活体转化
transgenic breeding　转基因育种
transgenic organism　转基因生物
transgenic plant　转基因植株
transient dwarf　短暂矮化
transmission　传播
transplant　移栽
transposable element　转座因子
transposon　转座子
transposon display　转座子显示
transposon tagging　转座子标签
triazine　三氮杂苯
trifluralin　氟乐灵
2，3，5-triiodobenzoic acid，TIBA　三碘苯甲酸
2，3，4-triphenyl tetrazolium chloride，TTC　三苯四唑氯化物
triploid　三倍体
tuber　块茎
tuberous root　块根
tumour inducing plasmid，Ti 质粒　致瘤质粒
tyrosinase　酪氨酸酶

U

ultralow temperature　超低温
ultralow temperature conservation *in vitro*　超低温离体保存
ultrasonic　超声波
soni-cation assisted agrobacterium-mediated transformation，SAAT　超声波辅助农杆菌介导转化法
ultraviolet light，UV　紫外线
undercooling point　过冷点
unequal division　不等分裂
uniconazole　烯效唑
unipolarity　单向性

unipotency 单能性

V

vacuolization 液泡化
vanillin 香兰素
vascular bundle 维管束
vectorless gene transfer 无载体基因导入法
vector-mediated transformation by *Agrobacterium* 农杆菌载体介导转化法
vector transmission 介体传播
vegetative nucleus 营养核
vegetative organ 营养器官
vegetative propagation 营养繁殖
viral vector 病毒载体
viroid 类病毒
virulence, vir 毒性
virus-free 无病毒
virus-free plant 无病毒植株
virus-induced gene silencing, VIGS 病毒介导法诱导基因沉默
vitamin B B族维生素
Vitis stilbene synthase 1, Vst 1 葡萄芪合酶1
vitrification 玻璃化

W

wax coat 蜡质层
Western blotting Western 印迹杂交
woody plant 木本植物

Y

yeast extract, YE 酵母提取液

Z

zeatin, ZT 玉米素
zygote 合子
zygotic embryo 合子胚

【汉英对照】

A—C

D—G

H—K

L—P

Q—S

T—X

Y—Z